Entwicklung von Technologiestrategien in einem volatilen Unternehmensumfeld

Development of Technology Strategies in a Volatile Business Environment

Von der Fakultät für Maschinenwesen
der Rheinisch-Westfälischen Technischen Hochschule Aachen
zur Erlangung des akademischen Grades eines
Doktors der Ingenieurwissenschaften
genehmigte Dissertation

vorgelegt von

Marc Patzwald

Berichter:

Univ.-Prof. Dr.-Ing. Dipl.-Wirt. Ing. Günther Schuh
apl. Prof. Dr.-Ing. Wolfgang Boos

Tag der mündlichen Prüfung: 08. Dezember 2021

ERGEBNISSE AUS DER PRODUKTIONSTECHNIK

Marc Patzwald

Entwicklung von Technologiestrategien in einem volatilen Unternehmensumfeld

Herausgeber:
Prof. Dr.-Ing. T. Bergs
Prof. Dr.-Ing. Dipl.-Wirt. Ing. G. Schuh
Prof. Dr.-Ing. C. Brecher
Prof. Dr.-Ing. R. H. Schmitt

Band 6/2022

WZL | RWTH AACHEN UNIVERSITY

Fraunhofer
IPT

Bibliografische Information der Deutschen Nationalbibliothek
Die Deutsche Nationalbibliothek verzeichnet diese Publikation in der Deutschen Nationalbibliografie; detaillierte bibliografische Daten sind im Internet über https://portal.dnb.de abrufbar.

Marc Patzwald:

Entwicklung von Technologiestrategien in einem volatilen Unternehmensumfeld

1. Auflage, 2022

Gedruckt auf holz- und säurefreiem Papier, 100% chlorfrei gebleicht.

Apprimus Verlag, Aachen, 2022
Wissenschaftsverlag des Instituts für Industriekommunikation und Fachmedien an der RWTH Aachen
Steinbachstr. 25, 52074 Aachen
Internet: www.apprimus-verlag.de, E-Mail: info@apprimus-verlag.de

Druck: CPI Druckdienstleistungen GmbH, Ferdinand-Jühlke-Straße 7 I 99095 Erfurt

ISBN 978-3-98555-044-9

D 82 (Diss. RWTH Aachen University, 2021)

Vorwort

Wie ich als Hannoveraner in den vergangenen 4,5 Jahren der Promotion und 6 Jahren des Studiums gelernt habe, würde der Rheinländer nun vermutlich *„Dat waret jewesen"* sagen. Ich möchte die Gelegenheit daher nutzen, um mich bei meinen Weggefährten zu bedanken.

Allen voran möchte ich meinem Doktorvater Herrn Professor Schuh für die wissenschaftliche Betreuung dieser Arbeit danken, dessen strategisch-unternehmerisches Denken mir stets eine Inspiration war. Auch möchte ich Herrn Professor Boos für die Übernahme des Koreferats und Herrn Professor Lauster für die Übernahme des Prüfungsvorsitzes danken.

Ein großer Dank gilt meinen ehemaligen und aktuellen Kollegen der Abteilung Technologiemanagement am Fraunhofer IPT. Euer Hochleistungsanspruch in Projekten bei gleichzeitig freundschaftlicher Unterstützung hat mich jeden Tag auf ein Neues angespornt. Durch unsere gemeinsamen Erlebnisse werden die letzten 4,5 Jahre zu einer unvergesslichen Zeit für mich. Besonders danken möchte ich meinem ehemaligen Abteilungsleiter Dr. Ramon Kreutzer, der mich von der Masterarbeit über das Dispositionsgespräch bis hin zur Abgabe der Dissertation durch unzählige Diskussionen und mit wertvollem Feedback unterstützt sowie beruflich als auch persönlich weiterentwickelt hat. Auch möchte ich meinen studentischen Hilfskräften und Abschlussarbeitern ganz herzlich für ihre tatkräftige Unterstützung danken.

Ebenfalls danken möchte ich meinen semesterübergreifenden Studienfreunden, den Kornknaben und dem Alumni Social Club, die mich in den vorherigen Jahren entscheidend geprägt haben und auf mich während des Schreibprozesses der vorliegenden Arbeit das ein oder andere Mal verzichten mussten.

Mein größter Dank gebührt meinen Eltern Christina und Jürgen Patzwald für ihre uneingeschränkte und bedingungslose Unterstützung über die letzten 31 Jahre. Ihr habt mir immer wieder der Weg geebnet und damit die Voraussetzungen geschaffen, die zum erfolgreichen Abschluss des Studiums und der Promotion geführt haben. Auch meinen Großeltern Irmgard und Heinrich Noltemeyer möchte ich in diesem Zusammenhang danken. Abschließend möchte ich meiner Freundin Dr. Jana Frank danken, die mich ständig motiviert und mich durch ihren eigenen Weg immer wieder herausfordert, über mich hinauszuwachsen. Deine Konsequenz und dein Pragmatismus haben maßgeblich dazu beigetragen, dass ich die vorliegende Dissertation innerhalb von 4,5 Jahren finalisieren konnte – und dass es bei 293 Seiten geblieben ist. Euch widme ich diese Arbeit.

Aachen, im Dezember 2021

Marc Patzwald

Teile dieser Arbeit wurden noch während des Forschungs- und Erstellungsprozesses der vorliegenden Dissertationsschrift unter Mitwirkung des Autors auf Fachkonferenzen sowie in praxisnahen „*Whitepapern*" auszugsweise vorveröffentlicht oder für die Veröffentlichung angenommen[1]. Die wesentlichen Inhalte wurden daher durch Quellenangaben im Text kenntlich gemacht.

---

1 vgl. Schuh et al. (2019), Requirements; Schuh et al. (2019), Methodology Design; Schuh et al. (2021), Strategiearbeit; Schuh et al. (2021), Resilienz; Schuh et al. (2022), Iterative Analysis

Zusammenfassung

Die seit Jahrzehnten zunehmende Dynamik und Unsicherheit sowie die häufiger werdenden ereignisinduzierten Diskontinuitäten, wie bspw. die Finanzkrise 2008/09 oder die Corona-Pandemie 2020/21, fordern die Widerstands- und Überlebensfähigkeit produzierender Unternehmen entscheidend heraus. Dieses volatile Unternehmensumfeld katalysiert damit die Wettbewerbsvorteile derjenigen Unternehmen, die es vermögen, durch Innovations- und Wandlungsfähigkeit strategisch überlegen mit der Turbulenz umzugehen. Die strategische Planung der hierzu benötigten technologischen Fähigkeiten erfolgt allerdings weiterhin mittels etablierter Ansätze, die auf einer synoptischen Planungskonzeption basieren. Jedoch birgt die Entwicklung von Technologiestrategien auf Basis dieses synoptischen Planungsansatzes bei hoher Turbulenz des Umfelds eine Reihe möglicher Gefahren: bspw. die Paralyse durch extensive Analysen in Sequenz oder die Unterminierung von diskreten technologischen Positionierungen durch den beschleunigten Wandel des Umfelds. Um ein reaktiv-abwartendes Verhalten, einschneidende Strategiepivots sowie resultierend ein Enteilen bestehender oder neuer Wettbewerber zu verhindern, bedarf es eines innovativen Verfahrens zur Entwicklung von Technologiestrategien in einem volatilen Unternehmensumfeld.

Die Zielsetzung der vorliegenden Dissertation besteht daher in der Gestaltung einer Methodik, mittels derer sich effektive Technologiestrategien auch unter den außergewöhnlichen Randbedingungen eines volatilen Unternehmensumfelds entwickeln lassen. Hierzu wird auf der geplanten Evolution als Strömung des strategischen Managements aufgebaut und Lösungsprinzipien der Resilienz und Agilität integriert.

Die resultierende Methodik besteht aus vier Modellen sowie einem Vorgehen und ist in zwei verschiedenen Anwendungsmodi ausgestaltet: Exploration und Investigation. Dabei dient der Explorationsmodus der Orientierung, indem schnell ein Problemverständnis geschaffen und prototypisch Lösungsoptionen hierfür erarbeitet werden. Der Investigationsmodus dient demgegenüber der sorgfältigen Prüfung der zuvor identifizierten Lösungsoptionen sowie der Positionierung, indem die strategischen Möglichkeiten hypothesenbasiert untersucht und zu evolvierenden Prototypen der Wettbewerbs-, Innovations- sowie Technologiestrategie verknüpft werden. Hierzu erfasst das Charakterisierungsmodell initial den Anwendungskontext und übernimmt anschließend die Organisation der kontinuierlich-iterativen Strategieentwicklung. Das Analysemodell untersucht einerseits die retro- und prospektiven Implikationen der Diskontinuität für das Unternehmen sowie das Umfeld und differenziert hierbei die auftretende Turbulenz. Andererseits prüft das Analysemodell in einer „*Option Due Diligence*" das Potenzial möglicher Positionierungsoptionen. Dazu generiert, evaluiert sowie selektiert das Optionsmodell prototypisch die strategischen Möglichkeiten und kaskadiert diese über das relevante Wettbewerbs-, Innovations- und Technologiespektrum einer Unternehmung. Das Ziel- und Positionierungsmodell dient schließlich der prototypisch-evolvierenden Formulierung einer technologischen Vision sowie einer Positionierung in den strategischen Technologiefeldern.

Summary

The over decades increasing dynamics and uncertainties as well as the more frequently occurring event-induced discontinuities, such as the financial crisis of 2008/09 or the Corona pandemic of 2020/21, pose a decisive challenge to the resilience, and thus to the survival, of manufacturing companies. Hereby, this volatile business environment catalyzes the competitive advantages of those companies that are able to deal with the turbulence in a strategically superior manner through their ability to innovate and adapt quickly. However, the strategic planning of the technological capabilities required for this purpose continues to be carried out using established approaches based on a synoptic planning concept. Yet, the development of technology strategies on the basis of this synoptic planning approach bears a number of potential risks in a highly turbulent environment, e.g., the paralysis due to extensive sequential analyses or the undermining of discrete technological positionings due to the accelerated transformation of the environment. In order to prevent reactive behavior, incisive strategy pivots and, as a result, the rise of existing or new competitors, an innovative procedure for the development of technology strategies in a volatile corporate environment is required.

Therefore, the objective of this dissertation is the design of a methodology that can be used to develop effective technology strategies even under the extraordinary boundary conditions of a volatile business environment. For this purpose, planned evolution as a stream of strategic management is built upon and solution principles of resilience and agility are integrated.

The resulting methodology consists of four models as well as a procedure and is designed in two different application modes: Exploration and Investigation. The exploration mode provides orientation by quickly creating an understanding of the problem and developing prototypical solutions for it. The investigation mode, on the contrary, serves to carefully examine the previously identified options and to position the company strategically by examining the strategic options on the basis of hypotheses and linking them to evolving prototypes of the competitive, innovation and technology strategy. For this purpose, the characterization model initially captures the application context and then takes over the organization of the continuous-iterative strategy development. The analysis model, on the one hand, examines the retro- and prospective implications of occurred discontinuities for the company as well as the environment and traces the occurring turbulence in this context. On the other hand, the analysis model examines the potential of possible positioning options in an *"Option Due Diligence"*. For this purpose, the option model generates, evaluates, and selects strategic options prototypically and cascades them across the relevant competitive, innovation and technology spectrum of a company. Finally, the target and positioning model serves the prototypical-evolving formulation of a technological vision and position within the strategic technology fields.

Inhaltsverzeichnis

Verzeichnis der Tabellen

Verzeichnis der Abbildungen

Verzeichnis der Abkürzungen

AG	Aktiengesellschaft
AHP	Analytic Hierarchy Process
AKW	Atomkraftwerk
API	Application Programming Interface
B2B	Business-to-Business
B2C	Business-to-Customer
B2G	Business-to-Government
BMC	Business Model Canvas
bspw.	beispielsweise
bzgl.	bezüglich
bzw.	beziehungsweise
ca.	circa
CAGR	Compound Annual Growth Rate
CBOE	Chicago Board Options Exchange
CEO	Chief Executive Officer
Co. KG	Compagnie Kommanditgesellschaft
d.h.	das heißt
DCF	Discounted Cash Flow
DOS	Disk Operating System
EF	Einflussfaktor
et al.	et alii
etc.	et cetera

ETF	Exchange Traded Funds
EVA	Economic Value Added
F&E	Forschung und Entwicklung
f.	folgende
ff.	fortfolgende
fgs.	fortgesetzt
ggf.	gegebenenfalls
GmbH	Gesellschaft mit beschränkter Haftung
HM	Handlungsmöglichkeit
Hrsg.	Herausgeber
i. A. a.	in Anlehnung an
i. d. R.	in der Regel
i. e. S.	im engeren Sinne
i. S. d.	im Sinne der/des
i. S. e.	im Sinne einer
i. S. v.	im Sinne von
IBM	International Business Machines Corporation
IF	Innovationsfeld
IKT	Informations- und Kommunikationstechnologien
insb.	insbesondere
IT	Information Technology
Jg.	Jahrgang
KBV	Knowledge-Based View
M&A	Mergers and Acquisitions
MBV	Market-Based View
Nr.	Nummer
NGO	Non-Profit Organization

NUP	Nutzenpotenzial
NWA	Nutzwertanalyse
OEM	Original Equipment Manufacturer
P&G	Procter & Gamble
RBV	Resource-Based View
rel.	Relativ
RWTH	Rheinisch-Westfälische Technische Hochschule
S.	Seite
SCO	Santa Cruz Operation
SEP	Strategische Erfolgsposition
SF	Schlüsselfaktor
SGF	Strategisches Geschäftsfeld
SGMM	St. Galler Management-Modell
SM	Strategische Möglichkeit
sog.	sogenannt
SPX	S&P 500 Index
SRI	Stanford Research Institute
TER	Total Expense Ratio
TF	Technologiefeld
u. a.	unter Anderem
u. U.	unter Umständen
UAM	Urban Air Mobility
Verl.	Verlag
vgl.	vergleiche
VIX	Volatilitätsindex

1 Einleitung

„The greatest danger in times of turbulence is not the turbulence; it is to act with yesterday's logic.“
– PETER DRUCKER (1980)[2]

Bereits Ende der 1960er Jahre erkannte DRUCKER, dass sich ein Zeitalter der Diskontinuität ankündigte, in welchem Unternehmen von Markt- und Technologiedynamiken vor neue Herausforderungen gestellt werden[3]. Während seit dieser Erkenntnis das Umfeld von Unternehmen stetig an Turbulenz gewonnen hat, blieben Instrumente der angewandten Managementlehre hinter dieser Entwicklungsgeschwindigkeit zurück[4]. Die vorliegende Arbeit stellt daher einen Beitrag zur Schließung dieser theoretischen Lücke dar. Einleitend wird hierzu die Ausgangssituation und Problemstellung in der Praxis vertieft (vgl. Teilkapitel 1.1), um hieraus die Zielstellung der Arbeit zu präzisieren (vgl. Teilkapitel 1.2). Schließlich wird der forschungsmethodische Ansatz zu Erarbeitung der Zielstellung gewählt (vgl. Teilkapitel 1.3) und der Aufbau der vorliegenden Arbeit hieran ausgerichtet (vgl. Teilkapitel 1.4).

1.1 Ausgangssituation und Handlungsbedarf der Praxis

Ein sich wandelndes Umfeld ist kein neues Phänomen. So stellte DARWIN bereits vor ca. 200 Jahren fest, dass nichts so beständig sei wie der Wandel selber[5]. Im 21. Jahrhundert drückt sich für Unternehmen der Wandel der Umwelt in einer Vielzahl von simultanen Veränderungen aus: eine fortschreitende Globalisierung und Digitalisierung, durch alternierende Markt- und Kundenbedürfnisse sowie technologischen Fortschritt beschleunigte Innovationszyklen, eine damit einhergehende Konvergenz von Branchen und ein sich intensivierender, teils hyperkompetitiver Wettbewerb auf Basis erodierender Nachhaltigkeit von Wettbewerbsvorteilen[6]. Infolge des mittlerweile evolutionären Charakters der exemplarisch angeführten Facetten des multidimensionalen Wandels von Unternehmensumfeldern steigen die Entwicklungsdynamik, -komplexität und -unsicherheit unaufhörlich[7].

Als sei dieser kontinuierliche Wandel nicht bereits herausfordernd genug für Unternehmen, nimmt die Frequenz von unvorhersehbaren, diskontinuierlichen Krisenereignissen mit globa-

---

2 vgl. Drucker (2011), Turbulent Times, S. 4f.

3 vgl. Drucker (1969), Discontinuity, S. 9

4 vgl. Mack, Khare (2016), Perspectives, S. 3; Schwenker, Wulf (2013), Introduction, S. 12; Sommerlatte (1986), Veränderungsdynamik, S. 9; Gerhard, Mühlhäuser (2012), Ambition, S. 112

5 vgl. Darwin (2008) Wandel

6 vgl. Schuh et al. (2019), Requirements, S. 1; Schuh et al. (2021), Strategiearbeit, S. 4; Lesser et al. (2019), Winning, S. 1f.; Hiermaier (2020), Introduction, S. 5; Johnson et al. (2008), Corporate Strategy, S. 107; Geissler, Krys (2013), Challenges, S. 38; Cooper (2000), Product Innovation, S. 38

7 vgl. Vecchiato (2015), Organizational Flexibility, S. 268; Wulf et al. (2013), Strategic Planning, S. 44

len Auswirkungen und enormen Langzeitfolgen *(„black swans")* ebenfalls zu[8]. In der jüngeren Vergangenheit zählen hierzu bspw. die Finanzkrise (2008/09), die Reaktorkatastrophe von Fukushima (2011) sowie gegenwärtig die andauernde Corona-Pandemie (2020-?).[9] So müssen Unternehmen mittlerweile davon ausgehen, dass solche exogenen Erschütterungen des Umfelds mit einer Dauer von ein bis zwei Monaten in einem Abstand von drei bis vier Jahren auftreten und kürzere Krisen sich wesentlich höherfrequent (alle ein bis zwei Jahre) ereignen[10].

Da der Umgang von Unternehmen mit dieser Volatilität des Umfelds einen signifikanten Einfluss auf deren Leistungsfähigkeit besitzt, erwachsen aus den zuvor dargestellten Gegebenheiten existenzielle Herausforderungen für eine Unternehmung sowie dessen Management[11]. Insbesondere die Planung im Allgemeinen und die Strategieentwicklung, aufgrund deren Tragweite der Entscheidungen, im Speziellen, stellen bei schnellen und signifikanten Veränderungen der Rahmenbedingungen mit hohen Unsicherheiten eine Kernherausforderung für die Unternehmensführung dar[12]. Infolge der Volatilität und Komplexität des Umfelds besteht Unsicherheit durch kausale Ambiguität, sodass Entscheider*innen[13] potenziell relevante Informationen fehlen, um in einem angemessenen zeitlichen Rahmen strategische Entscheidungen fundiert treffen zu können[14]. Während der evolutionäre Wandel für Unternehmen aufgrund ausreichend langer Reaktionszeiten leichter durch bestehende Erfahrungen und Kompetenzen zu bewältigen ist, benötigen schnelle und radikale Veränderungen ein gewisses Maß an Vorwegnahme in der Planung[15]. Da Diskontinuitäten als *„schwache Signale"* nur teilweise absehbar und *„black swans"* sogar per Definition unvorhersehbar sind, stoßen die traditionell etablierten, formalen Planungssysteme von Unternehmen in einem volatilen Umfeld an ihre Grenzen[16].

Diese traditionellen Konzepte zur Strategieplanung und -formulierung basieren dabei auf einem synoptischen Planungsansatz[17], welcher mittels intensiver Analysen die jeweilige Situation systematisch bewertet, prognostiziert und schließlich eine Strategie formuliert[18]. Da der synoptische Planungsansatz auf einer rationalen Evaluation strategischer Alternativen beruht,

---

8 vgl. Duchek (2020), Resilience, S. 216; Bradley et al. (2020), Acceleration, S. 3; Taleb (2007), Black Swan, S. xixff.; Nauck et al. (2021), Resilience Imperative, S. 2

9 vgl. Lanzer et al. (2020), Krise, S. 2f.; Worley, Jules (2020), Uncomfortable Revelations, S. 1f.; Williams et al. (2021), Digital Edge, S. 3f.

10 vgl. Lund et al. (2020), Value Chains, S. vii; Meschnig (2012), Volatilität, S. 173

11 vgl. Du, Chen (2018), Ambidexterity, S. 42f.; Snyder, Glueck (1982), Research Notes, S. 185

12 vgl. Schwenker (2013) Strategic Planning, S. 12; Nooraie (2008), Decision Magnitude, S. 642; Wilson (1999), Strategy, S. 20; Bradley et al. (2020), Acceleration, S. 7

13 Für den weiteren Fortgang der Arbeit werden aus Gründen der Komplexitätsreduktion Entscheiderinnen und Entscheider sowie Strateginnen und Strategen gesammelt als Entscheider und Strategien adressiert.

14 vgl. Geissler, Krys (2013), Challenges, S. 29

15 vgl. Harmann (2003), Patente, S. 37

16 vgl. Wilson (1999), Strategy, S. 22; Taleb (2007), Black Swan, S. xixff.; Song (2015), Früherkennung, S. 237

17 Der synoptische Planungsansatz definiert einen zu erreichenden Soll-Zustand losgelöst vom Ist-Zustand und stellt die Verbindung durch eine systematische Anwendung der Ziel-Mittel-Analyse her. Hierzu vgl. Müller-Stewens (2018), Stichwort: Synoptische Planung

18 vgl. Welge et al. (2017), Management, S. 38

führen solche Strategieplanungsprozesse in einem hochkomplexen und -unsicheren Umfeld zu weiteren, extensiven Umfeldanalysen und schließlich zu einer Paralyse der Unternehmung[19]. So kommen Studien zu der Erkenntnis, dass 90% dieser sorgfältig geplanten Strategien wirkungslos sind[20].

Neben der Gefahr einer wirkungslosen Strategie bergen die traditionellen Planungssysteme in einem volatilen Umfeld somit zusätzlich die Gefahr, wertvolle Zeit mit ausgedehnten Analysen verstreichen zu lassen. Jedoch wird die Reaktionszeit einer Unternehmung heutzutage zu einem Schlüsselfaktor im Wettbewerb, sodass oftmals jene Unternehmen den geringsten Erfolg haben, die unentschlossen abwarten[21]. Demgegenüber nutzen strategisch resiliente Unternehmen die unsicheren und dynamischen Krisenzeiten, um durch gezielte Investitionen in Innovation sich entfaltende Opportunitäten beherzt und schnell zu ergreifen und langfristig ihren Wettbewerbern zu enteilen[22]. In Krisenzeiten muss somit eine flexible und innovative Strategieentwicklung offen für frische Eindrücke sein, alte Einflüsse neu interpretieren und angestrebte Wettbewerbspositionen dynamisch adaptieren[23].

Im Kontext bedeutender Krisen und ereignisbezogener Diskontinuitäten bedarf es für eine innovativ-resiliente Antwort jedoch oftmals mehr als eine reine Verlagerung des strategischen Fokus. Vielmehr benötigen Unternehmen neue Fähigkeiten, Technologien und Kompetenzen, um die sich entfaltenden Opportunitäten aktiv zu ergreifen und an diesen zu wachsen.[24] Um zukünftige Märkte zu dominieren, brauchen Unternehmen somit eine Blaupause der strategischen Architektur für den Kompetenzaufbau[25]. Es mangelt den Unternehmen im unmittelbaren Nachgang einer Disruption somit an einer handlungsleitenden Technologie- und Innovationsstrategie[26]. Da viele Firmen in ihren Denkstrukturen gefangen sind und strategische Probleme ungeachtet des Kontexts in der gleichen Art und Weise angehen, braucht es hierfür eine eigene Entwicklungsmethodik, sodass die dringend benötigte Technologie- und Innovationsstrategie nicht in der Paralyse formaler Planungssysteme endet[27]. Hierauf aufbauend wird der vorliegenden Arbeit folgende Hypothese zugrunde gelegt:

---

[19] vgl. Vecchiato (2015), Organizational Flexibility, S. 268; Johnson et al. (2017), Exploring Strategy, S. 416; Müller-Stewens, Lechner (2016), Management, S. 19ff.; Milliken (1987), Three Types, S. 139f.; Ansoff (1979), Strategic Management, S. 139

[20] vgl. Pillkahn (2008), Scenarios, S. 233

[21] vgl. Song (2015), Früherkennung, S. 242; Proff et al. (2014), Elektromobilität, S. 18

[22] vgl. Diedrich et al. (2021), Strategic Resilience, S. 3ff.; Smit et al. (2020), COVID-Exit, S. 11; Levy et al. (2020), Emerging Resilients, S. 4ff.; O'Keeffe (2020), Retooling Strategy, S. 2f.

[23] vgl. Saenz, O'Keeffe (2020), Covid-19, S. 1; Proff et al. (2014), Elektromobilität, S. 8; vgl. Wilson (1999), Strategy, S. 22

[24] vgl. Lanzer et al. (2020), Krise, S. 6; Waterman et al. (1980), Structure, S. 24

[25] vgl. Hamel, Prahalad (2010), Competing, S. 23; Schulte-Gehrmann et al. (2011), Technologiestrategie, S. 55f.

[26] vgl. Schuh et al. (2022), Iterative Analysis, S. 1f.; Cooper (2000), Product Innovation, S. 38

[27] vgl. Pümpin (1992), Erfolgspositionen, S. 82f.; Johnson et al. (2017), Exploring Strategy, S. 416

Um nach einer ereignisbezogenen Diskontinuität in einem volatilen Unternehmensumfeld Wettbewerbsvorteile verteidigen und ausbauen zu können, bedarf es einer technologie- und innovationsstrategischen Neuausrichtung der Unternehmung. Damit diese den Erfolg der Unternehmung in Krisenzeiten katalysieren kann, muss die Strategieentwicklung abweichend von den etablierten, synoptischen Planungsansätzen Aspekte der Resilienz und Agilität adaptieren.

1.2 Zielsetzung der Arbeit

Ausgehend von dem zuvor erläuterten Versagen traditioneller Planungsinstrumente im Kontext hoher Volatilität ist es das Ziel der vorliegenden Arbeit, Unternehmen bei der Entwicklung von Technologiestrategien nach einer ereignisbezogenen Diskontinuität zu unterstützen[28]. Durch einen von den starren, rein synoptischen Planungsansätzen abweichenden flexiblen Strategieprozess soll ein Orientierungsrahmen für den gezielten Aufbau von Technologien, Fähigkeiten und Kompetenzen entwickelt werden.[29] Dieser soll die Strategie- und Entscheidungsfähigkeit von Unternehmen in Ausnahmesituationen fördern, welche es schließlich erlaubt, dessen Schlagkraft schnellstmöglich auf neue Wachstumspotenziale auszurichten und die Krise als Chancenkatalysator zu nutzen. Basierend auf der Unzufriedenheit praktizierender Manager selber mit der linear-formalen Planung sowie den generischen Ansätzen zur Formulierung von Strategien lässt sich die Zielsetzung der vorliegenden Arbeit wie folgt zusammenfassen[30]:

Zielsetzung der Arbeit ist die Gestaltung einer Methodik zur flexiblen, nichtlinearen Entwicklung von Technologiestrategien in einem durch ereignisbezogene Diskontinuität induzierten, volatilen Unternehmensumfeld.

Auf Basis der Problemstellung und dem Handlungsbedarf in der Praxis, der formulierten Lösungshypothese sowie der davon abgeleiteten Zielsetzung der Arbeit wird die vorliegende Dissertation forschungsmethodisch konzeptioniert.

1.3 Forschungsmethodische Konzeption der Arbeit

BINDER, KANTOWSKY folgend stellt die vorliegende Dissertationsschrift die Dokumentation einer wissenschaftlichen Forschungsreise dar. Damit diese Reise und deren Erkenntnis für andere begreifbar wird, bedarf es einer Klärung der grundlegenden Erkenntnisperspektive sowie der forschungsmethodologischen Vorgehensweise des Erkenntnisprozesses.[31] Erstere dient der Offenlegung eines Satzes von ersten Prinzipien, dessen endgültige Wahrheit nach

---

28 vgl. Song (2015), Früherkennung, S. 242

29 vgl. Schwenker (2013) Strategic Planning, S. 12; Grant (2003), Turbulent Environment, S. 491f.; Mintzberg (1994), Fall and Rise, S. 110

30 vgl. Wilson (1999), Strategy, S. 23; Milliken (1987), Three Types, S. 139; Wilmot (1987), Change, S. 23

31 vgl. Binder, Kantowsky (1996), Technologiepotentiale, S. 3f.

GUBA, LINCOLN im Sinne eines *„belief system"* nicht nachgewiesen kann und somit akzeptiert werden muss[32]. Es werden folglich die inhärenten Vorurteile eines jeden Ansatzes erläutert, welche den wissenschaftlichen Erkenntnisprozess gemäß ULRICH initiieren und diesen zwangsläufig begrenzen[33]. Letztere dient der Klärung der Vorgehensweise, nach welcher der Erkenntnisgewinn des eigenen Forschungsprozesses konzeptioniert wird.[34]

Zur Erläuterung der grundlegenden Erkenntnisperspektive wird die vorliegende Arbeit im Spektrum der Wissenschaften verortet. Dieses kann grundsätzlich in Formal- und Realwissenschaften unterschieden werden. Während Formalwissenschaften sich mit der analytischen Konstruktion und Verwendung von Zeichensystemen sowie deren Regeln befassen, ist es das Ziel der Realwissenschaften, sinnlich wahrnehmbare Ausschnitte der Wirklichkeit synthetisch zu beschreiben, zu erklären und schließlich zu gestalten[35]. Realwissenschaften können weiterhin in Grundlagen- sowie Handlungswissenschaften differenziert werden. Während erstere die Naturwissenschaften umfassen, zählen zu letzteren die Sozialwissenschaften, denen die Betriebswirtschaftslehre zugerechnet werden kann. Auf Basis der Zielsetzung einer Entwicklung von Technologiestrategien kann die vorliegende Arbeit den Ingenieurwissenschaften sowie der Betriebswirtschaftslehre zugeordnet werden (vgl. Abbildung 1-1). Dabei zählen die Ingenieurwissenschaften zu dem technischen Bereich der Handlungswissenschaften und weisen darüber hinaus gewisse Schnittmengen zu den Grundlagenwissenschaften auf.[36]

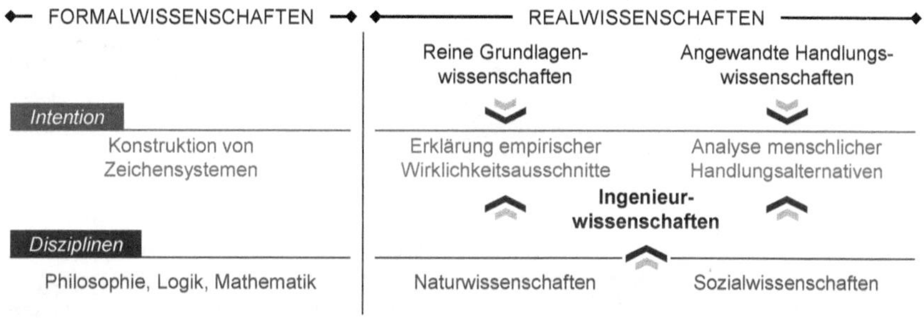

Abbildung 1-1: Verortung der Arbeit im Spektrum der Wissenschaften[37]

Ausgehend von der Verortung der vorliegenden Arbeit in den Ingenieurwissenschaften und der Betriebswirtschaftslehre kann die konzeptionelle Basis der grundlegenden Erkenntnisperspektive erläutert werden. Diese soll immanente Vorurteile einer Subjektivität des Ver-

[32] vgl. Guba, Lincoln (1994), Paradigms, S. 107
[33] vgl. Ulrich (1971), Systemorientierter Ansatz, S. 43
[34] vgl. Zohm (2004), Diskontinuitäten, S. 5
[35] vgl. Wochinger (2020), Planung und Steuerung, S. 14
[36] vgl. Ulrich, Hill (1976), Grundlagen Teil I, S. 305
[37] i. A. a. Ulrich, Hill (1976), Grundlagen Teil I, S. 305

fassers überwinden, indem Werteprämissen offengelegt werden, welche sich vorwissenschaftlich einer empirischen Überprüfung entziehen.[38]

Neben dem faktortheoretischen Ansatz nach GUTENBERG und dem entscheidungstheoretischen Ansatz nach HEINEN sehen ULRICH, HILL in der Betriebswirtschaftslehre den systemtheoretischen Ansatz nach ULRICH als ein solches Vorverständnis an[39]. Der systemtheoretische Ansatz nach ULRICH kann als interdisziplinär, praxisnah, offen und integrativ charakterisiert werden, da er sich als eine von realen Problemstellungen geleitete Unternehmensführungslehre begreift, welche eine große Nähe zu den Ingenieurwissenschaften aufweist[40]. Insbesondere im Hinblick auf die eingangs erläuterte Ausgangssituation erkennt die Systemtheorie die Komplexität und Dynamik von Problemen der Gestaltung, Lenkung sowie Entwicklung zweckgerichteter, sozialer Systeme an und gibt damit den Standpunkt totaler Beherrschbarkeit auf[41]. Demnach wird der Manager in der Praxis von ULRICH als Problemlöser und lenkendes Subjekt aufgefasst, dessen Erkenntnisperspektive in die pragmatische Theoriebildung einbezogen werden sollte. Als Erweiterung der Systemtheorie ist somit der Konstruktivismus als Theorie zweiter Ordnung für die konzeptionelle Basis der vorliegenden Arbeit von Interesse.[42] Dieser geht davon aus, dass die objektive Wirklichkeit infolge der Sinneswahrnehmung eines Betrachters stets eine subjektive Wirklichkeitskonstruktion darstellt. Da der Konstruktivismus Abschied von der absoluten Wahrheit nimmt, bedeutet dies für den Manager als Problemlöser und lenkendes Subjekt einer zu entwickelnden Methodik, dass für eine strategische Schlussfolgerung dessen Wahrnehmung entscheidend ist.[43]

Nachdem die grundlegende Erkenntnisperspektive in Form einer konzeptionellen Basis dargestellt wurde, bedarf es einer Erläuterung der Forschungsmethodologie, welche die Vorgehensweise zur Gewinnung von Erkenntnissen aufzeigt. Während in den Grundlagenwissenschaften der Ausgangspunkt dieses Erkenntnisprozesses in einem erklärungsbedürftigen Phänomen besteht, wird in den Handlungswissenschaften ein pragmatisches Wissenschaftsziel verfolgt, welches einen praktischen Nutzen zu stiften vermag[44]. Da die vorliegende Arbeit durch ihre Zuordnung zu den Handlungswissenschaften ein pragmatisches Wissenschaftsziel verfolgt, erscheint zu dessen Erreichung eine rein deduktiv-nomologische Vorgehensweise wenig geeignet bis hinderlich[45]. Daher wird im Rahmen der vorliegenden Arbeit eine explorative Vorgehensweise adoptiert, welche nicht der Überprüfung von Hypothesen aus der Theorie dient, sondern der Konstruktion und Entwicklung von wissenschaftlichen Aussagesystemen zur Schaffung neuer Realitäten.[46]

---

38 vgl. Kozielski (2013), Kennzahlensystem, S. 6; Ulrich, Hill (1976), Grundlagen Teil I, S. 306

39 vgl. Ulrich, Hill (1976), Grundlagen Teil I, S. 307ff.

40 vgl. Ulrich, Hill (1976), Grundlagen Teil I, S. 308

41 vgl. Ulrich (1981), Betriebswirtschaftslehre, S. 3; Zohm (2004), Diskontinuitäten, S. 7

42 vgl. Schwaninger (2016), Das Größere, S. 353f.; Lutterer (2002), Ordnung, S. 5ff.

43 vgl. Feess, Thommen (2018), Stichwort: Konstruktivismus, S. 1; vgl. Luhmann et al. (2017), Systemtheorie, S. 637

44 vgl. Kubicek (1977), Heuristische Bezugsrahmen, S. 5; Kromrey, Strübing (2009), Sozialforschung, S. 11ff.

45 vgl. Ulrich (1981), Betriebswirtschaftslehre, S. 6f.

46 vgl. Zohm (2004), Diskontinuitäten, S. 8f.; Kromrey, Strübing (2009), Sozialforschung, S. 512

Im Zentrum eines solchen, iterativen Lernprozesses der explorativen Forschung steht KUBICEK folgend ein heuristischer Bezugsrahmen, welcher das initiale Verständnis des Forschers expliziert und den Forschungsprozess steuert, indem er Orientierungshilfe zur Lösung der praktischen Probleme bietet[47]. Ausgehend von einem ersten, heuristischen Bezugsrahmen werden Bezugsgrößen, deren Beziehungen sowie relevante Mechanismen kontinuierlich präzisiert, indem Fragen an die Realität gestellt werden, welche zur Sammlung und Reflexion von Daten sowie des resultierenden Realitätsbildes führen[48]. Ausgangspunkt für diesen ersten, heuristischen Bezugsrahmen stellt ein theoretisches Problem dar, welches vom Forscher unzureichend verstanden oder generell unzureichend beherrscht ist[49]. Auf Basis der dargestellten Ausgangssituation in der Praxis, dessen Handlungsbedarf sowie der abgeleiteten Zielsetzung der Arbeit, illustriert Abbildung 1-2 den ersten heuristischen Bezugsrahmen.

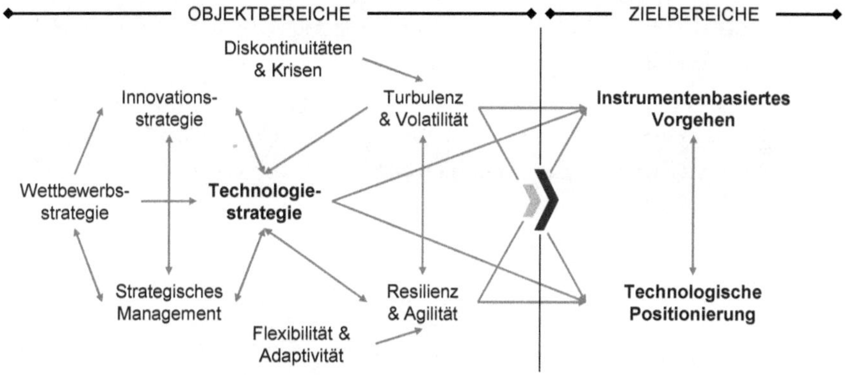

Abbildung 1-2: Erster heuristischer Bezugsrahmen der explorativen Forschung[50]

Ausgehend von der systemtheoretisch-konstruktivistischen Erkenntnisperspektive sowie der explorativen Forschungsmethodologie besteht der Ausgangspunkt des Forschungsprozesses in der Formulierung von Fragen an die Realität[51]. Für die vorliegende Dissertation wird somit die folgende, übergeordnete Forschungsfrage formuliert, um den Betrachtungsbereich initial einzugrenzen und damit die weiteren Untersuchungen auszurichten[52]:

Wie können Unternehmen in einem volatilen, von ereignisbezogenen Diskontinuitäten gekennzeichneten Umfeld zu einer funktionierenden Technologiestrategie gelangen?

---

[47] vgl. Tomczak (1992), Forschungsmethoden, S. 84; Kubicek (1977), Heuristische Bezugsrahmen, S. 14f.

[48] vgl. Kubicek (1977), Heuristische Bezugsrahmen, S. 21

[49] vgl. Tomczak (1992), Forschungsmethoden, S. 84

[50] i. A. a. Kubicek (1977), Heuristische Bezugsrahmen, S. 17ff.

[51] vgl. Kubicek (1977), Heuristische Bezugsrahmen, S. 15

[52] vgl. Rumelt et al. (1994), Fundamental Issues, S. 39

In Verbindung mit dem heuristischen Bezugsrahmen dient die Forschungsfrage dazu, die relevanten Objektbereiche zu identifizieren, welche einen Beitrag zu deren Lösung leisten können. Für die vorliegende Arbeit können diese Objektbereiche somit in den Themengebieten des strategischen Managements, der Technologie- und Innovationsstrategien, der Turbulenz und Volatilität von Unternehmensumfeldern sowie der Resilienz und Agilität von Organisationen gefunden werden.

Um die übergreifende Forschungsfrage zu beantworten, werden neun Leitfragen formuliert:

- Welchen Leistungsauftrag hat eine Entwicklungsmethodik für Technologiestrategien in einem volatilen Unternehmensumfeld zu erfüllen und welche Anforderungen erwachsen aus diesem?
- Lassen sich Konzepte der Resilienz und Agilität in einer Strategiemethodik operationalisieren und umsetzen? Wenn ja, wie?
- Wie ist eine Methodik zur Entwicklung von Technologiestrategien abweichend von den traditionell-synoptischen Planungssystemen konzeptionell zu gestalten, wenn die Unternehmung in einem volatilen Umfeld operiert?
- Wie erfolgt die Initiierung und kontinuierliche Steuerung eines solchen turbulenzinduzierten Strategieprozesses?
- Wie kann die durch extensive Analysen bedingte Paralyse der formalen Strategieplanung vermieden werden?
- Welche Analyseperspektiven sind nach einer ereignisbezogenen Diskontinuität relevant und welche Instrumente sind hierfür anwendbar?
- Wie sind strategische Lösungsoptionen zu synthetisieren und zu bewerten?
- Wie ist die strategische Positionierung zu formulieren, damit sie in einem volatilen Unternehmensumfeld nicht unmittelbar an Aktualität und Effektivität verliert?
- Mit welchem Vorgehen kann ein Anwender aus der Praxis eine technologiestrategische Positionierung in Krisenzeiten entwickeln?

Da die vorliegende Arbeit auf einer systemtheoretisch-konstruktivistischen Erkenntnisperspektive aufbaut und eine explorative Forschungsmethodologie verfolgt, wird zur Beantwortung der formulierten Fragen der *„Strategie angewandter Forschung“* nach ULRICH gefolgt[53]. Diese wird daher nachfolgend skizziert, um den Aufbau der Arbeit hieran auszurichten.

---

[53] vgl. Ulrich (1981), Betriebswirtschaftslehre, S. 20

1.4 Aufbau der Arbeit

Der Forschungsprozess startet und endet entsprechend der „*Strategie angewandter Forschung*“ in der Praxis. Zwischen Beginn und Ende folgt die Untersuchung zur Entwicklung von Technologiestrategien in einem volatilen Unternehmensumfeld entsprechend der gewählten Forschungsmethode. Folglich gliedert sich die Arbeit in sechs Kapitel (vgl. Abbildung 1-3).

Im Rahmen des ersten Kapitels wurden bereits die praxisrelevanten Probleme im Hinblick auf die Entwicklung von Technologiestrategien in einem volatilen Unternehmensumfeld erfasst und typisiert. Zur präziseren Definition des wissenschaftlichen Forschungsbedarfs dient das zweite Kapitel, in dem problemrelevante Grundlagen und Theorien erfasst und interpretiert werden. In Bezug auf die Problem- und Zielstellung der vorliegenden Arbeit werden hierzu Grundlagen des strategischen Managements, der Technologie- und Innovationsstrategie, der Turbulenz und Volatilität von Unternehmensumfeldern sowie die Resilienz und Agilität von Organisationen als Objektbereiche des heuristischen Bezugsrahmens dargestellt. Hierauf aufbauend wird der initiale Betrachtungsbereich des ersten, heuristischen Bezugsrahmens präzisiert, um den Stand der Forschung zielgerichtet aufzubereiten, kritisch zu würdigen und schließlich das wissenschaftliche Defizit abzuleiten. Von diesem Problem- und Grundlagenverständnis ausgehend erfolgt im dritten Kapitel die Konzeption der Methodik. Hierzu werden Anforderungen an die Methodik abgeleitet und problemrelevante Theorien zur formalen sowie inhaltlichen Konzeption erfasst. Mithilfe der abgeleiteten Anforderungen und ausgewählten Konzeptionswerkzeuge wird zunächst die grobe Ablauf- sowie Aufbaustruktur entwickelt und die sich ergebenden Modelle weiter konzeptioniert. Im vierten Kapitel werden die charakterisierten Modelle der Methodik hinsichtlich ihrer Instrumenten-konfiguration für die Teil-, Sub- und Elementarmodelle des Vorgehens zur Entwicklung von Technologiestrategien detailliert. Anhand eines Fallbeispiels wird die zuvor detaillierte Methodik im Rahmen des fünften Kapitels im Anwendungszusammenhang der Praxis hin-sichtlich der gestellten Anforderungen überprüft und validiert. Abschließend wird im sechsten Kapitel die Forschungsreise reflektiert, indem die gewonnenen Erkenntnisse zusammengefasst, diskutiert und deren Limitierungen aufgezeigt werden, sodass ein Ausblick für zukünftige Forschungsarbeiten gegeben werden kann.

Abbildung 1-3: Strategie angewandter Forschung und Aufbau der Arbeit[54]

[54] i. A. a. Ulrich (1981), Betriebswirtschaftslehre, S. 20

2 Grundlagen und Kennzeichnung der Situation

„The underlying principles of strategy are enduring, regardless of technology or the pace of change.“
– MICHAEL PORTER (2013)[55]

Nachdem die Motivation und Zielstellung erläutert, ein forschungsmethodischer Ansatz zur Lösung gewählt und der Aufbau der vorliegenden Arbeit hieran strukturiert wurde, orientiert sich das zweite Kapitel gemäß der explorativen Forschungsmethodologie an den Objektbereichen des heuristischen Bezugsrahmens nach KUBICEK. Hierfür werden relevante Termini und Grundlagen entlang der Objektbereiche des strategischen Managements, der Innovations- und Technologiestrategie, der Turbulenz und Volatilität von Unternehmensumfeldern sowie der organisationalen Resilienz und Agilität erörtert. Hierauf aufbauend wird der Betrachtungsbereich der vorliegenden Arbeit systematisch eingegrenzt und schließlich der bestehende Stand der Forschung kritisch reflektiert. Das Kapitel schließt folglich mit den Defiziten bestehender Ansätze sowie dem Forschungsbedarf dieser Dissertation.

2.1 Strategisches Management

Grundlage einer jeden wissenschaftlichen Arbeit ist ein einheitliches Begriffsverständnis[56]. Es wird somit zunächst die Terminologie erläutert und ein Begriffsverständnis des strategischen Managements entwickelt, bevor relevante Grundlagen dargestellt werden. Hierfür orientiert sich die Darstellung der Grundlagen an den Forschungsstoßrichtungen des strategischen Managements nach PETTIGREW: Inhalt, Vorgehen sowie Kontext[57]. Ausgehend von der Zielstellung der vorliegenden Arbeit kann dabei der Inhalt mit den verschiedenen konzeptionellen Strömungen zur Erklärung von Wettbewerbsvorteilen, das Vorgehen mit der Strategiebildung sowie den Denkschulen des strategischen Managements und der Kontext mit den Konzepten des strategischen Fits sowie Drifts als auch der strukturellen Trägheit in Verbindung gebracht werden. Im Folgenden werden daher im Anschluss an die Terminologie und das Begriffsverständnis (vgl. Unterkapitel 2.1.1) die jeweils relevanten Grundlagen der Forschungsstoßrichtungen dargestellt (vgl. Unterkapitel 2.1.2 bis 2.1.4).

2.1.1 Terminologie und Begriffsverständnis

In der Literatur existiert kein einheitliches Begriffsverständnis des strategischen Managements. Vielmehr zeichnet sich das Forschungsgebiet durch eine erhebliche Meinungsvielfalt aus.[58] So wird der Begriff des strategischen Managements oftmals synonym zu dem der

---

55 vgl. Porter (2013), Strategy; Lardi, Fuchs (2013), Media Strategy, S. 20

56 vgl. Mayring (2016), Sozialforschung, S. 21; Ulrich, Hill (1976), Grundlagen Teil II, S. 348

57 vgl. Pettigrew (1992), Strategy Process, S. 7

58 vgl. Macharzina (1995), Unternehmensführung, S. 34; Bresser (2012), Managementtheorie, S. 3

strategischen Unternehmensführung genutzt[59]. Jedoch fassen einige Autoren den Begriff der Unternehmensführung und andere Autoren den Begriff des Managements breiter[60]. Für ein differenzierteres Begriffsverständnis wird im Rahmen der vorliegenden Arbeit dem enger gefassten Begriff des strategischen Managements gefolgt. Hiernach bildet das strategische Management die bewusste, explizite und rationale Führung und Entwicklung des Unternehmens zur Generierung nachhaltiger Wettbewerbsvorteile[61]. Hierzu betrachtet das strategische Management im Allgemeinen die Planung, Steuerung und Koordination der Unternehmensentwicklung aus einer konzeptionellen Perspektive. Über die Gestaltung und Entwicklung von Strategien hinaus befasst sich das strategische Management auch mit der Kontrolle der Strategieumsetzung[62].

Wie der Begriff des strategischen Managements wird auch der einer Strategie nicht einheitlich in der Literatur definiert und genutzt[63]. Jedoch können drei dominante Perspektiven des Begriffsverständnisses einer Strategie identifiziert werden: die militärische Perspektive, die wirtschaftliche Perspektive sowie die Perspektive des Managements.

Aus einer militärischen Perspektive beschreibt CLAUSEWITZ den Auftrag einer Strategie als die Koordination der Heerführung für den Zweck eines Krieges[64]. Dieser Auftrag wird durch VON MOLTKE ergänzt, welcher eine Strategie als die allgemeine Entwicklungsrichtung einer Armee sowie deren Weiterentwicklung entsprechend den sich häufig ändernden Randbedingungen definiert[65]. Aus einer wirtschaftlichen Perspektive wurde der Strategiebegriff insb. von NEUMANN, MORGENSTERN im Kontext der wirtschaftswissenschaftlichen Spieltheorie geprägt. Demnach stellt eine Strategie einen vollständigen Plan dar. Dieser beinhaltet alle Entscheidungen, die ein Spieler in jeder möglichen Situation treffen wird, mit den jeweils zum gegenwärtigen Zeitpunkt zur Verfügung stehenden Informationen.[66] Die militärische und wirtschaftliche Perspektive einer Strategie wurden in den 1960er Jahren von den ersten theoretischen und methodischen Forschungsaktivitäten in einem betriebswirtschaftlichen Kontext aufgegriffen. Als Wegbereiter gelten in diesem Zusammenhang die Arbeiten von ANSOFF, CHANDLER sowie LEARNED ET AL.[67] Trotz dieser langjährigen Forschungshistorie findet sich in der Literatur des strategischen Managements noch keine allgemein anerkannte Definition des Strategiebegriffs[68]. So fokussieren einige Arbeiten auf die inhaltliche Dimension einer Strategie, welche auf eine attraktive strategische Positio-

---

[59] vgl. Macharzina (1995), Unternehmensführung, S. 35

[60] vgl. Macharzina (1995), Unternehmensführung, S. 42; Kirsch (1997), Strategisches Management, S. 149; Bachmann (2015), Logik, S. 9

[61] vgl. Welge, Al-Laham (1992), Planung, S. 15; Welge et al. (2017), Management, S. 14f.; Müller-Stewens, Lechner (2016), Management, S. 17ff.; Bamberger, Wrona (2004), Unternehmensführung, S. 36

[62] vgl. Müller-Stewens (1990), Suchfeldanalyse, S. 4; Welge, Al-Laham (1992), Planung, S. 15

[63] vgl. Mingers, White (2010), Systems Thinking, S. 1153

[64] vgl. Clausewitz et al. (2007), On War, S. 74

[65] vgl. Moltke, Hughes (1996), Art of War, S. 14

[66] vgl. Neumann, Morgenstern (1972), Games, S. 79

[67] vgl. Rumelt et al. (1991), Economics, S. 7; Ansoff (1965), Corporate Strategy; Chandler (1962), Strategy; Learned et al. (1965), Business policy

[68] vgl. Rüegg-Stürm, Grand (2017), Management-Modell, S. 207

nierung im Wettbewerb abstellt[69]. Demgegenüber legen andere Forschungsarbeiten ihren Fokus auf die Entwicklung der strategischen Organisation und somit auf die Prozessdimension einer Strategie[70]. Wiederum andere Ansätze rücken die Zukunftsfähigkeit einer Organisation durch Identifikation, Bewertung und Entwicklung von unternehmerischen Opportunitäten in das Zentrum des Begriffsverständnisses[71]. So definieren auch RÜEGG-STÜRM, GRAND aus Sicht einer ganzheitlichen Managementlehre eine Strategie als die *„zukunftsbezogene Schaffung von existenzrelevanten Erfolgsvoraussetzungen für die erfolgreiche organisationale Wertschöpfung und deren Weiterentwicklung mit Blick auf ihre Primärumwelt"*[72].

Es wird somit deutlich, dass kein universelles Begriffsverständnis für das Konzept einer Strategie existiert. MINTZBERG argumentiert daher, dass unterschiedliche Definitionen als äquivalent anerkannt werden müssen, um die unterschiedlichen Facetten einer Strategie verstehen zu können. Er differenziert daher fünf Definitionen des Strategiebegriffs[73]:

- Strategie als Plan (*„strategy as plan"*), welche eine zielgerichtete Handlungsweise für die Zukunft vorgibt,
- Strategie als List (*„strategy as ploy"*), welche als planerischer Akt dazu dient, Konkurrenten mit einem Schach- oder Winkelzug in die Irre zu führen,
- Strategie als Muster (*„strategy as pattern"*), welche auf die retrospektiven Verhaltensweisen im Strom von Handlungsweisen einer Unternehmung abzielt,
- Strategie als Position (*„strategy as position"*), welche die Verortung der Unternehmung im Umfeld als Mediator zwischen internem und externem Kontext vornimmt sowie
- Strategie als Perspektive (*„strategy as perspective"*), welche auf die Visionen als kollektives Weltbild und Selbstverständnis einer Unternehmung abstellt.

Basierend auf den vorherigen Darstellungen folgt das Begriffsverständnis der vorliegenden Arbeit der Definition nach CHANDLER, der Strategien als die Gesamtheit von strategischen Einzelentscheidungen definiert, welche der Festlegung der grundlegenden Langfristziele eines Unternehmens dienen sowie den Weg zur Zielerreichung durch Ressourcenallokation aufzeigen[74]. Darauf aufbauend wird eine Strategie nach ANT als Lösung für eine eindeutig identifizierte Problemstellung verstanden, welche unter bestimmten Bedingungen operationalisiert werden kann[75].

---

69 vgl. Hamel, Prahalad (1990), Core Competence, S. 91; Penrose (2009), Growth, S. 86; Porter (1979), Competitive Forces, S. 137

70 vgl. Bower (1970), Planning, S. 186; Burgelman (1994), Memories, S. 24; van de Ven (1986), Central Problems, S. 590

71 vgl. Rumelt (2011), Good Strategy, S. 3

72 vgl. Rüegg-Stürm, Grand (2017), Management-Modell, S. 207f.

73 vgl. Mintzberg (1987), Strategy Concept, S. 11ff.

74 vgl. Chandler (1962), Strategy, S. 13

75 vgl. Ant (2018), Effizientes Management, S. 38

2.1.2 Strömungen des strategischen Managements

Ausgehend von der stark interdisziplinären Prägung des strategischen Managements existiert in der Literatur eine Vielzahl verschiedener Erklärungsansätze für den Aufbau sowie dauerhaften Erhalt des Markterfolgs von Unternehmen[76]. Eine Schlüsselrolle für die Erklärung dieses Phänomens stellt das Konzept der Wettbewerbsvorteile dar. BOURGEOIS, DUHAIME ET AL. beschreiben Wettbewerbsvorteile als Bündel von Faktoren und Fähigkeiten, welche es einer Unternehmung ermöglichen, dauerhaft die Leistung der Wettbewerber zu übertreffen[77]. BOWMAN sieht hierin die langfristige Erzielung von *„supranormal returns“* im Vergleich zum Wettbewerb[78]. Auf Basis des Erklärungsansatzes von Wettbewerbsvorteilen können drei Strömungen des strategischen Managements differenziert werden, welche im Nachfolgenden näher charakterisiert werden: die marktbasierten-, ressourcenbasierten sowie komplementären Strömungen[79]. Für eine ausführliche Darstellung der theoretischen Perspektiven sei auf WELGE, AL-LAHAM verwiesen[80].

2.1.2.1 Marktbasierte Strömungen

Der marktorientierte Ansatz *(„Market-Based View“ MBV)* leitet sich aus dem *„Structure-Conduct-Performance“*-Paradigma der industrieökonomischen Theorie *(„Industrial Organization“)* ab und stellt die dominante Strategieperspektive der 1980er und 1990er Jahre dar[81]. Demnach determiniert die Branchenstruktur das strategische Verhalten einer Unternehmung und somit deren Erfolg[82]. Entscheidende Beiträge zu dieser Strömung liefern die Arbeiten von PORTER. Mithilfe von Wettbewerbsstrategien positioniert sich hiernach ein Unternehmen hinsichtlich der fünf Wettbewerbskräfte *(„Five Forces“)* in der Wettbewerbslandschaft einer Branche und deren Wertschöpfungskette[83]. Hierzu identifiziert Porter drei generische Wettbewerbsstrategien in Form der Differenzierung, Kostenführerschaft sowie Fokussierung[84]. Über die Zeit sind weitere präskriptive und analytische Ansätze entstanden, welche das ursprüngliche Modell von PORTER ergänzen. Diese umfassen bspw. Konzepte zur Bestimmung von Skalen-, Verbund- und Lernkurveneffekten sowie Eintritts- und Austrittsbarrieren, aber auch alternative Wettbewerbsstrategien wie bspw. die *„Strategy Clock“* nach BOWMAN.[85]

---

[76] vgl. Welge et al. (2017), Management, S. 27ff.; Bea, Haas (2016), Management, S. 26ff.; Bamberger, Wrona (2004), Unternehmensführung, S. 39ff.; Ryschka (2019), Technologieplattformen, S. 9

[77] vgl. Bourgeois et al. (1999), Strategic Management, S. 56

[78] vgl. Cockburn et al. (2000), Origins, S. 1123; Lado et al. (1997), Competition, S. 111; Bowman (1974), Epistemology

[79] vgl. Harmann (2003), Patente, S. 38

[80] vgl. Welge et al. (2017), Management, S. 30ff.

[81] vgl. Fellner (2010), Strategic Flexibility, S. 32; Bain (1959), Industrial Organization

[82] vgl. Porter (1981), Industrial Organization, S. 611; Hoskisson et al. (1999), Theory, S. 425

[83] vgl. Porter (1979), Competitive Forces, S. 141; Porter (2008), Shape Strategy, S. 80

[84] vgl. Porter (2013), Wettbewerbsstrategie, S. 73

[85] vgl. Johnson et al. (2017), Exploring Strategy, S. 210ff.; Fellner (2010), Strategic Flexibility, S. 33; Faulkner, Bowman (1995), Essence

2.1.2.2 Ressourcenbasierte Strömungen

Dem marktbasierten Ansatz stehen unter dem Sammelbegriff des ressourcenbasierten Ansatzes (*„Resource-Based-View“ RBV*) eine Reihe von Arbeiten gegenüber, welche auf dem *„Resource-Conduct-Performance“*-Paradigma basieren[86]. Demnach werden Unternehmen nicht als Bündel von Produkt- und Marktkombinationen aufgefasst, sondern als Bündel von (einzigartigen) Ressourcen, welche das strategische Verhalten und somit deren Erfolg determinieren[87]. Die Nachhaltigkeit von Wettbewerbsvorteilen entsteht somit durch die Heterogenität und Immobilität von Ressourcenkonfigurationen der einzelnen Unternehmen[88]. Initial von PENROSE in den 1960er Jahren konzeptioniert, wurde der Grundgedanke während der 1990er Jahre erneut durch die Arbeiten von WERNERFELT aufgegriffen und von BARNEY sowie PRAHALAD, HAMEL um die Kernkompetenzperspektive ergänzt[89]. Hiernach beruhen nach-haltige Wettbewerbsvorteile auf wertvollen, seltenen, nichtnachahmbaren oder -substituierbaren (Kern-) Kompetenzen und Fähigkeiten, welche von einem Unternehmen verwertet werden können.[90] GRANT erweitert diese Kriterien zudem um die Langlebigkeit, Transparenz, Übertragbarkeit sowie Reproduzierbarkeit von Ressourcen[91].

2.1.2.3 Komplementäre Strömungen

Wenngleich MBV und RBV aufgrund ihrer zugrundeliegenden Paradigmen zunächst widersprüchlich erscheinen, stellt eine Vielzahl von Autoren deren Komplementarität fest[92]. So kann lediglich unter Verwendung der Aussagen des MBV die wirtschaftliche Relevanz von Ressourcen evaluiert werden. Konträr bedarf es zusätzlich zur Marktperspektive der Betrachtung ressourcenorientierter Argumente, um die Fähigkeit eines Unternehmens zum Anbieten differenzierterer oder kostengünstigerer Produkte und Dienstleistungen zu verstehen.[93] Da sowohl dem MBV als auch dem RBV eine ausgeprägt statische Betrachtungsperspektive inhärent ist, haben sich zudem dynamische Strömungen des strategischen Managements entwickelt, welche Aspekte des MBV und RBV aufgreifen[94]. Hierbei kommt dem Konzept organisationaler Pfadabhängigkeiten der evolutorischen Ökonomik eine entscheidende Rolle zu. Diese stellen im Kern selbstverstärkende Prozesse dar, deren Dynamiken zu spezifischen Entwicklungspfaden einer Unternehmung führen, infolge derer Irreversibilität, Inflexibilität oder Lock-in-Effekte entstehen können[95]. Ausgehend von der Betrachtung eines hochturbulenten Unternehmensumfelds in der vorliegenden Arbeit werden daher nachfolgend drei

---

86 vgl. Bea, Haas (2016), Management, S. 29; Hungenberg (2014), Management, S. 61

87 vgl. Penrose (2009), Growth, S. xix

88 vgl. Barney (1991), Firm Resources, S. 105f.

89 vgl. Wernerfelt (1984), Resource-Based View, S. 179f.; Welge et al. (2017), Management, S. 98; Krüger, Homp (1997), Kernkompetenz-Management, S. 59ff.

90 vgl. Hamel, Prahalad (1990), Core Competence, S. 82; Barney (1991), Firm Resources, S. 105ff.; vgl. Barney (1995), Inside, S. 50ff.

91 vgl. Grant (1991), Theory, S. 124ff.

92 vgl. Friedrich et al. (2002), Quo vadis, S. 34; Ryschka (2019), Technologieplattformen, S. 10

93 vgl. Fischer (2002), Wettbewerbsvorteile, S. 159ff.

94 vgl. Welge et al. (2017), Management, S. 94; Schuh et al. (2011), Strategie, S. 76

95 vgl. Sydow et al. (2009), Path Dependence, S. 691; David (1985), Economics

Vertreter dieser Strömung charakterisiert, welche ein besonderes Augenmerk auf die Dynamik des Umfelds legen: der Ansatz des Hyperwettbewerbs *(„Hyper Competition")*, der Ansatz der dynamischen Fähigkeiten *(„Dynamic Capabilities")* sowie der potenzialorientierte Ansatz.

Ansatz des Hyperwettbewerbs

Das Konzept des Hyperwettbewerbs stammt aus den 1990er Jahren und geht zurück auf die Arbeiten von D'AVENI, GUNTHER. Dabei werden etablierte Unternehmen durch neue Wettbewerber zunehmend schnell und häufig be- und verdrängt.[96] Infolge der hohen Wettbewerbsdynamik kommen D'AVENI, GUNTHER zu dem Schluss, dass das strategische Management in einem solchen Umfeld andere Schwerpunkte setzen müsse als in einer stabilen Branche. Demnach ist der Branchenwettbewerb durch vier statische Wettbewerbsarenen gekennzeichnet, welche in unterschiedlichen Eskalationsstufen ausgeprägt sein können:[97]

- Kosten und Qualität *(„Cost & Quality")*
- Timing und Wissen *(„Timing & Know-how")*
- Abschottung *(„Strongholds")*
- Finanzielle Ressourcen *(„Deep Pockets")*

Aus der dynamischen Betrachtung der vier Wettbewerbsarenen ergeben sich signifikante Auswirkungen für den Wettbewerb von Unternehmen. Demnach verfallen Wettbewerbsvorteile und Markteintrittsbarrieren zunehmend schneller, infolge dessen eine abnehmende Bedeutung der Langfristplanung sowie der Aussagekraft traditioneller SWOT-Analysen festzustellen ist. Demgegenüber gewinnt ein überraschendes Agieren im Wettbewerb an Stellenwert, weshalb Unternehmen ständig nach Chancen und Opportunitäten hierfür suchen müssen.[98] Ausgehend von diesen Implikationen formulieren D'AVENI, GUNTHER ein Managementkonzept, in dessen Zentrum die proaktive Marktdisruption durch ein Unternehmen steht. Dieses basiert dabei auf der Vision, den Fähigkeiten sowie Taktiken zur Markterschütterung.[99] Abbildung 2-1 illustriert die zugrundeliegenden Konzepte der Vision (durch *„Kundennutzen"* und *„Strategische Vorhersagen")*, der Fähigkeiten (mittels *„Ändern der Spielregeln"*, *„Signalisieren"* und *„Strategischen Vorstößen")* sowie der Taktiken (durch *„Schnelles Agieren"* und *„Überraschendes Agieren")* zur Disruption.

96 vgl. D'Aveni (1998), New Era, S. 183

97 vgl. D'Aveni, Gunther (1994), Hypercompetition, S. 13ff.

98 vgl. Eckert (2018), Echtzeitunternehmen, S. 4f.

99 vgl. D'Aveni (1998), New Era, S. 191ff.; D'Aveni, Gunther (1994), Hypercompetition, S. 31ff.

Abbildung 2-1: Managementkonzept für den Branchenhyperwettbewerb[100]

Ansatz der dynamischen Fähigkeiten

Ausgehend von der Kritik an der statischen Natur des RBV findet sich die Fundierung der dynamischen Fähigkeiten *(„Dynamic Capabilities")* in den Strömungen des wissensbasierten Ansatzes *(„Knowledge-based View" KBV)*, der evolutorischen Ökonomik sowie in verhaltensorientierten Perspektiven[101]. Als wegbereitend gilt in diesem Zusammenhang die Arbeit von TEECE, PISANO ET AL. zum Ende der 1990er Jahre[102]. Die Strömung der Dynamic Capabilities stellt somit einen vergleichsweise jungen Forschungsansatz dar, welcher jedoch seit dessen Begründung zu einem zentralen Forschungsfeld des strategischen Managements avanciert ist. Im Zentrum hierbei steht die Erklärung von organisationalem Wandel und Wettbewerbsvorteilen in dynamischen Märkten.[103]

Im Zuge der wachsenden Aufmerksamkeit aus Praxis und Wissenschaft haben sich divergierende Definitionen zum Konzept der Dynamic Capabilities ausgebildet. Dennoch wird die initiale Konzeption von TEECE, PISANO ET AL. sowie die Weiterentwicklung von TEECE aufgrund dessen integrativen Charakters noch immer als das dominante Verständnis angesehen.[104] Demnach werden Dynamic Capabilities als Ressourcen und Fähigkeiten höherer Ordnung verstanden, mithilfe derer Unternehmen zur Reaktion auf veränderliche Umfeldbedingungen befähigt werden, indem sie interne sowie externe Kompetenzen integrieren, aufbauen sowie rekonfigurieren[105]. Das Framework der Dynamic Capabilities von TEECE (vgl. Abbildung 2-2) versucht somit zu erklären, wie Unternehmen und deren Management zunächst Opportunitäten erkennen *(„Sense")* und anschließend Entscheidungen treffen *(„Seize")* sowie Maßnahmen zur Ergreifung einleiten können *(„Transform")*. Letztlich gilt es dabei, eine Agilität (vgl. Teilkapitel 2.4) bewahren zu können, um ausgehend von

---

[100] i. A. a. D'Aveni, Gunther (1994), Hypercompetition, S. 31ff.; D'Aveni (1998), New Era, S. 191ff.

[101] vgl. Di Stefano et al. (2014), Drivetrain, S. 309f.

[102] vgl. Vivas López (2005), Competitive Advantage, S. 662ff.

[103] vgl. Hutterer (2013), Dynamic Capabilities, S. 204

[104] vgl. Albort-Morant et al. (2018), Origins, S. 42; Di Stefano et al. (2014), Drivetrain, S. 308; Hutterer (2013), Dynamic Capabilities, S. 237

[105] vgl. Teece et al. (1997), Strategic Management, S. 515; Vivas López (2005), Competitive Advantage, S. 667

aufgenommenen Signalen (bspw. technologieinduzierte Opportunitäten) das Fundament des früheren Erfolgs (d.h. Strategien und Geschäftsmodelle) kontinuierlich durch Rekonfiguration zu erneuern.[106]

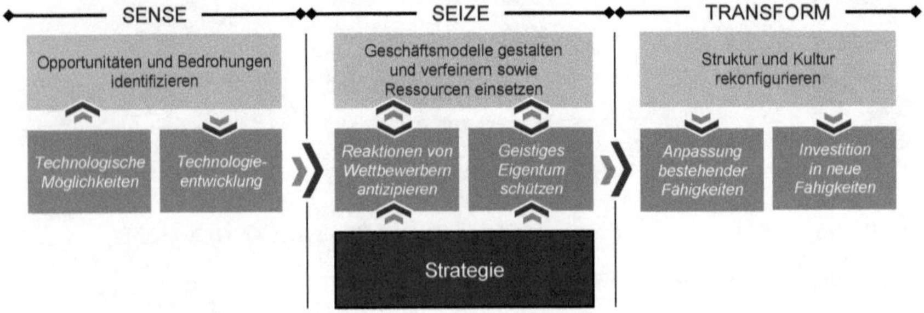

Abbildung 2-2: Ordnungsrahmen der Dynamic Capabilities[107]

Über die Arbeiten von TEECE, PISANO ET AL. hinaus sind im Hinblick auf das volatile Unternehmensumfeld als Kontext der vorliegenden Arbeit ebenfalls die Beiträge von EISENHARDT, MARTIN zu dem Forschungsfeld der Dynamic Capabilities von Interesse. Diese begreifen dynamische Fähigkeiten im Gegensatz zu TEECE, PISANO ET AL. nicht als latente Handlungen, d.h. als Fähigkeit, Vermögen oder Können, sondern als Prozess i. S. v. Routinen und Mustern.[108] So definieren sie Dynamic Capabilities als „ *[...] organizational and strategic routines by which firms achieve new resource configurations as markets emerge, collide, split, evolve, and die*"[109]. Da diese in unterschiedlichen Unternehmen zwar Gemeinsamkeiten aufweisen, die strukturellen Muster jedoch mit der Marktdynamik variieren, kommen EISENHARDT, MARTIN zu der Schlussfolgerung, Dynamic Capabilities in moderat- sowie hochdynamischen Märkten zu differenzieren (vgl. Tabelle 2-1). In Anbetracht der abnehmenden Stabilität von Umfeldbedingungen eines „*VUKA*"-Umfelds (vgl. Teilkapitel 2.3) folgern SCHOEMAKER, HEATON ET AL. hieraus eine stark zunehmende Relevanz dieser Überlegungen[110].

106 vgl. Teece (2007), Dynamic Capabilities, S. 1347

107 i. A. a. Teece (2018), Business Models, S. 44; Teece et al. (2016), Organizational Agility, S. 18; Teece (2007), Dynamic Capabilities, S. 1342; Hutterer (2013), Dynamic Capabilities, S. 208

108 vgl. Di Stefano et al. (2014), Drivetrain, S. 313

109 Eisenhardt, Martin (2000), Dynamic Capabilities, S. 1107

110 vgl. Schoemaker et al. (2018), Innovation, S. 15ff.

Tabelle 2-1: Differenzierung von Dynamic Capabilities[111]

Merkmale	Moderatdynamische Märkte	HochdynamischeMärkte
Definition	Spezifische, organisationale und strategische Prozesse zur Veränderung der Ressourcenbasis von Unternehmen	
Muster	Detaillierte, analytische Routinen primär basierend auf existierendem Wissen	Einfache, erfahrungsgebundene Routinen basierend auf situativ angemessenem Wissen
Ergebnis	Prädiktiv	Nicht prädiktiv
Wettbewerbsvorteil	Nachhaltig	Temporär
Entstehung	Einzigartige Pfade basierend auf Lernmechanismen	
Problemlösung	Regelmäßig in kleinen Anpassungen	Spontan in Form von ad-hoc Problemlösungen

Trotz der divergierenden Konkretisierungen des Konzepts der Dynamic Capabilities schließt FUKUZAWA, dass es eine Übereinstimmung hinsichtlich von fünf Kernelementen gibt, welche diese charakterisieren: Ausmaß von Umweltveränderungen, organisationale Prozesse und Routinen, Ressourcenkonfiguration, Entscheidungsfindung von Managern sowie Lernmechanismen[112]. Um sowohl Überlegungen des integrativen Verständnisses von TEECE, PISANO ET AL. als auch Ansatzpunkte der Dynamic Capabilities in hochdynamischen Märkten von EISENHARDT, MARTIN aufzugreifen, orientiert sich die vorliegende Arbeit an den fünf Kernelementen der dynamischen Fähigkeiten nach FUKUZAWA.

Ansatz der Potenzialorientierung

Eine Integration des MBV und RBV wird ebenfalls durch den potenzialbasierten Ansatz beschrieben, welcher Potenziale in einer „*Brückenfunktion*“ jeweils auf normativer, strategischer und operativer Ebene identifiziert[113]. Als eine Vorsteuergröße des Unternehmenserfolgs begründet GÄLWEILER den Begriff des Erfolgspotenzials im deutschsprachigen Raum[114]. Demnach stellen Erfolgspotenziale „*das gesamte Gefüge aller jeweils produkt- und marktspezifischen erfolgsrelevanten Voraussetzungen [dar], die spätestens dann bestehen müssen, wenn es um die Erfolgsrealisierung geht*“[115]. Auf diesen Überlegungen aufbauend entwickelt PÜMPIN das Konzept der strategischen Erfolgspositionen (SEP). Diese beschreiben bewusst geschaffene Voraussetzungen durch den Aufbau von dominierenden Fähigkeiten, mittels derer ein Unternehmen im Vergleich zum Wettbewerb langfristig überdurchschnittliche Ergebnisse erzielt.[116] Zur Ausrichtung dieser SEP führt PÜMPIN zudem das Konzept der Nutzenpotenziale ein, welche

[111] vgl. Eisenhardt, Martin (2000), Dynamic Capabilities, S. 1115; Hutterer (2013), Dynamic Capabilities, S. 200

[112] vgl. Fukuzawa (2015), Dynamic Capability, S. 85

[113] vgl. Harmann (2003), Patente, S. 39; Binder, Kantowsky (1996), Technologiepotentiale, S. 67f.

[114] vgl. Breuer (2006), Technologieplattformen, S. 22

[115] Gälweiler (1987), Unternehmensführung, S. 26

[116] vgl. Pümpin (1992), Erfolgspositionen, S. 34

als attraktive Konstellationen in der Umwelt beschrieben und durch die Aktivitäten des Unternehmens zum Nutzen seiner Bezugsgruppen erschlossen werden können. Dabei unterliegen auch Nutzenpotenziale einer Dynamik in Form von Lebenszyklen, da sich auch die Markt- und Unternehmensumwelt über die Zeit verändert.[117] BINDER, KANTOWSKY detaillieren schließlich die Zusammenhänge der Arbeiten von GÄLWEILER und PÜMPIN für das Technologiemanagement[118]. Abbildung 2-3 illustriert diese Bündelung von Ressourcen und Fähigkeiten auf strategischer Ebene in strategischen Erfolgspotenzialen, welche durch SEP in einen Bezug zu Markt und Umwelt gesetzt werden und übergeordnet durch Nutzenpotenziale ausgerichtet werden. Hierdurch ergibt sich eine durch die SEP definierte Bandbreite für die evolutionäre Entwicklung der Unternehmung.

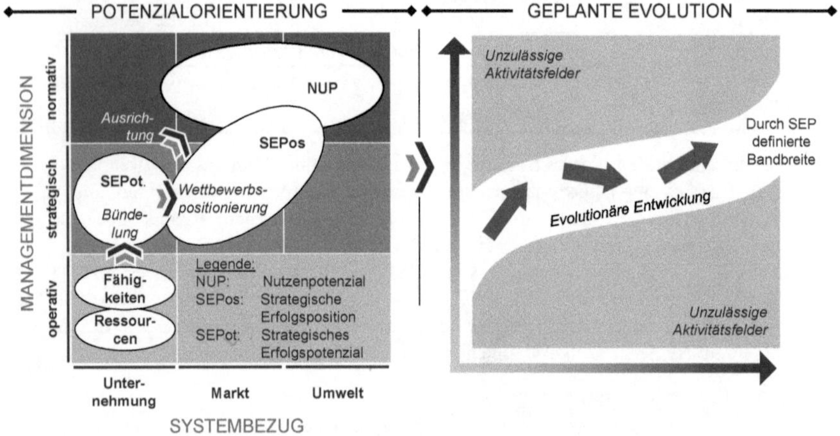

Abbildung 2-3: Evolutionär-systemtheoretische Potenzialorientierung des strategischen Managements[119]

Aufgrund einer Ausrichtung an Prozess- statt Zustandsbeschreibungen liegt den Arbeiten des potenzialorientierten Ansatzes folglich eine ausgeprägt evolutionär-systemtheoretische Betrachtungsperspektive von Unternehmen zugrunde. Die Ursprünge dieser Sichtweise des Managements können sowohl auf die Münchner Schule um KIRSCH als auch den St. Galler Forschungsbereich um ULRICH, KRIEG während der 1970er Jahre zurückgeführt werden.[120] Aufbauend auf den Arbeiten von ULRICH, KRIEG am St. Galler Management-Modell entwickelt BLEICHER mit der Idee einer Ganzheitlichkeit das Konzept des integrierten Managements. Dieses differenziert auf horizontaler Ebene Strukturen, Aktivitäten und

[117] vgl. Schuh et al. (2011), Strategie, S. 110; Zohm (2004), Diskontinuitäten, S. 97

[118] vgl. Binder, Kantowsky (1996), Technologiepotentiale, S. 67; Breuer (2006), Technologieplattformen, S. 22

[119] i. A. a. Binder, Kantowsky (1996), Technologiepotentiale, S. 67; Pümpin (1992), Erfolgspositionen, S. 31

[120] vgl. Schuh et al. (2011), Strategie, S. 76f.; Welge et al. (2017), Management, S. 132

Verhalten sowie vertikal die normative, strategische und operative Managementebene.[121] Dabei begründet das normative Management die Existenz des Unternehmens durch Werte, Regeln und Normen. Das strategische Management hingegen richtet die Aktivitäten des Unternehmens auf die Schaffung von Erfolgsfaktoren aus, während das operative Management die Realisierung sämtlicher leistungs-, finanz- und informationswirtschaftlicher Prozesse umfasst.[122]

Aufgrund der dynamischen Betrachtungsperspektive sowie der Verknüpfung zu einem ganzheitlichen Managementkonzept wird im Rahmen der vorliegenden Arbeit mit dem potenzialorientierten Ansatz eine komplementäre Strategieperspektive eingenommen. Als damit zusammenhängendes Managementkonzept wird somit den Überlegungen des St. Galler Management-Modells gefolgt. Demnach adoptiert das strategische Management evolutionäre Muster, die als ein schrittweises Vorgehen verstanden werden können (vgl. Abbildung 2-3)[123]. Daher wird im Folgenden näher auf die prozessuale Sichtweise einer Strategie eingegangen.

2.1.3 Strategiebildung und Denkschulen des strategischen Managements

In einer zweiten Forschungsrichtung des strategischen Managements befassen sich Autoren mit den Prozessen des strategischen Wandels, welche zur Bildung von Strategien führen[124]. Dazu werden nachfolgend zwei Planungskonzeptionen zur Entwicklung von Strategien skizziert, allgemeine Bildungsmechanismen und resultierende Strategietypen erläutert und diese abschließend in die verschiedenen Denkschulen des strategischen Managements eingeordnet.

Planungskonzeptionen der Strategieentwicklung

In der Forschung des strategischen Managements existiert keine allgemein akzeptierte Theorie zum Entstehungsprozess von Strategien[125]. Jedoch dominieren zwei Sichtweisen, welche auf kontrastierenden Planungsansätzen basieren: die präskriptiv-synoptische sowie die deskriptiv-inkrementale Strategieplanung.[126]

Der präskriptiv-synoptische Ansatz ist durch eine normative Perspektive geprägt und findet seine Ursprünge in den frühen Arbeiten der Strategieforschung (vgl. Unterkapitel 2.1.1). Dabei werden in einem *„top-down"*-Prozess Gestaltungsempfehlungen für eine umfassende Strategie mit allen notwendigen Entscheidungen erarbeitet. Demgegenüber beschäftigt sich der deskriptiv-inkrementale Ansatz in einem *„bottom-up"*-Prozess weniger mit der umfassenden Analyse aller strategischen Entscheidungen, sondern legt den Fokus auf die Reduktion der System- bzw. Entscheidungskomplexität. Dessen Ursprünge finden sich in den empirischen Arbeiten von LINDBLOM, der diesen Ansatz zunächst als *„muddling through"* und später als *„disjointed incrementalism"* bezeichnet[127]. Beide Planungskonzeptionen werden in der

---

121 vgl. Bleicher (2017), Management, S. 59

122 vgl. Schuh et al. (2011), Strategie, S. 76f.; Bleicher (2017), Management, S. 60

123 vgl. Kirsch (1977), Entscheidungsprozesse

124 vgl. Pettigrew (1992), Strategy Process, S. 7

125 vgl. Bresser (2012), Managementtheorie, S. 11

126 vgl. Picot, Lange (1978), Strategische Planung, S. 1f.; Welge, Al-Laham (1992), Planung, S. 35

127 vgl. Lindblom (1959), Muddling Through, S. 79; Lindblom (1979), Still Muddling, S. 518

Literatur kontrovers diskutiert[128]. So spricht bspw. für die synoptische Planung deren ganzheitliche Betrachtungsweise und Generierung mehrerer Alternativen, die jedoch gleichzeitig in einem komplexen Unternehmensumfeld zur kognitiven Überforderung des Entscheiders führt. Demgegenüber entschärft die inkrementale Planung Konfliktpotenziale im Planungsprozess sowie die Problematik der Bewertung und Auswahl strategischer Möglichkeiten. Gleichzeitig werden u. U. relevante Aspekte durch die Komplexitätsreduktion nicht betrachtet und das eher reaktive Planungsverhalten erschwert ein frühzeitiges Erkennen von Chancen und Risiken, sodass entwickelte Strategien weniger innovativ als jene der synoptischen Planung ausfallen.[129]

Da im Kontext der vorliegenden Arbeit weder eine synoptische Totalplanung noch ein reines *„muddling through"* Erfolg versprechend erscheint, sind neben der zuvor genannten *„geplanten Evolution"* der evolutionär-systemtheoretischen Autoren die Arbeiten von QUINN von Relevanz[130]. Ausgehend von einer empirischen Untersuchung des Strategieformulierungsprozesses anhand von detaillierten Fallstudien, entwickelt QUINN den Ansatz des logischen Inkrementalismus *(„logic incrementalism")*[131]. Dabei werden ausgehend von einem partiellen statt einem vollständigen Anspruch an Strategien diese durch Experimentieren und Lernen entwickelt. Hierdurch ergeben sich drei Charakteristika der logisch-inkrementalen Strategieentwicklung:[132]

- Die Unsicherheit des Umfelds wird anerkannt, sodass Umfeldsignale sensitiv aufgenommen werden, statt auf Vorhersagen historischer Daten zu vertrauen.
- Allgemeine Ziele werden gegenüber spezifischen bevorzugt, sodass Innovation und Experimente nicht gehemmt werden.
- Die dezentralen Erfahrungen eines starken, gesicherten, aber flexiblen Kerngeschäfts legen die Grundlage für die Experimente neuer Unternehmungen.

Gegenüber den diametralen Planungskonzeptionen ist sowohl der *„geplanten Evolution"* als auch dem *„logischen Inkrementalismus"* gemein, dass sie einen ausgeprägten Prozesscharakter besitzen. Infolge dessen wird auf die Synthese des strategischen Denkens statt auf die Informationsanalyse des strategischen Planens abgestellt. Hierdurch rücken Intuition, Kreativität und aktives Lernen stärker in den Vordergrund der Strategieentwicklung.[133]

Bildungsmechanismen und -typen der Strategieformierung

Anschließend an die Forschungen von QUINN zur Strategieformierung sind insbesondere die einflussreichen Arbeiten von MINTZBERG zum Entstehungsprozess von Strategien zu

---

128 vgl. Welge et al. (2017), Management, S. 176ff.

129 vgl. Picot, Lange (1978), Strategische Planung, S. 9f.; Welge, Al-Laham (1992), Planung, S. 37f.

130 vgl. Müller-Stewens, Lechner (2016), Management, S. 20

131 vgl. Quinn (1980), Strategic Change, S. 17; Quinn (1982), Managing Strategies, S. 613ff.; Quinn (2002), Strategic Change, S. 371ff.; Quinn (1980), Strategies

132 vgl. Johnson et al. (2017), Exploring Strategy, S. 419f.; Mintzberg et al. (2005), Strategy Safari, S. 183f.

133 vgl. Geissler, Krys (2013), Challenges, S. 32f.

nennen[134]. Aufbauend auf einer Analyse von Fallstudien unterscheidet er zwischen beabsichtigten *(„Intended Strategy")* und realisierten Strategien *(„Realized Strategy")*. Anhand derer Kombination kommt MINTZBERG zu der Erkenntnis, dass drei Strategietypen hieraus resultieren[135]:

- Bewusste Strategien *(„Deliberate Strategy")*, welche geplant und umgesetzt werden,
- Nichtrealisierte Strategien *(„Unrealized Strategy")*, welche geplant aber nicht umgesetzt werden sowie
- Emergente Strategien *(„Emergent Strategy")*, welche nicht geplant werden, sich jedoch im Laufe der Zeit herausbilden.

Empirisch betrachtet kann festgestellt werden, dass ein Großteil der Strategien aus verschiedensten Gründen unrealisiert bleibt (bspw., weil sich das Umfeld bereits wieder geändert hat, nachdem ein Plan entworfen wurde)[136]. Infolge dieser Beobachtung kritisiert MINTZBERG die Prämisse der Rationalität des klassischen Strategieverständnisses, nach der Strategien bewusst entworfen werden und somit das Ergebnis formalisierter Planung darstellen[137]. Folglich existieren keine routinemäßigen Verfahren, welche mechanisch, im Sinne eines Strategiegenerators, optimale strategische Entscheidungen erzeugen[138]. Vielmehr bedarf es eines gemeinsamen Diskurses im Rahmen eines kreativen und multidisziplinären Prozesses, um strategische Entscheidungen sinnvoll zu treffen (vgl. Unterkapitel 3.3.1).[139] Dabei bilden die zuvor skizzierten Konzepte der *„geplanten Evolution"* und des *„logischen Inkrementalismus"* eine Brücke zwischen den beiden Typen der bewussten sowie emergenten Strategien[140].

Denkschulen des strategischen Managements

Ausgehend von den vorherigen Darstellungen wird in Bezug auf die Strategiebildung zunehmend deutlich, dass der Prozess der Strategieformierung durch eine konzeptionelle Vielfalt gekennzeichnet ist[141]. In einem Bestreben nach konzeptioneller Konvergenz kategorisiert MINTZBERG daher Strategieformierungsprozesse nach einem groben Schema, auf Basis dessen sich zehn Denkschulen des strategischen Managements ergeben. Die verschiedenen Prozesskonzeptionen der Denkschulen ordnet er, wie in Abbildung 2-4 illustriert, grob anhand deren Verständnis der Umwelt sowie des internen Prozesscharakters zur Strategieentwicklung ein. Für eine weiterführende Charakterisierung der Denkschulen sei auf den Überblick von SCHUH, BOOS verwiesen[142].

---

134 vgl. Koob, Schmutte (2017), Strategisches Management, S. 227; Hutter (2008), Planung und Wandel, S. 14
135 vgl. Mintzberg (1978), Patterns, S. 945ff.
136 vgl. Johnson et al. (2008), Corporate Strategy, S. 419f.
137 vgl. Welge et al. (2017), Management, S. 18
138 vgl. Ryschka (2019), Technologieplattformen, S. 15
139 vgl. Bamberger, Wrona (2004), Unternehmensführung, S. 22
140 vgl. Johnson et al. (2017), Exploring Strategy, S. 420
141 vgl. Eschenbach et al. (2003), Konzepte
142 vgl. Schuh et al. (2011), Strategie, S. 78ff.

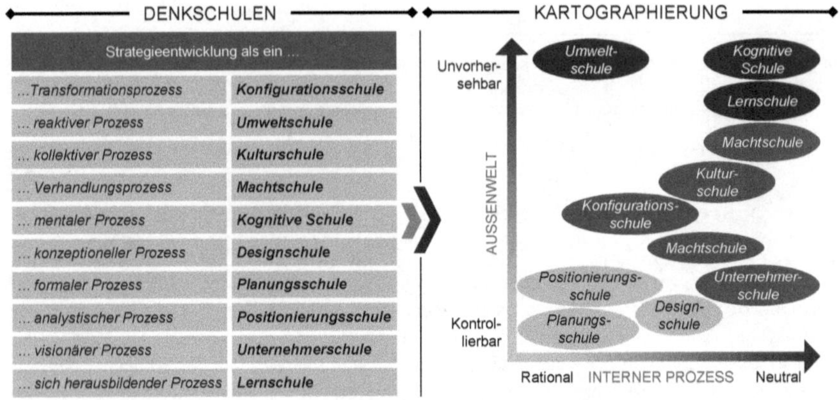

Abbildung 2-4: Denkschulen des strategischen Managements[143]

In Bezug auf die vorliegende Arbeit ist die Konfigurationsschule besonders relevant, da sie Aspekte der anderen neun Denkschulen integriert und die Strategieformierung als Transformationsprozess in einem dynamischen Kontext beschreibt[144]. Ebenso ist festzustellen, dass keine einzelne Denkschule dominiert, sondern alle Denkschulen situativ eine Relevanz besitzen[145]. Somit wird im weiteren Verlauf der Arbeit zwar der Konfigurationsschule gefolgt, dabei jedoch verschiedenste Aspekte der verbleibenden Denkschulen in einem jeweils sinnvollen Kontext aufgegriffen.

2.1.4 Strategischer Fit und Drift sowie strukturelle Trägheit

Die dritte Forschungsrichtung des strategischen Managements befasst sich mit dem unternehmensinternen und -externen Kontext von Strategien[146]. Mit Blick auf die Randbedingung eines hochdynamischen Unternehmensumfelds in dieser Arbeit, werden nachfolgend die Konzepte des strategischen Fits, des strategischen Drifts sowie die strukturelle Trägheit von Unternehmen skizziert.

Strategischer Fit

Trotz der vielen divergierenden Überlegungen des strategischen Managements besteht in der Literatur Einigkeit darüber, dass keine Strategie unabhängig vom umfeldbedingten externen, organisatorischen und unternehmensinternen Kontext universell überlegen ist[147]. Ausgehend von der Kontingenztheorie (vgl. Unterkapitel 3.3.1) drückt der Begriff des *„strategischen Fits"* die Koordination von unternehmensinternen und -externen Elementen bzw. Kontext-

---

143 i. A. a. Mintzberg et al. (2005), Strategy Safari, S. 369; Pillkahn (2008), Scenarios, S. 238

144 vgl. Mintzberg et al. (2005), Strategy Safari, S. 305f.

145 vgl. Ant (2018), Effizientes Management, S. 32f.

146 vgl. Pettigrew (1992), Strategy Process, S. 7

147 vgl. Chandler, Hanks (1994), Attractiveness, S. 335; Venkatraman (1989), Concept of Fit, S. 424

faktoren untereinander sowie mit der Strategie aus. Während der externe Fit die Abstimmung zwischen dem Umfeld und der beabsichtigten Positionierung beschreibt, zielt der interne Fit auf die Abstimmung der beabsichtigten Positionierung mit den Ressourcen und Fähigkeiten des Unternehmens ab[148]. Dem Streben nach einem bestmöglichen strategischen Fit liegt somit das Erzielen von überdurchschnittlichen Ergebnissen infolge nachhaltiger Wettbewerbsvorteile zugrunde.[149] So betont PORTER, dass Strategie im Kern die Schaffung eines strategischen Fits zwischen den Aktivitäten und der Wettbewerbsposition eines Unternehmens darstellt, ohne welchen keine Nachhaltigkeit des Wettbewerbsvorteils erreicht werden kann[150].

Basierend auf den Vorarbeiten von CHANDLER sowie SCHENDEL, HOFER erarbeitet VENKATRAMAN ein umfassendes Klassifizierungsschema für das Konzept des strategischen Fits[151]. Nach diesem ergeben sich ausgehend von der Präzision sowie der Bezugnahme und Anzahl von zugrundeliegenden Kontextvariablen die sechs in Abbildung 2-5 verorteten Perspektiven des strategischen Fits *(„Fit as Moderation", „-as Mediation", „- as Profile Deviation", „-as Matching", „-as Covariation"* sowie *„-as Gestalts").*[152]

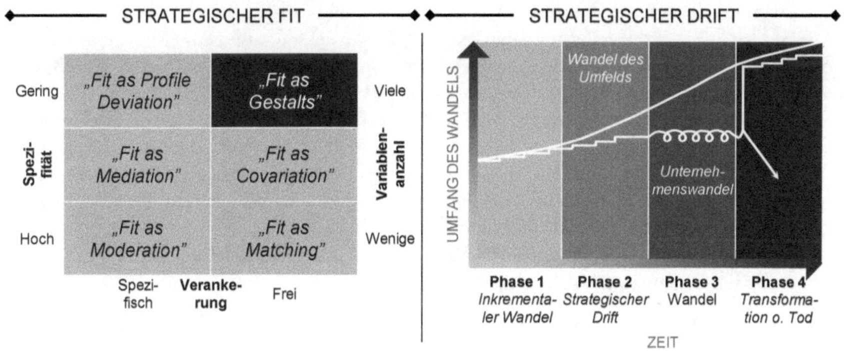

Abbildung 2-5: Perspektiven des strategischen Fits und Phasenmodell des strategischen Drifts infolge inkrementeller Strategieanpassungen[153]

Ausgehend von der systemtheoretisch-stakeholderorientierten Perspektive des St. Galler Management Modells als Bezugsrahmen eines ganzheitlichen Managementkonzepts für die vorliegende Arbeit erscheint es nicht sinnvoll, den strategischen Fit an einem spezifischen Kriterium (z.B. finanzieller Unternehmenserfolg) zu verankern. Zudem suggerieren die Rahmenbedingungen eines zunehmend volatilen, unsicheren und komplexen

---

148 vgl. Venkatraman, Camillus (1984), Exploring Fit, S. 516; Fellner (2010), Strategic Flexibility, S. 23

149 vgl. Chandler, Hanks (1994), Attractiveness, S. 343; Hall, Saias (1980), Strategy, S. 158

150 vgl. Porter (1996), What Is Strategy, S. 73

151 vgl. Chandler (1962), Strategy, S. 16; Schendel, Hofer (1979), Strategic Management, S. 7ff.

152 vgl. Venkatraman (1989), Concept of Fit, S. 424f.

153 i. A. a. Venkatraman (1989), Concept of Fit, S. 425; Johnson et al. (2017), Exploring Strategy, S. 180

Unternehmensumfelds eine Vielzahl von potenziell relevanten Variablen des strategischen Fits, sodass ein Verständnis eines *„Fit as Gestalts"* als treffend für die vorliegende Arbeit erscheint.

Strukturelle Trägheit
In einem dynamischen Umfeld legen die vorherigen Erläuterungen zum strategischen Fit nahe, dass Unternehmen sich fortlaufend an die Veränderungen des Umfelds anpassen sollten, um einen hohen Fit und somit überdurchschnittliche Ergebnisse zu erzielen[154]. Dabei sind die notwendigen Anpassungen zunächst strategischer und später struktureller Natur[155]. Insbesondere in einem volatilen Umfeld argumentieren GORDON, STEWARD ET AL., dass Unternehmen in der Lage sein müssen, sich schnell anzupassen, um zu überleben[156].

Abweichend von einer kontingenztheoretischen Perspektive argumentieren HANNAN, FREEMAN auf Basis der strukturellen Trägheit *(„structural inertia")*, dass interne Stabilität die vielversprechendere Antwort von Unternehmen auf ein dynamisches Umfeld darstellt[157]. Aus dieser populationsökologischen Sichtweise von Organisationen *(„Population Ecology")* ist der Prozess des unternehmensinternen Wandels unabhängig von dessen Inhalt disruptiv und untergräbt damit dessen Leistungsfähigkeit. Infolge dessen ergeben sich, insbesondere kurzfristig, trotz positiver Effekte einer Anpassung negative Auswirkungen durch den internen Wandel.[158] In diesem Kontext stellen AMBURGEY, KELLEY ET AL. fest, dass Unternehmen, welche sich äußerlich betrachtet adaptiv verhalten, kontinuierlich die Uhr ihrer *„liability of newness"* zurückstellen und somit erhebliche Leistungsverluste hinnehmen müssen[159]. Auch JOHNSON, SCHOLES ET AL. kommen zu dem Schluss, dass es für ein Unternehmen dysfunktional wäre, häufig dessen Strategie fundamental zu verändert[160]. Folglich bedarf es in einem volatilen Umfeld ständig einer Balancierung zwischen dem effizienten Verbleiben bei interner Stabilität *(„stick")* und einer effektiven Anpassung an die geänderten Rahmenbedingungen *(„twist")*.[161]

Strategischer Drift
Ausgehend von dem kontinuierlichen (mehr oder weniger volatilen) Wandel des Unternehmensumfelds einerseits und der internen Stabilität des Unternehmens in einem effizienten Arbeitspunkt andererseits stellt JOHNSON das Phänomen des *„strategischen Drifts"* fest. Dieses beschreibt die Tendenz von Strategien, sich auf Basis der Unternehmenshistorie und -kultur nur inkrementell weiterzuentwickeln.[162] Infolge dessen ergibt sich über die drei in Abbildung 2-5 dargestellten Phasen des inkrementalen Wandels, des strategischen Drifts sowie des Wandels eine zunehmende Divergenz zu dem Tempo und Umfang des Wandels der Umwelt.

---

154 vgl. Pennings (1987), Contingency Theory, S. 223; vgl. Donaldson (1996), Positivist, S. 2
155 vgl. Chandler (1962), Strategy, S. 91
156 vgl. Gordon (2000), Convergence, S. 912
157 vgl. Hannan, Freeman (1977), Population Ecology, S. 930ff.; Hannan, Freeman (1984), Structural Inertia, S. 151f.
158 vgl. Greve (1999), Core Change, S. 591; Haveman (1992), Hard Place, S. 50f.
159 vgl. Amburgey et al. (1993), Resetting, S. 53
160 vgl. Johnson et al. (2008), Corporate Strategy, S. 408
161 vgl. Boyne, Meier (2009), Turbulence, S. 805ff.
162 vgl. Romanelli, Tushman (1994), Transformation, S. 1141; Johnson (1988), Rethinking Incrementalism, S. 87ff.

Hieraus resultiert schließlich in Phase 4 die Transformation oder der Tod des Unternehmens Die Gründe dafür sieht JOHNSON insbesondere in vier Kategorien:[163]

- Unsicherheiten, welche dazu führen, dass Richtung und Signifikanz von Veränderungen aufgrund ihrer Ambiguität erst retrospektiv festgestellt werden können,
- Pfadabhängigkeit, welche strategische Entscheidungen auf Basis der historischen Trajektorie deren Fähigkeiten und Wechselkosten (*„Core Rigidities"*) beeinflussen,
- Kulturelle Verankerungen, welche die Wahrnehmung von Opportunitäten und Bedrohungen durch die organisationale Identität gestalten sowie
- Machtkonstellationen, welche sich auf bestehende Strategien beziehen.

In Verbindung mit den vorherigen Konzepten des strategischen Fits sowie der strukturellen Trägheit kann somit festgestellt werden, dass ein Unternehmen zwar einen hohen Fit mit dem sich ändernden Umfeld sicherstellen muss, dies jedoch nicht kontinuierlich, sondern in gewissen Inkrementen tun sollte, um Effizienzverluste des Wandels zu reduzieren. Um dennoch auf die Volatilität des Umfelds ohne häufige Strategiepivots reagieren zu können, bedarf es folglich größerer Freiräume des operativen Managements. Dabei gilt es, den strategischen Drift zu minimieren, indem Unsicherheiten und mögliche Pfadabhängigkeiten durch ein kurzschrittigeres Vorgehen retrospektiv schneller reflektiert werden können.

2.1.5 Zwischenfazit: Strategie als erklärungsbedürftiges Phänomen

Aus den bisherigen Darstellungen der Grundlagen des strategischen Managements wird deutlich, wie divers und umfassend die bestehenden Überlegungen und Konzepte sind. Ausgehend von den früheren Arbeiten, welche als eher statisch und teils diametral charakterisiert werden können, wird zunehmend eine Dynamisierung und Integration der Konzepte angestrebt. So wird auch im Rahmen dieser Arbeit mit der geplanten Evolution und dem logischen Inkrementalismus ein integratives Verständnis der Strategieformierung in Verbindung mit einem dynamisch komplementären Strategieverständnis vertreten.

Infolge dessen gilt es, eine emergente Strategiebildung in Korridoren einer geplanten Evolution zu lenken. Dabei kommt dem Top Management eine entscheidende Rolle zu, indem sie eine klare Vision für die zukünftige strategische Ausrichtung aufzeigen[164]. Auch RÜEGG-STÜRM betont in einem dynamischen Umfeld die Orientierungsfunktion einer Strategie, sodass auch bei unvollständigen Vorgaben sich jeder einzelne im Sinne des gesamten sozio-technischen Systems verhalten kann[165].

Letztlich ist in Bezug auf die Zielstellung der vorliegenden Arbeit festzustellen, dass für die Entwicklung einer in der Praxis wertstiftenden Strategiemethodik eine simultane Betrachtung aller Forschungsstoßrichtungen erforderlich ist. So muss das Vorgehen der Methodik die Konzepte der Strategiebildung aufgreifen, während die Modelle der Methodik auf

[163] vgl. Johnson et al. (2017), Exploring Strategy, S. 182f.

[164] vgl. Johnson et al. (2008), Corporate Strategy, S. 421

[165] vgl. Rüegg-Stürm (2009), Management-Modell, S. 82

konzeptionelle Grundlagen des Inhalts Strategien zurückgreifen. Dabei muss das Zusammenspiel aus Vorgehen und Modellen kontextspezifisch ausgestaltet werden, sodass die Methodik den Anwender bei der Entwicklung situationsadäquater Strategien unterstützt.

2.2 Technologie- und Innovationsstrategie

Nachdem allgemeine Zusammenhänge des strategischen Managements dargestellt wurden, werden im Folgenden die Grundlagen der Technologie- und Innovationsstrategie als Kern des strategischen Technologie- und Innovationsmanagements skizziert. Hierzu werden zunächst die grundlegenden Begriffe näher definiert und die beiden Disziplinen voneinander abgegrenzt (vgl. Unterkapitel 2.2.1). Analog der Forschungsdimensionen nach PETTIGREW werden anschließend in Unterkapitel 2.2.2 die Inhalte von Technologie- und Innovationsstrategien erläutert sowie in Unterkapitel 2.2.3 die beiden Teilstrategien in das Strategiesystem produzierender Unternehmen eingeordnet (Kontext)[166]. Der Stand der Forschung zum Entwicklungsvorgehen von Technologie- und Innovationsstrategien wird aufgrund dessen Relevanz für die vorliegende Arbeit einzeln im Rahmen von Teilkapitel 2.6 gewürdigt.

2.2.1 Terminologie und Begriffsverständnis

Als grundlegende Begrifflichkeiten für den Objektbereich der Technologie- und Innovationsstrategie bedarf es eines Verständnisses für die Begriffe der Technologie und Innovation. In diesem Zusammenhang werden ebenfalls die Begrifflichkeiten der Technik und Invention von denen der Technologie und Innovation abgegrenzt.

Technologie und Technik

Etymologisch leitet sich der Begriff der Technologie von dem griechischen Wort *„technikos"* ab, welches *„handwerklich"* oder *„kunstvoll"* bedeutet[167]. In der deutschsprachigen Literatur und Praxis wird der Begriff der *„Technologie"* jedoch nicht einheitlich definiert und verwendet. So können zwei Kategorien von Begriffsverständnissen differenziert werden: ein engeres sowie ein erweitertes, integratives Verständnis von Technologien.

Erstere Auffassung wird u. a. von WOLFRUM und BULLINGER vertreten. Sie begreifen Technologie als die Kenntnis naturwissenschaftlich-technischer Zusammenhänge zur Lösung anwendungsbezogener technischer Probleme. Hierdurch wird einerseits der Begriff der Technologie synonym mit dem des technologischen Wissens verwendet und andererseits das Ergebnis der Anwendung einer oder mehrerer Technologien als Technik verdeutlicht.[168]

Letztere Auffassung wird demgegenüber u. a. von BINDER, KANTOWSKY vertreten. Diese definieren Technologie als das Verfügen über Wissen, Kenntnisse und Fähigkeiten zur Lösung technischer Probleme. Hierzu zählen weiterhin Anlagen, Einrichtungen und Verfahren, in denen naturwissenschaftliche Erkenntnisse praktisch umgesetzt werden. Indem die Technik als Materialisierung der Technologie angesehen wird, ergibt sich eine Komplementarität

[166] vgl. Pettigrew (1992), Strategy Process, S. 7

[167] vgl. Wolfrum (1991), Technologiemanagement, S. 3f.; Duden (o. J.), Stichwort: Technologie

[168] vgl. Bullinger (1994), Technologiemanagement, S. 32ff.; Wolfrum (1991), Technologiemanagement, S. 3f.

zu der Begriffsverwendung im englischsprachigen Raum.[169] Da im Rahmen der vorliegenden Arbeit ebenfalls Forschungsarbeiten und Überlegungen aus dem englischsprachigen Raum aufgegriffen werden, folgt das Begriffsverständnis dem von BINDER, KANTOWSKY.

Neben dem definitorischen Begriffsverständnis können Technologien zudem anhand von vielfältigen Kriterien klassifiziert werden (bspw. nach ihrer Funktion, Anwendungsbreite oder Lebenszyklusphase), um deren inhaltliches Verständnis zu schärfen und Empfehlungen für deren Management abzuleiten[170]. Stellvertretend für die Vielzahl von Autoren wird daher an dieser Stelle auf die in Tabelle 2-2 dargestellte Systematisierung von SCHUH basierend auf GERPOTT zurückgegriffen. Neben den zuvor genannten Beispielen zeigt diese zudem die Möglichkeit der Differenzierung anhand der Funktion (Produkt-, Prozess-/Produktions- oder Materialtechnologie), des Wettbewerbspotenzials (Kern- oder Randkompetenztechnologie) und des Produktbezugs (Kern- oder Unterstützungstechnologie) auf.

Tabelle 2-2: Systematisierung von Technologiearten[171]

Kriterium	Technologieausprägungen			
Funktion	Produkt-		Produktions-	Material-
Interdependenzen	System-		Einzel-	
	Komplementär-		Konkurrenz-	Substitutions-
Anwendungsbreite	Querschnitts-		Nischen-	
Wettbewerbspotenzial	Kernkompetenz-		Randkompetenz-	
Lebenszyklus-phase	Schrittmacher-	Schlüssel-	Basis-	Verdrängte-
Produktbezug	Kern-		Unterstützungs-	

Auf der Basis der exemplarischen Klassifizierungskriterien wird deutlich, dass Technologien durch komplexe Interdependenzen sowie Entwicklungsdynamiken gekennzeichnet sind. So ist festzustellen, dass Technologien sich in Paradigmen und entlang von Trajektorien entwickeln[172]. Technologische Paradigmen beschreiben dabei zusammenhängende und akkumulierende Systeme von Wissen, in welchen technische Probleme aufkommen und gelöst werden[173]. Deren Formierung folgt keinen einfachen Mustern, sodass technologische Paradigmen oftmals nur retrospektiv identifiziert werden können[174]. Demgegenüber beschreiben technologische Trajektorien den Entwicklungsvektor, entlang dessen gewisse

---

169 vgl. Binder, Kantowsky (1996), Technologiepotentiale, S. 91f.

170 vgl. Fellner (2010), Strategic Flexibility, S. 61; Müller-Stewens (1990), Suchfeldanalyse, S. 88f.; Servatius (1986), Erneuerung, S. 78; Schuh et al. (2003), Technologiemanagement, S. 503; Wolfrum (1991), Technologiemanagement, S. 4ff.; Sommerlatte (1986), Veränderungsdynamik, S. 14

171 i. A. a. Gerpott (1999), Innovationsmanagement, S. 26f.; Schuh et al. (2011), Grundlagen, S. 35

172 vgl. Dosi (1982), Paradigms, S. 147

173 vgl. Shane (2008), Handbook, S. 19

174 vgl. Fellner (2010), Strategic Flexibility, S. 63

Leistungsdimensionen einer Technologie in einem bestehenden Paradigma verbessert und weiterentwickelt werden (bspw. die Kraftstoffeffizienz von Verbrennungsmotoren in der Automobilindustrie)[175]. In diesem Zusammenhang sei auf das Konzept der S-Kurven nach FOSTER verwiesen, welches die Leistungsfähigkeit einer Technologie mit deren kumuliertem F&E-Aufwand in Verbindung bringt[176]. Es ist somit festzustellen, dass technologische Innovation nicht ausschließlich von neuen wissenschaftlichen Erkenntnissen getrieben ist, sondern mindestens im gleichen Maße von sozioökonomischen sowie politischen Faktoren beeinflusst wird (bspw. der Wandel zur Elektromobilität als dominantes Paradigma der Automobilindustrie)[177].

Invention und Innovation

Wie der Begriff einer Technologie, wird auch der Begriff der Innovation in der Literatur unterschiedlich definiert. Grundsätzlich werden in diesem Zusammenhang jedoch häufig auf technisch-ökonomischer Ebene Invention und Innovation voneinander abgegrenzt[178]. Dabei bezeichnet Invention gemäß HAß die Erfindung infolge erfolgreicher F&E-Aktivitäten, welche sowohl eine erstmalige technische Umsetzung als auch eine Kombination bestehender wissenschaftlicher Erkenntnisse umfasst[179]. Da Inventionen aus Technologieeinsatz und der Intuition des Erfinders resultieren, müssen sie nicht zwangsläufig das geplante Ergebnis von F&E-Aktivitäten sein, sondern können ebenfalls ein *„Zufallsprodukt"* sein[180].

Demgegenüber bezeichnet der Begriff einer Innovation die erstmalige, wirtschaftliche Anwendung einer Invention zur Erreichung von Unternehmenszielen[181]. Eine Invention muss somit zur Produktionsreife entwickelt, produziert und erfolgreich vermarket werden, sodass sich der ausschlaggebende Markterfolg zur Erreichung wirtschaftlicher Ziele einstellt[182].

Mit dem konzeptionellen Verständnis der *„schöpferischen Zerstörung"* beschreibt SCHUMPETER das Wesen der Innovation als die diskontinuierliche Durchsetzung neuer Kombinationen (vgl. Teilkapitel 2.3)[183]. Hiervon ausgehend argumentieren HAUSCHILDT, SALOMO, dass Innovation nicht nur als das vordergründige Problem von Naturwissenschaften und Technik begriffen werden sollte, sondern ganzheitlich als Problemstellung der Ökonomie und Managementlehre[184]. Im Kontext betrieblicher Innovationen unterscheidet BROCKHOFF neben Produkt- und Prozessinnovationen auch Personal- und Organisationsinnovationen, um Veränderungen in Geschäftsmodellen und sozialen Bereichen auszudrücken[185]. Neben

---

175 vgl. Dosi (1982), Paradigms, S. 152ff.

176 vgl. Foster (1986), S-Curve, S. 17ff.

177 vgl. Shane (2008), Handbook, S. 19

178 vgl. Wolfrum (1994), Technologiemanagement, S. 8

179 vgl. Haß (1983), Messung, S. 6

180 vgl. Bullinger (1994), Technologiemanagement, S. 35; Specht et al. (2002), F&E-Management, S. 13

181 vgl. Gerpott (1999), Innovationsmanagement, S. 39; Perillieux (1987), Zeitfaktor, S. 7

182 vgl. Johnson et al. (2008), Corporate Strategy, S. 325; Brandenburg (2002), Produktinnovationen, S. 10; Hauschildt et al. (2016), Innovationsmanagement, S. 4ff.

183 vgl. Schumpeter (1994), Democracy, S. 81ff.

184 vgl. Hauschildt et al. (2016), Innovationsmanagement, S. 10f.

185 vgl. Brockhoff (1999), Forschung, S. 37

Produkt- und Prozessinnovationen sehen SCHUH, FRIEDLI zudem eine zunehmende Bedeutung von Dienstleistungsinnovationen, welche als eine Kombination der beiden Vorhergehenden verstanden werden können[186].

Neben der prozessualen und inhaltlichen Dimension kann der Innovationsbegriff zudem anhand dessen Neuheitsgrad und Induktionsrichtung präzisiert werden. Dabei kann der Innovationsgrad als Kontinuum zwischen inkrementellen und radikalen Innovationen beschrieben werden[187]. In diesem Kontext sei zusätzlich auf die disruptiven Innovationen nach CHRISTENSEN, BOWER und RAYNOR verwiesen. Während radikale Innovationen in einem neuen Technologieparadigma Leistungsanforderungen besser als bestehende Lösungen erfüllen, sind disruptive Innovationen entlang der etablierten Leistungsdimensionen zunächst unterlegen. Durch den alternativen Verlauf der technologischen Trajektorie in einem neuen Paradigma ergibt sich ein Disruptionspotenzial für historisch unattraktive oder neue Märkte, welches von etablierten Unternehmen häufig ignoriert oder nicht erkannt wird *(„low end-“* und *„new market disruption“).*[188] Bezüglich der Induktionsrichtung können schließlich nachfrageinduzierte und autonome Innovationen unterschieden werden[189].

Wenngleich technologische Innovationen im Hinblick auf die Entwicklung von Technologiestrategien die höchste Relevanz besitzen, würde dieses eng gefasste Begriffsverständnis von Innovationen für die vorliegende Arbeit zu kurz springen. Neben technologischen Einflüssen kann es vielfältige Auslöser für die Volatilität des Umfelds geben (vgl. Teilkapitel 2.3), sodass technologische Innovation nicht das vollständige Spektrum von Reaktionsmöglichkeiten einer Unternehmung umfasst. Um eine eindimensionale strategische Antwort von Unternehmen in der Praxis zu vermeiden, wird daher in der vorliegenden Arbeit vielmehr ein breites Verständnis von Innovation adoptiert und hieraus schließlich die für die Technologiestrategie relevanten Rückschlüsse gezogen. Es wird daher in der vorliegenden Arbeit dem Begriffsverständnis von BROCKHOFF gefolgt, der Innovationen nicht nur als neue technische Produkte oder Prozesse begreift, sondern vielmehr auch als Veränderungen in Geschäftsmodellen sowie in sozialen Bereichen[190]. Aufbauend auf den engen Verbindung von Technologie und Innovation im Kontext des strategischen Managements wird nachfolgend das konzeptionelle Verständnis von Technologie- und Innovationsstrategien geschärft.

2.2.2 Inhalte von Technologie- und Innovationsstrategien

Um die Inhalte von Technologie- und Innovationsstrategien besser zu strukturieren, wird der Unterteilung in Entscheidungsdimensionen und Positionierungsalternativen von BACHMANN gefolgt. Während Entscheidungsdimensionen jene Inhalte einer Strategie beschreiben, zu

---

[186] vgl. Schuh, Friedli (2005), Service-Innovation, S. 659ff.

[187] vgl. Albers, Gassmann (2005), Innovationsmanagement, S. 6f.; Schuh, Bender (2012), Grundlagen, S. 2

[188] vgl. Fellner (2010), Strategic Flexibility, S. 72; Christensen (1997), Dilemma, S. 13ff.; Bower, Christensen (1995), Disruptive Technologies, S. 49ff.; Christensen, Raynor (2003), Solution, S. 31ff.

[189] vgl. Schuh, Bender (2012), Grundlagen, S. 2

[190] vgl. Brockhoff (1999), Forschung, S. 37

denen es eine Aussage zu treffen gilt, umfassen Positionierungsalternativen die jeweiligen Handlungsoptionen, die ein Unternehmen in einer Entscheidungsdimension treffen kann.[191]

Technologiestrategie

Eine Technologiestrategie kann allgemein als Gesamtheit von strategischen Entscheidungen begriffen werden, welche ein Unternehmen im Zusammenhang mit Technologien trifft[192]. Sie beschreibt somit anhand von technologischen Zielen und dem grundsätzlichen Weg zur Zielerreichung, wie ein Unternehmen mit Technologien verfährt, um Wettbewerbsvorteile zu realisieren[193]. Hierdurch unterstützt die Technologiestrategie die Erreichung von Unternehmenszielen durch den gezielten Einsatz von wettbewerbsstrategischen Technologien[194].

In der Praxis können Technologiestrategien für einzelne Technologien, Cluster von Technologien *(„Technologiefelder")*, Kernkompetenzen oder alle Technologien zusammen formuliert werden[195]. Sowohl empirisch als auch theoretisch wird jedoch eine Formulierung von Technologiestrategien auf Ebene der Technologiefelder empfohlen, da sie einen funktionsübergreifenden und zwecks Komplexitätsreduktion abstrahierenden Charakter besitzen[196].

Bezogen auf die Entscheidungsdimensionen von Technologiestrategie stellt BACHMANN in der Literatur divergierende Ansichten in Forschung und Praxis fest, hinsichtlich derer bisher kaum eine Konvergenz stattgefunden hat (vgl. Tabelle 2-3)[197]. Im deutschsprachigen Raum dominieren jedoch die vier Entscheidungsdimensionen nach WOLFRUM: technologische Leistungsfähigkeit, Zeitpunktwahl *(„Timing")*, Technologiequelle sowie Verwertung der Technologie[198]. Während eine Vielzahl von Autoren jedoch die Technologieauswahl als Kernbestandteil der Technologiestrategie ansehen, ist diese der Technologiestrategie nach WOLFRUM vorgelagert[199]. Diese Entscheidungskaskade erscheint logisch, da eine Aussage zu sinnvollen Positionierungsalternativen einer Entscheidungsdimension erst möglich ist, wenn das zugrundeliegende Technologiefeld für eine strategische Positionierung ausgewählt wurde.

---

191 vgl. Bachmann (2015), Logik, S. 21; Brodbeck (1999), Entscheidungen, S. 26

192 vgl. Friar, Horwitch (1985), Emergence, S. 145; Ford (1988), Technology Strategy, S. 85; Adler (1989), Technology Strategy, S. 26

193 vgl. Schulte-Gehrmann et al. (2011), Technologiestrategie, S. 56; Brodbeck (1999), Entscheidungen, S. 26

194 vgl. Adler (1989), Technology Strategy, S. 26; Rieck, Dickson (1993), Technology Strategy, S. 398; Wolfrum (1991), Technologiemanagement, S. 68; Clarke et al. (1995), UK Firms, S. 170; Zahra (1996), Financial Performance, S. 189

195 vgl. Schuh, Schön (2014), Technologiefelder, S. 931; Brodbeck (1999), Entscheidungen, S. 26

196 vgl. Schuh et al. (2014), Technologiestrategie, S. 12f.; Gomeringer (2007), Technologieplanung, S. 85; Gerpott (2005), Innovationsmanagement, S. 61; Klein (1998), Erfolgsfaktoren, S. 36f.

197 vgl. Bachmann (2015), Logik, S. 28

198 vgl. Feldmann (2007), Technologiemanagement, S. 109; Renz (2004), Technologiestrategien, S. 48f.

199 vgl. Tschirky (1998), Konzept, S. 293ff.; Brodbeck (1999), Entscheidungen, S. 2; Wolfrum (1994), Technologiemanagement, S. 80ff.; Berger (2006), Technologiestrategien, S. 18f.

Tabelle 2-3: Entscheidungsdimensionen von Technologiestrategien[200]

Entscheidungsdimension	Exemplarische Autoren
Technologieauswahl	Gomeringer (2007); Schulte-Gehrmann, Klappert et al. (2011)
Technologietiming	Ansoff (1967); Wolfrum (1991); Feldmann (2007)
Technologieleistungsfähigkeit	Wolfrum (1991); Zahra (1996); Feldmann (2007)
Technologiequelle	Wolfrum (1991); Rieck, Dickson (1993); Zahra (1996); Feldmann (2007)
Technologieverwertung	Ford (1981); Wolfrum (1991); Feldmann (2007)
Breite des Technologieportfolios	Zahra (1996); Feldmann (2007)
Marktauswahl	Cooper (2000)
Branchenauswahl	Rieck, Dickson (1993)
F&E-Intensität	Ansoff (1967); Burgelman, Rosenbloom (1989); Zahra (1996);
Organisationale Entscheidungen	Ansoff (1967); Rieck, Dickson (1993)
Verhältnis Produkt-/ Prozesstechnologien	Zahra (1996)
Technologieschutz	Zahra (1996); Feldmann (2007)
Geografischer Fokus	Feldmann (2007)
Neuproduktrate	Ansoff (1967); Cooper (2000)

Im Hinblick auf den prozessualen Charakter der zu erarbeitenden Methodik wird daher die Technologieauswahl als Teil der Technologiestrategie betrachtet, zu der es vorgelagert gilt, eine Aussage zu treffen. Es wird somit der inhaltlichen Definition nach SCHULTE-GEHRMANN, KLAPPERT ET AL. gefolgt[201].

Innovationsstrategie

Aufgrund der potenziell umfassenden, konzeptionellen Breite des Innovationsbegriffs existiert eine Vielzahl von Verständnissen einer Innovationsstrategie. Jedoch werden andere Teilstrategien (wie bspw. die F&E- oder Produktionsstrategie) in der Literatur umfassender betrachtet als die Innovationsstrategie, sodass ein Mangel aktueller Literatur festzustellen ist[202]. Infolge dessen ist eine ausgeprägte Vielfalt von potenziellen Entscheidungsdimensionen

[200] i. A. a. Bachmann (2015), Logik, S. 29; Gomeringer (2007), Technologieplanung; Schulte-Gehrmann et al. (2011), Technologiestrategie; Ansoff, Stewart (1967), Strategies; Wolfrum (1991), Technologiemanagement; Feldmann (2007), Technologiemanagement; Rieck, Dickson (1993), Technology Strategy; Zahra (1996), Financial Performance; Cooper (2000), Product Innovation; Burgelman, Rosenbloom (1989), Technology Strategy

[201] vgl. Schulte-Gehrmann et al. (2011), Technologiestrategie, S. 67

[202] vgl. Strecker (2007), Innovation Strategy, S. 25

zu identifizieren, welche sich teilweise mehr oder weniger stark mit anderen Teilstrategien überschneiden[203]. Diese können von Entscheidungen zu Technologien und der Marktentwicklung bis hin zu Aussagen hinsichtlich von Kunden- und Wettbewerbsverhalten reichen, sodass sich ein komplexer Inhalt von Innovationsstrategien feststellen lässt[204]. Hierdurch wird gleichzeitig analog der Technologiestrategie ein Querschnittscharakter der Innovationsstrategie deutlich (vgl. Unterkapitel 2.2.3).

Ebenso wie die Technologiestrategie hat die Innovationsstrategie zur Erreichung der Gesamtunternehmensziele beizutragen[205]. Die Innovationsstrategie gibt somit Aufschluss über den Zweck, die Richtung, die Grenzen sowie die Regeln für innovative Aktivitäten von Unternehmen[206]. Damit ist die Innovationsstrategie diejenige Teilstrategie des Strategiesystems, welche unmittelbare Aussagen über die Zukunftsfähigkeit einer Unternehmung in Form von angestrebten Innovationen in Leistungen (Produkte und Services) und Prozessen trifft[207]. Dabei differenzieren MÖHRLE, SPECHT ergebnis- (Innovationsbereiche, -gegenstände, -arten sowie deren Timing), potenzial- (Kernkompetenzen sowie Wissens- und Technologieportfolio) sowie prozessbezogene (Informations-, Technologie- und Wissensquellen) Inhalte einer Innovationsstrategie[208].

In der jüngeren Vergangenheit haben sich im deutschsprachigen Raum zunehmend dominante, idealtypisch-generische Entscheidungsdimensionen herauskristallisiert[209]. Hierzu zählen insbesondere der angestrebte Innovationsgrad und Markteintrittszeitpunkt, der Innovationsimpuls sowie teilweise der Innovationsschutz. Überschneidend zur Technologiestrategie werden Entscheidungen zur Beschaffung und Verwertung der Technologien genannt.[210]

Da die vorliegende Arbeit auf die Entwicklung von Technologiestrategien abstellt, orientiert sich das konzeptionelle Verständnis einer Innovationsstrategie an jenen Entscheidungsdimensionen, welche zusätzlich zur Technologiestrategie determiniert werden oder deren Formulierung dienlich sind. Dies sind der angestrebte Innovationsgrad, Markteintrittszeitpunkt sowie der Innovationsimpuls. Die Innovationsstrategie wird in der vorliegenden Arbeit somit konzeptionell verkürzt und nur als Mittel zum Zweck betrachtet. Da hierdurch ein aufeinander abgestimmtes Wechselspiel zwischen Geschäfts- bzw. Wettbewerbs- sowie Technologie- und Innovationsstrategie entsteht, werden die relevanten Teilstrategien nachfolgend im Strategiesystem eines produzierenden Unternehmens verortet.

---

203 vgl. Bachmann (2015), Logik, S. 19

204 vgl. Gassmann et al. (2018), Technologiemanagement, S. 15f.; Schuh, Bender (2012), Strategisches Innovationsmanagement, S. 18

205 vgl. Mussnig, Granig (2014), Strategieentwicklung, S. 15; Schuh, Bender (2012), Strategisches Innovationsmanagement, S. 18

206 vgl. Globocnik, Salomo (2014), Erfolgsfaktoren, S. 64; Schostok (2018), Systeminnovation, S. 91

207 vgl. Hutterer (2013), Dynamic Capabilities, S. 68

208 vgl. Möhrle, Specht (2018), Stichwort: Innovationsstrategie

209 vgl. Bachmann (2015), Logik, S. 19

210 vgl. Schuh, Bender (2012), Strategisches Innovationsmanagement, S. 20; Gelbmann, Vorbach (2007), Innovationsmanagement, S. 166f.; Strecker (2007), Innovation Strategy, S. 39

2.2.3 Einordnung der Technologie- und Innovationsstrategie in das Strategiesystem der Unternehmung

Allgemein werden in der Literatur drei hierarchische Strategieebenen in Unternehmen definiert: Unternehmens-, Geschäfts- sowie Funktionalstrategien[211]. Unternehmensstrategien richten auf übergeordneter Ebene die Entwicklung des Unternehmens aus, indem sie durch die Stoßrichtungen Wachstum, Stabilisierung oder Desinvestition die Geschäftsbereiche definieren[212]. Auf Ebene der einzelnen Geschäftsbereiche werden hiervon ausgehend Entscheidungen getroffen, wie der Geschäftsbereich beabsichtigt, sich im Wettbewerb zu positionieren, um Wettbewerbsvorteile zu erzielen[213]. Funktionalstrategien (wie bspw. die F&E-, Produktions- oder Investitionsstrategie) dienen schließlich der Realisierung von angestrebten Wettbewerbsvorteilen in den Unternehmensfunktionen[214].

Zur Verortung der Technologiestrategie werden in der Literatur drei Möglichkeiten beschrieben (vgl. Abbildung 2-6). Erstens kann die Technologiestrategie unternehmensübergreifend der Unternehmensstrategie anhängen[215]. Zweitens kann die Technologiestrategie integrativ auf allen drei Ebenen Bestandteil der Teilstrategien sein[216]. Drittens kann die Technologiestrategie geschäftsfeldspezifisch situiert sein, um unmittelbar die jeweilige Wettbewerbsstrategie zu unterstützen und mit den Funktionalstrategien zu synchronisieren[217].

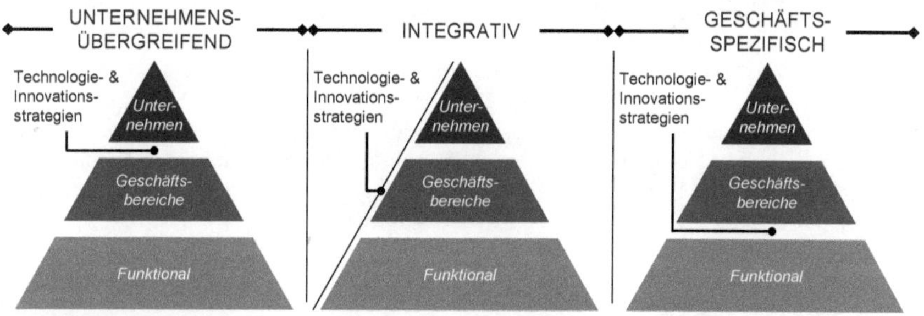

Abbildung 2-6: Strategischer Kontext von Technologie- und Innovationsstrategien[218]

[211] vgl. Hax, Majluf (2006), Corporate Strategy, S. 73; Welge et al. (2017), Management, S. 470

[212] vgl. Büter (2010), Unternehmensführung, S. 52; Bea, Haas (2016), Management, S. 180ff.

[213] vgl. Hungenberg (2014), Management, S. 16f.; Grant (2019), Contemporary, S. 18f.

[214] vgl. Bea, Haas (2016), Management, S. 201

[215] vgl. Feucht (1995), Implementierung, S. 35

[216] vgl. Bullinger, Renz (2005), Entwicklungsstrategien, S. 88; Dowling, Huesig (2002), Technologiestrategie, S. 377; Renz (2004), Technologiestrategien, S. 47

[217] vgl. Wolfrum (1991), Technologiemanagement, S. 68f.; Wolfrum (1992), Technologiestrategien, S. 25; Schulte-Gehrmann et al. (2011), Technologiestrategie, S. 78; Bachmann (2015), Logik, S. 116

[218] i. A. a. Feucht (1995), Implementierung, S. 35; Bullinger, Renz (2005), Entwicklungsstrategien, S. 88; Dowling, Huesig (2002), Technologiestrategie, S. 377; Renz (2004), Technologiestrategien, S. 47; Schulte-Gehrmann et al. (2011), Technologiestrategie, S. 78; Wolfrum (1992), Technologiestrategien, S. 25; Bachmann (2015), Logik, S. 116

Da Unternehmen oftmals mehrere Geschäftsbereiche besitzen und sich das vorliegende Begriffsverständnis von Technologie- und Innovationsstrategien stark an der Wettbewerbsstrategie orientiert, wird der Strategiekaskade produzierender Unternehmen nach BACHMANN gefolgt. Diese schließt sich der dritten Möglichkeit an und siedelt beide Teilstrategien auf Geschäftsfeldebene als Schnittstelle zu den Funktionalstrategien an[219].

2.2.4 Zwischenfazit: Technologie und Innovation als Wettbewerbsfaktor

Ausgehend von den inhaltlichen Entscheidungsdimensionen von Technologie- und Innovationsstrategien ist festzustellen, dass beide Teilstrategien nicht überschneidungsfrei und somit als komplementär zu betrachten sind. Aufgrund der getroffenen Verortung beider Teilstrategien im Strategiesystem eines Unternehmens bedarf es im Rahmen der zu entwickelnden Methodik folglich einer engen Abstimmung mit der Wettbewerbsstrategie auf Geschäftsebene.

Bezogen auf den Inhalt von Technologie- und Innovationsstrategien wird zudem deutlich, dass Positionierungsalternativen entlang der erläuterten Entscheidungsdimensionen in der Literatur als einzelne Ausprägungen beschrieben werden (bspw. als *„Technologieführer"* für die Entscheidungsdimension der technologischen Leistungsfähigkeit)[220]. Mit Blick auf die zunehmenden Technologie- und Innovationsdynamiken des Umfelds und der damit einhergehenden Unsicherheiten ist somit fraglich, ob eine solch diskrete Positionierung der Langfristigkeit einer Strategie dienlich ist. Unter Unsicherheit scheint ein solches Modell der technologischen Positionierung im Zusammenspiel mit einem synoptischen Planungsansatz, welcher sich durch vollständige und zeitpunktbezogene Entscheidungen auszeichnet (vgl. Unterkapitel 2.1.3), vielmehr das Risiko für Fehlentscheidungen und Strategiepivots zu begünstigen. Im Rahmen der zu entwickelnden Methodik bedarf es somit eines Positionierungsmodells, welches auch bei höherer Umfeldturbulenz eine robuste technologische Positionierung zulässt. Für die weiteren Untersuchungen wird daher ein konzeptionelles Verständnis der Turbulenz volatiler Unternehmensumfelder benötigt.

2.3 Turbulenz und Volatilität

JOHNSON, WHITTINGTON ET AL. heben hervor, dass nicht alle Organisationen mit einem ähnlichen Umfeld konfrontiert sind. Aufgrund unterschiedlicher Form und Komplexität bedarf es daher verschiedener Ansätze, um die Strategieentwicklung auszugestalten.[221] DRUCKER stellte bereits 1969 fest, dass sich ein Zeitalter der Diskontinuität in der Weltwirtschaft und Technologie anbahnt[222]. Seitdem ist kontinuierlich eine zunehmende Volatilität und Komplexität in Verbindung mit erhöhter Unsicherheit und Ambiguität festzustellen[223]. Aus einer militärischen Perspektive stammend, hat sich zur Beschreibung dieses Phänomens

---

219 vgl. Bachmann (2015), Logik, S. 116

220 vgl. Schulte-Gehrmann et al. (2011), Technologiestrategie, S. 69f.

221 vgl. Johnson et al. (2017), Exploring Strategy, S. 427

222 vgl. Drucker (1969), Discontinuity, S. 9

223 vgl. Mack, Khare (2016), Perspectives, S. 3ff.; Bennett, Lemoine (2014), Threats, S. 311ff.; Johnson et al. (2008), Corporate Strategy, S. 422

das Akronym „*VUKA*" etabliert[224]. Seit den Anfängen des strategischen Managements sind somit infolge der zunehmenden Turbulenz von Unternehmensumfeldern eine Reihe neuer Herausforderungen der Unternehmensführung aufgekommen[225]. Nachfolgend wird daher zunächst das konzeptionelle Begriffsverständnis eines Unternehmensumfelds präzisiert, anhand dessen grundlegende Theorien zu deren Veränderungsdynamiken und -unsicherheiten dargestellt werden (vgl. Unterkapitel 2.3.1). Schließlich werden die theoretischen Grundlagen im Kontext von Forschungsarbeiten der jüngeren Vergangenheit reflektiert, welche sich mit dem Phänomen eines „*VUKA*"-Umfelds befassen (vgl. Unterkapitel 2.3.4).

2.3.1 Terminologie und Begriffsverständnis

Systemtheoretisch umfasst das Unternehmensumfeld jene Systemelemente, welche sich außerhalb der Systemgrenze des sozioökonomischen Systems einer Unternehmung befinden. Somit ist das Unternehmensumfeld zunächst potenziell unbegrenzt.[226] In der Literatur hat sich zur Strukturierung dessen eine Differenzierung in die globale Umwelt sowie das aufgabenbezogene Umfeld etabliert[227]. Während Elemente des globalen Umfelds für eine Vielzahl von Unternehmen gleichermaßen gelten, umfasst das aufgabenbezogene Umfeld all jene Elemente, mit denen ein einzelnes Unternehmen interagieren muss, um seine gesetzten Unternehmensziele zu erreichen[228]. Das globale Umfeld kann also nicht, oder nur bedingt, von einem einzelnen Unternehmen kontrolliert oder beeinflusst werden. Somit stellt das globale Umfeld die Randbedingungen dar, die das aufgabenbezogene Umfeld prägen und an welche sich ein Unternehmen anpassen muss.[229] Da die Umweltschule des strategischen Managements (*„environmental school"*) Strategie als reaktiven Prozess versteht, finden sich aufbauend auf der Kontingenztheorie (vgl. Unterkapitel 3.3.1) Modelle, welche charakteristische Dimensionen zur Beschreibung von Unternehmensumfeldern beschreiben[230]. Im Kontext des aufgabenbezogenen Umfelds dominiert das Modell von DESS, BEARD, welches Unternehmensumfelder anhand von drei charakteristischen Dimensionen beschreibt: Reichhaltigkeit, Komplexität sowie Dynamismus[231].

Reichhaltigkeit des Umfelds

Die Dimension der Reichhaltigkeit beschreibt das Wachstums- und Entwicklungspotenzial, welches ein Umfeld auf Basis verfügbarer, ökonomischer Ressourcen für eine Unternehmung bereithält[232]. Dabei wird in der Profitabilität der Industrie ein signifikanter Indikator der or-

---

224 Kurzform für Volatilität, Unsicherheit, Komplexität und Ambiguität. Hierzu vgl. Lawrence (2013), VUCA, S. 2

225 vgl. Ansoff (2019), Implanting, S. 78

226 vgl. Haberfellner (2012), Systems Engineering, S. 35

227 vgl. Dill (1958), Autonomy, S. 410; Thompson (1967), Organizations, S. 27f.; Bourgeois (1980), Strategy, S. 25f.

228 vgl. Daft (2010), Organization, S. 138ff.

229 vgl. Wulf et al. (2013), Strategic Planning, S. 53; Hungenberg (2014), Management, S. 90; vgl. Rothärmel (2017), Strategic Management, S. 66

230 vgl. Mintzberg et al. (2005), Strategy Safari, S. 289f.

231 vgl. Dess, Beard (1984), Task Environments, S. 54f.; Sharfman, Dean (1991), Organizational Environment, S. 682ff.; Castrogiovanni (2002), Environments, S. 130ff.

232 vgl. Boyne, Meier (2009), Turbulence, S. 802f.

ganisationalen Leistungsfähigkeit gesehen[233]. Die Dimension der Reichhaltigkeit weist somit einen starken Bezug zu der marktbasierten Strömung des strategischen Managements auf.

Komplexität des Umfelds

Allgemein definiert SCHUH Komplexität als das Zusammenwirkgen aus einer hohen Vielzahl und Vielfalt sowie einer hohen Veränderlichkeit und Dynamik[234]. Gemäß CHILD kann unter der Komplexität eines Umfelds dessen Heterogenität und die Bandbreite der unternehmerischen Aktivitäten hierin konzeptionell begriffen werden[235]. Komplexe Systeme sind daher stets von einem punktuellen Gleichgewicht und Pfadabhängigkeiten gekennzeichnet[236]. Da Ursache-Wirkungs-Beziehungen nicht länger offensichtlich sind, geht hiermit, bezogen auf die strategische Entscheidungsfindung, eine höhere Unsicherheit und der Bedarf noch größerer Informationsverarbeitungskapazitäten einher[237].

Dynamismus des Umfelds

Die Dimension des Dynamismus beschreibt die Veränderung *(„environmental variation")* von Reichhaltigkeit und Komplexität über die Zeit[238]. Der Dynamismus ist somit ein Maß für die Instabilität des Unternehmensumfelds. In Versuchen, diese teils subjektiv oder objektiv zu messen, differenzieren diverse Autoren drei Komponenten des Dynamismus: eine Komponente der Zeit (bspw. Dauer oder Frequenz der Veränderungen), eine Komponente des Ausmaßes (Amplitude der Veränderungen) sowie eine Komponente der Unvorhersehbarkeit[239]. Dabei beschreibt Unvorhersehbarkeit jenen Grad, zu welchem die Zukunft rein auf Basis des Wissens der Vergangenheit antizipiert werden kann[240]. In Bezug auf das Begriffsverständnis des Dynamismus und dessen Komponenten ist in der Literatur eine divergierende Vielfalt festzustellen. MILLIKEN fasst die Komponente der Unvorhersehbarkeit als eine Art von wahrgenommener Unsicherheit auf[241]. BOYNE, MEIER begreifen die Komponente der Unvorhersehbarkeit eines Umfelds als dessen Turbulenz[242]. Demgegenüber versteht ANSOFF die Turbulenz eines Umfelds als dessen Instabilität, welche mit der Dimension des Dynamismus übereinstimmt[243]. Wiederum andere Autoren, wie bspw. WHOLEY, BRITTAIN oder TOSI, ALDAG ET AL. nennen die Umfeldinstabilität, welche sie nach subjektiven bzw. objektiven Messgrößen zu bestimmen versuchen, Volatilität[244]. Diese kann sich dabei auf Fluktuationen

---

233 vgl. Dess, Beard (1984), Task Environments, S. 55f.

234 vgl. Schuh (2005), Produktkomplexität, S. 6

235 vgl. Child (1972), Structure, S. 3; Thompson (1967), Organizations, S. 70; Pennings (1975), Organizational Effectiveness, S. 393ff.; Tung (1979), Dimensions, S. 675

236 vgl. Beinhocker (1999), Strategies, S. 97

237 vgl. Dess, Beard (1984), Task Environments, S. 56; Schuh (2005), Produktkomplexität, S. 7

238 vgl. Boyne, Meier (2009), Turbulence, S. 802

239 vgl. Wholey, Brittain (1989), Environmental Variation, S. 868; Buchko (1994), Uncertainty, S. 419ff.; Child (1972), Structure, S. 3; Hannan, Freeman (1977), Population Ecology

240 vgl. Wholey, Brittain (1989), Environmental Variation, S. 869

241 vgl. Milliken (1987), Three Types, S. 137

242 vgl. Boyne, Meier (2009), Turbulence, S. 803

243 vgl. Ansoff (2019), Implanting, S. 80

244 vgl. Wholey, Brittain (1989), Environmental Variation, S. 869f.; Tosi et al. (1973), Measurement, S. 30; Snyder, Glueck (1982), Research Notes, S. 187

unterschiedlicher Betrachtungsebenen (mikro- oder makro-ökonomisch), -objekte (Technologie, Markt oder Gewinn) und Zeiträume (historisch-retrospektiv oder impliziert-prospektiv) beziehen[245]. In der Statistik und den Finanzwissenschaften wird Volatilität wiederum als die Intensität der kurzfristigen Schwankungen einer Zeitreihe um ihren Mittelwert oder Trend verstanden, welche in der Standardabweichung oder einem Variationskoeffizienten ausgedrückt wird[246].

Bereits auf Basis dieser kurzen Diskussion wird deutlich, dass es für die weitere Arbeit eines integrativen Begriffsverständnisses bedarf. Grundsätzlich kann zunächst festgehalten werden, dass die Instabilität durch unvorhersehbare Dynamiken des Umfelds beschrieben wird. Vereinfachend wird daher von Unsicherheit und Dynamik gesprochen, welche ANSOFF folgend maßgeblich die Turbulenz determinieren. Wie nachfolgend noch erläutert wird, ist weder die Unsicherheit noch die Dynamik binär, sodass sich ein Spektrum der möglichen Turbulenz ergibt. In einem Bestreben nach konzeptioneller Konvergenz und einem einheitlichen Begriffsverständnis wird daher Volatilität als eine Extremausprägung der Turbulenz begriffen.

Nachdem das begriffliche Verständnis eines Unternehmensumfelds sowie dessen Turbulenz und Volatilität als Randbedingungen der Entwicklung von Technologiestrategien präzisiert wurde, können relevante Grundlagen anhand der Dynamik- und Unvorhersehbarkeitskomponenten erläutert werden. Aufgrund des umfassenden Ausmaßes theoretischer Grundlagen in diesem Themengebiet wird auf Diskontinuitäten sowie Unsicherheiten als relevanteste Objektbereiche der Themengebiete für die vorliegende Arbeit näher eingegangen.

2.3.2 Dynamik und Diskontinuität von Unternehmensumfeldern

Im Kontext der Unternehmensumfelder beschreibt die Dynamik den Wandel bzw. die auftretenden Veränderungen. In der wirtschaftswissenschaftlichen Literatur wird dieser oftmals anhand seines Grads der Radikalität beschrieben.[247] So werden in diesem Zusammenhang oftmals drei Determinanten adoptiert, welche von REISS beschrieben wurden: Breite (Anzahl der Änderungen und betroffene Systemelemente), Tragweite (Differenz zwischen gegenwärtigem und zukünftigem Zustand) sowie Intensität (zeitliche Komprimierung) des Wandels[248]. Wirtschaftliche Abläufe vollziehen sich entlang dieses kontinuierlichen Wandelspektrums anhand von zwei charakteristischen Phänomenen: zyklische Entwicklungen sowie Krisen *(„Schocks")* bei dem Übergang von einem Zyklus zum nächsten[249]. Dabei können bspw. historisch-politische, ökonomische sowie technologische Entwicklungs-zyklen differenziert werden[250]. Aus Gründen des Umfangs sei an dieser Stelle auf die umfassenden Forschungsarbeiten zu politischen, ökonomischen sowie technologischen Zyklen (bspw. diverse leistungs- oder nachfragebezogene

245 vgl. Geissler, Krys (2013), Challenges, S. 24ff.; Tosi et al. (1973), Measurement, S. 30

246 vgl. Heldt et al. (2018), Stichwort: Volatilität, S. 1

247 vgl. Zohm (2004), Diskontinuitäten, S. 18

248 vgl. Macharzina (1984), Unternehmenstätigkeit, S. 4; Reiß (1997), Change Management, S. 18f.

249 vgl. Schumpeter (1989), Business Cycles, S. 13ff.; Harmann (2003), Patente, S. 15

250 vgl. Harmann (2003), Patente, S. 16; Prahalad (1998), Managing Discontinuities, S. 14ff.

Lebenszyklusmodelle) verwiesen[251]. Demgegenüber zeichnen sich Krisen häufig durch die Grundeigenschaft der Diskontinuität oder eines unterbrochenen Gleichgewichts aus[252]. Dabei ist eine Diskonitnuität als ein Mangel von Zusammenhang zu verstehen, infolge dessen das Prinzip der starken Kausalität zwischen ähnlichen Ursachen und deren Auswirkungen verletzt ist[253]. In Bezug auf Diskontinuitäten können zudem zwei Zugänge unterschieden werden: wirtschaftlich-sozialgeschichtlich sowie mathematisch[254]. Ersterer kann auf DRUCKER zurückgeführt werden, der in einer makroskopischen Betrachtung Phasen der Evolution und Stabilität von Phasen der Dynamik und Diskontinuität unterscheidet[255]. Letzterer analysiert im Zusammenhang mit der elementaren Katastrophentheorie dynamische Stabilitätseigenschaften von Systemen[256]. In Bezug auf die Unternehmung können Diskontinuitäten weiterhin der Umwelt sowie der Inwelt zugeordnet werden. Während Erstere den Sphären der Weltwirtschaft, der Politik, dem Wissen sowie der Technologie zugeordnet werden können, manifestieren sich Letztere gemäß ZAHN durch abrupte Krisenmaßnahmen (bspw. *„Turnarounds"*) infolge eines angestauten Handlungsdrucks.[257] Diskontinuitäten ändern somit den bisherigen Entwicklungspfad eines Unternehmens oder einer ganzen Industrie, indem sie ökonomische Grundannahmen neu definieren[258].

Alle konzeptionellen Verständnisse begreifen die Diskontinuität in ihren jeweiligen Untersuchungsbereichen somit als einen extremen, qualitativen Wandel, welcher evolutorisch nicht mehr fortzuführen ist[259]. Infolge dessen ist eine Beschreibung der Zukunft auf Basis einer rein linearen Extrapolation der Vergangenheit nicht länger möglich. Analog der Diskussion von ZOHM wird daher auf Grundlage des systemtheoretischen Verständnisses der vorliegenden Arbeit dem Begriffsverständnis nach SCHUH gefolgt[260]. Dieser definiert Diskontinuitäten als plötzliche, schnelle, revolutionäre und radikale Modifikationsvorgänge in Systemen, durch welche sich deren beschreibende Variablen selbst oder die Beziehungen zwischen diesen grundlegend ändern[261].

2.3.3 Unsicherheit und Ambiguität von Unternehmensumfeldern

Es existieren verschiedenste Interpretationen von der konzeptionellen Natur des Unsicherheitsbegriffs[262]. Da in der vorliegenden Arbeit Unsicherheit im Kontext von technologie-

---

251 Für eine strukturierte Übersicht verschiedener Lebenszyklusmodelle siehe Anhang 12 bis Anhang 17.

252 vgl. Strebel (1990), Discontinuities, S. 437; Harmann (2003), Patente, S. 15

253 vgl. Zohm (2004), Diskontinuitäten, S. 18; Zahn (1984), Diskontinuitätentheorie, S. 21

254 vgl. Zahn (1984), Diskontinuitätentheorie, S. 21ff.

255 vgl. Drucker (1969), Discontinuity, S. 1ff.

256 vgl. Ursprung (1982), Katastrophentheorie, S. 1ff.; Harmann (2003), Patente, S. 20

257 vgl. Zahn (1984), Diskontinuitätentheorie, S. 25

258 vgl. Goldstein (1996), Exploit, S. 12; Macharzina (1984), Unternehmenstätigkeit, S. 4; Strebel (1992), Breakpoints, S. 152f.; Ansoff (1979), Strategic Management, S. 175f.

259 vgl. Harmann (2003), Patente, S. 20; Zahn (1984), Diskontinuitätentheorie, S. 22

260 vgl. Zohm (2004), Diskontinuitäten, S. 19; Zahn (1979), Diskontinuitäten, S. 119; Konrad (1991), Strategische Früherkennung, S. 108ff.

261 vgl. Schuh et al. (2000), Diskontinuitäten, S. 24

262 vgl. Tosi et al. (1973), Measurement, S. 30

strategischen Entscheidungen betrachtet wird, kann als Ausgangspunkt die Entscheidungstheorie dienen. Diese differenziert Unsicherheit in Risiko, Ungewissheit und Unwissen. Während bei Risiko Umweltzustände, Auswirkungen und Eintrittswahrscheinlichkeiten bestimmt werden können, fehlen bei Ungewissheit Informationen zu den Eintrittswahrscheinlichkeiten und bei Unwissen jegliche Kenntnisse von Umweltzuständen, Auswirkungen sowie Wahrscheinlichkeiten.[263] Unsicherheit i. e. S. liegt gemäß LAUX, GILLENKIRCH ET AL. vor, wenn ein Entscheider über Umweltzustände urteilen kann, jedoch deren Wahrscheinlichkeiten nicht spezifizieren kann.[264] Auch KNIGHT grenzt Unsicherheit und Risiko anhand der Messbarkeit von Wahrscheinlichkeiten ab[265]. Hierbei differenziert er drei Arten von Wahrscheinlichkeiten: a priori Wahrscheinlichkeit, statistische Wahrscheinlichkeit sowie Schätzungen. Im Kontext von Unternehmensentscheidungen sei es jedoch aufgrund der Einzigartigkeit der Situationen unmöglich, objektive Wahrscheinlichkeiten zu determinieren, sodass subjektive Schätzungen als die *„wahre Unsicherheit"* im Zusammenhang mit ökonomischer Leistungsfähigkeit zu charakterisieren ist.[266] Wie zuvor im Kontext von Diskontinuitäten festgestellt wurde, sind Schätzungen auf Basis vergangener Erfahrungen nicht anwendbar für die zukünftigen Zustände, sodass quantifizierte Risiken nicht weiter betrachtet werden[267].

In Bezug zur Unsicherheit von Unternehmensumfeldern (*„environmental uncertainty"*) ist seit den 1970er Jahren ein abnehmendes Interesse der Forschung festzustellen[268]. Im Mittelpunkt dieser Forschungsrichtung stehen die fundamentalen Entscheidungsprobleme des Top Managements basierend auf der Unsicherheit von Wechselwirkungen zwischen dem Umfeld und der Organisation[269]. Dabei wird kontrovers diskutiert, ob subjektive oder objektive Messgrößen für diese Problematik angemessen sind[270]. Da diese Kontroverse nicht abschließend geklärt ist, stellen DOWNEY, SLOCUM in ihrem Review fest, dass der Begriff *„Unsicherheit"* im Kontext von Unternehmensumfeldern unterschiedlich aufgefasst wird und somit Interpretationspotenzial bietet[271].

Ausgehend von der systemtheoretisch-sozialkonstruktivistischen Perspektive (vgl. Teilkapitel 1.3) wird im Rahmen der vorliegenden Arbeit daher der Definition von MILLIKEN gefolgt. MILLIKEN definiert Unsicherheit als die wahrgenommene Unfähigkeit einer Person, etwas exakt vorhersagen zu können. Dabei kann diese Unsicherheit infolge unzureichender

---

263 vgl. Nachbagauer et al. (2020), Herausforderungen, S. 131ff.

264 vgl. Laux et al. (2014), Entscheidungstheorie, S. 83

265 vgl. Knight (1921), Risk, S. 19f.

266 vgl. Knight (1921), Risk, S. 224ff.

267 In Bezug auf Risiken sei auf die Zusammenfassung verschiedener, konzeptioneller Verständnisse von AVEN verwiesen. Hierzu vgl. Aven (2010), Risk, S. 623ff.

268 vgl. Milliken (1987), Three Types, S. 135

269 vgl. Thompson (1967), Organizations, S. 159; Dill (1958), Autonomy, S. 409ff.; Duncan (1972), Characteristics, S. 325; Lawrence, Lorsch (1967), Organization

270 vgl. Anderson, Paine (1975), Perceptions, S. 814; Snow, Darran (1975), Adaptation, S. 279

271 vgl. Downey, Slocum (1975), Uncertainty, S. 562

Informationen erlebt werden, oder wenn eine Differenzierung zwischen relevanten und irrelevanten Daten nicht möglich ist.[272]

Unsicherheit besteht somit in der Relation von notwendig erachteten sowie verfügbar wahrgenommenen Informationen eines Entscheiders. Insbesondere im Kontext von Innovationsentscheidungen eines Unternehmens treten daher häufig marktbezogene (bspw. Präferenzen und Diffusion) und technologiebezogene (bspw. technische Machbarkeit und Aufwand) Unsicherheiten auf.[273] Da insbesondere emergierende Märkte von technologischer Unsicherheit charakterisiert sind, befasst sich eine Vielzahl von Forschungsarbeiten mit deren möglichem Umgang[274]. Verkürzend sei an dieser Stelle die Arbeit von COURTNEY, KIRKLAND ET AL. angeführt, da sie Handlungsoptionen übersichtlich anhand von vier qualitativen Stufen der Unsicherheit strukturiert. Abbildung 2-7 illustriert die vier Stufen, welche von einer ausreichenden Vorhersagbarkeit über die Feststellbarkeit einzelner Ausgänge bis hin zur Prognose einer Bandbreite von Ausgängen reicht. Ist eine Eingrenzung nicht möglich, besteht Unsicherheit somit letztlich in Form von Ambiguität[275]. Gemäß GILLON kann Ambiguität als ein Ausdruck der Mehrdeutigkeit definiert werden[276]. Es ergeben sich hieraus somit insbesondere Probleme bei der Interpretation von Informationen hinsichtlich ihrer Bedeutung für eine Entscheidungssituation.

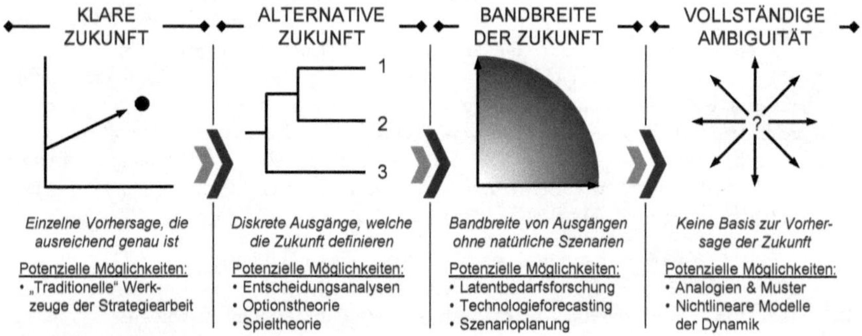

Abbildung 2-7: Vier Stufen der Unsicherheit und deren Umgangsmöglichkeiten[277]

Im Zusammenhang mit der Strategieentwicklung unter Unsicherheit finden daher insbesondere Ansätze der Szenarioplanung und Optionstheorie Beachtung in der Praxis und

[272] vgl. Milliken (1987), Three Types, S. 136; Buchko (1994), Uncertainty, S. 411

[273] vgl. Proff et al. (2014), Elektromobilität, S. 12f.

[274] vgl. Hatfield et al. (2001), Facing the Uncertain, S. 63ff.; Abernathy, Utterback (1978), Patterns; Utterback, Abernathy (1975), Dynamic Model; Hannan, Freeman (1977), Population Ecology; Schumpeter (1950), Socialism

[275] vgl. Bennett, Lemoine (2014), VUCA, S. 27

[276] vgl. Gillon (1990), Indeterminacy, S. 394; Schrader et al. (1993), Choice, S. 78; Lippman, Rumelt (1982), Uncertain Imitability, S. 418

[277] i. A. a. Courtney et al. (1997), Strategy, S. 71f.

Wissenschaft (vgl. Teilkapitel 2.6). So können Entscheidungen sequenziert oder abgesichert (*„hedging"*) werden, um den Einfluss von Unsicherheiten soweit wie möglich zu reduzieren.[278] Nachdem grundlegende Überlegungen aus den Themengebieten der Dynamik und Diskontinuität sowie Unsicherheit und Ambiguität von Unternehmensumfeldern erläutert wurden, können nachfolgend deren Herausforderungen als VUKA-Umfeld diskutiert werden.

2.3.4 Zwischenfazit: Die VUKA-Welt als Herausforderung des Managements

Globalisierung, häufigere Substitution sowie höhere Komplexität von Technologien oder die Kommodifizierung physischer Produkte stellen nur exemplarische Charakterzüge des Unternehmensumfelds im 21. Jahrhundert dar. Subsumiert unter dem Akronym *„VUKA"* besitzen diese signifikante Auswirkungen auf die strategische Planung, welche nicht nur in der Wirtschaft, sondern auch in den Politik- und Militärwissenschaften erkannt wurden.[279] Anhand der zuvor erläuterten Grundlagen zeigt sich, dass Beobachtungen der Dynamik, Komplexität und Unsicherheit und deren Auswirkungen auf die Leistungsfähigkeit von Unternehmen kein vollkommen neues Phänomen darstellen. Im Vergleich zu den frühen Forschungsarbeiten haben jedoch Dynamik und Komplexität, insb. aufgrund der zunehmenden Digitalisierung, gegenwärtig ein neues Ausmaß angenommen[280]. MACK, KHARE definieren daher die Komplexität als Schlüsselphänomen des VUKA-Umfelds, als deren Folge sich Unsicherheit, Ambiguität und Volatilität ergibt[281]. Demgegenüber dekomponieren BENNETT, LEMOINE die einzelnen Phänomene und beschreiben zur pragmatischen Beratung von Führungskräften einzelne Lösungsansätze (vgl. Tabelle 2-4). Ausgehend von der Generizität der gegebenen Lösungsansätze werden diese für die Methodik aufgegriffen und in der Konzeption (vgl. Kapitel 3) sowie Detaillierung (vgl. Kapitel 4) spezifiziert.

---

[278] Für eine umfassende Untersuchung der *„hedging"*-Möglichkeiten von technologische Unsicherheiten sei auf HATFIELD, TEGARDEN ET AL. verwiesen. Hierzu vgl. Tegarden et al. (1999), Doomed, S. 495ff.; Hatfield et al. (2001), Facing the Uncertain, S. 63ff.; Erler (2000), Business Objects, S. 237

[279] vgl. Mack, Khare (2016), Perspectives, S. 5

[280] vgl. Hübner-Weinhold et al. (2019), Leadership, S. 11f.

[281] vgl. Mack, Khare (2016), Perspectives, S. 6

Tabelle 2-4: Framework von Lösungsansätzen des VUKA-Umfelds[282]

Phänomen	Merkmal	Lösungsansatz
Volatilität	Instabilität sowie häufiger und unvorhersehbarer Wandel	Agilität sowie Flexibilität durch Vorratsbildung von Ressourcen
Unsicherheit	Mangelndes Wissen über die Gewichtung möglich eintretender Szenarien	Investitionen in Informationsbeschaffung intensivieren
Komplexität	Zahlreiche miteinander verbundene Entscheidungskomponenten sowie -variablen	Interne Komplexität durch Restrukturierung an externe Komplexität anpassen
Ambiguität	Kausale Beziehungen sind nicht eindeutig und Referenzszenarien nicht vorhanden	Experimente durchführen, Hypothesen generieren und in der Praxis validieren

Bezogen auf die im Rahmen von Teilkapitel 2.1 dargestellten Grundlagen des strategischen Managements implizieren die Lösungsansätze von BENNETT, LEMOINE einen kontinuierlich-iterativen Strategieprozess, welcher durch Hypothesen und Erkenntnisgewinn geleitet ist. Insofern gilt es im Rahmen der zu entwickelnden Methodik, eine emergente Strategiebildung durch geeignete Koordinations- und Ausrichtungsmechanismen umzusetzen[283]. Damit weicht die vorliegende Arbeit von der in der Literatur dominant untersuchten Bewältigung von Diskontinuitäten mittels synoptischer Planung ab. In der weiteren Untersuchung wird daher auf die zweite Möglichkeit, der Bewältigung durch Flexibilität mit Bereitschaft von Umsteuerungspotenzialen *(„Dynamic Capabilities")*, abgestellt[284]. Diese verlangt jedoch eine höhere Adaptivität des Managements, sodass nachfolgend grundlegende Zusammenhänge von Flexibilität und Adaptivität im Rahmen der organisationalen Resilienz und Agilität erläutert werden[285].

2.4 Resilienz und Agilität

Nicht nur Unternehmen, sondern auch die Natur ist mit Unsicherheiten und Dynamiken infolge des blinden Prozesses der Evolution konfrontiert[286]. So beschreibt HOLLING erstmals Prinzipien der Resilienz in einem ökologischen Kontext und wendet diese in verschiedenen Kontexten von sozio-ökologischen Systemen an. Demnach entwickeln sich Systeme nicht linear, sondern in Zyklen. Dabei bestimmen die aus vorhergehenden Iterationen akkumulier-

---

282 i. A. a. Bennett, Lemoine (2014), VUCA, S. 27; Bennett, Lemoine (2014), Threats, S. 314

283 vgl. Johnson et al. (2008), Corporate Strategy, S. 423

284 vgl. Harmann (2003), Patente, S. 38; Macharzina (1995), Unternehmensführung, S. 523; Teece (2000), Intellectual Capital, S. 8; Bea, Haas (2016), Management, S. 319ff.

285 vgl. Song (2015), Früherkennung, S. 243

286 vgl. Beinhocker (1999), Strategies, S. 97

ten Ressourcen die Regenerationsfähigkeit eines Systems bei destabilisierenden Ereignissen.[287] Damit Unternehmen in einem VUKA-Umfeld bestehen können, müssen sie somit ebenfalls in der Lage sein, mit dem Unerwarteten umzugehen, indem sie mithilfe von Resilienzfähigkeiten angemessen hierauf reagieren können[288].

Um das begriffliche Verständnis der organisationalen Resilienz und Agilität zu schärfen, werden einleitend verwandte sowie untergeordnete Konzepte skizziert und voneinander abgegrenzt (vgl. Unterkapitel 2.4.1). Hierauf aufbauend werden anschließend die Konzepte der strategischen Flexibilität und Agilität grundlegend erläutert (vgl. Unterkapitel 2.4.2).

2.4.1 Terminologie und Begriffsverständnis

Der Begriff der Resilienz findet Verwendung in einer Vielzahl von Wissenschaftsdisziplinen, bspw. in der Ökologie, der Metallurgie, der Psychologie, der Sicherheitstechnik oder dem Management[289]. Im Zentrum aller Überlegungen steht dabei das Vermögen eines Systems, nach einer Störung in einen stabilen Zustand zurückzukehren[290]. Wird der Begriff auf die sozialwissenschaftliche Strömung von Organisationen übertragen, ändert sich dessen Verständnis nicht grundlegend, da weiterhin der Umgang eines Systems mit wirtschaftlichen, sozialen oder ökologischen Turbulenzen hierunter subsumiert wird.[291] So definieren SCHARTE, HILLER ET AL. Resilienz allgemein als die Fähigkeit, tatsächliche oder potenzielle Schadensereignisse infolge von Veränderungsprozessen menschlicher, technischer oder natürlicher Faktoren abzuwehren, sich hierauf vorzubereiten, sie zu berücksichtigen und zu bewältigen sowie sich schließlich von ihnen zu erholen und sich immer erfolgreicher anzupassen[292]. In Bezug auf Organisationen sprechen FONTANARI, REICHE von einer resilienten Organisation, wenn diese trotz Krisen und Turbulenzen nachhaltig leistungsfähig bleibt[293]. Hinsichtlich der einzelnen Personen in einer Organisation beschreibt PLANK Resilienz nicht als theoretisches Konstrukt, sondern als Fähigkeit des mentalen Umgangs mit Krisen. Resilienz manifestiert sich demnach durch resilientes Verhalten, welches in einem dynamischen und transaktionalen Prozess ausgebildet wird.[294] Weiterhin werden im Kontext von Organisationen häufig vier Resilienzbegriffe differenziert: Geschäfts-, Lieferketten-, Desaster- sowie organisationale Resilienz (vgl. Tabelle 2-5). Dabei ist für die vorliegende Arbeit aufgrund der Chancenorientierung insbesondere die organisationale Resilienz für die Entwicklung von Technologiestrategien relevant.

---

[287] vgl. Holling (1973), Resilience, S. 2ff.

[288] vgl. Lengnick-Hall et al. (2011), Organizational Resilience, S. 243f.; Duchek (2020), Resilience, S. 215f.

[289] vgl. Walker et al. (2002), Resilience, S. 1f.; Callister, Rethwisch (2010), Materials, S. 168; Barnett, Pratt (2000), Flexibility, S. 74ff.; Sheffi (2005), Resilient Enterprise, S. ixf.; Schuh et al. (2021), Resilienz, S. 4f.

[290] vgl. Fontanari, Reiche (2020), Resilienz, S. 165

[291] vgl. Serfilippi, Ramnath (2018), Resilience Measurement, S. 646ff.; Bhamra et al. (2011), Resilience, S. 5376f.

[292] vgl. Scharte et al. (2014), Einleitung, S. 16ff.; acatech (2014) Resilien-Tech, S. 11ff.

[293] vgl. Fontanari, Reiche (2020), Resilienz, S. 188f.

[294] vgl. Plank (2016), Resilienzfähigkeit, S. 30f.

Tabelle 2-5: Differenzierung häufiger Resilienzbegriffe[295]

Unterscheidungen	Erläuterung
Geschäftsresilienz (*„Business Resilience"*)	Resilienz des gesamten Geschäftsmodells durch nachhaltige Führungsprinzipien
Organisationale Resilienz (*„Organizational Resilience"*)	Disruptive Veränderungen durch organisatorische Voraussetzungen produktiv in Chancen wandeln
Lieferkettenresilienz (*„Supply Chain Resilience"*)	Verletzlichkeit von Lieferketten durch Risikomanagement reduzieren
Desasterresilienz (*„Disaster Resilience"*)	Widerstandsfähigkeit gegenüber massiven Veränderungen durch weitreichende Krisen

Für den weiteren Verlauf der Arbeit wird der Definition von SCHARTE, HILLER ET AL. gefolgt, da sie prozessuale Ansatzpunkte aufzeigt, welche für den methodischen Umgang aufgegriffen werden können. Ausgehend von diesem kontinuierlichen, prozessualen Charakter des Resilienzbegriffs beschreibt HOLLING den ersten Resilienzzyklus aus vier Phasen, der auch als Holling-Schleife *(„Holling Loop")* bekannt ist: Reorganisation von Strukturen des Wandels, Exploitation der neu geschaffenen Systeme, Konservierung eines stabilen Zustands durch Institutionalisierung sowie Freisetzung infolge eines destabilisierenden Ereignisses[296]. Aufbauend auf den Gedanken von HOLLING hat sich eine Reihe solcher Zyklusmodelle entwickelt. Zur Strukturierung verwandter Konzepte und zugrundeliegender Fähigkeiten der Resilienz erscheint für die vorliegende Arbeit der Resilienzzyklus der ACATECH nach SCHARTE, HILLER ET AL. hilfreich, welcher auf den Arbeiten von EDWARDS aufsetzt[297]. In der ersten Phase *(„Prepare")* werden Emergenzen durch Frühaufklärungssysteme antizipiert und Pläne zu dessen Vorbereitung entwickelt. In der zweiten Phase *(„Prevent")* werden, sofern möglich, Risikofaktoren reduziert, um das Eintreten unerwünschter Ereignisse zu unterbinden. Treten diese Ereignisse dennoch ein, werden in der dritten Phase *(„Protect")* fehlerfrei funktionierende physische und virtuelle Schutzsysteme eingesetzt, um die negativen Auswirkungen so gering wie möglich zu halten. In der vierten Phase *(„Respond")* gilt es, eine schnelle, gut organisierte und effektive Reaktion auf das Ereignis zu finden und hierbei die essenziellen Funktionsfähigkeiten der Organisation aufrecht zu erhalten. Ist das unmittelbare Schadensereignis in der fünften Phase *(„Recover")* überstanden, so muss das Unternehmen Lehren aus dem Erlebten ziehen, um für zukünftige Emergenzen besser gerüstet zu sein.[298] Abbildung 2-8 illustriert den Resilienz-zyklus, wie er der vorliegenden Arbeit zugrunde gelegt wird.

---

295 vgl. Griese, Baringhorst (2018), Resilienz, S. 347ff.; Yao, Meurier (2012), Resilience, S. 4ff.

296 vgl. Holling (2001), Social Systems, S. 393ff.; Holling (1973), Resilience, S. 14; Cochrane (2010), Tourism Resilience, S. 176

297 vgl. Edwards (2009), Resilient Nation, S. 19ff.

298 vgl. Scharte et al. (2014), Einleitung, S. 16f.; acatech (2014) Resilien-Tech, S. 12f.

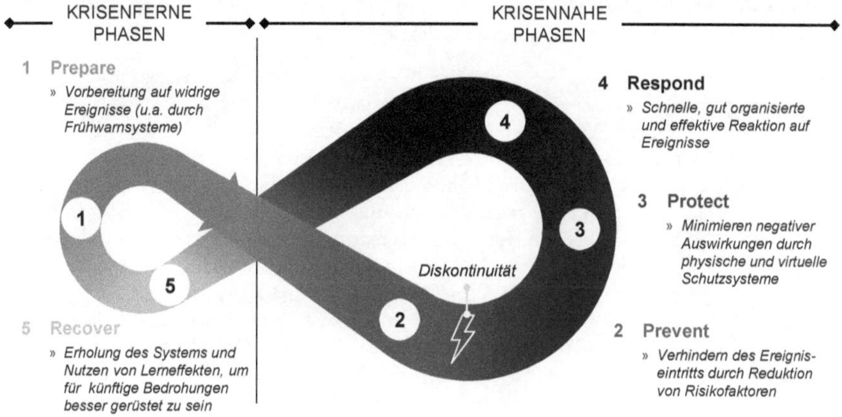

Abbildung 2-8: Phasen des Resilienzzyklus[299]

Basierend auf dem konzeptionellen Begriffsverständnis der Resilienz als Eigenschaft eines Systems mit phasenspezifischen Ausprägungen der assoziierten Fähigkeiten bedarf es einer Erläuterung der angrenzenden und zugrundeliegenden Konzepte. So weist das Konzept der Antifragilität Parallelen zur Resilienz auf. TALEB definiert die Antifragilität als sich verbessernde Eigenschaft eines Systems, wenn dieses mit Herausforderungen, wie bspw. Fehlern oder Volatilität, umgeht. Hierbei differenziert er fragile, robuste bzw. resiliente sowie antifragile Entitäten, wodurch die Begriffe der Robustheit und Resilienz synonym verwendet werden[300]. Es ist somit notwendig, die Begriffe der Resilienz und Robustheit voneinander abzugrenzen. Der Begriff der Robustheit geht auf die Arbeiten von GUPTA, ROSENHEAD zurück, welche in diesem das Maß an Flexibilität zukünftiger Entscheidungsmöglichkeiten sehen, welches ein Committment offenlässt oder ausschließt[301]. Demgegenüber definiert WOODS die Robustheit als die Fähigkeit eines Systems, Störeinflüsse zu absorbieren[302]. Demnach kann eine robuste Organisation zwar Störeinflüsse absorbieren, jedoch muss sie sich nicht zwangsläufig hiervon erholen. Eine robuste Organisation ist folglich auf den Umgang mit bestimmten Störeinflüssen ausgerichtet, während resiliente Organisationen auf deren Überlebensfähigkeit ausgerichtet sind.[303] Auf einer Metaebene bedarf die Gestaltung der Robustheit eines Systems somit der Abschätzung zukünftiger Leistungsfähigkeiten, um abhängig vom Kontext ein sinnvolles

---

299 i. A. a. Scharte et al. (2014), Einleitung, S. 17; acatech (2014) Resilien-Tech, S. 13; Schuh et al. (2021), Strategiearbeit, S. 5

300 vgl. Taleb, Douady (2013), Fragility, S. 1677; Taleb (2013), Antifragile; Ruiz-Martin et al. (2018), Organizational Resilience, S. 17

301 vgl. Rosenhead (2010), Robustness Analysis, S. 1

302 vgl. Woods (2015), Resilience Engineering, S. 6f.

303 vgl. Ruiz-Martin et al. (2018), Organizational Resilience, S. 17ff.; Woods (2015), Resilience Engineering, S. 6

Maß an Flexibilität festzulegen[304]. Neben dem Begriff der Robustheit besteht für das Konzept der Resilienz somit ebenfalls ein Bezug zum Begriff der Flexibilität.

Im Kontext von Unternehmen beschreibt Flexibilität die Bandbreite der Anpassungsfähigkeit, welche auf operativer, taktischer sowie strategischer Ebene (vgl. Unterkapitel 2.4.2) begriffen werden kann[305]. Allgemein definieren BACKHOUSE, BURNS Flexibilität als vorbestimmte Reaktion eines Unternehmens auf vorhersehbare Ereignisse mit geringen bis moderaten Änderungsraten[306]. Da Flexibilität weiterhin inhaltlich sowie zeitlich charakterisiert werden kann, besteht ebenfalls eine enge Beziehung der Resilienz zum Begriff der Adaptivität[307]. KATAYAMA, BENNETT beschreiben Adaptivität als eine inhärente Fähigkeit von Produktionssystemen, deren Kostenleistung entsprechend dem Bedarf anzupassen bzw. zu modifizieren. Dies kann erzielt werden, indem eine Verschiebung von fixen zu variablen Kosten erfolgt. Wenngleich dies den typischen Ansatz der schlanken Produktion *(„Lean Production")* kontrastiert, stellen KATAYAMA, BENNETT fest, dass Adaptivität, Schlankheit und Agilität gegenseitig unterstützende Konzepte sind.[308] Schließlich wird daher der Begriff der Agilität erläutert und in einen Zusammenhang zum Konzept der Resilienz gestellt.

Das Konzept der Agilität führt die Überlegungen der flexiblen sowie schlanken Produktion fort, um eine Reaktionsfähigkeit auf volatile Märkte trotz der Ressourcenlimitierungen einer vorgehaltenen Flexibilität in Organisationen, Prozessen und Systemen zu realisieren[309]. Als aufstrebendes Paradigma des Managements der frühen 1990er Jahre, bedient sich das Konzept der Agilität einer Bandbreite bestehender Theorien, bspw. der dynamischen Fähigkeiten (vgl. Abschnitt 2.1.2.3) und der Marktorientierung, sowie den Erfahrungen aus dem *„Total Quality Management"*[310]. So definieren NAGEL, DOVE ET AL. Agilität als die Fähigkeit eines Unternehmens, in einem von kontinuierlich unvorhersehbaren Veränderungen gekennzeichneten wettbewerbsintensiven Umfeld zu bestehen. Dabei reagiert das Unternehmen zügig auf sich schnell verändernde, fragmentierende globale Märkte, die von vernetzten Wettbewerbern mit routinemäßigem Zugang zu einem weltweiten Produktionssystem bedient werden und von der Nachfrage nach qualitativ hochwertigen, leistungsstarken, kostengünstigen und kundenkonfigurierten Produkten und Dienstleistungen getrieben sind.[311] Im Gegensatz zu dem Konzept der schlanken Produktion steht hierbei nicht die Ressourceneffizienz im Vordergrund, sondern die gleichzeitig effektive und produktive Antwort auf ein sich änderndes Umfeld. Agile Unternehmen reagieren daher schnell, sind einfallsreich und

---

304 vgl. Rosenhead (2010), Robustness Analysis, S. 2

305 vgl. Fellner (2010), Strategic Flexibility, S. 34

306 vgl. Backhouse, Burns (1999), Value Chains, S. 76

307 vgl. Burmann (2005), Markenwert, S. 31f.

308 vgl. Katayama, Bennett (2001), Agility, S. 484f.

309 vgl. Evans (2002), Agility, S. 2; Mathiassen, Pries-Heje (2006), Business Agility, S. 116f.

310 vgl. van Oosterhout (2010), Business Agility, S. 3; Teece, Pisano (1994), Dynamic Capabilities; Kohli, Jaworski (1990), Market Orientation, S. 16; Cohen, Levinthal (1990), Absorptive Capacity, S. 128; Zahra, George (2002), Absorptive Capacity, S. 185ff.; Goldman, Nagel (1993), Management

311 vgl. Nagel et al. (1991), 21st Century, S. 7ff.

können sich ihrem Umfeld rapide anpassen.[312] In Bezug auf die von BACKHOUSE, BURNS angesprochene Überschneidung der Agilität mit dem Konzept der Flexibilität differenziert VAN OOSTERHOUT beide Konzepte anhand der Umfeldturbulenz und Reaktionskomplexität. Hiernach beschreibt Agilität innovative Antworten auf unvorhersehbare und höhere Raten des Wandels mithilfe von höheren Systemgruppen.[313]. Die Schnittstelle der beiden Konzepte beschreibt er dabei durch den Begriff der strategischen Flexibilität (vgl. Unterkapitel 2.4.2).[314].

Zusammenfassend kann somit festgestellt werden, dass sowohl Resilienz als auch Agilität als eine Eigenschaft eines Unternehmens begriffen werden kann, welche in Form einer Meta-Fähigkeit auf einer Bandbreite von einzelnen Fähigkeiten und Theorien basiert. Während Resilienz jedoch das eher reaktive Ziel der Widerstands- und Überlebensfähigkeit bei negativen Störereignissen verfolgt und hierfür die Robustheit von Systemen einbezieht, verfolgt Agilität das eher proaktive Ziel innovativer und einfallsreicher Antworten bei Veränderungen des Marktes. Im Rahmen der vorliegenden Arbeit werden beide Konzepte als komplementär betrachtet, da sie die Handlungs- und Entscheidungsfähigkeit von Unternehmen in einem volatilen Umfeld unterstützen und somit wertvolle Überlegungen für die Entwicklung von Technologiestrategien in einem solchen Umfeld bieten. Auf diesem Begriffsverständnis aufbauend werden nachfolgend daher die Konzepte der strategischen Flexibilität und Agilität vertieft.

2.4.2 Strategische Flexibilität und Agilität

Im Kontext von technologischen Disruptionen und volatilen Veränderungen der Markt- sowie Wettbewerbslandschaft stellt eine Vielzahl von Autoren fest, dass Eigenschaften der strategischen Flexibilität und Agilität die differenzierenden Merkmale von erfolgreichen Unternehmen in einem solchen Umfeld darstellen[315]. Da ein erfolgreiches Agieren in einem turbulenten Unternehmensumfeld hilfreich für die Widerstands- und Überlebensfähigkeit eines Unternehmens erscheint, werden beide Konzepte kurz skizziert.

Strategische Flexibilität

Wenngleich das konzeptionelle Begriffsverständnis der strategischen Flexibilität in der Literatur divergiert, kann dennoch ein Konsens in Bezug auf den strategischen Wandel und dessen Auslöser erkannt werden. So ist strategischer Wandel nach EPPINK durch drei Kriterien konstituiert: Vertrautheit (durch fehlende Erfahrungen und routinisierte Antworten trotz der Möglichkeit zur Antizipation), Dringlichkeit (einer angemessenen Reaktion) sowie negative Auswirkungen (auf die Leistungsfähigkeit der Unternehmung bei Ignorieren oder unzureichender Antwort)[316].

In Bezug auf das konzeptionelle Verständnis der strategischen Flexibilität können zwei Paare von Betrachtungsperspektiven unterschieden werden. So differenziert BROZOVIC ein

---

312 vgl. Mathiassen, Pries-Heje (2006), Business Agility, S. 116

313 vgl. Backhouse, Burns (1999), Value Chains, S. 76; Wadhwa, Rao (2003), Flexagility, S. 116f.

314 vgl. van Oosterhout (2010), Business Agility, S. 15ff.

315 vgl. Wilson (1999), Strategy, S. 21; Whipp et al. (1989), Culture, S. 561f.

316 vgl. Eppink (1978), Planning, S. 10

reaktives und ein proaktives Verständnis der strategischen Flexibilität. Demnach sei das Verständnis der strategischen Flexibilität traditionell als reaktives Konzept von Fähigkeiten begriffen worden. Neuere Arbeiten würden hingegen ein eher proaktives Verständnis porträtieren.[317] Es kann jedoch argumentiert werden, dass auch eine reaktive Adaption strategische Entscheidungen benötigt, welche proaktiv vor dem Wandel getroffen werden[318].

Demgegenüber unterscheidet EPPINK ein passives von einem aktiven Konzept der strategischen Flexibilität. Nach dem passiven Verständnis zielt strategische Flexibilität auf die Eindämmung relativer Folgen von Veränderungen des Umfelds ab. Es besteht somit eine große Nähe zu der externen Flexibilität nach ANSOFF. Das aktive Verständnis zielt demgegenüber auf die Reaktionsfähigkeit der Unternehmung ab, welches trotz eines unternehmensinternen Bezugs deutlich umfassender ist als die ursprüngliche, interne Flexibilität von ANSOFF.[319]

Ausgehend von den zuvor erläuterten Perspektiven wird dem integrativen Verständnis von FELLNER gefolgt, da er dieses im Kontext von Technologiestrategien und technologischer Turbulenz begreift. Demnach stellt strategische Flexibilität die Fähigkeit und Bereitschaft von Organisationen dar, deren Strategie durch Reversibilität und Wandelbarkeit parallel zu Veränderungen des Geschäftskontextes anzupassen.[320] Hierauf aufbauend entwickelt er einen konzeptionellen Rahmen von dynamischen Fähigkeiten, mithilfe derer Unternehmen auf Manifestationen der technologischen Turbulenz reagieren können. Letztere ordnet er drei Kategorien zu *(„Known-knowns", „Known-Unknowns", „Unkowns")* und entwickelt hierfür strategische Optionen, welche auf absorptiven sowie adaptiven Fähigkeiten basieren und turbulenzadjustierten Vorgehensmustern folgen (vgl. Abbildung 2-9).

---

317 vgl. Brozovic (2018), Strategic Flexibility, S. 7f.

318 vgl. Courtney (2001), Uncertainty, S. 47

319 vgl. Eppink (1978), Planning, S. 10

320 vgl. Fellner (2010), Strategic Flexibility, S. 3

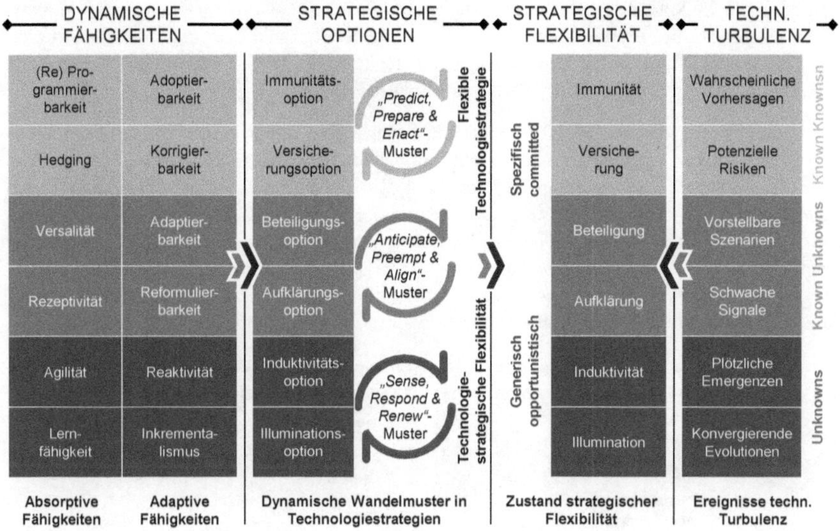

Abbildung 2-9: Konzept der strategischen Flexibilität in Technologiestrategien[321]

Wie das Konzept von FELLNER zeigt, ist für die unvorhersehbaren, hochturbulenten Ereignisse eine flexible Technologiestrategie nicht länger ausreichend. Vielmehr bedarf es einer technologiestrategischen Flexibilität, die auf Fähigkeiten der Rezeptivität, Agilität und des organisationalen Lernens aufbaut.[322] Im Anschluss an die Erläuterung strategischer Agilität wird daher im Rahmen des Zwischenfazits Bezug zu den grundlegenden Gedanken des organisationalen Lernens und der lernenden Organisation genommen.

Strategische Agilität

Insbesondere in hochdynamischen, hyperkompetitiven und unsicheren Unternehmensumfeldern stellt die Forschung den Stellenwert einer strategischen Agilität heraus[323]. TALLON, PINSONNEAULT folgend beschreibt strategische Agilität das taktvolle Erkennen und Reagieren auf Veränderungen des Unternehmensumfelds mit Leichtigkeit, Geschwindigkeit und Geschicklichkeit[324]. DOZ, KOSONEN definieren strategische Agilität als das durchdachte und zielgerichtete Zusammenspiel von drei Meta-Fähigkeiten im Top Management: strategische Sensitivität (*„Strategic Sensitivity"*), Führungseinigkeit (*„Leadership Unity"*) sowie Ressourcenfluidität (*„Resource Fluidity"*)[325]. Auf diesen sowie weiteren Vorarbeiten der Literatur auf-

[321] i. A. a. Fellner (2010), Strategic Flexibility, S. 202

[322] vgl. Fellner (2010), Strategic Flexibility, S. 201

[323] vgl. Mavengere (2013), Strategic Agility, S. 8

[324] vgl. Tallon, Pinsonneault (2011), Competing Perspectives, S. 464

[325] vgl. Doz, Kosonen (2010), Strategic Agility, S. 371; Doz, Kosonen (2008), Dynamics, S. 96

bauend versucht MAVENGERE, die verschiedenen konzeptionellen Verständnisse zu konvergieren und zu konkretisieren. Demnach basiert strategische Agilität auf den drei Konstrukten der strategischen Sensitivität, der strategischen Reaktion sowie der kollektiven Fähigkeiten, welche wieder in mehreren Subkonstrukten fundiert sind.[326]

Um ihr zunächst theoretisches Konstrukt der strategischen Agilität besser für die Agenda des Top Managements umsetzbar zu gestalten, entwickeln DOZ, KOSONEN das *„Core"*-Framework. Hierin geben sie Handlungsempfehlungen, wie ein Unternehmen die drei Meta-Fähigkeiten der strategischen Agilität wiedergewinnen oder initial aufbauen kann. Wie Abbildung 2-10 illustriert, differenzieren sie für ihre Handlungsempfehlungen die drei Dimensionen der Kognition (bspw. *„aus innovativen Erfahrungen lernen"*), Organisation (bspw. *„Entwicklung der Führung und Mobilität der Mitarbeiter fördern"*) sowie Relation (bspw. *„Zeit für Dialog schaffen"*), durch welche das emotionale Committment im Unternehmen gestärkt werden kann.

Abbildung 2-10: *„Core"*-Framework der strategischen Agilität[327]

Im Kontext einer Methodik zur Entwicklung von Technologiestrategien in einem volatilen Unternehmensumfeld erscheinen somit die Handlungsempfehlungen des *„Core"*-Frameworks zunächst hilfreich, um mittels des Konzepts der strategischen Agilität die Widerstands- und Überlebensfähigkeit (Resilienz) eines Unternehmens positiv zu beeinflussen.

2.4.3 Zwischenfazit: Resilienz und Agilität als Mittel zum Zweck

Im Rahmen des Unterkapitels wurde dargestellt, dass Resilienz und Agilität unterschiedliche wenngleich komplementär verwandte Eigenschaften bzw. Meta-Fähigkeiten darstellen, welche wiederum auf einzelnen Fähigkeiten, wie der Flexibilität und Adaptivität oder Robustheit,

---

[326] Für eine detaillierte Erläuterung aller Konstrukte sowie Subkonstrukte sei auf MAVENGERE verwiesen. Hierzu vgl. Mavengere (2013), Strategic Agility, S. 11f.

[327] i. A. a. Doz, Kosonen (2008), Dynamics, S. 115f.

basieren[328]. Insbesondere die strategische Flexibilität und Agilität besitzen relevante Ansatzpunkte für die Entwicklung von Technologiestrategien in einem volatilen Unternehmensumfeld nach einer ereignisbezogenen Diskontinuität.

So zeichnen sich strategisch agile Unternehmen dadurch aus, dass sich das Top Management nicht mit einem periodischen Strategiereview der traditionellen Strategieplanung begnügt, sondern kontinuierlich die Handlungs- und Entwicklungstrajektorien anpasst[329]. Wie auch das Konzept der strategischen Flexibilität von FELLNER gezeigt hat, spielt für die Leistungsfähigkeit eines Unternehmens unter hoher Turbulenz dessen Lernfähigkeit eine entscheidende Rolle. HAMEL nennt daher jene Organisationen resilient, die sich kontinuierlich neu erfinden, indem sie ihren Erfolg nicht als gegeben ansehen, sondern Fähigkeiten zur Innovation neuer Geschäftsmodelle aufbauen[330]. JOHNSON, SCHOLES ET AL. sehen dies als eine der zentralen Lehren des organisationalen Lernens an, auf Basis dessen in lernenden Organisationen dynamische Strategien natürlich emergieren können[331]. SCHUH, ANDERL ET AL. sehen schließlich in einer lernenden, agilen Unternehmung das übergeordnete Ziel der Industrie 4.0. Diese ist in der Lage, auch unerwartete Entwicklung zu überwinden und hierdurch einen wesentlichen Wettbewerbsvorteil in einem sich ständig wandelnden Umfeld zu erwirken.[332] Da die Vision des lernenden, agilen Unternehmens dazu dient, Wettbewerbsvorteile relativ zu den Konkurrenten des Geschäftsumfelds zu realisieren, ist in ihr kein absolutes, sondern ein relatives Ziel zu sehen. Daher ist das relative Ziel eines lernenden, agilen Unternehmens im Zusammenhang mit dem jeweiligen strategischen Kontext einer Organisation zu verstehen.[333]

Dieser Sichtweise schließt sich die Arbeit in Bezug auf Resilienz und Agilität an. Beide Eigenschaften dienen keinem Selbstzweck, sondern der Erzielung von Wettbewerbsvorteilen in einem volatilen Unternehmensumfeld. Damit richtet sich der strategisch sinnvolle Umsetzungsgrad der beiden komplementären Konzepte nach dem jeweiligen Kontext eines Unternehmens. Folglich kann im Rahmen einer Methodik zur Entwicklung von Technologiestrategien nur schwerlich eine allgemeingültige Empfehlung hierzu getroffen werden. Vielmehr bedarf es somit einer kontextspezifischen Adaption der Methodik durch den Anwender.

Letztlich ist festzustellen, dass alle diskutierten Konzepte der Resilienz und Agilität der Leistungsfähigkeit eines Unternehmens in einem volatilen Unternehmensumfeld dienlich sind. Insbesondere im Hinblick auf die Zielstellung einer anwendungsorientierten Methodik mangelt es den Konzepten an handlungsleitenden Ansatzpunkten. Im Rahmen der zu entwickelnden Methodik bedarf es somit der Operationalisierung von Resilienz und Agilität für eine konzeptionelle Integration in die Strategieentwicklung.

---

328 vgl. Duchek (2020), Resilience, S. 216

329 vgl. Doz, Kosonen (2008), Dynamics, S. 95

330 vgl. Hamel, Valikangas (2003), Quest, S. 52ff.

331 vgl. Johnson et al. (2008), Corporate Strategy, S. 421f.

332 vgl. Schuh et al. (2020), Maturity Index, S. 7ff.

333 vgl. Schuh et al. (2020), Maturity Index, S. 13ff.

2.5 Eingrenzung des Betrachtungsbereiches

Ausgehend von den zuvor dargestellten Grundlagen in den relevanten Objektbereichen des heuristischen Bezugsrahmens (vgl. Teilkapitel 1.3) wird nachfolgend der Betrachtungsbereich der vorliegenden Arbeit konkretisiert. Hierdurch wird einerseits die Problemstellung sowie Zielsetzung zur Bearbeitung systematisiert und andererseits die Nachvollziehbarkeit der Arbeit sichergestellt. Der Betrachtungsbereich wird dabei anhand der Dimensionen Objekt, Prädikat sowie Subjekt abgegrenzt. Während Objekte den Betrachtungsgegenstand konkretisieren, beschreiben Prädikate die Prozesse sowie Aktivitäten und Subjekte den konkreten Anwenderkreis.

2.5.1 Objektbezogene Eingrenzung

Der Untersuchungsgegenstand kann anhand der Objektbereiche des Managements, der Technologie- und Innovationsstrategien sowie der Turbulenz und Volatilität von Unternehmensumfeldern eingegrenzt werden. Der Objektbereich der Resilienz und Agilität stellt demgegenüber ein Lösungsvehikel für die Problem- und Zielstellung der Arbeit dar.

Aus dem Objektbereich des strategischen Managements wurde deutlich, dass zwar der Fokus auf dem strategischen Management liegt, dieses jedoch im Zusammenhang mit dem übergeordneten, normativen Management untersucht werden muss (vgl. Teilkapitel 2.1). Die Grundlagen aus dem Objektbereich der Technologie- und Innovationsstrategien haben dargestellt, dass diese auf Ebene der Geschäftsstrategien zu verorten sind. Dabei stellt die Technologiestrategie den primären Betrachtungsbereich dar, welche jedoch eng mit der Wettbewerbs- und Innovationsstrategie abgestimmt werden muss. In Bezug auf die Forschungsstoßrichtungen von Technologiestrategien liegt aufgrund der Zielstellung einer Methodik der primäre Fokus auf dem Vorgehen. Um jedoch ein Vorgehen zur Entwicklung von Technologiestrategien gestalten zu können, bedarf es ebenfalls der Beachtung der Inhalte sowie deren Kontext (vgl. Teilkapitel 2.2). Die grundlegenden Zusammenhänge aus dem Objektbereich der Turbulenz und Volatilität von Unternehmensumfeldern haben erläutert, dass Volatilität in Bezug auf ein Unternehmensfeld als eine Extremausprägung der Dynamik- und Unsicherheitskomponenten der Turbulenz begriffen werden kann. Ausgehend von häufigeren Krisen bzw. Diskontinuitäten als Problemstellung der industriellen Praxis kann ein ereignisbezogener Auslöser der Turbulenz und somit ein ebenfalls ereignisbezogener Anlass der Strategieentwicklung festgestellt werden. Infolge dessen ergibt sich ein komplex-chaotischer Kontext der operativen Entscheidungssituation für den Anwender (vgl. Teilkapitel 2.3). Tabelle 2-6 systematisiert die objektbezogene Eingrenzung des primären (in dunkelgrau markiert) sowie sekundären (in hellgrau markiert) Betrachtungsbereichs.

Tabelle 2-6: Zusammenfassung der objektbezogenen Eingrenzung[334]

Dimension	Abgrenzung			
Managementebene	Normativ	Strategisch	Operativ	
Strategieebene	Unternehmen	Geschäft	Funktional	
Geschäfts-strategien	Wettbewerb	Produkt & Markt	Technologie	Innovation
Umfeldturbulenz	Stabil	Moderat turbulent	Volatil	
Auslöser bzw. Anlass	Branchenbezogen	Ereignisbezogen		
Operativer Entscheidungskontext	Einfach	Kompliziert	Komplex	Chaotisch

2.5.2 Prädikatbezogene Eingrenzung

Zum Zweck der prädikatsbezogenen Eingrenzung werden nachfolgend die Prozesse, Aufgaben sowie Aktivitäten dargestellt, welche mit der Methodik abgebildet werden. In Bezug auf den Prozess des strategischen Managements wurde aus den dargestellten Grundlagen deutlich, dass dieser übergeordnet zwischen der Entwicklung und der Implementierung von Strategien differenziert. Hinzu kommen während der Implementierung die Aktivitäten des Controllings (vgl. Teilkapitel 2.1). Gemäß der Zielstellung der Arbeit wird mit der Methodik die Entwicklung, d.h. die Planung sowie Formulierung von Technologiestrategien fokussiert (vgl. Teilkapitel 1.2). Tabelle 2-7 systematisiert die prädikatsbezogene Eingrenzung des primären (in dunkelgrau markiert) Betrachtungsbereichs.

Tabelle 2-7: Zusammenfassung der prädikatsbezogenen Eingrenzung[335]

Dimension	Abgrenzung		
Strategieprozess	Entwicklung	Implementierung	Kontrolle
Entwicklungsaufgaben	Strategieplanung	Strategieformulierung	

2.5.3 Subjektbezogene Eingrenzung

Für die subjektbezogene Eingrenzung werden nachfolgend sowohl das Unternehmen als auch der Anwenderkreis der Methodik näher charakterisiert. Dabei wurde bereits in der einleitenden Motivation dargestellt, dass die Problematik der Entwicklung von Technologiestrategien in einem zunehmend volatilen Unternehmensumfeld insbesondere für produzierende Unternehmen herausfordernd ist (vgl. Teilkapitel 1.1). Fokussiert werden daher primär etablierte Sachleistungsbetriebe mit Gewinnorientierung, wobei eine grundsätzliche Anwendbarkeit der Methodik für Dienstleistungsunternehmen nicht ausgeschlossen werden soll. Weiter-

---

[334] i. A. a. Bleicher (2017), Management, S. 59; Müller-Stewens, Lechner (2016), Management, S. 33ff.; Ansoff (2019), Implanting, S. 80; Snowden, Boone (2007), Decision Making, S. 71

[335] i. A. a. Andrews (1987), Corporate Strategy, S. 18; Hungenberg (2014), Management, S. 9

hin wurde diskutiert, dass insbesondere für F&E-intensive Waren bzw. wissensintensive Dienstleistungen Technologie und Innovation einen zunehmend zentralen Wettbewerbsvorteil darstellen (vgl. Teilkapitel 2.2). Dabei liegt der Schluss nahe, dass der Umfang der zu managenden Technologien und Innovationen, und somit die Komplexität der Strategieformulierung, in gewissem Maße mit der Unternehmensgröße korreliert. Daher werden primär mittlere und große Unternehmen für die Methodik fokussiert, wobei analog der Überlegungen zu Dienstleistungsunternehmen kleine Betriebe nicht explizit von einer grundsätzlichen Anwendbarkeit ausgeschlossen werden sollen.

In Bezug auf den Anwenderkreis für die Entwicklung von Technologiestrategien in etablierten, produzierenden Unternehmen wurde gezeigt, dass die Strategieformulierung ein technologie- und innovationsbezogenes Entscheidungsproblem darstellt. Somit richtet sich die Methodik an Entscheider, welche in solchen Unternehmen oftmals durch den Vorstand oder die Geschäftsführung repräsentiert sind[336]. Die in der prädikatsbezogenen Abgrenzung ebenso fokussierte Strategieplanung stellt demgegenüber die Aufgabe eines Strategen dar, welcher Entscheidungsvorlagen für den Entscheider erarbeitet. Da hierin der Großteil der Strategiearbeit besteht, fokussiert die Arbeit ebenso den Strategen wie den Entscheider. In größeren Unternehmen ist hierfür oftmals die Strategieabteilung und dessen Führungskraft verantwortlich. In kleineren Unternehmen können Entscheider und Stratege jedoch auch in Personalunion bestehen und die Strategieabteilung als Stabsstelle ausgestaltet sein.[337] Tabelle 2-8 systematisiert die prädikatsbezogene Eingrenzung des primären (in dunkelgrau markiert) sowie sekundären (in hellgrau markiert) Betrachtungsbereichs.

Tabelle 2-8: Zusammenfassung der subjektbezogenen Eingrenzung[338]

Dimension	Abgrenzung			
Gewinnorientierung	Wohltätigkeitsorganisationen		Sozialunternehmen	Soziale Unternehmen
Unternehmensmaxime	Sozial motiviertes Unternehmen		Gewinnmaximierung	
Branche	Sachleistungsunternehmen		Dienstleistungsunternehmen	
Etablierungsgrad	Start-up		Wachstumsunternehmen	Etabliertes Unternehmen
Größe	Klein	Mittel		Groß
F&E- sowie Wissensintensität	Nicht intensiv		Intensiv	
Rolle	Entscheider	Stratege	Planer	Begleiter

---

[336] vgl. Wötzel (2017), Entscheidungen, S. 59

[337] vgl. Martin (2005), Entscheidungsverhalten, S. 22f.

[338] i. A. a. Thommen, Achleitner (2012), Betriebswirtschaftslehre, S. 69ff.

2.6 Analyse und kritische Würdigung des Stands der Forschung

Nachdem problemrelevante Theorien und Begriffe der Grundlagenwissenschaften eingeführt sind, können dem Forschungsprozess angewandter Wissenschaften nach ULRICH folgend problemrelevante Verfahren der Formalwissenschaften identifiziert und analysiert werden[339]. Hierzu werden zunächst Kriterien für die kritische Würdigung bestehender Ansätze hergeleitet. Anschließend werden Ansätze aus relevanten Wissenschaftsbereichen identifiziert, skizziert und hinsichtlich der abgeleiteten Kriterien gewürdigt. Abschließend wird das wissenschaftliche Defizit abgeleitet und die vorliegende Arbeit im Spektrum der bestehenden Forschungslandschaft positioniert.

2.6.1 Kriterien zur Würdigung bestehender Ansätze

Zur kritischen Reflexion des Standes der Forschung werden zwei Dimensionen zugrunde gelegt. Die erste Dimension umfasst Kriterien des Objektbereichs. Ausgehend von dem heuristischen Bezugsrahmen nach KUBICEK (vgl. Teilkapitel 1.3) wurden im Rahmen der Teilkapitel 2.1 bis 2.4 die Grundlagen der zur Lösung relevanten Objektbereiche dargestellt. Die bestehenden Forschungsarbeiten werden somit dahingehend untersucht, ob und in welchem Umfang sie diese Objektbereiche mit dem gleichen konzeptionellen Verständnis betrachten:

- Potenzialorientiertes, systemtheoretisch-evolutionäres Strategieverständnis
- Strategische Technologie- und Innovationsentscheidungen
- Volatilität durch eine ereignisbezogene Diskontinuität im Unternehmensumfeld
- Resilienz und Agilität im strategischen Management

Die zweite Dimension umfasst Kriterien des Zielbereichs. Ausgehend von der formulierten Zielstellung dieser Arbeit (vgl. Teilkapitel 1.2) werden bestehende Forschungsarbeiten dahingehend untersucht, ob oder in welchem Umfang sie die betrachteten Objektbereiche mit einer ähnlichen Zielstellung einsetzen:

- Durchgängiges und instrumentenbasiertes Vorgehen zur Strategieentwicklung
- Robuste technologische Positionierung in einem volatilen Unternehmensumfeld

Aufbauend auf den abgeleiteten Bewertungskriterien werden nun bestehende Ansätze aus interdisziplinären Forschungsgebieten identifiziert und evaluiert. Dem Forschungsprozess von ULRICH folgend sollen Erkenntnisse aus zahlreichen Disziplinen untersucht werden, welche die Lösung einzelner Aspekte der Problemstellung unterstützen[340]. In diesem Zusammenhang wird eine Unterteilung der Ansätze in vier Themenbereiche vorgenommen: Technologiemanagement, Innovationsmanagement, strategisches Management sowie Finanzwesen. Da zum strategischen Management von Technologien und Innovationen eine große Vielzahl von Ansätzen existiert, werden die Ansätze auf Basis ihrer Relevanz für den Objekt- und Zielbereich der vorliegenden Arbeit ausgewählt und stellen somit nur eine Teilmenge der insgesamt betrachteten Ansätze dar. Aufgrund der trotz Selektion weiterhin

339 vgl. Ulrich (1981), Betriebswirtschaftslehre, S. 20

340 vgl. Ulrich (1981), Betriebswirtschaftslehre, S. 19

hohen Anzahl relevanter Ansätze werden die identifizierten Ansätze im Folgenden kritisch gewürdigt, indem sie kurz hinsichtlich ihres Inhalts charakterisiert, ihre Defizite in Bezug zum Objekt- und Zielbereich der vorliegenden Arbeit abgeleitet sowie adaptierbare (Teil-) Konzepte und Überlegungen identifiziert werden.

2.6.2 Würdigung bestehender Ansätze aus dem Technologiemanagement

Ansätze aus dem Bereich des Technologiemanagements liefern Informationen über den Inhalt, das Vorgehen zur Entwicklung oder den strategischen Fit einer Technologiestrategie. Zunächst werden Ansätze analysiert, die sich auf den Inhalt einer Technologiestrategie konzentrieren. Anschließend werden Ansätze, welche den Entwicklungsprozess einer Technologiestrategie beschreiben, veranschaulicht und kritisch gewürdigt. Abschließend werden Ansätze zur Überprüfung des strategischen Fits dargestellt. Innerhalb der nachfolgenden Abschnitte sind die Ansätze in alphabetischer Reihenfolge geordnet.

2.6.2.1 Ansätze zum Inhalt von Technologiestrategien

Die Arbeiten in dieser Forschungsströmung verwenden entweder konzeptionelle oder empirische Methoden, um den Inhalt einer Technologiestrategie zu analysieren[341]. Die Ergebnisse der Forschung sind dabei häufig Entscheidungsdimensionen und Positionierungsalternativen[342]. Folgend werden unterschiedliche konzeptionelle Ansätze zu den Entscheidungsdimensionen und Positionierungsalternativen von Technologiestrategien vorgestellt.

Strategien für technologiebasierte Unternehmen nach ANSOFF, STEWART

Die Arbeit von ANSOFF, STEWART ist als eine der ersten konzeptionellen Auseinandersetzungen mit dem Inhalt technologiestrategischer Entscheidungen zu charakterisieren. Damit legt sie die Grundlage für viele der nachfolgenden Arbeiten. Technologische Positionierungen werden jedoch nur abstrakt als übergeordnete Typologien (bspw. *„Application engineering"* vs. *„Me-too"*) dargestellt und nicht differenziert anhand von Technologiefeldern[343]. Adoptiert werden die Überlegungen zu technologischen Profilen von Unternehmen (vgl. Unterkapitel 4.2.1) und dem Bezug von Technologiestrategien zu entscheidungsrelevanten Randbedingungen, wie bspw. Lebenszyklen oder Investitionsquoten (vgl. Unterkapitel 4.4.2).

Entscheidungsmodell des strategischen Technologiemanagements nach FELDMANN

Die Arbeit von Feldmann ist als eine Weiterentwicklung der Grundlagen zu technologiestrategischen Funktionen und Entscheidungsbereichen von FORD sowie WOLFRUM zu charakterisieren[344]. Jedoch erarbeitet auch FELDMANN Technologiestrategien nur auf Ebene des Unternehmens und nicht differenziert für einzelne Technologiefelder.[345] Folglich werden

[341] vgl. Clarke et al. (1995), UK Firms, S. 173; vgl. Adler (1989), Technology Strategy, S. 28; vgl. Ford (1988), Technology Strategy, S. 85

[342] vgl. Bachmann (2015), Logik, S. 29; vgl. Ansoff, Stewart (1967), Strategies, S. 72; vgl. Feldmann (2007), Technologiemanagement, S. 117; vgl. Wolfrum (1991), Technologiemanagement, S. 245f.

[343] vgl. Ansoff, Stewart (1967), Strategies, S. 81ff.

[344] vgl. Ford (1988), Technology Strategy, S. 85; Wolfrum (1991), Technologiemanagement, S. 245ff.; Feldmann (2007), Technologiemanagement, S. 105ff.

[345] vgl. Feldmann (2007), Technologiemanagement, S. 71ff.

nur dessen Überlegungen zu Entscheidungsdimensionen und Positionierungsalternativen sowie den relevanten Kontextfaktoren, welche diese Entscheidung beeinflussen, adoptiert (vgl. Unterkapitel 4.4.2).

Modell der Technologiestrategie nach RIECK, DICKSON
Die Arbeit von RIECK, DICKSON ist als eine breite Konzeption von Aufgaben des Technologiemanagements sowie Entscheidungsdimensionen einer Technologiestrategie zu charakterisieren. Durch das breite Verständnis einer Technologiestrategie detaillieren sie die Entscheidungsdimensionen zwar nur oberflächlich, jedoch zeigen sie hierdurch deren Interaktion mit der Wettbewerbs- und F&E-Strategie auf[346]. Für die vorliegende Arbeit werden die konzeptionierten Aufgaben, wie bspw. die Branchenvorausschau (vgl. Unterkapitel 4.2.3), das Setzen von Horizonten (vgl. Unterkapitel 4.4.1) oder die technologische Positionierung (vgl. Unterkapitel 4.4.2) in der Methodik umgesetzt.

2.6.2.2 Ansätze zum Vorgehen von Technologiestrategien

In einer zweiten Welle der Technologiestrategieforschung wurde der grundlegende Entwicklungsprozess von Technologiestrategien untersucht. Das Vorgehen besteht dabei im Allgemeinen aus mehreren Bausteinen: Umweltanalyse, Technologieanalyse, Generierung von Technologieoptionen, Bewertung von Technologieoptionen und Formulierung von Technologiestrategien[347]. Je nach Autor werden die genannten Bausteine in unterschiedlicher Form und Reihenfolge sowie Bedeutung behandelt und mit differenzierten Methoden hinterlegt[348].

Entwicklung und Bewertung innovativer Technologiestrategien nach BERGER
Die Arbeit von BERGER ist als ein Vorgehen zur synoptischen Planung innovativer Technologiekombinationen für erfolgsfaktorbezogene Optimierungsrichtungen von Geschäftsbereichen zu charakterisieren. Neben der Technologieauswahl bzw. -kombination erfolgt jedoch keine technologische Positionierung hinsichtlich strategischer Entscheidungsdimensionen.[349] Folglich werden für die vorliegende Arbeit seine Überlegungen zur Bewertung von alternativen Strategien (vgl. Teilkapitel 4.3) sowie Technologien (vgl. Unterkapitel 4.4.2) aufgegriffen.

Kompetenzorientierte Technologiestrategieerarbeitung nach EHRAT
Die Arbeit von EHRAT ist als ein Vorgehen zur synoptischen Planung von Technologiestrategien auf Basis von externen, technologieorientierten Datenbanken zu charakterisieren. Da die Methodik in einer konkreten Planung von Technologieprojekten endet, wird über die kompetenzorientierte Technologieauswahl hinaus nur eine technologische Positionierung hinsichtlich der Technologiequelle getroffen.[350] Für die vorliegende Arbeit werden somit dessen Überlegungen zur Technologieauswahl sowie -quelle (vgl. Unterkapitel 4.4.2) adoptiert.

346 vgl. Rieck, Dickson (1993), Technology Strategy, S. 409
347 vgl. Gomeringer (2007), Technologieplanung, S. 61
348 vgl. Bachmann (2015), Logik, S. 30
349 vgl. Berger (2006), Technologiestrategien, S. 74
350 vgl. Ehrat (1997), Technologiestrategieerarbeitung, S. 128f.

Integrierte Technologie- und Marktplanung nach EWALD

Die Arbeit von EWALD ist als ein Verfahren zur synoptischen Planung von Geschäfts-, Innovations- und Technologiefeldern nach einem potenzialbasierten Strategieverständnis in einem stabileren Unternehmensumfeld zu charakterisieren. Folglich werden weder diskontinuierliche Entwicklungen eines turbulenten Unternehmensumfelds noch Möglichkeiten zum Umgang mit diesen mithilfe von Resilienzfähigkeiten und -prinzipien untersucht.[351] Jedoch wird das Zusammenspiel zwischen Geschäfts-, Technologie- und Innovationsfeldern sowohl für die Konzeption der Methodik (vgl. Teilkapitel 3.4) als auch die Ausgestaltung und Bewertung von wettbewerbs-, innovations- sowie technologiestrategischen Handlungsoptionen (vgl. Teilkapitel 4.3) adoptiert.

Strategische Technologieplanung für Produkte nach GOMERINGER

Die Arbeit von GOMERINGER ist als ein detailliertes Vorgehen zur synoptischen Planung von Produkttechnologien in einem moderat-turbulenten Umfeld zu charakterisieren. Einerseits werden durch den gewählten Betrachtungsbereich andere Leistungs- und Technologietypen nicht einbezogen. Andererseits fokussiert auch GOMERINGER stark auf die Technologieauswahl und betrachtet die übrigen Entscheidungsdimensionen einer technologischen Positionierung nur implizit im Rahmen seiner Ziel- und Handlungsoptionen.[352] Dennoch stellt die Arbeit von GOMERINGER für den gewählten Betrachtungsbereich von Produkttechnologiestrategien den Benchmark im Hinblick auf Systematik und Detaillierungsgrad dar. Daher werden für die vorliegende Arbeit zahlreiche Überlegungen zur Analyse von Märkten und Technologien (vgl. Teilkapitel 4.2) sowie zur Bildung und Auswahl technologiestrategischer Handlungsoptionen (vgl. Unterkapitel 4.3.3 sowie 4.4.2) aufgegriffen.

Entwicklung einer Technologiestrategie nach SCHULTE-GEHRMANN ET AL.

Die Arbeit von SCHULTE-GEHRMANN, KLAPPERT ET AL. ist als ein praxisorientiertes Vorgehen basierend auf einem synoptischen Planungsansatz zur Entwicklung und Gestaltung von Technologiestrategien in einem moderat-turbulenten Umfeld zu charakterisieren. Dabei wird die Formulierung von Technologiestrategien auf Ebene der Technologiefelder hinsichtlich der dominanten Entscheidungsdimensionen thematisiert.[353] Jedoch wird das Vorgehen und dessen Instrumente zur Entwicklung einer solchen technologischen Positionierung nur abstrakt beschrieben. Folglich werden nur deren Überlegungen zur unternehmensspezifischen Ableitung der jeweiligen Positionierungsalternativen einer Entscheidungsdimension (vgl. Unterkapitel 4.4.2) für die vorliegende Arbeit aufgegriffen.

2.6.2.3 Ansätze zum Kontext von Technologiestrategien

Eine dritte Strömung der Technologiestrategieforschung befasst sich mit dem Zusammenhang zwischen Technologiestrategie und Kontextfaktoren. Diese Studien können im Rahmen des Verständnisses dieser Arbeit der Forschung des „*Fits*" oder der „*Fitness*" von

[351] vgl. Ewald (1994), Marktplanung, S. 63ff.; Ewald (1989), Organisation, S. 167ff.

[352] vgl. Gomeringer (2007), Technologieplanung, S. 107ff.

[353] vgl. Schulte-Gehrmann et al. (2011), Technologiestrategie, S. 67ff.

Unternehmen bzgl. veränderlicher Umweltbedingungen zugeordnet werden[354]. Die folgenden Arbeiten verwenden entweder eine konzeptionelle oder empirische Forschungsmethode.

Methode zur Bestimmung der Logik einer Technologiestrategie nach BACHMANN
Die Arbeit von BACHMANN ist als ein detailliertes Verfahren zur analytischen Überprüfung des Logikgrads einer bestehenden Technologiestrategie zu charakterisieren. Da der Ausgangspunkt eine bestehende Technologiestrategie ist, wird deren initiale Entwicklung kaum thematisiert.[355] Dennoch gibt die Verknüpfung von situativen Variablen mit logischen Positionierungsalternativen Aufschluss über eine unternehmensspezifisch sinnvolle Ausgestaltung von technologischen Positionierungen. Daher werden ihre Überlegungen zur Operationalisierung der Logik sowohl im Rahmen der Bewertung von strategischen Möglichkeiten (vgl. Unterkapitel 4.3.1) als auch bei der Ableitung und Überprüfung technologischer Positionierungen (vgl. Unterkapitel 4.4.2 und 4.4.2.3) adoptiert.

Evolutionsprozess von Technologiestrategien nach BURGELMAN, ROSENBLOOM
Die Arbeit von BURGELMAN, ROSENBLOOM ist als ein Erklärungsansatz zur Gestaltung und Implementierung von Technologiestrategien nach einer evolutionären Prozessperspektive zu charakterisieren. Da der Fokus auf der Erklärung von unternehmensinternen und -externen Kontextfaktoren, Bildungsmechanismen sowie Entscheidungsdimensionen und Erfahrungsmodi liegt, fehlt es der Arbeit an einer handlungsleitenden Detaillierung zur Anwendung in der Praxis.[356] Folglich werden nur deren Überlegungen zu Rückkopplungsschleifen eines evolutionären Lernprozesses für die Konzeption der Methodik (vgl. Teilkapitel 3.4) übernommen.

Strategische Flexibilität in Technologiestrategien nach FELLNER
Die Arbeit von FELLNER ist als ein konzeptioneller Rahmen zur Umsetzung von strategischer Flexibilität in Technologiestrategien für ein technologisch turbulentes Umfeld zu charakterisieren. Folglich wird ausschließlich die technologische Turbulenz untersucht und nur abstrakt erläutert, wie das entwickelte Konzept in der Entwicklung von Technologiestrategien praxisnah umgesetzt werden kann.[357] Dennoch liefert FELLNER viele konzeptionell wertvolle Ansatzpunkte für die vorliegende Arbeit (bspw. Kategorisierungen und Manifestationen technologischer Turbulenz), welche bspw. im Rahmen der Grobkonzeption (vgl. Teilkapitel 3.4), der Turbulenzanalyse (vgl. Unterkapitel 4.2.6) oder des Vorgehensmodells (vgl. Teilkapitel 4.5) aufgegriffen werden.

Technologie und Wettbewerbsvorteile nach FISCHER
Die Arbeit von FISCHER ist als ein Erklärungsansatz für die Verknüpfung technologiestrategischer Entscheidungen mit der Wettbewerbsstrategie eines wertorientierten Managements zu charakterisieren. Da der Fokus auf die Erklärung von Wirkbeziehungen und Zusammenhängen gelegt wird, verbleiben Ausführungen zur praxisorientierten Umsetzung der theo-

---

[354] vgl. Beer et al. (2005), Organizational Learning, S. 447; Bachmann (2015), Logik, S. 31

[355] vgl. Bachmann (2015), Logik, S. 23ff.

[356] vgl. Burgelman, Rosenbloom (1989), Technology Strategy, S. 276ff.

[357] vgl. Fellner (2010), Strategic Flexibility, S. 202

retischen Erkenntnisse auf einer rudimentären Ebene.[358] Folglich werden nur dessen Überlegungen zum Zusammenhang von technologie- und wettbewerbsstrategischen Profilen als vertikale und horizontale Kombination von Strategieelementen sowohl für das Options- (vgl. Teilkapitel 4.3) als auch das Positionierungsmodell (vgl. Teilkapitel 4.4) adoptiert.

2.6.3 Würdigung bestehender Ansätze aus dem Innovationsmanagement

Analog zu Ansätzen aus dem Bereich des Technologiemanagements analysieren Ansätze aus dem Bereich des Innovationsmanagements entweder den Inhalt, den Innovationsprozess oder den strategischen Fit einer Innovationsstrategie. Die Analyse der Ansätze zeigt, dass es kein einheitliches Verständnis bzgl. des Verfahrens zur Definition einer Innovationsstrategie gibt. Vielmehr wird die Innovationsstrategie durch unterschiedliche, unternehmensspezifische Randbedingungen bestimmt[359]. Im Allgemeinen kristallisiert sich ein gewisser Konsens bzgl. der Entscheidungsdimensionen: die Art der Wissensbeschaffung, die Technologieverwendung, die Herkunft des Innovationsimpulses und die Bestimmung des Markteintrittszeitpunkts[360]. Arbeiten aus diesem Bereich legen vermehrt den Fokus auf die Entwicklung neuer Produkte und zielen auf die Formulierung generischer Strategien ab.

Entwicklung einer Produktinnovations- und Technologiestrategie nach COOPER
Die Arbeiten von COOPER sind als ein Vorgehen zur synoptischen Planung der Ausrichtung von Produktinnovationen sowie deren Umsetzung in der Produktentwicklung zu charakterisieren. Dabei verbleibt der Detaillierungsgrad des Vorgehens auf einer abstrakten Ebene, sodass eingesetzte Instrumente zur Entwicklung einer Produktinnovations- und Technologiestrategie nur plakativ erörtert werden.[361] Jedoch werden für die vorliegende Arbeit Überlegungen zu strategischen Innovationsarenen sowie deren Bewertung für ein Unternehmen (vgl. Unterkapitel 4.3.2) übernommen.

Entwicklung einer technologiebasierten Innovationsstrategie nach GASSMANN ET AL.
Die Arbeiten von GASSMANN, WECHT ET AL. sind als ein wiederkehrendes Vorgehen zur synoptischen Planung einer technologiebasierten Innovationsstrategie mit zyklischen Reviews zu charakterisieren. Während ein gesamtheitlicher Entwicklungsansatz konzeptioniert wird, verbleiben der Detaillierungsgrad des Vorgehens sowie dessen Instrumente auf einer abstrakten Ebene. Ebenso wird zwar eine zunehmend dynamischere und unsichere Entwicklung des Unternehmensumfelds thematisiert, welche jedoch auf einer inhaltlichen Ebene konzeptionell nicht weiter ausgeführt wird.[362] Folglich werden nur Überlegungen zur Ausrichtung des Entwicklungsprozesses anhand von Visionen und Leitbildern (vgl. Unterkapitel 4.1.3), relevante Analyseperspektiven und deren Synthese in Herausforderungen (vgl. Unterkapitel 4.2) sowie Portfolios und Handlungsoptionen (vgl. Unterkapitel 4.3.2 und 4.4.2) adoptiert.

---

358 vgl. Fischer (2002), Wettbewerbsvorteile, S. 131

359 vgl. Schuh, Bender (2012), Grundlagen, S. 9

360 vgl. Schuh, Bender (2012), Grundlagen, S. 9

361 vgl. Cooper (2000), Product Innovation, S. 39f.; Cooper, Edgett (2010), Product Innovation, S. 36f.

362 vgl. Gassmann et al. (2018), Technologiemanagement, S. 15ff.

Dynamische Fähigkeiten und Innovationsstrategien nach HUTTERER
Die Arbeit von HUTTERER ist als ein Erklärungsansatz zur Fundierung der *„Dynamic Capabilities"* (vgl. Unterkapitel 2.1.2) in der Bildung sowie Umsetzung von Innovationsstrategien zu charakterisieren. Da die Zielsetzung in der Identifikation und Erklärung von Interdependenzen beider Betrachtungsobjekte besteht, gibt die Arbeit einen Aufschluss über das Vorgehen zur Entwicklung einer Technologie- bzw. Innovationsstrategie. Im Kontext eines kontinuierlichen, strategischen Wandels werden jedoch dessen Überlegungen zu elastischen sowie unelastischen Dimensionen der Mikrofundierung dynamischer Fähigkeiten in der Innovationsstrategie (vgl. Unterkapitel 4.3.2) aufgegriffen.

Strategisches Innovationsmanagement nach SCHUH, BENDER
Die Arbeit von SCHUH, BENDER ist als ein Rahmenwerk für das strategische Management von Innovationen anhand von Aktivitäten, Organisation und Verhalten in produzierenden Unternehmen zu charakterisieren. Hierbei liegt das Augenmerk stärker auf den verschiedenen Aufgabenbereichen des Innovationsmanagements als auf einem Vorgehen zur Entwicklung von Innovationsstrategien.[363] Folglich werden für die vorliegende Arbeit nur die Erläuterungen zu generischen Entscheidungsdimensionen einer Innovationsstrategie sowie deren kontextspezifische Wahl von Positionierungsalternativen (vgl. Unterkapitel 4.3.2) adoptiert.

2.6.4 Würdigung bestehender Ansätze aus dem strategischen Management

Ansätze aus dem Bereich des strategischen Managements diskutieren den Prozess der Unternehmens-, Geschäfts- und Wettbewerbsstrategieentwicklung. Dazu gehört die Definition strategischer Ziele, gefolgt von einer externen und internen Analyse, der Definition und Auswahl strategischer Optionen, der Strategieumsetzung und dem Controlling.[364] Die Ergebnisse des Prozesses sind oftmals generische Strategietypen.

Zehn-Phasen-Modell der Strategieentwicklung nach ANT
Die Arbeit von ANT ist als ein allgemeines, für die Nutzung in der Praxis stark vereinfachtes Vorgehen zur synoptischen Planung von Unternehmens- bzw. Geschäftsstrategien zu charakterisieren. Dabei werden Szenarien erst bei der Generierung von alternativen Lösungen genutzt, weshalb aufgrund einer fehlenden Vorausschau und Antizipation zukünftiger Problemstellungen keine Robustheit von Lösungsalternativen betrachtet werden kann.[365] Jedoch liefert die Arbeit eine Vielzahl wertvoller Ansatzpunkte, um den Aufwand der Strategieentwicklung zu reduzieren. Weiterhin werden die Überlegungen zur Evaluation strategischer Lösungsoptionen (vgl. Unterkapitel 4.3.1) aus einer sozialkonstruktivistischen Perspektive aufgegriffen.

Robust adaptive Strategien nach BEINHOCKER
Die Arbeit von BEINHOCKER ist als ein von den Überlebensstrategien der Natur inspiriertes Konzept zur adaptiven Entwicklung und Gestaltung von robusten Unternehmens- bzw. Geschäftsstrategien zu charakterisieren. Dabei verbleiben jedoch das Vorgehen und dessen

---

363 vgl. Schuh, Bender (2012), Strategisches Innovationsmanagement, S. 18ff.

364 vgl. Welge et al. (2017), Management, S. 195

365 vgl. Ant (2018), Effizientes Management, S. 107ff.

Instrumente zur Entwicklung einer Strategiepopulation auf einer abstrakten Ebene, sodass eine handlungsleitende Umsetzung des Konzepts in der Praxis nicht unmittelbar möglich ist.[366] Dennoch zeigt BEINHOCKER zahlreiche, von der Natur adaptierte Ansatzpunkte für eine adaptive Methodik (vgl. Teilkapitel 3.4) sowie für eine robuste Gestaltung der Wettbewerbs- (vgl. Unterkapitel 4.3.1) und Innovationsstrategie (vgl. Unterkapitel 4.3.2) auf.

Strategy by Design nach CARLOPIO

Die Arbeit von CARLOPIO ist als ein innovatives Verfahren zur iterativen Entwicklung von Strategien zu charakterisieren, welches an die Arbeit von Designern und deren Vorgehensweisen angelehnt ist. Dabei liegt der Schwerpunkt jedoch nicht auf einem instrumentenbasierten Vorgehen, sondern auf der konzeptionellen Synthese von traditioneller Strategieplanung und kreativen Praktiken von Designern.[367] Ausgehend hiervon werden jedoch zentrale Überlegungen zum konzeptionellen Aufbau (vgl. Teilkapitel 3.4) sowie zur initialen Ausrichtung (vgl. Teilkapitel 4.1) der Methodik aufgegriffen.

Möglichkeitsbasierte Entwicklung von Strategien nach LAFLEY, MARTIN ET AL.

Die Arbeit von LAFLEY, MARTIN ET AL. ist als ein hypothesenbasiertes Vorgehen zur iterativen Entwicklung von marktorientierten Unternehmens- und Geschäftsstrategien zu charakterisieren. Das teilweise instrumentenbasierte Vorgehen betrachtet jedoch keine Technologie- und Innovationsentscheidungen und wählt den iterativ-hypothesenbasierten Aufbau unabhängig von der Umfeldturbulenz.[368] Folglich werden für die vorliegende Arbeit nur die Überlegungen zu eben diesem Aufbau sowie der damit einhergehenden Auffassung von Strategie als iteratives Prototyping zu Kernfragestellungen einer Positionierung adoptiert.

Trend- und szenariobasierte Strategieentwicklung nach PILLKAHN

Die Arbeit von PILLKAHN ist als ein praxisorientiertes Vorgehen zur synoptischen Planung von Unternehmens- und Geschäftsstrategien unter Berücksichtigung einer stetig steigenden Turbulenz des Umfelds zu charakterisieren. Dabei stellt das Verfahren jedoch auf unternehmens- und geschäftsstrategische Handlungsoptionen ab, weshalb technologie- und innovationsstrategische Entscheidungen kaum betrachtet werden.[369] Im Hinblick auf die vorliegende Arbeit werden allerdings zahlreiche Überlegungen (bspw. der Zukunftselemente sowie anwendbarer Prognosemethoden) zur Umfeldanalyse und -vorausschau (vgl. Unterkapitel 4.2.2 und 4.2.3), Umfeldturbulenz (vgl. Unterkapitel 4.2.6) sowie wettbewerbsstrategischen Positionierung (vgl. Unterkapitel 4.3.1) aufgegriffen.

Gestaltung strategischer Erfolgspositionen nach PÜMPIN

Die Arbeit von PÜMPIN ist als ein Vorgehen zur synoptischen Planung einer potenzialorientierten Unternehmens- bzw. Geschäftsstrategie in einem Umfeld stetig steigender Dynamik zu charakterisieren. Folglich werden Technologie- und Innovationsentscheidungen nur in Form des Technologie- bzw. Innovationspotenzials betrachtet. Wenngleich PÜMPIN

366 vgl. Beinhocker (1999), Strategies, S. 104

367 vgl. Carlopio (2010), Design, S. 1ff.

368 vgl. Lafley et al. (2012), Science to Strategy, S. 56; Lafley, Martin (2013), Playing to Win, S. 187

369 vgl. Pillkahn (2008), Scenarios, S. 14ff.

zwischen einem idealtypischen und iterativen Vorgehen differenziert, so liegt das Hauptaugenmerk auf dem Ersteren. Weiterhin wird eine langfristige Ausrichtung auf SEP angestrebt, ohne dass Methoden der Vorausschau eingebunden werden. Hierin zeigt sich, dass die Methodik stärker auf die Dynamik des Umfelds abstellt als auf dessen Unsicherheit.[370] Dennoch stellt die Arbeit von PÜMPIN einen konzeptionellen Meilenstein für die vorliegende Arbeit dar, sodass dessen Überlegungen zu Leitsätzen dynamischer Strategien (vgl. Teilkapitel 3.4), Techniken der Informationsanalyse (vgl. Teilkapitel 4.2) sowie die Planung, Beschreibung und Gestaltung einer Grundstrategie durch strategische Erfolgspositionen (vgl. Unterkapitel 4.3.1) adoptiert werden.

Strategieentwicklung durch Retropolation von Zukunftsszenarien nach REYMANN
Die Arbeit von REYMANN ist als ein analytisch-methodisches Vorgehen zur synoptischen Planung von Unternehmens- und Geschäftsstrategien in Form einer Roadmap von Szenarien und Maßnahmen zu charakterisieren. Dabei stellt der Ansatz jedoch stärker auf die Umsetzung von Strategiealternativen in einer Roadmap ab als auf deren tatsächliche Entwicklung.[371] Nichtsdestotrotz werden Überlegungen zur Untersuchung von Szenarien hinsichtlich deren Entwicklungsrichtung und Zukunftsrelevanz (vgl. Unterkapitel 4.2.3) sowie zur Bewertung von Strategiealternativen (vgl. Unterkapitel 4.3.1) für die vorliegende Arbeit aufgegriffen.

Szenariobasierte strategische Planung nach SCHWENKER, WULF ET AL.
Die Arbeit von SCHWENKER, WULF ET AL. ist als ein praxisorientiertes Vorgehen zur periodisch-zyklischen Planung von Geschäftsstrategien in einem moderat turbulenten Unternehmensumfeld zu charakterisieren. Dabei werden Technologie- und Innovationsentscheidungen nicht oder nur implizit betrachtet.[372] Folglich werden aufgrund der konzeptionellen Berücksichtigung einer steigenden Umfeldturbulenz Überlegungen zur Umfeldanalyse und -vorausschau (vgl. Unterkapitel 4.2.2 und 4.2.3), zur Planung einer *„Core Strategy"* basierend auf einem *„Strategy Corridor"* (vgl. Unterkapitel 4.3.1) sowie zum kontinuierlichen Monitoring des Umfelds (vgl. Unterkapitel 4.1.4) für die vorliegende Arbeit adoptiert.

2.6.5 Würdigung bestehender Ansätze aus den Finanzwissenschaften

Wie zuvor beschrieben, wird der Begriff *„Volatilität"* häufig im Finanzwesen verwendet (vgl. Teilkapitel 2.3). Daher werden in diesem Unterkapitel Ansätze aus dem Bereich des Finanzwesens betrachtet. Diese definieren in der Regel *„Hedging"*-Strategien, um sich in volatilen Märkten abzusichern. Dabei bilden Bewertungsmodelle und Kennzahlen für Realoptionen, wie bspw. den Volatilitätsindex (VIX), eine Entscheidungsgrundlage für die Ausführung strategischer Optionen[373].

Dynamische Portfoliostrategien basierend auf Volatilitätsindizes nach BARRO ET AL.
Die Arbeit von BARRO, CANESTRELLI ET AL. ist als ein auf der impliziten Volatilität basierendes Optimierungskonzept für ein dynamisches Management von Investmentportfolios zu

---

[370] vgl. Pümpin (1992), Erfolgspositionen, S. 119f.
[371] vgl. Reymann (2013), Strategieentwicklung, S. 96ff.
[372] vgl. Wulf et al. (2013), Strategic Planning, S. 49ff.
[373] vgl. Barro et al. (2018), Volatility, S. 23

charakterisieren. Aufgrund der Fokussierung auf Investmentportfolios werden keine wettbewerbs-, innovations- oder technologiestrategischen Entscheidungen betrachtet.[374] Jedoch werden Überlegungen zur konzeptionellen Verankerung (vgl. Teilkapitel 3.4) der Volatilität bzw. Umfeldturbulenz anhand eines Volatilitätsindex (vgl. Unterkapitel 4.2.6) für die vorliegende Arbeit aufgegriffen, um hieran die wettbewerbs-, innovations- sowie technologiestrategischen Handlungsoptionen sowie Entscheidungen (vgl. Teilkapitel 4.3 sowie 4.4) auszurichten.

Anwendung von Volatilitätsmodellen nach BAUWENS, HAFNER ET AL.

Die Arbeit von BAUWENS, HAFNER ET AL. ist als ein Handbuch theoretischer Grundlagen zur finanzmathematischen Betrachtung und Modellierung von Volatilität sowie zur Anwendung der entwickelten Modelle in der Praxis der Finanzwissenschaften zu charakterisieren. Folglich werden weder wettbewerbs-, innovations- noch technologiestrategische Entscheidungen mit den Modellanwendungen unterstützt.[375] Jedoch werden Überlegungen zur zeitlich differenzierten Betrachtung von Volatilität (vgl. Unterkapitel 4.2.6) als Analogien übernommen.

Volatilitätsbasierte Handelsstrategien mit Optionen nach SHOVER

Die Arbeit von SHOVER ist als ein praxisorientierter Leitfaden für das Handeln von Optionen in turbulenten (Finanz-) Märkten zu charakterisieren. Daher stehen anstelle von Wettbewerbs-, Innovations- und Technologiestrategien Handelsstrategien im Fokus der Betrachtung.[376] Um die Volatilität der Märkte zu nutzen, werden die Überlegungen für volatilitätsbasierte Handelsstrategien von Finanzinstrumenten als Analogien für die Handlungsoptionen (vgl. Teilkapitel 4.3) der vorliegenden Arbeit aufgegriffen.

---

[374] vgl. Barro et al. (2018), Volatility, S. 1ff.

[375] vgl. Bauwens et al. (2012), Volatility Models, S. xvii

[376] vgl. Shover (2012), Trading Options, S. 3ff.

2.6.6 Zusammenfassung der Würdigung bestehender Ansätze und Positionierung der vorliegenden Arbeit

Ausgehend von der vorherigen Vorstellung und kritischen Würdigung relevanter Forschungsarbeiten aus der Literatur kann festgestellt werden, dass die untersuchten Ansätze unterschiedliche Facetten des Objekt- und Zielbereichs betrachten. Für die vorliegende Arbeit sind dabei insbesondere die Ansätze von GOMERINGER und FELLER sowie GASSMANN, WECHT ET AL. als auch BEINHOCKER, PILLKAHN, PÜMPIN und SCHWENKER, WULF ET AL. von hoher Bedeutung. Sie betrachten relevante Objektbereiche und verfolgen ähnliche Zielstellungen, sodass sie zur Beantwortung der gestellten Forschungsfrage wesentliche Lösungsbeiträge leisten (vgl. Abbildung 2-11).

Hinsichtlich des Strategieverständnisses ist festzustellen, dass insb. Arbeiten zu Inhalten von Technologiestrategien auf einem ressourcenbasierten Verständnis aufbauen und somit eine Komplementarität zu einer marktorientierten Perspektive fehlt. Bezogen auf Technologie- und Innovationsentscheidungen ist auffällig, dass mit Ausnahme der Arbeiten von EWALD sowie GASSMANN, WECHT ET AL. entweder Technologie- oder Innovationsentscheidungen fokussiert betrachtet werden. Wenngleich eine steigende Anzahl von Arbeiten auf ein stetig turbulenteres Umfeld hinweist, erfolgt mit Ausnahme von FELLNER, PILLKAHN sowie SCHWENKER, WULF ET AL. im Rahmen der Teildisziplinen des strategischen Managements kaum eine konzeptionelle Integration derselben. Demgegenüber wird die Volatilität von Märkten in Ansätzen des Finanzwesens mit finanzmathematischen Modellen untersucht, denen jedoch die unmittelbaren Schnittstellen zu Arbeiten des strategischen Managements von produzierenden Unternehmen fehlen. Abseits der Dimensionen von Flexibilität und Robustheit wird der Objektbereich der organisationalen Resilienz und Agilität von keinem der relevanten Ansätze ganzheitlich und differenziert betrachtet. Nur FELLNER entwickelt ein detailliertes Konzept für die strategische Flexibilität als eine Teildimension der Resilienz.

In Bezug auf den Zielbereich der Arbeit zeigt sich, dass zwar instrumentenbasierte Vorgehensmodelle zur Entwicklung von Strategien existieren, diese jedoch auf einem synoptisch-planerischen Vorgehen zur Bewältigung von Diskontinuitäten aus Basis einer ex-ante Bereitschaft und Antizipation basieren[377]. Lediglich PÜMPIN verweist auf eine nicht-lineare Vorgehensvariante, ohne diese näher zu detaillieren, während CARLOPIO einen nicht-linearen, iterativen Strategieprozess beschreibt, ohne dessen Instrumente zu detaillieren. Letztlich verbleibt hierdurch die Betrachtung einer Robustheit von technologischen Positionierungen auf einer konzeptionellen Ebene von moderat-turbulenten Umfeldern durch flexible Strategien. Die von FELLNER konzeptionierte strategische Flexibilität (im Gegensatz zu einer flexiblen Strategie) bleibt hierdurch bislang vorgehensbasiert nicht umgesetzt. Abbildung 2-11 illustriert die kritische Würdigung der relevanten Forschungsarbeiten. Auf Basis der Anzahl von 27 betrachteten Ansätzen wird deutlich, wie groß das wissenschaftliche Interesse an dem Thema der (Technologie-) Strategieentwicklung bereits in der Vergangenheit war und noch heute ist. Wenngleich 27 Ansätze zunächst viel erscheinen,

---

[377] vgl. Harmann (2003), Patente, S. 38

so stellen diese lediglich einen kleinen, für die Zielstellung der vorliegenden Arbeit relevanten Ausschnitt der Forschungslandschaft dar.

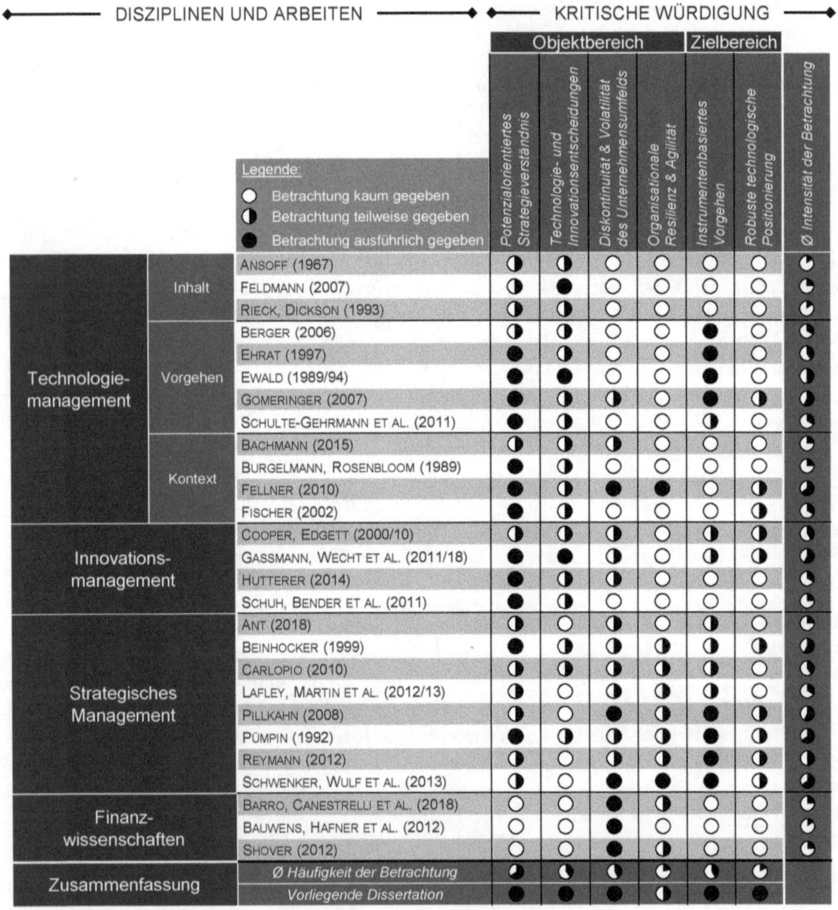

Abbildung 2-11: Zusammenfassung der kritischen Würdigung relevanter Forschungsarbeiten aus der Literatur[378]

[378] i. A. a. Kreutzer (2018), Nutzenpotenziale, S. 71; Schuh et al. (2019), Methodology Design, S. 3

2.7 Reflexion: Ist-Situation und Ableitung des Forschungsbedarfs

Auf Basis der dargestellten Grundlagen sowie der zusammenfassenden Würdigung des Standes der Forschung kann anhand der Theoriedefizite in Bezug auf den Objekt- und Zielbereich der vorliegenden Arbeit der Forschungsbedarf abgeleitet werden. Dieser manifestiert sich in vier Theoriedefiziten, welche produzierenden Unternehmen einen adäquaten Umgang mit der Volatilität des Unternehmensumfelds infolge einer zunehmenden Frequenz von ereignisbezogenen Diskontinuitäten erschweren.

Mangelnde Konzeption und Detaillierung einer kontinuierlich-iterativen Strategieentwicklung als geplante Evolution

Die Strategieentwicklung wird traditionell entweder als starrer Planungs- oder adaptiver Reaktionsprozess verstanden (vgl. Teilkapitel 2.1). Wie MÜLLER-STEWENS, LECHNER ausführen, ist einerseits die synoptische Totalplanung gescheitert und eine rein inkrementale Planung wenig innovativ, weshalb KIRSCH den Gedanken einer geplanten Evolution vorschlägt[379]. Diesen gestaltet PÜMPIN durch seine strategischen Erfolgspositionen konzeptionell weiter aus, jedoch detailliert er nur das idealtypische Verfahren und zeigt lediglich die Sinnhaftigkeit eines iterativen Vorgehens bei hoher Dringlichkeit auf. Im Hinblick auf das nichtlinear-iterative Vorgehen von CARLOPIO, welchem es an instrumenteller Tiefe mangelt, besteht somit ein Forschungsdefizit hinsichtlich eines kontinuierlich-iterativen Verfahrens zur Entwicklung von Technologiestrategien.

Keine konzeptionelle Operationalisierung sowie Integration der Umfeldturbulenz

Wenngleich eine kontinuierliche Zunahme der Dynamiken und Unsicherheiten des Umfelds von produzierenden Unternehmen zu beobachten ist und das Konzept der Turbulenz ebenfalls seit längerer Zeit besteht, ist dies bisher noch kein integraler Bestandteil der Strategieentwicklung. Da bestehende Methodiken zur Strategieentwicklung für stabile sowie moderat-turbulente Umfelder konzeptioniert zu sein scheinen, betrachten diese die Umfeldturbulenz lediglich als eine Randbedingung. Folglich besteht ein Forschungsdefizit hinsichtlich einer expliziten Operationalisierung sowie methodischen Integration der Umfeldturbulenz in Strategieprozesse.

Unzureichende Ganzheitlichkeit sowie Operationalisierung von Konzepten der Resilienz und Agilität im strategischen Management

Resilienz und Agilität stellen entscheidende Befähiger für den Umgang mit hohen Dynamiken und Unsicherheiten dar (vgl. Teilkapitel 2.4). Ebenso wie das Konzept der Turbulenz existieren jene der Resilienz und Agilität bereits seit einiger Zeit in anderen Wissenschaftsdisziplinen wie bspw. der Psychologie oder der Softwareentwicklung. Im strategischen Management dominieren die Perspektiven der strategischen Flexibilität, Agilität sowie Robustheit. Einerseits stellen diese Perspektiven nur einen Teilausschnitt der Resilienz dar. Andererseits verbleiben bestehende Forschungsarbeiten auf einer konzeptionellen Ebene, ohne dass die entwickelten Konzepte im Rahmen eines handlungsleitenden Vorgehens operationalisiert werden. Es ergibt sich somit ein Forschungsdefizit bezüglich der

379 vgl. Müller-Stewens, Lechner (2016), Management, S. 20

Ganzheitlichkeit sowie Operationalisierung von Konzepten der Resilienz und Agilität im strategischen Management.

Unzureichende Integration von Resilienz und Agilität in Methodiken zur Entwicklung von Technologiestrategien

Inhaltlich werden Technologiestrategien als diskrete Positionierungen in Technologiefeldern beschrieben, welchen es dadurch einerseits an Robustheit und Flexibilität sowie andererseits aufgrund der primären Ressourcenorientierung oftmals an der komplementären Marktperspektive mangelt. Demgegenüber werden Technologiestrategien prozessual nach einem synoptischen Planungsansatz entwickelt, welchem es in einem volatilen Unternehmensumfeld an der nötigen Agilität und Adaptivität fehlt. In einem volatilen Unternehmensumfeld manifestiert sich auf Basis der vorhergehenden Forschungsdefizite subsumierend das übergeordnete Forschungsdefizit als die unzureichende Integration von Resilienz und Agilität in Methodiken zur Entwicklung von Technologiestrategien.

Ausgehend von der einleitend beschriebenen Problemstellung in der industriellen Praxis ergibt sich somit aus den hergeleiteten Forschungsdefiziten die wissenschaftliche Legitimation der vorliegenden Dissertationsschrift. Dabei stellen das Praxisproblem sowie die theoretischen Defizite zusammen mit den Objekt- und Zielbereichen den Ausgangspunkt für die im Rahmen dieser Dissertation zu entwickelnde Methodik dar.

3 Konzeption der Methodik

„The real challenge in crafting strategy lies in detecting subtle discontinuities that may undermine a business in the future."
– HENRY MINTZBERG (1988)[380]

Dem Forschungsprozess angewandter Wissenschaften von ULRICH folgend werden im Rahmen dieses Kapitels anwendungsrelevante Zusammenhänge erfasst und untersucht[381]. Basierend auf der beschriebenen Problemstellung in der industriellen Praxis (vgl. Teilkapitel 1.1), den dargelegten Objektbereichen aus Grundlagen- und Formalwissenschaften (vgl. Teilkapitel 2.1 bis 2.6) sowie dem identifizierten Forschungsbedarf (vgl. Teilkapitel 2.7) wird somit die zu entwickelnde Methodik grob konzeptioniert.

Etymologisch stammt der Begriff *„Methodik"* von dem griechischen Wort *„methodike"* ab, welches die *„Kunst des planvollen Vorgehens"* bezeichnet[382]. In einem ingenieurwissenschaftlichen Kontext definieren EHRLENSPIEL, MEERKAMM eine Methodik als die planmäßige Verfahrensweise zur Erreichung eines bestimmten Ziels nach einem Vorgehensplan mithilfe von Strategien, Methoden, Werkzeugen sowie Hilfsmitteln[383]. Aufgrund der Einordnung der Arbeit zu den Ingenieurwissenschaften (vgl. Teilkapitel 1.3) wird diesem Verständnis gefolgt.

Die Konzeption und weitere Detaillierung wird dabei durch formale sowie inhaltliche Anforderungen gesteuert, welche es eingangs abzuleiten gilt. Weiterhin werden zur Ableitung des Grobkonzepts der Methodik wissenschaftlich-formale als auch theoretisch-inhaltliche Grundlagen (vgl. Teilkapitel 3.2 und 3.2.3) genutzt. Schließlich wird die zu entwickelnde Methodik konzeptioniert und deren Bausteine charakterisiert.

3.1 Anforderungen an die Methodik

Die Formulierung von (Modell-)Anforderungen stellt den Beginn der zielorientierten Modellbildung dar. Dabei können Modellanforderungen in formale sowie inhaltliche Anforderungen differenziert werden. Während sich inhaltliche Anforderungen insbesondere an der Zielsetzung und Problemstellung einer Arbeit orientieren, basieren formale Anforderungen auf allgemeinen modelltheoretischen sowie systemtheoretischen Prinzipien. Gleichzeitig bilden die Anforderungen einen Maßstab für die abschließende Validierung.[384]

---

380 vgl. Mintzberg (1988), Crafting Strategy, S. 87
381 vgl. Ulrich (1981), Betriebswirtschaftslehre, S. 19f.
382 vgl. Kreutzer (2018), Nutzenpotenziale, S. 75
383 vgl. Ehrlenspiel, Meerkamm (2017), Produktentwicklung, S. 911
384 vgl. Kreutzer (2018), Nutzenpotenziale, S. 76

3.1.1 Formale Anforderungen

Im Rahmen einer wissenschaftlichen Modellentwicklung gilt es eine hohe formale Modellqualität sicherzustellen, um eine möglichst optimale Effektivität des Modells zu erzielen. Weiterhin soll sichergestellt werden, dass die Methodik auch über den Fokus der vorliegenden Arbeit hinaus anwendbar ist und zudem allgemeingültigen Anforderungen an wissenschaftliche Modelle gerecht wird. Hierfür definiert PATZAK fünf Eigenschaften eines effektiven Modells, welcher im Rahmen der vorliegenden Arbeit gefolgt wird[385]:

- Empirisch richtig
- Formal richtig
- Produktiv
- Handhabbar
- Nicht aufwendig

Bei näherer Betrachtung der fünf Eigenschaften wird deutlich, dass die ersten drei mit den letzten beiden Anforderungen in Konkurrenz stehen. Es ist daher zu schließen, dass jedes Modell einen Kompromiss darstellt, welcher mittels eines ausgeglichenen Verhältnisses von Vereinfachungen im Sinne des praktischen Problembezugs und der Detailliertheit bzgl. des wissenschaftlichen Vorgehens erreicht wird.[386] Hierzu können drei prinzipielle Verkürzungsmerkmale genutzt werden[387]:

- Verringerung der Forderung auf Vollständigkeit (bspw. durch den Ausschluss offensichtlicher Aspekte)
- Reduktion der Formalisierung (bspw. durch Verzicht auf Formulierung und Quantifizierung)
- Begrenzung der Genauigkeit (bspw. durch Funktionalisierung, Linearisierung oder statische Näherung)

Eine Vereinfachung des Modells bedeutet daher stets eine Reduktion des Modellnutzens. Im Rahmen dieser Erkenntnis ist somit modell- bzw. anwendungsspezifisch zu ermitteln, inwiefern die Reduktion der Modellkomplexität den Verlust des Modellnutzens rechtfertigt.

3.1.2 Inhaltliche Anforderungen

Während die zuvor betrachteten formalen Anforderungen auf modell- und systemtheoretischen Prinzipien basieren, leiten sich die inhaltlichen Anforderungen aus der spezifischen Zielstellung und dem konkreten Betrachtungsbereich einer wissenschaftlichen Arbeit ab. Da es sich hierbei um eine größere Anzahl an Elementen handelt, ist es sinnvoll, einen Ordnungsrahmen zur Ableitung der inhaltlichen Anforderungen zu nutzen, anhand dessen die zuvor betrachteten Elemente (vgl. Teilkapitel 2.1 bis 2.7) systematisch in Bezug zueinander gesetzt

---

385 vgl. Patzak (1982), Systemtechnik, S. 309f.

386 vgl. Patzak (1982), Systemtechnik, S. 310

387 vgl. Patzak (1982), Systemtechnik, S. 316

werden können[388]. Hierzu ist es sinnvoll, in einem ersten Schritt die Eingangsgrößen zur Ableitung der inhaltlichen Anforderungen zu strukturieren (vgl. Abbildung 3-1). Dies sind erstens die in Teilkapitel 1.1 beschriebenen Praxisprobleme (bspw. das Aufschieben von Entscheidungen oder unbewusste Berücksichtigen von Unsicherheiten und Dynamiken des Umfelds), aus deren turbulenzinduzierten Herausforderungen für das Management sich die Zielstellung der Arbeit in Teilkapitel 1.2 ableitet. Diese besteht in einer instrumentenbasierten Methodik zur Entwicklung von robusten technologischen Positionierungen in einem volatilen Unternehmensumfeld. Zur Lösung dieser wurden mit dem strategischen Management, der Technologie- und Innovationsstrategie, der Turbulenz und Diskontinuität sowie der Resilienz und Agilität die zugrundeliegenden Objektbereiche der Grundlagen- und Formalwissenschaften in Teilkapitel 2.1 bis 2.6 erläutert. Letztlich dienen insbesondere die im Rahmen von Teilkapitel 2.7 identifizierten Theoriedefizite (bspw. die fehlende Operationalisierung von Unsicherheiten und Dynamiken des Umfelds) als relevante Eingangsgrößen zur Ableitung der inhaltlichen Anforderungen.

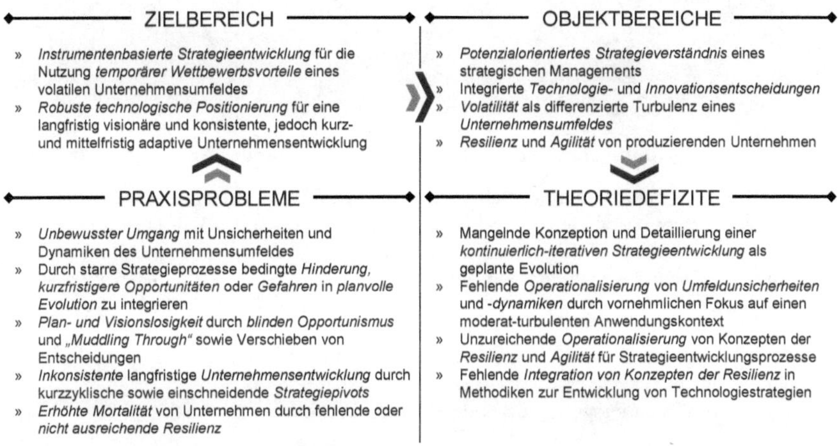

Abbildung 3-1: Zusammenfassung der Eingangsgrößen für die Ableitung der inhaltlichen Anforderungen an die Methodik[389]

In einem zweiten Schritt wird nun ein Ordnungsrahmen entworfen, mithilfe dessen die Eingangsgrößen systematisch aus verschiedenen Perspektiven betrachtet werden, um die inhaltlichen Anforderungen an die Methodik abzuleiten. Im Kontext der vorliegenden Thematik sind insbesondere zwei Perspektiven zielführend, um einen zweidimensionalen Ordnungsrahmen zu bilden: die Forschungsdimensionen der *Technologiestrategieforschung* (vgl. Teilkapitel 2.2) sowie die *Modellierungsdimensionen* einer effektiven Modellbildung (vgl.

[388] vgl. Meise (2001), Ordnungsrahmen, S. 61ff.

[389] i. A. a. Schuh et al. (2019), Requirements, S. 9

Teilkapitel 3.2) der Arbeit. Hierbei ergeben sich i. A. a. BACHMANN und PETTIGREW für die Forschungsdimensionen der Technologiestrategieforschung die Perspektiven des *Inhalts*, des *Vorgehens* und des *Kontextes*[390]. Bezogen auf die Modellierungsdimensionen beschreibt STACHOWIAK die Perspektiven des *Betrachtungsobjekts*, des *Anwenders*, des *Zeitbezugs* und des *Untersuchungszwecks* in Form eines Frageschemas für die Ersetzungsfunktion eines Modells als Abbildung eines Originals[391]. Wie Abbildung 3-2 darstellt, ergeben sich aus der Synthese beider Dimensionen an den Schnittpunkten der jeweiligen Perspektiven Felder zur Ableitung von inhaltlichen Anforderungen aus den Eingangsgrößen.

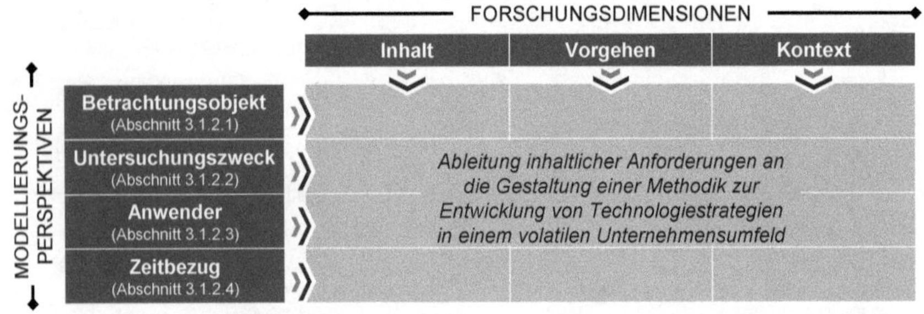

Abbildung 3-2: Ordnungsrahmen für die Ableitung inhaltlicher Anforderungen[392]

Schließlich werden nun in einem dritten Schritt die inhaltlichen Anforderungen systematisch mithilfe des Ordnungsrahmens abgeleitet. Hierzu werden eingangs kurz die jeweils resultierenden Felder des Ordnungsrahmens skizziert und darauf aufbauend anhand des Betrachtungsbereichs sowie der Eingangsgrößen die inhaltlichen Anforderungen abgeleitet.

3.1.2.1 Betrachtungsobjekte

Im Folgenden werden die inhaltlichen Anforderungen aus der Modellierungsperspektive der Betrachtungsobjekte abgeleitet. Dazu werden die Forschungsdimensionen Inhalt, Vorgehen und Kontext von Technologiestrategien differenziert betrachtet.

Inhalt

Das Betrachtungsobjekt des Inhaltes von Technologiestrategien ist die technologiestrategische Positionierung, d.h. gewählte Ziele, eingesetzte Mittel und deren Verfahren zur Zielerreichung (vgl. Unterkapitel 2.2.2). Ausgehend von der extremen Turbulenz des Umfelds (vgl. Unterkapitel 2.3.1) und der Notwendigkeit eines langfristigen Zeithorizonts (vgl. Unterkapitel 2.2.1) ergibt sich somit die Anforderung nach technologiestrategischer Robustheit.

---

390 vgl. Pettigrew (1992), Strategy Process, S. 7; vgl. Pettigrew (2013), Giant, S. 76; vgl. Bachmann (2015), Logik, S. 28

391 vgl. Stachowiak (1980), Einleitung, S. 29

392 i. A. a. Schuh et al. (2019), Requirements, S. 9f.

Vorgehen
Das Betrachtungsobjekt des Vorgehens (zur Gestaltung) von Technologiestrategien ist der Strategieprozess mit den darin genutzten Instrumenten, d.h. die Strategiemethodik. Aus der Dynamik von volatilen Unternehmensumfeldern (vgl. Unterkapitel 2.3.1) resultiert ein fortlaufender, diskontinuierlicher Wandel der Rahmenbedingungen zur Entwicklung von Technologiestrategien. Hieraus erwächst die Anforderung nach einer Situationsadaptivität des Prozesses sowie der genutzten Instrumente.

Kontext
Das Betrachtungsobjekt des Kontextes einer Technologiestrategie ist ihr strategischer Fit, d.h. die zu optimierende Eigenschaft einer Technologiestrategie, um bestmöglich zwischen dem unternehmensinternen sowie -externen Kontext zu vermitteln (vgl. Unterkapitel 2.1.4). Im Kontext eines hochturbulenten Umfelds argumentiert FELLNER, dass der strategische Fit nunmehr nicht die einzige zu optimierende Eigenschaft einer Strategie darstellt. Vielmehr bedarf es gleichzeitig strategischer Flexibilität als zweite, vermittelnde Eigenschaft zwischen dem unternehmensinternen und -externen Kontext.[393] Es ergibt sich somit die Anforderung nach der Operationalisierung und Integration von Konzepten der strategischen Flexibilität (bzw. verallgemeinert der Resilienz und Agilität) in die zu entwickelnde Methodik.

3.1.2.2 Untersuchungszweck

Nachdem die inhaltlichen Anforderungen aus der Modellierungsperspektive der Betrachtungsobjekte abgeleitet wurden, werden nun inhaltliche Anforderungen aus der Perspektive des Untersuchungszweckes abgeleitet. Hierzu werden die Forschungsdimensionen Inhalt, Vorgehen und Kontext von Technologiestrategien differenziert betrachtet.

Inhalt
Der Untersuchungszweck von technologiestrategischen Positionierungen ist die Schaffung von (nachhaltigen) Wettbewerbsvorteilen (vgl. Unterkapitel 2.2.1). Aufgrund des potenzialbasierten Strategieverständnisses der vorliegenden Arbeit in Verbindung mit dem Betrachtungsbereich hochturbulenter Unternehmensumfelder (vgl. Unterkapitel 2.1.2 sowie 2.5.1) ergibt sich die Anforderung nach einer dynamischen sowie markt- und ressourcenbasierten Fundierung der temporären Wettbewerbsvorteile.

Vorgehen
Der Untersuchungszweck von Strategieprozessen sowie deren Instrumente ist die Schaffung von Transparenz (bspw. in unternehmerischen Entscheidungen oder Zielen) sowie die Sicherstellung der Reproduzierbarkeit derer Ergebnisse. Ausgehend von dem systemtheoretischen Verständnis eines Unternehmens als sozioökonomisches System ergibt sich mit dem Hintergrund der Transparenz sowie Reproduzierbarkeit die Anforderung nach einem möglichst ganzheitlichen und systematischen Vorgehen zur Entwicklung von Technologiestrategien.

---

393 vgl. Fellner (2010), Strategic Flexibility, S. 55ff.

Kontext
Der Untersuchungszweck von Technologiestrategien hinsichtlich eines strategisches Fits sowie strategischer Flexibilität ist deren Effektivität (vgl. Unterkapitel 2.1.4) zur Erzielung von Wettbewerbsvorteilen. Um in einem volatilen Unternehmensumfeld die turbulenzinduzierten Effektivitätsrisiken zu reduzieren, ergibt sich die Anforderung nach der Operationalisierung sowie Integration der Umfeldturbulenz in den Strategieprozess sowie dessen Instrumente.

3.1.2.3 Anwender

Nachdem die inhaltlichen Anforderungen aus der Perspektive des Untersuchungszwecks abgeleitet wurden, werden folgend inhaltliche Anforderungen aus der Perspektive des Anwenders abgeleitet. Basierend auf der Abgrenzung des Betrachtungsbereichs (vgl. Teilkapitel 2.5) wurden mit Entscheider und Stratege zwei Anwender der vorliegenden Arbeit spezifiziert, welche mit den Dimensionen Inhalt und Vorgehen korrespondieren. Die Forschungsdimension des Kontextes von Technologiestrategien wird daher hier nur implizit betrachtet.

Inhalt und Kontext
Der Anwender von technologiestrategischen Positionierungen, basierend auf unternehmensinternen sowie -externen Kontextfaktoren, ist der Entscheider, d.h. das Top Management einer Unternehmung (vgl. Teilkapitel 2.5). Ausgehend von der zunehmenden Komplexität von Entscheidungssituationen einerseits (vgl. Unterkapitel 2.3.1) und der hohen Dynamik des Umfelds andererseits (vgl. Unterkapitel 2.3.1) erwächst die Anforderung nach einer Reduktion der Entscheidungskomplexität, sodass trotz zum Teil schneller, notwendiger Entscheidungen eine möglichst hohe Entscheidungsqualität des Top Managements erreicht wird.

Vorgehen und Kontext
Der Anwender von (Technologie-)Strategieprozessen und deren Instrumenten, basierend auf unternehmensinternen sowie -externen Kontextfaktoren ist der Stratege, d.h. die vom Top Management einer Unternehmung mit der Erstellung einer strategischen Entscheidungsvorlage betraute Person (vgl. Teilkapitel 2.5). Mit dem Hintergrund häufigerer Strategiepivots in einem turbulenten Unternehmensumfeld (vgl. Teilkapitel 1.1) ergibt sich aus Perspektive des Strategen die Anforderung nach einer Reduktion des Anwendungsaufwandes der Methodik für seine Strategiearbeit.

3.1.2.4 Zeitbezug

Als letzte Modellierungsperspektive werden abschließend inhaltliche Anforderungen aus Perspektive des jeweiligen Zeitbezugs der technologiestrategischen Forschungsdimensionen abgeleitet. Hierzu werden die Forschungsdimensionen Inhalt, Vorgehen und Kontext von Technologiestrategien differenziert betrachtet.

Inhalt
Der Zeitbezug von technologiestrategischen Positionierungen ist ein diskret-abstrakter Zukunftsbezug, d.h. die Strategieinhalte beziehen sich auf einen bestimmten, jedoch unscharfen Zeitpunkt in der Zukunft (vgl. Teilkapitel 2.1). Je nach Zeithorizont kann dieser Zeitpunkt fünf, sieben oder zehn Jahre in der Zukunft liegen. Im Sinne eines dynamischen, markt- sowie ressourcenintegrierenden Verständnisses von Wettbewerbsvorteilen erwächst

hieraus die Anforderung nach einer iterativen Erneuerung von erodierenden, d.h. temporären Wettbewerbsvorteilen vor dem Hintergrund eines rollierenden, diskret-abstrakten Planungshorizonts.

Vorgehen
Der Zeitbezug von (Technologie-) Strategieprozessen ist traditionell ein gegenwartsbezogener Zeitraum, d.h. dieser ist entweder ein gewisser Zeitabschnitt zur Erst- oder Neuentwicklung einer Strategie oder ein Teil der jährlichen Planungsroutine von Unternehmen zum Review einer bestehenden Strategie (vgl. Teilkapitel 2.1 und 2.2). Ausgehend von der Volatilität des gewählten Betrachtungsbereichs (vgl. Teilkapitel 2.5) ist von einem kontinuierlich-kurzzyklischen sowie sprunghaften Wandel des Unternehmensumfelds auszugehen. Hieraus ergibt sich die Anforderung nach einer kontinuierlich-iterativen Rückkopplungsschleife zwischen Strategieentwicklung und -implementierung sowie operativer Planung, welche die Reaktionsgeschwindigkeit des Unternehmens als auch die Aktualität der Planungsprämissen erhöht.

Kontext
Der Zeitbezug des strategischen Fits von (Technologie-)Strategien ist ein kontinuierlicher Gegenwarts- und Zukunftsbezug, da sich die Konfiguration des volatilen Umfelds fortlaufend verändert und dies sich im Sinne von Pfadabhängigkeiten ebenso auf die Zustände in der Zukunft auswirkt (vgl. Unterkapitel 2.1.1, 2.1.4 sowie 2.3.1). Folglich resultiert hieraus, zusammen mit der vorherigen Anforderung nach einer kontinuierlichen Rückkopplungsschleife, die zusätzliche Anforderung nach einem sprint- und hypothesenbasierten Vorgehen zur Strategieentwicklung, sodass Unternehmen trotz eines volatilen Umfelds einen möglichst optimalen Fit zur gegenwärtigen sowie hypothetisch-zukünftigen Konfiguration des Umfelds erzielen können.

Um die Handhabbarkeit der elf inhaltlichen Anforderungen zu verbessern, fasst Abbildung 3-3 diese in vier Modellierungs- bzw. Gestaltungsgrundsätzen thematisch zusammen. Die Gestaltungsgrundsätze stellen somit für den weiteren Fortgang der vorliegenden Arbeit übergeordnete Anforderungen dar, an denen sich die Konzeption und Detaillierung orientiert.

Erstens gilt es die Unsicherheiten und Dynamiken eines volatilen Umfelds explizit in den Strategieprozess zu integrieren, um diese durchgängig in die Entscheidungsfindung unter Turbulenz einzubeziehen. Zweitens gilt es technologiestrategische Handlungsoptionen als Ausdruck strategischer Flexibilität markt- und hypothesenbasiert abzuleiten, um die traditionelle Ressourcenperspektive des Technologiemanagements zu komplementieren und gleichzeitig den Anwendungsaufwand sowie die Durchführungszeit zu reduzieren. Daran anschließend gilt es drittens bestehende Konzepte strategischer Flexibilität in der Methodik umzusetzen, um eine möglichst robuste Positionierung der Unternehmung in einem turbulenten Umfeld zu erreichen. Viertens gilt es schließlich die Methodik auf einem kontinuierlich-iterativen Planungsansatz aufzubauen, um empirische Lerneffekte zeitnah in die Strategieentwicklung zu integrieren, die Entscheidungskomplexität durch Sequenzierung möglichst zu minimieren und das Problemlösungsmuster adaptiv an die jeweilige Situation anzupassen.

Abbildung 3-3: Inhaltliche Anforderungen und Gestaltungsgrundsätze für die Konzeption und Detaillierung der zu entwickelnden Methodik[394]

[394] i. A. a. Schuh et al. (2019), Requirements, S. 10ff.

3.2 Grundlagen zur wissenschaftlich-formalen Konzeption

Nachdem die formalen und inhaltlichen Anforderungen mithilfe eines Ordnungsrahmens systematisch hergeleitet wurden, bedarf es zur Beantwortung der wissenschaftlichen Fragestellungen der vorliegenden Arbeit formaler Grundlagen. Hierzu werden im Folgenden die allgemeine Modellierungstheorie, die Systemtechnik sowie die Referenzmodellierung als Werkzeuge zur wissenschaftlich-formalen Konzeption in ihren Grundzügen skizziert.

3.2.1 Allgemeine Modellierungstheorie

Allgemein stellen Modelle durch Abstraktion und Simplifizierung reale Sachverhalte als Abbildungen dar. Durch Vereinfachung von komplexen Zusammenhängen der Wirklichkeit unterstützen sie somit den Erkenntnisgewinn hinsichtlich von Prozessen in einem Gesamtzusammenhang.[395]

STACHOWIAK charakterisiert Modelle anhand von drei Merkmalen: das Abbildungsmerkmal, das Verkürzungsmerkmal sowie das pragmatische Merkmal. Das Abbildungsmerkmal beschreibt, dass ein Modell auf Basis eines Originals erstellt wird und dessen Attribute auch repräsentieren soll. Somit stellt ein Modell stets einen Kompromiss dar. Das Verkürzungsmerkmal besagt demnach, dass ein Modell nicht alle Merkmale eines Originals abbilden muss, sondern eine dem Modellentwickler angemessene Reduktion der Charakteristika darstellt. Das pragmatische Merkmal beschreibt schließlich, dass Modelle ihren Originalen nicht eindeutig und absolut zugeordnet sind. Vielmehr weisen sie immer einen bestimmten Zweck sowie einen Anwender- und Zeitbezug auf.[396]

Darüber hinaus unterscheiden sich Modelle anhand ihrer Erkenntnisziele, welche ZELEWSKI systematisch kategorisiert. Im Rahmen der Betriebswirtschaftslehre definiert er drei solcher übergeordneten Erkenntnisziele[397]. Dabei dient das deskriptive Erkenntnisziel der Beschreibung realer Sachverhalte. Das theoretische Erkenntnisziel verfolgt das Ziel der Erklärung realer Sachverhalte. Das praktische Erkenntnisziel dient schließlich der Gestaltung realer Sachverhalte. Ersteres Erkenntnisziel kann als Beschreibungsmodell (deskriptiv) definiert werden. Somit bildet das deskriptive Erkenntnisziel ein Realproblem ab, strebt jedoch keine übergeordnete Erkenntnis an. Dahingegen können sowohl theoretische als auch das praktische Erkenntnisziel den Analysemodellen zugeordnet werden, da sie ein übergeordnetes Erkenntnisziel anstreben[398]. Aus den übergeordneten Erkenntniszielen lassen sich untergeordnete Erkenntnisziele ableiten, sodass Analysemodelle in Erklärungsmodelle, Prognosemodelle, Entscheidungsmodelle sowie Gestaltungsmodelle unterteilt werden[399]. Dabei liefern Erklärungsmodelle (explikativ) logisch-induktiv ermittelte Wirkzusammenhänge, welche das Auftreten von Systemzuständen erklären[400]. Entscheidungs-

[395] vgl. Schweitzer et al. (1976), Kostenrechnung, S. 19; Töllner et al. (2010), Modelle, S. 5; Patzak (1982), Systemtechnik, S. 307f.; Wöhe et al. (2020), Betriebswirtschaftslehre, S. 5

[396] vgl. Stachowiak (1973), Modelltheorie, S. 131ff.

[397] vgl. Zelewski (1999), Grundlagen, S. 27

[398] vgl. Zelewski (1999), Grundlagen, S. 47

[399] vgl. Zelewski (1999), Grundlagen, S. 27ff.; vgl. Patzak (1982), Systemtechnik, S. 313ff.

[400] vgl. Patzak (1982), Systemtechnik, S. 313f.

modelle (präskriptiv-normativ) ermitteln optimale Handlungsalternativen auf Basis eines vorgegebenen Zielsystems und werden demgegenüber als eine Unterkategorie von Gestaltungsmodellen definiert[401]. Entscheidungsmodelle sind weiterhin in Ziel- und Strukturmodelle unterteilt. Erstere repräsentieren das subjektive Entscheidungsproblem aus Sicht des Entscheiders und verdeutlichen persönliche Ziele und Voreinstellungen. Im Gegensatz dazu betrachten Strukturmodelle nur das objektive Entscheidungsproblem mit allen gestaltbaren Sachverhalten.[402]. Insbesondere die Analyse bestehender Ansätze hat gezeigt, dass eine anwendungsnahe Methodik zur Entwicklung von Strategien eine Vielzahl einzelner Modelle umfasst (vgl. Teilkapitel 2.6). Somit sind für die vorliegende Arbeit prinzipiell alle Modellkategorien von Relevanz.

3.2.2 Systemtechnik

Die Systemtechnik *(„Systems Engineering")* stellt eine interdisziplinäre Wissenschaft dar, welche das Ziel verfolgt, allgemeingültige Prinzipien für die Abbildung biologischer, sozialer und mechanischer Systeme zu entwickeln[403]. Die Systemtechnik kann somit der Systemtheorie zugeordnet werden[404]. Da ein wissenschaftliches Verständnis instinktiv auf die Strukturierung natürlicher Systeme ausgerichtet ist, besteht in der Systemtechnik ein methodisches Werkzeug zum Verständnis komplexer Systeme[405]. Im Rahmen der vorliegenden Arbeit wird sie daher genutzt, um die Komplexität der formulierten Zielstellung für eine Modellbildung beherrschbar zu machen[406].

Die Philosophie der Systemtechnik basiert neben dem Denken in Systemen sowie dem nachfolgend erläuterten Vorgehensmodell gemäß PATZAK auf drei konstituierenden Merkmalen: der inhaltlichen Allgemeingültigkeit, der umfassenden und zugleich strukturierenden Betrachtungsweise sowie der Zweckorientiertheit[407]. Dem Systemdenken nach ist ein System als ein von seiner Umwelt abgegrenzter Untersuchungsbereich der Wirklichkeit zu begreifen[408]. Dabei umfasst dieser Untersuchungsbereich eine strukturierte Menge von interdependenten Elementen, welche durch die Systemgrenze von der Umwelt getrennt sind[409]. Modelliert werden diese Beziehungen durch Eingangs- und Ausgangsgrößen, welche die Interaktionen innerhalb mit Systemkomponenten sowie außerhalb des Systems mit Umfeldelementen und Umsystemen abbilden. Systeme sind somit das Modell eines ganzen Originals.[410] Abbildung 3-4 illustriert die Begrifflichkeiten des Systemdenkens.

---

[401] vgl. Zelewski (1999), Grundlagen, S. 49; vgl. Patzak (1982), Systemtechnik, S. 314f.
[402] vgl. Zelewski (1999), Grundlagen, S. 49
[403] vgl. van Bertalanffy (1968), System Theory, S. 33; Gillenkirch (2018), Stichwort: Systemtheorie, S. 1
[404] vgl. Patzak (1982), Systemtechnik, S. 12f.
[405] vgl. Forrester (1972), Systemtheorie, S. 9; Patzak (1982), Systemtechnik, S. 2
[406] vgl. Kreutzer (2018), Nutzenpotenziale, S. 80
[407] vgl. Patzak (1982), Systemtechnik, S. 2
[408] vgl. Schmidt (1985), Systemanalyse, S. 50
[409] vgl. Haberfellner (2012), Systems Engineering, S. 35
[410] vgl. Ropohl (2009), Allgemeine Technologie, S. 77

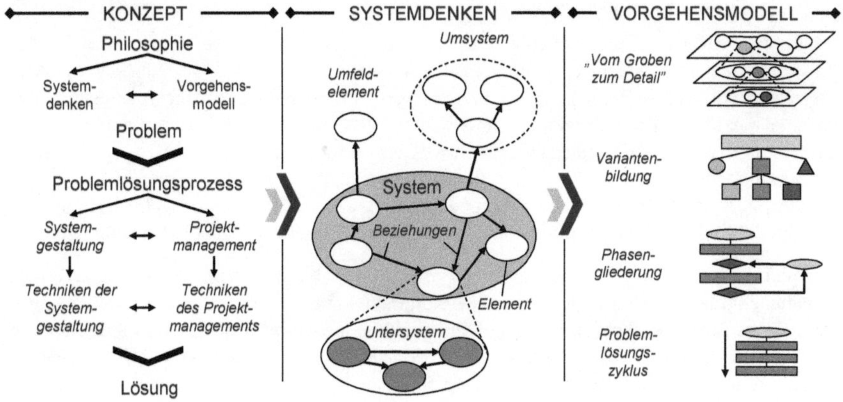

Abbildung 3-4: Grundzüge der Systemtechnik[411]

Zur Lösung systemtechnischer Probleme stellt der Problemlösungsprozess das Kernelement der Systemtechnik dar. Dieser besteht in den zwei komplementären Komponenten der Systemgestaltung sowie des Projektmanagements. Während das Projektmanagement auf die Organisation sowie Koordination des Prozesses fokussiert, zielt die Systemgestaltung auf die inhaltliche Erarbeitung der Lösung ab. Dem Problemlösungsprozess ist dabei die Philosophie der Systemtechnik übergeordnet, welche neben dem Systemdenken durch ein Vorgehensmodell konstituiert ist. [412]

Das Vorgehensmodell basiert auf vier Prinzipien, welche nicht einzeln, sondern miteinander verknüpft betrachtet werden. Nach dem Prinzip *„vom Groben zum Detail"* werden zunächst die Systemgrenzen generisch beschrieben und anschließend das abgegrenzte System *„top-down"* detailliert. Auf jeder Detaillierungsebene unterstützt das Prinzip der *„Variantenbildung"* dabei, alternative Lösungsprinzipien zu differenzieren. Die Entwicklung dieser Lösungsprinzipien erfolgt dabei nach dem *„Problemlösungszyklus"*, welcher einen arbeitslogischen Ablauf zur Lösung von allgemeinen Problemen beschreibt. Dieser wird zuletzt durch das Prinzip der *„Phasengliederung"* als übergeordnete Vorgehensstruktur der Systementwicklung unterstützt.[413]

Ausgehend von der kurzen Charakterisierung der Systemtechnik wird diese im weiteren Verlauf der Arbeit zunächst für die Grobkonzeption der Methodik (vgl. Teilkapitel 3.4) sowie nachfolgend für deren Detaillierung (vgl. Kapitel 4) verwendet.

---

411 i. A. a. Haberfellner (2012), Systems Engineering, S. 29ff.

412 vgl. Haberfellner (2012), Systems Engineering, S. 28ff.

413 vgl. Züst (2004), Systems Engineering, S. 29ff.; Haberfellner (2012), Systems Engineering, S. 57ff.

3.2.3 Referenzmodellierung

Als Referenzmodelle werden jene Modelle bezeichnet, die als Ausgangspunkt für die Entwicklung von Problemlösungen hinsichtlich konkreter Aufgabenstellungen dienen. Ausgehend von der Aufgabenstellung können bspw. Vorgehens-, softwarespezifische oder branchenspezifische Referenzmodelle unterschieden werden. In Bezug auf ein rudimentäres Referenzmodell von Vorgehensweisen wird von einem Phasenmodell gesprochen.[414] Referenzmodelle zeichnen sich somit dadurch aus, dass sie nicht nur kontextspezifische Inhalte wiedergeben, sondern deren Kontextbezug bewusst abstrahieren [415]. Im Rahmen der vorliegenden Arbeit dient diese Abstraktion der Synchronisierung verschiedener Konzepte.

Aufbauend auf den Grundsätzen ordnungsgemäßer Modellierung[416] beschreibt SCHÜTTE ein Vorgehensmodell zur Steuerung der Modellierungsaktivitäten mit fünf Phasen. Dieses beginnt mit einer initialen Problemdefinition, auf Basis dessen *„top-down"* ein Referenzmodellrahmen zur Standardisierung von Begriffen und Modellbausteinen konstruiert wird. Hiervon ausgehend wird anhand von Strukturanalogien die Struktur des Referenzmodellrahmens detailliert. Diese gilt es im vierten Schritt zu komplettieren, sodass eine abschließende Anwendung in der Praxis einen Nutzen für dessen Anwender stiftet. Abbildung 3-5 illustriert das Vorgehen zur Referenzmodellierung nach SCHÜTTE.[417]

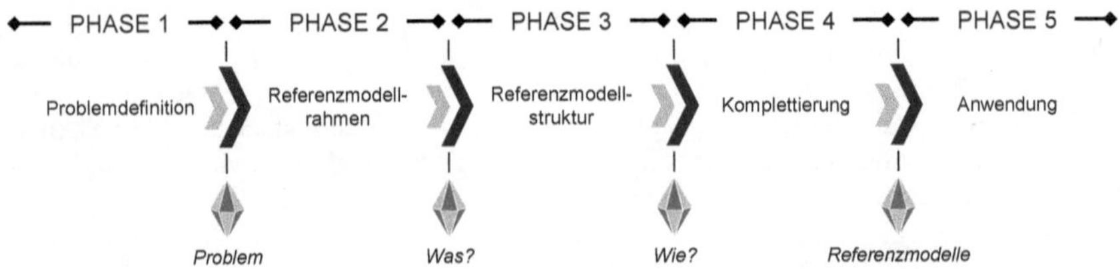

Abbildung 3-5: Vorgehensmodell zur Referenzmodellierung[418]

Im Rahmen der vorliegenden Arbeit ist es aufgrund der Vielzahl und Vielfalt von Konzepten der Objektbereiche notwendig, ein möglichst einheitliches Verständnis zu erzeugen, sodass auf Basis dessen eine weitere Modellierung zur Ausgestaltung der Methodik möglich ist. Die Referenzmodellierung wird daher sowohl in der Grobkonzeption (vgl. Teilkapitel 3.4) als auch der Detaillierung (vgl. Kapitel 4) genutzt, um konzeptionelle Ansätze aus der Literatur zu konvergieren, sodass die Methodik mit einer Vielzahl etablierter Konzepte kompatibel ist.

---

414 vgl. Scheer (1999), ARIS, S. 6

415 vgl. Rosemann, Schütte (1999), Referenzmodellierung, S. 23

416 Die Grundsätze ordnungsgemäßer Modellierung stellen einen Kriterienkatalog dar, anhand dessen Maßnahmen zur praxisnutzenstiftenden Modellkonstruktion evaluiert werden können. Hierzu vgl. Schütte (1998), Referenzmodellierung, S. 321

417 vgl. Schütte (1998), Referenzmodellierung, S. 184ff.

418 i. A. a. Schütte (1998), Referenzmodellierung, S. 185; Rosemann, Schütte (1999), Referenzmodellierung, S. 27

3.3 Grundlagen zur theoretisch-inhaltlichen Konzeption

Neben den zuvor skizzierten, formalen Werkzeugen zur Beantwortung wissenschaftlicher Fragestellungen bedarf es weiterhin relevanter Theorien zur inhaltlichen Konzeption der Methodik. Hierbei sind Theorien als *„übergeordnete, grundsätzliche Aussagensysteme"* [419] zu verstehen, in welchen Thesen und Erkenntnisse eines Wissenschaftsgebietes aggregiert sind[420]. Es gilt somit diejenigen Theorien zu nutzen, welche der Lösung des Ausgangsproblems dienlich sind[421]. Im Folgenden werden daher die relevanten Theorien zur inhaltlichen Lösung der Problemstellung dieser Arbeit dargestellt. Diese sind im Kontext der vorliegenden Arbeit insbesondere in der Kontingenztheorie sowie dem *„Sensemaking"* zu finden.

3.3.1 Kontingenztheorie

Die Kontingenztheorie, auch *„Kontingenzansatz"* oder *„situativer Ansatz"* genannt, baut auf der Systemtheorie auf und geht auf die Organisationsforschung der 1960er und 1970er Jahre zurück[422]. Ausgehend von den damaligen Veränderungen des Unternehmensumfelds erkennt die Kontingenztheorie die situative Relevanz von internen und externen Kontextfaktoren für die Art und Weise der Unternehmensführung an.[423] Demnach existiert für strategisches Entscheidungsverhalten keine universell beste Lösung. Vielmehr sind Entscheidungsprozesse dann erfolgreich, wenn sie in Abhängigkeit von dem situativen Kontext der Unternehmung gewählt und gestaltet werden.[424] Da Kontingenzansätze mitunter stark verallgemeinern *(„It all depends")*[425] und so teilweise widersprüchliche Forschungsergebnisse erzielen, hat sich aus deren Kritik die Gestalttheorie (oder auch *„Gestaltansatz")* entwickelt[426]. Diese besagt, dass der Erfolg von Unternehmen in stimmigen Konfigurationen *(„Gestalten")* von situativen Variablen begründet ist[427]. Ohne die Gestalttheorie weiter zu vertiefen, wird anhand der zuvor abgeleiteten Anforderungen dem Kerngedankengang beider Theorien gefolgt, dass für eine Strategieentwicklungsmethodik in einem volatilen Unternehmensumfeld nicht eine universell adäquate Lösung existieren kann. Demnach ist sowohl bei der Konzeption (vgl. Teilkapitel 3.4) als auch der Detaillierung der Methodik (vgl. Kapitel 4) darauf zu achten, dass dem Anwender ausreichende Freiräume gelassen werden, um die Methodik auf den situationsspezifischen Anwendungskontext anzupassen.

---

[419] Wolf (2020), Organisation

[420] vgl. Bachmann (2015), Logik, S. 39

[421] vgl. Wolf (2020), Organisation, S. 25

[422] vgl. Preisendörfer (2011), Organisationssoziologie, S. 78

[423] vgl. Macharzina (1995), Unternehmensführung, S. 64; Hungenberg (2014), Management, S. 55

[424] vgl. Welge et al. (2017), Management, S. 179

[425] Child (1974), Organization; Lawrence, Lorsch (1967), Organization, S. 185ff.

[426] vgl. Macharzina (1995), Unternehmensführung, S. 69; Bachmann (2015), Logik, S. 40

[427] vgl. Miller (1982), Evolution, S. 133; Vogl (2012), Innovationsmanagement, S. 32f.; Barg (2018), Produktbaukästen, S. 59

3.3.2 Sensemaking

Erstmals in einem Organisationskontext eingeführt wurde das Konzept des Sensemaking *(„Sinnstiftung")* von WEICK zum Ende der 1960er Jahre[428]. Seitdem entwickelte sich das Thema zu einem relevanten Zweig der Organisationsforschung und inspirierte u. a. Weiterentwicklungen von sozialkonstruktivistischen Interpretativen und phänomenologischen Perspektiven auf diesem Gebiet[429]. Kern der Untersuchungen ist es herauszufinden, wie Individuen in Organisationen durch Extraktion und Interpretation von Hinweisen aus ihrer Umgebung Situationen von Mehrdeutigkeit oder Ungewissheit zu erklären versuchen [430]. Sensemaking handelt somit von dem Strukturieren und retrospektiven Ordnen des Ungewissen, um hierin agieren zu können[431].

Während keine einheitliche Meinung zum Konzept sowie Umfang des Sensemaking in der Literatur besteht, herrscht dennoch Einigkeit über dessen Auslöser: *„disruptive Ambiguität"*[432]. Dabei unterbricht ein mehrdeutiges Ereignis die laufenden Aktivitäten von Akteuren und zwingt sie, den unterbrochenen Aktivitäten retrospektiv einen Sinn zu geben, um diese wiederherzustellen[433]. BOERNER stellt in diesem Zusammenhang heraus, dass sowohl Mehrdeutigkeit (Informationsüberfluss) als auch Unsicherheit (Informationsdefizit) einen *„Schock"* auslösen und somit Sensemaking-Prozesse aktivieren können[434].

Gemäß WEICK basiert Sensemaking auf sieben allgemeinen Prinzipien[435]. Diese bieten somit im Rahmen der vorliegenden Arbeit Anhaltspunkte dafür, wie ein Anwender mithilfe der zu entwickelnden Methodik einer ereignisbezogenen Diskontinuität einen Sinn geben kann. In einem volatilen Umfeld unterstützt Sensemaking somit die Konzeption konkurrierender Narrative, um Herausforderungen zu erkennen und geschickt hierauf reagieren zu können[436].

3.3.3 Agile Entwicklungsansätze

Nicht nur auf der im Rahmen von Unterkapitel 2.4.1 dargestellten Ebene der gesamten Organisation, sondern auch in deren Entwicklungsprozessen hat sich das Konzept der Agilität seit den 1980er Jahren und verstärkt seit den 2000er Jahren im Rahmen der Softwareentwicklung etabliert. Hierzu zählen bspw. die Entwicklungsansätze des Extreme Programming, Scrum oder auch Crystal[437]. Trotz diverser Unterschiede der Ansätze teilen die Methoden und

---

428 vgl. Maitlis, Christianson (2014), Sensemaking, S. 60

429 vgl. Sandberg, Tsoukas (2015), Sensemaking, 6; Maitlis, Christianson (2014), Sensemaking, S. 58

430 vgl. Brown, Jones (2000), Members, S. 662; Maitlis (2005), Social Processes, S. 21

431 vgl. Ancona (2012), Sensemaking, S. 3; Weick (1993), Collapse, S. 635

432 vgl. Weick et al. (2005), Organizing, S. 413

433 vgl. Weick (2009), Making Sense, S. 143

434 vgl. Boerner (1997), Sensemaking, S. 213

435 Demnach ist Sensemaking in der Konstruktion von Identität begründet, interagiert mit einer reagierenden Umwelt, retrospektiv, sozial, erfolgt kontinuierlich, fokussiert durch Extraktion von Hinweisen und ist angetrieben von Plausibilität statt Genauigkeit. Hierzu vgl. Weick (1995), Sensemaking, S. 61f.

436 vgl. Burt et al. (2017), Openness, S. 16; Salicru (2018), Storytelling, S. 132f.

437 Für eine umfassende Übersicht agiler Entwicklungsansätze sei auf SCHRÖDER verwiesen. Hierzu vgl. Schröder (2020), Lieferantenintegration, S. 273f.

Prozesse gemeinsame Werte und Prinzipien, welche im sog. Agilen Manifest *(„The Agile Manifesto of Software Development")* festgehalten sind.[438] Für Anwendungsgebiete mit hoher Komplexität, Einmaligkeit sowie Unvorhersagbarkeit des Entwicklungsverlaufs hat sich dabei in der Praxis insbesondere die Scrum-Methodik etabliert[439]. Diese besteht im Kern aus Rollen, Aktivitäten (bzw. Ereignissen) und Artefakten, welche durch den zentralen Scrum-Prozess des Sprints miteinander verbunden sind. Ein Sprint stellt dabei einen zeitlich definierten Abschnitt dar, an dessen Ende die Umsetzung neuer Funktionalitäten zwingend abgeschlossen werden muss.[440] Ausgehend von der hohen Komplexität einer Strategieentwicklung sowie der Unvorhersagbarkeit infolge der Umfeldturbulenz wird die Scrum-Methodik als agiler Entwicklungsansatz für die Arbeit aufgegriffen.

3.4 Grobkonzept der Methodik zur Entwicklung von Technologiestrategien in einem volatilen Unternehmensumfeld

Aufbauend auf den abgeleiteten Anforderungen (vgl. Teilkapitel 3.1) kann nun mithilfe der wissenschaftlich-formalen sowie inhaltlich-theoretischen Werkzeuge (vgl. Teil- bzw. Unterkapitel 3.2 und 3.2.3) die zu entwickelnde Methodik konzeptioniert werden. Dazu wird zunächst die Modellstruktur in Unterkapitel 3.4.1 abgeleitet, auf Basis derer die Modelle im Rahmen von Unterkapitel 3.4.2 mittels der Systemtechnik konzeptioniert werden.

3.4.1 Ableitung der Modellstruktur für die Methodik

Zielstellung der vorliegenden Arbeit ist die Gestaltung einer Methodik zur Entwicklung von Technologiestrategien in einem volatilen Unternehmensumfeld (vgl. Teilkapitel 1.1). Ein Ausgangspunkt zur Strukturierung der möglichst anwendungsnahen Methodik für Strategen und Entscheider produzierender Unternehmen ist somit im Strategieprozess selber zu finden. Daher wird im Folgenden in Abschnitt 3.4.1.1 zunächst das Grobkonzept der Ablaufstruktur anhand einer Referenzmodellierung des (Technologie-) Strategieprozesses hergeleitet. Hierauf aufbauend wird in Abschnitt 3.4.1.2 das Grobkonzept der Aufbaustruktur der Methodik für die relevanten Phasen des Betrachtungsbereichs abgeleitet. Für die abgeleiteten Modelle der Aufbaustruktur werden in Abschnitt 3.4.1.3 zur Implementierung der Anforderung nach Situationsadaptivität phasenspezifische Anwendungsmodi hergeleitet, auf Basis derer die Modelle der Methodik schließlich situationsadaptiv konzeptioniert werden.

3.4.1.1 Ableitung des Grobkonzepts der Ablaufstruktur für die Methodik

Aufgrund der Vielzahl von bestehenden Prozessen zur Strategieentwicklung erscheint es zielführend, zunächst einen Referenzprozess zu erarbeiten (vgl. Teilkapitel 2.6), um anhand dessen die Ablaufstruktur der zu entwickelnden Methodik abzuleiten. Hierfür enthält bereits ein Phasenmodell als grobe Darstellung eines Referenzvorgehensmodells eine ausreichende

---

[438] vgl. Beck et al. (2001), Manifesto; Schröder (2020), Lieferantenintegration, S. 18

[439] vgl. Maximini (2018), Scrum, S. 27ff.

[440] vgl. Wetterney (2020), Spezifikationsprozess, S. 80; Böhm (2019), Agilität, S. 46f.; vgl. Schwaber, Sutherland (2017), Scrum, S. 2ff.

Informationstiefe[441]. Daher sind zur Herleitung des Referenzprozesses insbesondere die ersten beiden Phasen des in Unterkapitel 3.2.3 dargestellten Vorgehens nach SCHÜTTE relevant[442]. Im thematischen Kontext der Entwicklung von Technologiestrategien dienen dabei sowohl etablierte Ansätze des strategischen Managements als auch des Technologiemanagements als Grundlage zur Konstruktion des Referenzmodellrahmens. Als etablierte Vertreter seitens des strategischen Managements werden die Ansätze von WELGE ET AL. sowie MÜLLER-STEWENS, LECHNER genutzt[443]. Seitens des Technologiemanagements werden die Ansätze von SCHUH ET AL. sowie GOMERINGER verwendet[444]. Da diese etablierten Ansätze diskret-sequenzielle bzw. langfristig-zyklische Strategieprozesse darstellen, wird weiterhin der innovative *„Strategy-by-Design"*-Ansatz nach CARLOPIO genutzt, um den Referenzprozess gemäß der inhaltlichen Anforderung nach einem kontinuierlich-iterativen Vorgehen mit empirischen Lern- und Rückkopplungsschleifen (vgl. Unterkapitel 3.1.2) zu adaptieren[445]. Den Überlegungen von FELLNER folgend legt diese Adaption den Grundstein für die Erweiterung der zu entwickelnden Methodik von einer *„flexiblen Technologiestrategie"* hin zur *„technologiestrategischen Flexibilität"*[446].

Durch die übergreifende Betrachtung der Prozesse aus dem strategischen Management sowie dem Technologiemanagement werden verschiedene Unterschiede und Gemeinsamkeiten ersichtlich. Während die Prozesse des strategischen Managements bereits früher an das normative Management anknüpfen und ebenfalls die Implementierung sowie das Controlling der Umsetzung umfassen, betrachten die Strategieprozesse des Technologiemanagements lediglich die Strategieplanung sowie -formulierung (vgl. auch Teilkapitel 2.1). Aus den Prozessen des Technologiemanagements werden somit zunächst die Schritte der **Analyse**, der **Optionen** sowie der **Ziele & Positionierung** (Strategieformulierung) als Referenzphasen entnommen. Diese werden durch die Prozesse des strategischen Managements um die Referenzphasen der initialen **Charakterisierung**, der **Implementierung** sowie der **Kontrolle** ergänzt. In diesem Zusammenhang findet sich auch in dem nichtlinearen Prozess nach CARLOPIO mit dem Briefing eine initiale Charakterisierung. Während CARLOPIOs Schritte der *„Forschung"*, der *„Konzeptgenerierung"*, der *„Entwicklung & Evaluation"* sowie des *„Outputs"* den Referenzphasen *„Analyse"*, *„Optionen"*, *„Ziele & Positionierung"* sowie *„Implementierung"* zugeordnet werden können, ist dies im Fall des Schritts *„Prototyping"* nicht gleichermaßen eindeutig, da dieser in den traditionellen Strategieprozessen nicht vorzufinden ist[447]. Daher wird infolge der Adaption des *„Strategy-by-Design"*-Prozesses die Referenzphase **Validierung** als Bindeglied zwischen einer Strategieformulierung (*„Ziele & Positionierung"*) und deren Operationalisierung sowie Umsetzung (*„Implementierung"*) ergänzt. Hierdurch erhält eine in der Phase *„Ziele & Positionierung"* formulierte (Technologie-)Strategie gleichzeitig den

---

[441] vgl. Scheer (1999), ARIS, S. 6

[442] vgl. Schütte (1998), Referenzmodellierung, S. 187

[443] vgl. Müller-Stewens, Lechner (2016), Management, S. 24; Welge et al. (2017), Management, S. 195

[444] vgl. Schulte-Gehrmann et al. (2011), Technologiestrategie, S. 83ff.; vgl. Gomeringer (2007), Technologieplanung, S. 68

[445] vgl. Carlopio (2010), Design, S. 12f.

[446] vgl. Fellner (2010), Strategic Flexibility, S. 201

[447] vgl. Carlopio (2010), Design, S. 13

Charakter eines (Strategie-)Prototypen, welcher über die iterativen Lernschleifen der „*Validierung*" an Reife gewinnt und schließlich in der Implementierung konvergiert[448]. Abbildung 3-6 fasst die Vorgehensphasen der zuvor erläuterten Ansätze zusammen und strukturiert diese in den Phasen des resultierenden Referenzprozesses.

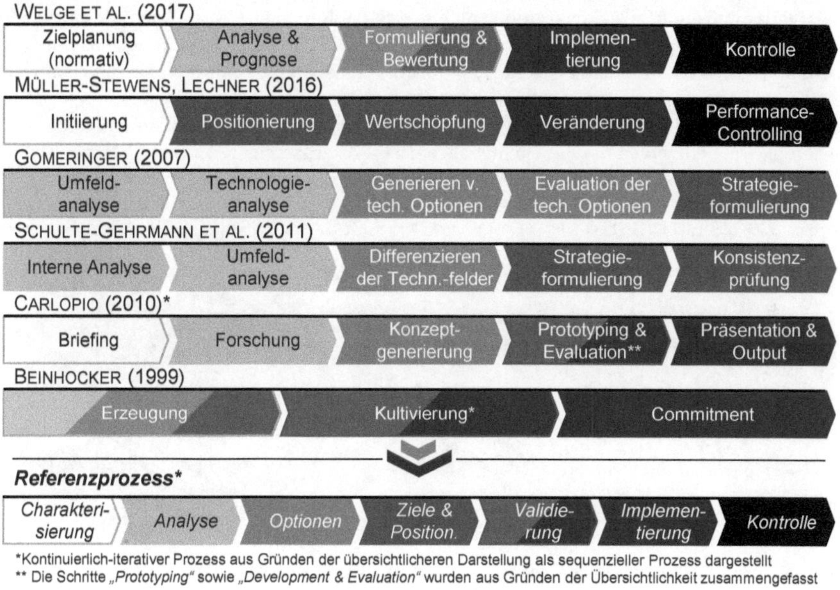

Abbildung 3-6: Referenzmodellierung eines Phasenmodells für den kontinuierlich-iterativen Prozess der Strategieentwicklung[449]

Ausgehend von dem zuvor abgeleiteten Referenzprozess mit sieben nichtlinearen, kontinuierlich-iterativen Phasen sind die ersten vier Phasen (Charakterisierung, Analyse, Optionen sowie Ziele & Positionierung) der Strategieentwicklung, d.h. der Strategieplanung und -formulierung zuzuordnen. Demgegenüber befassen sich die letzten drei Phasen mit einer praktischen Umsetzung der entwickelten Strategieprototypen. Anhand der verschiedenen Zeitbezüge der Phasen wird der Referenzprozess weiter in drei unterschiedliche Zyklen unterteilt. Während die Kontrolle den Fortschritt der Implementierung jederzeit überprüft und steuert, wird auf Basis der Tragweite einer Implementierungsentscheidung von Strategien

---

448 vgl. Carlopio (2010), Design, S. 13

449 vgl. Müller-Stewens, Lechner (2016), Management, S. 24; Welge et al. (2017), Management, S. 195; Gomeringer (2007), Technologieplanung, S. 68; Schulte-Gehrmann et al. (2011), Technologiestrategie, S. 83ff.; Carlopio (2010), Design, S. 12f.; Schuh et al. (2019), Methodology Design, S. 5

angenommen, dass diese sinnvollerweise auf mehreren Validierungsphasen basieren sollte[450]. Es wird somit der Implementierungs- von dem Validierungszyklus differenziert. Dabei werden in den Validierungsphasen praktische Erfahrungen gesammelt und hiermit die entwickelten Strategien prototypisch evaluiert. Jede Validierungsphase basiert somit auf einem Entwicklungszyklus. Nach einer initialen Charakterisierung des Anwendungskontextes besteht dieser somit aus der kontinuierlich-iterativen Interaktion von Analyse, Optionen sowie den sich hieraus ergebenden (prototypischen) Zielen und Positionierungen. Für das Grobkonzept der kontinuierlich-iterativen Ablaufstruktur ergibt sich somit ein ringförmiger Aufbau der drei erläuterten Zyklen (Strategieentwicklung, -validierung sowie -implementierung). Der in Abbildung 3-7 dargestellte Strategieprozess verläuft somit spiralförmig von außen nach innen, wobei die Arbeiten in allen drei Zyklen zwecks Reaktionsgeschwindigkeit der Unternehmen nach einer Disruption synchronisiert zu parallelisieren sind.

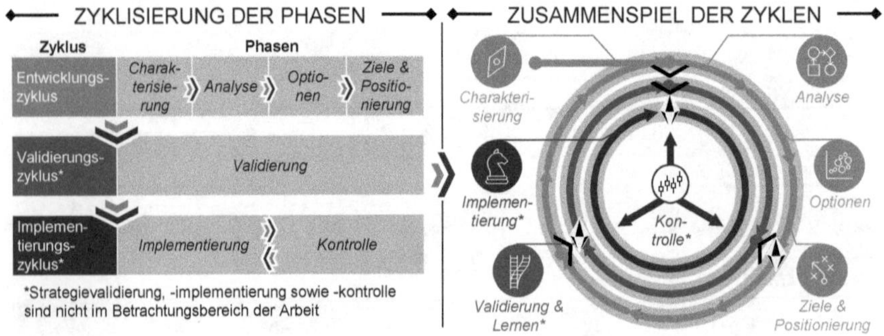

Abbildung 3-7: Grobkonzept der Ablaufstruktur für die Methodik[451]

3.4.1.2 Ableitung des Grobkonzepts der Aufbaustruktur für die Methodik

Für die zu gestaltende Methodik erfolgt aufgrund des eingegrenzten Betrachtungsbereichs der vorliegenden Arbeit eine Fokussierung auf den Entwicklungszyklus (vgl. Teilkapitel 2.5). Zur Ableitung der Aufbaustruktur der Methodik werden daher die drei Phasen der Analyse, der Handlungsoptionen, der Ziele und Positionierung sowie die initial notwendige Charakterisierung übernommen[452]. Weiterhin besteht die Zielstellung der vorliegenden Arbeit in einer Methodik (vgl. Teilkapitel 1.1). Daher werden die vier phasenzugehörigen Modelle um ein Vorgehensmodell ergänzt, welches die zahlreichen Beschreibungs-, Erklärungs-, Prognose- sowie Bewertungsmodelle zu einer anwendungsorientierten Methodik verknüpft (vgl. Unterkapitel 3.2.1). Die Beziehungen der vier phasenzugehörigen Modelle untereinander

450 vgl. Nooraie (2008), Decision Magnitude, S. 642

451 vgl. Schuh et al. (2019), Methodology Design, S. 6; Schuh et al. (2022), Iterative Analysis, S. 3

452 Die letzten drei Phasen werden im weiteren Verlauf nur implizit zwecks Sicherstellung einer ganzheitlichen Kompatibilität der Methodik mit einem kontinuierlich-iterativen Prozess des strategischen Managements betrachtet.

werden zunächst entsprechend den Rückkopplungsschleifen des *„Strategy-by-Design"*-Prozesses grob modelliert[453]. Dabei bildet das Vorgehensmodell das allen phasenzugehörigen Modellen inhärent-prozessuale Rückgrat der Methodik. Hieraus resultiert die in Abbildung 3-8 dargestellte Aufbaustruktur der Methodik aus fünf Modellen, welche die fokussierten Phasen und das Vorgehen abbilden. Um diese fünf Modelle im Folgenden weiter zu konzeptionieren und zu detaillieren, werden die zuvor abgeleiteten Anforderungen in Form der übergeordneten Gestaltungsgrundsätze den jeweiligen Modellen zugeordnet (vgl. Unterkapitel 3.1.2).

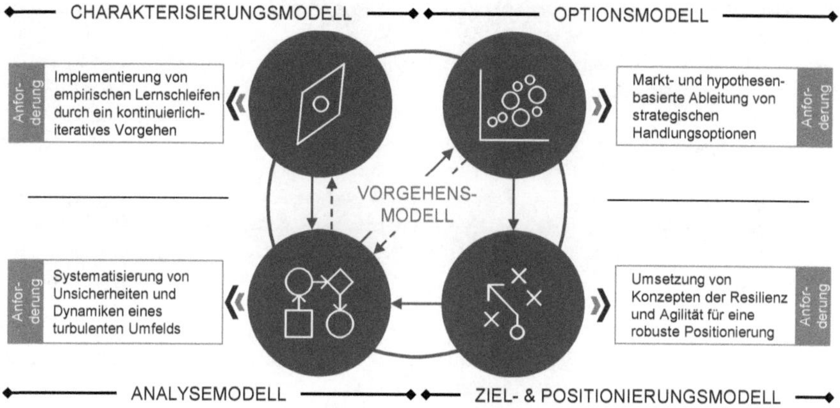

Abbildung 3-8: Grobkonzept der Aufbaustruktur für die Methodik[454]

3.4.1.3 Ableitung der situationsadaptiven Anwendungsmodi für die Methodik

Im Rahmen der bisherigen Grobkonzeption von Ablauf- und Aufbaustruktur der Methodik wurden insbesondere die inhaltlichen Anforderungen des Modellierungsgrundsatzes zur Implementierung eines kontinuierlich-iterativen Vorgehens mit empirischen Lernschleifen umgesetzt. Noch nicht berücksichtigt ist jedoch die Anforderung nach situations-adaptiven Problemlösungsmustern der Methodik. Zur Umsetzung dieser Anforderung bedarf es folglich einer Dynamisierung der bisher statischen Ablauf- und Aufbaustrukturkonzepte in Abhängigkeit eines turbulent veränderlichen Unternehmensumfeldes (vgl. Unterkapitel 3.1.2). Daher wird für die weitere Konzeption der Methodik zunächst ein einheitliches Verständnis benötigt, wie sich Unternehmensumfelder im Kontext der Dynamiken und Unsicherheiten von Technologien und Innovationen verändern. Hierzu ist es somit sinnvoll, analog zu der vorherigen Referenzmodellierung des (Technologie-) Strategieprozesses ein grobes Phasenmodell für den technologie- und innovationsinduzierten Wandel von Unternehmens-

[453] vgl. Carlopio (2010), Design, S. 12

[454] vgl. Schuh et al. (2019), Methodology Design, S. 5; Schuh et al. (2022), Iterative Analysis, S. 3

umfeldern zu entwickeln und der weiteren Konzeption zugrunde zu legen (vgl. Unterkapitel 3.2.3). Hierauf aufbauend werden schließlich die Anwendungsmodi der Methodik abgeleitet.

Referenzmodellierung von Wandelstadien des Unternehmensumfelds

Im Technologie- und Innovationsmanagement hat sich in den vergangenen 50 Jahren eine Vielzahl von Forschern der empirischen Untersuchung von technologie- und innovationsinduzierten Veränderungsmustern sowie deren Implikationen gewidmet[455]. Dabei sind in Bezug auf die Zielstellung der vorliegenden Arbeit insbesondere jene Arbeiten von besonderem Interesse, welche die Dynamiken und Unsicherheiten von Technologien und/oder Innovationen sowie deren strategische Implikationen zu erklären versuchen. Weiterhin sind ebenfalls Arbeiten aus dem Bereich der Resilienzforschung von Interesse, welche zugehörig jeweils Handlungsempfehlungen für erfolgreiche Verhaltensweisen bei externen Schocks aufzeigen. Durch die zielorientierte Auswahl solcher Arbeiten soll die Referenzmodellierung unterstützt werden, indem die technologie- und innovationsinduzierten Wandelstadien aus verschiedenen, komplementären Perspektiven betrachtet werden. Seitens des Innovationsmanagements sind an dieser Stelle die Arbeiten von ABERNATHY, UTTERBACK zu den *„Patterns of Industrial Innovation"* sowie von ROGERS und MOORE zu der *„Diffusion of Innovations"* zu nennen[456]. Aus dem Bereich des Technologiemanagements ist insbesondere die Arbeit von ANDERSON, TUSHMAN zu dem *„Technology Cycle"* interessant, da sie das zyklische Aufbrechen und Formen von dominanten Designs beschreibt[457]. Basierend auf dem systemtheoretisch-evolutionären Strategieverständnis der vorliegenden Arbeit ist insbesondere die Arbeit von SYDOW, SCHREYÖGG ET AL. zur *„Path Dependence"* aus dem Bereich der Organisationstheorie von Interesse, da sie die Bildung von Pfadabhängigkeiten im Kontext von Innovation und Wandel aufzeigen[458]. Ebenfalls aus dem Bereich der Organisationstheorie bzw. des organisationalen Verhaltens (engl. *„Organizational Behavior")* ist die Arbeit von SNOWDEN, BOONE zum *„Operative Context"* relevant, da sie unterschiedliche Vorgehensweisen in verschiedenen Entscheidungssituationen nahelegen[459]. Anschließend an diese situationsadaptiven Vorgehensweisen geben die Arbeiten von EDWARDS sowie darauf aufbauend THOMA bzw. der ACATECH zum *„Resilienzzyklus"* phasenspezifische Handlungsempfehlungen für ein Verhalten im Kontext von Katastrophen[460]. Da die beschriebenen Arbeiten keine allgemeinen Aussagen über die Dauer der jeweiligen Stadien treffen (können), werden die von den jeweiligen Autoren beschriebenen Phasen der Wandelmuster zunächst in Abbildung 3-9 übersichtlich dargestellt. Für die Referenzmodellierung nach SCHÜTTE werden daher nachfolgend die einzelnen Phasen

[455] vgl. bspw. die in Unterkapitel 2.2.1 beschriebene S-Kurve von FOSTER zur Erklärung der Leistungsfähigkeit von Technologien in Abhängigkeit der kumulierten F&E-Aufwände sowie derer Implikationen für das Technologie- und Innovationsmanagement. Ebenso sei auf die Lebenszyklusmodelle aus Unterkapitel 2.3.2 verwiesen.

[456] vgl. Abernathy, Utterback (1978), Patterns, S. 40; Rogers (1983), Diffusion, S. 247; Moore (2001), Chasm, S. 13

[457] vgl. Anderson, Tushman (1990), Technological Discontinuities, S. 606

[458] vgl. Sydow et al. (2009), Path Dependence, S. 692

[459] vgl. Snowden, Boone (2007), Decision Making, S. 71

[460] vgl. acatech (2014) Resilien-Tech, S. 11ff.; Edwards (2009), Resilient Nation, S. 20

qualitativ in einen gemeinsamen Zusammenhang gebracht, um die Wandelstadien als Grundlage der situationsadaptiven Anwendungsmodi abzuleiten (vgl. Unterkapitel 3.2.3).

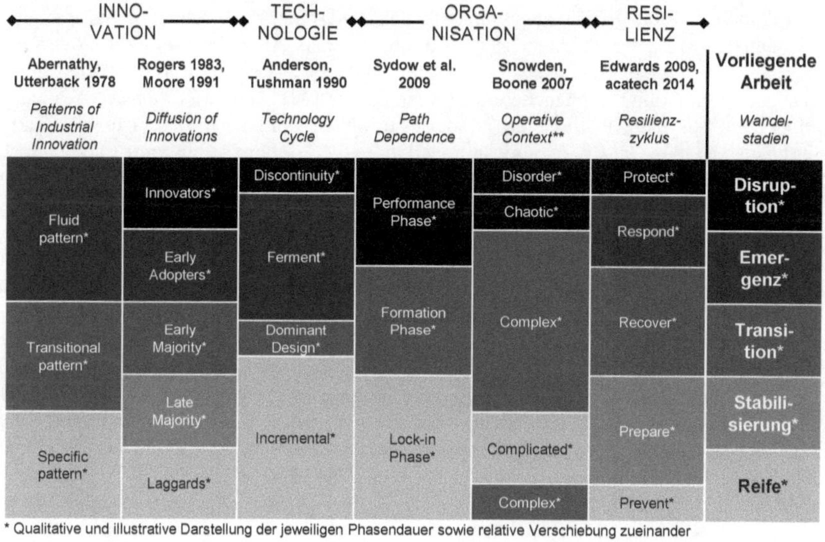

Abbildung 3-9: Referenzmodellierung der Wandelstadien des Umfelds[461]

Aus der Gesamtheit von relevanten Arbeiten aus Abbildung 3-9 wird deutlich, dass der Zyklus mit einer Diskontinuität und folgend mit einem hohen Grad an Freiheit beginnt, welches zu einer Erschütterung des etablierten Systems (bspw. der Branche, Industrie etc.) und einem *„Weckruf"* für die etablierten Unternehmen führt (als *„Disruption"* bezeichnet)[462]. Das Ziel des Managements während dieses ersten Impulses muss es sein, die Unternehmung durch eine erhöhte Robustheit zu schützen (engl. *„protect")*. Auf der Diskontinuität basierend schließt sich eine Phase lebendiger Innovation an (als *„Emergenz"* bezeichnet), bis sich schließlich ein dominantes Design herausbildet. Das Ziel des Managements nach der initialen Disruption muss es sein, schnellstmöglich auf die geänderten Randbedingen zu antworten, indem es die

---

[461] vgl. Abernathy, Utterback (1978), Patterns, S. 40; Rogers (1983), Diffusion, S. 247; Moore (2001), Chasm, S. 13; Anderson, Tushman (1990), Technological Discontinuities, S. 606; Sydow et al. (2009), Path Dependence, S. 692; Snowden, Boone (2007), Decision Making, S. 71; acatech (2014) Resilien-Tech, S. 11; Edwards (2009), Resilient Nation, S. 20; Schuh et al. (2022), Iterative Analysis, S. 5

[462] Die Diskontinuität des Stadiums *„Disruption"* kann, aber muss nicht zwangsläufig, durch die von CHRISTENSEN konzeptionierten *„disruptiven Innovationen und Technologien"* ausgelöst sein. Hierzu Bower, Christensen (1995), Disruptive Technologies; Christensen (1997), Dilemma

Unternehmung bedarfsgerecht ausrichtet[463]. Das Aufkommen eines dominanten Designs kennzeichnet gleichzeitig jenen Zeitpunkt, ab welchem nicht nur die Innovatoren und frühen Folger (engl. *„Early Adopter"*), sondern auch die frühe Mehrheit (engl. *„Early Majority"*) sich den geänderten Randbedingungen anpassen (als *„Transition"* bezeichnet). Das Ziel des Managements nach der direkten sowie kontinuierlichen Antwort auf die Innovationsdynamiken der Emergenz muss es sein, sich während der Neuausrichtung von dem einmaligen Schock der Diskontinuität zu regenerieren (engl. *„Recover"*). UTTERBACK, ABERNATHY folgend sind es dann vor allem Prozessinnovationen, welche das dominante Design der Produkt-, Dienstleistungs- oder Geschäftsmodellinnovation im Transitionsstadium industrialisieren[464]. Durch sukzessives Abnehmen der Innovationsdynamik festigt sich allmählich die neue Konfiguration des Geschäftsumfelds (als *„Stabilisierung"* bezeichnet), indem auch die späte Mehrheit (engl. *„Late Majority"*) der Unternehmen folgt. Das Ziel des Managements nach einer (ausreichenden) Regeneration während des Transitionsstadiums muss es sein, sich auf potenziell zukünftige Diskontinuitäten bestmöglich vorzubereiten (engl. *„Prepare"*). Schließlich nehmen die Turbulenzen weiter ab und das Geschäftsumfeld verändert sich nur noch geringfügig durch Innovationen (als *„Reife"* bezeichnet). Durch die abnehmende Dynamik verändert sich indes der operative (Entscheidungs-) Kontext von einem komplexen zu einem komplizierten Entscheidungskontext[465]. Das Ziel des Managements während des Reifestadiums muss es dabei sein, das Unternehmen, wie auch während des Stabilisierungsstadiums, auf zukünftige Diskontinuitäten vorzubereiten. Bei einer sich abzeichnenden Diskontinuität gilt es jedoch, kurzfristig die unerwünschten Auswirkungen soweit möglich zu verhindern bzw. reduzieren (engl. *„Prevent"*)[466]. In einem vergleichbaren Zusammenhang kommen auch FISCHER sowie RÜEGG-STÜRM zu dem Ergebnis, dass die branchenbezogenen (technologischen) Veränderungsprozesse einerseits in Form eines Zyklus bestimmter, unterscheidbarer Phasen und andererseits als ein Wechsel zwischen Phasen eines evolutionären und eines revolutionären Wandels erfolgen[467]. Auf Basis der Referenzmodellierung ergibt sich schließlich das in Abbildung 3-9 dargestellte, zyklische Phasenmodell mit fünf technologie- und innovationsinduzierten Wandelstadien: Disruption, Emergenz, Transition, Stabilisierung sowie Reife.

Ableitung situationsadaptiver Anwendungsmodi für die Methodik

Nachdem mit dem entwickelten Phasenmodell ein einheitliches Verständnis für technologie- und innovationsinduzierte Wandelstadien des Unternehmensumfelds geschaffen wurde,

---

[463] Je nach Art der Diskontinuität kann die benötigte Antwort strategischer oder operativer Natur sein. Aufgrund des Betrachtungsbereichs der Arbeit wird im weiteren Verlauf nur die strategische Neuausrichtung fokussiert. Hierzu vgl. Schuh et al. (2021), Strategiearbeit, S. 9ff.

[464] vgl. Utterback, Abernathy (1975), Dynamic Model, S. 645

[465] Ein *„klarer"* oder *„einfacher"* (engl. *„simple"*) Entscheidungskontext wird in dieser Arbeit vernachlässigt, da auch bei abnehmender Turbulenz des Umfelds der operative Entscheidungskontext in etablierten produzierenden Unternehmen aufgrund der großen Anzahl von Stakeholdern, gewachsenen Wertschöpfungsstrukturen und deren Interdependenzen kompliziert ist.

[466] Inwieweit dies möglich ist, bleibt fraglich. TALEB argumentiert hierzu, dass schwarze Schwäne sich gerade dadurch auszeichnen, dass sie vorab nicht zu antizipieren sind. Hierzu vgl. Taleb (2007), Black Swan, S. 201ff.

[467] vgl. Fischer (2002), Wettbewerbsvorteile, S. 107; Rüegg-Stürm (2009), Management-Modell, S. 124f.

erfolgt die weitere Konzeption der Anforderung nach Situationsadaptivität der Methodik. Hierzu wird das entwickelte Grobkonzept der Aufbaustruktur (vgl. Abbildung 3-8) den hergeleiteten Wandelstadien des Unternehmensumfelds (vgl. Abbildung 3-9) gegenübergestellt. Daraus ergibt sich eine Matrix, welche fünf Varianten je Modell suggeriert. Im Sinne der Anforderungen nach einer Reduktion des Anwendungsaufwandes sowie der Handhabbarkeit und Praktikabilität der Methodik erscheint dies jedoch nicht zielführend (vgl. Teilkapitel 3.1). Es bedarf somit einer vereinfachten Verknüpfung beider Dimensionen im Sinne einer typspezifischen Strategieentwicklung, anhand welcher sinnvolle Varianten der Methodik identifiziert werden können[468].

Als solche Typen werden die fünf Strategiekonzepte nach MINTZBERG genutzt, welche eingangs dieser Arbeit zugrunde gelegt wurden (vgl. Unterkapitel 2.1.1). Dabei sind die Konzepte *„Plan"* sowie *„Muster"* eindeutig den Dimensionen der Modellstruktur bzw. der Wandelstadien zuzuordnen. Die *„Perspektive"* erscheint insbesondere zu Beginn des Wandelzyklus relevant, da dort die Turbulenz am höchsten ist und eine erste Orientierung aus der Innenperspektive des Unternehmens geschaffen wird. Aufgrund des stärker unternehmensextern fokussierten Charakters der *„Position"* erscheint dieses aufbauend und anschließend an die *„Perspektive"* relevant, um eine Ausrichtung längerfristig mit dem Umfeld zu harmonisieren. Abschließend ist eine *„List"* geeignet, um auch bei abnehmender Dynamik und Unsicherheit von Technologien und Innovationen sowie zunehmender Branchenkonsolidierung weiterhin Wettbewerbsvorteile zu erzielen[469]. Abbildung 3-10 visualisiert die zuvor erläuterte Einordnung der verschiedenen Strategiekonzepte anhand ihrer Relevanz als sinnvolle Typen zur Strategieentwicklung für eine situationsadaptive Methodik in verschiedenen technologie- und innovationsinduzierten Wandelstadien des Unternehmensumfelds.

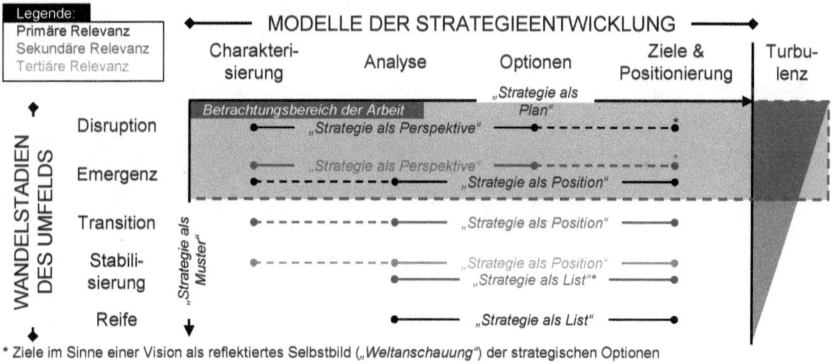

Abbildung 3-10: Allokation etablierter Strategiekonzepte zu den Wandelstadien[470]

---

468 vgl. Reeves et al. (2015), Your Strategy, S. 6ff.; Reeves et al. (2012), Your Strategy, S. 80

469 vgl. Deans et al. (2002), Consolidation, S. 20f.; vgl. Deans et al. (2002), Endgames, S. 107ff.

470 i. A. a. Mintzberg (1987), Strategy Concept, S. 11ff.; Schuh et al. (2022), Iterative Analysis, S. 5

Aufgrund des Betrachtungsbereichs der vorliegenden Arbeit auf volatile Unternehmensumfelder (vgl. Teilkapitel 2.5) bedarf die zu entwickelnde Methodik einer Situationsadaptivität für die Wandelstadien *„Disruption“* sowie *„Emergenz“*. In Anlehnung an die Entwicklungsmodi des neuen St. Galler Management-Modells (*„Erneuerung“* und *„Optimierung“*) gilt es basierend auf Abbildung 3-10 zwei Anwendungsmodi je Modell auszugestalten, welche auf die Strategiekonzepte als Perspektive sowie als Position abzielen[471]. Aus der Strategiekonzeption als Perspektive leitet sich ab, dass es der erste Anwendungsmodus zur Aufgabe hat, zunächst die Unternehmung und später das Umfeld zu explorieren, um hiermit ein initiales Orientierungswissen bereitzustellen (im Folgenden als *„Exploration“* bezeichnet). Demgegenüber leitet sich aus der Strategiekonzeption als Position ab, dass es der zweite Anwendungsmodus zur Aufgabe hat, identifizierte und potenziell attraktive Optionen zu untersuchen, um eine hinreichende Informationsbasis für eine strategische Entscheidung bereitzustellen (im Folgenden als *„Investigation“* bezeichnet).

3.4.2 Konzeption der Modelle

Um das zuvor abgeleitete Grobkonzept der Ablauf- und Aufbaustruktur der Methodik situationsadaptiv auszugestalten, werden im Folgenden die phasenbezogenen Modelle (Charakterisierung, Analyse, Optionen, Ziele & Positionierung) sowie das Vorgehensmodell für die beiden Anwendungsmodi der Exploration und Investigation konzeptioniert. Hierzu wird zunächst die Zielstellung eines jeden Modells erläutert, sodass die Modelle unter Zuhilfenahme der Systemtechnik im Explorations- sowie Investigationsmodus anhand der modellspezifisch operationalisierten Gestaltungsgrundsätze (vgl. Anhang A) konzeptioniert werden.

3.4.2.1 Charakterisierung des Anwendungskontextes

Ziel des Charakterisierungsmodells ist es, relevante Charakteristika des unternehmens- oder personenspezifischen Anwendungskontextes zu erfassen und somit den Beginn der kontinuierlich-iterativen Strategieentwicklung vorzubereiten und einzuleiten[472]. Ergebnisse des Modells sind somit Randbedingungen und Parameter sowie eine initiale Startausrichtung für die Anwendung der Methodik. Bezogen auf die Systemtechnik als Werkzeug zur Konzeption ergibt sich die Variantenbildung des Charakterisierungsmodells nicht durch die Unterschiedlichkeit der Lösungsprinzipien, sondern durch die Phasengliederung der zu lösenden Teilprobleme[473]. Dies wird im Folgenden bei der Ableitung der Teilmodellstrukturen weiter verdeutlicht.

Zu Beginn des Strategieprozesses muss die Modellvariante des Explorationsmodus i. A. a. MÜLLER-STEWENS, LECHNER sowie CARLOPIO sich mit der Initiierung der Strategieentwicklung befassen[474]. Für MÜLLER-STEWENS, LECHNER umfasst diese neben verschiedenen Erklärungsansätzen und Idealtypen von Strategieprozessen, der Corporate Governance

[471] vgl. Rüegg-Stürm (2009), Management-Modell, S. 124ff.

[472] vgl. Carlopio (2010), Design, S. 13; vgl. Müller-Stewens, Lechner (2016), Management, S. 25

[473] vgl. Haberfellner (2012), Systems Engineering, S. 61ff.

[474] vgl. Müller-Stewens, Lechner (2016), Management, S. 46f.; vgl. Carlopio (2010), Design, S. 16f.

auch Dimensionen eines Strategieprozesses: Ort, Beteiligte, Timing, Ressourcen sowie Praktiken[475]. CARLOPIO erörtert in seinem Briefing hingegen die Dimensionen des verfolgten Zwecks (engl. *„Purpose"*), der zugrundeliegenden Prinzipien[476], der eingebundenen Personen, des genutzten Konzepts[477] und der vorgegebenen Strukturen[478] zur Interaktion der Beteiligten sowie der genutzten Praktiken[479]. Es ist somit festzustellen, dass sich das Charakterisierungsmodell sowohl mit dem formalen als auch dem inhaltlichen Anwendungskontext der Strategieentwicklung befassen muss. Auf formaler Ebene gilt es daher zunächst, den Betrachtungsbereich für den Strategieprozess zu klären, um eine Aussage über die Anwendbarkeit der zu nutzenden Praktiken treffen zu können. Bezogen auf die vorliegende Arbeit bedeutet dies, zu evaluieren, ob in dem gewählten Betrachtungsbereich die Turbulenz ausreichend hoch ist, sodass die zu entwickelnde Methodik für den Anwendungsfall besser geeignet ist als die bestehenden Ansätze für weniger volatile Unternehmensumfelder (vgl. Teilkapitel 2.6). Aufbauend auf dem Betrachtungsbereich der formalen Ebene kann anschließend i. A. a. MÜLLER-STEWENS, LECHNER sowie CARLOPIO eine Aussage über die zu involvierenden Personen getroffen werden. Auf inhaltlicher Ebene gilt es demgegenüber, den beginnenden Strategieprozess auszurichten. Da die Technologie- und Innovationsstrategie im Strategiesystem der Unternehmens- und Geschäftsstrategie nachgelagert verankert ist, bedarf es eines Bezugsrahmens für die übergeordneten Elemente des strategischen und normativen Managements (vgl. Unterkapitel 2.2.3). Hierdurch ergeben sich neben Restriktionen für die Strategieentwicklung auch Präferenzen der verantwortlichen Entscheider. Andererseits ist es CARLOPIO folgend sinnvoll, in dem inhaltlichen Briefing nicht eine starre Vorgabe zu sehen, sondern einen anleitenden Startpunkt für die iterative Suche nach potenziellen Lösungen[480]. Aufbauend auf dem Bezugsrahmen gilt es somit, über eine rudimentäre Erstintuition den beginnenden Strategieprozess initial auszurichten.

Anschließend an den ersten Anwendungszyklus der Methodik im Explorationsmodus muss die Modellvariante des Investigationsmodus die fortlaufende Steuerung eines sprintbasierten Vorgehens mit inkrementalen Planungselementen regulieren. In der zugrunde gelegten Scrum-Methodik erfolgt die Steuerung des iterativen Produktentwicklungsprozesses auf Basis der Prinzipien Transparenz, Inspektion sowie Adaption. Diese werden durch Rollen, Ereignisse sowie Artefakte umgesetzt.[481] Somit gilt es für den Investigationsmodus, diese für eine Strategie- statt einer Produktentwicklung zu adaptieren und spezifisch für eine Technologiestrategie auszugestalten. Abbildung 3-11 illustriert die sich ergebende, adaptive Modellstruktur des Charakterisierungsmodells: Im Explorationsmodus wird der Anwen-

---

475 vgl. Müller-Stewens, Lechner (2016), Management, S. 46f.

476 Die Prinzipien differenzieren zwischen einer kreativen *„design attitude"* sowie einer analytischen *„decision attitude"*. Hierzu vgl. Carlopio (2010), Design, S. 31f.

477 Das Konzept differenziert zwei Interaktionsbeziehungen: zwischen Designer und Organisation sowie zwischen Organisation und Kunde. Hierzu vgl. Carlopio (2010), Design, S. 38ff.

478 Die Struktur beschreibt hingegen die Kontrollmechanismen der Prozessorganisation hinsichtlich Aspekten der Legitimität, Macht, Verantwortung sowie Autorität. Hierzu vgl. Carlopio (2010), Design, S. 41ff.

479 vgl. Carlopio (2010), Design, S. 16f.

480 vgl. Carlopio (2010), Design, S. 25f.

481 vgl. Schwaber, Sutherland (2017), Scrum, S. 4f.

dungskontext auf formaler (Betrachtungsbereich und Anwendbarkeit) sowie inhaltlicher (Bezugsrahmen und Erstintuition) Ebene charakterisiert, welche durch die Formierung eines Strategieteams verbunden sind. Im Investigationsmodus werden die für eine sprintbasierte Strategieorganisation notwendigen Rollen, Artefakte sowie Ereignisse adaptiert.

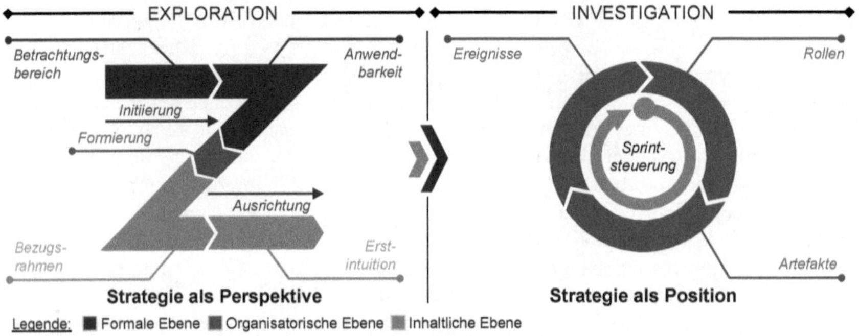

Abbildung 3-11: Grobkonzept für die adaptive Modellstruktur und Komponenten des Charakterisierungsmodells

3.4.2.2 Analyse der Unternehmung und ihres Umfelds

Ziel des Analysemodells ist es, strategierelevante Informationen kontinuierlich-iterativ zu aggregieren sowie zu strukturieren und somit eine möglichst aktuelle und fundierte Basis für die strategische Entscheidungsfindung bereitzustellen. Ergebnis des Modells ist folglich eine weiter skalierbare Sammlung strukturierter, teilbewerteter und selektierter Informationen. Bezogen auf die Systemtechnik als Werkzeug zur Konzeption ergibt sich im Fall des Analysemodells eine Variantenbildung auf Basis unterschiedlicher Lösungsprinzipien. Die beiden Anwendungsmodi stellen somit Prinzipvarianten des Analysemodells dar, welche ausgehend von den Eingangsinformationen unterschiedliche Lösungsprinzipien verfolgen[482].

Im Explorationsmodus gilt es, den strategischen Kontext i. S. d. *„Strategie als Perspektive"* zu erkunden, um somit dem Anwender eine erste Orientierung der geänderten Rahmenbedingungen zu verschaffen. Da diese Perspektive zunächst intern geprägt ist, lässt dies auf eine Analyse der Unternehmung während oder kurz nach der Diskontinuität schließen[483]. Darüber hinaus ist es jedoch notwendig, auch das Umfeld zu erkunden *(„sensing")*, sodass das bislang intern geprägte *„Weltbild"* in eine Relation zum externen Kontext gesetzt werden kann[484]. Neben gegenwarts- und vergangenheitsbezogenen Analysen bedarf die Strategieentwicklung jedoch insbesondere auch Informationen hinsichtlich zukünftiger Entwicklungen, um das Unternehmen bestmöglich auszurichten[485]. Eine Vorausschau, unabhängig von der jeweiligen

482 vgl. Haberfellner (2012), Systems Engineering, S. 61ff.

483 vgl. Mintzberg (1987), Strategy Concept, S. 16f.

484 vgl. Snowden, Boone (2007), Decision Making, S. 72ff.; Welge et al. (2017), Management, S. 194f.

485 vgl. Hamel, Prahalad (2010), Competing, S. 23f.

methodischen Umsetzung, ist somit integraler Bestandteil der meisten Strategieansätze (vgl. Teilkapitel 2.6). Aufbauend auf diesem Audit der beiden Analyseperspektiven *(„inside-out"* sowie *„outside-in")* und Betrachtungshorizonte (retrospektiv sowie prospektiv) können schließlich strategische Handlungsbedarfe identifiziert werden[486]. Diese gilt es im Rahmen des Optionsmodells mit geeigneten Handlungsmöglichkeiten zu lösen und somit zu (markt- und ressourcenfundierten) strategischen Möglichkeiten zu verknüpfen. Sowohl die Analyseobjekte des Umfelds und des Unternehmens als auch insbesondere der Vorausschau sind dabei durch Unsicherheiten und Dynamiken gekennzeichnet[487]. Zur Integration einer expliziten Berücksichtigung bzw. Aufnahme dieser Turbulenzen wird somit eine zweite Analyseebene benötigt, welche sich strukturell an der Unternehmens- und Umfeldanalyse sowie Vorausschau orientiert. Verbunden sind die Inhalts- und Turbulenzebene somit durch die Analyseobjekte sowie -struktur. Die Turbulenzanalyse stellt folglich eine Metaanalyse der Unternehmens-, Umfeld- und Zukunftsanalyse dar. Eingebettet in die Grobstruktur der kontinuierlich-iterativen Ablaufstruktur (vgl. Abbildung 3-7) ergibt sich für die skizzierten Komponenten des Analysemodells ein fortlaufender Zyklus zwischen der Unternehmens-, Umfeld-, Zukunfts- und Turbulenzanalyse sowie der Ableitung strategischer Handlungsbedarfe und Problemstellungen für die Optionsgenerierung.

Im Investigationsmodus hingehen gilt es, die zuvor im Explorationsmodus entdeckten Positionierungsmöglichkeiten gezielt zu untersuchen. Da beide Modi interoperabel gestaltet sein müssen, ergeben sich grundsätzlich die gleichen Analysebereiche und Betrachtungshorizonte des Unternehmens, des Umfelds, der Vorausschau sowie der Turbulenz. Während jedoch der Explorationsmodus einem zeit- und aufwandsoptimierten 360°-Audit gleicht, um relevante Positionierungsmöglichkeiten zu generieren, untersucht der Investigationsmodus konkrete Positionierungshypothesen, um strategische Optionen schneller zu sondieren. Hierfür bietet sich der *„möglichkeitsbasierte Ansatz"* nach LAFLEY, MARTIN ET AL. an (vgl. Unterkapitel 2.6.4). Hierbei wird eine strategische Möglichkeit in das Zentrum einer sorgfältigen Prüfung (engl. *„Due Diligence")* gerückt und von mehreren Positionierungshypothesen gestützt (im Folgenden als *„Option Due Diligence"* bezeichnet)[488]. Dabei betreffen die zu analysierenden Positionierungshypothesen gemeinsam den Bereich des Unternehmens (Positionierungsfähigkeit), des Umfelds sowie der Vorausschau (Attraktivität der Positionierung). Daher sind auch die Analyseobjekte der Option Due Diligence Unsicherheiten und Dynamiken unterworfen. Es ist somit sinnvoll, auch diese der Turbulenzanalyse zu unterziehen. Da die Hypothesentests nach LAFLEY, MARTIN ET AL. priorisiert nach deren Kritikalität für eine Möglichkeit durchgeführt werden, ergibt sich vielmehr ein simultanzyklischer als ein sequenziell-zyklischer Ablauf der Analyse im Investigationsmodus[489]. Abbildung 3-12 illustriert die sich ergebende, adaptive Modellstruktur des Analysemodells: Im Explorationsmodus ergibt sich ein zyklisches Wechselspiel aus Unternehmens-, Umfeld- sowie Zukunftsanalyse *(„Vorausschau")*, deren Turbulenz analysiert und strategische Hand-

---

[486] vgl. Ant (2018), Effizientes Management, S. 107

[487] vgl. Vecchiato (2015), Organizational Flexibility, S. 257

[488] vgl. Lafley et al. (2012), Science to Strategy, S. 56f.

[489] vgl. Lafley et al. (2012), Science to Strategy, S. 62ff.

lungsbedarfe extrahiert werden. Im Investigationsmodus analysiert die *„Option Due Diligence"* erfolgskritische Positionierungshypothesen einer strategischen Möglichkeit und reflektiert die wahrgenommenen Unsicherheiten und Dynamiken ebenfalls anhand einer Turbulenzanalyse.

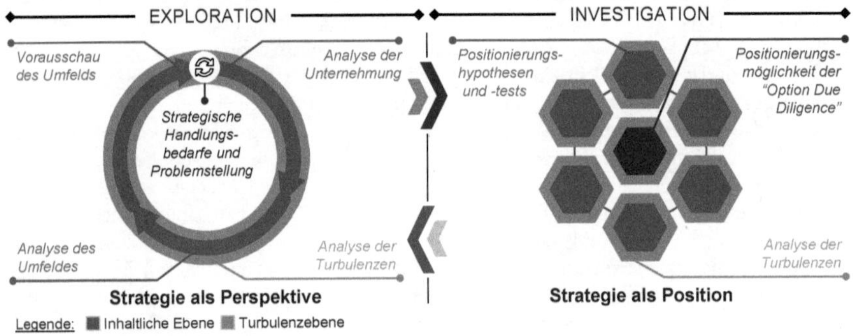

Abbildung 3-12: Grobkonzept für die adaptive Modellstruktur und Komponenten des Analysemodells

3.4.2.3 Ableitung von technologischen Handlungsoptionen

Ziel des Optionsmodells ist es, aus der strukturierten Informationsbasis der Analyse kontinuierlich-iterativ sinnvolle und -fällige (wettbewerbs-)strategische Möglichkeiten für die Unternehmung zu gewinnen und hieraus den technologischen Optionsraum für eine Positionierung aufzuspannen. Ergebnisse des Modells sind somit wettbewerbsstrategische Möglichkeiten, damit verbundene innovationsstrategische Prioritäten sowie die dafür vorausgesetzten, technologischen Fähigkeitsbereiche. Dabei leiten sich die Hauptkomponenten unmittelbar aus den betrachteten Teilstrategien ab: wettbewerbs-, innovations- sowie technologiestrategische Optionen (vgl. Teilkapitel 2.5). Es ist daher sinnvoll, die konzeptionellen Zusammenhänge zwischen den drei relevanten Optionen zur Positionierung näher zu skizzieren.

Wettbewerbsstrategische Positionen (und damit auch deren Optionen) zeichnen sich nach PORTER insbesondere dadurch aus, dass sie sich eindeutig von denen der Wettbewerber abgrenzen und somit von klaren Trade-offs gekennzeichnet sind[490]. Auch Vertreter ressourcenbasierter Ansätze, wie bspw. PENROSE oder PRAHALAD, HAMEL, implizieren durch die Prämisse der Ressourcenheterogenität eine vergleichbare Schlussfolgerung von diskreten Wettbewerbspositionierungen[491]. Um im Kontext eines hochturbulenten Unternehmensumfelds mit temporären Wettbewerbsvorteilen zu bestehen, nehmen Unternehmen also fortlaufend neue, diskrete Wettbewerbspositionen ein[492]. Die Transition von einer temporären Wettbewerbsposition zur anderen stellt dabei eine Veränderung für das Unternehmen dar und

[490] vgl. Porter (1996), What Is Strategy, S. 64ff.

[491] vgl. Penrose (2009), Growth, S. 67; Hamel, Prahalad (1990), Core Competence, S. 87ff.

[492] vgl. Eckert (2018), Echtzeitunternehmen, S. 10; D'Aveni, Gunther (1994), Hypercompetition, S. 7

bedarf somit einer relativen oder absoluten Innovationshöhe[493]. Nach einem evolutionär-systemtheoretischen Verständnis ist die Transitionsfähigkeit jedoch von Pfadabhängigkeit bestimmt[494]. Unterschiedliche Wettbewerbspositionen bauen somit auf unterschiedlichen Konfigurationen von Innovationen auf. Im Rahmen der innovationsstrategischen Optionen gilt es somit, ein pfadabhängiges Spektrum an Innovationen zu beschreiben, welches eine Reihe von Konfigurationen vorbereitet, mit denen zukünftige, wettbewerbsstrategische Transitionen, also Optionen, ermöglicht werden. Zur Realisierung von Innovationen benötigt ein Unternehmen im Allgemeinen Fähigkeiten und Kompetenzen[495]. Dies sind i. d. R. keine einzelnen Fähigkeiten oder Kompetenzen, sondern kohärente Bündel, welche nicht zwangsläufig rein technologischer Natur sein müssen. Gleichzeitig wird hierdurch eine Imitation erschwert und damit potenziell der Zeitraum zwischen notwendigen Transitionen verlängert[496]. Da sich der Aufbau von (organisationalen oder technologischen) Fähigkeiten und Kompetenzen langwierig und aufwendig gestaltet, gilt es somit im Rahmen der technologischen Optionen jene Fähigkeiten und Kompetenzen vorlaufend zu erfassen, welche es der Unternehmung erlauben, das pfadabhängige Spektrum zukünftiger Innovationen umzusetzen[497].

Nachdem einige grundlegende Zusammenhänge zwischen den drei Hauptkomponenten des Optionsmodells erläutert wurden, ist es nun möglich, die Modellstrukturen für den Explorations- sowie Investigationsmodus abzuleiten[498]. Ebenso wie bei dem Charakterisierungsmodell ergibt sich die Variantenbildung der Systemtechnik aus einer Phasengliederung der zu lösenden Problemstellungen.

Im Explorationsmodus gilt es anschließend an die Analyse, die währenddessen gewonnenen Informationen in einer Synthese zu konsolidieren. Der Kaskade des Strategiesystems (vgl. Unterkapitel 2.2.3) sowie dem *„möglichkeitsbasierten Ansatz"* nach LAFLEY, MARTIN ET AL. folgend werden somit zunächst wettbewerbsstrategische Möglichkeiten generiert und spezifiziert[499]. Basierend auf dem zuvor erläuterten Zusammenhang zwischen wettbewerbs- und innovationstrategischen Optionen ergibt sich für die gesammelten, wettbewerbsstrategischen Möglichkeiten eine Allokation der damit assoziierten Innovationskonfigurationen. Die Summe der zugehörigen Innovationskonfigurationen über alle wettbewerbsstrategischen Möglichkeiten spannt damit den innovationsstrategischen Optionsraum auf. Dieser stellt folglich eine strukturierte Auflistung der durch Innovationen adressierten Veränderungen dar und folgt damit dem Verständnis von SCHUH, BENDER[500]. Da sich durch das kaskadierende Zusammenspiel von Wettbewerbs-, Innovations- und Technologiepositionierung für deren

---

[493] vgl. Kotsemir et al. (2013), Innovation Concepts, S. 5ff.

[494] vgl. Sydow et al. (2012), Path Constitution, S. 155f.

[495] vgl. Schuh, Bender (2012), Grundlagen, S. 6f.

[496] vgl. Porter (1985), Technology, S. 64; Porter (1996), What Is Strategy, S. 70ff.

[497] vgl. Pümpin (1992), Erfolgspositionen, S. 36ff.

[498] Mit den detaillierten Wirkbeziehungen zwischen Wettbewerbs-, Innovations- sowie Technologiestrategie befassen sich u.a. BACHMANN, FISCHER und HUTTERER. Hierzu vgl. Bachmann (2015), Logik; Fischer (2002), Wettbewerbsvorteile; Hutterer (2013), Dynamic Capabilities

[499] vgl. Bachmann (2015), Logik, S. 116; vgl. Lafley et al. (2012), Science to Strategy, S. 58ff.

[500] vgl. Schuh, Bender (2012), Strategisches Innovationsmanagement, S. 18

Optionen eine Baumstruktur ergibt, würde die Ableitung der benötigten Fähigkeiten und Kompetenzen für den gesamten innovationsstrategischen Optionsraum eine äußerst zeit- und aufwandsintensive Aufgabe darstellen. Neben der formulierten Anforderung nach Reduktion des Anwendungsaufwandes besteht die Zielstellung des Explorationsmodus jedoch darin, dem Anwender schnell eine Orientierung hinsichtlich seiner strategischen Handlungsmöglichkeiten in Reaktion auf die ereignisbezogene Diskontinuität zu geben (vgl. Unterkapitel 3.4.1). Es ist somit zu schließen, dass im Explorationsmodus auf eine Ableitung des technologiestrategischen Optionsraumes (d.h. die Ermittlung von zugehörigen Technologiefeldern eines Innovationsfelds) zu verzichten ist.

Im Investigationsmodus hingegen gilt es, identifizierte wettbewerbsstrategische Möglichkeiten iterativ zu verfeinern oder schnellstmöglich zu verwerfen und schließlich den relevanten, technologiestrategischen Optionsraum aufzuspannen. Um die zuvor genannte Problematik hinsichtlich des Aufwandes aufzulösen, bedarf es einer iterativen Priorisierung der vielversprechendsten wettbewerbsstrategischen Möglichkeiten. Infolgedessen ist es möglich, den innovationsstrategischen Optionsraum sinnvoll einzugrenzen und auf Basis der zuvor erhobenen Informationen sowie Bewertungen eine innovationsstrategische Positionierung vorzunehmen. Diese erlaubt es schließlich, aufwandsreduziert das für die Innovationen benötigte Kompetenz- und Fähigkeitsspektrum als technologischen Optionsraum aufzuspannen, in welchem sich das Unternehmen mittels einer Technologiestrategie positioniert. Abbildung 3-13 illustriert die sich ergebende, adaptive Modellstruktur des Optionsmodells: Im Explorationsmodus werden von der Analyse kommend Handlungsmöglichkeiten in Reaktion auf die Disruption generiert und zu wettbewerbsstrategischen Möglichkeiten verknüpft, auf Basis derer der innovationsstrategische Optionsraum als relevantes Spektrum von Innovationsfeldern aufgespannt werden kann. Im Investigationsmodus werden die wettbewerbs-strategischen Möglichkeiten priorisiert, hieraus eine innovationsstrategische Positionierung abgeleitet und auf Basis des eingeschränkten innovationsstrategischen Optionsraums das zugehörige Technologiespektrum als technologiestrategischer Optionsraum aufgespannt.

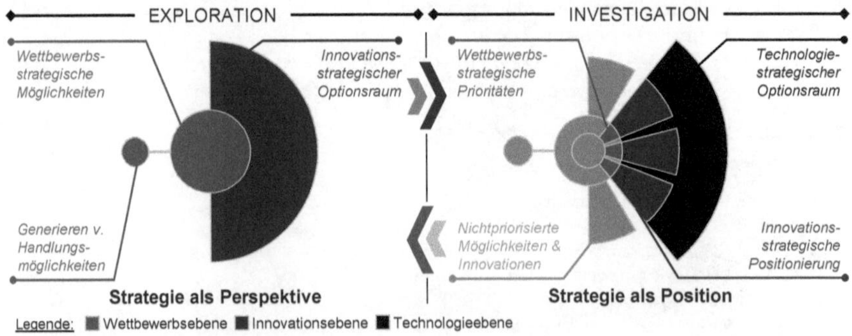

Abbildung 3-13: Grobkonzept für die adaptive Modellstruktur und Komponenten des Optionsmodells

3.4.2.4 Technologische Ziele und Positionierung der Unternehmung

Ziel des Positionierungsmodells ist es, einen gemeinsamen Sinneshorizont einer zukunftsfähigen Unternehmung zu schaffen und diese kontinuierlich-iterativ in dem technologiestrategischen Optionsraum robust zu positionieren[501]. Ergebnisse des Modells sind somit Visions- und Technologiestrategieprototypen, welche über den Zeitverlauf konvergieren und bei hinreichender Reife implementiert werden. Bezogen auf die Systemtechnik als Werkzeug zur Konzeption ergibt sich analog zu den Charakterisierungs- sowie Optionsmodellen eine Variantenbildung auf Basis einer Phasengliederung der beiden skizzierten Zielstellungen.

Im Explorationsmodus gilt es, ausgehend von dem im Optionsmodell aufgespannten innovationsstrategischen Optionsraum, eine grundlegende, inhaltliche Zielrichtung für die Technologie- und Innovationsstrategie zu erarbeiten und abzustimmen. Diese technologische Vision weist daher Parallelen zu den technologischen Leitbildern nach SCHULTE-GEHRMANN, KLAPPERT ET AL. auf und eignet sich insbesondere, um eine Vielzahl von Entscheidungen bzw. Handlungsoptionen zu synchronisieren. Technologische Leitbilder erläutern in Abgrenzung zum Unternehmensleitbild, welches bspw. die Mission und Ziele beschreibt, wie grundsätzlich über die Technologiefelder des Unternehmens hinweg mit Technologien verfahren werden soll.[502] Aufgrund des integrierten Verständnisses der vorliegenden Arbeit (vgl. Unterkapitel 2.1.5), werden nicht nur die technologischen Entscheidungen synchronisiert, sondern vielmehr das Zusammenspiel von wettbewerbs-, technologie- und innovationsstrategischen Entscheidungen auf eine gemeinsame Entwicklungsrichtung abgestimmt.

Im Investigationsmodus gilt es schließlich, die Unternehmung in dem relevanten, technologischen Optionsraum zu positionieren. Geleitet von der technologischen Vision des Explorationsmodus, der innovationsstrategischen Positionierung des Optionsmodells sowie der aufgenommenen Unternehmenskonfiguration der internen Analyse müssen zunächst die strategischen Technologiefelder identifiziert werden. Um in Analogie zu dem *„Möglichkeitenbasierten Ansatz"* nach LAFLEY, MARTIN ET AL. den Anwendungsaufwand zu reduzieren, ist es sinnvoll, die anschließende Positionierung in den Technologiefeldern nach absteigender Priorität zu entwickeln. Dabei positioniert sich das Unternehmen je Technologiefeld entlang der in Unterkapitel 2.2.2 dargestellten Entscheidungsdimensionen. Jedoch erfolgt aufgrund der Turbulenz des Umfeldes und des iterativen Vorgehens keine diskrete Positionierung, sondern i. A. a. den *„Strategy Corridor"* nach BRANDS, WULF ET AL. eine Intervallpositionierung, welche über das iterative Vorgehen und den damit einhergehenden Erkenntnisgewinn sukzessive zu einer diskreten Positionierung konvergiert[503]. Ergebnis des Investigationsmodus sind somit mehrere prototypische Selektivstrategien, welche in Aggregation den technologiestrategischen Prototyp der Unternehmung darstellen[504]. Abbildung 3-14 illustriert die sich ergebende, adaptive Modellstruktur des Positionierungsmodells: Im Explorationsmodus wird der innovationsstrategische Optionsraum mittels der technologischen Vision

---

[501] vgl. Rüegg-Stürm (2009), Management-Modell, S. 80ff.

[502] vgl. Schulte-Gehrmann et al. (2011), Technologiestrategie, S. 65f.

[503] vgl. Brands et al. (2013), Six Tools, S. 133

[504] vgl. Schulte-Gehrmann et al. (2011), Technologiestrategie, S. 56

kanalisiert und somit eine erste Verbindung zu relevanten Technologiebereichen hergestellt. Im Investigationsmodus werden für die mit der innovationsstrategischen Positionierung assoziierten Technologiefelder einzelne technologiestrategische Positionierungen erarbeitet.

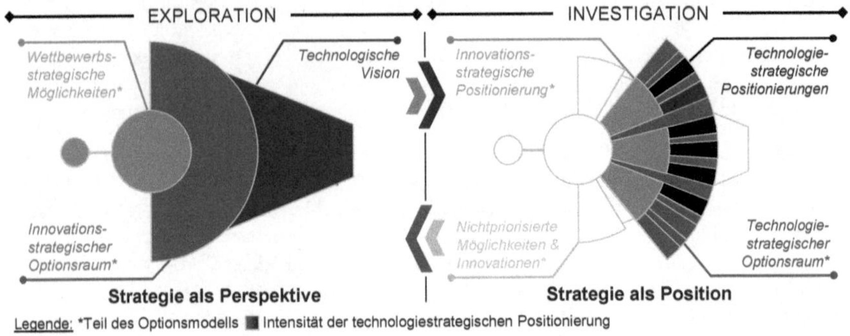

Abbildung 3-14: Grobkonzept für die adaptive Modellstruktur und Komponenten des Positionierungsmodells

3.4.2.5 Vorgehen zur Entwicklung einer turbulenzadjustierten Technologiestrategie

Ziel des Vorgehensmodells ist es, einen anwendungsorientierten Leitfaden für Entscheider und Strategen produzierender Unternehmen bereitzustellen, welcher diese bei der Entwicklung von Technologiestrategien in einem hochturbulenten Unternehmensumfeld unterstützt. Ergebnisse des Modells sind somit durchgängig verknüpfte Aktivitäten unterschiedlichen Detaillierungsgrads respektive ihres Informationsflusses sowie der genutzten Werkzeuge und Instrumente. Bezogen auf die Systemtechnik als Werkzeug zur Konzeption ergibt sich eine Variantenbildung infolge der unterschiedlichen Lösungsprinzipien und Phasengliederungen der zuvor beschriebenen, inhaltlichen Modelle der Methodik. Da im Rahmen von Unterkapitel 3.4.1 bereits der Makrozyklus als übergreifendes Vorgehensmodell entwickelt wurde, liegt das Augenmerk der weiteren Konzeption auf dem Mikrozyklus. Sowohl im Explorations- als auch Investigationsmodus gilt es im Mikrozyklus, die Zusammenhänge und Abfolgen der Teilmodelle des jeweiligen Anwendungsmodus zu beschreiben.

Im Explorationsmodus ergibt sich durch die bisherige Konzeption der Modelle ein sequenzielles Vorgehen, welches zwischen dem Analyse- und Optionsmodell bei ausbleibenden wettbewerbsstrategischen Möglichkeiten iteriert wird. Bei Vorhandensein potenziell relevanter, wettbewerbsstrategischer Möglichkeiten geht der Explorationsmodus nach der Formulierung der technologischen Vision in den Investigationsmodus über. Anderenfalls gilt es ausgehend von einer temporär formulierten Vision, den Betrachtungs- oder Fokusbereich für die Analyse einzugrenzen und das Options- sowie Positionierungsmodell erneut im Explorationsmodus zu durchlaufen.

Demgegenüber ergibt sich im Investigationsmodus durch die bisherige Konzeption der Modelle ein kontinuierlich-iteratives Vorgehen. Beginnend mit dem Charakterisierungsmodell als Sprintplanung werden Analyse-, Options- sowie Positionierungsmodell durchlaufen und abschließend im Charakterisierungsmodell als Sprintreview die Erkenntnisse in die Sprintplanung der folgenden Iteration überführt. Da durch Diskontinuität ausgelöste Transformationsprozesse häufig nicht ein einzelnes Ereignis, sondern vielmehr eine Phase nachfolgender Veränderungen darstellen, wird bei gleichbleibend hoher Turbulenz der Entwicklungszyklus im Investigationsmodus beibehalten[505]. Hierdurch werden die empirischen Erkenntnisse aus dem Validierungs- und Implementierungszyklus flankierend zurück in die Strategieentwicklung geführt (vgl. Abbildung 3-7). Schließlich ist es bei weiter abnehmender Volatilität des Umfelds sinnvoll, das Vorgehen von dem des Investigationsmodus zu einem etablierten Ansatz, wie bspw. jene von SCHULTE-GEHRMANN, KLAPPERT ET AL. oder GOMERINGER, zu verlagern[506]. Um diese turbulenzbasierten Transitionen des Entwicklungsvorgehens in der Praxis gestalten zu können, bedarf es Mechanismen der Skalierung, welche Ähnlichkeit zu den bestehenden Ansätzen aufweisen. Neben der Detaillierung des Mikrozyklus von Explorations- sowie Investigationsmodus gilt es im Rahmen des Vorgehensmodells somit ebenfalls Skalierungs- und Verkürzungsmechanismen zu konkretisieren. Abbildung 3-15 illustriert die sich ergebende, adaptive Modellstruktur des Vorgehensmodells: Im Explorationsmodus verknüpft das Vorgehensmodell alle zuvor konzeptionierten, phasenbezogenen Modelle (Charakterisierung, Analyse, Optionen, Ziele) in der Explorationskonzeption (Rauten) zu einer sequenziell-zyklischen Methodik. Im Investigationsmodus verknüpft das Vorgehensmodell die phasenbezogenen Modelle in der Investigationskonzeption (Quadrate) zu einer kontinuierlich-iterativen Methodik. In beiden Anwendungsmodi liegt dabei ein Schwerpunkt des Vorgehens auf dem Zusammenspiel von Analyse- und Optionsmodell, infolgedessen neue Veränderungsphänomene schnell aufgenommen und die sich hieraus ergebenden strategischen Reaktionsmöglichkeiten reflektiert werden können.

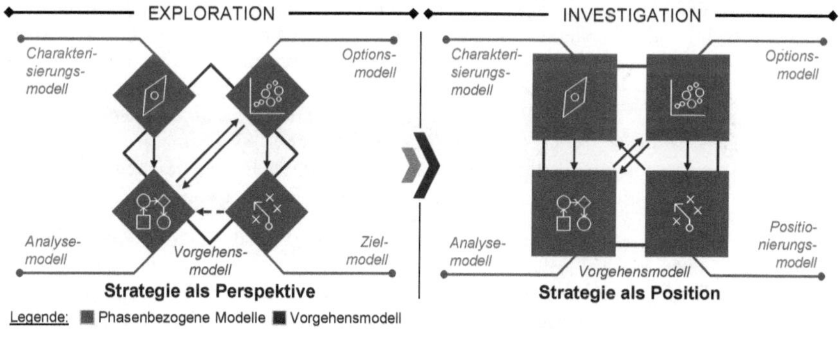

Abbildung 3-15: Grobkonzept für die adaptive Modellstruktur des Vorgehensmodells

[505] vgl. Dolata (2008), Sektoraler Wandel, S. 43

[506] vgl. Schulte-Gehrmann et al. (2011), Technologiestrategie, S. 83f.; Gomeringer (2007), Technologieplanung, S. 61

3.5 Reflexion: Konzept zur Entwicklung von Technologiestrategien in einem volatilen Unternehmensumfeld

In Kapitel 3 der vorliegenden Arbeit wurde, aufbauend auf den grundlegenden Objektbereichen sowie den bestehenden Ansätzen aus Kapitel 2, die Methodik zur Entwicklung von Technologiestrategien in einem volatilen Unternehmensumfeld konzeptioniert. Durch das entwickelte Konzept werden einerseits die in Teilkapitel 2.6 identifizierten Defizite bestehender Ansätze berücksichtigt sowie andererseits die in Teilkapitel 1.1 motivierte Zielstellung aus der industriellen Praxis verfolgt.

Hierzu wurden zunächst formale sowie inhaltliche Anforderungen an die Methodik identifiziert und in besser handhabbaren Modellierungsgrundsätzen zusammengefasst. Zur Umsetzung der abgeleiteten Anforderungen in dem Konzept der Methodik wurden sowohl Grundlagen zur formal-wissenschaftlichen als auch theoretisch-inhaltlichen Konzeption dargestellt. Während die Ersteren mit der allgemeinen Modellierungstheorie, der Systemtechnik sowie der Referenzmodellierung formale Werkzeuge für die wissenschaftliche Konzeption von Modellen umfassen, stellen die Letzteren theoretische Hilfsmittel für die inhaltliche Konzeption einer spezifischen, thematischen Zielstellung bereit. Für die vorliegende Arbeit sind dies insbesondere die Kontingenztheorie, das *„Sensemaking"* sowie die agilen Entwicklungsansätze.

Mithilfe dieser Werkzeuge wurde eine kontinuierlich-zyklische Ablaufstruktur eines Technologiestrategieprozesses erarbeitet. Zur praktischen Umsetzung des fokussierten Entwicklungszyklus in einer Methodik wurde eine Aufbaustruktur mit fünf Modellen abgeleitet: Charakterisierung, Analyse, Optionen, Ziele & Positionierung sowie Vorgehen.

Ausgehend von der Anforderung nach Situationsadaptivität der Methodik wurden schließlich anhand einer Referenzmodellierung generische Wandelstadien des Umfelds erarbeitet sowie zwei Anwendungsmodi der Methodik hieraus abgeleitet. Dabei baut der Explorationsmodus auf dem Verständnis einer *„Strategie als Perspektive"* auf und dient dazu, eine initiale Orientierung zu bieten. Aufbauend auf dem Verständnis einer *„Strategie als Position"* verfolgt der Investigationsmodus hingegen das Ziel, strategische Alternativen sorgfältig zu untersuchen, um eine fundierte Positionierung für die Unternehmung ableiten zu können. Folglich wurden alle fünf Modelle der Methodik in zwei Anwendungsmodi konzeptioniert.

Auf Basis des erarbeiteten Konzepts der Methodik sowie dessen charakterisierten Modellen können zwei Leitfragen aus Teilkapitel 1.3 beantwortet werden. Die Antwort auf die erste Leitfrage, nach dem Leistungsauftrag und den resultierenden Anforderungen einer Entwicklungsmethodik für Technologiestrategien in einem volatilen Unternehmensumfeld, ist dabei in den übergeordneten Gestaltungsgrundsätzen aus Teilkapitel 3.1 zu sehen. Dabei muss es das Ziel sein, die Unternehmung für eine längere Zeit sowohl effizient als auch adaptiv auszurichten, indem eine Balance in dem Kontinuum der Strategieentwicklung zwischen Formulierung und Formierung gefunden wird[507]. Hierfür sollte BRANDS, WULF ET AL. folgend

---

[507] vgl. Pillkahn (2008), Scenarios, S. 242ff.; Weidler (1996), Innovationsstrategien

entgegen der traditionellen Strategieplanung nicht eine einzelne Ausrichtung, sondern ein strategischer Korridor entwickelt werden[508]. Dieser ist insbesondere in den technologie- und innovationsstrategischen Optionsräumen zu finden.

Hinsichtlich der zweiten Leitfrage, nach der von traditionell-synoptischen Planungsansätzen abweichenden Gestalt einer Entwicklungsmethodik für Technologiestrategien, ist die Antwort in dem Grobkonzept aus Teilkapitel 3.4 zu finden. Demnach nimmt eine Technologiestrategiemethodik in einem volatilen Unternehmensumfeld weniger die Gestalt eines strikten und analytischen Entwicklungsprozesses an, sondern vielmehr die eines Rahmens für einen strategischen Lernprozess. Dieser stellt dabei weder einen *„Strategiegenerator"* noch eine *„Methodenbatterie"* dar, sondern eine von Erfahrung und wechselseitigem Austausch geprägte Reise mit dem Ziel, schneller zu lernen als der Wettbewerb[509]. Hierfür dienen geeignete Instrumente und ingenieurwissenschaftliche Gestaltungshilfsmittel der dynamischen Fähigkeiten dazu, sich durch *„Sensing"*, *„Seizing"* sowie *„Reconfiguration"* neu zu erfinden[510].

Zwecks Übersichtlichkeit fasst Abbildung 3-16 schließlich die zuvor konzeptionierten Modelle sowie ihre Teilmodelle zusammen und gibt anhand ihres Konzeptions- bzw. Detaillierungsgrads einen Ausblick auf die nachfolgenden Unterkapitel der Detaillierung.

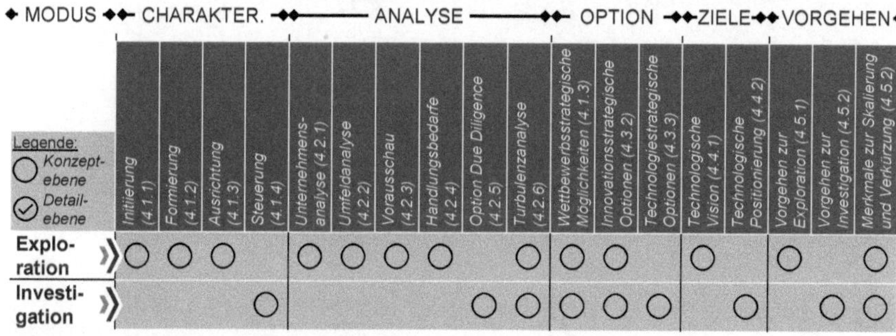

Abbildung 3-16: Zusammenfassung der Modelle und Teilmodelle der Methodik

Zusammenfassend ist somit festzustellen, dass die konzeptionierte Methodik ein nicht unerhebliches Maß an Komplexität und Umfang angenommen hat, um die gestellten Anforderungen zu erfüllen. Dieser Umstand ist insbesondere auf zwei Anforderungen zurückzuführen: die dynamische-, markt- und ressourcenorientierte Fundierung von Technologiestrategien sowie die situationsadaptiven Problemlösungsmuster der Methodik. So bedarf erstere Anforderung der Inklusion von wettbewerbs- und innovationsstrategischen

---

508 vgl. Brands et al. (2013), Six Tools, S. 133

509 vgl. Müller-Stewens, Lechner (2016), Management, S. 21; Pillkahn (2008), Scenarios, S. 241; Bradley et al. (2018), Shifts, S. 2f.; Lesser et al. (2019), Winning, S. 2ff.; Kimura et al. (2019), New Logic, S. 1ff.

510 vgl. Teece (2007), Dynamic Capabilities, S. 1343f.; Hutterer (2013), Dynamic Capabilities, S. 238; Schütte (1998), Referenzmodellierung, S. 182

Überlegungen. Letztere Anforderung verdoppelt schließlich den jeweiligen Modellumfang. Aufgrund der konzeptionellen Durchgängigkeit der Methodik ergibt sich hieraus für den Anwender jedoch ein kohärenter Rahmen, in welchem er sich bedarfsspezifisch frei bewegen kann. Hierfür wird jedoch eine gewisse Konzeptions- und Abstraktionsfähigkeit vom Anwender verlangt, die jedoch bei den fokussierten Strategen und Entscheidern (vgl. Unterkapitel 2.5.3) als gegeben angesehen werden kann.

4 Detaillierung der Methodik

„Making the right assumptions will point us in the right direction. With the right direction, we can think the right thoughts. With the right thoughts, we can establish the right theories. With the right theories, we can launch the right strategies.“
– REN ZHENGFEI (2019)[511]

Ausgehend von dem zuvor erarbeiteten Konzept der Methodik im Anwendungszusammenhang gilt es der *„Strategie angewandter Forschung“* nach ULRICH folgend, dessen Beurteilungskriterien sowie Gestaltungsregeln und -methoden zu detaillieren[512]. Nachfolgend werden daher die Modelle der Methodik für die beiden konzeptionierten Anwendungsmodi der Exploration und Investigation ausgestaltet. Da die Anwendung der Methodik nach einer ereignisinduzierten Diskontinuität im Explorationsmodus beginnt, werden die Modelle in Reihenfolge des konzeptionierten Makrozyklus (vgl. Abbildung 3-7) detailliert und abschließend das Vorgehen zur Anwendung erläutert.

4.1 Charakterisierung des Anwendungskontextes

Dem Grobkonzept folgend (vgl. Abschnitt 3.4.2.1) hat das Charakterisierungsmodell phasenspezifische Aufgaben, die es im Rahmen eines iterativen Entwicklungsprozesses auszugestalten gilt. So bedarf es zunächst der formalen Initiierung eines turbulenzinduzierten Strategieprozesses (vgl. Unterkapitel 4.1.1), bevor bei Notwendigkeit ein Team zur Erarbeitung einer Strategie formiert werden muss (vgl. Unterkapitel 4.1.2). Zur initialen Ausrichtung der anstehenden Planungs- und Formulierungsarbeit von Strategen und Entscheidern gilt es, dieser in einem Briefing einen normativen Rahmen zu geben (vgl. Unterkapitel 4.1.3)[513]. Letztlich bedarf es der iterativen Steuerung der Entwicklungsarbeit des Strategieteams (vgl. Unterkapitel 4.1.4). Abbildung 4-1 verbindet die zusammengefasste Übersicht des Konzepts der Methodik mit den Teil- und Submodellen des Charakterisierungsmodells, die im Rahmen des vorliegenden Teilkapitels detailliert werden.

---

[511] Huawei Technologies Co. Ltd. (2019), Forecasting the Future

[512] vgl. Ulrich (1981), Betriebswirtschaftslehre, S. 19ff.

[513] vgl. Carlopio (2010), Design, S. 16f.

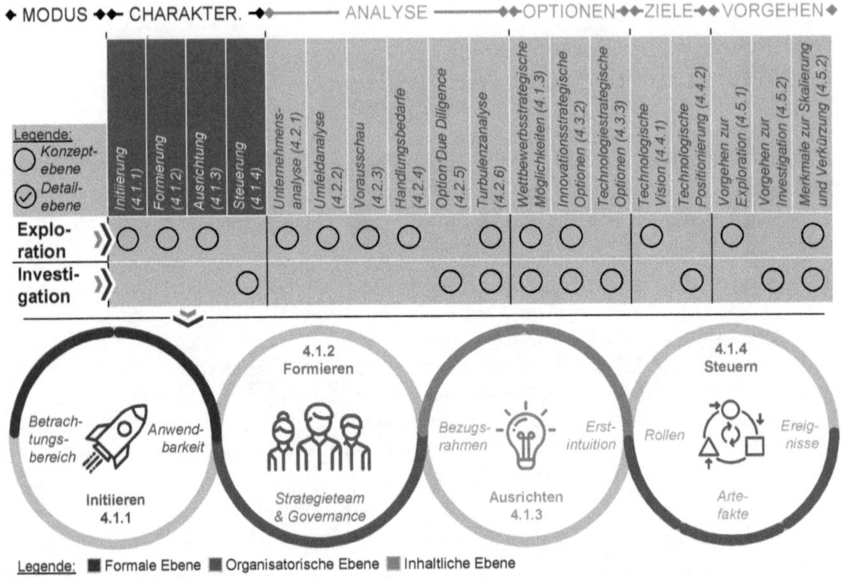

Abbildung 4-1: Struktur und Teilmodelle des Charakterisierungsmodells

4.1.1 Initiierung des turbulenzinduzierten Strategieprozesses

Dem Systemdenken nach wird die Unternehmung als ein sozioökonomisches System verstanden, dessen Umsystem die turbulente Umwelt repräsentiert (vgl. Unterkapitel 3.2.2). Zur Klärung eines turbulenzinduzierten Initiierungsbedarfs der Methodik gilt es somit, einerseits die relevante Turbulenz des Umsystems und andererseits die hiervon betroffenen Subsysteme der Unternehmung zu charakterisieren. Ausgehend von dem definierten Betrachtungsbereich der vorliegenden Arbeit (vgl. Unterkapitel 2.5.1) ist die relevante Turbulenz in einer ereignisbezogenen Diskontinuität zu finden. Im Kontext eines zunehmend digitalen Zeitalters spricht JAEKEL auch von einem *„disruptiven Ereignis"*[514]. Um die Ereignisfolgen von Diskontinuitäten zu analysieren, bedient sich MACHARZINA der Konstruktion von Kausalketten[515]. Aufgrund der zentralen Bedeutung einer ereignisbezogenen Diskontinuität für die Volatilität des Umfelds wird dieser Gedanke in der vorliegenden Methodik aufgegriffen und den nachfolgenden Untersuchungen eine konsistente Kausalkette in Bezug auf Aus- und Einwirkungen zugrunde gelegt. In einem Systemdenken erzeugt demnach eine ereignisbezogene Diskontinuität einen Turbulenzimpuls, welcher auf ein jeweiliges System mit einer gegebenen Struktur trifft. Es stellt sich somit zunächst die Frage, ob ein Turbulenzimpuls mit

---

[514] vgl. Jaekel (2020), Disruption durch digitale, S. 7

[515] vgl. Macharzina (1995), Unternehmensführung, S. 523f.

gewissen Elementen eines Systems interagiert und folglich einen Einfluss auf diese besitzt. Ist ein Einfluss gegeben, drängt sich die Frage auf, welche Auswirkungen aus dem Einfluss resultieren. Letztlich stellen sowohl JOHNSON, WHITTINGTON ET AL. als auch GRANT heraus, dass für die Strategieentwicklung weniger arbiträre Auswirkungen und Klassifizierungen von Interesse sind als die sich hieraus ergebenden Implikationen für ein Unternehmen[516]. Hierauf aufbauend wird nachfolgend zunächst die ereignisinduzierte Diskontinuität charakterisiert, um den strategischen Betrachtungsbereich für eine Initiierung zu definieren.

4.1.1.1 Bestimmung des strategischen Betrachtungsbereichs

Für eine Katalogisierung historischer Diskontinuitäten nutzt MACHARZINA fünf Bereiche, um diese zu strukturieren: Politik, Wirtschaft, Ökologie, Technologie sowie kognitive Orientierung [517]. Im Hinblick auf das St. Galler Management-Modell als zugrunde gelegtes Managementkonzept der vorliegenden Arbeit (vgl. Unterkapitel 2.1.2) entspricht diese Strukturierung den Umweltsphären. Eine jeweilige ereignisbezogene Diskontinuität wird somit initial einer Umweltsphäre zugeordnet (Wirtschaft, Wissenschaft, Technologie, Politik, Recht, Öffentlichkeit sowie Ethik)[518].

Zur Analyse technologischer Diskontinuitäten (bspw. Technologiesprünge) nutzt HARMANN drei übergeordnete Fragestellungen: Fragen der technologischen Umwelt, wettbewerbsbezogene Fragen sowie zeitliche Fragen. Hiervon verallgemeinernd zielen die Fragen also auf den bisherigen Status quo, dessen Dynamisierung durch Auswirkungen auf Markt und Wertschöpfungskette sowie die hieraus resultierenden Implikationen zum Zeitpunkt der Adaption durch die Unternehmen ab.[519]

Während grundsätzlich alle drei Fragestellungen von Relevanz sind und daher im Rahmen des Analysemodells vertieft werden (vgl. Teilkapitel 4.2), ist insbesondere jene nach den Auswirkungen auf Markt und Wertschöpfungskette für die Wahl des strategischen Betrachtungsbereichs von Interesse. Die im Rahmen der vorliegenden Arbeit betrachteten mittleren und großen Unternehmen (vgl. Unterkapitel 2.5.3) verfügen oftmals über mehrere, diversifizierte Geschäftsbereiche bzw. -felder (SGF), für welche i. d. R. eigene Technologiestrategien formuliert werden [520]. Geschäftsbereiche werden dabei oftmals anhand von drei Kriterien abgegrenzt: dem Geschäft (Branche und Leistungen), dem Markt (regional oder kundenbezogen) sowie den Wettbewerbern[521]. Ausgehend von den Produkt-/Marktkombinationen der bestehenden Geschäftsbereiche kann somit im Zusammenspiel mit den betroffenen Wertschöpfungsumfängen der relevante Betrachtungsbereich für eine potenzielle Initiierung ermittelt werden. Abbildung 4-2 illustriert exemplarisch die Systematisierung von Auswirkungen einer ökologischen Diskontinuität (bspw. die Corona-Pandemie) auf betroffene Märkte und Wert-

---

516 vgl. Johnson et al. (2017), Exploring Strategy, S. 87; Grant (2002), Strategy Analysis, S. 11

517 vgl. Macharzina (1995), Unternehmensführung, S. 525

518 vgl. Rüegg-Stürm, Grand (2017), Management-Modell, S. 76ff.

519 vgl. Harmann (2003), Patente, S. 41f.; Strebel (1992), Breakpoints, S. 9ff.

520 vgl. Bachmann (2015), Logik, S. 26

521 vgl. Bea, Haas (2016), Management, S. 154ff.; Voigt (2008), Industrielles Management, S. 74f.

schöpfungsumfänge (dunkel eingefärbt), anhand derer sich relevante Geschäftsfelder und -einheiten für den strategischen Betrachtungsbereich identifizieren lassen.

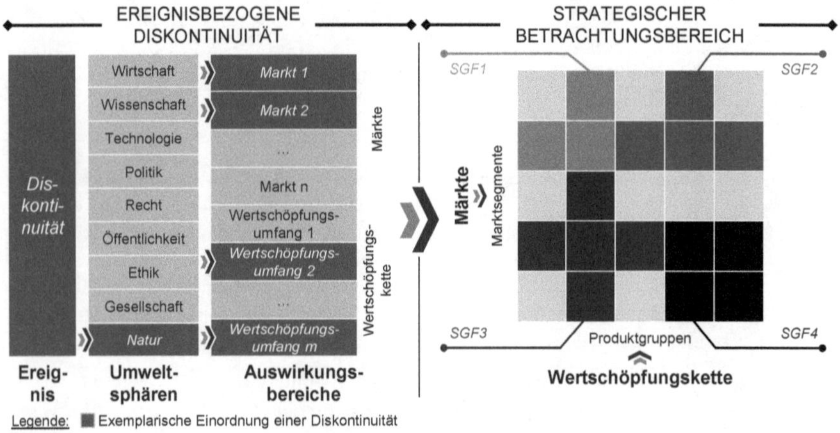

Abbildung 4-2: Abgrenzung des strategischen Betrachtungsbereichs[522]

4.1.1.2 Prüfung der Anwendbarkeit der Methodik

Ausgehend von dem zuvor festgelegten Betrachtungsbereich wird die Sinnhaftigkeit einer Anwendbarkeit der Methodik geprüft. In dem Briefing von CARLOPIO entspricht dies der Auseinandersetzung mit den Praktiken, welche zur Strategieentwicklung eingesetzt werden[523]. Bevor jedoch über die Anwendung einer Strategiemethodik entschieden werden kann, bedarf es zunächst der Feststellung, ob der charakterisierte Turbulenzimpuls auf den festgelegten Betrachtungsbereich die Notwendigkeit eines Strategieprozesses nach sich zieht[524].

ANT beschreibt den Auslöser eines strategischen Managementprozesses in einem kritischen Ereignis, welches eine entscheidende, positive oder negative Bedeutung für den Fortbestand einer Unternehmung besitzt. Hierfür nutzt er aufbauend auf der Arbeit von FLANAGAN die „*Critical Incident Technique*“, welche in fortlaufenden Interviews nach unternehmensinternen sowie -externen Erfolgs- oder Misserfolgsfaktoren sucht[525]. Wenngleich die „*Critical Incident Technique*“ zunächst keinen konkreten Anlassbezug aufweist und kritische Ereignisse breiter fasst (bspw. Wechsel im Management oder Unfälle in der Produktion), so stellen ereignisbezogene Diskontinuitäten und Krisen jeglicher Couleur eines der potenziell kritischen Er-

---

522 i. A. a. Macharzina (1995), Unternehmensführung, S. 525; Harmann (2003), Patente, S. 41f.; Müller-Stewens, Lechner (2016), Management, S. 143; Voigt (2008), Industrielles Management, S. 75

523 vgl. Carlopio (2010), Design, S. 43ff.

524 vgl. Burmann (2002), Strategische Flexibilität, S. 89ff.; Probst, Wiedemann (2013), Strategie-Leitfaden, S. 8ff.

525 vgl. Flanagan (1954), Critical Incident, S. 327ff.

eignisse mit strategischer Bedeutung dar.[526] Daher wird die *„Crititcal Incident Technique"* i. A. a. ANT als übergeordnetes Konzept für die Feststellung eines potenziell notwendigen Strategieprozesses übernommen.

Da die Bestimmung der Kritikalität eines Ereignisses zunächst auf subjektiven Beobachtungen basiert, ist in ihr der Kern des Ansatzes zu sehen. ANT schlägt hierfür qualitative sowie quantitative Kriterienkataloge vor, welche jedoch nur exemplarischen Charakter besitzen. Ereignisbezogene Diskontinuitäten i. S. v. *„black swans"* (vgl. Teilkapitel 1.1) zeichnen sich jedoch durch ihre Unvorhersagbarkeit und Neu- bzw. Andersartigkeit aus, sodass es kaum möglich ist, einen allgemeinen Kriterienkatalog für alle potenziellen Krisenereignisse zu erarbeiten[527]. Ausgehend von dem exemplarischen Kriterienkatalog nach ANT lassen sich die fokussierten Krisenereignisse im Rahmen der vorliegenden Arbeit den potenziell kritischen Ereignissen zuordnen. Vorliegend ist es daher vielmehr von grundsätzlichem Interesse, ob ein kritisches Ereignis strategische Konsequenzen für ein Unternehmen bereithält und somit die Notwendigkeit eines Strategieprozesses resultiert. Folglich wird vorliegend von einem allumfassenden und detaillierten Kriterienkatalog abgesehen und ein anderer Weg verfolgt.

Um aufwandsarm abschätzen zu können, ob die zuvor charakterisierte Diskontinuität strategisch relevante Veränderungen für den festgelegten Betrachtungsbereich induziert, wird statt der mechanistischen Prüfung eines Kriterienkatalogs eine Situationsanalyse durchgeführt. Da im späteren Verlauf weiterführende Analysen vorgenommen werden, bedarf es an dieser Stelle einer rudimentären Untersuchung, auf Basis derer eine Entscheidung für oder gegen die Notwendigkeit eines Strategieprozesses getroffen werden kann. Eine solche, rudimentär gestaltbare Untersuchung ist in der Situationsanalyse *(„5C Analysis")* zu finden. Diese wird im Marketing genutzt, um die Informationsgrundlage zur Erarbeitung eines Marketingplans zu erarbeiten. Die Situationsanalyse erweitert hierfür das traditionelle 3C-Modell *(„Company", „Customer", „Competitors")* nach OHMAE um die Dimensionen der Kooperationspartner *(„Collaborators")* sowie des Kontextes *(„Context"* oder *„Climate")*.[528] Ausgehend von der zuvor erläuterten Kausalkette ist somit zu untersuchen, welche Auswirkungen die konstituierenden Charakteristika (bspw. die mit der Corona-Pandemie einhergehenden Mobilitätsbarrieren) eines jeweiligen Krisenereignisses auf die fünf Modelldimensionen besitzen und ob hieraus nicht nur Implikationen für das operative Tagesgeschäft, sondern für die strategische Ausrichtung resultieren. So stellt auch ANT fest, dass eine Überarbeitung oder Neudefinition überflüssig ist, sofern keine flagranten Unterschiede zwischen dem bestehenden Soll- und Ist-Zustand festzustellen sind[529].

Ergeben sich bereits durch diese oberflächliche Untersuchung neben strategischen Implikationen auch Unklarheiten oder weiterführende Fragen, erscheint die Initiierung eines Strategieprozesses sinnvoll. In einem ersten Schritt muss dieser nicht zwangsweise direkt auf

---

[526] vgl. Ant (2018), Effizientes Management, S. 118f.; Wheelen, Hunger (2012), Business Policy, S. 54ff.

[527] vgl. Taleb (2007), Statistics, S. 198; Taleb (2007), Black Swan, S. 201ff.

[528] vgl. Ohmae (1982), Strategist, S. 91f.; Ohmae (1982), Strategic Triangle, S. 39ff.; Steenburgh, Avery (2010), Situation Analysis, S. 1ff.; Kotler et al. (2005), Principles, S. 69

[529] vgl. Ant (2018), Effizientes Management, S. 144

eine Neuausrichtung abzielen, sondern kann der sachlichen Erörterung von aufgeworfenen Unklarheiten und Fragen dienen. Ausgehend von der grundsätzlichen Entscheidung zur Initiierung eines Strategieprozesses kann schließlich die Sinnhaftigkeit einer Anwendung der vorliegenden Methodik beurteilt werden.

Die zu detaillierende Methodik wurde spezifisch zur Anwendung in einem volatilen Unternehmensumfeld konzeptioniert (vgl. Unterkapitel 2.5.1). Entsprechend dem Verständnis von Volatilität als Extremausprägung der Turbulenz besteht die erste Anwendungsvoraussetzung in einer ausgeprägt prävalenten Unsicherheit des Umfelds, welche sich sowohl auf den Inhalt als auch das Vorgehen zur Strategieplanung auswirkt[530]. Da Strategieplanung unter Unsicherheit an sich kein neues Phänomen darstellt und bereits durch szenariobasierte Ansätze wie bspw. jenen von GOMERINGER, REYMANN oder BERGER adressiert werden, besteht die zweite Anwendungsvoraussetzung in einer ausgeprägten Dynamik[531]. Zwar eignet sich eine inkrementale Planung auch zum Umgang mit hoher Unsicherheit, zwingend erforderlich wird die Integration von dessen Elementen jedoch erst durch eine hohe Veränderungsgeschwindigkeit oder -frequenz des Umfelds, bei welcher in sich geschlossene Szenarioanalysen zu zeit- und aufwandsintensiv werden[532]. Der Anwender muss somit in der jeweiligen Situation evaluieren, ob beide Anwendungsvoraussetzungen auf Basis der zuvor identifizierten Implikationen der Strategieinitiierung gegeben sind (vgl. Abbildung 4-3). Ist dies nicht der Fall, so sind die etablierten Ansätze mit ihrer jeweiligen Methodik für den Anwender Erfolg versprechender. Abbildung 4-3 illustriert die Auswirkungen aus den konstituierenden Charakteristika einer Diskontinuität auf die Analysedimensionen der Situationsanalyse, auf Basis derer strategische Implikationen abgeleitet und über die Notwendigkeit eines Strategieprozesses entschieden wird. Abhängig von der Unsicherheit und Dynamik dieser strategischen Implikationen wählt der Anwender schließlich die vorliegende Methodik oder einen der traditionellen sowie szenariobasierten Ansätze für den zu initiierenden Strategieprozess aus.

Initiierung des turbulenzinduzierten Strategieprozesses

Beispiel: Die Aluminium AG ist ein diversifizierter Konzern, der sich mit der Herstellung von Aluminiumhalbzeugen beschäftigt. Während der Corona-Pandemie ergeben sich infolge der globalen „*Lockdowns*“ jedoch lediglich strategische Implikationen für den Geschäftsbereich „*Aerospace*“, welche einen Strategieprozess für diesen erforderlich machen. Aufgrund der frühen Positionierung in der Wertschöpfungskette einerseits sowie der langen Entwicklungszeiten und Innovationszyklen der Luft- und Raumfahrt andererseits entscheidet sich die Aluminium AG für ihren regelmäßigen Strategieprozess im Jahresturnus.

---

530 vgl. Milliken (1987), Three Types, S. 139

531 vgl. Berger (2006), Technologiestrategien, S. 73f.; Gomeringer (2007), Technologieplanung, S. 77ff.; Reymann (2013), Strategieentwicklung, S. 95ff.

532 vgl. Milliken (1987), Three Types, S. 139

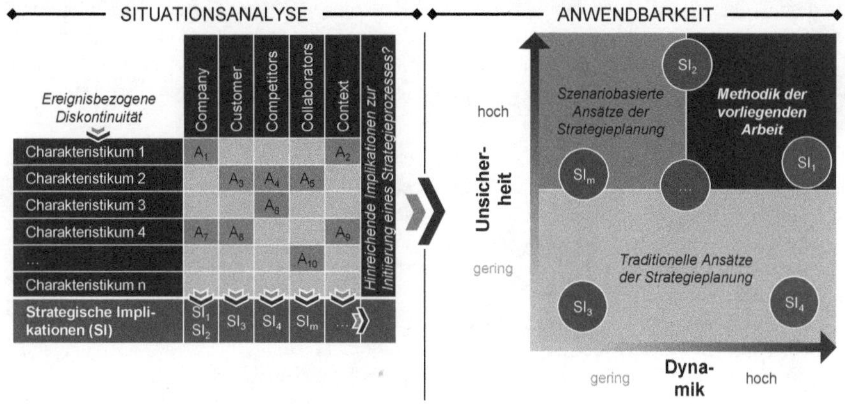

Abbildung 4-3: Rudimentäre Situationsanalyse kritischer Ereignisse zur Auswahl der Strategiemethodik[533]

4.1.2 Formierung des Strategieteams

Aufbauend auf der Entscheidung für eine Strategieinitiierung und situationsadäquate Entwicklungsmethodik ist es notwendig, ein Team zu formieren, welches die operative Erarbeitung einer Strategie fortführt. Dies ist insbesondere in Krisensituationen nötig, da die zeitlichen Ressourcen des Initiators, regelmäßig der Geschäftsführer, sehr begrenzt sind und dessen Aufmerksamkeit der Aufrechterhaltung des operativen Tagesgeschäfts gilt[534].

Eine Strategieentwicklung stellt einen unternehmenspolitischen Prozess dar, in welchem das Wirken von Managern in persönlichen Netzwerken einen zentralen Erfolgsfaktor darstellt[535]. Insofern ist insbesondere die Festlegung von involvierten Personen nicht trivial, da durch mögliche Ausgrenzung von relevanten Stakeholdern eine unternehmenspolitische Ablehnung der entwickelten Strategie unabhängig von dem tatsächlichen Ergebnis entstehen kann[536]. Jedoch braucht es in diesem Zusammenhang Mut, Risikobereitschaft sowie Offenheit für Konflikte, da sich diese kaum vermeiden lassen[537]. Hinsichtlich der Zusammenstellung eines Strategieteams ergibt sich somit stets eine multidimensionale Gratwanderung.

Eine erste Abwägung ergibt sich dabei in der Größe des Teams. Einerseits bedarf es einer schnellen Handlungs- und Lösungsfähigkeit des Teams. Andererseits gilt es ebenso, Mitarbeiter über Probleme und Chancen aufzuklären sowie Kritiker, Promotoren und

---

533 vgl. Steenburgh, Avery (2010), Situation Analysis, S. 1ff.; Ant (2018), Effizientes Management, S. 118ff.

534 vgl. Dutton, Ashford (1993), Issues, S. 397

535 vgl. Hinterhuber et al. (1996), Strategisches Management, S. 21

536 vgl. Ant (2018), Effizientes Management, S. 131; Venzin et al. (2010), Strategieprozess, S. 56

537 vgl. Kotter (2011), Leading Change, S. 37f.

Meinungsführer einzubinden, um einen *„Buy-in"* zu erzeugen.[538] Im Zentrum der Einbindung steht der Austausch mit vielen Menschen, bei dem gleichzeitig ein verlässliches Urteil und Uneigennützigkeit benötigt werden[539]. So stellt sich ebenfalls die Frage, inwieweit neben internen Stakeholdern auch externe Teilnehmer (bspw. Kunden, Lieferanten oder Aktionäre) wertvolle Expertise in den Strategieprozess einbringen können[540].

Hieran schließt sich unmittelbar eine zweite Abwägung an, in der es gilt, Autorität und Expertise in ein harmonisches Verhältnis zu setzen. Einerseits kommt dem Top Management eine Schlüsselfunktion aufgrund dessen Durchsetzungs- und Überzeugungsvermögens zu. Andererseits bedarf es der Einbindung kompetenter Mitarbeiter, welche relevante Fachexpertise sowie operative Erfahrungen in die Strategieentwicklung einbringen und so einer *„Strategie aus dem Elfenbeinturm"* vorbeugen.[541] Es gilt somit bei der Formierung, bewusst vertikale und horizontale Informationsbarrieren abzubauen[542]. Dabei kommt insbesondere der gezielten Einbindung der mittleren sowie unteren Führungsebene eine entscheidende Bedeutung zu, um Hierarchieebenen und *„Kompetenzsilos"* zu überbrücken[543].

Letztlich schließt sich eine dritte Abwägung hinsichtlich der Attitüde von einbezogenen Personen an. Hierbei betont CARLOPIO, dass auf die Ausgeglichenheit von Gestaltungs- und Entscheidungseinstellung geachtet werden sollte, um die Generierung kreativer Lösungen mit der notwendigen Entscheidungskonsequenz und -rationalität zu vereinen[544]. Folglich bedarf es sowohl einer brillanten analytischen Planungsmentalität als auch gleichzeitig einer ebenso pragmatischen Umsetzungsmentalität in dem formierten Strategieteam[545]. Zwecks Pragmatismus und Umsetzungsfähigkeit empfiehlt sich hierfür das Format einer *„Taskforce'*[546].

Ausgehend von den festgelegten Teilnehmern des turbulenzinduzierten Strategieprozesses gilt es, einen einheitlichen Wissensstand herzustellen. Hierbei sollte allen involvierten Stakeholdern klar erläutert werden, welche Ziele aufgrund welcher Problemstellung verfolgt werden und welcher Informationsstand hierzu geführt hat.[547] Ebenfalls ist es im Kontext organisationaler Veränderungen wichtig, dass Beteiligte von der Glaubwürdigkeit und Initiative des Vorhabens überzeugt sind, sodass sie ein gleiches Maß an Energie und Engagement einbringen.[548]

---

538 vgl. Müller-Stewens, Lechner (2016), Management, S. 242; Walter (2016), Mittleres Management, S. 203f.; Kotter (2011), Leading Change, S. 39

539 vgl. Kotter (2011), Leading Change, S. 14

540 vgl. Venzin et al. (2010), Strategieprozess, S. 53ff.; Kotter (2011), Leading Change, S. 43

541 vgl. Kotter (2011), Leading Change, S. 41; Venzin et al. (2010), Strategieprozess, S. 43

542 vgl. Doppler, Lauterburg (2019), Change, S. 121f.

543 vgl. Walter (2016), Mittleres Management, S. 197ff.

544 vgl. Carlopio (2010), Design, S. 36ff.

545 vgl. Walter (2016), Mittleres Management, S. 202

546 vgl. Doppler, Lauterburg (2019), Change, S. 125

547 vgl. Carlopio (2010), Design, S. 17

548 vgl. Doppler, Lauterburg (2019), Change, S. 116f.

Um eine effiziente Zusammenarbeit zur Erarbeitung einer Strategie sicherzustellen, bedarf es schließlich der Festlegung struktureller Befugnisse. Hierbei wird vor dem Hintergrund des konkreten Anwendungskontextes diskutiert, welche Rollen und Verantwortlichkeiten die Beteiligten übernehmen (vgl. Unterkapitel 4.1.4), wie die Kommunikation und ein Reporting erfolgen sollen, welcher zeitliche Horizont verfolgt wird und wie Kontroll- und Freigabemechanismen ausgestaltet sind.[549] Trotz der gebündelten Expertise der Taskforce wird es dennoch notwendig sein, weiterer Kompetenzen und Erfahrungen von Fachexperten während der Analyse einzubinden. Es empfiehlt sich somit, die Zielgruppen sowie deren Modalitäten zur Einbindung in die Strategiearbeit vorabzustimmen.[550]

4.1.3 Ausrichtung der Strategieentwicklung

Gemäß dem abgegrenzten Betrachtungsbereich der vorliegenden Arbeit (vgl. Unterkapitel 2.5.3), werden mit der zu detaillierenden Methodik etablierte Unternehmen adressiert. Es ist folglich davon auszugehen, dass die Unternehmen von historisch gewachsenen Managemententscheidungen geprägt sind. Eine turbulenzinduzierte Strategieentwicklung entspricht daher vielmehr einem „*brownfield*"- als einem „*greenfield*"-Ansatz[551]. Neben dem formalen Briefing im Rahmen der Teamformierung (vgl. Unterkapitel 4.1.2) bedarf es somit ebenfalls der Kenntnis der bestehenden, pfadabhängigen Randbedingungen, durch welche der zulässige Lösungsraum für viable Strategien eingeschränkt wird. Dem strategischen Management ist das normative Management übergeordnet, sodass hieraus auf natürliche Weise ein normativer Bezugsrahmen (vgl. Abschnitt 4.1.3.1) für die Strategieentwicklung resultiert[552]. Um darüber hinaus einen situativ sinnvollen Einstiegspunkt in die iterative Methodik zu wählen, wird eine rudimentäre Erstintuition (vgl. Abschnitt 4.1.3.2) abgestimmt. Hierdurch wird einerseits der formulierten Anforderung nach Situationsadaptivität (vgl. Unterkapitel 3.1.2) nachgekommen. Andererseits weisen zahlreiche Autoren für den Umgang mit einem turbulenten Umfeld sowohl auf die Relevanz der Intuition erfahrener Manager als auch notwendige Flexibilisierung und bedarfsgerechte Ausgestaltung von Managementhilfsmitteln hin[553].

4.1.3.1 Normativer Bezugsrahmen

Analog zum strategischen Management existieren auch zum normativen Management umfassende Forschungsarbeiten. Im Kontext des St. Galler Management-Modells als adoptiertes Managementkonzept der vorliegenden Arbeit sei an dieser Stelle insbesondere auf die Arbeiten von ULRICH und BLEICHER verwiesen[554]. Da der Fokus der zu entwickelnden

---

549 vgl. Carlopio (2010), Design, S. 41; Venzin et al. (2010), Strategieprozess, S. 47f.

550 vgl. Ant (2018), Effizientes Management, S. 131; Walter (2016), Mittleres Management, S. 203f.

551 Im Kontext von Direktinvestitionen („*Foreign Direct Investment*" FDI) bezeichnet ein „*greenfield*" Investment den Aufbau einer neuen Firma, während ein „*brownfield*" Investment den Kauf einer bestehenden Firma beschreibt. Hierzu vgl. European Political Strategy Centre (2018), Investment, S. 14

552 vgl. Hungenberg (2014), Management, S. 42f.; David, David (2015), Strategic Management, S. 173

553 vgl. Venzin et al. (2010), Strategieprozess, S. 45ff.; Carlopio (2010), Design, S. 25; Doppler, Lauterburg (2019), Change, S. 118ff.; Zahn (1991), Wettbewerb, S. 126

554 vgl. Ulrich (1990), Unternehmungspolitik; Ulrich, Fluri (1995), Management; Bleicher (1991), Organisation; Bleicher (2017), Management

Methodik auf dem strategischen Management liegt (vgl. Unterkapitel 2.5.1), wird das normative Management lediglich als relevante Rahmenbedingung betrachtet, anstatt dieses ebenfalls einer turbulenzinduzierten Revision zu unterziehen.

Dennoch wird an dieser Stelle ein rudimentäres Verständnis der Bestandteile des normativen Managements benötigt, um im Anwendungskontext relevante Rahmenbedingungen für die Ausrichtung der Methodik extrahieren zu können. Anhang 1 fasst daher die in der Literatur verbreiteten Bestandteile des normativen Managements zusammen. Hieraus wird deutlich, dass insbesondere über die Bestandteile der Kultur, Vision, Mission sowie der strategischen Ziele hinsichtlich des konzeptionellen Verständnisses größtenteils Einigkeit besteht. Demgegenüber ist für die Bestandteile der Unternehmenspolitik, -verfassung, -philosophie sowie des Leitbildes ein eher divergierendes Verständnis festzustellen. So verwenden bspw. WELGE, AL-LAHAM den Begriff des Leitbildes synonym mit der Unternehmensmission[555]. Demgegenüber begreifen KAPLAN, NORTON unter einem Leitbild die Gesamtheit aus Vision, Mission und Werten[556]. Ebenso werden Unternehmenspolitik und -philosophie teilweise gleichbedeutend verwendet. Da der vorliegende Bezugsrahmen nicht der wissenschaftlichen Weiterentwicklung des normativen Managements dient, sondern einem Anwender in der Praxis Orientierung über relevante Randbedingungen der Strategieentwicklung bieten soll, wird aufbauend auf Anhang 1 eine pragmatische Referenzmodellierung für die vorliegende Arbeit vorgenommen (vgl. Abbildung 4-4).

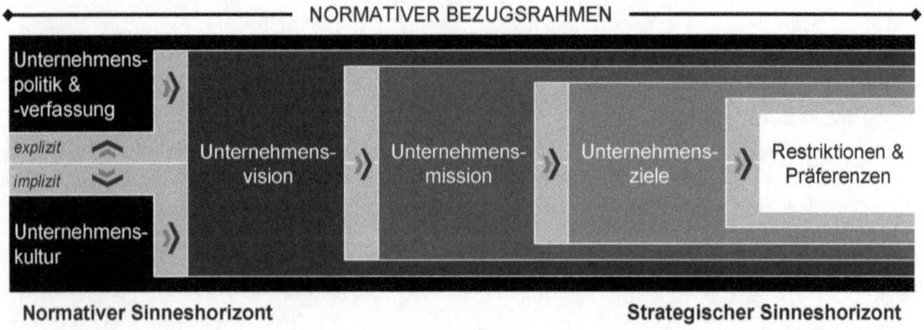

Abbildung 4-4: Referenzmodellierung des normativen Bezugsrahmens[557]

Demnach treffen die Unternehmenspolitik und -verfassung explizite Aussagen zu Werten und Verhaltensweisen, während sich diese implizit in der gelebten Unternehmenskultur

---

[555] vgl. Welge et al. (2017), Management, S. 205

[556] vgl. Kaplan et al. (2009), Strategieprozess, S. 53ff.

[557] i. A. a. Welge et al. (2017), Management, S. 200ff.; Ant (2018), Effizientes Management, S. 163ff.; Kampker et al. (2011), Unternehmensstruktur, S. 208ff.; Hungenberg (2014), Management, S. 25ff.; David, David (2015), Strategic Management, S. 170ff.; Johnson et al. (2008), Corporate Strategy, S. 163ff.; Müller-Stewens, Lechner (2016), Management, S. 221ff.; Kaplan et al. (2009), Strategieprozess, S. 55ff.; Bullinger (1994), Technologiemanagement, S. 79ff.; Wheelen, Hunger (2012), Business Policy, S. 48ff.

widerspiegeln. Hierauf bauen kaskadierend die Unternehmensvision und -mission auf, welche schließlich in Zielen für die Strategieentwicklung konkretisiert werden. Schließlich resultieren hieraus zusammen mit anderen Kontextfaktoren (bspw. die finanzielle Ressourcenstärke des Unternehmens oder rechtliche Vorgaben einer Branche) *„härtere"* Restriktionen sowie *„weichere"* Präferenzen, welche es für die Entwicklung viabler Strategien zu berücksichtigen gilt. Zur Aufnahme des normativen Bezugsrahmens durch den Anwender der Methodik werden nachfolgend die einzelnen Bausteine rudimentär charakterisiert.

Unternehmenspolitik und -verfassung

Die Formulierung der Unternehmenspolitik wird allgemein als erster Schritt des strategischen bzw. normativen Managements angesehen[558]. Zusammen mit der Unternehmensverfassung definiert sie die grundlegenden Strukturen innerhalb eines Unternehmens und umfasst damit die Gesamtheit der langfristig konstitutiven Regelungen, mit denen Einflussmöglichkeiten von Interessengruppen auf das Unternehmen festgelegt werden[559]. Somit schließt sich hieran ebenfalls der Themenbereich der *„Corporate Governance"* an, welcher jedoch aufgrund seiner eingeschränkten Relevanz für die Methodik nicht weiter betrachtet wird. Vielmehr setzen sich die Unternehmenspolitik und -verfassung somit explizit mit den Wertvorstellungen, Interessen und Beziehungen aller an der Unternehmung Beteiligten auseinander[560]. PÜMPIN beschreibt daher ein *„Wertvorstellungs-Profil"*, welches auf Ebene der obersten Leitungsorgane gebildet werden kann[561]. Da sowohl in der Unternehmenspolitik und -verfassung Wertvorstellungen expliziert werden als auch die Unternehmenskultur implizit von Werten geprägt ist, betonen KAMPKER, SCHUH ET AL. dass die Unternehmenspolitik in Einklang mit der Unternehmenskultur gebracht werden muss[562]. Zusammenfassend gilt es somit, die zum späteren Zeitpunkt entwickelten Strategien auf deren Vereinbarkeit mit der Unternehmenspolitik und -verfassung zu prüfen.

Unternehmenskultur

Im Gegensatz zur expliziten Unternehmenspolitik und -verfassung charakterisiert die Unternehmenskultur die impliziten Verhaltensweisen, denen eine ebenso wichtige Funktion zur Erreichung der Unternehmensziele zukommt[563]. RÜEGG-STÜRM sieht hierin einen *„gemeinsamen Sinneshorizont"*, anhand dessen unvorhersehbare, schwer verständliche sowie mehrdeutige Ereignisse in einen Gesamtzusammenhang eingeordnet werden können, um als Kollektiv handlungsfähig zu bleiben[564]. Daher kommt der Unternehmenskultur insbesondere im Kontext von Strategiewechseln eine zentrale Rolle zu[565]. Die Unternehmenskultur entwickelt sich dabei aus der Vergangenheit heraus in einem Prozess kultureller und sozialer Evolution,

---

558 vgl. Miller (1998), Strategic Management, S. 5ff.; Welge et al. (2017), Management, S. 199

559 vgl. Kampker et al. (2011), Unternehmensstruktur, S. 201; Hungenberg (2014), Management, S. 32f.

560 vgl. Welge et al. (2017), Management, S. 199f.; Ulrich, Fluri (1995), Management, S. 77

561 Dies umfasst bspw. die Bedeutung der eigenen Kontrolle über das Unternehmen, die Bedeutung ökologischer Anliegen oder auch die Bedeutung der Risikovermeidung. Hierzu vgl. Pümpin (1992), Erfolgspositionen, S. 101f.

562 vgl. Kampker et al. (2011), Unternehmensstruktur, S. 203

563 vgl. Müller-Stewens, Lechner (2016), Management, S. 231; Hungenberg (2014), Management, S. 38

564 vgl. Rüegg-Stürm (2009), Management-Modell, S. 98

565 vgl. David, David (2015), Strategic Management, S. 280

der nur indirekt durch die Vorbildfunktion von Managern beeinflusst werden kann[566]. So modelliert SCHEIN die Unternehmenskultur anhand von Artefakten, Werten und Normen sowie Grundannahmen[567]. Diese adaptiert SCHREYÖGG zu Symbolen und Zeichen, Normen und Standards sowie Basisannahmen, welche für eine Anwendung in der Praxis eingängiger erscheinen[568]. Darüber hinaus kann die Unternehmenskultur ebenfalls anhand von Typologien beschrieben werden. Exemplarisch seien an dieser Stelle die Unterscheidungen einer *„traditionsbestimmten“* und *„zukunftsorientierten“* sowie *„opportunistischen“* und *„verpflichtenden“* Unternehmenskultur nach BLEICHER genannt[569]. Zusammenfassend kann somit festgestellt werden, dass im Rahmen der Unternehmenskultur implizite Werte eine zentrale Rolle einnehmen, die es im Rahmen der Strategieentwicklung zu berücksichtigen gilt[570]. Die Unternehmenskultur beeinflusst folglich implizit die Generierung sowie nachfolgende Bewertung von strategischen Möglichkeiten sowie innovations- und technologiestrategischen Positionierungen (vgl. Teilkapitel 4.3 und 4.4).

Unternehmensvision

Ausgehend von der Unternehmenspolitik, -verfassung und -kultur formuliert die Vision in lebhafter Form das *„Abbild einer zukünftigen Wirklichkeit“*, welches durch ein Unternehmen angestrebt wird[571]. Als Zeithorizont hierfür nennen NORTON, KAPLAN einen Rahmen von drei bis zehn Jahren, wobei zahlreiche Kontextfaktoren diesen Zeithorizont beeinflussen[572]. Die Vision bildet damit die Leitlinie für die langfristige Unternehmensentwicklung und sollte sich durch eine Gratwanderung zwischen Komplexität und Abstraktion sowie ferne Ambition und Realisierbarkeit in einer einfachen, prägnanten und bildlichen Sprache auszeichnen[573]. Da die vom Anwender aufzunehmende Vision stark unternehmensspezifisch geprägt ist, können für dessen Abstraktion die von MÜLLER-STEWENS, LECHNER identifizierten Arten von Unternehmensvisionen genutzt werden: wettbewerbsfokussierte Vision, feindfokussierte Vision, rollenfokussierte Vision, wandelfokussierte Vision, kundenfokussierte Vision, geschäftsmodellfokussierte Vision[574]. Die Unternehmensvision stellt das erste zentrale Element in der Entwicklung von Strategien dar, sodass sie für die nachfolgenden Modelle der Methodik als *„Fixstern“* begriffen werden kann[575].

---

566 vgl. Hax, Majluf (2006), Corporate Strategy, S. 35; Kampker et al. (2011), Unternehmensstruktur, S. 202ff.; Schreyögg, Koch (2007), Grundlagen, S. 350; Hungenberg (2014), Management, S. 40f.

567 vgl. Schein (1984), Culture, S. 4

568 vgl. Schreyögg, Koch (2007), Grundlagen, S. 333ff.

569 vgl. Bleicher (2017), Management, S. 307ff.; Kampker et al. (2011), Unternehmensstruktur, S. 203ff.

570 vgl. Müller-Stewens, Lechner (2016), Management, S. 231; Johnson et al. (2008), Corporate Strategy, S. 164; Kaplan et al. (2009), Strategieprozess, S. 55ff.

571 vgl. Johnson et al. (2008), Corporate Strategy, S. 164; Schuh et al. (2011), Strategie, S. 67

572 vgl. Kaplan et al. (2009), Strategieprozess, S. 57ff.

573 vgl. Ant (2018), Effizientes Management, S. 167

574 vgl. Müller-Stewens, Lechner (2016), Management, S. 222f.; Schuh et al. (2011), Strategie, S. 68

575 vgl. Probst, Wiedemann (2013), Strategie-Leitfaden, S. 19; Schuh et al. (2011), Strategie, S. 67

Unternehmensmission

Die Unternehmensvision und -mission bedingen sich gegenseitig, sodass sie oftmals synonym verwendet werden[576]. Jedoch ist eine Unterscheidung der beiden Instrumente wichtig, da die Vision vor allem Aussagen über die Zukunft trifft, während sich die Mission auf die Gegenwart erstreckt.[577] So gibt die Unternehmensmission Auskunft über den Sinn, den Zweck (*„Purpose"*) und die aktuelle Identität einer Organisation, indem sie den Auftrag und das Nutzenversprechen für ihre Anspruchsgruppen erläutert[578]. Damit konkretisiert sie das Fundament für die anschließenden Phasen der Strategieentwicklung[579]. Das *„Mission Statement"* muss somit einerseits kurz, leicht verständlich und richtungsweisend sein, jedoch gleichzeitig breit genug formuliert sein, um mehrere potenzielle strategische Ausrichtungen zu ermöglichen[580]. HUNGENBERG folgend sollten hierzu Aussagen zu dem Tätigkeitsgebiet, den Kompetenzen sowie den Werten des Unternehmens getroffen werden[581]. Sollte in dem Unternehmen des Anwenders der Methodik keine explizite Mission existieren, wird dem pragmatischen Verständnis von HUNGENBERG aufgrund dessen Eingänglich- und Verständlichkeit gefolgt. Hiermit wird sichergestellt, dass entwickelte Strategien den inhärenten Zweck der Unternehmensmission unterstützen.

Unternehmensziele

Aus der übergeordneten Vision, Mission und den Werten leiten sich die grundlegenden Ziele einer Unternehmung ab. Sie definieren daher einen Maßstab für deren Erfüllung und *„Erfolg"*.[582] Durch sie werden angestrebte Zustände in der Zukunft abgebildet und verbindlich erklärt[583]. Insbesondere im Kontext von Innovation und Flexibilität ist es daher essenziell, Klarheit über wenige, übergreifende Ziele (*„simple rules"*) zu haben, welche zu einem konsistenten Verhalten führen[584]. Während finanzielle (bspw. Wachstum oder Marktanteil) sowie nicht-finanzielle Ziele (bspw. Kunden- und Mitarbeiterzufriedenheit) differenziert werden können, dominieren in der Praxis häufig die Ersteren[585]. Als Katalog potenzieller Unternehmensziele nennen WELGE, AL-LAHAM i. A. a. ULRICH, FLURI Marktleistungs-, Marktstellungs-, Rentabilitäts-, Macht- und Prestige- sowie finanzwirtschaftliche, soziale und gesellschaftsbezogene Ziele[586]. Als Anregung für den Anwender sei ebenfalls an dieser Stelle

---

576 vgl. Schuh et al. (2011), Strategie, S. 69

577 vgl. David, David (2015), Strategic Management, S. 173; Müller-Stewens, Lechner (2016), Management, S. 224

578 vgl. Johnson et al. (2008), Corporate Strategy, S. 164; Müller-Stewens, Lechner (2016), Management, S. 265; Schuh et al. (2011), Strategie, S. 69

579 vgl. Welge et al. (2017), Management, S. 206; Ant (2018), Effizientes Management, S. 111

580 vgl. Drucker (2008), Questions, S. 14; Ant (2018), Effizientes Management, S. 112f.; David, David (2015), Strategic Management, S. 176; Wheelen, Hunger (2012), Business Policy, S. 207

581 vgl. Hungenberg (2014), Management, S. 420f.

582 vgl. Rüegg-Stürm, Grand (2017), Management-Modell, S. 248ff.; Schuh et al. (2011), Strategie, S. 69; Müller-Stewens, Lechner (2016), Management, S. 235; Wheelen, Hunger (2012), Business Policy, S. 49

583 vgl. Boos et al. (2011), Grundlagen, S. 7; Ant (2018), Effizientes Management, S. 173

584 vgl. Sull, Eisenhardt (2015), Simple Rules, S. 119ff.; Johnson et al. (2008), Corporate Strategy, S. 167

585 vgl. Hungenberg (2014), Management, S. 423

586 vgl. Welge et al. (2017), Management, S. 210; Ulrich, Fluri (1995), Management, S. 97; Boos et al. (2011), Grundlagen, S. 8

auf die Sammlungen potenzieller Unternehmensziele von PILLKAHN sowie WHEELEN, HUNGER verwiesen[587]. In einer Unternehmung sind Ziele i. d. R. unterschiedlich gewichtet, sodass es zudem einer zusätzlichen Ordnung der durch den Anwender aufgenommenen Ziele in Form eines hierarchischen Zielsystems bedarf[588]. Da die vorliegende Methodik nicht als analytischer „*Strategiegenerator*" verstanden wird, ist jedoch im Sinne des Anwendungsaufwands eine rudimentäre Ordnung ausreichend (bspw. als Rangfolge von Rentabilitäts-, Prestige- oder gesellschaftsbezogenen Zielen). Schließlich dienen Strategien dazu, den grundlegenden Weg zur Erreichung der in Vision, Mission und den übergeordneten Zielen ausgewiesenen Ausrichtung aufzuzeigen[589].

Restriktionen und Präferenzen
Somit ergeben sich auf Basis der übergeordneten Festlegungen des normativen Managements gewisse Restriktionen sowie Präferenzen für die beginnende Strategiearbeit[590]. In diesem Zusammenhang sind unmittelbar finanzielle bzw. ressourcenbezogene, zeitliche sowie moralische bzw. ethische Restriktionen zu nennen[591]. Ausgehend von dem zuvor definierten strategischen Betrachtungsbereich (vgl. Abschnitt 4.1.1.1) können jedoch zudem ebenfalls strategische Restriktionen auf Unternehmens- und Geschäftsebene bestehen, die es zu berücksichtigen gilt[592]. Im Sinne eines Präferenzprofils der normativen Entscheidungstheorie leiten sich aus den Werten der Unternehmenspolitik, -verfassung und -kultur ebenfalls Präferenzen bspw. hinsichtlich der Risiko- oder Ambidextrieneigung ab, welche es zu erfassen gilt[593].

Ausgehend von den erläuterten Instrumenten des normativen Managements ergibt sich somit für das Strategieteam ein klares Verständnis der unternehmensspezifischen Randbedingungen der turbulenzinduzierten Strategieentwicklung. Aufgrund der Kontingenz von Anwendungsumständen bedarf es der Wahl eines geeigneten Startpunkts der kontinuierlich-iterativen Methodik infolge der Anforderung nach Situationsadaptivität (vgl. Unterkapitel 3.1.2).

---

587 vgl. Wheelen, Hunger (2012), Business Policy, S. 49f.; Pillkahn (2008), Scenarios, S. 256

588 vgl. Müller-Stewens, Lechner (2016), Management, S. 236; Probst, Wiedemann (2013), Strategie-Leitfaden, S. 99ff.; Ant (2018), Effizientes Management, S. 177f.

589 vgl. Hungenberg (2014), Management, S. 42

590 vgl. Hungenberg (2014), Management, S. 42

591 vgl. Andrews (1987), Corporate Strategy, S. 69; Ant (2018), Effizientes Management, S. 237; Probst, Wiedemann (2013), Strategie-Leitfaden, S. 10; Müller-Stewens, Lechner (2016), Management, S. 240ff.; Welge et al. (2017), Management, S. 201

592 vgl. Probst, Wiedemann (2013), Strategie-Leitfaden, S. 9f.

593 vgl. Laux et al. (2014), Entscheidungstheorie, S. 34ff.; O'Reilly, Tushman (2004), Ambidextrous Organization, S. 81ff.; O'Reilly, Tushman (2008), Ambidexterity, S. 185ff.

4.1.3.2 Situative Erstintuition

Ein volatiles Unternehmensumfeld infolge von ereignisinduzierten Diskontinuitäten ist von Unvorhersehbarkeit, Neuartigkeit und damit einer eingeschränkten Applizierbarkeit des historischen Erfahrungsschatzes geprägt[594]. Daher werden im Rahmen der Methodik für die situative Erstintuition drei aufeinander aufbauende Fälle anhand des situativen Verständnisses unterschieden.

Zunächst besteht die erste Möglichkeit darin, dass einem Unternehmen, aufgrund der extremen Unsicherheit und Andersartigkeit der Situation, ein differenziertes Problemverständnis fehlt. Somit bedarf es zunächst einer ersten Orientierung, sodass ein unmittelbarer Einstieg in das Analysemodell des Explorationsmodus (vgl. Unterkapitel 4.2.1) zu wählen ist[595]. Der zweite denkbare Fall besteht darin, dass sich ein Unternehmen zwar zutraut, über ein differenziertes Problemverständnis zu verfügen, jedoch noch keine konkreten Ansatzpunkte zur Lösung der strategischen Problemstellung findet. Folglich besteht der Einstiegspunkt in der Explizierung der strategischen Problemstellung (vgl. Unterkapitel 4.2.4) sowie darauffolgend der Generierung von strategischen Möglichkeiten im Optionsmodell des Explorationsmodus (vgl. Unterkapitel 4.3.1).

Der dritte denkbare Fall besteht darin, dass die Strategen und Entscheider aufgrund ihrer langjährigen Erfahrung und Expertise nicht nur über ein differenziertes Problemverständnis verfügen, sondern zudem in der Lage sind, eine rudimentäre Ersthypothese zu formulieren (bspw. die Neuausrichtung auf eine Monetarisierung von CO_2-Zertifikaten als Elektroauto-OEM nach der regulatorischen Einführung von CO_2-Preisen). Hierzu bedarf es zunächst eines Minimalverständnisses, was der jeweilige Stratege oder Entscheider unter der potenziellen Lösung versteht, sodass dessen Erstintuition für andere begreifbar wird. RÜEGG-STÜRM beschreibt in diesem Zusammenhang, dass eine Strategie mindestens Aussagen zu den Themenkomplexen Stakeholder, Leistungsversprechen, Wertschöpfungsfokus und -tiefe sowie Kernkompetenzen und Kooperationsfelder treffen sollte[596]. Da das St. Galler Management-Modell in der vorliegenden Arbeit als übergeordnetes Managementkonzept der Strategiearbeit adoptiert wurde, erscheinen die fünf Minimaldimensionen gut geeignet für die Explizierung der rudimentären Ersthypothese. Diese wird im späteren Verlauf der Methodik mittels der Analyse- und Optionsmodelle in ihrer Konkretisierung weiter geschärft. Somit ergibt sich in diesem Fall ein direkter Einstiegspunkt in den Investigationsmodus des Analysemodells (vgl. Unterkapitel 4.2.5). Ausgehend vom Charakterisierungsmodell illustriert Abbildung 4-5 die zuvor erläuterte Fallunterscheidung, auf Basis derer ein anwendungsspezifischer Einstieg in die Methodik entweder durch das Analysemodell im Explorationsmodus (Fall 1), durch das Optionsmodell im Explorationsmodus (Fall 2) oder durch das Analysemodell im Investigationsmodus (Fall 3) erfolgt.

---

594 vgl. Ansoff (2019), Implanting, S. 80f.

595 vgl. Ant (2018), Effizientes Management, S. 129f.

596 vgl. Rüegg-Stürm (2009), Management-Modell, S. 84

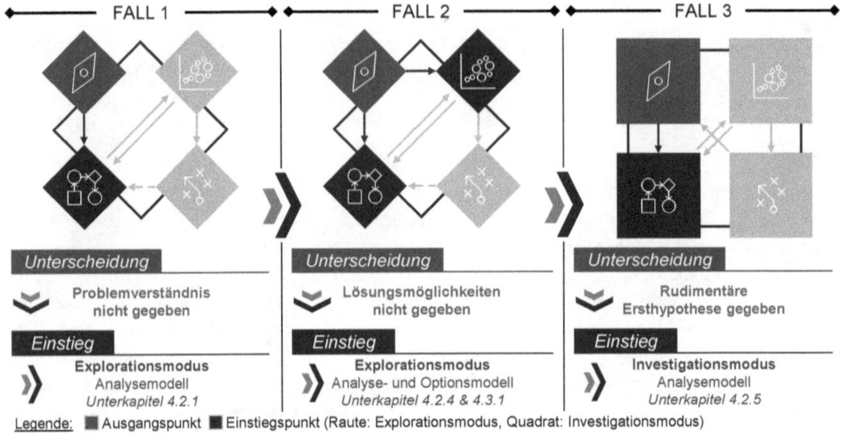

Abbildung 4-5: Einstiegspunkte der Methodik auf Basis der situativen Erstintuition

4.1.4 Steuerung und Organisation der Entwicklungssprints

Im Gegensatz zu der initialen Charakterisierung des Anwendungskontextes sowie der hierauf aufbauenden Ausrichtung der Strategieentwicklung im Explorationsmodus bedarf es im Investigationsmodus der fortlaufenden Steuerung und Organisation der iterativen Entwicklungssprints (vgl. Unterkapitel 3.4.2). Unter den Rahmenbedingungen hoher Komplexität und Unvorhersagbarkeit wurde aufgrund der Popularität und Verbreitung in der industriellen Praxis die Scrum-Methodik als methodische Architektur eines agilen Entwicklungsansatzes gewählt (vgl. Unterkapitel 3.3.3). In dieser erfolgt eine Steuerung und Organisation der Sprints durch festgelegte Rollen, Artefakte sowie Ereignisse, welche der Transparenz, Inspektion sowie Adaption dienen. Da Scrum für die Produktentwicklung konzeptioniert wurde, bedarf es einer Adaption für Nutzung im Rahmen eines kontinuierlich-iterativen Strategieentwicklungsprozesses.[597] Im Folgenden werden daher nur die Anpassungen für den geänderten Anwendungskontext der Strategieentwicklung erläutert.

4.1.4.1 Rollen

Im Rahmen von Scrum existieren drei Rollen: der *„Product Owner"*, das Entwicklungsteam *(„Development Team")* sowie der *„Scrum Master"*[598]. Mit Blick auf die Anwendung der Methodik zur Erarbeitung von Strategien ist es in Anbetracht möglichweise simultan bestehender Produktentwicklungsaktivitäten sinnvoll, die Bezeichnung des *„Product Owner"* zu einem *„Strategy Owner"* zu adaptieren, um Missverständnisse zu vermeiden. Weiterhin wurde bereits im Rahmen von Unterkapitel 4.1.2 auf das Entwicklungsteam eingegangen, sodass nach-

[597] vgl. Schwaber, Sutherland (2017), Scrum, S. 3; Bibik (2018), Scrum, S. 1ff.
[598] vgl. Schwaber, Sutherland (2017), Scrum, S. 6ff.

folgend nur die Rollen des *„Strategy Owner"* sowie *„Scrum Master"* für eine Anwendung im Strategieprozess operationalisiert werden.

Strategy Owner

Die Aufgabe des *„Product Owner"* ist es, den Mehrwert der Entwicklungsarbeit des Teams zu maximieren. Da es sich hierbei ausdrücklich um eine einzelne Person und kein Komitee handelt, ergeben sich je nach organisationaler Verankerung des Strategieprozesses zwei sinnvolle Möglichkeiten für den *„Strategy Owner"*: der Geschäftsführer bzw. Vorstandsvorsitzende oder der Strategievorstand eines Unternehmens.[599] Als Entscheider sind beide Personen hierfür prädestiniert, da der Mehrwert der Entwicklungsarbeit insbesondere in der Strategie- und Entscheidungsfähigkeit des Top Managements besteht. Da sie letztlich verantwortlich für die strategischen Entscheidungen sind, können Geschäftsführer oder Strategievorstand am besten evaluieren, welche Arbeitsumfänge des *„Strategy Backlog"* ihnen bei der Entscheidungsfindung den größten Mehrwert bieten und diese unmittelbar priorisieren.

Scrum Master

SCHWABER, SUTHERLAND beschreiben den *„Scrum Master"* als eine dienende Führungskraft *(„servant leader")*, welche Dienstleistungen für den *„Product Owner"*, das Strategieteam sowie die Organisation übernimmt[600]. Ihm kommt somit eine Schlüsselfunktion zwischen den relevanten Stakeholdern zu, welche sowohl inhaltliche, methodische sowie emotionale Kompetenzen benötigt[601]. Um eine vertrauensvolle Interaktion sicherzustellen, kann es je nach spezifischem Unternehmenskontext sinnvoll sein, einen unternehmensexternen oder -internen *„Scrum Master"* zu installieren. Der Vorteil einer unternehmensinternen Person findet sich in der detaillierten Kenntnis der betrieblichen Abläufe und Ansprechpartner sowie dem bestehenden Vertrauensverhältnis. Hierfür bieten sich insbesondere Promotoren an, welche dem Zirkumplex-Modell nach OREG, BARTUNEK ET AL. folgend einem Wandel proaktiv aufgeschlossen sind[602]. Demgegenüber kann bei unternehmenspolitisch komplexen Machtgefügen ein entscheidender Vorteil in der Neutralität und Unbefangenheit eines unternehmensexternen *„Scrum Master"* liegen[603]. Es obliegt somit dem Initiator des Strategieprozesses, eine Abwägung vor dem Hintergrund des unternehmensspezifischen Kontexts zu treffen.

---

[599] vgl. Pichler (2010), Product Management, S. 1ff.; Schwaber, Sutherland (2017), Scrum, S. 6

[600] vgl. Schwaber, Sutherland (2017), Scrum, S. 7f.; Bibik (2018), Scrum, S. 17

[601] vgl. Vogelzang et al. (2019), Scrum, S. 3

[602] Das Zirkumplex-Modell nach OREG, BARTUNEK ET AL. differenziert die Reaktion von Personen anhand der Dimensionen Aktivierung sowie Valenz. Hieraus ergeben sich vier Typen von Reaktionen auf Wandelereignisse: Wandelproaktivität, Wandelakzeptanz, Wandelrückzug sowie Wandelresistenz. Hierzu vgl. Oreg et al. (2018), Change Events, S. 68f.

[603] vgl. Bibik (2018), Scrum, S. 32; Ant (2018), Effizientes Management, S. 127ff.

4.1.4.2 Artefakte

Gemäß der Scrum-Methodik existieren drei Artefakte, deren Zweck insbesondere in der Transparenz von Kerninformationen sowie deren Verständnis besteht: das *„Product Backlog"*, das Sprintziel *(„Sprint Goal")* sowie das *„Sprint Backlog"*[604]. Analog der vorherigen Argumentation wird die Bezeichnung des *„Product Backlog"* zu einem *„Strategy Backlog"* adaptiert, um potenzielle Missverständnisse zu vermeiden.

Strategy Backlog

So wie das *„Product Backlog"* dynamisch veränderliche Produktanpassungen (Merkmale, Funktionen, Anforderungen, Verbesserungen und Fehlerkorrekturen) umfasst, muss das *„Strategy Backlog"* eine strukturierte Übersicht strategischer Problemstellungen sowie die zu deren Beantwortung zugehörige Fragestellungen transparent aufzeigen[605]. Das *„Strategy Backlog"* stellt somit das lebendige Herzstück einer dynamischen Auseinandersetzung mit strategischen Entscheidungen eines Unternehmens dar. Dabei werden die Einträge des *„Strategy Backlog"* kontinuierlich auf Basis des iterativen Erkenntnisgewinns aktualisiert, präzisiert und ergänzt. Da die Einträge des *„Strategy Backlog"* somit der Entscheidungs- sowie Strategiefähigkeit einer Unternehmung dienen, priorisiert der *„Strategy Owner"* diese in Zusammenarbeit mit dem Entwicklungsteam, um stets den größten Erkenntnisgewinn für seine Entscheidungen aus der iterativen Arbeit abzuleiten. Die visuelle Strukturierung des *„Strategy Backlog"* muss sich somit immer nach den individuellen Präferenzen des *„Strategy Owner"* richten, dessen Entscheidungsfähigkeit hergestellt werden soll. Demgegenüber obliegt dem Entwicklungsteam die jeweilige Aufwandsabschätzung zur Bearbeitung einer jeweiligen Problem- oder Fragestellung[606]. Um deren Fortschritt zum jeweiligen Sprintziel zu überwachen, erscheinen die Praktiken der Produktentwicklung aufgrund ihrer Generizität, wie bspw. *„Burn-down"*- oder *„Burn-up"*-Charts, als geeignet[607]. Abbildung 4-6 illustriert in Vorgriff auf die Teilkapitel 4.2 bis 4.4 eine exemplarische Strukturierung des *„Strategy Backlog"* und dessen Fortschrittsüberwachung zum nächsten Sprintziel. So bedarf es für eine strategische Reaktion auf eine ereignisbezogene Diskontinuität der Wahrnehmung von Veränderungsphänomenen und Problemstellungen des Umfelds, der Bewertung und Interpretation hieraus resultierender Implikationen und Hypothesen und schließlich der Ableitung von strategischen Handlungsoptionen zwecks Neupositionierung. Die Erledigung dieser Aufgaben und der hiermit assoziierten Aufwände für die Strategieentwicklung dienen schließlich der dynamischen Abschätzung des Fortschritts bei der strategischen Neupositionierung.

---

[604] vgl. Schwaber, Sutherland (2017), Scrum, S. 14

[605] vgl. Pichler (2010), Product Management, S. 47ff.; Schwaber, Sutherland (2017), Scrum, S. 15f.

[606] vgl. Deemer et al. (2010), Scrum Primer, S. 8

[607] vgl. Cervone (2011), Project Management, S. 21

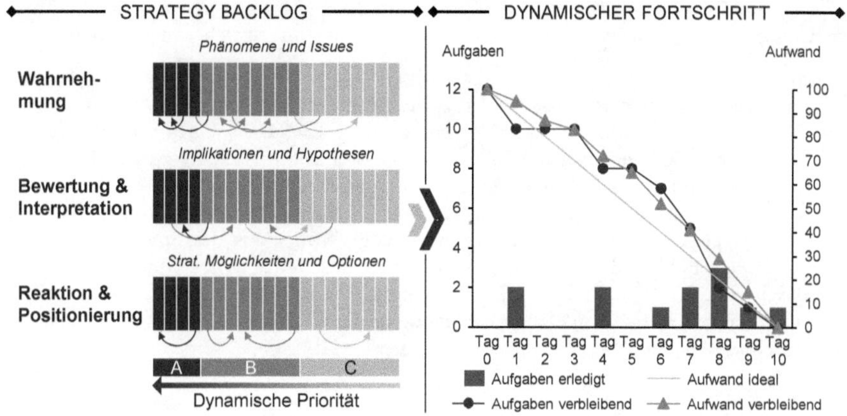

Abbildung 4-6: Exemplarische Strukturierung des Strategy Backlogs[608]

Sprintziel

In der Produktentwicklung manifestiert sich das Sprintziel durch ein kohärent funktionsfähiges Produktinkrement, welches durch die Implementierung des priorisierten *„Product Backlog"* erreicht wird[609]. Übertragen auf die Strategieentwicklung ergibt sich nach gleicher Mechanik ein Strategieinkrement. Während sich jedoch die Kohärenz eines Produktinkrements in dessen Funktionsfähigkeit widerspiegelt, bedarf es eines entsprechenden Pendants für ein Strategieinkrement. Wie im Rahmen von Teilkapitel 2.1 erläutert wurde, stellen Strategien die Gesamtheit von mehr oder minder bewusst getroffenen, strategischen Einzelentscheidungen dar, welche der Festlegung grundlegender Langfristziele eines Unternehmens dienen sowie den Weg zur Zielerreichung durch Ressourcenallokation aufzeigen[610]. Insofern wird analog der Funktionsfähigkeit eines Produktinkrements die Kohärenz eines Strategieinkrements durch die Fähigkeit zur strategischen Einzelentscheidung auf Basis eines gezielten Erkenntniszuwachses verstanden. Diese können somit im Rahmen der nachfolgend detaillierten Modelle der Methodik eine Vielzahl von Gestalten annehmen: bspw. die Formulierung einer strategischen Problemstellung durch Wahrnehmung und Interpretation von kontinuierlichen und diskontinuierlichen Veränderungsphänomenen des Umfelds (vgl. Unterkapitel 4.2.1 bis 4.2.4), das Annehmen oder Verwerfen strategischer (Aktions- bzw. Reaktions-) Möglichkeiten auf diese turbulenten Veränderungen (vgl. Unterkapitel 4.2.5 sowie 4.3.1) oder auch die Konkretisierung einer strategischen Positionierung in einem Innovations- oder Technologiefeld der Unternehmung (vgl. Unterkapitel 4.3.2 sowie 4.4.2). Letztlich ist das Sprintziel somit durch jene priorisierten Einträge des

---

608 i. A. a. Downey, Sutherland (2013), Scrum, S. 4873f.; Deemer et al. (2010), Scrum Primer, S. 13; Bibik (2018), Scrum, S. 28

609 vgl. Schwaber, Sutherland (2017), Scrum, S. 11

610 vgl. Chandler (1962), Strategy, S. 13

„Strategy Backlog" konstituiert, welche der Entscheider als *„Strategy Owner"* mit der für ihn (bzw. die Unternehmung) situativ wichtigsten und dringlichsten Einzelentscheidung verbindet.

Sprint Backlog
Das *„Sprint Backlog"* beschreibt das für den Sprint priorisierte Set von Einträgen des *„Product Backlog"* sowie das vom Team geplante Vorgehen, um das Produktinkrement zu realisieren[611]. Folglich werden im Rahmen der Adaption für die Strategieentwicklung zusätzlich zu den priorisierten Einträgen des *„Strategy Backlog"* die zur Realisierung des Strategieinkrements notwendigen Arbeitsschritte in das *„Sprint Backlog"* überführt. Dies können bspw. benötigte Analysen, Experten- oder Kundenbefragungen oder Workshops des Strategieteams mit relevanten Stakeholdern des Unternehmens sowie die hierfür eingesetzten Instrumente sein. Hierdurch können schließlich die Entwicklungsaufwände verfeinert und der jeweilige Fortschritt auch bei unvorhergesehenen Veränderungen und neuen Erkenntnissen in einem dynamisch-unsicheren Unternehmensumfeld transparent dargestellt werden[612].

4.1.4.3 Ereignisse

In der Scrum-Methodik stellt der Sprint eine Sammlung von Ereignissen dar, welche dazu dienen, die Kernprinzipien (Transparenz, Inspektion und Adaption) in vier formalen Gelegenheiten zu routinisieren: der Sprintplanung *(„Sprint Planning")*, der Aktualisierung täglich geplanter Aktivitäten *(„Daily Scrums")*, der Überprüfung der Sprintergebnisse *(„Sprint Review")* sowie der Reflexion des Sprints *(„Sprint Retrospective")*.[613] Da jedes der Ereignisse ein zweckorientiertes Zusammenwirken der zuvor adaptierten Rollen und Artefakte darstellt, können die Ereignisse der Produkt- für die Strategieentwicklung übernommen werden. Daher wird im Folgenden nur kurz der von SCHWABER, SUTHERLAND konzeptionierte Zweck eines jeweiligen Ereignisses skizziert.

Sprintplanung
Zweck der Sprintplanung ist es, das nächste Sprintziel zu definieren. Hierzu wird das von dem *„Strategy Owner"* priorisierte *„Strategy Backlog"* genutzt, um zusammen mit dem Entwicklungsteam die notwendigen Arbeiten zur Realisierung des Strategieinkrements zu planen[614].

Daily Scrums
Zweck der *„Daily Scrums"* ist es, die Kommunikation zu verbessern, die Diffusion von Wissen und neuen Erkenntnissen zu erhöhen und damit die Entscheidungsfindung im Team zu beschleunigen. Dabei kann das Ereignis sowohl die Form eines durch Leitfragen strukturierten Treffens annehmen als auch in einer freien Diskussion bestehen.[615]

Sprint Review
Zweck des *„Sprint Review"* ist es, das Strategieinkrement des vergangenen Sprints informell zu überprüfen, Feedback einzuholen und das *„Strategy Backlog"*, wenn nötig, an die neu

[611] vgl. Schwaber, Sutherland (2017), Scrum, S. 16; Pichler (2010), Product Management, S. 100

[612] vgl. Pettus et al. (2009), Change, S. 202f.

[613] vgl. Schwaber, Sutherland (2017), Scrum, S. 5

[614] vgl. Pichler (2010), Product Management, S. 98f.; Schwaber, Sutherland (2017), Scrum, S. 10f.

[615] vgl. Schwaber, Sutherland (2017), Scrum, S. 12; Pichler (2010), Product Management, S. 100

gewonnenen Erkenntnisse oder geänderte Situation des Unternehmens und des Umfelds anzupassen[616]. Damit steht am Ende eines Sprints, je nach Reife des Strategieprototyps (vgl. Unterkapitel 4.3.1, 4.3.2, 4.4.1 sowie 4.4.2), eine strategische Einzelentscheidung oder der weitere Klärungsbedarf, sodass der *„Strategy Owner"* diese auf Basis der aktuellen Situation (ggf. mit den anderen, entscheidungsrelevanten Stakeholdern im Unternehmen) treffen kann.[617]

Sprint Retrospektive
Zweck der *„Sprint Retrospektive"* ist es, die gemeinsame Anwendungserfahrung hinsichtlich von Personen, Beziehungen, Prozessen sowie Werkzeugen zu reflektieren. Hieraus werden kontinuierliche Verbesserungen abgeleitet, welche die Arbeit des Teams effektiver und angenehmer machen. Hierzu werden positive Aspekte sowie negative Erfahrungen und deren Verbesserungsmöglichkeiten geordnet und priorisiert, sodass sie im nächsten Sprint implementiert werden können.[618]

Steuerung und Organisation von Entwicklungssprints

Beispiel: Die Schneidwaren AG entwickelt, produziert und vertreibt Messer, Töpfe sowie andere küchennahe Produkte. Der Vertrieb der Produkte erfolgt dabei u. a. durch Kaufhäuser sowie eigene Geschäfte, welche im Zuge der Corona-Pandemie nur eingeschränkt geöffnet sind. Ausgehend von dieser Problemstellung gilt es, eine strategische Entscheidung zur Neuausrichtung der Vertriebskanäle zu treffen. Da neben einer Neuausrichtung der Vertriebskanäle weitere Problemstellungen bestehen, stellt diese nur einen Teil der strategischen Reaktion des Unternehmens und somit ein Strategieinkrement dar. Damit der *„Strategy Owner"* am Ende des Sprints entscheidungsfähig ist, gilt es sowohl Veränderungen des Kundenverhaltens als auch alternative Vertriebskanäle zu identifizieren und zu evaluieren sowie schließlich eine Entscheidungsvorlage vorzubereiten. Hierzu plant das Strategieteam u. a. eine Befragung der umsatzstärksten Kundensegmente sowie die Analyse bestehender und potenziell neuer *„Customer Touchpoints"* mit einem Fokus auf digitalen Kanälen.

4.1.5 Zwischenfazit: Die Charakterisierung als Bezugspunkt

Als erstes Modell der zu entwickelnden Methodik wurde im Rahmen von Teilkapitel 4.1 die Charakterisierung des Anwendungskontexts detailliert. Hierzu wurden die phasenspezifischen Aufgaben der Initiierung, Ausrichtung sowie Steuerung differenziert. Dabei erfolgt im Explorationsmodus die Initiierung und Ausrichtung der Methodik, während das Charakterisierungsmodell im Investigationsmodus die Steuerung der Methodik übernimmt.

Auf Basis des detaillierten Charakterisierungsmodells konnte somit die Leitfrage aus Teilkapitel 1.3 beantwortet werden, wie eine Initiierung und kontinuierliche Steuerung eines turbulenzinduzierten Strategieprozesses erfolgt. Da das Spektrum ereignisinduzierter Diskon-

---

616 vgl. Pichler (2010), Product Management, S. 101ff.; vgl. Schwaber, Sutherland (2017), Scrum, S. 13

617 vgl. Schwaber, Sutherland (2017), Scrum, S. 13

618 vgl. Schwaber, Sutherland (2017), Scrum, S. 14; Pichler (2010), Product Management, S. 103f.

tinuitäten unbegrenzt ist, bedarf es unter den spezifischen Anwendungsumständen einer Konkretisierung der betroffenen Geschäftsbereiche (vgl. Abschnitt 4.1.1.1). Erst hieran ist es möglich zu evaluieren, ob i. S. d. *„Critical Incident Technique"* ein ausreichend kritisches Ereignis vorliegt, welches einen Strategieprozess rechtfertigt (vgl. Abschnitt 4.1.1.2). So stellt sich erst bei Feststellung der Notwendigkeit die Frage, welche Methodik der Strategieentwicklung zugrunde gelegt werden sollte. Sollten ausreichend dynamische und unsichere Implikationen gegeben sein, wird ein Strategieteam formiert (vgl. Unterkapitel 4.1.2) und die grundlegenden Randbedingungen für die Strategiearbeit an einem normativen Bezugsrahmen erörtert (vgl. Abschnitt 4.1.3.1). Schließlich richtet eine Erstintuition die Methodik aus, um die Zeit- und Aufwandseffizienz der Methodikanwendung zu erhöhen (vgl. Abschnitt 4.1.3.2) und den kontinuierlich-iterativen Entwicklungsprozess zu beginnen. Dieser wird letztlich mithilfe von adaptierten Rollen, Artefakten sowie Ereignissen der Scrum-Methodik organisiert und fortlaufend gesteuert (vgl. Unterkapitel 4.1.4).

Zusammenfassend ist festzustellen, dass das Charakterisierungsmodell im Kontext der Entwicklung von Technologiestrategien sowohl eine relative als auch absolute Innovationshöhe besitzt. Im Gegensatz zu den Ansätzen des strategischen Managements verfügen die bestehende Ansätze aus dem Bereich des Technologiemanagements über keine Initiierungs- und Ausrichtungsmechanismen (vgl. Teilkapitel 2.6). Auch die grundsätzliche Frage nach der situativ sinnvollsten Entwicklungsmethodik verblieb bislang. Zudem findet sich mit der situativen Erstintuition ein neuer Mechanismus, der eine anwenderspezifische Individualisierung der bislang starren Strategieentwicklungsprozesse ermöglicht. Letztlich stellt auch die Adaption von Scrum als prozessuales Rückgrat der Strategieentwicklung eine Neuerung dar. So wurde mit der Adaption des *„Product Backlog & Increment"* auf einen Strategiekontext erstmals ein skalierbares Konzept zur Entwicklung von Strategieprototypen vorgestellt. Auf diesen konzeptionellen Gedanken aufbauend wird nachfolgend das Analysemodell detailliert.

4.2 Analyse der Unternehmung und ihres volatilen Umfeldes

Entsprechend der Konzeption des Analysemodells im Explorations- sowie Investigationsmodus aus Teilkapitel 3.4 gilt es, die Teilmodelle der Unternehmens- und Umfeldanalyse, der Vorausschau, der Synthese von strategischen Handlungsbedarfen sowie die Option Due Diligence und Turbulenzanalyse zu detaillieren. Abbildung 4-7 systematisiert die Analysen anhand ihres Betrachtungsbereichs und -horizonts auf drei miteinander verbundenen Ebenen: der Explorations-, Investigations- sowie Turbulenzebene. So dienen auf der Explorationsebene die Unternehmens- und Umfeldanalyse sowie Vorausschau der Ableitung strategischer Handlungsbedarfe. Auf der Investigationsebene dient die Option Due Diligence wiederum dazu, ausgehend von einer strategischen Handlungsmöglichkeit die verschiedenen Analysebereiche zu untersuchen. Die Turbulenzebene systematisiert und bewertet schließlich die wahrgenommenen Unsicherheiten und Dynamiken aus den Analysebereichen. Entsprechend dieser Reihenfolge werden nachfolgend die Teilmodelle des Analysemodells detailliert.

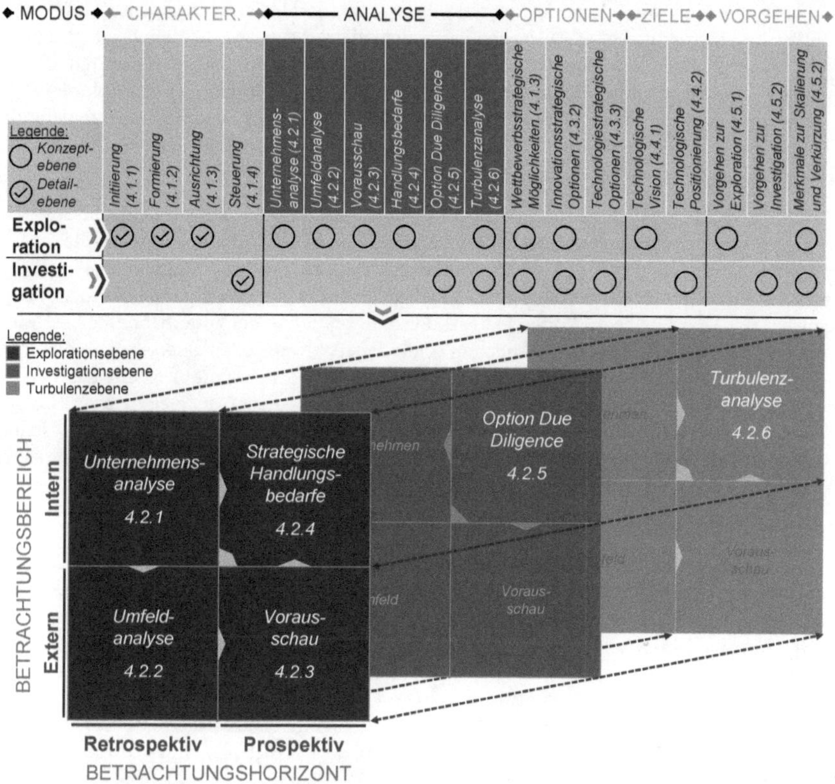

Abbildung 4-7: Struktur und Teilmodelle des Analysemodells

4.2.1 Analyse der Unternehmung

Allgemein besitzt die Unternehmensanalyse im strategischen Management die Aufgabe, ein möglichst objektives Bild der Stärken und Schwächen einer Unternehmung aufzuzeigen. Hierzu werden klassische, finanzielle, wertorientierte sowie ressourcen- und kompetenzorientierte Ansätze differenziert.[619] Aufgrund des im Technologiemanagement dominanten RBV finden jedoch insbesondere die Letzteren Anwendung im Kontext der Entwicklung von Technologiestrategien[620]. Dabei gilt es, gestützt von dem inhärenten Paradigma der Ressourcenheterogenität, die unternehmensspezifische Konfiguration von Ressourcen, Fähigkeiten

[619] vgl. Welge et al. (2017), Management, S. 360; Hungenberg (2014), Management, S. 145ff.

[620] vgl. Schulte-Gehrmann et al. (2011), Technologiestrategie, S. 57ff.

und Kompetenzen sowie deren wettbewerbsstrategisches Potenzial festzustellen[621]. Im vorliegenden Kontext ist es jedoch ausgehend von dem Betrachtungsbereich einer ereignisinduzierten Turbulenz (vgl. Teilkapitel 2.5) das Ziel der Unternehmensanalyse, die unmittelbaren Implikationen einer Diskontinuität auf die Verfassung des Unternehmens zu explorieren[622]. Die Kenntnis über die gegenwärtige Ressourcenkonfiguration sowie das resultierende Stärken-/Schwächen-Profil der Unternehmung wird somit – optimalerweise in explizit dokumentierter Form – vorausgesetzt[623].

Durch die Differenzierung eines holistischen top-down sowie eines inkrementalen bottom-up Prinzips können zwei komplementäre Ansatzpunkte für die Analyse der Unternehmung gefunden werden: eine Makro- sowie eine Mikrokonfiguration des Unternehmens[624]. Während das Unternehmen auf Makroebene ganzheitlich und abstrakt dargestellt werden kann, kann auf der Mikroebene die konkrete Ressourcenkonfiguration der Unternehmung beschrieben werden. Durch parallele Untersuchung beider Perspektiven sollen einerseits komplementäre Erkenntnisse über die Implikationen der ereignisbezogenen Turbulenz für das Unternehmen gewonnen und andererseits eine Balance der notwendigen Analysetiefe zwecks Zeit- und Aufwandseffizienz erzielt werden. Dem Prinzip *„vom Groben zum Detail"* der Systemtechnik folgend (vgl. Unterkapitel 3.2.2) sollte die Makrokonfiguration zunächst analysiert, betrachtet und detailliert werden[625].

4.2.1.1 Analyse der Makrokonfiguration des Unternehmens

Um die aufgetretene Diskontinuität hinsichtlich ihrer Implikationen für die Unternehmung zu analysieren, bietet sich zur systematischen Untersuchung ein Ordnungsrahmen an[626]. Im Kontext der Makrokonfiguration sollte dieser die Unternehmung auf einer übergreifenden Ebene abstrakt strukturieren, um die Mikrokonfiguration von konkreten Ressourcen und Kompetenzen in einen ganzheitlicheren Zusammenhang einzubetten. Bezogen auf die klassischen, finanziellen und wertorientierten Ansätze zur Identifikation von Stärken und Schwächen finden sich vornehmlich Analysen von Funktionsbereichen, Produktprogrammen, finanziellen Kennzahlsystemen sowie prozessualen Geschäftssystemen und internen Wertketten[627]. Wenngleich diese etablierten Analysen dazu geeignet sind, konkrete Stärken und Schwächen zu identifizieren, so betrachten sie für sich nur Teilausschnitte eines Unternehmens und sind somit ungeeignet, um die Implikationen einer ereignisinduzierten Turbulenz ganzheitlich auf ein Unternehmen zu explorieren. Vielmehr bedarf es der abstrakten Reflexion einer erschöpflichen Menge von organisatorischen Gestaltungsdimensionen eines Unternehmens (wie bspw. Aufbau- und Ablaufstrukturen), aus welcher

---

621 vgl. Penrose (2009), Growth, S. 66ff.; Rüegg-Stürm (2009), Management-Modell, S. 84f.

622 Im Folgenden wird der Begriff des Unternehmens bzw. der Unternehmung synonym mit dem definierten und zu fokussierenden internen Betrachtungsbereich aus dem Charakterisierungsmodell genutzt (vgl. Abschnitt 4.1.1.1).

623 vgl. Welge et al. (2017), Management, S. 416f.; Pümpin (1992), Erfolgspositionen, S. 105; Achtenhagen, Sahl (2012), Situation, S. 5

624 vgl. Müller-Stewens, Lechner (2016), Management, S. 63

625 vgl. Haberfellner (2012), Systems Engineering, S. 46f.

626 vgl. Meise (2001), Ordnungsrahmen, S. 61ff.

627 vgl. Welge et al. (2017), Management, S. 362ff.; Hungenberg (2014), Management, S. 145ff.

retrospektiv durch Pfadabhängigkeit (bspw. infolge von Investitionsentscheidungen für Maschinen und Anlagen) die gegenwärtige Verfassung der Unternehmung resultiert. Während normative Entscheidungen den unternehmerischen Rahmen aufspannen und strategische Entscheidungen die zukünftige Entwicklungsrichtung einer Unternehmung determinieren, manifestieren sich deren Konsequenzen zwangsläufig auf operativer Ebene[628]. Gemäß dem bekannten Zitat von CHANDLER *„structure follows strategy“* muss die Ausgestaltung der Organisation die strategische Entwicklungsrichtung bestmöglich unterstützen[629]. Dabei stellen Geschäfts- und Organisationsmodelle die klassischen Bindeglieder zwischen der strategischen und operativen Ebene dar[630]. Insbesondere für die Ausgestaltung der Organisation (*„Organization Design“*) existiert in Wissenschaft und Praxis eine Vielzahl von Modellen, welche versuchen, organisatorische Entscheidungsdimensionen ganzheitlich zu beschreiben sowie teilweise deren Zusammenwirken in Hinblick auf die individuelle und organisatorische Leistungsfähigkeit (*„Performance“*) zu erklären. Modelle der Organisationsgestaltung erscheinen somit als geeigneter Ordnungsrahmen, um die Implikationen einer ereignisinduzierten Turbulenz auf die gegenwärtige Stärken-/Schwächen-Verfassung des Unternehmens systematisch zu untersuchen. Anhang 2 strukturiert daher etablierte Modelle der Organisationsgestaltung anhand der von ihnen vorgesehenen Gestaltungsdimensionen.

Während sich alle sechs in Anhang 2 dargestellten Modelle durch einen hohen Praxisbezug auszeichnen, ist das in der Praxis wohl bekannteste Modell das 7S-Modell nach WATERMAN, PETERS ET AL. (auch bekannt als McKinsey 7S-Modell)[631]. Da es gleichzeitig zu den ersten Modellen dieser Art zählt, finden sich die 7S in ähnlicher Form auch in den neueren Modellen wieder. Zu den Stärken des 7S-Modells zählt insbesondere die klare Darstellung wichtiger Organisationsvariablen sowie deren Zusammenhänge, welche ein Unternehmen über bewusste Entscheidungen ausgestalten muss. Demgegenüber wird an dem 7S-Modell vor allem kritisiert, dass es keinerlei unternehmensexterne und leistungsbezogene Variablen enthält.[632] Da unternehmensexterne Einflüsse explizit im Rahmen der Umfeldanalyse und Vorausschau untersucht werden und es vorliegend nicht darum geht, die Leistungsfähigkeit einer Organisation zu erklären oder ihren organisationalen Wandel anhand des Modells zu managen, erscheint das 7S-Modell zur Diagnose turbulenzinduzierter Implikationen als geeignet.

Das 7S-Modell nach WATERMAN, PETERS ET AL. wurde entwickelt, um Gründe für organisatorische Probleme zu diagnostizieren und hierfür Verbesserungsprogramme zu formulieren. Dabei differenziert das Modell sieben Faktoren einer effektiven Organisation, welche es aufgrund ihrer Wechselwirkungen im Rahmen der Organisationsgestaltung aufeinander abzustimmen gilt (vgl. Tabelle 4-1).

---

628 vgl. Bleicher (1991), Organisation, S. 4ff.; Rüegg-Stürm, Grand (2017), Management-Modell, S. 180ff.; Rüegg-Stürm (2009), Management-Modell, S. 113ff.; Bleicher (2017), Management, S. 79

629 vgl. Chandler (1962), Strategy, S. 314; Fjeldstad, Snow (2018), Business Models, S. 35f.; Kates, Galbraith (2007), Organization, S. 2f.

630 vgl. Eckert (2018), Echtzeitunternehmen, S. 122

631 vgl. Galli (2018), Change, S. 125

632 vgl. Burke, Litwin (1992), Causal Model, S. 524

Tabelle 4-1: Faktoren des 7S-Modells[633]

	Faktor	Erläuterung
Hart	Struktur	Strukturen teilen und koordinieren die Aufgaben eines Unternehmens
Hart	Strategie	Strategie umfasst alle Aktionen in Reaktion oder Antizipation einer Veränderung des Umfelds
Hart	Systeme	Systeme umfassen alle formalen sowie informalen Prozeduren des Unternehmens
Weich	Stil	Stil reflektiert sowohl den Führungsstil als auch die Kultur des Unternehmens
Weich	Mitarbeiter	Mitarbeiter zeichnen sich durch Motivation sowie Verhalten aus und werden durch bspw. Anreizsysteme oder Trainingsprogramme von einem Unternehmen (weiter-) entwickelt
Weich	Fertigkeiten	Fertigkeiten bezeichnen die charakteristischen Kompetenzen und Fähigkeiten eines Unternehmens
Weich	Übergeordnete Ziele	Übergeordnete Ziele umfassen nicht nur die formalen Unternehmensziele, sondern die Leitkonzepte von Werten und Ambitionen

Anhand der abstrakten Darstellung des 7S-Modells können entweder Stärken und Schwächen eines Unternehmens erstmals abgeleitet (vgl. dazu den Ansatz von PILLKAHN) oder die Auswirkungen und resultierenden Implikationen einer ereignisbezogenen Turbulenz für das Unternehmen systematisch untersucht werden[634]. Das Augenmerk der vorliegenden Arbeit liegt auf dem Letzteren. Hierzu wird der jeweilige Turbulenzimpuls einzeln den unternehmensspezifischen Konfigurationen der sieben Faktoren gegenübergestellt. Dabei gilt es zunächst zu untersuchen, ob eine sachlogische Verbindung existiert, infolge derer eine Auswirkung auf die Faktorkonfiguration des Unternehmens resultiert. Liegt eine Verbindung und somit eine grundsätzliche Auswirkung vor, muss dies nicht zwangsläufig bedeuten, dass hieraus eine Veränderung resultiert und Implikationen für ein Unternehmen folgen. Daher ist qualitativ zu evaluieren, wie groß die Auswirkungen einer ereignisinduzierten Turbulenz auf die Faktorkonfiguration der Unternehmung sind. Sind signifikante Auswirkungen festzustellen, so kann schließlich reflektiert werden, welche Implikationen die Veränderungen der Diskontinuität für das Unternehmen besitzt. Da die Signifikanz von Auswirkungen vor dem jeweiligen Unternehmenskontext zu bewerten ist (bspw. der Anteil am Umsatz oder Anteil von betroffener Wertschöpfung etc.), bedarf es hierzu einer Abstimmung der involvierten Entscheider und Strategen, sodass ein gemeinsamer Bewertungskontext vorliegt.

---

[633] vgl. Waterman et al. (1980), Structure, S. 18

[634] vgl. Pillkahn (2008), Scenarios, S. 245ff.

Mit Blick auf das Ziel der Unternehmensanalyse sind zwei Fälle von Implikationen zu differenzieren: bestehende sowie neue Stärken und Schwächen. Einerseits können sich bestehende Stärken und Schwächen, die sich aus den jeweiligen Faktorkonfigurationen ableiten, durch die Auswirkungen der Diskontinuität in ihrer Bewertung verändert haben. Andererseits können sich auch im Angesicht der geänderten Randbedingungen die jeweiligen Faktorkonfigurationen als neue Stärken und Schwächen herausstellen. Als Vergleichs- und Bewertungsmöglichkeiten differenzieren WELGE, AL-LAHAM ET AL. drei Möglichkeiten: den Wettbewerbs- (hinsichtlich eigener Potenziale und derer der direkten Konkurrenz), den branchenübergreifenden (hinsichtlich der Potenziale branchenfremder *„Best-Practices"* aus einem Benchmarking) sowie den kundenorientierten Vergleich (hinsichtlich eigener Potenziale für kaufentscheidende Faktoren)[635]. Aufgrund des Aufwands von Benchmarkings erscheinen der Wettbewerbs- sowie kundenorientierte Vergleich als zielführender für die vorliegende Arbeit[636]. Dabei können die Vergleiche entweder qualitativ, wie bei HUNGENBERG, oder quantitativ, wie bei WELGE, AL-LAHAM ET AL., erfolgen[637]. Da es keinen mängelfreien und objektiven Vergleichsmaßstab gibt, wird auf Basis des geringeren Aufwandes der einfachere Vergleich von HUNGENBERG gewählt, um die subjektiven Wertungen des Top Managements zu harmonisieren[638]. Abbildung 4-8 illustriert die Veränderungen in den Gestaltungsdimensionen des 7S-Modells infolge einer ereignisinduzierten Turbulenz. Die hieraus resultierenden Implikationen führen schließlich zu Veränderungen von Leistungspotenzialen (bspw. der ausgeprägten Branchenkenntnis infolge einer langen Betriebszugehörigkeit) der Unternehmung.

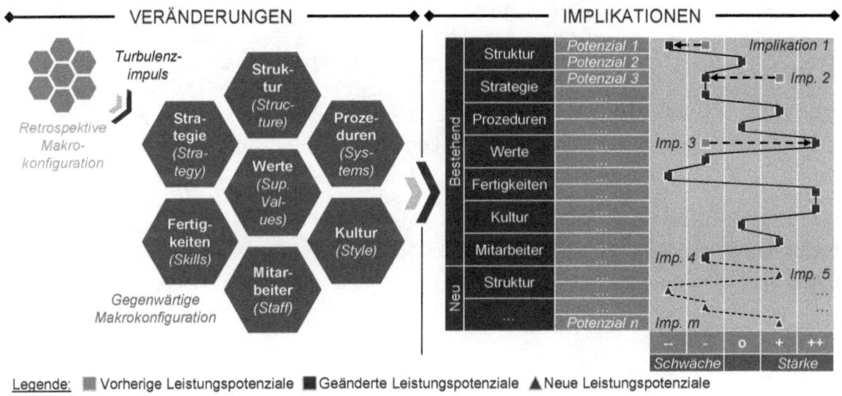

Abbildung 4-8: Analyse der Makrokonfiguration der Unternehmung[639]

---

[635] vgl. Welge et al. (2017), Management, S. 406

[636] vgl. Swift et al. (1995), Benchmarking, S. 45

[637] vgl. Hungenberg (2014), Management, S. 161; Welge et al. (2017), Management, S. 417

[638] vgl. Ulrich (1990), Unternehmungspolitik, S. 62

[639] i. A. a. Waterman et al. (1980), Structure, S. 18; Hungenberg (2014), Management, S. 161; Pümpin (1992), Erfolgspositionen, S. 105

4.2.1.2 Analyse der Mikrokonfiguration des Unternehmens

Nachdem auf Ebene der Makrokonfiguration Implikationen hinsichtlich der ereignisinduzierten Auswirkungen auf das Stärken-/Schwächen-Profil analysiert wurden, komplementiert und detailliert die Analyse der Mikrokonfiguration das Stärken-/Schwächen-Profil um Veränderungen der strategischen Relevanz in der konkreten Ressourcenbasis des Unternehmens. Damit dient die Untersuchung der Mikrokonfiguration einer Unternehmung gleichzeitig dazu, deren Fähigkeit anhand ihrer spezifischen Ressourcenkonfiguration kritisch zu reflektieren, eine zukünftige Positionierung im Umfeld einzunehmen.[640].

Aufgrund der traditionellen Fundierung des Technologiemanagements im RBV spielt die Untersuchung der Ressourcenkonfiguration einer Unternehmung eine zentrale Rolle bei der Entwicklung von Technologiestrategien[641]. Dementsprechend existieren zur Analyse der Ressourcenbasis eine Vielzahl verschiedener Ansätze, die jedoch im Kern ein ähnliches Vorgehen verfolgen. Dabei ist jedoch i. d. R. die Aufnahme und Analyse der Ressourcenbasis nur Mittel zum Zweck, um Kompetenzen sowie schließlich Kernkompetenzen eines Unternehmens zu identifizieren.[642] Es liegt somit der Schluss nahe, dass die Modelle der Kernkompetenzanalyse den methodischen Rahmen für die Analyse der Mikrokonfiguration darstellen.

Im Rahmen der vorliegenden Arbeit wird an dieser Stelle die Kernkompetenzanalyse nach VON MANGOLDT und SCHUH als konzeptionelle Grundlage gewählt, da sie einerseits wert- und ressourcenorientierte Ansätze der Unternehmensanalyse integrieren sowie andererseits hinsichtlich ihrer effektiven und effizienten Anwendung in der industriellen Praxis validiert ist[643]. Entgegen der ursprünglich konzeptionierten, erstmaligen Anwendung gilt es im Rahmen der vorliegenden Arbeit, die initiale Kernkompetenzanalyse zu nutzen, um die Auswirkungen einer ereignisinduzierten Turbulenz auf die Mikrokonfiguration der Unternehmung zu evaluieren und Implikationen hieraus zu reflektieren. Daher sind insbesondere diejenigen Modelle der Kernkompetenzanalyse nach VON MANGOLDT und SCHUH von Interesse, welche der inhaltlichen Erarbeitung der Ressourcenkonfiguration dienen und auf Veränderungen geprüft werden können. Dies sind vor allem die Wertkette nach PORTER sowie die technologische Basis nach VON MANGOLDT und SCHUH, in welcher sich abrupte Veränderungen im Rahmen einer Diskontinuität ergeben können. Abbildung 4-9 illustriert die Segmentierung der Wertkette in vertikale Primäraktivitäten und horizontale Unterstützungsaktivitäten sowie die Strukturierung der (technologischen) Ressourcenbasis in Technologien, Prozesse und sonstige Ressourcen.

---

[640] vgl. Innerhofer (2012), Strategische Innovationen, S. 99f.

[641] vgl. Schulte-Gehrmann et al. (2011), Technologiestrategie, S. 57; Binder, Kantowsky (1996), Technologiepotentiale, S. 27ff.

[642] vgl. Rosier (2006), Technologieentwicklung, S. 39ff.; Breuer (2006), Technologieplattformen, S. 26ff.

[643] vgl. Mangoldt (2018), Diversifikation, S. 133ff.; Schuh et al. (2015), Technological Competences, S. 2069ff.; Schuh et al. (2014), Technologieplanung, S. 58ff.; Welge et al. (2017), Management, S. 360f.

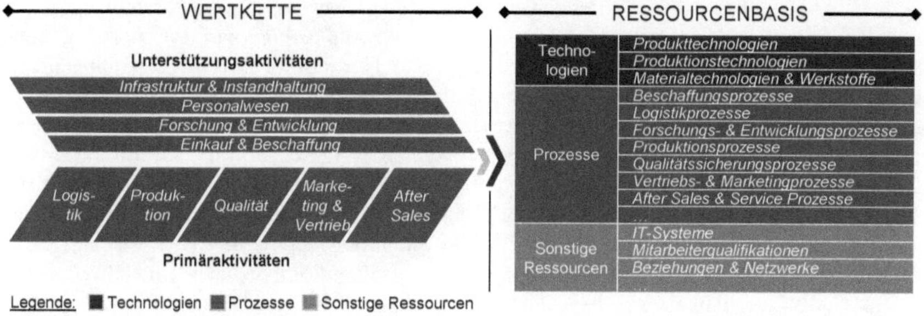

Abbildung 4-9: Wertkette und morphologischer Kasten zur Aufnahme der Ressourcenbasis der Unternehmung[644]

Weiterhin kann sich durch eine ereignisinduzierte Turbulenz insbesondere der (interne und/oder externe) Bewertungskontext verändert haben[645]. Eine Überprüfung der resultierenden Ressourcen- bzw. Kompetenzhierarchie aus dem Bewertungsportfolio ist somit sinnvoll. VON MANGOLDT überspringt diesen Schritt jedoch implizit, indem er zwecks Diversifikation die evaluierten Ressourcenbündel direkt zur Beschreibung der technologischen Kompetenzen nutzt und diese in das wertkettenorientierte Kompetenzprofil mit drei Systemebenen (Technologie, Prozess, Produkt) überträgt[646].

Eine Ressourcen- bzw. Kompetenzhierarchie wird von JAVIDAN anhand von Ressourcen, Fähigkeiten, Kompetenzen sowie Kernkompetenzen beschrieben[647]. Weiterhin wird im Rahmen der Dynamic Capabilities zwischen vier organisationalen Fähigkeitsebenen unterschieden: Produktionsfaktoren (Ebene null), Ressourcen (Ebene eins), Fähigkeiten oder Kompetenzen (Ebene zwei) sowie dynamischen Fähigkeiten (Ebene drei)[648].

Da für eine integrierte Entwicklung von Wettbewerbs-, Innovations- sowie Technologiestrategien sowohl die technologische als auch organisationale Mikrokonfiguration von Relevanz ist, werden die beiden dargestellten Hierarchisierungen harmonisiert. Hierzu wird die generische Hierarchie von JAVIDAN zugrunde gelegt. Auf unterer Ebene finden sich die im morphologischen Kasten aufgenommenen Ressourcen (technologisch, prozessual, sonstige). Durch Bündelung folgen auf der nächsten Ebene organisationale sowie technologische Fähigkeiten. Dabei werden technologische Fähigkeiten i. d. R. in Technologiefeldern gebündelt (vgl. Unterkapitel 4.3.3). Definitionsgemäß folgen auf der übergeordneten

---

[644] i. A. a. Porter (1998), Competitive Advantage, S. 46; vgl. Mangoldt (2018), Diversifikation, S. 140; Schuh et al. (2015), Technological Competences, S. 2074; Schuh et al. (2013), Diversification, S. 2349; Schuh et al. (2022), Iterative Analysis, S. 7

[645] vgl. Schuh et al. (2011), Grundlagen, S. 39f.

[646] vgl. Mangoldt (2018), Diversifikation, S. 156

[647] vgl. Javidan (1998), Core Competence, S. 62

[648] vgl. Fellner (2010), Strategic Flexibility, S. 50; Winter (2003), Dynamic Capabilities, S. 991ff.; Wang, Ahmed (2007), Dynamic Capabilities, S. 35ff.

Ebene durch Herstellen eines wertorientierten Anwendungszusammenhangs die Kompetenzen (vgl. Abschnitt 2.1.2.2). Diese können sowohl technologisch als auch organisatorisch sein. Auf nächster Ebene differenziert BARNEY Kernkompetenzen von Kompetenzen mittels des VRIO-Schemas[649], welches auch dem Portfolioansatz nach VON MANGOLDT zugrunde liegt[650]. Schließlich folgen die dynamischen Fähigkeiten. Jedoch bilden sich diese nicht analog der vorherigen Logik durch sukzessive Aggregation (Verknüpfung sowie Evaluation) und sind an sich keine Quelle von Wettbewerbsvorteilen. Vielmehr ermöglichen dynamische Fähigkeiten mittels Absorption sowie Adaption den ständigen Aufbau neuer Wettbewerbsvorteile (vgl. Abschnitt 2.1.2.3). Im Sinne der hierarchisierten Darstellung von Ressourcen, Fähigkeiten sowie Kompetenzen und Kernkompetenzen sind dynamische Fähigkeiten somit nicht als weitere Ebene zu begreifen, sondern als Einhüllende, welche eine effektive und effiziente Rekonfiguration der restlichen Ebenen ermöglicht. Abbildung 4-10 illustriert die erläuterte Struktur zur Aggregation der aufgenommenen Technologien, Prozesse und Ressourcen zu Fähigkeiten, Kompetenzen und Kernkompetenzen.

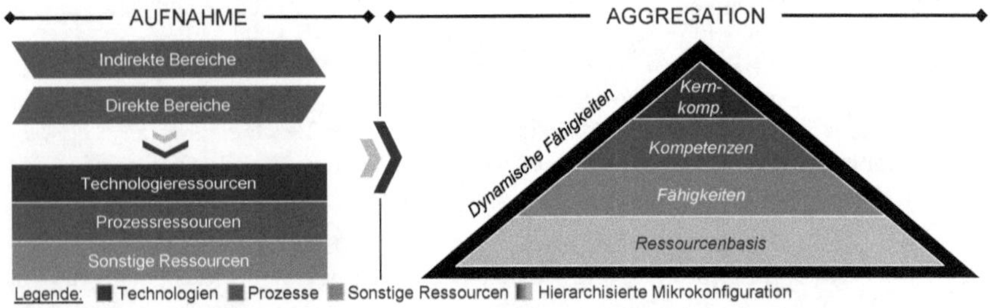

Abbildung 4-10: Aggregation der aufgenommenen Ressourcenbasis und Strukturierung der Mikrokonfiguration des Unternehmens[651]

Nachdem die Elemente und Struktur der Mikrokonfiguration detailliert wurden, lassen sich die Auswirkungen einer ereignisinduzierten Turbulenz hieran untersuchen und deren Implikationen reflektieren. Hierzu wird, analog zu der Analyse der Makrokonfiguration, der Turbulenzimpuls den jeweiligen Elementen der Mikrokonfiguration gegenübergestellt, untersucht, ob eine Verbindung und somit eine Auswirkung vorliegt, diese qualitativ evaluiert und im Fall einer signifikanten Auswirkung deren Implikationen reflektiert (vgl. Abschnitt 4.2.1.1). Da die Mikrokonfiguration somit im Vergleich zur Makrokonfiguration eine

---

649 Das VRIO-Schema beschreibt Leitfragen nach Eigenschaften, mithilfe derer die strategische Relevanz von Ressourcen und Fähigkeiten evaluiert wird: wertvoll *(„valuable")*, selten *(„rare")*, nicht imitierbar *(„not imitable")*, organisiert *(„organized")*. Demgegenüber beschreibt das VRINE-Schema ebenfalls die nicht Substituierbarkeit *(„non-substitutability")* und Verwertbarkeit *(„exploitability")*. Hierzu vgl. Barney (1995), Inside, S. 50ff.; Müller-Stewens, Lechner (2016), Management, S. 207

650 vgl. Mangoldt (2018), Diversifikation, S. 145f.

651 i. A. a. Javidan (1998), Core Competence, S. 62; Rosier (2006), Technologieentwicklung, S. 79; Breuer (2006), Technologieplattformen, S. 53; Fellner (2010), Strategic Flexibility, S. 50; Schuh et al. (2022), Iterative Analysis, S. 7

detailliertere wenngleich spezifischere Aussage über die Leistungspotenziale einer Unternehmung zulässt, resultieren die gleichen abstrakten Fälle theoretisch möglicher Implikationen: Einerseits können durch die turbulenzinduzierten Veränderungen neue Leistungspotenziale hervortreten oder bestehende sich in ihrer Bewertung ändern. Jedoch erscheint es im ersten Fall deutlich realistischer, dass neue Schwächen anstelle neuer Stärken erkannt werden, da Leistungspotenziale i. d. R. das Ergebnis eines gezielten Auf- und Ausbaus der Ressourcenbasis sind[652]. Im zweiten Fall erscheinen beide Möglichkeiten realistisch, da bestehende Kompetenzen und Fähigkeiten durch die Auswirkungen der geänderten Rahmenbedingungen an strategischer Relevanz gewinnen oder verlieren können. Bspw. beschreibt LEONARD-BARTON in diesem Zusammenhang unter dem Begriff der *„Core Rigidities"*, dass auch bestehende Kernkompetenzen zu Schwächen werden können, indem sie die Innovation und notwendigen organisationalen Wandel behindern können[653]. GILBERT differenziert hinsichtlich dieser *„Core Rigidities"* weiterhin *„Resource Rigidities"* (bezogen auf Investitionen in Ressourcen) von *„Routine Rigidities"* (bezogen auf organisationale Prozesse, welche die Ressourcen nutzen)[654]. Durch die Analyse der Mikrokonfiguration der Unternehmung ergibt sich somit ein differenziertes Bild der turbulenzinduzierten Auswirkungen in resultierenden Implikationen. Abbildung 4-11 illustriert die turbulenzinduzierten Veränderungen in der Mirkokonfiguration, anhand deren Implikationen die Leistungspotenziale in Form von Stärken und Schwächen für die Formulierung einer strategischen Neuausrichtung aktualisiert werden müssen.

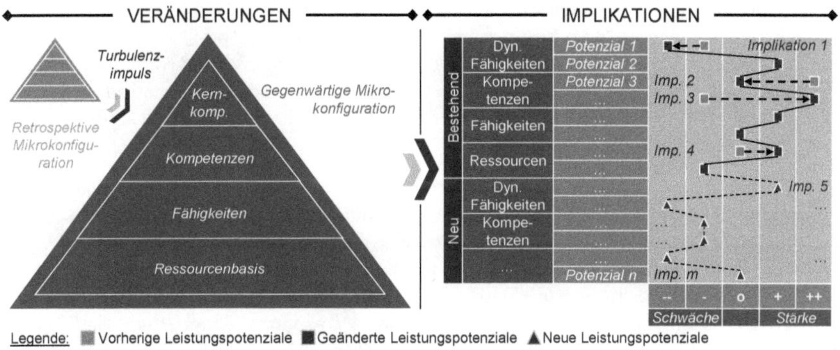

Abbildung 4-11: Analyse der Mikrokonfiguration der Unternehmung[655]

652 vgl. Pümpin (1992), Erfolgspositionen, S. 38f.; Welge et al. (2017), Management, S. 416f.

653 vgl. Leonard-Barton (1992), Core Rigidities, S. 122f.

654 vgl. Gilbert (2005), Inertia, S. 741

655 i. A. a. Javidan (1998), Core Competence, S. 62; Hungenberg (2014), Management, S. 161; Pümpin (1992), Erfolgspositionen, S. 105

Implikationen aus der Analyse der Unternehmung

Beispiel: Die Energieversorger AG wandelt und verteilt Energie. Katalysiert durch die Reaktorkatastrophe von Fukushima (2011) ergeben sich infolge der Energiewende signifikante Verschiebungen in der Makro- und Mikrokonfiguration des Unternehmens. So verlieren bspw. durch den Atomausstieg der Bundesregierung die bestehenden AKW in der Ressourcenbasis langfristig an Leistungspotenzial. Demgegenüber impliziert der notwendige Rückbau der AKW, dass bestehende Fähigkeiten und Kompetenzen aus dem Betrieb dieser ebenfalls für deren Rückbau gehebelt werden können. Basierend auf dem historisch stark anorganischen Wachstum des Unternehmens gewinnen die dynamischen Fähigkeiten zur Restrukturierung an Leistungspotenzial, sodass mittels *„Carve-outs"* und M&A eine strategisch-strukturelle Neuausrichtung realisiert werden kann[656].

4.2.1.3 Synthese des turbulenzreflektierten Fähigkeitsprofils der Unternehmung

Nachdem separat analysiert wurde, welche Implikationen die ereignisinduzierte Turbulenz auf die Makro- sowie Mikrokonfiguration der Unternehmung und somit auf deren Stärken-/ Schwächen-Profil besitzt, ist eine Konsolidierung beider Abstraktionsebenen zwecks Verbesserung der Anwendbarkeit sinnvoll (vgl. Unterkapitel 3.1.1). Dabei veranschaulicht ein Großteil der bestehenden Ansätze das Stärken-/Schwächen-Profil anhand der Wertkette[657]. VON MANGOLDT begründet die Darstellung seines Kompetenzprofils entlang der Wertkette u. a. damit, dass das Modell der Wertkette zur Strukturierung und Organisation von Wertschöpfungsprozessen in Industrieunternehmen weitverbreitet ist und somit die Anwenderfreundlichkeit erhöht[658]. Auch spricht für eine Synthese des Unternehmensprofils entlang der Wertkette, dass eine strategische Möglichkeit hinsichtlich ihrer Realisierbarkeit durch die Unternehmung differenziert anhand der Fähigkeiten der jeweiligen Geschäftsfunktionen evaluiert werden kann (vgl. Unterkapitel 4.3.1).

Zur Konsolidierung des aktualisierten Unternehmensprofils werden daher die strukturierten Leistungspotenziale in Form der evaluierten Stärken und Schwächen den Geschäftsfunktionen der Wertkette zugeordnet. Da Strategie als bewusste Entscheidung einer Unternehmung hinsichtlich von *„Trade-offs"* verstanden werden kann, ist es dabei möglich, dass ein Leistungspotenzial gleichzeitig die Stärke einer Geschäftsfunktion und die Schwäche einer anderen Geschäftsfunktion ist[659]. Bspw. könnte eine von äußerster Sorgfalt geprägte Unternehmenskultur eine Stärke des Geschäftsbereichs *„Qualität"* und gleichzeitig eine Schwäche des Geschäftsbereichs *„Marketing & Vertrieb"* darstellen, wenn die gewohnte Sorgfalt das Aufgreifen schnelllebiger Trends behindert. Weiterhin ist es ebenfalls möglich, dass gewisse Leistungspotenziale keiner Geschäftsfunktion eindeutig zugeordnet werden können oder eine Vielzahl von Geschäftsfunktionen betreffen. Dies ist insbesondere im Fall von dynamischen Fähigkeiten denkbar, wenn Lern- und Rekonfigurationsfähigkeiten unternehmensweite Gel-

---

656 *„Carve-out"* bezeichnet die Abspaltung von Unternehmensteilen. Hierzu vgl. Hundt (2018), Stichwort: Carve-Out

657 vgl. Welge et al. (2017), Management, S. 416; Hungenberg (2014), Management, S. 161

658 vgl. Mangoldt (2018), Diversifikation, S. 152

659 vgl. Porter (1996), What Is Strategy, S. 68

tung besitzen[660]. Es wird daher in der Synthese des Unternehmensprofils ein allgemeiner, funktionsunspezifischer Bereich ergänzt. Abbildung 4-12 veranschaulicht die Zusammenfassung des turbulenzaktualisierten Stärken-/Schwächen-Profils auf Basis der Mikro- und Makrokonfiguration der Unternehmung. Die Strukturierung entlang von Funktionsbereichen unterstützt dabei die nachfolgende Generierung und Evaluation von strategischen Möglichkeiten (vgl. Unterkapitel 4.3.1) sowie die Überprüfung von Positionierungshypothesen der Option Due Diligence (vgl. Unterkapitel 4.2.5).

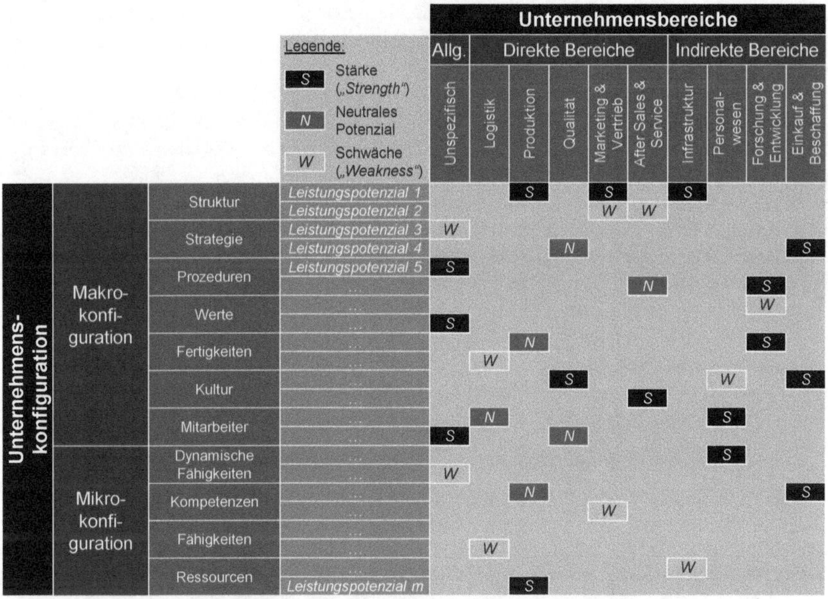

Abbildung 4-12: Synthese des Analyseprofils aus Makro- und Mikrokonfiguration[661]

4.2.2 Analyse des Umfelds

Die Aufgabe der Umfeldanalyse ist es, systemische Veränderungen des unternehmensexternen Kontextes wahrzunehmen sowie deren Implikationen für die Unternehmung zu reflektieren und zu interpretieren, um resultierende Opportunitäten sowie Bedrohungen in die strategische Entscheidungsfindung einzubinden[662]. Der externen Analyse als Informa-

660 vgl. Hutterer (2013), Dynamic Capabilities, S. 202

661 i. A. a. Porter (1998), Competitive Advantage, S. 46; Waterman et al. (1980), Structure, S. 18; Javidan (1998), Core Competence, S. 62; Fellner (2010), Strategic Flexibility, S. 50

662 vgl. Rüegg-Stürm, Grand (2017), Management-Modell, S. 75ff.; vgl. Rüegg-Stürm (2009), Management-Modell, S. 87f.; vgl. Rothärmel (2017), Strategic Management, S. 517; vgl. Hitt et al. (2009), Strategic Management, S. 48

tionsbasis kommt somit im Kontext eines turbulenten Unternehmensumfelds eine erfolgsentscheidende Bedeutung für den Wettbewerb um Innovationschancen zu[663].

Während der interne Betrachtungsbereich der zuvor beschriebenen Unternehmensanalyse per se durch die sozio-ökonomischen Systemgrenzen der Unternehmung beschränkt ist, ist der externe Betrachtungsbereich des Umfelds potenziell unbegrenzt[664]. Daher gilt es im Rahmen der Umfeldanalyse, zunächst die für das Unternehmen relevanten Systeme und Elemente im Umfeld zu identifizieren und für die Analyse auszuwählen[665]. Wie zuvor beschrieben, wird hierzu das globale sowie das aufgabenbezogene Umfeld differenziert (vgl. Unterkapitel 2.3.1). Ausgehend von dieser in der Literatur vorherrschenden Differenzierung zwischen globaler und aufgabenbezogener Umwelt wird eine Strukturierung des Analysemodells für die vorliegende Arbeit in zwei ineinandergreifende Submodelle vorgenommen: Analyse des Makro- und Mikroumfelds. Hierdurch soll weiterhin die vorliegende Methodik der Tatsache gerecht werden, dass die für Unternehmen gegenwärtig aufkommenden und strategisch zu beantwortenden Fragestellungen zunehmend umfangreicher und komplexer werden[666]. Zusammen ergibt sich somit eine integrierte Betrachtung der volatilen Umwelt eines Unternehmens. Analog zur Analyse der Unternehmung (vgl. Unterkapitel 4.2.1) und entsprechend der Abgrenzung des Betrachtungsbereichs der vorliegenden Arbeit (vgl. Teilkapitel 2.5) steht die Untersuchung der Auswirkungen und Implikationen einer ereignisinduzierten Turbulenz im Vordergrund der Detaillierung des Teilmodells zur Umfeldanalyse. Nichtsdestotrotz können die getroffenen Überlegungen und Ansätze Unternehmen durch Adaption ebenfalls bei einer erstmaligen Umfeldanalyse unterstützen. Dem Prinzip *„vom Groben zum Detail"* der Systemtechnik folgend (vgl. Unterkapitel 3.2.2) wird im Folgenden zunächst die Analyse des Makroumfelds betrachtet und detailliert[667].

4.2.2.1 Analyse des Makroumfelds

In einer zunehmend von Globalisierung und technologischem Fortschritt gekennzeichneten Zeit steigt die Komplexität strategischer Entscheidungen aufgrund der Vielzahl und Vielfalt potenziell relevanter Einflussfaktoren stetig an[668]. Das Ziel der Analyse des Makroumfelds ist es daher, die Einflussgrößen des globalen Umfelds auf turbulenzinduzierte Veränderungen zu untersuchen und zwecks Komplexitätsreduktion und Handhabbarkeit zu priorisieren. Zur Strukturierung des globalen Umfelds hat sich sowohl in der Praxis als auch in der Wissenschaft das *„PEST(EL)"*-Schema etabliert, welches initial von AGUILAR sowie in erweiterter Form von FAHEY, NARAYANAN konzeptioniert wurde[669]. Dabei gibt die Unterscheidung von politischen, wirtschaftlichen, soziokulturellen, technologischen, ökologischen und schließlich

663 vgl. Ghasemkhani et al. (2014), Competitive Advantage, S. 20; Eckert (2018), Echtzeitunternehmen, S. 11ff.

664 vgl. Haberfellner (2012), Systems Engineering, S. 34ff.

665 vgl. Welge et al. (2017), Management, S. 300; Kubicek, Thom (1976), Betriebliches Umsystem, S. 3984; Rüegg-Stürm, Grand (2017), Management-Modell, S. 75

666 Arpe (2012), Globalization, S. 1ff.; vgl. Schreiber et al. (2018), What's Next?, S. 70

667 vgl. Haberfellner (2012), Systems Engineering, S. 46f.

668 vgl. Mack, Khare (2016), Perspectives, S. 3; Arpe (2012), Globalization, S. 1ff.

669 vgl. Welge et al. (2017), Management, S. 306; Fahey, Narayanan (1986), Analysis, S. 36ff.; Lynch (2006), Corporate Strategy, S. 83ff.; Grünig, Kühn (2018), Strategy Planning, S. 89ff.; vgl. Aguilar (1967), Scanning

rechtlichen Einflussfaktoren der *„PESTEL“*-Analyse ihr Akronym (vgl. Anhang 3)[670]. In der Literatur wird vorgeschlagen, die *„PESTEL“*-Analyse kontinuierlich durchzuführen, um Veränderungen und Entwicklungstrends im globalen Umfeld wahrzunehmen[671]. Um fundierte Ergebnisse und ein vollständiges Bild des globalen Umfelds zu erlangen, bedarf es regelmäßig einer ausführlichen Analyse. In diesem Zusammenhang wird bei der *„PESTEL“*-Analyse kritisiert, dass sie sehr aufwendig werden und bei großem Umfang somit zu einer *„Analyse-Paralyse“* führen kann[672]. Im Kontext des vorliegenden Submodells ist es jedoch nicht das Ziel, das globale Umfeld von Grund auf zu erfassen. Vielmehr sind auf makroökonomischer Ebene die resultierenden Implikationen aus turbulenzinduzierten Auswirkungen zu identifizierten (vgl. Teilkapitel 2.5). Die *„PESTEL“*-Analyse ist daher aufgrund ihrer modellseitigen Skalierungsfähigkeit sowie Verbreitung in der industriellen Praxis als konzeptionelle Basis für das Submodell zur Analyse des Makroumfelds geeignet[673].

Identifizierung von turbulenzinduzierten Veränderungen in den Einflussfaktoren und Stakeholdern des Makroumfelds

Um die turbulenzinduzierten Veränderungen hinsichtlich der Einflussfaktoren des globalen Umfelds für die *„PESTEL“*-Analyse zu identifizieren, wird das systemtheoretische St. Galler Management-Modell (SGMM) genutzt. RÜEGG-STÜRM, GRAND beschreiben hierzu neun Umweltsphären, welche es im Rahmen des ganzheitlichen Managementkonzepts zu reflektieren gilt (Wirtschaft, Wissenschaft, Technologie, Politik, Recht, Öffentlichkeit, Ethik, Gesellschaft, Natur)[674]. Umweltsphären sind dabei als Diskurse zu verstehen, welche wiederum *„kollektiv etablierte und institutionell routinisierte Kommunikations- und Handlungsformen“* darstellen[675]. Bezogen auf das globale Umfeld, liegen die Einflussfaktoren somit den verschiedenen vom Unternehmen geführten Diskursen der jeweiligen Umweltsphäre zugrunde. Durch das SGMM wird weiterhin aufgezeigt, dass Einflussfaktoren nicht losgelöst betrachtet werden können, sondern zusammen mit den jeweils relevanten Akteuren (*„Stakeholder“*) verstanden werden müssen. Stakeholder repräsentieren somit die Kommunikationsadressen von Umweltsphären und Kontroversen, welche im Gegensatz zu der Unternehmung selbst partiellen Einfluss auf die Gestalt der globalen Umwelt nehmen können[676]. Der Ebene des Makroumfelds lassen sich drei der fünf vom SGMM differenzierten Gruppen von Stakeholdern zuordnen[677]: die Gruppe der institutionellen, infrastrukturellen und intellektuellen Stakeholder (bspw. Energieversorger oder Forschungs- und Bildungseinrichtungen), die Gruppe der Stakeholder mit aktueller Betroffenheit und eigener Agenda (bspw. Medien oder NGOs) sowie die Gruppe der indirekt betroffenen, jedoch nicht selbst artikulierenden

---

670 vgl. Fahey, Narayanan (1986), Analysis, S. 36ff.

671 vgl. Sammut-Bonnici, Galea (2015), PEST Analysis, S. 4

672 vgl. Johnson et al. (2017), Exploring Strategy, S. 48, S. 416

673 vgl. Lynch (2006), Corporate Strategy, S. 83ff.

674 vgl. Rüegg-Stürm, Grand (2017), Management-Modell, S. 76ff.

675 vgl. Rüegg-Stürm, Grand (2017), Management-Modell, S. 89

676 vgl. Rüegg-Stürm, Grand (2017), Management-Modell, S. 85

677 Die restlichen beiden Gruppen von Stakeholdern (an Primärwertschöpfung beteiligte Stakeholder sowie jene Stakeholder, die finanzielle oder nicht finanzielle Ressourcen bereitstellen) können dem aufgabenbezogenen Umfeld zugeordnet werden.

Stakeholder (bspw. rechtlose Minderheiten, Kleinkinder, zukünftige Generationen oder Pflanzen und Tiere)[678]. Neben RÜEGG-STÜRM, GRAND geben auch FREEMAN und JOHNSON ET AL. einen Überblick über konkrete Stakeholder aus den verschiedenen Gruppen[679]. Abbildung 4-13 stellt die Umweltsphären und Stakeholder der globalen Umwelt dar, welche auf turbulenzinduzierte Veränderungen sowie hieraus resultierende Implikationen untersucht werden.

Abbildung 4-13: Ordnungsrahmen des Makroumfelds[680]

Stakeholder und Einflussfaktoren besitzen somit gemeinsam die Fähigkeit, den Wandel von Branchen und Unternehmen zu katalysieren. Sie werden daher im Folgenden als makroökonomische Wandelkatalysatoren zusammengefasst. Durch einen qualitativen Abgleich der retrospektiv bestehenden Wandelkatalysatoren mit den turbulenzinduziert veränderten Wandelkatalysatoren können die Auswirkungen der Diskontinuität auf das Makroumfeld dargestellt werden. Dabei wird sichtbar, welche bestehenden Einflussfaktoren und Stakeholder sich infolge einer sachlogischen Verbindung durch turbulenzinduzierte

[678] vgl. Rüegg-Stürm, Grand (2017), Management-Modell, S. 86f.

[679] vgl. Freeman (2010), Strategic Management, S. 24ff.; Johnson et al. (2017), Exploring Strategy, S. 154

[680] vgl. Johnson et al. (2017), Exploring Strategy, S. 34ff.; Rüegg-Stürm, Grand (2017), Management-Modell, S. 76ff.; Fahey, Narayanan (1986), Analysis, S. 36ff.; Aguilar (1967), Scanning; Schuh et al. (2022), Iterative Analysis, S. 8

Auswirkungen verändert haben und welche Wandelkatalysatoren neu zu berücksichtigen sind. Um im weiteren Verlauf der Methodik zu einer fundierten strategischen Entscheidung zu gelangen, bedarf es eines besseren Verständnisses der Wandelkatalysatoren. Mit Blick auf die Zeit- und Aufwandseffizienz empfiehlt sich eine Priorisierung der Untersuchungsreihenfolge von neu hinzugekommenen Wandelkatalysatoren hin zu geänderten und (initial scheinbar) unveränderten Wandelkatalysatoren.

Untersuchung der turbulenzinduzierten Einflussauswirkungen und Veränderungen im Makroumfeld sowie deren Implikationen für die Unternehmung

Um die Auswirkungen und resultierenden Veränderungen der Diskontinuität hinsichtlich der makroökonomischen Wandelkatalysatoren für die Strategieentwicklung zu verstehen, empfiehlt sich eine Einflussanalyse[681]. Differenziert man zunächst die Einflussgrößen (Wandelkatalysatoren) von den relevanten Auswirkungsbereichen (aufgabenbezogenes Umfeld sowie die Unternehmung), wird deutlich, dass zweierlei Einflussbeziehungen zu unterscheiden sind: *„intra"*- (innerhalb der Einflussgrößen sowie der Auswirkungsbereiche) sowie *„inter"*-Beziehungen (zwischen Einflussgrößen und Auswirkungsbereichen). Da die turbulenzinduzierten Veränderungen in der *„intra"*-Beziehung zwischen Unternehmen und aufgabenbezogenem Umfeld separat untersucht werden (vgl. Abschnitt 4.2.2.2), sind primär die Einflüsse sowie deren Auswirkungen aus der *„inter"*-Beziehung zwischen Einflussgrößen und Auswirkungsbereichen von Interesse (vgl. Abbildung 4-14).

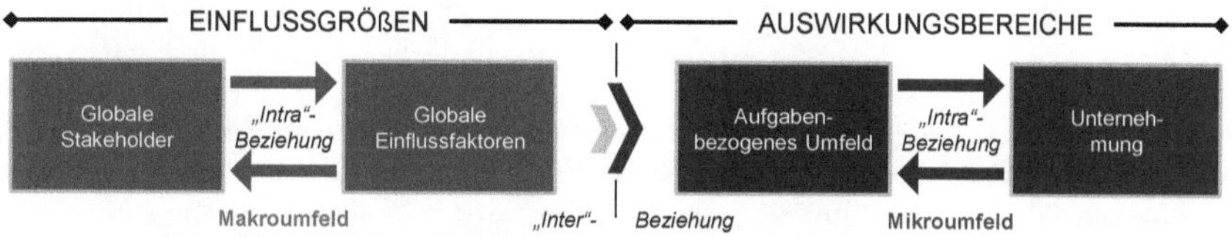

Abbildung 4-14: Einflussbeziehungen der Wandelkatalysatoren des Makroumfelds

Wenngleich die Wandelkatalysatoren im Rahmen der Strategieentwicklung integrativ betrachtet und verstanden werden müssen (vgl. Abbildung 4-13), so bedarf es aufgrund ihrer Unterschiedlichkeit einer separaten Betrachtung von Einflussfaktoren und Stakeholdern zur Detaillierung der turbulenzinduzierten Auswirkungen im Rahmen der *„inter"*-Beziehungsebene. Bezogen auf die Stakeholder lassen sich die resultierenden Veränderungen und Implikationen der Diskontinuität anhand einer Stakeholder-Matrix untersuchen. Die erste Stakeholder-Matrix wurde von MENDELOW konzeptioniert und hat das Ziel, das Umfeldscanning auszurichten. Dabei werden Stakeholder anhand von Dynamismus (vgl. Unterkapitel 2.3.1) sowie Macht bewertet.[682] Um den Einfluss von Stakeholdern besser zu verstehen, schlagen JOHNSON, WHITTINGTON ET AL. hierauf aufbauend eine Stakeholder-Matrix mit den Achsen Interesse und Macht vor[683]. Ausgehend von der ähnlichen Zielstellung erscheint die

---

681 vgl. Gausemeier et al. (2017), Unternehmensführung, S. 100; Erler (2000), Business Objects, S. 41

682 vgl. Mendelow (1981), Environmental Scanning, S. 412

683 vgl. Johnson et al. (2008), Corporate Strategy, S. 156

Stakeholder-Matrix nach JOHNSON, WHITTINGTON ET AL. besser geeignet für die vorliegende Methodik. Die Bewertung beider Achsen wird dabei entweder nach OLANDER, LADIN anhand einer numerischen (null bis zehn) oder nach BLOKHUIS, SNIJDERS ET AL. anhand einer linguistischen Ordinalskala (gering, moderat, hoch) bewertet[684]. Die turbulenzinduzierten Implikationen ergeben sich somit durch die Auswirkungen der retrospektiven Verschiebungen von Stakeholdern sowie durch die Quadranten der Matrix (vgl. Abbildung 4-15).

Um die Auswirkungen der *„inter"*-Beziehung zwischen den globalen Einflussfaktoren und dem aufgabenbezogenen Umfeld sowie dem Unternehmen zu untersuchen, bedarf es einer Analysestruktur, die sowohl unternehmensinterne als auch -externe Elemente des Mikroumfelds umfasst. Da Geschäftsmodelle eine entwickelte Strategie in eine monetäre Geschäftslogik übersetzen und somit das Bindeglied zwischen der Strategieentwicklung sowie der Organisationsgestaltung darstellen, umfassen Ansätze der Geschäftsmodellanalyse Elemente des Unternehmens sowie des Umfelds[685]. Ansätze der Geschäftsmodellanalyse sind somit geeignet, um die turbulenzinduzierten Auswirkungen der globalen Einflussfaktoren auf *„inter"*-Beziehungsebene zu untersuchen.

In der Literatur existiert eine Vielzahl von Ansätzen zur Beschreibung von Geschäftsmodellen, denen im Kern drei Teilmodelle zugrunde liegen: Leistungsangebots- und Marktadressierungsmodell, Leistungserstellungsmodell sowie Ertragsmodell[686]. In der jüngeren Vergangenheit konnte sich insbesondere der Business Model Canvas (BMC) nach OSTERWALDER, PIGNEUR aufgrund seiner effektiven Anwendbarkeit unter Praktikern durchsetzen[687]. Darüber hinaus weist der BMC unterschiedliche Abstraktionsstufen des Geschäftsmodells auf, welches die operationalisierte Anforderung nach Skalierbarkeit des Aufwands unterstützt (vgl. Anhang A.2): *„Leistungsversprechen"*, *„Leistungserbringung"* (bestehend aus *„Kundensegmenten"*, *„Kundenbeziehungen"* und *„Kanäle"*), *„Leistungserstellung"* (bestehend aus *„Schlüsselpartner"*, *„Schlüsselaktivitäten"* und *„Schlüsselressourcen"*) sowie *„Leistungsabrechnung"* (bestehend aus *„Umsatzströme"* und *„Kostenstruktur"*)[688].

Anhand der Struktur des BMC werden die retrospektiven Auswirkungen infolge der turbulenzinduzierten Veränderungen von Einflussfaktoren des globalen Umfelds untersucht. Hierzu werden sowohl die Veränderungen bestehender Einflussfaktoren reflektiert als auch die Auswirkungen neuer Einflussfaktoren auf das Geschäftsmodell herausgearbeitet. Die identifizierten Auswirkungen werden erneut anhand einer numerischen oder linguistischen Ordinalskala evaluiert. Um die Subjektivität der Evaluationen zu reduzieren, ergänzen WULF, MEISSNER ET AL. eine *„Blind Spot"*-Analyse. Dabei wird die Bewertung der Einflüsse nicht nur durch den einzelnen Strategen oder das (möglichst diverse) Strategieteam durchgeführt, sondern auch durch unternehmensexterne Experten. Durch die Abweichungen beider Bewertungsperspektiven werden die blinden Flecken (*„Blind Spots"*) offenbart, welche weitere

---

684 vgl. Olander, Landin (2005), Stakeholder Influence, S. 322; Blokhuis et al. (2012), Conflicts

685 vgl. Eckert (2018), Echtzeitunternehmen, S. 122; Schuh et al. (2016), Geschäftsmodelle, S. 65

686 vgl. Schuh et al. (2016), Geschäftsmodelle, S. 67f.; Schallmo (2013), Geschäftsmodell-Innovation, S. 47ff.

687 vgl. Fritscher, Pigneur (2016), Canvas Usage, S. 134f.

688 vgl. Osterwalder, Pigneur (2013), Generation, S. 16ff.

Diskussionen anregen und als Korrektiv dienen.[689] Eine *„Blind Spot"*-Analyse erscheint daher geeignet, um in weiteren Situationen wertvolle Impulse zu liefern. Ausgehend von den Zeit- und Aufwandsbedingungen des unternehmensspezifischen Anwendungskontextes ist vom Anwender zu entscheiden, ob eine *„Blind Spot"*-Analyse auch für andere Elementarmodelle der Methodik (bspw. die Evaluation der Stakeholder) durchgeführt wird.

Das Ergebnis der Untersuchung von globalen Einflussfaktoren ist somit eine nach den Auswirkungen priorisierte Liste der durch die Diskontinuität retrospektiv identifizierten Veränderungen im Makroumfeld (vgl. Abbildung 4-15). Dabei lassen sich zwei grundsätzliche Möglichkeiten zur Kuratierung der priorisierten Einflussfaktoren unterscheiden: hierarchisch-priorisiert und gleichverteilt-priorisiert. Im ersten Fall werden die am höchsten bewerteten Einflussfaktoren ausgewählt. Dies kann jedoch dazu führen, dass bspw. ökologische oder soziokulturelle Einflussfaktoren nicht weiter betrachtet werden. Im zweiten Fall werden aus jeder Dimension der *„PESTEL"*-Analyse die am höchsten bewerteten Einflussfaktoren ausgewählt. Dies kann jedoch dazu führen, dass die sich ergebende Auswahl die turbulenzinduzierten Veränderungen nur verzerrt abbildet. Es erscheint somit sinnvoll, im Sinne eines *„optimierten Samplings"* die Analysedimensionen auswirkungsbasiert zu gewichten und jeweils die am höchsten bewerteten Einflussfaktoren zu selektieren[690].

GRANT folgend sind es nicht die Veränderungen des Umfelds selbst, sondern deren Implikationen für das Unternehmen, welche die Strategiearbeit prägen[691]. Wie zuvor dargestellt begreift das SGMM die Umwelt als einen Möglichkeitsraum[692]. Im Gegensatz zu den Implikationen aus der Analyse der Unternehmung (Stärken und Schwächen) stehen bei der Umfeldanalyse also Implikationen hinsichtlich von Opportunitäten und Bedrohungen im Fokus[693]. Es ist somit das Gefahren- oder Chancenpotenzial einer jeweiligen Implikation einzuschätzen. Dies erfolgt i. A. a. die Untersuchungen der Unternehmensanalyse qualitativ anhand einer Ordinalskala. Abbildung 4-15 resümiert die Analyse des Makroumfelds: Ausgehend von einem festgestellten Turbulenzimpuls infolge einer ereignisbezogenen Diskontinuität wird die retrospektive sowie gegenwärtige Konfiguration des Makroumfelds verglichen. Dabei werden die turbulenzinduzierten Auswirkungen auf Stakeholder untersucht sowie Auswirkungen der makroökonomischen Einflussfaktoren anhand der Dimensionen des BMC identifiziert und qualitativ evaluiert. Hieraus werden die für das Unternehmen relevanten Implikationen abgeleitet und schließlich hinsichtlich ihres Chancen- und Gefahrenpotenzials bewertet.

---

689 vgl. Wulf et al. (2013), Strategic Planning, S. 52ff.

690 Die Technik des *„optimierten Samplings"* wird in den Finanzwissenschaften u. a. dazu eingesetzt, die Gesamtkosten (*„Total Expense Ratio" TER)* bei großen Indexfonds (*„Exchange Traded Funds" ETF)* zu minimieren und dabei gleichzeitig die Abweichung von dem nachzubildenden Referenzindex (*„Tracking Error")* möglichst gering zu halten. Hierzu vgl. Müller (2020), Finanzen, S. 143

691 vgl. Grant (2002), Strategy Analysis, S. 11

692 vgl. Rüegg-Stürm, Grand (2017), Management-Modell, S. 66

693 vgl. Andrews (1987), Corporate Strategy, S. 35

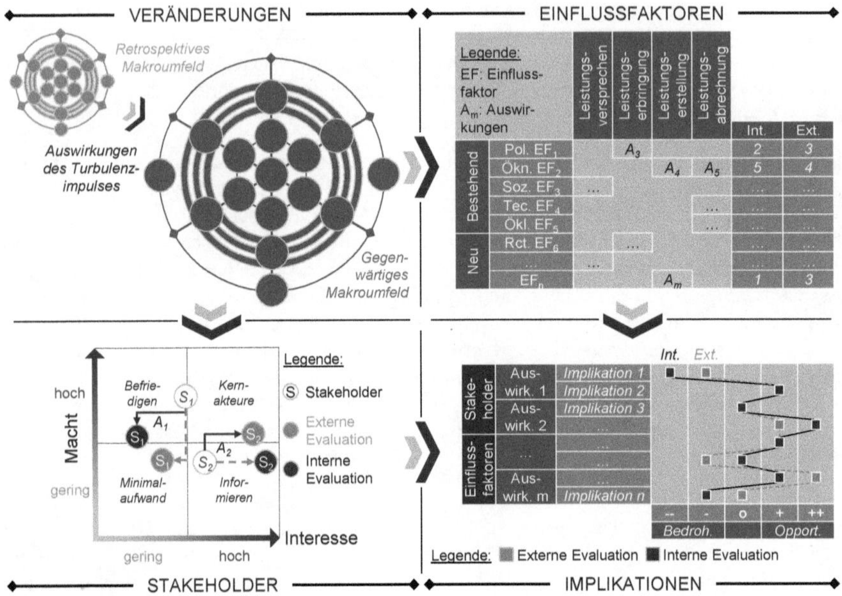

Abbildung 4-15: Analyse des Makroumfelds[694]

4.2.2.2 Analyse des Mikroumfelds

Das aufgabenbezogene Umfeld stellt nach dem „*Structure-Conduct-Performance*"-Paradigma den Nukleus einer Strategie nach dem MBV dar (vgl. Unterkapitel 2.1.2). Insofern kommt der Analyse des aufgabenbezogenen Umfelds eine zentrale Rolle in den synoptischen Ansätzen der strategischen Planung zu (vgl. Teilkapitel 2.6). Ziel der Analyse ist es, durch Identifizieren von Opportunitäten und Bedrohungen im Branchen- oder Industriegefüge den Möglichkeitsraum der Unternehmung zu ergründen[695].

Das in Literatur und Praxis wohl einflussreichste Modell zur Analyse des aufgabenbezogenen Umfelds ist die Branchenstrukturanalyse nach PORTER[696]. Dabei ergibt sich die Struktur des aufgabenbezogenen Umfelds durch das Zusammenwirken der „*Five Forces*": Rivalität bestehender Wettbewerber, Eintritt neuer Wettbewerber, Verhandlungsmacht von Kunden

---

694 vgl. Johnson et al. (2008), Corporate Strategy, S. 156; Rüegg-Stürm, Grand (2017), Management-Modell, S. 76ff.; Fahey, Narayanan (1986), Analysis, S. 36ff.; Aguilar (1967), Scanning; Osterwalder, Pigneur (2013), Generation, S. 16ff.; Wulf et al. (2013), Strategic Planning, S. 52ff.; Pümpin (1992), Erfolgspositionen, S. 105

695 vgl. Rüegg-Stürm, Grand (2017), Management-Modell, S. 183ff.

696 vgl. Lynch (2006), Corporate Strategy, S. 93; Grundy (2006), Rethinking, S. 213

und Lieferanten sowie der Bedrohung durch Substitute[697]. Trotz der weiterhin ungebrochenen Popularität des Modells in der Praxis findet sich in der Literatur Kritik an den *„Five Forces"*[698]. Im Hinblick auf den Betrachtungsbereich der vorliegenden Arbeit ist insbesondere die ausgeprägt statische Betrachtung der Branchenstrukturen von Relevanz[699]. Da ein volatiles Unternehmensumfeld u. a. durch konvergierende Branchengrenzen oder neue, branchenfremde Wettbewerber auf disruptiven Trajektorien geprägt sein kann, ist die Branchenstrukturanalyse für die vorliegende Arbeit nur unzureichend geeignet[700].

Neben der klassischen Sichtweise des aufgabenbezogenen Umfelds als Branche oder Industrie existiert ebenfalls die Perspektive als Ökosystem. Im Zuge der zunehmenden Diffusion von Informations- und Kommunikationstechnologien (IKT) und des damit einhergehenden Aufschwungs der *„Internetökonomie"*, *„smarten Produkten und Services"* sowie *„plattformbasierten Geschäftsmodellen"*[701] erfährt die dynamische Perspektive als Ökosystem ein zunehmendes Interesse von Wissenschaftlern und Praktikern[702]. Als erster definiert MOORE den aus der Biologie stammenden Begriff des Ökosystems in einem wirtschaftlichen Kontext als *„An economic community supported by a foundation of interacting organizations and individuals – the organisms of the business world. This economic community produces goods and services of value to customers, who are themselves members of the ecosystem. The member organism also include suppliers, lead producers, competitors, and other stakeholders. Over time, they coevolve their capabilities and roles, and tend to align themselves with the direction set by one or more central companies. Those companies holding leadership roles may change over time, but the function of ecosystem leader is valued by the community because it enables members to move toward shared visions to align their investments, and to find mutually supportive roles."*[703] Geschäftsökosysteme schaffen somit durch Ko-Evolution und Wettbewerb einen Mehrwert für Kunden[704]. Neben dieser ursprünglichen Konzeption eines Geschäftsökosystems (*„business ecosystem"*) haben sich im wirtschaftlichen Kontext zwei weitere Typen herausgebildet: Innovations- sowie Wissensökosysteme (*„innovation ecosystems"* sowie *„knowledge ecosystems"*). Während Wissensökosysteme dezentral den Zweck der gemeinsamen Wissensexploration verfolgen, sind Innovationsökosysteme auf die regionale Entwicklung von gemeinschaftlichen Innovationen ausgerichtet[705]. Somit sind vorrangig Geschäfts- sowie teilweise Innovationsökosysteme geeignet,

---

697 vgl. Porter (1998), Competitive Advantage, S. 4ff.; Porter (2008), Shape Strategy, S. 80; Porter (1979), Competitive Forces, S. 141

698 vgl. Grundy (2006), Rethinking, S. 227f.; vgl. Schwenker, Wulf (2013), Introduction, S. 13

699 vgl. Lynch (2006), Corporate Strategy, S. 98f.; vgl. Carpenter, Sanders (2014), Strategic Management, S. 98; Pillkahn (2008), Scenarios, S. 425

700 Reeves et al. (2015), Your Strategy, S. 1f.; Carpenter, Sanders (2014), Strategic Management, S. 98; Albers, Gassmann (2005), Innovationsmanagement, S. 21; Bower, Christensen (1995), Disruptive Technologies, S. 53

701 Für ein tiefergehendes Verständnis der *„Internetökonomie"*, *„smarten Produkten und Services"* sowie *„plattformbasierten Geschäftsmodellen"* sei der interessierte Leser auf ECKERT sowie KREUTZER verwiesen. Hierzu vgl. Eckert (2018), Echtzeitunternehmen; Kreutzer (2018), Nutzenpotenziale

702 vgl. Kapoor (2018), Ecosystems, S. 1; Adner (2017), Ecosystem, S. 50

703 vgl. Moore (1997), Death, S. 26

704 vgl. Moore (2006), Business Ecosystems, S. 32ff.; Valkokari et al. (2016), Innovation Ecosystems, S. 521f.

705 vgl. Valkokari (2015), Ecosystems, S. 18ff.

um als dynamischere Alternative zur Branchen- bzw. Industrieperspektive des aufgabenbezogenen Umfelds zu dienen[706].

Komplementär zu der vorherrschenden Konzeption von Ökosystemen als Netzwerke von zugehörigen Unternehmen *(„ecosystem-as-affiliation")* konzeptioniert ADNER ein strukturierteres Modell von Ökosystemen *(„ecosystem-as-structure")*, um aus den zugrundeliegenden Wirkbeziehungen Erkenntnisse für die Entwicklung von Strategien zu gewinnen[707]. Aufgrund der strategiebezogenen Zielsetzung erscheint diese alternative Konzeption eines Ökosystems als gut geeignet für die Analyse des Mikroumfelds. Durch die Definition eines Ökosystems von ADNER als *„alignment structure of the multilateral set of partners that need to interact in order for a focal value proposition to materialize"* wird zudem deutlich, dass eine Ökosystemperspektive nur im Fall von hohen Dynamiken und Unsicherheiten hilfreich ist[708]. Es kann also geschlossen werden, dass Ökosystem- und Branchenstruktur identisch sind, sofern die Ausrichtung *(„alignment structure")* des Ökosystems gefunden oder unverändert ist.

In dem Ökosystemmodell nach ADNER wird das fokale Werteversprechen *(„value proposition")* durch die Konfiguration von den vier in Tabelle 4-2 erläuterten Strukturelementen erzielt. Mit einem Fokus auf technologische und produktionsseitige Wechselwirkungen verknüpft KAPOOR weiterhin die Strukturelemente *„Positionen"* sowie *„Verbindungen"* zu *„Architekturen"*[709]. Mit Blick auf die Zielstellung der vorliegenden Arbeit, die Entwicklung von Technologiestrategien, erscheint es sinnvoll, die Betrachtung von Architekturen als komplementär-integrative Untersuchung der Positionen und Schnittstellen einzubeziehen.

706 Geschäftsökosysteme können in verschiedene Kategorien eingeteilt werden, welche jedoch über den Zweck der vorliegenden Analyse hinausgehen. Hierzu vgl. Kœnig (2012), Business Ecosystem, S. 215ff.; Smith (2013), Navigating Risk, S. 29

707 vgl. Adner (2017), Ecosystem, S. 39f.

708 vgl. Adner (2017), Ecosystem, S. 42ff.

709 vgl. Kapoor (2018), Ecosystems, S. 6

Tabelle 4-2: Strukturelemente eines Ökosystems[710]

Strukturelement	Definition
Leistungs-versprechen	Spezifiziert den fokalen Mehrwert oder Nutzen für einen Kunden, auf welchen ein Ökosystem ausgerichtet ist.
Aktivitäten	Spezifizieren die diskreten Aktionen, welche zur Materialisierung des Werteversprechens unternommen werden.
Akteure	Spezifizieren die Entitäten, welche die Aktivitäten übernehmen.
Architekturen	Spezifizieren die Wechselwirkungen zwischen den Akteuren hinsichtlich von Angeboten sowie des Input-Output- Flusses.
Positionen	Spezifizieren die Stelle im Fluss der Aktivitäten und charakterisieren die jeweiligen Übergaben.
Verbindungen	Spezifizieren den Transfer von Material, Informationen, Einfluss und Geld zwischen den Positionen.

Da Unternehmen in mehreren Ökosystemen positioniert sein können, ist es zur Untersuchung des Mikroumfelds notwendig, den Betrachtungsbereich zu schärfen[711]. Ausgangspunkt hierfür sind die verschiedenen Leistungsversprechen, die ein Unternehmen verfolgt. ADNER folgend stellt sich hierfür die Frage nach dem Endkunden und welcher Nutzen ihm gestiftet wird[712]. KAWOHL, KRECHTING gehen einen Schritt weiter und rücken die Bedürfnisse eines Endkunden, aus welchen der Nutzen eines Leistungsversprechens entspringt, in den Mittelpunkt ihrer Überlegungen[713]. Dazu differenzieren sie ausgehend von zentralen Bedürfnissen des Menschen zehn Lebensbereiche *(„life areas“)*: Mobilität, Gesundheit, Freizeit, Arbeit, Konsum, Spiritualität, Sozialleben, Bildung, Unterhaltung und Leben. Hieraus wird der Bedarf deutlich, Ökosysteme durch ihr Leistungsversprechen zu systematisieren, um einerseits den Betrachtungsbereich der Ökosystemstruktur *(„value blueprint“)* zur Untersuchung auf turbulenzinduzierte Veränderungen festzulegen und andererseits, um konkurrierende Ökosysteme und die Auswirkungen der Diskontinuität auf deren Evolution zu identifizieren (bspw. bezogen auf das Bedürfnis nach Mobilität die Ökosysteme von Flug- und Zugreisen)[714].

Neben dem Leistungsversprechen können vor allem die Aktivitäten von den turbulenzinduzierten Auswirkungen betroffen sein. Aktivitäten können in unterschiedlicher Granularität beschrieben sein (bspw. Greifen einer Schraube, Montieren einer Baugruppe oder Produktion eines Produkts). Es ist daher im Hinblick auf den Analyseaufwand sinnvoll, Aktivitäten sukzessive zu detaillieren. Dazu werden die Aktivitäten verschiedenen Funktionen

710 i. A. a. Adner (2017), Ecosystem, S. 43; Kapoor (2018), Ecosystems, S. 6
711 vgl. Valkokari et al. (2017), Orchestrating, S. 15
712 vgl. Adner (2013), Wide Lens, S. 87
713 vgl. Kawohl, Krechting (2019), Bedürfniserfüllung, S. 44ff.
714 i. A. a. Hamel, Prahalad (2010), Competing, S. 23

zugeordnet. KRECHTING, KAWOHL unterscheiden in einem Ökosystem drei aufgabenbezogene Funktionen: Befähigung, Realisierung sowie Orchestration[715]. Im Zusammenhang mit den Aktivitäten ist zudem anzumerken, dass ein Akteur mehrere Aktivitäten übernehmen kann, aber auch mehrere Akteure eine Aktivität ausführen können. Dabei repräsentieren Akteure die Stakeholder des aufgabenbezogenen Umfelds. Da Stakeholder eigene Interessen verfolgen, ist im Zusammenhang mit der Ökosystemperspektive zu beachten, dass eine strukturelle Konfiguration nur dann lebensfähig ist, wenn alle Stakeholder positiv an dem Nutzen partizipieren[716]. Neben den möglichen Auswirkungen einer Diskontinuität auf die konkreten Aktivitäten und Akteure ist somit insbesondere der Fluss von Aktivitäten von Interesse. In diesem differenziert ADNER Akteure anhand ihrer aufgabenbezogenen Position in Zulieferer, Vermittler und Komplementäre[717]. Neben diesen Positionen im Fluss der Aktivitäten sind es jedoch insbesondere die Verbindungen der einzelnen Akteure untereinander, welche die Architektur des Ökosystems maßgeblich bestimmen. So ist zu untersuchen, ob technologische oder produktionsseitige Wechselwirkungen sich durch die turbulenzinduzierten Auswirkungen verändert haben und zu Leistungsbeschränkungen *(„bottlenecks")* führen (bspw. Schnittstellen und Protokolle, die nach einem Cyberangriff unsicher geworden sind oder die Fähigkeit zur Kompensation fehlender Ladeinfrastruktur bei einem Durchbruch in der Batterietechnologie).[718]

Schließlich ergibt sich durch die Konfiguration der einzelnen Strukturelemente die strategische Positionierung im Ökosystem. IANSITI, LEVIEN beschreiben die strategischen Rollen als *„Keystone"*, *„Physical Dominator"*, *„Niche"* sowie *„Commodity"*[719]. ADNER unterscheidet demgegenüber die Rolle des Ökosystemführers und der -folger[720]. Während die strategischen Positionen *„Niche"* und *„Commodity"* eindeutig der Folgerschaft und die Rolle des *„Keystone"* der Führerschaft zugeordnet werden können, ist dies im Fall eines *„Dominator"* nicht eindeutig klar. *„Dominator"* beherrschen und managen weite Teile der Leistungserstellung in einem Ökosystem, welches eine gewisse Führerschaft suggeriert. Gleichzeitig ist es die Aufgabe des *„Keystone"*, einen für das Ökosystem schädlichen *„Dominator"* zu maßregeln, welches eine Folgerschaft impliziert.[721] Es kann somit geschlussfolgert werden, dass *„Dominator"* zu den Folgern zu zählen sind, jedoch Ambitionen zur Führerschaft besitzen.

Mithilfe der zuvor dargestellten Ökosystemstruktur werden schließlich die Auswirkungen der ereignisinduzierten Turbulenz durch die retrospektiv feststellbare Rekonfiguration der Strukturelemente untersucht sowie die daraus resultierenden Implikationen für die strategische Planung abgeleitet. Über die unmittelbaren Veränderungen in der Ökosystemstruktur hinaus empfiehlt es sich i. S. e. Skalierung des Anwendungsaufwands zudem, die im

715 vgl. Krechting, Kawohl (2018), Ökosystem, S. 76ff.

716 vgl. Adner (2013), Wide Lens, S. 66ff.

717 vgl. Adner (2013), Wide Lens, S. 87; Kapoor (2018), Ecosystems, S. 8

718 vgl. Kapoor (2018), Ecosystems, S. 6f.

719 vgl. Iansiti, Levien (2004), Strategy as Ecology, S. 74ff.; Iansiti, Levien (2004), Keystone Advantage

720 vgl. Adner (2017), Ecosystem, S. 47f.; Adner (2013), Wide Lens, S. 112ff.

721 vgl. Iansiti, Levien (2002), Operational Dynamics, S. 23; Iansiti, Levien (2004), Keystone Advantage

Rahmen der Analyse des Makroumfelds priorisierten Wandelkatalysatoren (vgl. Abschnitt 4.2.2.1) hinsichtlich ihres Einflusses auf das Mikroumfeld zu analysieren.

Die turbulenzinduzierten Veränderungen manifestieren sich folglich, indem Leistungsversprechen, Aktivitäten, Akteure oder Architekturen verschoben, kombiniert, entfernt, hinzugefügt oder geteilt wurden[722]. Hierdurch ergeben sich ausgehend von dem spezifischen Kontext des Unternehmens strategische Lücken, welche Implikation in Form von Opportunitäten oder Bedrohungen für das Unternehmen darstellen. Im Hinblick auf Opportunitäten unterscheiden JOHNSON, WHITTINGTON ET AL. sechs Typen, welche bei der Reflexion der festgestellten Verschiebungen unterstützen können: Opportunitäten in Substitutionsindustrien, in anderen strategischen Gruppen, in neuen Marktsegmenten, durch Ansprache von Käufern und Anbieten komplementärer Leistungen sowie Opportunitäten über die Zeit.[723] Dabei müssen Implikationen nicht zwangsweise ein ausgeprägt positives oder negatives Potenzial besitzen (bspw. erweiterte Dokumentations- und Testpflichten in der Technologieentwicklung infolge neuer Branchenstandards). Solche Implikationen stellen also vielmehr Kontextfaktoren dar, im Rahmen derer eine später entwickelte Strategie logisch sein sollte. Abbildung 4-16 illustriert die Analyse des Mikroumfelds: Dabei werden die Auswirkungen eines Turbulenzimpulses infolge einer ereignisbezogenen Diskontinuität durch eine Differenzbetrachtung der retrospektiven und gegenwärtigen Konfiguration der Strukturelemente eines Ökosystems (Werteversprechen, Aktivitäten, Akteure, Architektur) identifiziert. Hieraus werden die spezifischen Implikationen für das Unternehmen abgeleitet und das Chancen- bzw. Gefahrenpotenzial mittels einer *„Blind Spot"*-Analyse evaluiert.

Implikationen aus der Analyse des Umfelds

Beispiel: Bezogen auf das zuvor beschriebene Beispiel der Energieversorger AG während der Energiewende sind vielfältige Veränderungen des Umfelds mit strategischen Implikationen für das Unternehmen festzustellen. So gilt es z.B. auf makroökonomischer Ebene, die verstärkten Interessen der Öffentlichkeit sowie veränderte, gesetzlich-wirtschaftliche Einflussfaktoren, wie bspw. die Einspeisevergütung aus regenerativen Quellen, zu berücksichtigen. Auf mikroökonomischer Ebene ergeben sich darüber hinaus Implikationen für die Architektur des Ökosystems, indem Aktivitäten des Auf- und Ausbaus regenerativer Quellen sowie der hierfür benötigten Netzinfrastruktur hinzukommen. Hierbei treten neue technologische Herausforderungen wie bspw. die natürlichen Leistungsschwankungen erneuerbarer Energien auf, welche neue Potenziale zur Positionierung bieten. Retrospektiv lässt sich für die Energiebranche feststellen, dass die hieraus gesamtheitlich resultierenden Implikationen so weitreichend waren, dass Geschäftstätigkeiten und somit Werte- und Leistungsversprechen der branchendominanten Unternehmen fundamental restrukturiert wurden (bspw. durch Fokussierung auf Netzaufbau oder Endkundengeschäft).

---

722 vgl. Adner (2013), Wide Lens, S. 162

723 vgl. Johnson et al. (2008), Corporate Strategy, S. 81ff.

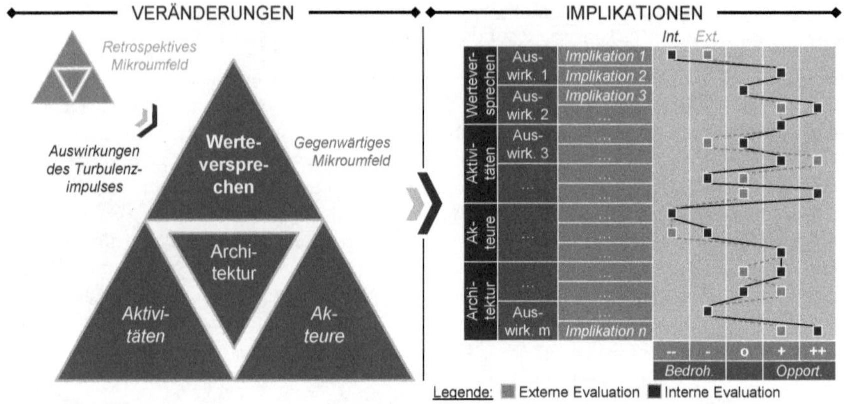

Abbildung 4-16: Analyse des Mikroumfelds[724]

4.2.3 Vorausschau von Entwicklungspfaden des Umfelds

Im Rahmen der vorherigen Analyse von Ökosystemen wurde ein Beitrag dazu geleistet, den Betrachtungsbereich der Analyse von bestehenden und zunehmend konvergierenden Branchengrenzen aufzuweiten, um die komplexen Wechselwirkungen und Dynamiken besser erfassen zu können. Ziel der Untersuchung war es dabei, die retrospektiv durch eine Diskontinuität veränderten Regeln des Wettbewerbs zu verstehen. Insbesondere im Kontext von Pfadabhängigkeiten und einem volatilen Unternehmensumfeld hat sich jedoch gezeigt, dass die Vergangenheit nur ein unzureichender Wegweiser für die Zukunft ist[725]. HAMEL, PRAHALAD folgend muss eine Strategie vielmehr die Strukturen zukünftiger Industrien gestalten, als nur in den Grenzen der bestehenden Branchenstrukturen zu konkurrieren[726]. Strategiearbeit befasst sich somit, ausgehend von den normativen Zielen, vor allem mit der Frage, wie die zukünftige Überlebens- und Wettbewerbsfähigkeit gesichert werden kann[727]. Um sinnvoll und logisch im Rahmen der Strategieentwicklung große, teils irreversible Entscheidungen treffen zu können, ist es daher notwendig, Vorhersagen über die Zukunft einzubeziehen, indem Überlegungen zu Richtung, Ausmaß und Geschwindigkeit des Wandels von Ökosystemen getroffen werden. In der Literatur existiert daher eine Vielzahl verschiedener Ansätze, welche versuchen, die Zukunft möglichst genau vorherzusagen.[728] Die im Rahmen der vorliegenden Arbeit betrachtete Situation, eines turbulenten Unternehmens-

---

[724] i. A. a. Adner (2017), Ecosystem, S. 43f.; Kapoor (2018), Ecosystems, S. 5f.; Pümpin (1992), Erfolgspositionen, S. 105; Schuh et al. (2022), Iterative Analysis, S. 9

[725] vgl. Beinhocker (1999), Strategies, S. 97; Wilson (1999), Strategy, S. 21

[726] vgl. Hamel, Prahalad (2010), Competing, S. 23

[727] vgl. Hitt et al. (2009), Strategic Management, S. 4; vgl. Faulkner (2006) Handbook, S. 11; vgl. Teece, Pisano (1994), Dynamic Capabilities, S. 538

[728] vgl. Welge et al. (2017), Management, S. 308; Beinhocker (1999), Strategies, S. 96

umfelds infolge einer ereignisbezogenen Diskontinuität, ist jedoch gekennzeichnet von einem Versagen der Frühaufklärungssysteme (vgl. Teilkapitel 2.5)[729]. Insofern ist eine robuste Abschätzung der zukünftigen Entwicklung sowie der einhergehenden Chancen und Risiken wichtiger als eine exakte Prognose[730]. Um diesen Leistungsauftrag in die vorliegende Methodik zu integrieren, wird im Folgenden daher das Teilmodell zur Vorausschau von Entwicklungspfaden des (volatilen) Umfelds detailliert.

4.2.3.1 Systematik und Methoden der Vorausschau

In der Literatur existieren verschiedene Systematisierungen, hinsichtlich derer Prognoseverfahren zur Vorausschau eingeteilt werden können. Als klassische Systematisierung gilt die Unterteilung von quantitativen sowie qualitativen Methoden[731]. Quantitative Prognosemethoden basieren auf mathematisch-statistischen Operationen einer zu prognostizierenden Größe, während qualitative Prognosemethoden auf einer subjektiv begründeten Beurteilung einer bestimmten Prognosesituation beruhen[732]. Im Hinblick auf diskontinuierliche Veränderungen, welche die Eigenschaft besitzen, mit den bekannten quantitativen Prognoseverfahren nicht mehr vorhersagbar zu sein, bedarf es eines qualitativen Prognoseverfahrens für die vorliegende Arbeit[733]. Anhang 4 gibt einen Überblick über quantitative und qualitative Prognoseverfahren.

Eine weitere Systematisierung unterteilt projektive (mathematisch-naturwissenschaftliche Verfahren mit eher deterministischem Weltbild), prospektive (Verfahren zum Durchdenken alternativer Entwicklungsmöglichkeiten eines dynamisch vernetzten Systems) sowie entscheidungsbasierte (Verfahren zur Ausrichtung der Rezeptivität anhand zu erreichender Ziele) Prognosemethoden[734]. Da mathematisch-naturwissenschaftliche Verfahren nur unzureichend für eine hohe Umfeldturbulenz geeignet sind und die zu erreichenden Ziele im Rahmen der Strategieentwicklung erarbeitet werden, bedarf es eines prospektiven Prognoseverfahrens.[735] Auf Basis beider Systematisierungen zeigt sich somit, dass für die Vorausschau ein qualitativ-prospektives Verfahren geeignet ist.

Als qualitativ-prospektives Prognoseverfahren findet sich die Szenariotechnik in einem Großteil der existierenden Ansätze zur Strategieentwicklung und kann mithin als Standard

[729] Im Zusammenhang mit geopolitischen und ökonomischen Entwicklungen von richtungsweisender Signifikanz wird von TALEB, TETLOCK kontrovers diskutiert, ob eine Vorhersage zukünftiger Ereignisse und Verläufe, zumindest ausschnittsweise, überhaupt möglich ist. Hierzu vgl. Taleb, Tetlock (2013), Binary Prediction. Unabhängig von dieser Kontroverse unterstützt eine aktive Auseinandersetzung mit der Zukunft die kritische Reflexion von Gefahren und Chancen, indem Annahmen geprüft und durch Konsens sogar zu selbsterfüllenden Prophezeiungen werden können. Hierzu vgl. Huawei Technologies Co. Ltd. (2019), Forecasting the Future

[730] vgl. Proff et al. (2014), Elektromobilität, S. 18

[731] vgl. Meffert et al. (2015), Marketing, S. 169; Kreilkamp (1987), Strategisches Management, S. 247ff.

[732] vgl. Welge et al. (2017), Management, S. 419ff.; Ant (2018), Effizientes Management, S. 133ff.

[733] vgl. Müller-Stewens (1990), Suchfeldanalyse, S. 124f.; Welge et al. (2017), Management, S. 424

[734] vgl. Brodbeck (1999), Entscheidungen, S. 90

[735] vgl. Gomeringer (2007), Technologieplanung, S. 75

bezeichnet werden[736]. In der Literatur findet sich daher eine Vielzahl verschiedener Ansätze, welche sich in den letzten 50 Jahren herausgebildet haben[737]. Es erscheint, als würde die steigende Aufmerksamkeit des Themengebiets mit einer erhöhten Nachfrage aus der Praxis infolge der zunehmenden Dynamik und Unsicherheiten des Unternehmensumfelds in Verbindung stehen. Zu den Vorteilen der Szenariotechnik wird daher die systematische Auseinandersetzung mit unsicheren Faktoren zur Sicherung des strategischen Erfolgspotenzials gezählt. Auch abseits der untersuchten Szenarien vermittelt die Szenariotechnik Sicherheit, indem Mitarbeiter für schwache Signale[738] und Umwelttrends sensibilisiert werden.[739] Demgegenüber wird die Szenariotechnik kritisiert, da sie teilweise über ihre Berechnungsintensivität eine Scheinobjektivität und -sicherheit suggeriert[740]. Mit typischen Anwendungszeiträumen zwischen fünf und zwölf Monaten wird die traditionelle Szenariotechnik daher oftmals als komplex, langsam sowie zeit- und personalaufwendig beschrieben[741]. Um eine nahtlose Skalierung der zu detaillierenden Methodik bei abnehmender Umfeldturbulenz in bestehende Ansätze zur Entwicklung von Technologiestrategien ist es trotz der zahlreichen Kritikpunkte und in Abwesenheit etablierter Alternativen sinnvoll, die Szenariotechnik als konzeptionelle Grundlage zu wählen. Nachfolgend wird daher die Szenariotechnik näher betrachtet, um das Teilmodell zur Vorausschau zu detaillieren.

4.2.3.2 Szenariotechnik

Ausgehend von der Vorstellung einer multiplen Zukunft als komplexes Netz von Einflussfaktoren steht im Zentrum der Überlegungen der Szenariotechnik (auch bekannt als *„Szenarioanalyse“* oder im Englischen *„scenario planning“*) die Entwicklung und Analyse möglicher Zukunftszustände sowie deren Entwicklungspfade basierend auf dem vernetzten Denken[742]. BRADFIELD, WRIGHT ET AL. folgend können durch die Arbeit mit Szenarien vier Zwecke verfolgt werden: Verständnis, Strategieentwicklung, Antizipation sowie adaptives, organisationales Lernen[743]. Im Rahmen des Explorationsmodus ergibt sich somit bei initialer Anwendung das Ziel eines Verständnisses für die turbulenzinduzierten Auswirkungen sowie deren Implikationen. Im Investigationsmodus trägt der Prozess der Strategieentwicklung aufgrund des iterativen Vorgehens der Methodik mit dem Ziel der Entwicklung von Technologiestrategien somit zum adaptiven organisationalen Lernen bei. Neben dem verfolgten

---

736 vgl. Gassmann et al. (2018), Technologiemanagement, S. 21; Wulf et al. (2013), Strategic Planning, S. 51; Reymann (2013), Strategieentwicklung, S. 96; vgl. Gerhard, Mühlhäuser (2012), Ambition, S. 116; vgl. Pillkahn (2008), Scenarios, S. 200; vgl. Gomeringer (2007), Technologieplanung, S. 68

737 vgl. Berger (2006), Technologiestrategien, S. 47; Wulf et al. (2013), Strategic Planning, S. 43

738 Schwache Signale *(„weak signals“)* stellen gemäß ANSOFF unpräzise und frühe Indikatoren für bedeutende Ereignisse dar, welche nur schwer von der strategischen Frühaufklärung erfasst werden können. Da der Fokus der vorliegenden Arbeit auf der Strategieentwicklung und nicht der Frühaufklärung liegt, sei auf die Arbeiten von ANSOFF verwiesen. Hierzu vgl. Ansoff (1980), Issue Management

739 vgl. Welge et al. (2017), Management, S. 436

740 vgl. Gomeringer (2007), Technologieplanung, S. 49

741 vgl. Schwenker, Wulf (2013), Introduction, S. 14; vgl. Wulf et al. (2013), Strategic Planning, S. 45ff.; Stahlmann (1988), Technology Push, S. 51; Bradfield et al. (2005), Origins, S. 804

742 vgl. Schoemaker (1995), Scenario Planning, S. 27; Gausemeier et al. (1996), Szenario-Management, S. 90

743 vgl. Bradfield et al. (2005), Origins, S. 806

Anwendungszweck klassifiziert ZINSER zudem Szenarioansätze anhand von vier Prinzipien, welche sich auf die Basis sowie Methode zur Bündelung von Einflussfaktoren zurückführen lassen: analytische, intuitive, induktive sowie deduktive Verfahren[744]. Abbildung 4-17 illustriert die Transition des verfolgten Zwecks einer Anwendung der Szenariotechnik im Rahmen des Explorations- sowie Investigationsmodus und ordnet etablierte Ansätze der Szenariotechnik in das Klassifikationsschema von ZINSER ein.

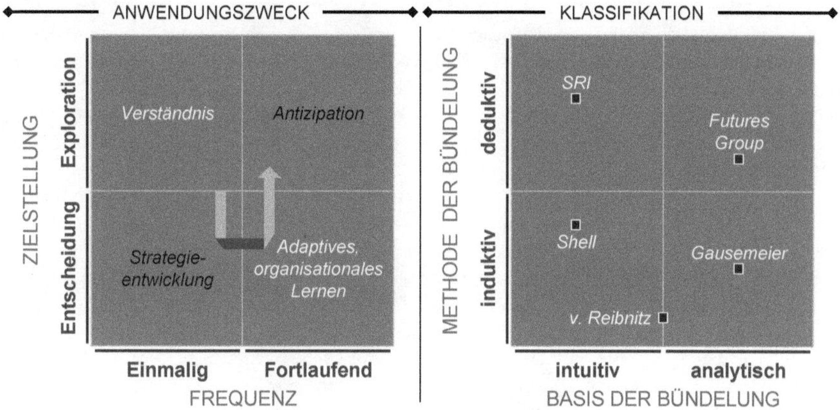

Abbildung 4-17: Klassifikation und Anwendungszweck von Szenariotechniken[745]

Im Zusammenhang der strategischen Planung von Produkttechnologien entscheidet sich GOMERINGER für den Ansatz nach MANDEL des STANFORD RESEARCH INSTITUTE (SRI). Die Wahl eines intuitiv-deduktiven Verfahrens wird darauf zurückgeführt, dass analytische Ansätze durch intensive Berechnungsschritte und angeführte Wahrscheinlichkeitsangaben einem unsicheren Umfeld zu wenig Rechnung tragen.[746] Auch BEINHOCKER argumentiert, dass genaue Vorhersagen in einer turbulenten Welt die falsche Herangehensweise sind und dass die menschliche Intuition in unsicheren Situationen unterschätzt sowie die Fähigkeit des Verstandes zur Vorhersage überschätzt werden könnte[747]. Für das Teilmodell zur

---

[744] *Intuitive Verfahren* basieren auf der Erfahrung und Kreativität der am Prozess beteiligten Personen. *Analytische Verfahren* sind demgegenüber formalisiert, strukturiert und nutzen mathematische Methoden und Software. *Induktive Verfahren* verknüpfen Kombinationen einzelner Faktorprojektionen zu konsistenten Bündeln. Demgegenüber verknüpfen *deduktive Verfahren* Schlüsselfaktoren zu einem Szenariorahmen und reichern dieses mittels weiterer Faktoren an. Hierzu vgl. Zinser (2000), Frühnavigation, S. 52; Gomeringer (2007), Technologieplanung, S. 48

[745] i. A. a. Bradfield et al. (2005), Origins, S. 805f.; Zinser (2000), Frühnavigation, S. 52

[746] vgl. Gomeringer (2007), Technologieplanung, S. 49; Mißler-Behr (1993), Szenarioanalyse, S. 11

[747] vgl. Beinhocker (1999), Strategies, S. 96

Vorausschau wird daher ebenfalls ein intuitiv-deduktiver Ansatz zugrunde gelegt, der mit minimalen Berechnungsschritten Verstand und Intuition unterstützt.

Neben dem grundlegenden Ansatz der Szenariotechnik unterscheidet GAUSEMEIER zudem Szenariotypen anhand von neuen Kriterien[748]. GOMERINGER nutzt diese Unterscheidungskriterien, um seinen Ansatz zur Umfeldprognose zu spezifizieren[749]. Aufgrund der vergleichbaren Zielstellung (Vorgehensweise zur strategischen Technologieplanung für Produkte) kann der Spezifikation und der dahinterliegenden Argumentation von GOMERINGER größtenteils gefolgt werden. Jedoch werden ausgehend von dem spezifischen Betrachtungsbereich der vorliegenden Arbeit (volatiles Unternehmensumfeld infolge einer ereignisinduzierten Diskontinuität) die Beschaffenheit und der Zeithorizont der Szenarien angepasst (vgl. Anhang 5). Zwar bedarf es zur langfristigen Ausrichtung der wettbewerbs-, innovations- sowie technologiestrategischen Positionierung langfristiger Szenarien, jedoch besitzen kurzfristige Szenarien unmittelbar nach einer ereignisbezogenen Diskontinuität ebenfalls eine hohe Relevanz, da sie Orientierung für die direkt zeitkritischen Handlungsbedarfe aufzeigen. Um weiterhin das Momentum der Diskontinuität gewinnbringend zu nutzen und Geschwindigkeitsvorteile zu generieren, bedarf es einer Synchronisierung von kurzfristig sinnfälligem Opportunismus mit einer langfristig sinnvollen strategischen Ausrichtung. Aufgrund der inhärenten Pfadabhängigkeiten sind daher nicht nur reine Zustandsbilder als Situationsszenarien von Interesse, sondern auch deren Entwicklungswege, die sich öffnende Optionsräume für eine kontinuierliche Erneuerung von temporären Wettbewerbsvorteilen darstellen können. Die Pfadforschung erklärt dieses Phänomen durch Trajektorien[750]. Aufgrund des signifikantesten Kritikpunkts der Szenariotechnik in Bezug auf den vorliegenden Betrachtungsbereich, die zeit- und ressourcenintensive Anwendung, ist jedoch unbedingt darauf zu achten, dass der Aufwand für die Vorausschau zukünftiger Situationen sowie deren zugrundeliegender Entwicklungsprozesse minimal gehalten wird[751].

4.2.3.3 Analyse der Entwicklungstrajektorien des Umfelds

Die verschiedenen Ansätze der Szenariotechnik unterscheiden sich weniger im Ablauf als vielmehr durch die Vielzahl der unterschiedlichen genutzten Methoden. Eine Referenzmodellierung basierend auf etablierten Ansätzen ist in Abbildung 4-18 dargestellt. Demnach baut die Szenariotechnik auf fünf Phasen auf: Szenariofeldbestimmung, Schlüsselfaktoridentifikation, Schlüsselfaktoranalyse, Szenariogenerierung sowie

---

748 Problemstellung (Entscheidungs- vs. Orientierungsprojekte), Lenkbarkeit (umfeld- vs. lenkungsorientierte Szenarien), Ausgangspunkt (antizipative vs. explorative Szenarien), Zielgerichtetheit (deskriptive vs. normative Szenarien), Organisationsform (externe vs. interne Szenarioprojekte), Beschaffenheit (Situations- vs. Prozessszenarien), inhaltliche Ausrichtung (Extrem- vs. Trendszenarien), Zeithorizont (kurzfristige vs. langfristige Szenarien) sowie Bestimmung der Eintrittswahrscheinlichkeiten (Projektionen vs. Vorhersagen). Hierzu vgl. Gausemeier et al. (1996), Szenario-Management, S. 103f.

749 vgl. Gomeringer (2007), Technologieplanung, S. 75ff.

750 vgl. Hutterer (2013), Dynamic Capabilities, S. 187; Arthur (1989), Competing, S. 128; Sydow et al. (2012), Path Constitution, S. 157ff.

751 vgl. dazu die inhaltlichen Anforderungen sowie deren Operationalisierung für die Modelle in Unterkapitel 3.1.2 sowie Anhang A.2

Szenariotransfer. MIßLER-BEHR gliedert dieses allgemeine Grundschema der Szenariotechnik in drei Teile: Analyse, Prognose und Synthese. Dabei differenziert sie aufbauend auf GESCHKA, HAMMER vier verschiedene Betrachtungsebenen mit unterschiedlichem Abstraktionsgrad (Problembearbeitung, Problemumfelder, Zukunftsprojektionen, Annahmenbündelung). Dabei zeigt sie zudem mögliche Abkürzungen der Szenariotechnik auf (vgl. Abbildung 4-18).[752]

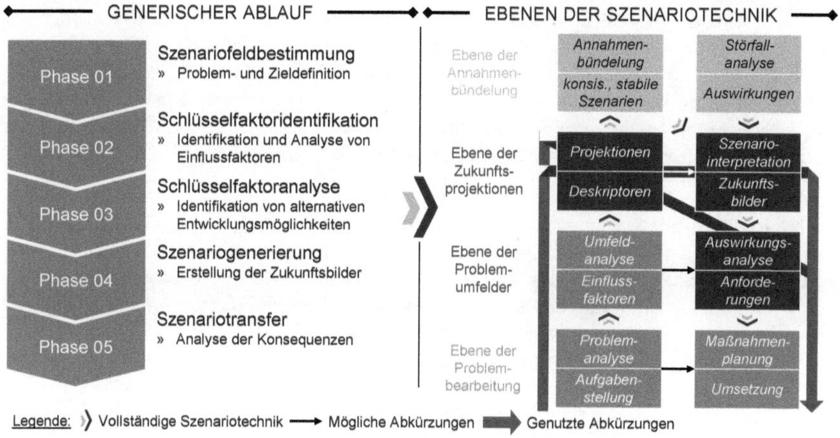

Abbildung 4-18: Ablauf und Betrachtungsebenen der Szenariotechnik sowie Abkürzungspfade der Vorausschau[753]

Es wird deutlich, dass die Teilmodelle der Unternehmens- sowie Umfeldanalyse die ersten beiden und die Vorausschau die letzten beiden Ebenen betreffen. Weiterhin zeigt das Schema auf, welche Möglichkeiten im Rahmen der Szenariotechnik existieren, um die Anforderung nach Reduktion sowie iterativer Skalierbarkeit des Anwendungsaufwandes umzusetzen. Jedoch detaillieren weder MIßLER-BEHR noch GESCHKA, HAMMER die Möglichkeiten zur Verkürzung auf Ebene der Zukunftsprojektionen, sondern widmen sich der Weiterentwicklung von anspruchsvollen Methoden und Anwendungen der Szenariotechnik[754]. Demnach gilt es, im Rahmen der Vorausschau zunächst Deskriptoren aus der Umfeldanalyse zu extrahieren und diese in die Zukunft zu projizieren. In Analogie zu dem Ebenensprung von der Annahmenbündelung zur Szenariointerpretation werden die projizierten Deskriptoren zunächst hinsichtlich ihrer Auswirkungen auf das Ökosystem untersucht. Im Sinne einer Skalierung wird weiterhin eine zweite von MIßLER-BEHR sowie GESCHKA, HAMMER

---

752 vgl. Mißler-Behr (1993), Szenarioanalyse, S. 19; Geschka, Hammer (1990), Szenario-Technik, S. 318ff.

753 i. A. a. Mißler-Behr (1993), Szenarioanalyse, S. 20; vgl. Kosow et al. (2008), Szenarioanalyse, S. 20; Geschka, Hammer (1990), Szenario-Technik, S. 319; Gausemeier et al. (1996), Szenario-Management, S. 101; Zinser (2000), Frühnavigation, S. 48

754 vgl. Geschka, Hammer (1990), Szenario-Technik, S. 323; Mißler-Behr (1993), Szenarioanalyse, S. 22

dargestellte Abkürzung genutzt, bei welcher die projizierten Deskriptoren interpretiert werden, um hieraus Zukunftsbilder zu gewinnen. Diese ermöglichen wiederum eine weitere Analyse von Auswirkungen auf das Ökosystem. Letztlich erfolgt hierauf aufbauend in anschließenden Iterationen eine Bildung von konsistenten, stabilen Szenarien, welche interpretiert und schließlich zu einem späteren Zeitpunkt einer Störfallanalyse unterzogen werden. Abbildung 4-18 illustriert die vier Ebenen der Szenariotechnik mit ihren jeweiligen Aktivitäten sowie den im Rahmen der vorliegenden Arbeit genutzten Abkürzungs- und Skalierungspfaden für das Teilmodell der Vorausschau. Ausgehend von der vorherigen Auswahl des Szenarioansatzes (vgl. Abbildung 4-17), des spezifizierten Szenariotyps (vgl. Anhang 5) sowie der identifizierten Abkürzungs- und Skalierungspfade (vgl. Abbildung 4-18) werden daher im Folgenden die Bausteine *„Deskriptoren und Projektionen"*, *„Auswirkungsanalyse und Anforderungen"* sowie *„Szenariointerpretation und Zukunftsbilder"* für die Vorausschau der Methodik zur Entwicklung von Technologiestrategien in einem volatilen Umfeld detailliert.

Deskriptoren und Projektionen

Deskriptoren, oftmals auch als *„Schlüsselfaktoren"* bezeichnet, beschreiben die zentralen Variablen, Parameter, Trends, Entwicklungen oder Ereignisse, die auf das Szenariofeld einwirken und/oder über die das Szenariofeld nach außen wirkt[755]. In der Umfeldanalyse werden auf makroökonomischer Ebene bereits globale Einflussfaktoren identifiziert und deren retrospektive Auswirkungen auf das Unternehmen und Mikroumfeld infolge der ereignisinduzierten Diskontinuität untersucht. Anhand der retrospektiven Auswirkungen auf das Geschäftsmodell sowie eines *„optimierten Samplings"* wird eine Rangfolge potenzieller Schlüsselfaktoren erarbeitet, mithilfe derer makroökonomische Implikationen abgeleitet und Auswirkungen auf das Ökosystem untersucht werden können (vgl. Abschnitt 4.2.2.1). Demgegenüber fokussiert die Umfeldanalyse auf mikroökonomischer Ebene die Identifizierung von retrospektiven Veränderungen durch die ereignisbezogene Diskontinuität der hieraus resultierenden Implikationen für das Unternehmen (vgl. Abschnitt 4.2.2.2). Da Wettbewerbs-, Innovations- und Technologiestrategien im Kontext von produzierenden Unternehmen typischerweise auf den Wettbewerbsvorteil im aufgabenbezogenen Umfeld abstellen, bedarf es weiterhin der Identifizierung von Einflussfaktoren auf mikroökonomischer Ebene für die Vorausschau des Umfelds[756]. Diese sind jedoch stark abhängig von dem jeweiligen Anwendungsfall, sodass das Strategieteam Einflussfaktoren analog der Analyse des Makroumfelds (vgl. Abschnitt 4.2.2.1) sammelt und bewertet.

Im Rahmen intuitiver Szenarioansätze werden Einflussfaktoren hauptsächlich partizipativ über Workshops und Befragungen gesammelt, um das implizite Wissen der beteiligten (internen und externen) Experten zu nutzen und zeitaufwendige Recherchen zu vermeiden[757]. Beziehungen der Einflussfaktoren untereinander werden dabei häufig mit Ursache-Wirkungsnetzen des *„System Dynamics"* modelliert, sodass die Anzahl an Einflussfaktoren reduziert werden kann[758]. Zur weiteren Reduzierung der Einflussfaktoren sowie zur

---

755 vgl. Kosow et al. (2008), Szenarioanalyse, S. 21

756 vgl. Porter (2013), Wettbewerbsstrategie, S. 37

757 vgl. Kosow et al. (2008), Szenarioanalyse, S. 21

758 vgl. Gomeringer (2007), Technologieplanung, S. 78f.

Identifikation der Schlüsselfaktoren wird dabei häufig eine variierende (WILSON-)Matrix genutzt, welche Einflussfaktoren anhand ihrer potenziellen Auswirkungen auf die zukünftige Entwicklung *(„Impact")* sowie deren Unsicherheit aufteilt[759]. Aufgrund des pragmatischen Ansatzes der intuitiven Verfahren wird das Teilmodell zur Vorausschau hieran orientiert. Dazu stellen die vorpriorisierten Einflussfaktoren des globalen Umfelds und deren Implikationen sowie die turbulenzinduzierten Veränderungen des Ökosystems und deren Implikationen wichtige Stimuli für den involvierten Expertenkreis dar, um eine integrierte Longlist von makro- und mikroökonomischen Einflussfaktoren nach der ereignisbezogenen Diskontinuität zu erarbeiten.

In der Szenariotechnik werden die Schlüsselfaktoren insb. anhand ihrer Unsicherheit ausgewählt, sodass sich durch aufspreizende Projektionen Szenarien einer multiplen Zukunft ergeben[760]. Die zuvor konzeptionierte Abkürzung der Vorausschau strebt jedoch nicht danach, konsistente und stabile Szenarien für einen festen Projektionshorizont zu erarbeiten. Vielmehr geht die Vorausschau der Frage nach, welche Treiber in einem jeweiligen Zeithorizont Optionsräume für das Unternehmen öffnen. Wenn das unmittelbare Ziel nicht die Bildung von Szenarien ist, so ist die Unsicherheit von Einflussfaktoren nicht einzig das primär entscheidende Kriterium zur Auswahl von Schlüsselfaktoren neben deren Wirkungsstärke *(„Impact")*.

In einem volatilen Unternehmensumfeld sind Unternehmen nicht nur signifikanten Unsicherheiten, sondern auch einer Bandbreite unterschiedlicher Dynamiken (vgl. Teilkapitel 2.3) ausgesetzt. Die Betrachtung von Dynamiken erfolgt in der Szenariotechnik hauptsächlich im Rahmen der Projektion von Schlüsselfaktoren, nicht jedoch bei deren Auswahl[761]. Es ist somit sinnvoll, die Veränderungsdynamiken der gesammelten Einflussfaktoren in das Teilmodell der Vorausschau zu integrieren und die WILSON-Matrix um eine dynamikorientierte Matrix zu ergänzen (vgl. Abbildung 4-19).

Da weiterhin kein bestehender Ansatz eine durchgängige und integrale Betrachtung der Turbulenz anstellt (vgl. Unterkapitel 2.6.6), wird zur Auswahl von Schlüsselfaktoren die Unsicherheit nur generisch bewertet. Wie im Rahmen von Unterkapitel 4.2.6 noch weiter detailliert wird, sind Unsicherheiten und Dynamiken differenzierter zu betrachten. So kann Unsicherheit hinsichtlich einer Dynamik anhand von Richtung, Ausmaß oder Geschwindigkeit der Veränderung bestehen. Während die Veränderungsrichtung insb. für eine Projektion von Relevanz ist, korrelieren Veränderungsausmaß und -geschwindigkeit mit dem jeweiligen Zeithorizont eines Optionsraums und sind somit für die Auswahl als Schlüsselfaktoren von Relevanz. Eine generische Bewertung der Unsicherheit von Einflussfaktoren gilt es daher zu präzisieren. Hierfür werden in der Vorausschau sowohl generische Unsicherheiten als auch Unsicherheiten in Bezug auf die Wirkungsstärke sowie die Dynamik durch Evaluation berücksichtigt.

---

759 vgl. Pillkahn (2008), Scenarios, S. 202; Gomeringer (2007), Technologieplanung, S. 79f.; Wulf et al. (2013), Strategic Planning, S. 55ff.; Wilson (1998), Mental Maps, S. 89

760 vgl. Wilson (1998), Mental Maps, S. 89

761 vgl. Pillkahn (2008), Scenarios, S. 201ff.; Wulf et al. (2013), Strategic Planning, S. 57; Gomeringer (2007), Technologieplanung, S. 79f.

Zur Bewertung der Einflussfaktoren wird von den involvierten Experten i. d. R. ein diskreter Punktwert auf einer intervall-operationalisierten Ordinalskala[762] erwartet, aus welchem anschließend ein Mittelwert gebildet wird[763]. In Anbetracht eines dynamischen, komplexen und unsicheren Unternehmensumfelds wird deutlich, dass auch diese Bewertung nur mit einer gewissen Unschärfe möglich ist und ein diskreter Punktwert die Bewertungssituation somit nur unzureichend widerspiegelt. Es erscheint somit sinnvoller, zunächst eine Bewertung von Wirkungsstärke, Dynamik und Unsicherheit der gesammelten Einflussfaktoren in Form eines Intervalls vorzunehmen und zu einem späterem Zeitpunkt einen diskreten Erwartungswert in diesem Intervall hinzuzufügen. Hierdurch ist die jeweilige Intervallbreite ein Indikator der Unsicherheiten von Wirkungsstärke sowie Dynamik und kann zudem im Zusammenhang mit der angegebenen, generischen Unsicherheit als Plausibilitätsprüfung dienen. Um insbesondere in Bezug auf die Unsicherheit zu vermeiden, dass Punktwerte mit Wahrscheinlichkeiten interpretiert werden, wird eine Skala von eins bis neun genutzt, welche gleichverteilt auf eine linguistische Skala *(„gering", „moderat", „hoch")* abbildet[764]. Zur Objektivierung der jeweiligen Bewertungen von Unsicherheit und Dynamik wird, wie von SCHWENKER ET AL. vorgeschlagen, auf eine *„Blind Spot"*-Analyse zurückgegriffen, bei welcher die Abweichungen zwischen internen Teilnehmern und externen Experten (bspw. Finanzanalysten oder Berater) aufgezeigt und diskutiert werden (vgl. Anhang 6)[765]. Auf diesen Bewertungen basierend werden die Einflussfaktoren schließlich als zweidimensionale Box-Plots in die Matrizen der Unsicherheit und Dynamik eingetragen. Dabei eignen sich Box-Plots hervorragend, um robuste Streuungs- und Lagemaße zusammenzufassen und so die Volatilität zu visualisieren[766]. Sie werden daher häufig in der Finanzwirtschaft genutzt. Abbildung 4-19 illustriert die Bewertung und Strukturierung von Einflussfaktoren zur Identifikation von Schlüsselfaktoren für die verkürzte Vorausschau der Methodik. Ausgehend von der intervall-operationalisierten Bewertung gesammelter Einflussfaktoren nach ihrer Wirkungsstärke, Dynamik und Unsicherheit sind für die Vorausschau vordergründig jene Einflussfaktoren von Interesse, die eine hohe Wirkungsstärke aufweisen *(„Evolutionstreiber", „Transformatoren",*

---

762 D.h. Intervalle einer Ordinalskala (bspw. Werte von eins bis drei) werden gruppiert und qualitativ operationalisiert.

763 vgl. Wulf et al. (2013), Strategic Planning, S. 56

764 Zur Unterstützung der Bewertung lassen sich Bewertungsskalen operationalisieren. Dabei bieten sich für die Unsicherheit und Dynamik die im Rahmen der Turbulenzanalyse konzeptionierten Operationalisierungen an (vgl. Unterkapitel 4.2.6). Im Fall von statischen bzw. diskontinuierlichen Einflussfaktoren (bspw. dem Vorhanden- oder Nichtvorhandensein eines Regulativs) kann eine Dynamik entweder als Veränderung in dessen Bedeutung oder als tatsächliche, sprunghafte Änderung des Einflussfaktors interpretiert werden. Demgegenüber orientiert sich die Wirkungsstärke an dem Gestaltungsfeld (hier: Strategie eines Unternehmens), welches i. d. R. die überlegene Unternehmensleistung (Performance) reflektieren soll (vgl. Gomeringer (2007), Technologieplanung, S. 79f.; Wulf et al. (2013), Strategic Planning, S. 56). Da Geschäftsmodelle als monetäre Geschäftslogik einer Strategie unmittelbar mit der Unternehmensleistung zusammenhängen (vgl. Schuh (2016) Management industrieller Dienstleistungen, S. 65) und sowohl interne als auch externe Strukturelemente umfassen, bieten sich diese für eine Operationalisierung der Wirkungsstärke an.

765 vgl. Wulf et al. (2013), Strategic Planning, S. 55

766 Box-Plots stellen den Median, zwei Quartile sowie Extremwerte einer Datenreihe dar. Hierzu vgl. Schulze, Porath (2012), Statistik, S. 85f.

„Signifikante Trends" und *„Entscheidende Unsicherheiten")*, da sie das Potenzial besitzen, das Umfeld sowie das Unternehmen in Zukunft maßgeblich zu prägen.

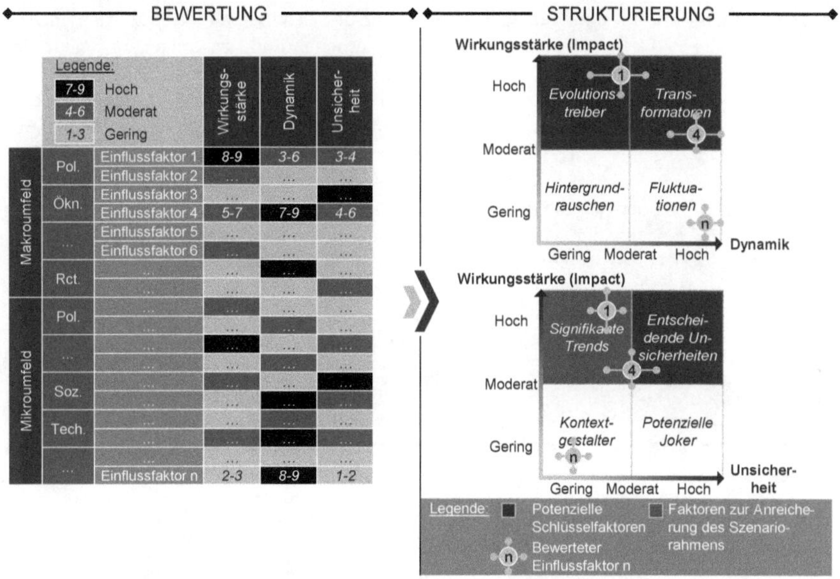

Abbildung 4-19: Bewertung und Strukturierung der Einflussfaktoren[767]

Da intuitive Szenarioansätze (vgl. Abbildung 4-17) Schlüsselfaktoren nur anhand ihrer Wirkungsstärke und Unsicherheit *(„Wilson-Matrix")* auswählen, bedarf es für die vorliegende Vorausschau aufgrund zweier zugrundeliegender Matrizen (Unsicherheit und Dynamik) eines zusätzlichen Modells zur Synthese. Im Sinne der Reduktion des Anwendungsaufwandes wird zur Bestimmung der Schlüsselfaktoren für die Entwicklungstrajektorien auf eine pragmatische Heuristik anstatt auf einen exakten Algorithmus abgezielt. Hierzu werden einige Grundannahmen getroffen: Erstens müssen Schlüsselfaktoren durch eine hohe Wirkungsstärke (d.h. einen hohen Einfluss auf die zukünftige Gestalt des Umfelds) gekennzeichnet sein, um Optionsräume zu schaffen und später zu differenzierbaren Szenarien zu führen[768]. Zweitens fällt es Unternehmen i. d. R. einfacher, valide Aussagen über die unmittelbare Zukunft zu treffen, während Aussagen über die langfristige Zukunft herausfordernd und von höherer

767 i. A. a. Kosow et al. (2008), Szenarioanalyse, S. 48; Brands et al. (2013), Six Tools, S. 82f.; Wilson (1998), Mental Maps, S. 89f.

768 vgl. Gausemeier et al. (2017), Unternehmensführung, S. 99ff.; Wilson (1998), Mental Maps, S. 88f.; Gomeringer (2007), Technologieplanung, S. 79f.

Unsicherheit geprägt sind[769]. Es wird daher allgemein von einer gewissen Korrelation zwischen Unsicherheit und Zeithorizont ausgegangen. In einem volatilen Unternehmensumfeld ergeben sich jedoch durch Diskontinuität auch enorme Unsicherheiten, welche von hoher kurzfristiger Relevanz sind, sich jedoch über die Zeit zusammen mit der Dynamik deutlich reduzieren (bspw. die unmittelbaren Unsicherheiten und Dynamiken zu Beginn der Corona-Pandemie hinsichtlich Pandemieverlauf und wirtschaftlicher Folgen für produzierende Unternehmen). Teilweise sind volatile Unternehmensumfelder auch durch eine Reihe von sequenziellen oder parallelen Erschütterungen gekennzeichnet, infolge derer Dynamiken und Unsicherheiten sprunghaft ansteigen und sukzessive wieder abfallen[770]. Die zuvor genannten Punkte sprechen drittens dafür, dass eine höhere Dynamik (Ausmaß und Geschwindigkeit) tendenziell die nähere Zukunft betrifft, während eine geringere Dynamik tendenziell die längerfristige Zukunft gestaltet (bspw. kann eine Veränderung des Urbanisierungsgrads erst später seine Wirkung entfalten als eine Veränderung der Mietpreise). Durch Synthese der allgemeinen und ereignisbezogenen Perspektive ergibt sich ein graduell erhöhender Verlauf der Unsicherheit mit sprunghaften Spitzen. Für die involvierten Experten gilt es, diesen Verlauf einerseits mit den assoziierten Dynamiken und andererseits mit der kollektiven Intuition abzugleichen. Abbildung 4-20 illustriert die drei getroffenen Annahmen der Wirkungsstärke sowie der allgemeinen und ereignisbezogenen Unsicherheit.

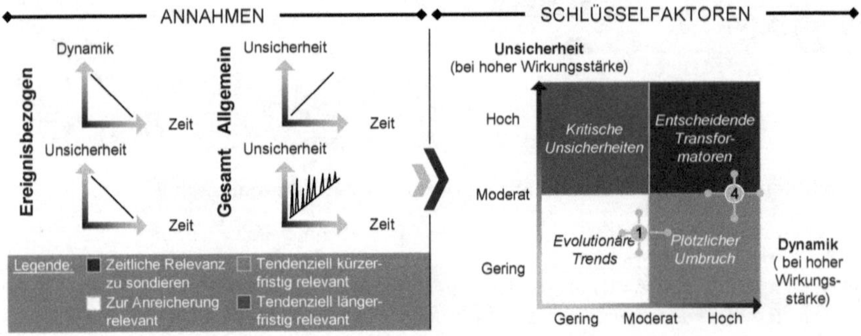

Abbildung 4-20: Bestimmung von Schlüsselfaktoren für die Trajektorien[771]

Ausgehend von den antagonistischen Annahmen fällt die Bestimmung kurzfristiger und längerfristiger Schlüsselfaktoren mit einer hohen Wirkungsstärke einfacher als die Identifikation von mittelfristig relevanten Schlüsselfaktoren: Einflussfaktoren mit einer hohen Dynamik, aber geringen Unsicherheit werden der kurzfristigen Trajektorie zugeordnet. Demgegen-

---

769 vgl. Geschka (2001), Instrument, S. 304; Vecchiato (2015), Organizational Flexibility, S. 258; Amer et al. (2013), Scenario Planning, S. 24; Pfeiffer, Dögl (1990), Technologie-Portfolio, S. 256ff.; Gomeringer (2007), Technologieplanung, S. 46

770 vgl. Dolata (2008), Sektoraler Wandel, S. 43

771 i. A. a. Wilson (1998), Mental Maps, S. 88f.; Pillkahn (2008), Scenarios, S. 138ff.; Wulf et al. (2013), Strategic Planning, S. 57

über eignen sich, wie bei der traditionellen Szenariotechnik, Einflussfaktoren mit einer geringen Dynamik, aber hohen Unsicherheit für den langfristigen Entwicklungspfad. Einflussfaktoren mit einer hohen Wirkungsstärke, aber geringer Unsicherheit und Dynamik sind bei intuitiven Szenarioansätzen prädestiniert, um den Szenariorahmen aus Schlüsselfaktoren anzureichern[772]. Dieser Überlegung wird gefolgt, um kurz-, mittel- und langfristige Trajektorien anzureichern. Schwierig wird es im Fall der hochdynamischen Einflussfaktoren mit hoher Unsicherheit, welche die sprunghaften Spitzen *(„peaks")* in Abbildung 4-20 darstellen. Hierfür bedarf es somit insbesondere der Intuition der involvierten Experten, um zu bestimmen, ob diese *„entscheidenden Transformatoren"* nur in die kurzfristige Trajektorie einfließen oder ob deren Entwicklung auch in den mittel- und langfristigen Entwicklungspfad einbezogen werden sollte. Bei dieser Entscheidung unterstützen die Box-Plots, welche das Intervall der Unbestimmtheit in Dynamik und Unsicherheit angeben und somit vorläufige Aussagen über die Tendenz fördern. Die mittelfristige Trajektorie wird somit durch Einflussfaktoren hoher Wirkungsstärke sowie moderater Dynamik und Unsicherheit beschrieben. Dieser Perspektive kommt jedoch eine entscheidende Funktion zu, da sie das Bindeglied zwischen der kurz- und mittelfristigen Perspektive darstellt. Insofern bedarf es also einer Abstimmung der Experten darüber, wie die Schlüsselfaktoren der kurz-, mittel- und langfristigen Entwicklungstrajektorie logisch aufeinander abgestimmt werden können[773].

Für die Deskriptoren der jeweiligen Entwicklungstrajektorien sind Projektionen zu bestimmen (vgl. Abbildung 4-18). Da der Sinn der Entwicklungstrajektorien nicht in der Generierung von Szenarien, sondern der Beschreibung von zukünftigen Optionsräumen liegt, bedarf es zwangsläufig zunächst einer Trend- statt Extremprojektion[774]. In diesem Zusammenhang unterscheidet PILLKAHN fünf Prinzipien, welche den möglichen Methoden zur Projektion zugrunde liegen: Kausalität, Gesetzmäßigkeit, Zeitreihen, Fantasie und Kreativität sowie proaktive Gestaltung[775]. Ausgehend von dem konkreten Zukunftselement, welches es zu projizieren gilt, eignen sich unterschiedliche Prinzipien und Methoden[776]. Die Projektionen der Schlüsselfaktoren basieren dabei auf verschiedenen Kurvenverläufen, die es im Rahmen des Expertengremiums abzustimmen gilt (vgl. Anhang 8). Abbildung 4-21 illustriert die Prinzipien sowie Methoden für die Projektion von Schlüsselfaktoren anhand ihrer vorherigen Einordnung in der Unsicherheits-Dynamik-Matrix aus Abbildung 4-20.

---

772 vgl. Wulf et al. (2013), Strategic Planning, S. 48; Gomeringer (2007), Technologieplanung, S. 80f.

773 vgl. Wright, Cairns (2011), Scenario Thinking, S. 35ff.

774 Szenarien können vielmehr aufbauend auf den Entwicklungstrajektorien in einer späteren Iteration der Methodik erarbeitet werden, um weitere Erkenntnisse für die Strategieentwicklung zu gewinnen.

775 vgl. Pillkahn (2008), Scenarios, S. 181ff.

776 Das Konzept der Zukunftselemente von PILLKAHN wurde für die vorliegende Arbeit übernommen (vgl. Unterkapitel 2.6.4) und wird im Rahmen der Turbulenzanalyse detailliert (vgl. Unterkapitel 4.2.6).

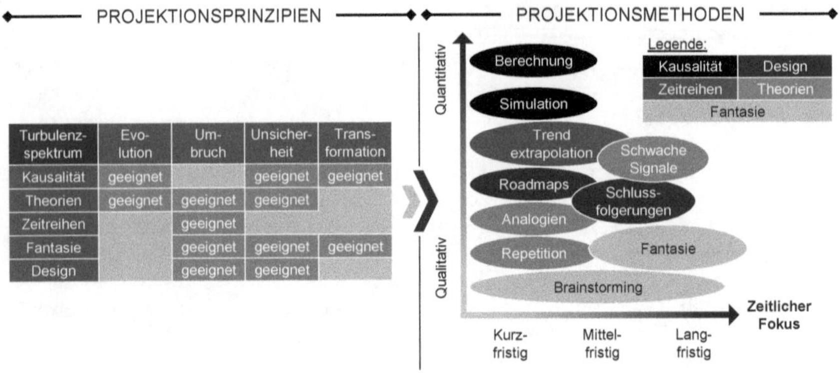

Abbildung 4-21: Prinzipien und Methoden für die Projektion von Schlüsselfaktoren[777]

Sollen zur strategischen Entscheidungsfindung zusätzlich zu den Entwicklungstrajektorien Szenarien entwickelt werden, existieren verschiedene Modell zur Projektionsbildung und Gestaltung des Szenariorahmens (vgl. Anhang 7)[778]. Ausgehend von den Anforderungen nach Reduktion des Anwendungsaufwandes sowie sukzessiver Skalierbarkeit der Methodik bietet sich, wie bei WULF, MEISSNER ET AL., zunächst eine einfache Situationsprojektion (positiv, negativ) in Verbindung mit einem zweidimensionalen Szenariorahmen an[779]. Im weiteren Verlauf der Methodik können komplexere Projektionsmodelle (bspw. Reifegrad- oder Prozessprojektionen) sowie ein höherdimensionaler Szenariorahmen bis hin zu analytischen Elementen wie bspw. morphologische Kästen und Konsistenzanalysen folgen. Diese werden jedoch aufgrund des Betrachtungsbereichs der vorliegenden Arbeit nicht näher betrachtet (vgl. Teilkapitel 2.5).

Im Rahmen der traditionellen Szenariotechnik werden die entwickelten Szenarien vor dem Szenariotransfer evaluiert, da Szenarien zwar stets hypothetisch, aber nicht willkürlich sind[780]. Zur Bewertung, ob ein Szenario *„gut"* ist, werden in der Literatur Kriterien genutzt, welche oftmals an den Praktiken guter Forschung angelehnt sind (bspw. Plausibilität, Konsistenz, Verständlichkeit, Trennschärfe, Transparenz, …)[781]. Aufgrund des intuitiven Ansatzes zur Entwicklung der Trajektorien erscheint es daher sinnvoll, die ausgearbeiteten Ergebnisse ebenfalls grob zu evaluieren. Durch die Anlehnung des Ansatzes an die Grundgedanken der Szenariotechnik werden deren Gütekriterien übernommen.

---

777 i. A. a. Pillkahn (2008), Scenarios, S. 193ff.

778 Die Gegenüberstellung von Schlüsselfaktoren in einer zwei- oder mehrdimensionalen Matrix wird als Szenariorahmen bezeichnet. Hierzu vgl. Gomeringer (2007), Technologieplanung, S. 47f.

779 vgl. Wulf et al. (2013), Strategic Planning, S. 58f.

780 vgl. Kosow et al. (2008), Szenarioanalyse, S. 28

781 vgl. Wilson (1998), Mental Maps, S. 91; Kosow et al. (2008), Szenarioanalyse, S. 28ff.; Greeuw (2000), Crystal, S. 7

Szenariointerpretation und Zukunftsbilder

Die Szenariointerpretation markiert im Rahmen der (intuitiv-deduktiven) Ansätze den Beginn des Szenariotransfers. PILLKAHN unterscheidet vier mögliche Aufbereitungsformen für die Szenariointerpretation: als Szenariorahmen, als Geschichte, als Visualisierung sowie als multimediale Präsentation[782]. Im vorliegenden Fall werden initial noch keine Szenarien entwickelt, sodass der Szenariorahmen durch die drei zeitlichen Entwicklungstrajektorien beschrieben ist. Ausgehend von der Anforderung nach Reduktion des Anwendungsaufwandes (vgl. Unterkapitel 3.1.2) erscheint eine direkte Verwendung der Ergebnisse in Form des Szenariorahmens als zielführend. Jedoch erhöht eine kurze Geschichte in Form einer Beschreibung die intuitive Verständlichkeit der Ergebnisse enorm, sodass der geringe Mehraufwand für die weitere Verwendung im Strategieprozess gerechtfertigt ist[783]. Sobald später ein Strategieprototyp implementiert werden soll, ist es sinnvoll, die weiter ausgearbeiteten Szenarien durch einen Zeichner zu visualisieren, um die Kommunikation in das Unternehmen zu erleichtern.

Auswirkungsanalyse und Anforderungen

Die reine Erstellung von Szenarien oder Entwicklungstrajektorien ist für das Unternehmen von wenig Mehrwert, wenn hieraus keine handlungsleitenden Schlussfolgerungen gezogen werden. Es ist daher zunächst überraschend, dass ein Szenariotransfer nur bei einigen Ansätzen zum eigentlichen Prozess der Szenariotechnik gezählt wird[784]. Ausgehend von den unterschiedlich aufbereiteten Zukunftsbildern in Form eines Szenariorahmens, einer Geschichte oder einer Reihe von Visualisierungen erfolgt im Rahmen des Szenariotransfers somit der wichtigste Schritt der Vorausschau für die Strategieentwicklung: die Synthese[785]. Dazu gilt es in Form einer gedanklichen Vorwegnahme der Zukunft die Auswirkungen der sich jeweils ergebenden Veränderungen des Ökosystems je Entwicklungstrajektorie oder Szenario für das Unternehmen zu reflektieren, um hieraus Implikationen für die Strategieentwicklung zu gewinnen.

Zur Unterstützung dieser gedanklichen Vorwegnahme nutzt ANT *„Was wäre, wenn"*-Spiralen, welche mittels Diskussion von logischen Abfolgen der Auswirkungen und resultierenden Folgen eine schrittweise Projektion in die Zukunft bilden. Auf diese Weise entsteht je Entwicklungstrajektorie eine Reihe von hypothetischen Einfluss-Auswirkungsbeziehungen. Dabei passiert es oftmals, dass sich die Argumentationsketten selbst ad absurdum führen und abgelehnt werden müssen.[786] Da die Entwicklungstrajektorien auf Trendprojektionen unterschiedlicher Schlüsselfaktoren und Zeithorizonte beruhen, werden Argumentationsketten von Auswirkungsbeziehungen gesucht, welche in sich geschlossen und über die drei Zeithorizonte (kurz-, mittel-, langfristig) anschlussfähig sind. Durch Abstimmung der Argumentationsketten ergibt sich somit ein roter Faden in Form eines konsistenten Transitionskorridors für den Fluss zukünftiger Ökosystementwicklungen[787]. Abbildung 4-22 illustriert diesen Tran-

[782] vgl. Pillkahn (2008), Scenarios, S. 206

[783] vgl. Wulf et al. (2013), Strategic Planning, S. 58; Osterwalder, Pigneur (2013), Generation, S. 172f.

[784] vgl. Kosow et al. (2008), Szenarioanalyse, S. 23

[785] vgl. Gausemeier et al. (2017), Unternehmensführung, S. 100

[786] vgl. Ant (2018), Effizientes Management, S. 152f.

[787] i. A. a. Davies (2003), Zeit, S. 10ff.

sitionskorridor durch die kurz-, mittel- und langfristige Konfiguration von Strukturelementen des Ökosystems anhand der spiralförmigen Auswirkungsketten von Schlüsselfaktoren der jeweiligen Entwicklungstrajektorien.

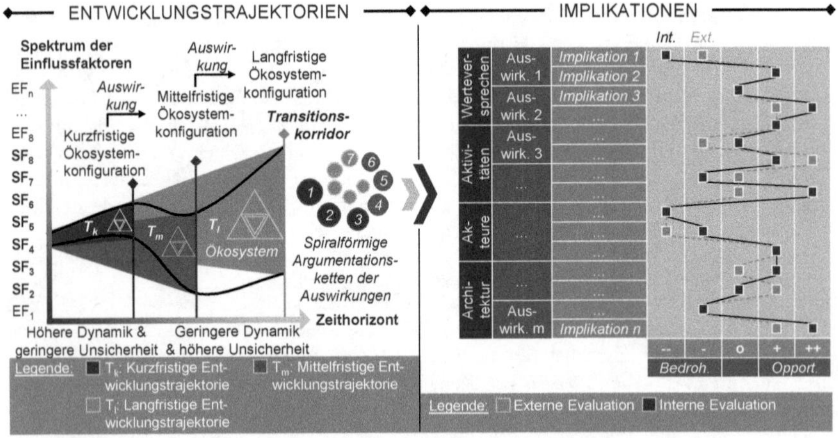

Abbildung 4-22: Analyse der Vorausschau von Entwicklungstrajektorien[788]

Zur Bildung der Argumentationsketten werden die Auswirkungen der einzelnen Entwicklungstrajektorien als Bündel trendprojizierter Schlüsselfaktoren auf die Ökosystemstruktur untersucht. Somit wird ein analoger Ansatz zur Analyse des aufgabenbezogenen Umfelds genutzt, bei welchem die trendprojizierten Schlüsselfaktoren statt des ereignisinduzierten Turbulenzimpulses genutzt werden (vgl. Abschnitt 4.2.2.2). Ausgehend von der trajektorienspezifischen Konfiguration der Schlüsselfaktoren werden auf diese Weise die Auswirkungen auf die Strukturelemente des Ökosystems reflektiert, um hieraus für das Unternehmen Implikationen abzuleiten. Dabei sind in Bezug auf das Werteversprechen insb. zukünftige Bedürfnisse von Kunden und Nutzern sowie konkurrierende oder konvergierende Ökosysteme mit identischem bzw. komplementärerem Werteversprechen von Interesse[789]. Bezogen auf Aktivitäten als kollektive Inkremente der Leistungserstellung eines fokalen Werteversprechens sind insb. neu entstehende, wegfallende oder transformierte Aktivitäten infolge eines geänderten Werteversprechens oder neuer (technologischer) Möglichkeiten zur Leistungserstellung relevant. Hierdurch lassen sich wiederum Auswirkungen auf bestehende oder neue Akteure im Ökosystem antizipieren. Schließlich ergibt sich durch veränderte Aktivitäten und Akteure eine trajektorienspezifische Architektur von neuen Positionen und

788 i. A. a. Mißler-Behr (1993), Szenarioanalyse, S. 19ff.; Adner (2017), Ecosystem, S. 43f.; Kapoor (2018), Ecosystems, S. 6; Ant (2018), Effizientes Management, S. 152f.; Binder, Kantowsky (1996), Technologiepotentiale, S. 67; Wulf et al. (2013), Strategic Planning, S. 53ff.; Hancock, Bezold (1994), Futures, S. 24; Voros (2003), Foresight, S. 13; Schuh et al. (2022), Iterative Analysis, S. 10

789 vgl. Gomeringer (2007), Technologieplanung, S. 82f.; Adner (2013), Wide Lens, S. 97

Schnittstellen, welche wiederum Anstöße für unternehmensspezifische Implikationen gibt (bspw. dezentrale Zahlungs- und Abrechnungsdienstleistungen für das Laden von Elektrofahrzeugen in einer *„Smart City“*). Zusammenfassend ergeben sich durch die verschiedenen Argumentationsketten von Strukturveränderungen der Ökosysteme Implikationen hinsichtlich zukünftiger Nutzenpotenziale. Diese internen und externen Nutzenpotenziale dienen im Sinne einer Strategie als Pfad im Optionsraum zur Ausrichtung einer Perspektive oder Position (vgl. Unterkapitel 2.1.2)[790]. Neben dem ursprünglichen Charakter als Möglichkeit und Chance ist es jedoch durchaus denkbar, dass basierend auf den retrospektiven Pfadabhängigkeiten der Unternehmung antizipierte (Nutzen-)Potenziale sowohl Opportunitäten als auch Bedrohungen darstellen. Zur Beurteilung des Potenzials werden die ausgearbeiteten Argumentationsketten sowie abgeleiteten Potenziale einer erneuten *„Blind Spot“*-Analyse zugeführt. Abbildung 4-22 illustriert die Auswirkungsanalyse im Rahmen des Szenariotransfers nach dem vorherigen Schema der Unternehmens- und Umfeldanalyse.

Implikationen aus der Vorausschau von Entwicklungspfaden des Umfelds

Beispiel: Als dominante Treiber des Mobilitätsökosystems werden häufig die Konnektivität, die Automatisierung, das Sharing sowie die Elektrifizierung angeführt. Dabei besitzen diese für die kurz-, mittel- und langfristigen Entwicklungspfade des Mobilitätsökosystems unterschiedliche Relevanz. So ist bspw. die kurz- bis mittelfristige Trajektorie stark von der Elektrifizierung und deren Schlüsseltechnologien geprägt. Demgegenüber besitzt die (Hoch-)Automatisierung der Mobilität eine besondere Relevanz für die langfristige Entwicklungstrajektorie des Ökosystems. Hieraus resultieren wiederum Implikationen für die Strategiearbeit der OEM und deren Zulieferer, wie bspw. das verstärkte Eingehen von Kooperationen im Bereich des automatisierten Fahrens sowie der langfristige Bedarf nach neuen Interiorkonzepten für hochautomatisierte Fahrzeuge.[791]

4.2.4 Strategische Handlungsbedarfe und Problemstellung

Das Ziel der vorliegenden Arbeit ist die Entwicklung von Technologiestrategien in einem volatilen Unternehmensumfeld (vgl. Teilkapitel 1.1). Da eine Strategie eine Lösung bzw. einen Lösungsraum hinsichtlich von Zielen, Mitteln und Verfahren darstellt (vgl. Unterkapitel 2.1.1), können Strategien nur sinnvoll entwickelt werden, wenn das zugrundeliegende Problem verstanden wurde (vgl. Unterkapitel 2.1.1). Allzu passend erscheint somit ein Zitat, welches EINSTEIN zugeschrieben wird:

„Wenn ich eine Stunde Zeit hätte, um ein Problem zu lösen, würde ich 55 Minuten damit verbringen, über das Problem nachzudenken und fünf Minuten über die Lösung.“[792]

[790] vgl. Binder, Kantowsky (1996), Technologiepotentiale, S. 76

[791] vgl. Ehlers (2018), Mobility, S. 175ff.

[792] In der umfassenden Sammlung von EINSTEIN-Zitaten der PRINCETON UNIVERSITY findet sich kein direkter Nachweis. Jedoch bringen andere Autoren das Zitat in Verbindung mit ihm. Hierzu vgl. Einstein et al. (2011), Quotable Einstein; Ant (2018), Effizientes Management, S. 143

In den vorherigen Teilmodellen des Explorationsmodus (vgl. Unterkapitel 4.2.1 bis 4.2.3) wurden daher retrospektiv die turbulenzinduzierten Veränderungen in Unternehmung und Umfeld untersucht sowie prospektiv Überlegungen zu den turbulenzadjustierten Entwicklungspfaden des Umfelds angestellt. Es wurde somit ein Verständnis über die Tragweite der Diskontinuität erarbeitet, mittels welchem eine Diagnose des (potenziell) zugrundliegenden Problems ermöglicht werden soll. Im Zusammenhang mit dem strategischen Management wird jedoch nicht von einem Problem, sondern einer Problemstellung *(„issue")* gesprochen[793]. Hierdurch soll eine Charakterisierung im Sinne von Hindernissen und Unwägbarkeiten erreicht werden.[794] Der Begriff der strategischen Problemstellung *(„strategic issue")* geht dabei auf ANSOFF zurück[795]. Durch Vergleich der bestehenden Ansätze wird deutlich, dass die Formulierung einer Problemstellung ebenfalls der Synchronisation diverser Analysen dient (vgl. Unterkapitel 2.6.6). So leiten GASSMANN, WECHT ET AL. bspw. Herausforderungen aus den unterschiedlichen Analyseperspektiven (Kunde, Markt, Wettbewerb, Technologie, Suchfeld) ab, um die nachfolgende Strategieformulierung vorzubereiten[796]. Es erfolgt somit eine Komplexitätsreduktion und Fokussierung auf das Wesentliche. Ausgangspunkt hierfür stellt eine Zusammenfassung der im Explorationsmodus abgeleiteten Implikationen der ereignisbezogenen Diskontinuität dar. Eine exemplarische Strukturierung anhand des jeweils untersuchten Analysebereichs sowie -zeithorizonts ist i. A. a. die Zukunftsrelevanzmatrix nach WENZELMANN und REYMANN in Anhang 9 dargestellt[797].

4.2.4.1 Handlungsbedarfe als Konsolidierung von identifizierten Implikationen

Da in der vorliegenden Arbeit ein potenziell kritischer, ereignisbezogener Betrachtungsbereich gewählt wird (vgl. Teilkapitel 2.5), expliziert der neutrale Begriff einer Herausforderung die Dringlichkeit des Handelns durch das Unternehmen nur unzureichend. Vielmehr muss in diesem Zusammenhang daher von Handlungsbedarfen einer Unternehmung hinsichtlich von ad-hoc zutage getretenen Herausforderungen gesprochen werden. Dabei können Handlungsbedarfe sowohl in dem Ergreifen von Chancen oder dem Abwenden von Gefahren eine Herausforderung darstellen[798]. Da die feingliedrige Struktur des Analysemodells der systematischen und lückenlosen Untersuchung des internen und externen strategischen Kontextes dient, ist zur Kristallisation von Handlungsbedarfen eine Überführung der zusammengefassten Implikationen in eine integrativere Struktur sinnvoll.

Hierzu ist es naheliegend, die Analysebereiche der Option Due Diligence aus dem Investigationsmodus zu nutzen[799]. Zunächst besteht dessen Zweck in der hypothesengetriebenen

---

[793] vgl. Welge et al. (2017), Management, S. 442; Sepp (1996), Frühaufklärung, S. 274ff.

[794] vgl. Ant (2018), Effizientes Management, S. 144; Pillkahn (2008), Scenarios, S. 138ff.

[795] vgl. Ansoff (1980), Issue Management, S. 133

[796] vgl. Gassmann et al. (2018), Technologiemanagement, S. 22

[797] vgl. Wenzelmann (2009), Strategieoptionen, S. 110f.; Reymann (2013), Strategieentwicklung, S. 113

[798] Implikationen der Analyse in Form von Stärken, Schwächen, Opportunitäten und Bedrohungen werden häufig zu Chancen (Stärken und Opportunitäten) sowie Gefahren (Schwächen und Bedrohungen) konsolidiert. Dazu vgl. Welge et al. (2017), Management, S. 416f.

[799] An dieser Stelle erfolgt ein Vorgriff auf den Ordnungsrahmen der Option Due Diligence. Die Herleitung der Analysebereiche erfolgt im Rahmen von Unterkapitel 4.2.5.

Analyse der vielfältigen Erfolgsvoraussetzungen einer strategischen Möglichkeit, weshalb zur Unterstützung der Ableitung von Erfolgsvoraussetzungen ein integrativer Ordnungsrahmen statt einer feingliedrigen Analysestruktur genutzt wird. Der Ordnungsrahmen der Option Due Diligence erfüllt somit die grundlegende Voraussetzung eines integrativen Charakters für die Kristallisation von Handlungsbedarfen. Aufgrund der Nutzung im Investigationsmodus besteht die Vorteilhaftigkeit somit vor allem in der Reduzierung des Anwendungsaufwandes durch Vermeiden von Strukturbrüchen, welche Überführungsarbeiten und -aufwände zur Folge haben. Durch Auftragen der im Rahmen der Analyse abgeleiteten Implikationen (vgl. Unterkapitel 4.2.1 bis 4.2.3) gegenüber dem betroffenen Analysebereich und -zeithorizont kristallisieren so die einzelnen Stärken, Schwächen, Opportunitäten sowie Bedrohungen zu Handlungsbedarfen. Abbildung 4-23 illustriert, wie die zuvor identifizierten Implikationen anhand ihres zeitlichen Geltungsbereichs sowie der inhaltlichen Analysebereiche für die spätere Option Due Diligence strukturiert werden, um hieraus resultierende Handlungsbedarfe abzuleiten.

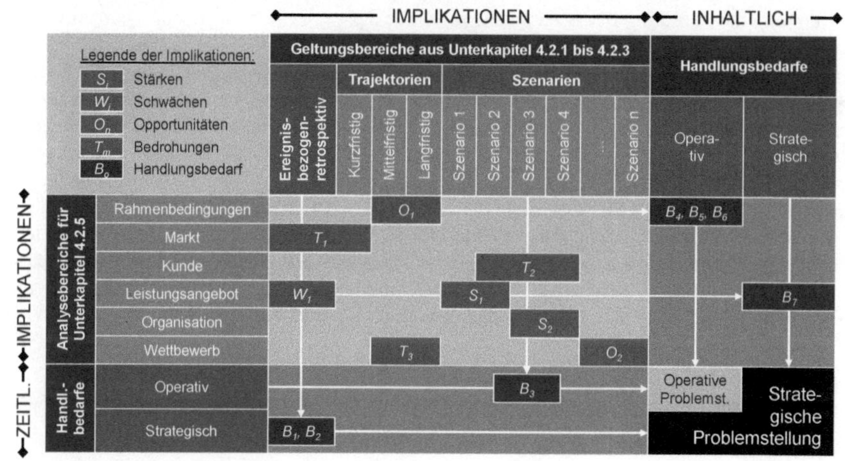

Abbildung 4-23: Ableitung von Handlungsbedarfen für das Unternehmen[800]

Mittels zeilen- und spaltenweiser Clusterung werden somit entweder zeitliche oder hinsichtlich der Analysebereiche inhaltliche Handlungsbedarfe ersichtlich. Dabei können mögliche Handlungsbedarfe hinsichtlich der abgeleiteten Implikationen vielfältig sein. Für den Zweck der vorliegenden Arbeit (Strategieentwicklung) ist es daher sinnvoll, operative und strategische Handlungsbedarfe zu differenzieren. Während operative Handlungsbedarfe unmittelbar von einer Krisen-Task-Force aufgegriffen und umgesetzt werden, stellen die

800 i. A. a. Reymann (2013), Strategieentwicklung, S. 113; Ant (2018), Effizientes Management, S. 145; Wenzelmann (2009), Strategieoptionen, S. 110f.

strategischen Handlungsbedarfe den Ausgangspunkt für die Problemstellung sowie die durch das Strategieteam zu erarbeitenden Strategiealternativen dar.

4.2.4.2 Priorisierung von Handlungsbedarfen zur Formulierung der Problemstellung

Trotz des Herausfilterns von operativen Handlungsbedarfen kann, insb. bei einer systematischen und gründlichen Analyse des Unternehmens sowie des Umfelds, eine Vielzahl von strategischen Handlungsbedarfen abgeleitet werden. Daher ist es sinnvoll, die strategischen Handlungsbedarfe weiter zu clustern, bevor diese priorisiert werden. Als Zielmarke für prioritäre Handlungsbedarfe sieht ANT eine Anzahl von fünf bis neun an.[801] Um einerseits eine differenzierte Problemstellung und somit zielgerichtete strategische Alternativen ableiten zu können und andererseits die Planungs- sowie Implementierungsaufwände zu reduzieren bzw. fokussieren, ist es sinnvoll, bei der Priorisierung nach dem Pareto-Prinzip zu entscheiden. Dabei gilt es die wichtigsten Handlungsbedarfe zu priorisieren, mit welchen 80 Prozent der turbulenzinduzierten Veränderungen bei nur 20 Prozent des Gesamtaufwandes adressiert werden können.[802] Hierzu werden analog zu der ABC-Analyse nach DICKIE drei Gruppen von Handlungsbedarfen gebildet, welche die Prioritäten hinsichtlich von Aufwand und Nutzen reflektieren[803]. Durch die unterschiedlichen Perspektiven der verschiedenen, in der Strategieentwicklung involvierten Personen erfolgt eine Einordnung der zuvor abgeleiteten (strategischen) Handlungsbedarfe in die A-, B- oder C-Prioritätsgruppe. Um eine Übergewichtung kurzfristiger und somit offensichtlicherer Handlungsbedarfe zu vermeiden, empfiehlt es sich, zeitliche und inhaltliche Handlungsbedarfe differenziert voneinander zu priorisieren[804]. Schließlich gilt es durch kritische Reflektion die A-priorisierten Handlungsbedarfe in Form einer griffigen Problemstellung zu konsolidieren, sodass alle Beteiligten ein einheitliches Verständnis für die Generierung strategischer Lösungsmöglichkeiten teilen. Abbildung 4-24 visualisiert die Priorisierung der zeitlichen und inhaltlichen Handlungsbedarfe anhand von drei Gruppen zur Formulierung einer strategischen Problemstellung für die Entwicklung von (Technologie-) Strategien aus der A-Prioritätsgruppe.

---

801 vgl. Ant (2018), Effizientes Management, S. 145f.

802 vgl. Sanders (1987), Pareto Principle, S. 38; vgl. Craft, Leake (2002), Pareto, S. 729

803 vgl. Dickie (1951), ABC Analysis, S. 92ff.

804 vgl. Ansoff (2019), Implanting, S. 439

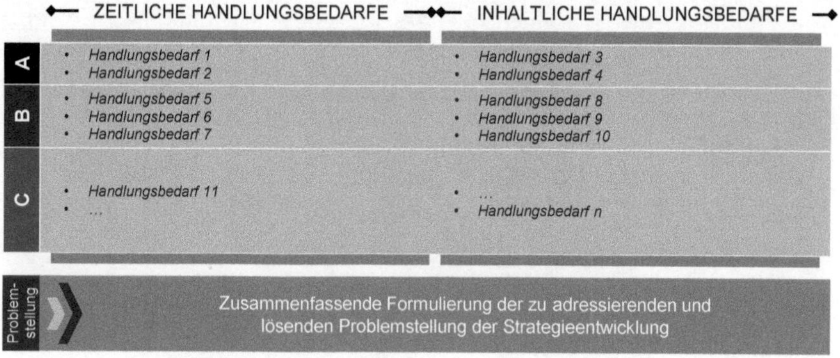

Abbildung 4-24: Formulierung der Problemstellung für die Strategieentwicklung[805]

4.2.4.3 Kritische Reflexion von bestehenden Unternehmenszielen

Wettbewerbs-, Innovations- und Technologiestrategien dienen grundsätzlich der Erreichung von übergeordneten Unternehmenszielen[806]. Vor der eigentlichen Entwicklung von Unternehmens- oder Geschäftsstrategien erfolgt daher zunächst eine Zielplanung[807]. Für die vorliegende Methodik wurde folglich im Charakterisierungsmodell der bestehende normative Rahmen für die Strategieentwicklung u. a. bestehend aus Leitbild und Unternehmenszielen aufgenommen (vgl. Unterkapitel 4.1.3). Je nach Tragweite der ereignisbezogenen Diskontinuität kann die Erreichbarkeit geplanter Ziele nicht länger realistisch sein, es kann sich die Rangfolge in der Zielhierarchie ändern oder bestehende Unternehmensziele können zugunsten von gänzlich neuen substituiert werden. Aufbauend auf dem differenzierten Verständnis der Handlungsbedarfe und der resultierenden Problemstellung erscheint es daher sinnvoll, die bestehenden Unternehmensziele kritisch hinsichtlich deren Aktualität zu reflektieren. Für den ersten Fall sind Ziele hinsichtlich ihrer Erreichbarkeit bspw. durch Scoring-Modelle oder Verfahren zur Mehrzielentscheidung zu quantifizieren oder für letztere Fälle lediglich erneut zu priorisieren[808]. Aufgrund des Fokus der vorliegenden Arbeit auf die Strategieentwicklung wird an dieser Stelle eine potenzielle Neuplanung von normativen Unternehmenszielen nicht weiter vertieft, sondern lediglich darauf verwiesen, dass eine erneute oder kontinuierliche Überprüfung in einem volatilen Unternehmensumfeld sinnvoll ist.

---

805 i. A. a. Ant (2018), Effizientes Management, S. 146; Sanders (1987), Pareto Principle, S. 38; Craft, Leake (2002), Pareto, S. 729; Dickie (1951), ABC Analysis, S. 92ff.

806 vgl. Hungenberg (2014), Management, S. 77

807 vgl. Welge et al. (2017), Management, S. 206ff.

808 vgl. Harmann (2003), Patente, S. 51

Strategische Handlungsbedarfe und Problemstellung infolge von Krisen

Beispiel: Infolge der *„Lockdowns"* während der Corona-Pandemie werden Mitarbeiter von Unternehmen zu *„Home Office"* verpflichtet. Für die Unternehmen der Büroartikelindustrie bricht damit schlagartig der Bedarf nach ihren Produkten ein. So besteht bspw. ein strategischer Handlungsbedarf in der kurzfristigen Identifikation von alternativen Absatzmärkten, um eine Liquidität über operative Sofortmaßnahmen sicherstellen zu können. Da zudem nur schwer evaluiert werden kann, in welchem Maß *„Home Office"* auch nach der Pandemie Bestand haben wird, ist eine Problemstellung in der Reduktion der Abhängigkeit von physischer Büroarbeit und somit in einer Diversifikation zu finden.

4.2.5 Due Diligence strategischer Möglichkeiten

Nachdem im Rahmen der Unterkapitel 4.2.1 bis 4.2.3 die Teilmodelle der Analyse im Explorationsmodus detailliert wurden und deren Orientierungswissen in Form von Implikationen zu Handlungsbedarfen und einer Problemstellung verknüpft wurde, wird im vorliegenden Unterkapitel das Teilmodell für den Investigationsmodus der Analyse detailliert. Die Zielstellung der Analyse im Investigationsmodus *(„Option Due Diligence")* ist die sorgfältige Prüfung von potenziell attraktiven Positionierungsmöglichkeiten der Unternehmung (vgl. Unterkapitel 3.4.2)[809]. Konträr folgt hieraus ebenfalls die Aufgabe, unattraktive oder nicht realisierbare Positionierungsmöglichkeiten so früh und so aufwandsarm wie möglich zu verwerfen. Im Rahmen der Methodik existieren dabei zwei Quellen, aus denen eine Positionierungsmöglichkeit hervorgehen kann: basierend auf der Erfahrung und Intuition des Top Managements in Form einer rudimentären Ersthypothese im Rahmen des Charakterisierungsmodells (vgl. Unterkapitel 4.1.3) oder basierend auf den gesammelten Implikationen des Explorationsmodus in Form einer systematisch-kreativen Optionsgenerierung im Rahmen des Optionsmodells (vgl. Unterkapitel 4.3.1).

Unabhängig von dem Ursprung der zu untersuchenden Positionierungsmöglichkeit handelt es sich zunächst um eine als hypothetische Geschichte beschriebene Lösungsidee[810]. Es ist daher abzusehen, dass einige Lösungsideen an einer sorgfältigen Untersuchung scheitern werden. BEINHOCKER vergleicht in diesem Kontext die Strategieentwicklung mit den Evolutionsmechanismen der Natur: Diese parallelisiert die experimentelle Überprüfung von Überlebensstrategien, um Risiken zu minimieren und schneller zum Ziel, einer robust funktionierenden Strategie, zu gelangen.[811] Der gleiche, experimentelle Charakter liegt auch dem *„möglichkeitsbasierten Ansatz"* nach LAFLEY, MARTIN ET AL. zugrunde, welcher Strategien nach den Prinzipien der Wissenschaft entwickelt. Dabei stellen durch Experimente fundierte Hypothesen die Quintessenz des nicht-linearen und iterativen Prozesses der Wissenschaft dar[812]. Frei nach dem bekannten Zitat von KIRSCH soll mittels Planung der Zufall durch

---

809 Der Begriff und das Konzept einer Positionierungsmöglichkeit wird im Rahmen von Unterkapitel 4.3.1 i. A. a. LAFLEY, MARTIN ET AL. eingeführt und näher erläutert.

810 vgl. Lafley et al. (2012), Science to Strategy, S. 56

811 vgl. Beinhocker (1999), Strategies, S. 99f.

812 vgl. Popper (1935), Logik, S. 1

Irrtum ersetzt werden[813]. Diese Fähigkeit einer Unternehmung zum kurzzyklischen Lernen sehen sowohl SNOWDEN, BOONE in ihrem *„Cynefin-Framework"* als auch FELLNER in seinen *„dynamic change patterns"* als essenziell für ein Handeln in einem volatilen Unternehmensumfeld an[814]. Es kann somit festgehalten werden, dass über Hypothesen gesteuerte Analysen als Experimente den Grundgedanken der Option Due Diligence darstellen.

Neben dem bereits als relevant identifizierten *„möglichkeitsbasierten Ansatz"* nach LAFLEY, MARTIN ET AL. sind für die Detaillierung der Option Due Diligence somit auch Ansätze für das organisationale Lernen durch Experimente in einem unternehmerischen Kontext von Interesse. Ein solcher Ansatz ist in dem *„Test and Learn Wheel"* nach DAVENPORT zu finden.[815] Wenngleich DAVENPORT mit dem *„Test and Learn Wheel"* auf die Umsetzung von Ideen für Innovationen durch Dienstleistungsunternehmen auf taktischer Ebene abstellt, können zu dem *„möglichkeitsbasierten Ansatz"* ergänzende Überlegungen für die Entwicklung von Wettbewerbs-, Innovations- und Technologiestrategien durch produzierende Unternehmen gewonnen werden[816]. Hierfür stellt Abbildung 4-25 die sieben von LAFLEY, MARTIN ET AL. beschriebenen Schritte des *„möglichkeitsbasierten Ansatzes"* den sechs von DAVENPORT beschriebenen Schritten des *„Test and Learn Wheel"* gegenüber, um hieraus in einer vereinfachten Referenzmodellierung die Submodelle der Option Due Diligence abzuleiten.

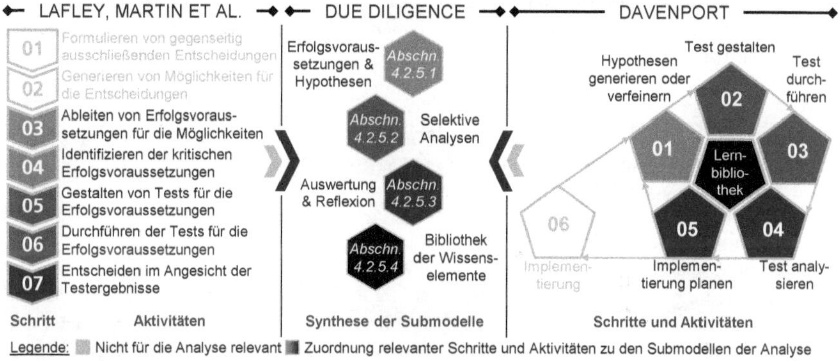

Abbildung 4-25: Submodelle für die hypothesenbasierte Option Due Diligence[817]

---

[813] vgl. Stein (2009), Projektmanagement, S. 93

[814] SNOWDEN, BOONE differenzieren für einen chaotischen und komplexen Entscheidungskontext die *„act, sense, respond"*- sowie *„probe, sense, respond"*-Muster während FELLNER für hohe Turbulenz die *„sense, respond & renew"*- sowie *„anticipate, preempt & align"*-Muster differenziert. Hierzu vgl. Snowden, Boone (2007), Decision Making, S. 72; Fellner (2010), Strategic Flexibility, S. 199

[815] vgl. Eckert (2018), Echtzeitunternehmen, S. 67

[816] vgl. Davenport (2009), Design, S. 69ff.

[817] i. A. a. Lafley et al. (2012), Science to Strategy; Davenport (2009), Design, S. 72

Die Gegenüberstellung verdeutlicht, dass die ersten beiden Schritte von LAFLEY, MARTIN ET AL. (Entscheidungen und Möglichkeiten) sowie der letzte Schritt von DAVENPORT (Implementierung) anderen Modellen der Methodik zuzuordnen sind (vgl. Teilkapitel 3.4). Demgegenüber sind die für die Analyse relevanten Schritte von inhaltlichen Gemeinsamkeiten der Ansätze gekennzeichnet, sodass diese für die Detaillierung der Option Due Diligence genutzt werden. Demnach gilt es zunächst, die jeweiligen Erfolgsvoraussetzungen für eine Möglichkeit zu identifizieren und für diese Positionierungshypothesen zu formulieren, welche die Erfolgsvoraussetzung stützen (Abschnitt 4.2.5.1)[818]. Für jede prioritäre Positionierungshypothese muss dann ein geeignetes Analysewerkzeug (bspw. eine *„Profit-Pool"*-Analyse oder Kundenbefragung) ausgewählt und die Untersuchung durchgeführt werden (vgl. Abschnitt 4.2.5.2)[819]. Schließlich gilt es, die Ergebnisse der Analyse auszuwerten und die hieraus gewonnenen Erkenntnisse zu reflektieren, um Schlussfolgerungen hinsichtlich des weiteren Analysebedarfs oder der Entscheidung für/gegen eine Möglichkeit zu ziehen (vgl. Abschnitt 4.2.5.3)[820]. Zudem ist es aus Sicht der Praxistauglichkeit und Effizienz einer Skalierung der Option Due Diligence sinnvoll, die Lernbibliothek von DAVENPORT für die Wissenselemente der vorliegenden Methodik zu übernehmen (vgl. Abschnitt 4.2.5.4)[821]. Hierdurch findet bei einer kontinuierlich-iterativen Anwendung der Methodik eine strukturierte Wissensakkumulation statt, durch welche einerseits der Aufwand mittels Unterstützung von IT-Werkzeugen reduziert und andererseits eine Turbulenzanalyse durch Systematisierung der Wissenselemente ermöglicht wird. Die vier zuvor hergeleiteten Submodelle für den Investigationsmodus des Analysemodells (vgl. Abbildung 4-25) werden daher nachfolgend detailliert.

4.2.5.1 Erfolgsvoraussetzungen und Positionierungshypothesen

Wurde im Rahmen des Charakterisierungs- oder Optionsmodells eine strategische Möglichkeit generiert und beschrieben (vgl. Teilkapitel 4.1.3 sowie 4.3.1), gilt es im Kreise des Strategieteams die Voraussetzungen zu spezifizieren, unter welchen an den Erfolg einer jeweiligen Positionierungsmöglichkeit geglaubt wird. Aufgrund des teilintuitiven Ansatzes zur Generierung von Möglichkeiten kommt auch bei der Feststellung von Erfolgsvoraussetzungen der Zusammenstellung des Strategieteams eine kritische Rolle zu. Dabei ist insbesondere auf eine hohe Diversität von Spezialisierungsrichtungen, Hintergründen und Erfahrungen zu achten, um eine möglichst holistische Sicht auf die verschiedenen Facetten von Erfolgsvoraussetzungen zu erlangen. Damit dem Team ungeachtet von dessen Zusammenstellung das Sammeln und Verbalisieren von Erfolgsvoraussetzungen leichter fällt, schlagen LAFLEY, MARTIN ET AL. das Format eines Ordnungsrahmens vor.[822] Ordnungsrahmen zeichnen sich dabei allgemein durch ein hohes Abstraktionsniveau aus, um die wesentlichen Elemente einer Domäne in Beziehung zu setzen[823]. Den Grundsätzen ordnungsgemäßer Referenz-

---

[818] vgl. Lafley, Martin (2013), Playing to Win, S. 190ff.; Davenport (2009), Design, S. 72

[819] vgl. Davenport (2009), Design, S. 72f.; vgl. Lafley, Martin (2013), Playing to Win, S. 196ff.

[820] vgl. Lafley, Martin (2013), Playing to Win, S. 200; Davenport (2009), Design, S. 73f.

[821] vgl. Davenport (2009), Design, S. 72f.

[822] vgl. Lafley et al. (2012), Science to Strategy, S. 60f.

[823] vgl. Becker et al. (2009), Ordnungsrahmen, S. 114

modellierung nach SCHÜTTE zufolge gilt es, zunächst Referenzmodellrahmen sowie -struktur zu konstruieren, bevor ein Modell inhaltlich ausdetailliert wird (vgl. Teilkapitel 3.2.3)[824].

Ausgehend von der Grobkonzeption der Analyse im Investigationsmodus (vgl. Unterkapitel 3.4.2) sowie dem Aufbau des möglichkeitsbasierten Ansatzes stellt eine strategische Möglichkeit den Mittelpunkt der Untersuchung dar. Dabei können analog der Teilmodelle des Explorationsmodus sowohl unternehmensinterne als auch -externe Aspekte Erfolgsvoraussetzungen einer Möglichkeit darstellen. Um jedoch das möglichkeitsspezifische Zusammenspiel von internen und externen Aspekten zu betonen, erscheint eine inhaltlich-thematische Abgrenzung der Analysebereiche sinnvoller als eine formale nach den Systemgrenzen und -ebenen (vgl. Unterkapitel 4.2.1 bis 4.2.3). Die Erfolgsvoraussetzungen stellen folglich gewisse (Teil-) Aspekte der thematischen Analysebereiche dar. Vor ihrer Überprüfung konstituiert jede Erfolgsvoraussetzung zunächst nur eine intuitive bzw. subjektive Auffassung des Strategieteams. Die Erfolgsvoraussetzungen repräsentieren daher die Positionierungshypothesen, auf denen eine strategische Möglichkeit beruht und deren Validität durch einen oder mehrere Tests bzw. Analysen zu beweisen ist.[825] Der einzelne Test stellt somit die kleinste Einheit der Analyse im Investigationsmodus dar. Es folgt hieraus eine schalenförmige Struktur der Option Due Diligence. Gleichzeitig ergibt sich aus den zuvor beschriebenen Beziehungen, dass sich die Turbulenz einer Positionierungsmöglichkeit über die Unsicherheiten sowie Dynamiken der zugrundeliegenden Betrachtungsobjekte der Tests bzw. Analysen kumuliert.

Basierend auf der zuvor entwickelten Struktur der Option Due Diligence wird der Ordnungsrahmen für die Identifikation von Erfolgsvoraussetzungen ausgestaltet. Hierzu gilt es, die inhaltlich-thematischen Analysebereiche sowie -aspekte, hinsichtlich derer potenzielle Erfolgsvoraussetzungen einer strategischen Möglichkeit bestehen könnten, zu detaillieren.

Im Rahmen von *„Mergers & Acquisitions"* (M&A) müssen Teams, insbesondere im Rahmen von Bieterverfahren, aufgrund von Vorgaben eines Mittlers ebenfalls unter engen zeitlichen Restriktionen zu einem plausiblen Ergebnis kommen[826]. Due Diligences nutzen daher ebenfalls einen hypothesenbasierten Ansatz, um die jeweils relevanten Analysebereiche und -aspekte für ein Zielunternehmen (engl. *„target"*) funktionsspezifisch einzugrenzen[827]. Als Eingangsgrößen für die Referenzmodellierung sind folglich jene funktionsspezifische Due Diligences von Interesse, welche ein Target hinsichtlich von Wettbewerbs-, Innovations- und Technologiestrategien untersucht. Aus der funktionalen Vielfalt möglicher Due Diligences sind daher für die vorliegende Arbeit insbesondere strategische sowie technologische Due Diligences von Relevanz[828]. Wenngleich sie zur obligatorischen Standardprozedur von M&A

---

[824] vgl. Schütte (1998), Referenzmodellierung, S. 186ff.

[825] vgl. Lafley et al. (2012), Science to Strategy, S. 60ff.

[826] vgl. Engelhardt (2017), Mergers, S. 3

[827] vgl. Schuh et al. (2019), Due Diligence, S. 649

[828] Für einen umfassenden Überblick von funktionalen Perspektiven der Due Diligence sei auf das Standardwerk von BERENS, BRAUNER ET AL. verwiesen. Hierzu vgl. Berens (2019) Unternehmensakquisitionen

gehören, sind finanzielle *(„Financial-")*, steuerliche *(„Tax-")* und rechtliche *(„Legal-")* Due Diligences somit nicht von Interesse für den Ordnungsrahmen[829].

Die strategische *(„Strategic-", „Strategy-",)* und kommerzielle *(„Market-"* oder *„Commercial-")* Due Diligence werden häufig synonym verwendet. Im Gegensatz zu einer finanziellen Due Diligence, welche die retrospektive Entwicklung eines Unternehmens untersucht, stellt die kommerzielle Due Diligence auf die zukünftigen Entwicklungen und Potenziale eines Unternehmens ab.[830] Als strategische Due Diligence wird der praxisvalidierte Ansatz von ADOLPH, GILLES ET AL. übernommen[831]. Demgegenüber werden als Vertreter der kommerziellen Due Diligence die Ansätze von NIEDERDRENK und HOWSON für die Referenzmodellierung aufgegriffen[832].

In einer (kommerziell-) technologischen Due Diligence werden hingegen fokussiert die Chancen der mit dem Target verbundenen Technologien evaluiert[833]. Als praxisvalidierter Ansatz zur Referenzmodellierung wird der Ansatz von SCHUH, SCHÖNING ET AL. übernommen[834]. Ungeachtet der funktionalen Perspektive stellt eine Analyse der jeweiligen mit der Transaktion verbundenen Risiken einen integralen Bestandteil einer Due Diligence dar[835]. Dieser Analysebereich kann wiederum mit den Unsicherheiten und Dynamiken der Turbulenzanalyse verknüpft werden (vgl. Unterkapitel 4.2.6). Im Zusammenhang mit dem von LAFLEY, MARTIN ET AL. vorgeschlagenen Ordnungsrahmen des *„möglichkeitsbasierten Ansatzes"* fasst Anhang 10 die Analysebereiche und -aspekte der praxisvalidierten Ansätze der kommerziellen und technologischen Due Diligence zusammen.

Auf Basis der inhaltlichen Übersicht der zuvor genannten Due Diligence Ansätze in Anhang 10 werden sechs gemeinsame, thematisch-inhaltliche Analysebereiche deutlich, welche zur Detaillierung des Ordnungsrahmens der Option Due Diligence genutzt werden. Diese dienen schließlich der strukturierten Sammlung und Verbalisierung der Erfolgsvoraussetzungen und Positionierungshypothesen einer strategischen Möglichkeit des Investigationsmodus.

Der erste Analysebereich umfasst die Rahmenbedingungen der strategischen Möglichkeit bspw. in Form von makroökonomischen Entwicklungen oder zugehörigen Industrien. Den zweiten Analysebereich stellt der Markt dar, in welchem bspw. Aspekte der Segmentierung, der retrospektiven und prospektiven Entwicklung oder der zugrundeliegenden Treiber von Interesse sein können. Der dritte Analysebereich fokussiert aus dem gesamten Markt den einzelnen Kunden hinsichtlich derer bspw. Bedürfnisse (teils auch prozessual getrieben) und Persönlichkeitszüge, Erreichbarkeit über bestimmte Kanäle oder Preisbereitschaften eine Voraussetzung für den Erfolg einer strategischen Möglichkeit darstellen können. Der vierte Analysebereich findet sich in dem Leistungsangebot, welches u. a. in Form von Produkt-

---

829 vgl. Berens et al. (2019), Due Diligence, S. 7ff.

830 vgl. Niederdrenk (2017), Commercial Due Diligence, S. 8f.

831 vgl. Adolph et al. (2006), Strategic Due Diligence, S. 22f.

832 vgl. Niederdrenk (2017), Commercial Due Diligence, S. 8; Howson (2006), Commercial Due Diligence, S. vff.

833 vgl. Schuh et al. (2019), Due Diligence, S. 646f.

834 vgl. Schuh et al. (2019), Due Diligence, S. 650

835 vgl. Niederdrenk (2017), Commercial Due Diligence, S. 9

Markt-Kombinationen auf die vorherigen Analysebereiche zugeschnitten sein sollte[836]. Hierfür sind bspw. Aspekte hinsichtlich einer Dekomposition in Werttreiber und Funktionen, die Angemessenheit für die Bedürfnisse und Zahlungsbereitschaften oder die zugrundeliegenden Technologien für die Realisierung von Produkten und Services von Interesse. Der fünfte Analysebereich umfasst die Organisation, welche maßgeblich die Umsetzung einer strategischen Möglichkeit bestimmt[837]. Hierfür sind insb. Aspekte hinsichtlich der benötigten Technologien und Fähigkeiten zur Entwicklung, zur Produktion oder zum Vertrieb des Leistungsangebots von Bedeutung, aber auch Synergien sowie die Vereinbarkeit mit dem bestehenden oder der Bedarf nach einem neuen Geschäftsmodell können Erfolgsvoraussetzungen darstellen. Der sechste Analysebereich befasst sich schließlich mit den Erfolgsvoraussetzungen in Bezug auf die Relation und Beziehung der Unternehmung zum Wettbewerb. Hierbei sind bspw. Aspekte der Alleinstellungsmerkmale von Werteversprechen sowie deren Nachhaltigkeit i. S. v. Imitation oder Substitution oder der erwarteten Reaktion auf Veränderungen durch Anpassung von Zielen und Strategien von Relevanz. Die sechs Analysebereiche und -aspekte sind dabei keineswegs als unabhängig voneinander zu betrachten. Vielmehr betrifft eine strategische Möglichkeit grundsätzlich alle Bereiche und Aspekte und verknüpft diese somit zu einem verbundenen Netz aus Hypothesen. Entsprechend der Schalenstruktur der Option Due Diligence (Analysebereiche, -aspekte, Erfolgsvoraussetzungen, Tests) ordnet Abbildung 4-26 die zuvor hergeleiteten inhaltlich-thematischen Analysebereiche mit exemplarischen Analyseaspekten zu einem Rahmen für das Hypothesennetz einer strategischen Möglichkeit.

---

836 vgl. Porter (1998), Competitive Advantage, S. 53f.; Berger (2006), Technologiestrategien, S. 33

837 vgl. Johnson et al. (2017), Exploring Strategy, S. 439

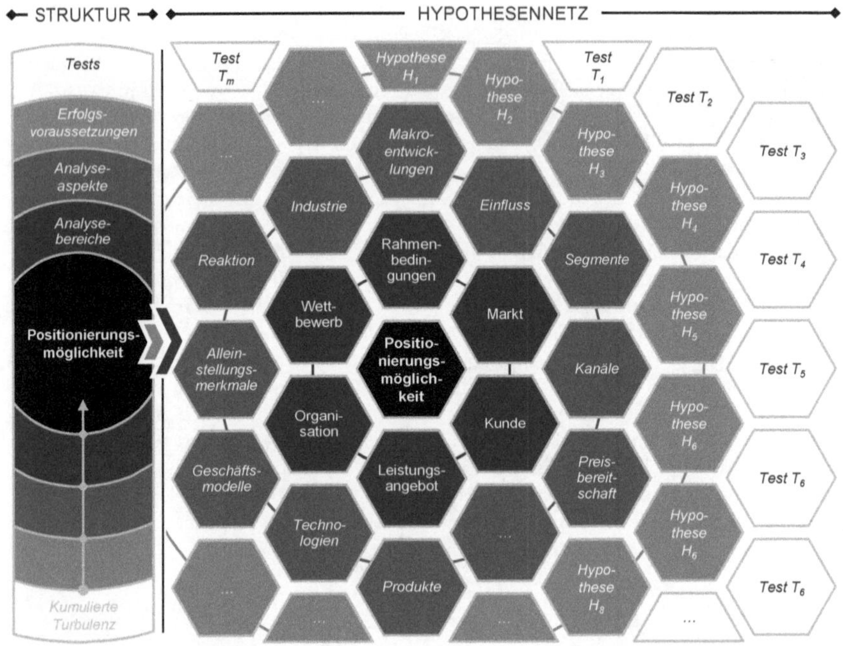

Abbildung 4-26: Hypothesennetz der Option Due Diligence als Ordnungsrahmen von exemplarischen Erfolgsvoraussetzungen[838]

Da die Gestalt von strategischen Möglichkeiten (bspw. hinsichtlich Inhalt, Komplexität, Detaillierung etc.) potenziell unbegrenzt und somit von der Kreativität und Erfahrung des Strategieteams abhängig ist, können die über praxisnahe Ansätze Due Diligence gesammelten Analyseaspekte keinen Anspruch auf Vollständigkeit und Erschöpfbarkeit *(„MECE"*-Prinzip[839]) stellen. Vielmehr ist in ihnen ein Hilfsmittel zur Inspiration und Orientierung zu sehen, welches das Strategieteam unter den jeweils spezifischen Randbedingen bei der Sammlung und Verbalisierung unterstützt. Hinsichtlich der konkreten Formulierung von Erfolgsvoraussetzungen empfiehlt sich eine deklarative statt einer konditionalen Aussage.

[838] i. A. a. Adolph et al. (2006), Strategic Due Diligence, S. 22f.; Niederdrenk (2017), Commercial Due Diligence, S. 2f.; Howson (2006), Commercial Due Diligence, S. vf.; Schuh et al. (2019), Due Diligence, S. 643ff.; Lafley et al. (2012), Science to Strategy, S. 61; Schuh et al. (2022), Iterative Analysis, S. 12

[839] Das *„MECE"*-Prinzip beschreibt gegenseitig ausschließende *(„Mutually Exclusive")* und kollektiv erschöpfliche *(„Collectively Exhaustive")* Konzeption einer Analyse. Hierzu vgl. Rasiel (1999), McKinsey Way, S. 6ff.

Hierdurch wird ein positives Bild der strategischen Möglichkeit gezeichnet, welches das Team dazu einlädt zu prüfen, ob die Voraussetzungen tatsächlich einer Prüfung standhalten.[840]

4.2.5.2 Hypothesenbasierte Analyse der Unternehmung und des Umfelds

Ausgehend von den festgestellten Erfolgsvoraussetzungen gilt es, die hiermit assoziierten Hypothesen durch geeignete Analysen zu testen. Da die Anzahl der zu prüfenden Hypothesen einen erheblichen Umfang annehmen kann, bedarf es vor dem Hintergrund des Analyseaufwands einer Priorisierung der Erfolgsvoraussetzungen und Positionierungshypothesen.

Wie im Fall der Priorisierung von Handlungsbedarfen (vgl. Unterkapitel 4.2.4) ist hierfür eine Kategorisierung hilfreich. Für die vorliegende Fokussierung ist jedoch nicht das Maß der adressierten Veränderungen relevant, sondern die Kritikalität, mit welcher eine Voraussetzung gegeben sein muss, damit eine strategische Möglichkeit viabel ist. Wie bei der Gestaltung technischer Systeme durch Anforderungen erscheint daher die MoSCoW-Priorisierung der Methode für dynamische Systementwicklung zielführend[841]. Diese unterscheidet *„Must have"*-, *„Should have"*-, *„Could have"*- und *„Won't have"*-Anforderungen, sodass für den vorliegenden Fall insbesondere Erfolgsvoraussetzungen der ersteren beiden Kategorien von Interesse sind[842]. Auch kann die Anzahl von Hypothesen reduziert werden, indem die Beziehungen der Erfolgsvoraussetzungen untereinander geprüft werden (bspw., wenn eine Voraussetzung durch die verbleibenden implizit gegeben ist). Bevor die eigentliche Analyse beginnt, betonen LAFLEY, MARTIN ET AL. die Notwendigkeit, dass das Set von *„Must have"*-Voraussetzungen durch das Top Management final als bindend bestätigt werden muss.[843] Im Kontext der vorliegenden Arbeit greift jedoch eine endgültige Verabschiedung zu kurz, da anderenfalls wertvolle Echtzeitinformationen sowie gewonnene Erkenntnisse aus vorherigen und folgenden Iterationen der Strategiebildung vorenthalten werden. Um diese Lücke zu schließen, wird daher DAVENPORT gefolgt, welcher ausgehend von den Analyseergebnissen die Hypothesen aktualisiert bzw. verfeinert[844].

Unabhängig von der Endgültigkeit der Erfolgsvoraussetzungen ergeben sich die Hypothesen schließlich aus den jeweiligen Hindernissen und Herausforderungen der Erfolgsvoraussetzungen, hinsichtlich derer das Strategieteam die größten Bedenken hat. Da die Untersuchung jeder Hypothese Aufwand und potenziell einen Geschwindigkeitsverlust für die Strategieentwicklung bedeutet, sollte eine Rangfolge der Hypothesen gebildet werden. Durch Ausrichtung der Analyseprioritäten auf diejenigen Hypothesen, von denen das Team am wenigsten überzeugt ist, können nur oberflächlich attraktiv erscheinende Möglichkeiten somit schnellstmöglich und aufwandsarm verworfen werden, sollte die Hypothese nicht bestätigt werden können (*„Lazy Man's Approach"*).[845] Sollte eine Einigung auf die Rangfolge

---

840 vgl. Lafley et al. (2012), Science to Strategy, S. 61

841 vgl. Schuh et al. (2015), Baukastensysteme, S. 107

842 vgl. Stapleton (1998), DSDM, S. 28f.

843 vgl. Lafley et al. (2012), Science to Strategy, S. 61f.

844 vgl. Davenport (2009), Design, S. 72f.

845 vgl. Lafley et al. (2012), Science to Strategy, S. 62f.

der Hypothesen durch Diskussion nicht möglich sein, bietet sich zur Findung je Erfolgsvoraussetzung ein Paarvergleich an[846].

Ausgehend von den priorisierten Positionierungshypothesen werden schließlich die Tests gestaltet. Durch den kaskadenartigen Aufbau von einer strategischen Möglichkeit über deren Erfolgsvoraussetzungen hin zu den einzelnen Positionierungshypothesen nimmt jedoch die Spezifität einer benötigten Analyse immer weiter zu. Im Gegensatz zu den Teil- und Submodellen des Explorationsmodus ist es im Investigationsmodus daher kaum möglich, eine allgemeingültige Konfiguration von Analysemodellen, -methoden und -werkzeugen (*„Analysetools"*) festzulegen. ANT warnt in diesem Zusammenhang sogar explizit davor, dass eine vorgefertigte Schablone genutzt und die problemspezifische Anwendung auf dieses Muster hin getrimmt wird[847].

In Analogie zu dem Ordnungsrahmen potenzieller Erfolgsvoraussetzungen erscheint es daher sinnvoller, eine Basis von etablierten Analysetools (bspw. der *„Value Proposition Canvas"* oder eine *„Customer Journey"*-Analyse) in einem *„Werkzeugkoffer"* zu aggregieren und nach den jeweiligen Bereichen und Aspekten des Hypothesennetzes zu strukturieren. Hierdurch wird einerseits der Anwendungsaufwand bei der Gestaltung von Hypothesentests durch Standardlösungen reduziert und andererseits die Anwendungsspielräume ausreichend offen gestaltet, um das Hinzufügen von spezifischen Lösungen für individuelle Hypothesentests durch den Anwender zu ermöglichen. Anhang 11 bis Anhang 17 fassen daher, basierend auf einer Meta-Analyse von Literatur des strategischen (Technologie- und Innovations-) Managements, in der Praxis validierte und verbreitete Analysetools zusammen, welche vom Anwender bedarfsspezifisch als Ausgangsbasis für die Hypothesentests genutzt werden können. Aufgrund der hohen benötigten Vielfalt von Analysetools kommt den Schnittstellen für eine dennoch vergleichbare Auswertung und Reflexion der Analyseergebnisse eine kritische Bedeutung zu. Nachfolgend werden daher die Schnittstellen für die Auswertung und Reflektion der Option Due Diligence detailliert.

4.2.5.3 Auswertung und Reflexion der Ergebnisse

Auch die analytisch sorgfältigste Prüfung von Strategien kann am Ende nicht die jahrelange Erfahrung und Intuition des Top Managements ersetzen. So schreiben BRADLEY, HIRTH ET AL.: *„Another CEO asked his team for bold moves and received an M&A idea for growing a new service business in the US. The idea passed a rigorous Due Diligence process, but then he got cold feet.'*[848] Die Problematik besteht DAVENPORT folgend darin, dass die Ziele strategischer Hypothesen schwer quantifiziert werden können, die Opportunitäten teilweise zeitlich begrenzt sind, weshalb nicht genügend Zeit für empirische Tests ist oder dass es schlicht nicht möglich ist, Tests zu gestalten, welche zuverlässig das Resultat einer radikalen Veränderung vorhersagen. DAVENPORT sieht daher den größeren Mehrwert wissenschaftlicher Tests i. e. S. auf taktischer Ebene bei der Implementierung von Ideen statt auf strategischer Ebene bei der Planung und

[846] Für eine Erläuterung von paarweisen Vergleichen sei auf die Darstellung von KLEPPMANN verwiesen. Hierzu vgl. Kleppmann (2014), Statistische Versuchsplanung, S. 515f.

[847] vgl. Ant (2018), Effizientes Management, S. 124

[848] vgl. Bradley et al. (2018), Hockey Stick, S. 9

Formulierung von Strategien.[849] Während im strategischen Kontext die Problematik der verfügbaren Zeit für empirische Tests und Feldversuche (vgl. den Validierungszyklus der Grobkonzeption in Unterkapitel 3.4.1) durch Analysen gelöst werden kann, stellt der Beweis einer Hypothese die Kernherausforderung dar.

In der Logik werden Beweise im strengen und schwachen Sinne unterschieden[850]. Da in diesem Kontext streng mathematische Beweise als kaum zu erbringen erscheinen, bedarf es schwacher Beweise. So knüpft DAVENPORT die Auswertung der empirischen Tests an die statistische Signifikanz[851]. Jedoch erscheint es im Fall von strategischen Analysen anstelle von empirischen Tests nicht immer realistisch, eine statistische Signifikanz erbringen zu können.

In den Rechtswissenschaften gilt die persönliche Überzeugung des Richters als Beweismaß[852]. Die Analogie der Rechtswissenschaften ist für die vorliegende Arbeit insofern von Interesse, als dass oftmals nicht der volle Beweis erbracht werden kann. Einerseits können daher Richter ihre Überzeugung auf Indizien stützen, um auf eine Haupttatsache zu schließen[853]. Andererseits kann unter gewissen Voraussetzungen das notwendige Beweismaß reduziert werden, welches in Form eines Anscheinsbeweises oder einer Glaubhaftmachung geschieht[854].

Der kurze Exkurs legt nahe, dass auch für die Auswertung und Reflexion der Analysen die persönliche Überzeugung des Strategieteams entscheidend ist. LAFLEY, MARTIN ET AL. schließen sich ebenfalls dieser Einsicht an, indem sie vorschlagen, dass diejenige Person aus dem Strategieteam das notwendige Beweismaß definiert, die einer bestimmten Hypothese und somit dem Analyseergebnis am kritischsten gegenübersteht[855]. In Analogie zu der Überzeugung eines Richters als Beweismaß erscheint es jedoch sinnvoller, die verschiedenen Analyseergebnisse als Indizien zu behandeln, statt eine eindeutige Annahme- oder Ablehnungsbedingung festzulegen. Komplementär zur statistischen Signifikanz stellt sich somit vielmehr die Frage, ob die Gesamtheit der Indizien aus der Analyse ausreichend ist, um mit einem für das praktische Leben brauchbaren Grad der Gewissheit den Anschein zu erwecken, dass eine Hypothese wahr ist. In einem Kontext eingeschränkter Testbarkeit führt DAVENPORT an, dass die Intuition und Erfahrung eines Managers in einer entsprechenden Domäne die relevanten Kriterien sind, um geschwindigkeitsoptimierte Entscheidungen zu treffen[856]. Diese stellen somit die notwendigen Eigenschaften der anderen Teammitglieder dar, um die jeweils kritischste Person glaubhaft von dem Anschein der Indizien zu überzeugen und damit den Beweis zu erbringen.

---

849 vgl. Davenport (2009), Design, S. 71

850 vgl. Pittioni (2016), Stichwort: Beweis, S. 75

851 vgl. Davenport (2009), Design, S. 73

852 vgl. o. V. (2005), Zivilprozessordnung, § 286 Abs. 1; Anders, Gehle (2017), Assessorexamen, S. 78f.

853 Indizien stellen Hilfstatsachen dar, von denen auf eine Haupttatsache geschlossen wird. Hierzu vgl. Anders, Gehle (2017), Assessorexamen, S. 235

854 vgl. Anders, Gehle (2017), Assessorexamen, S. 218f, S. 246

855 vgl. Lafley et al. (2012), Science to Strategy, S. 62

856 vgl. Davenport (2009), Design, S. 70f.

In der Auswertung der Analysen sind folglich drei Fälle zu differenzieren. Ist das kritischste Teammitglied durch für die Hypothese sprechende Indizien überzeugt, so wird die Hypothese angenommen und die nächstkritischste Hypothese untersucht. Sind die Indizien zwar ausreichend, aber sprechen gegen die Hypothese (bspw. indem Kundenbefragungen eine vorausgesetzte Preisbereitschaft widerlegen), so muss die Hypothese und somit die strategische Möglichkeit verworfen werden. Sind die Indizien nicht ausreichend, um das kritischste Teammitglied von dem Anschein einer Verifizierung oder Falsifizierung glaubhaft zu überzeugen, so muss die Hypothese für weitere, tiefergehende Analysen modifiziert werden.[857]

Im Kontext der vorliegenden Arbeit greift jedoch die rein formale Verifizierung, Falsifizierung oder Modifizierung der Hypothesen als Auswertung zu kurz, da im Rahmen der durchgeführten Analysen auch inhaltliche Erkenntnisse gewonnen werden. Vielmehr bedarf es einer übergreifenden Reflexion der neuen Erkenntnisse im Hinblick auf das bisher Gelernte. Dabei besteht die Essenz des zuvor Gelernten einerseits in den gesammelten Implikationen des Explorationsmodus und andererseits in deren Synthese zu strategischen Handlungsbedarfen sowie den resultierenden -möglichkeiten[858]. Somit ergeben sich für die Reflexion der Analyseergebnisse ebenfalls drei Fälle. Erstens ist es möglich, dass die Ergebnisse einen konfirmativen Charakter besitzen und das Gelernte in seiner Validität bestärkt wird. Zweitens ist es möglich, dass neu gewonnene Erkenntnisse das zuvor Gelernte relativieren bzw. entkräften. Drittens ist es möglich, dass die Ergebnisse des Investigationsmodus zu neuen Implikationen oder Handlungsbedarfen sowie resultierenden -möglichkeiten führen, deren Validität in zukünftigen Iterationen bestärkt oder entkräftet wird. Unabhängig von einem konfirmativen oder relativierenden Charakter hilft somit eine Reflexion in den beiden ersten Fällen dabei, prozessuale Unsicherheiten in Form von Bewertungs- oder Interpretationsunschärfen zu reduzieren (vgl. Unterkapitel 4.2.6). Die Grundlage, um effizient und aufwandsarm neue Implikationen und Handlungsbedarfe sowie resultierende -möglichkeiten zu dokumentieren oder bestehende zu modifizieren, besteht in einer wohlstrukturierten Bibliothek der Wissenselemente.

Option Due Diligence einer strategischen Möglichkeit

Beispiel: Ende der 1990er Jahren entschloss sich Procter & Gamble (P&G) dazu, seine bestehende Marke *„Oil of Olaz"* neu zu positionieren, um dessen rückgängige Umsätze im Bereich der Hautpflege zurückzugewinnen. In der strategischen Möglichkeit *„Masstige"* plante P&G ein jüngeres Publikum mit einem premiumähnlichen Image über Masseneinzelhandelskanäle anzusprechen. Neben weiteren Erfolgsvoraussetzungen war die kritische Positionierungshypothese hierfür, dass Massenkanalkunden den höheren Startpreis akzeptieren würden. Um diese Hypothese zu testen, wurden Kundenbefragungen sowie Sensitivitätsanalysen durchgeführt. Mittels dieser konnte

[857] vgl. Davenport (2009), Design, S. 73

[858] An dieser Stelle erfolgt ein Vorgriff auf das Optionsmodell, im Rahmen dessen aus den Implikationen und Handlungsbedarfen des Explorationsmodus Handlungsmöglichkeiten zur Lösung der Bedarfe abgeleitet sowie zu strategischen Möglichkeiten verknüpft werden (vgl. Unterkapitel 4.3.1).

herausgefunden werden, dass ein attraktiver Preispunkt existiert und die strategische Möglichkeit somit umsetzbar ist, sofern die weiteren Erfolgsvoraussetzungen einer Überprüfung standhalten.[859]

4.2.5.4 Bibliothek der Wissenselemente

Die Implikation aus einer Analyse stellt für die vorliegende Arbeit das zentrale Wissenselement dar, da sie unabhängig von der jeweiligen Analyse stets die für das Unternehmen reflektierte Essenz einer Untersuchung repräsentiert[860]. Handlungsbedarfe sowie hierfür abgeleitete -möglichkeiten lassen sich daher als Schlussfolgerungen verstehen, welche stets auf eine oder mehrere Implikationen zurückzuführen sind. Als Prozess der Informationssammlung und Wissensverknüpfung existiert neben der Implikation in der Strategieentwicklung eine Vielzahl weiterer Wissenselemente[861]. Hierzu gehören im Rahmen der vorliegenden Arbeit u. a. die wahrgenommenen Veränderungsphänomene im Umfeld (bspw. Turbulenzimpulse oder Trends von Einflussfaktoren und Stakeholdern), Hypothesen (bspw. hinsichtlich der vorherigen Erfolgsvoraussetzungen) oder die nachfolgend weiter konzeptionierten Unsicherheiten und Dynamiken. Da jedoch eine strukturierte Dokumentation sowie kontinuierliche Pflege von Wissenselementen dem Wissensmanagement zugeordnet werden kann, wird an dieser Stelle aufgrund des primären Betrachtungsbereichs der vorliegenden Arbeit (vgl. Teilkapitel 2.5) nur rudimentär auf die Bibliothek der Wissenselemente eingegangen.

Zu Beginn des Kapitels wurden die Teilmodelle des Analysemodells anhand von Betrachtungsbereich sowie -horizont aufgespannt. Bezogen auf den Zeithorizont wurde dabei eine retrospektive von einer prospektiven Betrachtung unterschieden. Bezogen auf den Betrachtungsbereich wurden im Rahmen des Explorationsmodus anhand einer systemtheoretischen Perspektive das Unternehmen (Makro- sowie Mikrokonfiguration) und das Umfeld (Makro- sowie Mikroumfeld) anhand ihrer Systemgrenzen und -ebenen unterschieden. Demgegenüber wurden im Rahmen des Investigationsmodus anhand einer integrativ-hypothesenbasierten Perspektive sechs inhaltlich-thematische Felder sowie darunter zu fassende Aspekte anhand einer Referenzmodellierung unterschieden. Die in der Analyse generierten Wissenselemente sind somit anhand von drei Dimensionen in einem Würfel zu strukturieren: System, Themenfeld sowie Zeithorizont. Während Implikationen des Explorationsmodus entlang der Dimensionen System und Zeithorizont dokumentiert werden, nutzt der Investigationsmodus die Dimensionen Themenfeld und Zeithorizont. Für eine Interoperabilität beider Modi und eine „*Single Source of Truth*“ bedarf es in Analogie zu der mathematischen Funktion bzw. Abbildung einer Zuordnungsvorschrift zwischen den beiden Mengen „*System*“ und „*Themenfeld*“[862]. Als initial handlungsleitendes Konstrukt für den Anwender stellt Anhang 18 daher eine vereinfachte Zuordnung basierend auf den jeweils primär sowie sekundär betrachteten Inhalten der Analysen beider Modi dar. Abbildung 4-27

---

[859] vgl. Lafley, Martin (2013), Playing to Win, S. 7; Lafley et al. (2012), Science to Strategy, S. 60ff.

[860] vgl. Grant (2002), Strategy Analysis, S. 11; Welge et al. (2017), Management, S. 675

[861] vgl. Hungenberg (2014), Management, S. 9f.

[862] vgl. Schuh et al. (2020), Maturity Index, S. 19

illustriert somit die Speisung der Bibliothek aus den verschiedenen Quellen der Wissenselemente (bspw. die wahrgenommenen Veränderungsphänomene aus der Umfeldanalyse und Vorausschau) sowie die exemplarische Strukturierung der strategischen Implikationen anhand der Dimensionen *„Bereiche"* (des Investigationsmodus), *„Systeme"* (des Explorationsmodus) sowie *„Zeithorizont"*.

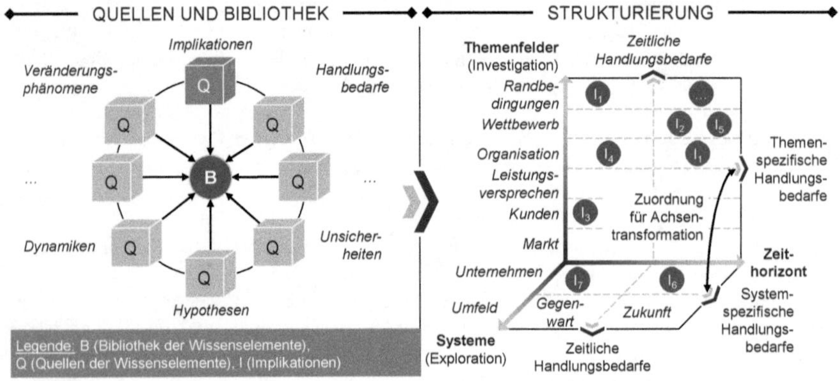

Abbildung 4-27: Strukturierung von Wissenselementen in einer Bibliothek[863]

Anhand von Abbildung 4-27 wird zudem ersichtlich, dass im Fall der betrachteten Implikationen die Kanten der jeweiligen Ebenen des Würfels zur dimensionsspezifischen Sammlung der Handlungsbedarfe dienen. Je nach Bedarf und Situation kann eine Reduktion des Würfels (3D) zu einer Matrix (2D) vorgenommen werden, um Schlussfolgerungen aus den dokumentierten Implikationen zu ziehen. IT-seitig können hierbei bspw. Pivot Tabellen unterstützen oder Taskforce-seitig unterschiedliche Farben oder Formen von Klebezetteln auf einem Whiteboard. Falls die vorliegende Methodik langfristig organisational implementiert wird, ist zweifelsfrei eine IT-gestützte Lösung zu bevorzugen, sodass die Implikationen unmittelbar mit den jeweiligen Analyseergebnissen hinterlegt werden können. Gemäß DAVENPORT ist ebenfalls eine Dokumentation der Hypothesen sinnvoll, da hierdurch langfristig vermieden wird, dass bereits untersuchte Hypothesen aufgrund fehlender Kenntnis erneut analysiert bzw. getestet werden.[864] Die Bibliothek der Wissenselemente umfasst somit jegliche Erkenntnisse aus der Analyse und stellt damit das Fundament für eine systematische Meta-Analyse der jeweils assoziierten Turbulenz dar.

---

[863] i. A. a. Davenport (2009), Design, S. 72f.

[864] vgl. Davenport (2009), Design, S. 73

4.2.6 Analyse der Turbulenz

Nachdem in den vorherigen Unterkapiteln die Teilmodelle der Analyse im Explorations- sowie Investigationsmodus detailliert wurden, wird ausgehend von den inhaltlichen Anforderungen an die Methodik (vgl. Unterkapitel 3.1.2 sowie Anhang A.2) im Folgenden die Analyse der Turbulenz als integraler Bestandteil beider Anwendungsmodi detailliert. Hierzu stellen JOHNSON, WHITTINGTON ET AL. fest, dass im Zuge der stetig steigenden Volatilität des Umfelds (vgl. Teilkapitel 1.1) die reine Analyse historischer Daten oder Vorhersage zukünftiger Veränderungen nicht länger ausreichend ist. Vielmehr müssen Manager kontinuierlich sensitiv für Signale des Umfelds sein.[865] Im Rahmen der Analyse bestehender Ansätze wurde daher festgestellt, dass Ansätze aus den Finanzwissenschaften die Volatilität selber als ein solches Signal analysieren, um hieran Entscheidungsverhalten zu knüpfen (vgl. Unterkapitel 2.6.5). Für die Detaillierung der Turbulenzanalyse wird somit stark auf Analogien zu den Ansätzen der Finanzwissenschaften aufgebaut.

Der Ansatz von BARRO ET AL. wurde in diesem Zusammenhang als besonders relevant identifiziert, da vergleichbar zu der vorliegenden Methodik Portfoliostrategien dynamisch an Schwellwerte der Volatilität gekoppelt werden. Im Fall von BARRO ET AL. wird hierzu der *„Implied Volatility Index"* (VIX) auf den S&P 500 der CHICAGO BOARD OPTIONS EXCHANGE (CBOE) genutzt[866]. Im Gegensatz zu einer subjektiven Befragung von Finanzanalysten oder dem Top Management eines Unternehmens ist ein solcher Index eine objektive Messung einer zugrundeliegenden Unsicherheit (vgl. Unterkapitel 2.3.1). Indizes der impliziten (zukünftig erwarteten) Volatilität sind insofern hilfreich, als dass sie plakativ die Rolle eines *„Angstbarometers"* der Märkte einnehmen[867]. Das Finanzwesen ist dem strategischen Management also dahingehend einen Schritt voraus, dass mit dem VIX ein objektiver Maßstab für die implizite Volatilität besteht, während im strategischen Management objektive Maßstäbe nur für die historische Volatilität existieren (vgl. Unterkapitel 2.3.1).

SNOW, DARRAN stellen im Kontext des strategischen Managements daher heraus, dass idealerweise objektive sowie subjektive Maßstäbe miteinander kombiniert werden sollen[868]. Bezogen auf die Volatilität von Märkten sowie Technologien (vgl. Unterkapitel 2.3.1) gelingt es SNYDER, GLUECK, eine signifikante Korrelation zwischen den objektiven Berechnungen der Volatilität sowie der subjektiven Einschätzung unabhängiger Finanzanalysten (anstelle des Top Managements) zu beweisen[869]. Analog zu der verkürzten Szenariotechnik im Rahmen der Vorausschau (vgl. Unterkapitel 4.2.3) kann somit die *„Blind Spot"*-Analyse genutzt werden, um die subjektive Perzeption des Anwenders um eine objektivere Einschätzung von unabhängigen Dritten zu ergänzen (bspw. Finanzanalysten, Berater, Experten etc.). Da sich die von SNYDER, GLUECK nachgewiesene Signifikanz nur auf die Markt- und Technologievolatilitäten, nicht jedoch auf die zusätzlich von TOSI ET AL. vorgeschlagene Einkommens-

[865] vgl. Johnson et al. (2008), Corporate Strategy, S. 409

[866] vgl. Barro et al. (2018), Volatility, S. 23

[867] vgl. Detering et al. (2012), Volatilität, S. 2

[868] vgl. Snow, Darran (1975), Adaptation, S. 279

[869] vgl. Snyder, Glueck (1982), Research Notes, S. 190f.; vgl. Tosi et al. (1973), Measurement, S. 30f.

volatilität bezieht, werden für die Turbulenzanalyse nur die beiden Ersteren untersucht[870]. Um die Untersuchung der Markt- und Technologievolatilität im Rahmen der Turbulenzanalyse weiter zu detaillieren, erscheint es sinnvoll, die Bildung des VIX näher zu betrachten, um adaptierbare Überlegungen für einen subjektiven Maßstab zu übernehmen.

Die CBOE erstellt den VIX nach einem standardisierten Verfahren. Dieses basiert auf SPX-Optionen (Optionen auf den *„Standard & Poor 500"* Index) mit einer Restlaufzeit zwischen 23 und 37 Tagen (rollierendes Mittel von 30 Tagen der *„near and next term"*-Optionen). Hierzu werden zunächst je Zeithorizont diejenigen Kauf- *(„Call"-)* sowie Verkaufs- *(„Put"-)* Optionen ohne intrinsischen Wert *(„out-of-the-money")* festgelegt, deren Preise in die Berechnung des VIX einfließen. Anschließend wird der Beitrag jeder Option zur Varianz ihrer Fälligkeit berechnet, indem die Angebots- *(„Bid"-)* sowie Nachfrage- *(„Ask"-)* Preise zu einem jeweiligen Ausführungspreis einer Option *(„Strike")* unter Berücksichtigung der Laufzeit sowie des risikofreien Zinssatzes bis zum Ablauf zugrunde gelegt werden. Schließlich werden die einzelnen Beiträge zur gesamten Varianz für die beiden Zeithorizonte (Fälligkeiten) aggregiert und das 30-Tage-Mittel interpoliert. Die Volatilität ergibt sich schließlich als Standardabweichung des Varianzmittelwertes sowie durch Multiplikation mit dem Faktor 100.[871]

Wenngleich die vereinfachte Berechnung des VIX für die vorliegende Arbeit wenig praktikabel erscheint, so können durch Abstraktion drei Prinzipien für die Turbulenzanalyse adaptiert werden. Erstens ist der VIX ein Aggregat aus Beiträgen einzelner Elemente (in diesem Fall Optionen), welche bewusst (nach gewissen Regeln) zusammengestellt werden. Bezogen auf die Turbulenzanalyse wird daher geschlossen, dass auch diese sich aus den Wissenselementen (in diesem Fall Implikationen) relevanter Analysebereiche zusammensetzt. Zweitens fließen komplementäre Treiberperspektiven (Angebots- und Nachfragepreise) als Werte in die Varianzbeiträge ein. Übertragen auf die Turbulenzanalyse bedeutet dies, dass jedem Wissenselement ein kombinierter Wert zugeordnet wird, welcher sich durch geeignet-komplementäre Treiber bildet. Drittens stellt der VIX zunächst nur einen skalierten Wert einer Berechnung dar. Erst durch dessen Auswertung, Reflexion und Einbindung in die Methodik von BARRO ET AL. entsteht der Mehrwert für die Portfoliostrategien eines Anwenders. Ebenso wird für die Turbulenzanalyse geschlossen, dass der Volatilitätswert durch Auswertung und Interpretation in eine handlungsleitende Form überführt werden muss, um einen Mehrwert für die Methodik zu bieten.

Ausgehend von den abstrahierten und adaptierten Prinzipien des VIX sowie den Modellarchitekturen des Explorations- sowie Investigationsmodus können schließlich die zu detaillierenden Bausteine der Turbulenzanalyse präzisiert werden. Grundlage hierfür sind die zuvor in der Bibliothek der Wissenselemente strukturierten und dokumentierten Implikationen sowie die Analyseergebnisse von Veränderungsphänomenen, auf welchen sie basieren. Sie stellen gewissermaßen die inhaltliche Essenz beider Anwendungsmodi dar und

[870] vgl. Tosi et al. (1973), Measurement, S. 30f.

[871] Für eine detaillierte Ausführung der VIX-Berechnung sowie deren Besonderheiten sei der interessierte Leser an dieser Stelle auf das Whitepaper der CBOE sowie die Zusammenfassung von BECKER verwiesen. Hierzu vgl. Cboe Global Markets Inc. (2019), VIX, S. 4ff.; Becker (2018), Volatilitätsindex, S. 98

bilden somit in Analogie zu den SPX-Optionen des VIX das dekomposierte Betrachtungsobjekt der Turbulenzanalyse. Da im Rahmen des Optionsmodells ohnehin mittels der strategischen Möglichkeiten eine spezifische Auswahl von Implikationen getroffen wird (vgl. Unterkapitel 4.3.1), ist abweichend zu dem standardisierten Verfahren zur Auswahl der Optionen im VIX eine solche Auswahl an dieser Stelle nicht notwendig. Den Kern der VIX-Berechnung stellt die anschließende Ermittlung der einzelnen Beiträge der Betrachtungsobjekte (ausgewählte SPX-Optionen) zur Varianz ihrer Fälligkeit dar. Analog bedarf es für die Turbulenzanalyse einer Bewertung der Wissenselemente, auf Basis derer sich ein Beitrag zur Gesamtturbulenz ergibt. Folglich müssen die Wissenselemente einzeln hinsichtlich ihrer Exposition zu Treibern der Turbulenz bewertet werden.

Trotz der Heterogenität der Begriffe und Konzepte zur Beschreibung und Messung bzw. Bewertung von Turbulenz, Volatilität, Unvorhersehbarkeit und Unsicherheit wurde im Rahmen von Unterkapitel 2.3.1 ein integratives Begriffsverständnis für die vorliegende Arbeit erarbeitet. Dabei ergibt sich die volatile bzw. instabile Charakteristik von Veränderungen des Umfelds gemäß CHILD aus den Komponenten der Zeit, der Magnitude sowie der Vorhersehbarkeit[872]. Während die Komponenten der Zeit sowie der Magnitude einer Veränderung deren Dynamik zuzuordnen ist, wird die Komponente der Vorhersehbarkeit einer Veränderung mit deren Unsicherheit in Verbindung gebracht. Turbulenz i. e. S. bezieht sich dabei, wie von DESS, BEARD i. A. a. ALDRICH beschrieben, primär auf die Unsicherheiten, welche aus der Dynamik einer schwer vorhersehbaren Veränderung bzw. der Variabilität des Umfelds entstehen[873]. Da Unsicherheiten nicht nur in den Unvorhersehbarkeiten von Dynamiken begründet sein müssen, wird die Unsicherheit der Dynamik konzeptionell übergeordnet[874]. Nichtsdestotrotz sind beide gleichermaßen relevant für die Bewertung im Rahmen der Turbulenzanalyse, da weitere Treiber (wie bspw. jene von ANSOFF beschriebenen) diesen beiden Hauptkomponenten zuzuordnen sind[875].

Aufbauend auf der Dekomposition sowie einer Bewertung der einzelnen Treiber von Hauptkomponenten der Volatilität, in diesem Fall der Unsicherheit sowie Dynamik, erfolgt analog zu der Berechnung des VIX sowie der Verwendung durch BARRO ET AL. eine Verknüpfung, Auswertung sowie Interpretation der Turbulenz[876]. Einerseits gilt es dazu beide Bewertungskomponenten zu konsolidieren. Andererseits bedarf es für eine Interpretation der Turbulenz eines Kontexts. Diesen sehen bspw. DUNCAN sowie MILES, SNOW oder MILLIKEN in den Komponenten des Umfelds (bspw. Lieferanten, Wettbewerbern etc.)[877]. Die Re-

---

[872] vgl. Child (1972), Structure, S. 3f.; Wholey, Brittain (1989), Environmental Variation, S. 868

[873] vgl. Dess, Beard (1984), Task Environments, S. 55; Wholey, Brittain (1989), Environmental Variation, S. 871; Aldrich (2008), Organizations, S. 69ff.

[874] Bspw. integriert FELLNER in seinem Konzept fünf Treiber (Diskontinuität, Geschwindigkeit, Diversität, Intensität, Komplexität) der technologischen Turbulenz und beschreibt deren Manifestationen in Gruppen verschiedener Unsicherheiten. Hierzu. vgl. Fellner (2010), Strategic Flexibility, S. 165

[875] vgl. Ansoff (2019), Implanting, S. 80

[876] vgl. Barro et al. (2018), Volatility, S. 13; Cboe Global Markets Inc. (2019), VIX, S. 3ff.

[877] vgl. Milliken (1987), Three Types, S. 136; Duncan (1972), Characteristics, S. 314f.; Miles, Snow (2003), Organizational Strategy, S. 200

Aggregation der einzelnen Treiber der Volatilität sowie Komponenten des Umfelds kann daher durch die Verzweigungen und Verästelungen eines metaphorischen *„Turbulenzbaums"* illustriert werden. Dabei ergibt sich die *„Baumstruktur"* der Turbulenzanalyse sinnvollerweise aus der zuvor detaillierten Bibliothek der Wissenselemente (strukturiert nach Analysebereichen, Systemen sowie Zeithorizonten). Abbildung 4-28 veranschaulicht diese Verästelung (bspw. von der soziokulturellen und ökonomischen Umwelt zu Akteuren und Aktivitäten als Elemente des Ökosystems) und formalisiert hieraus anhand der Dekomposition der Umfeldturbulenz in Turbulenzkomponenten (Vorhersehbarkeit, Amplitude und Frequenz) die zu detaillierenden Submodelle für die Turbulenzanalyse (Dynamik, Unsicherheit sowie Synthese).

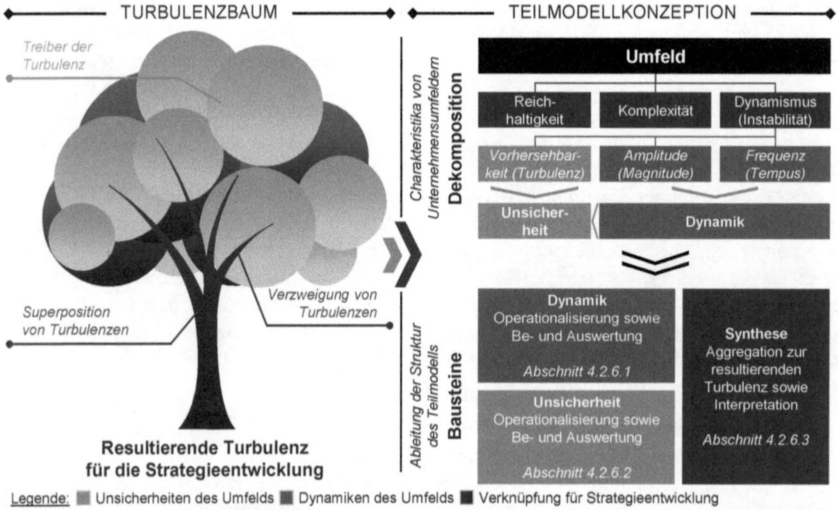

Abbildung 4-28: Metaphorischer Turbulenzbaum zur Illustration der Bausteine für die Turbulenzanalyse[878]

4.2.6.1 Analyse der Dynamik von Wissenselementen

Um eine Bewertung der Dynamiken von Wissenselementen zu realisieren, müssen diese sinnvollerweise zunächst anhand der zugrundeliegenden Veränderungsphänomene einer Implikation abgeleitet und gesammelt werden. Es erfolgt somit eine weitere Dekomposition und Spezifizierung, sodass in der späteren Entscheidungssituation die Diskussion anhand konkret greif- und vorstellbarer Dynamiken erfolgt. Zur Unterstützung der Ableitung von

[878] i. A. a. Dess, Beard (1984), Task Environments, S. 55; Boyne, Meier (2009), Turbulence, S. 801ff.; Wholey, Brittain (1989), Environmental Variation, S. 868ff.; Milliken (1987), Three Types, S. 135f.; Ansoff (2019), Implanting, S. 80; Buchko (1994), Uncertainty, S. 411f.; Schuh et al. (2022), Iterative Analysis, S. 13

Dynamiken bietet sich, abweichend von der ursprünglichen Verwendung im Kontext von Produktfehlfunktionen, bspw. die „*5-Why*"-Methode und zwecks visueller Aufbereitung die „*Ursache-Wirkungs-Diagramme*" von ISHIKAWA an[879].

Darauf aufbauend befasst sich die Analyse der Dynamiken gemäß der vorherigen Definition des Dynamismus von Unternehmensumfeldern mit der Bewertung der beiden Komponenten der Magnitude sowie des Tempus von Veränderungen. Hierfür sind kontinuierliche sowie diskontinuierliche Veränderungsprozesse zu unterscheiden (vgl. Unterkapitel 2.3.2)[880].

Im Fall einer kontinuierlichen Veränderung (d.h. entlang bestehender Paradigmen oder Trajektorien) steht die Komponente der Magnitude direkt mit dem Ausmaß bzw. Umfang des Wandels und die Komponente des Tempus mit dem Zeithorizont bzw. der Geschwindigkeit des Veränderungsprozesses in Verbindung[881]. Dabei spielt insbesondere die Komplexität der zugrundeliegenden, externen Wirkbeziehungen für die Magnitude von Veränderungen eine große Rolle[882].

Kontinuierliche Dynamik von Wissenselementen

Beispiel: Bezogen auf ein marktorientiertes Wissenselement besteht eine kontinuierliche Dynamik bspw. in der Zunahme der Nachfrage nach einer gewissen Produktkategorie, welche sich, wenn normiert auf das Kalenderjahr, als erwartete „*Compound Annual Growth Rate*" (CAGR) manifestiert[883]. Demgegenüber stellt, bezogen auf ein technologieorientiertes Wissenselement, bspw. die Zunahme der technologischen Leistungsfähigkeit gegenüber der von FELLNER konzeptionierten Technologiegeschwindigkeit (Adoptionsgeschwindigkeit und -frequenz von technologischen Innovationen) eine kontinuierliche Dynamik dar[884].

Gegenüber einem kontinuierlichen Wandel wird im Fall einer Diskontinuität (d.h. eines Wechsels auf neue Paradigmen oder Trajektorien) die Komponente der Magnitude gemäß ANSOFF mit der Neuheit der Veränderung sowie deren Komplexität der Auswirkungen in Verbindungen gebracht. Die Komponente des Tempus ergibt sich folglich aus der Frequenz, mit welcher Diskontinuitäten hinsichtlich eines bestimmten Paradigmas oder einer Trajektorie auftreten.[885]

879 vgl. Ishikawa (1996), Quality Control, S. 152ff.; vgl. Ōno, Bodek (1988), Toyota, S. 17ff.

880 vgl. Harmeling (2019), Relationship Dynamics:, S. 317f.; Tushman, Anderson (1986), Technological Discontinuities, S. 460; Anderson, Tushman (1990), Technological Discontinuities, S. 606

881 vgl. Pillkahn (2008), Scenarios, S. 117f.; Wholey, Brittain (1989), Environmental Variation, S. 868f.

882 vgl. Ansoff (2019), Implanting, S. 80

883 vgl. Hatton et al. (2017), Evolving Software, S. 1

884 vgl. Fellner (2010), Strategic Flexibility, S. 87

885 vgl. Ansoff (2019), Implanting, S. 80; Wholey, Brittain (1989), Environmental Variation, S. 868f.

Diskontinuierliche Dynamik von Wissenselementen

Beispiel: Bezogen auf ein marktorientiertes Wissenselement besteht die diskontinuierliche Dynamik bspw. in der Veränderung des Kaufverhaltens von Konsumenten, welches sich vom Preis einer Leistung als dominantes Merkmal hin zu dessen Qualität oder Nachhaltigkeitsbilanz verschiebt. Demgegenüber stellt, bezogen auf ein technologieorientiertes Wissenselement, bspw. die Verschiebung von der Beschleunigung interner Verbrennungskraftmaschinen hin zur Reichweite von elektrischen Traktionsmaschinen als dominantes Leistungsmerkmal für den Antrieb von Fahrzeugen eine diskontinuierliche Dynamik dar. Die Frequenz beschreibt, wie häufig solche Transitionen vorkommen.

Bereits aus der groben Unterscheidung von zwei Dynamiken und deren beiden Beispielen wird zweierlei deutlich: Einerseits bedarf es zur Bewertung einer breiten Vielfalt potenzieller Wissenselemente stets einer kontextspezifischen Interpretationsleistung des Anwenders zur Operationalisierung der jeweiligen Bewertungskriterien. Andererseits ist es auf dem abstrakten Betrachtungsniveau der Methodik kaum möglich, absolute Skalen zur Operationalisierung der jeweils als sinnvoll identifizierten Kriterien heranzuziehen. Dies zeigt sich auch in den bestehenden Arbeiten zur subjektiven Messung wahrgenommener, dynamikinduzierter Unsicherheit (vgl. auch Abschnitt 4.2.6.2). Hierbei nutzen die Autoren jeweils verschiedene ordinal- bzw. rangskalierte Operationalisierungen (bspw. fünf oder sieben Punkte Likert-Skalen)[886]. Für die nachfolgende Detaillierung des Bewertungsschemas der Methodik erscheint es somit sinnvoll, die Dynamik von Wissenselementen relativ anhand von konsistenten, ordinalskalierten Punktwerten zu evaluieren, welche durch den Anwender im spezifischen Anwendungsfall konkretisiert werden.

Evaluation von Komponenten der Dynamik

Ausgehend von den bestehenden Arbeiten zur Bewertung der Turbulenz werden zur Bewertung der Magnitude der Dynamik die Dimensionen Neuheit und Ausmaß der Veränderung sowie Komplexität des Umfelds herangezogen. Zur Bewertung der Komponente des Tempus wird demgegenüber auf die Dimensionen Geschwindigkeit und Frequenz der Veränderung zurückgegriffen.[887] Aufgrund der inhaltlichen Nähe wird analog zu SNYDER, GLUECK sowie ANSOFF eine Ordinalskala mit fünf Punkten gewählt. Dabei wird für die Abstufungen der Komplexität sowie der Geschwindigkeit auf die Arbeiten von ANSOFF zurückgegriffen. Da ANSOFF die Neuheit jedoch nur auf diskontinuierliche Veränderungen bezieht, werden geringere Neuheitsgrade mit inkrementellen oder erwartet kontinuierlichen Veränderungen beschrieben[888]. Hinsichtlich des Veränderungsausmaßes wurde zuvor festgestellt, dass diese Dimension einen relativen Charakter aufweist. Folglich verlaufen die

---

886 vgl. Downey et al. (1975), Uncertainty, S. 616f.; Duncan (1972), Characteristics, S. 321; Snyder, Glueck (1982), Research Notes, S. 189; Lawrence, Lorsch (1967), Organization

887 vgl. Ansoff (2019), Implanting, S. 80; Boyne, Meier (2009), Turbulence, S. 802f.; Dess, Beard (1984), Task Environments, S. 56; Dolata (2008), Sektoraler Wandel, S. 43ff.; Pillkahn (2008), Scenarios, S. 117f.; Wholey, Brittain (1989), Environmental Variation, S. 868f.

888 vgl. van Trijp, van Kleef (2008), Newness, S. 566

Abstufungen von einem geringen über ein (branchen- oder unternehmens-) übliches hin zu einem hohen Veränderungsausmaß. Bezogen auf die Frequenz der Veränderungen wird ebenfalls auf ANSOFF aufgebaut, doch wird von einem konkreten Bezug zum Kalenderjahr abgesehen. Im Sinne der Konsistenz zu den Abstufungen der Geschwindigkeit wird folglich von einer Unnachlässigkeit neuer Veränderungen gesprochen. Tabelle 4-3 fasst die Skalenniveaus für die Analyse der Dynamik zusammen.

Tabelle 4-3: Bewertungsschema für die Analyse der Dynamik[889]

Dimension	1	2	3	4	5
Ausmaß	Gering	Geringer	Üblich	Höher	Hoch
Neuheit	Keine	Inkrementell kontinuierlich	Erwartet kontinuierlich	Erwartet diskontinuierlich	Unerwartet diskontinuierlich
Komplexität	National ökonomisch	plus	Regional technologisch	plus	Global soziopolitisch
Geschwindigkeit	Langsamer als Reaktionszeit	Nahe unter der Reaktionszeit	Ähnlich der Reaktionszeit	Nahe über der Reaktionszeit	Schneller als Reaktionszeit
Frequenz	Nie	Selten	Moderat	Häufig	Unnachlässig

Zur Einordnung einer Dynamik (und somit eines Wissenselements) in das Bewertungsschema wird der Argumentation im Rahmen der Vorausschau gefolgt, bei welcher die Dynamik als Intervall statt eines diskreten Punktwerts durch den Anwender bestimmt wird (vgl. Abschnitt 4.2.3.3). Ebenso hilft eine *„Blind Spot"*-Analyse erneut dabei, die Dynamiken besser abzuschätzen (vgl. Anhang 6). Die Bewertung der Dynamikkomponenten Magnitude und Tempus ergibt sich folglich als Intervall mit einem gewissen Erwartungswert. Als grobe Abstufungen für die Komponente Magnitude werden ausgehend von den definierten Bewertungsdimensionen inkrementelle, signifikante sowie fundamentale Veränderungen differenziert. Dabei stellt ein fundamentaler Wandel im Fall von Kontinuität radikale Veränderungen und im Fall von Diskontinuität disruptive Veränderungen dar (vgl. Unterkapitel 2.2.1 sowie 2.3.2). Ausgehend von den definierten Bewertungsdimensionen wird demgegenüber für die Komponente des Tempus eine Abstufung in eine unterfordernde, herausfordernde sowie überfordernde Zeitschiene von Veränderungen abgeleitet.

Um die Handhabbarkeit der Methodik im weiteren Verlauf zu vereinfachen, gilt es, beide Dimensionen zu konsolidieren. Zur Synthese zweier Bewertungsdimensionen stellen Portfoliotechniken ein plakatives Werkzeug dar[890]. Da Dynamiken sachlogisch mit Veränderungen sowie Verschiebungen und schließlich einem Wandel des Unternehmensumfelds in Verbindung zu bringen sind, erscheint das von PILLKAHN beschriebene Spektrum von Veränderungen gut geeignet, um die Dynamikkomponenten zu konsolidieren. Das Wandelspektrum

889 i. A. a. Ansoff (2019), Implanting, S. 80

890 vgl. Mauthe, Roventa (1982), Portfolio-Analyse, S. 492; Welge et al. (2017), Management, S. 482f.

erstreckt sich demnach von einem konstanten Zustand über gerichtete sowie ungerichtete Veränderung hin zum Chaos.[891] Da die Richtung der Veränderung zwar für dessen Unsicherheit relevant ist, nicht jedoch für dessen Dynamik, erscheint es sinnvoll, gerichtete sowie ungerichtete Veränderungen für das Spektrum der Veränderung im Rahmen der vorliegenden Arbeit zu konsolidieren. Folglich ergeben sich drei grobe Abstufungen zwischen einer Quasi-Stabilität, einem moderaten Wandel und dem Chaos. Die Einordnung der Wissenselemente in das Wandelspektrum wird analog der Vorausschau im Rahmen von Abschnitt 4.2.3.3 als Box-Plots vorgenommen, um die verschiedenen Lageparameter des bestimmten Intervalls zu visualisieren. Abbildung 4-29 illustriert das resultierende Portfolio zur Konsolidierung beider Komponenten der Dynamik von Wissenselementen. Dabei werden die jeweiligen Wissenselemente entsprechend ihrer Bewertung entlang der Dimensionen Magnitude und Tempus mit den jeweiligen Bewertungsunsicherheiten als zweidimensionale Intervalle aufgetragen und damit im Veränderungsspektrum von Quasi-Stabilität, moderatem Wandel bis hin zum Chaos positioniert.

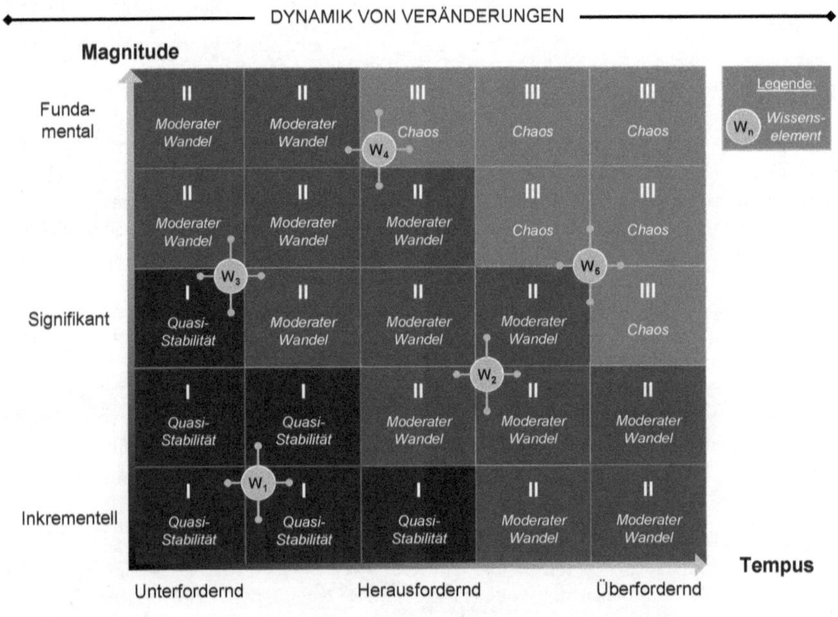

Abbildung 4-29: Konsolidierung der Dynamik von Wissenselementen[892]

---

[891] vgl. Pillkahn (2008), Scenarios, S. 119

[892] i. A. a. Pillkahn (2008), Scenarios, S. 119; Ansoff (2019), Implanting, S. 80; Schulze, Porath (2012), Statistik, S. 85

Interpretation und Reflexion der charakterisierten Dynamik

Aus der Charakterisierung von Wissenselementen hinsichtlich deren zugrundeliegender Dynamiken kann eine Reihe von Schlussfolgerungen gezogen werden. Zunächst wurde mit der Dynamik von Veränderungen ein möglicher, wenn nicht sogar der wichtigste Ursprung für deren Unvorhersehbarkeit neben Komplexität, Ambiguität und Heterogenität isoliert[893]. Im Zusammenspiel mit der Analyse von Unsicherheiten lassen sich somit Überlegungen über die jeweilige Quelle der Unsicherheiten anstellen und die weitere Analyse hierauf fokussieren. In diesem Kontext gibt die Dynamik eines Wissenselements weiterhin Aufschluss darüber, wie mit dem zugrundeliegenden Phänomen im Unternehmensumfeld methoden- und werkzeugseitig umgegangen werden sollte. Werden beispielsweise weniger dynamische Phänomene untersucht, so bieten sich zeitintensivere Analysen wie bspw. eine Conjoint-Analyse zur Identifikation relevanter Stimuli von Leistungsangeboten an, zu welchen in Bezug auf hochdynamische Phänomene die notwendige Zeit fehlt (vgl. Anhang 11 bis Anhang 17)[894].

Über die Gesamtheit der Wissenselemente lässt die hierdurch charakterisierte Dynamik des Unternehmensumfelds schließlich einen Rückschluss auf eine angemessene Dauer der Entwicklungssprints des kontinuierlich-iterativen Vorgehens zu. Hierfür kann das Abtasttheorem nach NYQUIST, SHANNON aus der Signalverarbeitung herangezogen werden, da es im Rahmen der Strategiearbeit ebenfalls gilt, Informationen in einer solchen Weise aufzunehmen und zu verarbeiten, dass dem Top Management bei der Strategieformulierung alle entscheidungsrelevanten Informationen vorliegen[895]. Das Theorem besagt, dass ein Signal vollständig rekonstruiert werden kann, wenn es mit einer Abtastrate größer als die doppelte Maximalfrequenz abgetastet wurde[896]. Bezogen auf die vorliegende Arbeit impliziert dies, dass das Sprintintervall zur Entwicklung von Strategieprototypen (Abtastrate) an der Dynamik der relevanten Umweltsphären (maximale Signalfrequenz) ausgerichtet werden muss (vgl. Teilkapitel 4.5).

4.2.6.2 Analyse der Unsicherheit von Wissenselementen

Ebenso wie im Fall der vorhergehenden Analyse der Dynamik ist es zunächst sinnvoll, die zugrundeliegenden Unsicherheiten eines Wissenselements (hier fokussiert die Implikation) abzuleiten und zu spezifizieren. Zur Unterstützung können daher erneut, abweichend von der ursprünglichen Verwendung im Kontext von Produktfehlfunktionen, die *„5-Why“*-Methode und die *„Ursache-Wirkungs-Diagramme“* von ISHIKAWA genutzt werden[897].

Ausgehend von der vorherigen Definition des Dynamismus von Unternehmensumfeldern gilt es im Rahmen der Analyse der Unsicherheit von Wissenselementen die Komponente der Unvorhersehbarkeit (*„Turbulenz“* i. e. S.) zu untersuchen[898]. Es zeigt sich somit, dass Unsicherheiten teilweise, aber nicht vollständig in der Unvorhersehbarkeit von Dynamiken begründet sind. Einerseits wird daher zur Ableitung der assoziierten Unsicherheiten auf den

---

893 vgl. Milliken (1987), Three Types, S. 137

894 vgl. Green, Srinivasan (1978), Conjoint Analysis, S. 108ff.; Eggers, Sattler (2011), Conjoint Analysis, S. 45ff.

895 vgl. Welge et al. (2017), Management, S. 736

896 vgl. Shannon (1949), Communication, S. 11f.

897 vgl. Ishikawa (1996), Quality Control, S. 152ff.; vgl. Ōno, Bodek (1988), Toyota, S. 17ff.

898 vgl. Dess, Beard (1984), Task Environments, S. 55; Boyne, Meier (2009), Turbulence, S. 802f.

spezifizierten Dynamiken eines Wissenselements aufgebaut. Andererseits werden auch die vorhergehenden Überlegungen zu objektiven *(„environmental state")* und subjektiven *(„individual state")* Maßstäben übernommen, sodass die Analyse im Folgenden auf die wahrgenommene Unsicherheit *(„perceived environmental uncertainty")* fokussiert wird (vgl. Unterkapitel 4.2.6)[899].

Da ein breites Verständnis dieses Konzepts nur wenig aussagekräftig ist, betont eine in diesem Themenfeld vergleichsweise große Mehrheit (u. a. DUNCAN sowie MILES, SNOW oder TOSI, SLOCUM) die Notwendigkeit, Unsicherheiten auf spezifische Komponenten des Umfelds zu beziehen (bspw. Lieferanten, Regierungen oder Wettbewerber)[900]. Neben der Domäne stellt MILLIKEN weiterhin heraus, dass auch die Natur der Unsicherheit zu differenzieren ist, um deren Implikationen für das strategische Verhalten von Unternehmen zu verstehen[901]. Es ist somit sinnvoll, Arten von Unsicherheit in der Turbulenzanalyse zu unterscheiden.

In Bezug auf Innovation und Technologie werden häufig Markt- (bspw. hinsichtlich von Kunden und deren Präferenzen) sowie technische Unsicherheiten (bspw. hinsichtlich der Machbarkeit oder des Aufwands einer Realisierung) unterschieden[902]. Folglich sind beide Unsicherheitskategorien unmittelbar den zuvor beschriebenen Markt- und Technologievolatilitäten nach TOSI ET AL. sowie SYNDER, GLUECK zuzuordnen[903].

MILLIKEN selbst beschreibt drei Typen von Unsicherheit: Zustands- *(„state")*, Effekt- *(„effect")* sowie Reaktionsunsicherheit *(„response")*[904]. Zustandsunsicherheit liegt vor, wenn sich das Umfeld oder einzelne Komponenten unvorhersehbar verändern, sodass es Entscheidern nicht möglich ist, Aussagen über Wahrscheinlichkeiten oder allgemeine Veränderungen des Zustands zu treffen. Der Typ einer Zustandsunsicherheit beschreibt somit konzeptionell sowohl die Unvorhersehbarkeit als auch die wahrgenommene Unsicherheit am treffendsten.[905] Demgegenüber liegt Effektunsicherheit vor, wenn Entscheider a priori die Auswirkungen *(„impact")* von zukünftigen Ereignissen und Veränderungen des Umfelds auf das eigene Unternehmen nicht bestimmen können. Hierzu zählen die Art, die Schwere und das Timing, mit welchen die Auswirkungen das Unternehmen treffen. Reaktionsunsicherheit liegt schließlich vor, wenn Entscheidern nicht alle Reaktionsmöglichkeiten bekannt sind und/oder sie deren Konsequenzen nicht bestimmen können. Insbesondere im Kontext von unmittelbarem Entscheidungszwang infolge ereignisinduzierter Diskontinuitäten liegt somit eine hohe Reaktionsunsicherheit vor.[906]

---

[899] vgl. Buchko (1994), Uncertainty, S. 411; Milliken (1987), Three Types, S. 134f.

[900] vgl. Duncan (1972), Characteristics, S. 314f.; Tosi, Slocum (1984), Contingency Theory, S. 14f.; Miles, Snow (2003), Organizational Strategy, S. 200

[901] vgl. Milliken (1987), Three Types, S. 139

[902] vgl. Proff et al. (2014), Elektromobilität, S. 12; Lynn, Akgün (1998), Innovation Strategies, S. 11ff.; Herstatt et al. (2006), Uncertainty, S. 331

[903] vgl. Snyder, Glueck (1982), Research Notes, S. 186ff.; vgl. Tosi et al. (1973), Measurement, S. 30f.

[904] vgl. Geissler, Krys (2013), Challenges, S. 22

[905] vgl. Milliken (1987), Three Types, S. 137

[906] vgl. Milliken (1987), Three Types, S. 137f.

Unsicherheitstypen von Wissenselementen

Beispiel: Hinsichtlich eines technologieorientierten Wissenselements besteht Zustandsunsicherheit, wenn Entscheider nicht antizipieren können, welcher Funkstandard sich für Systeme im Smart Home durchsetzen wird oder unklar ist, wie der Gesetzgeber die Regulatorik für urbane Luftfahrt („*urban air mobility*" UAM) gestalten wird. Bezogen auf ein marktorientiertes Wissenselement liegt Effektunsicherheit vor, wenn nicht klar ist, ob westliche oder chinesische Automobilunternehmen am meisten von dem steigenden Anteil chinesischer Haushalte mit eigenem Fahrzeug profitieren[907]. Reaktionsunsicherheit manifestiert sich bei einem marktorientierten Wissenselement schließlich, indem Triebwerksherstellern infolge der Corona-induzierten Flugstopps nicht alle Lösungsmöglichkeiten bekannt sind, wie ihre Liquidität trotz „*Pay-by-the-hour*"-Geschäftsmodell sicherzustellen ist.

Aus den Überlegungen von MILLIKEN können mehrere Erkenntnisse für die Analyse der Unsicherheit gewonnen werden. Zunächst kann festgestellt werden, dass die drei beschriebenen Unsicherheitstypen aufeinander aufbauen. Ohne eine Perzeption des Zustandes können keine Effekte evaluiert werden. Ohne eine Kenntnis möglicher Effekte kann dem Top Management nur schwerlich die Bandbreite möglicher Reaktionen sowie derer Konsequenzen bewusst sein. Die Unsicherheiten, und damit auch die Turbulenz, kumulieren sich somit in Richtung der strategischen Entscheidungsfindung.

Weiterhin treten unterschiedliche Schwierigkeiten im Zusammenhang mit den Unsicherheitstypen auf. Während Zustandsunsicherheit durch Schwierigkeiten in der Wahrnehmung und Erklärung des Umfelds entsteht, sind Effekt- und Reaktionsunsicherheiten durch Schwierigkeiten in der Bewertung und Interpretation gekennzeichnet. Auch MILLIKEN stellt daher heraus, dass sich das strategische Verhalten zur sukzessiven Reduktion der jeweiligen Unsicherheitstypen unterscheidet[908]. Wie nachfolgend noch im Rahmen der Auswertung und Interpretation der Ergebnisse diskutiert wird, zeigt sich jedoch, dass die jeweiligen Reduktionsmöglichkeiten eine Funktion der Zeit und des Aufwands sind (bspw. die Ausweitung von Scanning und Vorausschau oder die Intensivierung der Bedrohungs- und Opportunitätsanalyse). Da Zeit und Aufwand im Hinblick auf den Betrachtungsbereich der vorliegenden Arbeit entscheidende, inhaltliche Anforderungen der iterativen Methodik sind, werden die genutzten Analysewerkzeuge skalierbar gestaltet, um eine prototypische Entscheidungsfähigkeit herstellen zu können (vgl. Unterkapitel 3.1.2). Das Ausmaß der Unsicherheiten, unabhängig von dem Typ, ist somit stets in Verbindung mit dem jeweils gewidmeten Analyseaufwand zu sehen. Im Rahmen einer iterativen Methodik entstehen somit situative Unsicherheiten, welche prozessual durch die kleineren Analyseinkremente bedingt sind. Situative oder prozessuale Unsicherheit stellt für die

[907] vgl. Geissler, Krys (2013), Challenges, S. 29

[908] vgl. Milliken (1987), Three Types, S. 139f.

vorliegende Methodik folglich ein gewisses Gütekriterium dar, welches die Fundierung der drei Unsicherheitstypen basierend auf dem gewidmeten Ressourceneinsatz widerspiegelt.

Letztlich kann in Bezug auf die Methodik festgestellt werden, dass jeweils unterschiedliche Wissenselemente mit den drei Unsicherheitstypen verknüpft sind. Zustandsunsicherheit findet sich im Rahmen der Methodik in Form der verschiedenen Veränderungen von Wandelkatalysatoren, welche als schwache oder starke Signale zugrundeliegender Phänomene in der Analyse des Umfelds und der Vorausschau wahrgenommen werden (bspw. ereignisbezogene Diskontinuitäten oder Trends von Einflussfaktoren). In diesem Zuge findet sich im Analysemodell die Effektunsicherheit in der Bewertung und Interpretation der Auswirkungen sowie deren Implikationen wieder. Da auf diesen Erkenntnissen ebenfalls die Technologie- und Innovationsaspekte sowie -felder basieren, welche ebenfalls bewertet werden, erstrecken sich Effektunsicherheiten auch auf das Optionsmodell (vgl. Teilkapitel 4.3)[909]. Reaktionsunsicherheiten finden sich schließlich sowohl im Rahmen des Optionsmodells als auch im Ziel- und Positionierungsmodell (vgl. Teilkapitel 4.3 sowie 4.4). Im Fall des Ersten manifestiert sich diese durch die Lösungsrichtungen und Handlungsmöglichkeiten sowie die (wettbewerbs-) strategischen Möglichkeiten und den innovationsstrategischen Prototyp. Im Rahmen des Ziel- & Positionierungsmodells drückt sich die Reaktionsunsicherheit schließlich in Form des technologiestrategischen Prototyps aus. Ausgehend von der Differenzierung technologischer und kommerzieller Unsicherheiten ordnet Abbildung 4-30 die dargestellten Unsicherheitstypen (Zustand, Effekt, Reaktion) entsprechend ihrem erläuterten Zusammenhang drei Ebenen zu. Dabei betreffen die prozessual-situativen Unsicherheiten einer iterativen Methodik alle drei Ebenen. Zwecks Übersichtlichkeit sind zudem die Wissenselemente der Methodik zugeordnet, bei denen ein bestimmter Unsicherheitstyp mit hoher Wahrscheinlichkeit im Verlauf der Strategieentwicklung auftritt.

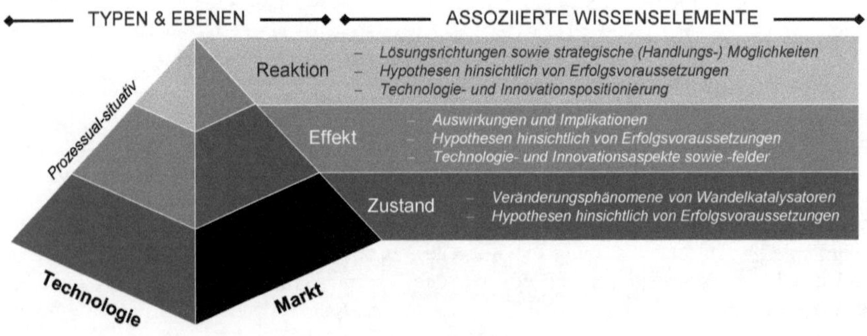

Abbildung 4-30: Unsicherheitsarten, -typen und -ebenen von Wissenselementen[910]

[909] An dieser Stelle erfolgt ein Vorgriff auf das Options- sowie Ziel- und Positionierungsmodell. Hierzu vgl. Teilkapitel 4.3 sowie 4.4.

[910] i. A. a. Proff et al. (2014), Elektromobilität, S. 12; Milliken (1987), Three Types, S. 136ff.

Evaluation von Komponenten der Unsicherheiten
Ausgehend von den abgeleiteten Unsicherheiten der Wissenselemente sowie deren Untergliederung in verschiedene Typen wird eine Bewertung vorgenommen. In diesem Kontext betont BUCHKO, dass sich eine einheitliche und vergleichbare Bewertung von wahrgenommenen Unsicherheiten aufgrund divergierender Konzeptionen sowie objektiv zuverlässiger Skalen als äußerst herausfordernd in der Wissenschaft darstellt[911]. So evaluieren bspw. LAWRENCE, LORSCH die wahrgenommene Unsicherheit anhand von anderen Dimensionen und Kriterien als MILES, SNOW[912]. Demgegenüber teilen die beiden Ansätze die Eigenschaft, dass sie, wenngleich im Fall von MILES, SNOW nach Domänen und Komponenten des Umfelds differenziert, nur übergreifende Aussagen für ein strategisches Verhalten in Form von Strategietypologien generieren[913]. Dieser Charakterzug kann auch bei ANSOFF in Form der strategischen Aggressivität wiedergefunden werden[914]. Die zugrundeliegenden Fragebögen nutzen jedoch in allen genannten Fällen ordinalskalierte Operationalisierungen von Likert-Skalen mit fünf oder sieben Punkten, um die Unvorhersehbarkeit oder Sichtbarkeit von Veränderungen direkt als Bewertungskriterium zu evaluieren[915].

Basierend auf diesen Vorüberlegungen wird die Bewertung der Unsicherheit im Rahmen der Turbulenzanalyse weiter detailliert. Mit Blick auf die dargestellten Bewertungsskalen wird in Konsistenz zu der vorhergehenden Bewertung der Dynamiken eine Likert-Skala mit fünf ordinalskalierten Operationalisierungen gewählt. Während LAWRENCE, LORSCH sowie MILES, SNOW direkt die Unvorhersehbarkeit evaluieren, wird im Rahmen der vorliegenden Arbeit eine indirekte Bewertung der Unsicherheit angestrebt. Wie einige Autoren in Zusammenhang mit Unsicherheit bereits argumentieren, gilt es diese anzuerkennen und pragmatisch zu managen, anstatt deren (Eintritts-) Wahrscheinlichkeiten minuziös zu bestimmen[916]. Es soll daher vermieden werden, dass für einen Anwender der Eindruck entsteht, eine Bewertung der Unvorhersehbarkeit könne in Eintrittswahrscheinlichkeiten umgerechnet werden. Stattdessen werden daher Bewertungsdimensionen gewählt, welche plakative Abstufungen der Unsicherheit aufweisen.

Es wird daher zunächst die von ANSOFF konzeptionierte Dimension der Sichtbarkeit genutzt, welche in gewisser Weise invers zur Unvorhersehbarkeit zu verstehen ist. Für die Abstufungen der Sichtbarkeit wird auf die Adaption von PILLKAHN zurückgegriffen, da diese ohne Beschreibungen der Diskontinuität auskommt, welche bereits im Rahmen der Untersuchung

911 vgl. Buchko (1994), Uncertainty, S. 412

912 vgl. Tosi et al. (1973), Measurement, S. 29f.; Buchko (1994), Uncertainty, S. 412f.

913 In ihrer Arbeit unterscheiden MILES, SNOW vier Strategietypologien im Prozess der organisationalen Adaption: *„Defenders"*, *„Prospectors"*, *„Analyzers"* sowie *„Reactors"*. Hierzu vgl. Miles, Snow (2003), Organizational Strategy, S. 13ff.

914 vgl. Ansoff (2019), Implanting, S. 80ff.

915 vgl. Miles, Snow (2003), Organizational Strategy, S. 200; Ansoff (2019), Implanting, S. 80; Tosi et al. (1973), Measurement, S. 29f.; Lawrence, Lorsch (1967), Organization

916 vgl. Taleb (2007), Statistics, S. 198f.; Taleb (2007), Black Swan, S. xixff.; vgl. Lynch (2006), Corporate Strategy, S. 59; vgl. Pillkahn (2008), Scenarios, S. 36; Brands et al. (2013), Six Tools, S. 133; Johnson et al. (2017), Exploring Strategy, S. 51

der Dynamik betrachtet wird.[917] Hierneben beschreiben COURTNEY, KIRKLAND ET AL. Unsicherheit als Bandbreite, auf welche zukünftige Veränderungen eingegrenzt werden können. Diese Bewertungsdimension erscheint für den Zweck der vorliegenden Methodik sinnvoll, da hierdurch, ebenfalls wie aus der Analyse der Dynamik, Rückschlüsse auf adäquate Analysewerkzeuge gezogen werden können (bspw. ist ein Realoptionsansatz für Zukunftsalternativen und die Szenariotechnik für ein Zukunftsspektrum geeignet).[918] Für die situative Unsicherheit bietet sich hingegen das von PILLKAHN beschriebene Spektrum des Wissens an, da es die Überzeugung und Fundierung einer Perzeption oder Schlussfolgerung beschreibt. Ausgehend von dem Fokus der vorliegenden Arbeit auf ereignisinduzierte Diskontinuitäten (vgl. Teilkapitel 2.5) wird sowohl für die zukünftige Bandbreite von Veränderungen als auch für das Spektrum des Wissens ein Zustand der Unbewusstheit bzw. des Unwissens ergänzt, welcher unmittelbar nach der Erstwahrnehmung eines „schwarzen Schwans" zu beschreiben ist. Tabelle 4-4 fasst das Bewertungsschema für die Analyse der Unsicherheit zusammen.

Tabelle 4-4: Bewertungsschema für die Analyse der Unsicherheit[919]

Dimension	**1**	**2**	**3**	**4**	**5**
Sichtbar-keit	(Periodisch) Wiederkehrend	Vorher-sehbar	Prognosti-zierbar	Teilweise Prog-nostizierbar	Nicht prognostizierbar
Wissens-spektrum	Wissen	Fundierte Meinung	Vermutung	Spekulation	Unwissen
Bandbreite der Zukunft	Klare Zukunft	Alternative Zukunft	Spektrum der Zukunft	Wahre Ambiguität	Unbewusstheit

Zur Einordnung eines Wissenselements in das Bewertungsschema wird analog zur Bewertung der Dynamik als Intervalle eine *„Blind Spot"*-Analyse genutzt (vgl. Abschnitt 4.2.6.1 sowie Anhang 6). Zwecks einfacherer Handhabung werden erneut die beiden inhaltlichen Bewertungskomponenten der Sichtbarkeit sowie der Bandbreite mittels eines Portfolio-Ansatzes konsolidiert. Ausgehend von der vorherigen Konzeption der situativen Unsicherheit wird das Wissensspektrum davon losgelöst als Indikator für den jeweiligen Fortschritt der Informationsbeschaffung durch Analysen und Erkenntnisgewinn betrachtet. Zur Gliederung von Manifestationen technologischer Turbulenz nutzt FELLNER drei Kategorien. Diese entnimmt er der berühmten Rede von RUMSFELD, der zwischen *„Known-knowns"*, *„Known-Unknowns"* sowie *„Unknowns"* differenziert[920]. Aufgrund des gleichen Anwendungskontextes in Bezug auf die Turbulenz wird diese Gliederung für den Portfolio-Ansatz übernommen. Jedoch wird für die Kombination aus einer nicht prognostizierbaren Veränderung sowie einer

---

[917] vgl. Ansoff (2019), Implanting, S. 80; Pillkahn (2008), Scenarios, S. 118ff.

[918] vgl. Courtney et al. (1997), Strategy, S. 69ff.

[919] i. A. a. Ansoff (2019), Implanting, S. 80; Courtney et al. (1997), Strategy, S. 69ff.; Pillkahn (2008), Scenarios, S. 117ff.

[920] vgl. U.S. Department of Defense (2002), DoD News Briefing; Fellner (2010), Strategic Flexibility, S. 141

bisherigen Unbewusstheit i. A. a. TALEB der Zustand des Nichtwissbaren *(„Unknowables")* ergänzt, welcher ereignisinduzierte Diskontinuitäten in Form von *„schwarzen Schwänen"* determiniert[921]. Abbildung 4-31 illustriert die Darstellung der Wissenselemente als farbcodierte *„Box-Plots"* im Portfolio der Unsicherheit von Veränderungen entlang der Dimensionen der begrenzten Bandbreite zukünftiger Ereignisse sowie deren Sichtbarkeit.

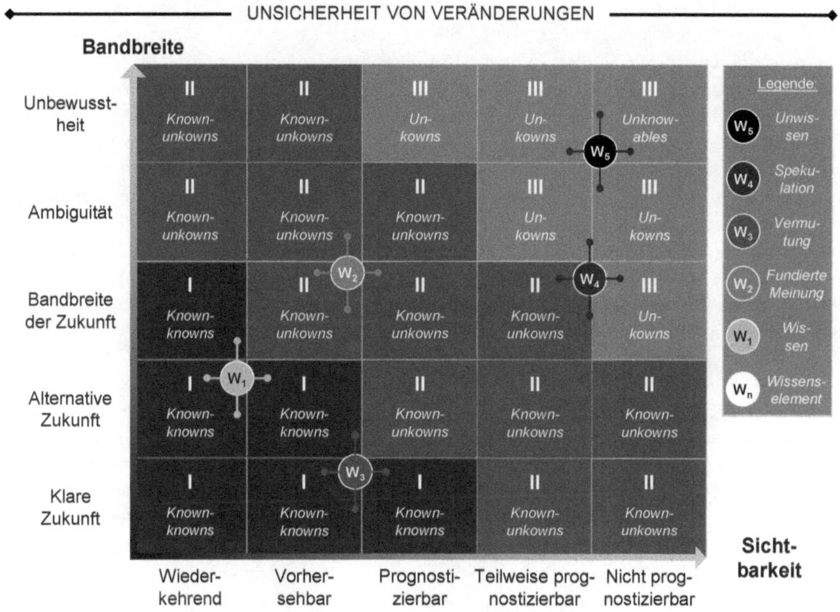

Abbildung 4-31: Konsolidierung der Unsicherheit von Wissenselementen[922]

Interpretation und Reflexion der charakterisierten Unsicherheit

Ausgehend von der charakterisierten Unsicherheit eines Wissenselements werden Schlussfolgerungen über dessen Implikationen reflektiert. Zunächst wurde durch die Unsicherheitsanalyse per se ein Beitrag zu dessen Verständnis geleitstet, da Unsicherheit häufig durch eine systematische Bewertung gemindert werden kann[923]. Darüber hinaus besitzt MILLIKEN

---

[921] vgl. Taleb (2007), Statistics, S. 198f.; Taleb (2007), Black Swan, S. 201ff.

[922] i. A. a. Fellner (2010), Strategic Flexibility, S. 141; Courtney et al. (1997), Strategy, S. 69ff.; Ansoff (2019), Implanting, S. 80; Pillkahn (2008), Scenarios, S. 117ff.; Schulze, Porath (2012), Statistik, S. 85

[923] vgl. Berger (2006), Technologiestrategien, S. 32

folgend jeder Typ der Unsicherheit seine eigenen Implikationen für das strategische Verhalten von Unternehmen[924].

Sie beschreibt für dominante Zustandsunsicherheiten, dass Entscheider dem Scanning und Forecasting mehr Zeit und Ressourcen einräumen werden, um die Wahrscheinlichkeiten einzelner Ereignisse besser zu verstehen. Unabhängig von der vorherigen Debatte um Wahrscheinlichkeiten bedeutet dies für die vorliegende Methodik, dass ein Fokus auf den Explorationsmodus gelegt wird, auf Basis dessen neue oder weitere Phänomene wahrgenommen werden und das Verständnis eines Entscheiders für die Komponenten des Umfelds verbessert werden. Für dominante Effektunsicherheiten beschreibt MILLIKEN hingegen, dass Unternehmen mehr Zeit und Ressourcen der Analyse von Bedrohungen und Opportunitäten widmen werden. Da es sich hierbei inhärent um ein Bewertungs- und Interpretationsproblem handelt, ist es im Rahmen der Methodik daher hilfreich, die als Implikation abgeleiteten Bedrohungen und Herausforderungen mit einem geänderten, größeren oder unternehmensexternen Personenkreis zu reflektieren. Hierdurch lassen sich bestehende Interpretationen und Bewertungen festigen oder durch neue Perspektiven ergänzen, um die Analyseergebnisse qualitativ aufzuwerten. In Bezug auf dominante Reaktionsunsicherheiten ist gemäß MILLIKEN zu erwarten, dass Unternehmen entweder ein imitierendes oder ein verzögerndes Verhalten einschlagen werden. Ersteres birgt die Gefahr der Konvergenz von strategischen Positionierungen und somit eines potenziellen Hyperwettbewerbs nach D'AVENI[925]. Letzteres führt schließlich, falls es sich um eine überlebenswichtige Entscheidung handelt, zu einer *„Analyse-Paralyse"* und Stillstand, da Entscheidungen weiter vertagt werden, um potenziell durch vorherige Analogien anderer Unternehmen zu lernen.[926] Im Rahmen der Methodik deutet eine Reaktionsunsicherheit somit auf einen Fokus des Investigationsmodus hin. Damit es jedoch auch hier nicht zu einer *„Analyse-Paralyse"* kommt, ist auf die Vorgehensmuster von SNOWDEN, BOONE sowie FELLNER zu achten. Hieraus wird deutlich, dass eine Reaktionsunsicherheit nicht alleine durch Planung und Analyse gelöst werde kann, sondern in chaotischen bzw. komplexen Situationen durch Agieren und Korrigieren sowie Experimentieren und Nachjustieren.[927] In diesem Kontext kommt somit dem Wechselspiel der drei beschriebenen Zyklen eines iterativen strategischen Managements – der Entwicklung, Validierung sowie Implementierung – eine besondere Bedeutung zu (vgl. Unterkapitel 3.4.1).

4.2.6.3 Synthese zu Turbulenzelementen und -graden

Nachdem für die Wissenselemente Dynamiken sowie Unsicherheiten abgeleitet und bewertet wurden, gilt es, diese in Analogie zum Berechnungsvorgehen des Volatilitätsindex (VIX) zu

---

[924] vgl. Buchko (1994), Uncertainty, S. 414

[925] vgl. Porter (1996), What Is Strategy, S. 64; Kim, Mauborgne (1999), Market Space, S. 92; Kim, Mauborgne (2004), Blue Ocean Strategy, S. 79ff.; D'Aveni, Gunther (1994), Hypercompetition, S. 22

[926] vgl. Milliken (1987), Three Types, S. 139f.; Ansoff (1979), Strategic Management, S. 139

[927] vgl. Snowden, Boone (2007), Decision Making, S. 70ff.; Fellner (2010), Strategic Flexibility, S. 168f.

einer Gesamtturbulenz zu aggregieren[928]. Grundlage hierfür bilden die jeweils zugehörigen Unsicherheiten und Dynamiken der zugrundeliegenden Phänomene eines Wissenselements.

Im Hinblick auf die Zielgrößen der Markt- und Technologievolatilität können die zuvor differenzierten Wissenselemente und Unsicherheiten zielgerichtet verknüpft werden. Dabei fließen sinnvollerweise marktorientierte Wissenselemente sowie kommerzielle Unsicherheiten in die Marktvolatilität und technologieorientierte Wissenselemente sowie technische Unsicherheiten in die Technologievolatilität ein.

Für die Synthese der Komponenten der Dynamik und der Unsicherheit zur Turbulenz des Umfelds wird auf die Konzepte der Zukunftselemente nach PILLKAHN sowie die Manifestationen technologischer Turbulenz nach FELLNER zurückgegriffen. Der Zweck dieser Einordnung besteht bei beiden Autoren darin, dass ein kompaktes Verständnis für die Turbulenz vorliegt, anhand dessen eine differenziertere Strategieformulierung ermöglicht wird. Dies ist darauf zurückzuführen, dass mit der Stabilität bzw. Instabilität verschiedener Zukunftselemente bzw. Manifestationen unterschiedlich geplant und verfahren werden sollte (vgl. Anhang 19).[929] Aufbauend auf dem Betrachtungsbereich der Technologiestrategie von FELLNER erscheint es sinnvoll, seine Manifestationen als technologische Turbulenzelemente für die Technologievolatilität zu nutzen[930]. Demgegenüber stellt PILLKAHN auf Unternehmens- bzw. Geschäftsstrategien ab, sodass dessen Zukunftselemente sinnvollerweise als kommerzielle Turbulenzelemente für die Marktvolatilität genutzt werden[931]. Komplementär zu den Turbulenzelementen beschreibt ANSOFF fünf Grade der Turbulenz *(„Recurring“, „Expanding“, „Changing“, „Unsteady“* sowie *„Surprising“)*, welche als Abstufungen für die Markt- und Technologievolatilität übernommen werden[932].

Zur Auswertung und Darstellung bietet sich erneut ein pragmatischer Portfolio-Ansatz mit zweidimensionalen *„Box-Plots“* an, da sie verschiedene Streuungs- und Lageparameter der zugrundeliegenden Dynamiken und Unsicherheiten vereinen (insb. Minimum, Maximum, unteres und oberes Quartil sowie Median)[933]. Abbildung 4-32 illustriert exemplarisch für drei marktbezogene und zwei technologiebezogene Wissenselemente die Synthese von Unsicherheit und Dynamik zur Markt- bzw. Technologievolatilität als kommerzielle sowie technologische Turbulenzelemente. Dabei orientieren sich die Turbulenzelemente der Marktvolatilität an den Zukunftselementen von PILLKAHN und jene der Technologievolatilität an den Manifestationen von FELLNER. Diagonal über das Portfolio verlaufen die von ANSOFF beschriebenen Turbulenzgrade, denen ein Element zuzuordnen ist. Diese stellen eine Grundlage für die Strategieformulierung, -bewertung sowie -selektion im Rahmen des Optionsmodells dar.

---

928 vgl. Cboe Global Markets Inc. (2019), VIX, S. 9; Becker (2018), Volatilitätsindex, S. 98

929 vgl. Fellner (2010), Strategic Flexibility, S. 201; Pillkahn (2008), Scenarios, S. 119; Ansoff (2019), Implanting, S. 79ff.

930 vgl. Fellner (2010), Strategic Flexibility, S. 89

931 vgl. Pillkahn (2008), Scenarios, S. 232ff.

932 vgl. Ansoff (2019), Implanting, S. 88

933 vgl. Schulze, Porath (2012), Statistik, S. 85

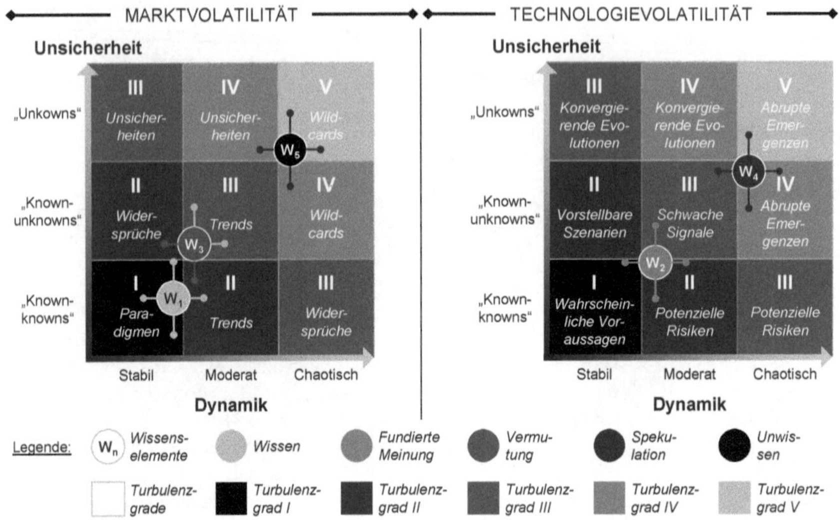

Abbildung 4-32: Synthese der Turbulenzgrade und -elemente des Umfelds[934]

4.2.7 Zwischenfazit: Die Analyse als Zugpferd der Strategiearbeit

Als zweites Modell der zu entwickelnden Methodik wurde in Teilkapitel 4.2 die Analyse der Unternehmung und ihres turbulenten Umfelds für beide Anwendungsmodi detailliert. Im Explorationsmodus wurden hierzu retrospektive und prospektive sowie unternehmensinterne und -externe Analyseperspektiven differenziert. Als Synchronisierungspunkt der verschiedenen Perspektiven wurde die Ableitung strategischer Handlungsbedarfe und deren Synthese in einer strategischen Problemstellung konkretisiert. Im Investigationsmodus wurde hingegen anhand einer Referenzmodellierung von Due Diligence Ansätzen eine integrative Analyseperspektive als Ordnungsrahmen detailliert. Hierin gilt es, gezielt sowie zeit- und aufwandsorientiert die Positionierungshypothesen einer strategischen Möglichkeit zu prüfen, um diese annehmen oder verwerfen zu können. Schließlich wurde die Turbulenzanalyse als Meta-Analyse der gewonnenen Erkenntnisse ausgestaltet, welche der Belastbarkeit von Wissenselementen als Planungsprämissen der Strategiearbeit gilt. Hierbei wird das für die Strategiearbeit zentrale Wissenselement, die Implikation, anhand der einem Phänomen zugrundeliegenden Dynamiken und Unsicherheiten einem Turbulenzgrad sowie vergleichbaren Turbulenzelementen zugeordnet.

Auf Basis des detaillierten Analysemodells konnten somit zwei Leitfragen aus Teilkapitel 1.3 beantwortet werden. Eine *„Analyseparalyse"* kann durch eine Vielzahl von Faktoren bedingt

[934] i. A. a. Ansoff (2019), Implanting, S. 80; Fellner (2010), Strategic Flexibility, S. 165; Pillkahn (2008), Scenarios, S. 119; Schulze, Porath (2012), Statistik, S. 85

sein, bspw. kulturelle, organisatorische oder methodische Aspekte. Die vorliegende Arbeit versucht letzteren einerseits durch häufigere Synchronisationspunkte der Synthese in einem iterativen Verfahren und andererseits durch die hypothesenbasierte Analyse des Investigationsmodus entgegenzuwirken. Hierdurch soll sichergestellt werden, dass Analyseaufwände gezielt zur Gewinnung wertvoller Erkenntnisse eingesetzt werden statt zur diffusen Untersuchung einer breiten Informationsflut.

Neben den relevanten Analyseperspektiven zielt die zweite Leitfrage auf die anwendbaren Instrumente ex-post einer ereignisbezogenen Diskontinuität ab. Hierfür wurden im Explorationsmodus gezielt einzelne Instrumente der traditionellen Strategieplanung durch dynamischere Werkzeuge ersetzt (bspw. die Analyse der *„Five Forces"* nach PORTER durch die Analyse der *„Ökosystemstruktur"* nach ADNER). Da im Investigationsmodus die situativen Bedarfe eines Anwenders im Sinne der Kontingenztheorie (vgl. Unterkapitel 3.3.1) vielfältig sein können, wurde statt einer festen Konfiguration von Analyseinstrumenten ein Werkzeugkoffer potenziell hilfreicher Instrumente aggregiert. Da es letztlich darum geht, dass Anwender mithilfe von situativ geeigneten Instrumenten viele, verschiedenartige und reichhaltige Informationen erfassen, aggregieren und beurteilen können, sollte die Sammlung des Werkzeugkoffers als ein initialer Startpunkt verstanden werden[935].

Im Hinblick auf den iterativen Charakter der Methodik als eine der Kerninnovationen der vorliegenden Dissertation stellt das Analyse- zusammen mit dem Optionsmodell das Herzstück der Methodik dar. Durch eine Detaillierung des Grobkonzepts (vgl. Teilkapitel 3.5) auf drei systematisierten und miteinander verbundenen Ebenen (Exploration, Investigation sowie Turbulenz) ist das detaillierte Analysemodell mit sechs Teil- und zahlreichen Submodellen sowie vielzähligen Werkzeugen als relativ umfassend und komplex zu bezeichnen. Wenngleich dies teilweise auf die notwendige wissenschaftliche Sauberkeit einer Dissertation zurückzuführen ist, verkörpert dies vielmehr den von BENNETT, LEMOINE dargestellten Lösungsansatz zum Umgang mit der erhöhten Komplexität eines VUKA-Umfelds: die Anpassung der internen Komplexität an das Niveau der externen Komplexität (vgl. Unterkapitel 2.3.4). Während es im Rahmen einer wissenschaftlichen Arbeit eine gewisse Formalisierung zur Erklärung von Sachverhalten und deren Zusammenwirken in einer Methodik erfordert, bedarf es für den Anwender lediglich dessen Ergebnis. Insofern verkürzt eine praktische Anwendung den erhöht erscheinenden Umfang des Analysemodells, sodass ein Anwender hiervon nicht abgeschreckt werden sollte. Pragmatische Verkürzungsmechanismen werden daher noch einmal gesondert in Unterkapitel 4.5.3 dargestellt. Hinsichtlich der Komplexität des Modells erscheint diese im Kontext einer Strategieentwicklung als komplexe Entscheidungssituation unumgänglich, wenn der Modellanwender eine Fundierung und Genauigkeit der Analyseergebnisse sicherstellen möchte. Da zudem in Unternehmen bestehende Praktiken zur Strategieentwicklung oftmals einem synoptischen Planungsansatz folgen und auf hoch entwickelte Analysewerkzeuge (bspw. analytische Szenariotechniken) zurückgreifen, sind potenzielle Anwender ohnehin mit dem Umgang komplexer Methoden und Modelle vertraut. Insofern hindert auch die erhöhte Komplexität des Analysemodells nicht dessen Handhabbarkeit in der Praxis.

---

935 vgl. Ant (2018), Effizientes Management, S. 125

4.3 Strategische Handlungsoptionen der Unternehmung

Nachdem im Rahmen des vorhergehenden Teilkapitels 4.2 detailliert wurde, wie eine Unternehmung die strategische Analyse in einem hochturbulenten Umfeld gestalten kann, gilt es folgend, die iterativ zusammengetragene Informationsbasis zur Strategieformulierung zu nutzen. Auf Ebene der Geschäftsstrategien stehen hierbei insbesondere Überlegungen hinsichtlich der jeweiligen Wettbewerbsvorteile einer Geschäftseinheit im Zentrum.[936] Entsprechend dem Betrachtungsbereich der vorliegenden Arbeit (vgl. Teilkapitel 2.5) gilt es, kurz- und mittelfristig auf eine Reihe temporärer Wettbewerbsvorteile abzustellen, welche bei langfristig abnehmender Turbulenz infolge von Pfadabhängigkeiten in einen nachhaltigen Wettbewerbsvorteil übergehen. Infolge der sich verkürzenden Nutzungsdauer von Wettbewerbsvorteilen argumentiert ECKERT, dass Chancen- anstelle von Marktanteilen Priorität erlangen. Hierdurch sind Unternehmen gezwungen, ein Denken in strategischen Zukunftsoptionen zu adaptieren.[937] Gleichermaßen äußert sich BEINHOCKER, welcher ausgehend von der Analogie robust-adaptiver (Überlebens-) Strategien der Natur feststellt, dass Unternehmen eine Population von Strategien explorieren müssen. Eine Population von Strategien dient daher einerseits dazu, dass die Unternehmung robust hinsichtlich mehrerer (Zukunfts-) Szenarien ausgerichtet ist und sich andererseits adaptiv hinsichtlich einer Bandbreite zukünftiger Optionen verhalten kann, sodass langfristig irreversible Entscheidungen bei hoher Turbulenz minimiert werden.[938] Dabei ist jedoch zu beachten, dass Robustheit nicht zwangsläufig durch die Breite einer Positionierung determiniert ist, da eine solche durch eigene Herausforderungen gekennzeichnet ist (bspw. das Dilutieren der wettbewerbsstrategischen Einzigartigkeit).

In Bezug auf den Betrachtungsbereich der vorliegenden Methodik bedarf es somit gemäß der Grobkonzeption (vgl. Teilkapitel 3.5) einer Population von wettbewerbs-, innovations- sowie technologiestrategischen Optionen. Hierfür stützt sich die Strategieformulierung in der Literatur oftmals auf drei Aktivitäten: die Generierung von Optionen, die Evaluation von Optionen sowie die Strategieauswahl[939]. Mit Blick auf die Strategieauswahl ist jedoch von einem *„Strategieprototyp"* zu sprechen, da die iterative Methodik auf dem Verständnis agiler Entwicklungsansätze aufbaut und das Ergebnis der Strategieformulierung entgegen synoptischer Strategieansätze keine *„finale"* Strategie, sondern vielmehr eine *„Minimum Viable Strategy"* darstellt (vgl. Unterkapitel 3.3.3). Damit werden die bestehenden Überlegungen von MARTIN zum *„Strategy Prototyping"* sowie von ECKERT zum *„Business Model Prototyping"* für die vorliegende Arbeit adaptiert. Hierauf aufbauend ist es nicht die Zielstellung des Optionsmodells, eine zu implementierende Strategie *„final"* zu selektieren. Vielmehr gilt es, vorläufige Konzepte zu strategischen Kernfragestellungen zu erarbeiten, welche iterativ modifiziert werden und hierdurch schließlich zu implementierbaren Strategien konvergieren

---

936 vgl. Hungenberg (2014), Management, S. 80f.

937 vgl. Eckert (2018), Echtzeitunternehmen, S. 25

938 vgl. Beinhocker (1999), Strategies, S. 97f.

939 vgl. Johnson, Scholes (1988), Corporate Strategy

(bspw. von einer Positionierung im elektrifizierten Antriebsstrang hin zu einer Positionierung im „*Hairpin*"-Stator für direktgekühlte e-Maschinen im automobilen Hochleistungsbereich).[940]

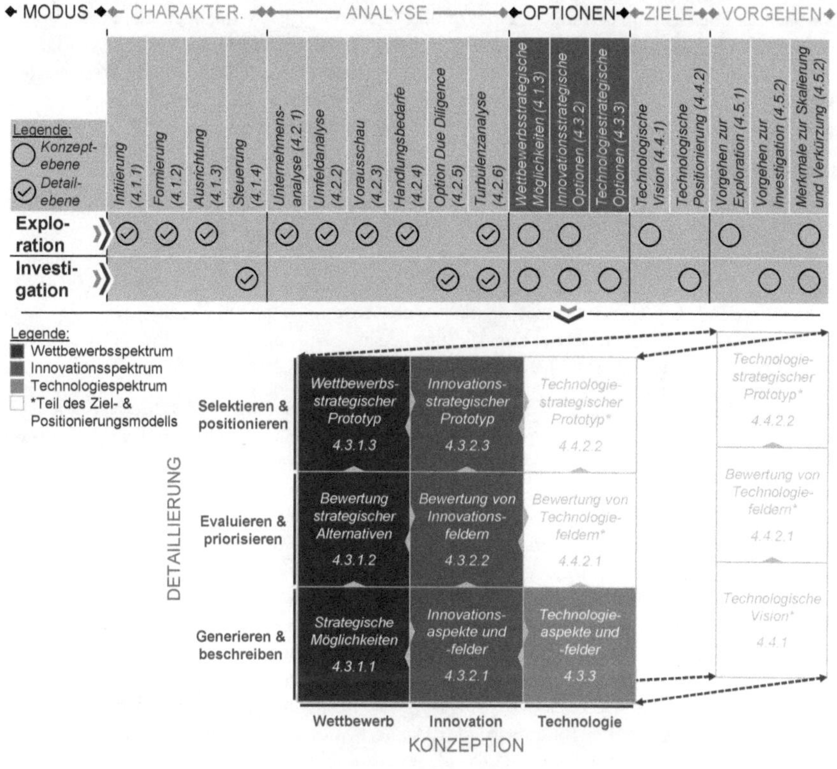

Abbildung 4-33: Struktur und Teilmodelle des Optionsmodells[941]

Wie Abbildung 4-33 illustriert, ergeben sich aus der Gegenüberstellung der konzeptionierten Teilmodelle (Wettbewerbs-, Innovations- sowie technologiestrategische Optionen) mit den zuvor eingeführten Aktivitäten der Strategieformulierung theoretisch neun Submodelle für das Optionsmodell. Demnach müssen zunächst wettbewerbsstrategische Möglichkeiten aus der aggregierten Informationsbasis der Analyse generiert (Abschnitt 4.3.1.1), evaluiert (Abschnitt 4.3.1.2) und schließlich selektiert (Abschnitt 4.3.1.3) werden. Wettbewerbsstrategische Möglichkeiten sowie deren prototypische Population stellen somit den Ausgangs-

[940] vgl. Martin (2014), Iterative Prototyping; Eckert (2014), Business Model, S. 99

[941] i. A. a. Johnson, Scholes (1988), Corporate Strategy; Pillkahn (2008), Scenarios, S. 235

punkt für die relevante Strategiekaskade dar, auf Basis derer assoziierte Innovationsaspekte und -felder abgeleitet (Abschnitt 4.3.2.1), evaluiert (Abschnitt 4.3.2.2) und schließlich zu einem innovationsstrategischen Prototyp selektiert und verknüpft (Abschnitt 4.3.2.3) werden. Die hierfür relevanten Technologieaspekte und -felder werden schließlich als Technologiefelder (vgl. Unterkapitel 2.2.2) zu wertfreien, technologischen Optionen abgeleitet (Unterkapitel 4.3.3). Da die Formulierung der Technologiestrategie im Rahmen der vorliegenden Arbeit den Kern der Betrachtung darstellt, wird die Evaluation und Selektion der technologischen Optionen gesondert im Ziel- und Positionierungsmodell detailliert.

4.3.1 Wettbewerbsstrategische Möglichkeiten

Im Kern geht es bei einer Strategie darum, den Markt zu schlagen. Anders ausgedrückt gilt es als Unternehmung, der Macht von *„perfekten"* Märkten zu trotzen, um dennoch eine überdurchschnittliche Profitabilität zu erwirtschaften.[942] Die Strategieformulierung stellt hierfür die entscheidende Leistung von Strategen und Entscheidern dar. Umso erstaunlicher ist es, dass der Analyse in der Praxis deutlich mehr Aufmerksamkeit gewidmet wird als deren Interpretation und Synthese[943]. Für die vorliegende Methodik ist daher das iterative Wechselspiel aus Analyse und Optionen das Herzstück der Arbeit.

Im Kontext der iterativen und nichtlinearen Methodik können zwei Bildungspfade von strategischen Möglichkeiten differenziert werden. Der erste Pfad entspringt dem Explorationsmodus des Charakterisierungsmodells, in welchem erfahrene Entscheider und Strategen bei hinreichender Sicherheit über ihr Problemverständnis sich zutrauen, eine rudimentäre Lösungshypothese zu formulieren (vgl. Unterkapitel 4.1.3). Die zugrundeliegenden Prinzipien können damit als *„top-down"*, *„intuitiv"* sowie *„empirisch-induktiv"* beschrieben werden. Der zweite Pfad entspringt demgegenüber zunächst dem Explorationsmodus und später dem Investigationsmodus des Analysemodells, in welchen durch systematische Analyse das Problemverständnis geschärft und einzelne Lösungskomponenten identifiziert werden (vgl. Unterkapitel 4.2.4). Die zugrundeliegenden Prinzipien können gegenüber denen des ersten Bildungspfads als *„bottom-up"*, *„analytisch"* sowie *„theoretisch-deduktiv"* beschrieben werden.[944] Anschließend an das Charakterisierungs- und Analysemodell wird daher für das Optionsmodell der zweite Bildungspfad detailliert, für welchen insbesondere auf dem *„möglichkeitsbasierten"* Ansatz nach LAFLEY, MARTIN aufgebaut wird (vgl. Teilkapitel 2.6).

Ausgangspunkt hierfür ist die im Rahmen von Unterkapitel 4.2.4 präzisierte Problemstellung, welche es im Rahmen der Strategieentwicklung zu adressieren gilt. Für die Anwendung des Ansatzes von LAFLEY, MARTIN ist es einerseits grundlegend, ein Problem in sich gegenseitig ausschließende Entscheidungen zu überführen. Dem kann im Rahmen der Methodik allgemein nachgekommen werden, indem die sich gegenseitig ausschließenden Entscheidungen mit den Spannungsfeld zwischen dem strategischen Fit und der strukturellen Trägheit von Organisationen dargestellt werden (vgl. Unterkapitel 2.1.4). Dabei stellt sich grundlegend

---

[942] vgl. Bradley et al. (2018), Hockey Stick, S. 40

[943] vgl. Pillkahn (2008), Scenarios, S. 269

[944] vgl. Wallace (2017), Logic, S. 18ff.; Scherm et al. (2016), Entscheidungen, S. 300ff.

die Frage, ob das Unternehmen abwarten *(„stick“)* oder sich anpassen *(„twist“)* sollte[945]. Es ergeben sich hieraus somit i. A. a. das St. Galler Management-Modell die diametralen Entscheidungen einer Optimierung und einer Erneuerung[946]. Hierbei gilt es, die aktuelle Strategie in alle Überlegungen explizit miteinzubeziehen, um die Transparenz der späteren Entscheidung für eine Optimierung oder Erneuerung zu erhöhen.[947] Dem schließt sich auch BEINHOCKER an, der aus der kontinuierlichen Überprüfung stabiler Strategien durch die Natur schlussfolgert, dass neben der Generierung neuer Optionen in einem turbulenten Umfeld ebenfalls die konstante Exploration bestehender Strategien notwendig ist[948].

4.3.1.1 Generierung und Beschreibung von Positionierungsmöglichkeiten

Gemäß ANSOFF muss das strategische Verhalten und somit auch die Generierung von Positionierungsmöglichkeiten der Turbulenz des Umfelds angepasst werden. In einem hochturbulenten Umfeld der Stufen vier und fünf bedeutet dies, dass Unternehmen ein strategisch aggressiveres, diskontinuierliches Verhalten benötigen, welches auf Kreativität und gemeinsamen Vorstellungen der Zukunft fußt.[949] Sowohl BERGER als auch CARLOPIO stellen daher fest, dass die Strategieentwicklung in einem zunehmend turbulenteren Unternehmensumfeld dem kreativen Prozess von Künstlern und Wissenschaftlern ähnelt[950]. Da dieser Prozess und dessen Ergebnisse somit von den eingebundenen Personen abhängt, ist es schwer möglich – wenn nicht sogar falsch –, eine Formalisierung und (vollständige) Systematisierung der Kreativität in einer analytischen Methodik vorzunehmen[951]. In der vorliegenden Methodik ist daher eine Teilsystematisierung anzustreben, in deren Rahmen der kreative Prozess von Strategen und Entscheidern durch Verknüpfung von Lösungsbausteinen mithilfe von Werkzeugen kanalisiert wird. Es braucht somit immer einen methodischen Freiraum, in welchem neben Kreativität auch persönliche Werte, Bestreben und Ideale Einzug erhalten, um die letztliche Entscheidung zu prägen. Die Einbindung all derer, die durch ihre Produktivität und Kreativität kritisch für die Erreichung überlegener Leistungen und Ergebnisse sind, muss daher ANDREWS folgend anerkannt werden.[952] In diesem Zusammenhang kommt somit der Formierung des Strategieteams im Rahmen von Unterkapitel 4.1.2 eine besondere Bedeutung zu. Aufgrund der Einbindung eines Personenkreises ist somit im Zuge des Optionsmodells, insb. jedoch im Rahmen der Generierung von strategischen Möglichkeiten, darauf zu achten, dass sich kein kollektives Gruppendenken entwickelt, welches das Ende einer strategischen Diversität besiegelt[953]. Auf

[945] vgl. Boyne, Meier (2009), Turbulence, S. 805

[946] vgl. Rüegg-Stürm (2009), Management-Modell, S. 124ff.

[947] vgl. Lafley et al. (2012), Science to Strategy, S. 55ff.

[948] vgl. Beinhocker (1999), Strategies, S. 99

[949] vgl. Ansoff (2019), Implanting, S. 81ff.

[950] vgl. Hinterhuber (2020), Strategisches Denken, S. 21; Berger (2006), Technologiestrategien, S. 30; Carlopio (2010), Design, S. 9f.

[951] vgl. Mintzberg et al. (2005), Strategy Safari, S. 73

[952] vgl. Andrews (1987), Corporate Strategy, S. 19

[953] vgl. Beinhocker (1999), Strategies, S. 104

diesen Überlegungen aufbauend wird nachfolgend die Generierung und Ableitung sowie Beschreibung und Detaillierung strategischer Möglichkeiten für das Optionsmodel präzisiert.

4.3.1.1.1 Generieren und Ableiten von strategischen Möglichkeiten

Als methodische Basis für das kreative Generieren und Ableiten von strategischen Möglichkeiten werden Elemente der Designschule gewählt, da sie als konzeptioneller Prozess einen kreativen Charakter aufweist[954]. Typisch für Ansätze der Designschule, wie bspw. das sog. LCAG-Schema der Harvard Business School nach LEARNED, CHRISTENSEN, ANDREWS und GUTH, ist die Ableitung strategischer Alternativen auf Basis der Analyse von Umwelt und Unternehmen sowie den Werten zentraler Entscheidungsträger[955]. Das methodische Werkzeug zur Synthese strategischer Alternativen, welche einen strategischen Fit zwischen Umwelt und Unternehmen herstellen (vgl. Unterkapitel 2.1.4), stellt dabei die auf ANDREWS zurückgehende SWOT-Analyse bzw. -matrix dar[956]. Aufgrund ihrer plakativen Anwendbarkeit ist die SWOT-Matrix in der Praxis weit verbreitet[957]. Gleichzeitig steht sie in der Wissenschaft aus dem gleichen Grund seit geraumer Zeit in der Kritik. So sehen JOHNSON, WHITTINGTON ET AL. zwei Gefahren: Die erste besteht darin, dass im Rahmen einer SWOT-Analyse sehr lange Listen generiert werden können, welche den Blick auf das Wesentliche verdecken. Die zweite Gefahr besteht in der Übergeneralisierung, sodass eine SWOT-Analyse oberflächlich betrachtet zu einem Substitut für tiefergehende und erkenntnisreichere Analysen avancieren kann. Darüber hinaus ist eine SWOT-Analyse nur hilfreich, wenn sie komparativ zum Wettbewerb durchgeführt wird.[958] Zu den gleichen Schlussfolgerungen kommen auch HILL, WESTBROOK anhand einer empirischen Untersuchung der Anwendung von SWOT-Analysen in der Praxis. Neben der Generalisierung von Diskussionen stellen sie fest, dass die SWOT-Analyse oftmals alleinstehend durchgeführt wird und somit der Anschluss an die weitere Verwendung der Ergebnisse fehlt.[959] Zum Prozess der SWOT-Analyse stellt GRANT darüber hinaus fest, dass oftmals nicht klar ist, was als Opportunität und was als Bedrohung klassifiziert werden kann. Der Kerngedanke sei demnach keine arbiträre Klassifikation eines Phänomens (bspw. der 3G Technologie für Nokia), sondern deren Implikation für die wettbewerbsstrategische Position einer Unternehmung (bspw. das geänderte dominante Design eines Mobiltelefons als *„Smart Phone"*).[960] Zusammenfassend kann somit festgestellt werden, dass weniger das Konzept der SWOT-Matrix in der Kritik steht als deren sinnvolle Anwendung in der Praxis. So stellen HILL, WESTBROOK heraus, dass die beobachteten Analysen wertvoll gewesen wären, wenn eine Weiterverfolgung stattgefunden hätte, Listen strukturiert und priorisiert worden wären und diskutierte Punkte validiert sowie weiter analysiert worden wären[961]. Ebenfalls haben sich mit der Zeit Derivate der SWOT-Matrix

---

[954] vgl. Mintzberg et al. (2005), Strategy Safari, S. 27

[955] vgl. Welge et al. (2017), Management, S. 34

[956] vgl. Johnson et al. (2008), Corporate Strategy, S. 119; Pillkahn (2008), Scenarios, S. 254

[957] vgl. Hill, Westbrook (1997), SWOT Analysis, S. 51

[958] vgl. Johnson et al. (2008), Corporate Strategy, S. 119f.

[959] vgl. Hill, Westbrook (1997), SWOT Analysis, S. 50f.

[960] vgl. Grant (2002), Strategy Analysis, S. 11

[961] vgl. Hill, Westbrook (1997), SWOT Analysis, S. 50

bspw. in Form der EUREQUIP-Matrix gebildet, welche ANSOFF folgend für turbulente Umfelder geeignet ist[962]. Im Folgenden wird daher die SWOT-Matrix als konzeptionelles Werkzeug zur Unterstützung der kreativen Generierung von strategischen Möglichkeiten genutzt. Dazu wird weiterhin auf dem Gedanken der Fallunterscheidung der EUREQUIP-Matrix aufgebaut.

Ausgehend von der erarbeiteten Problemstellung (vgl. Unterkapitel 4.2.4) sowie den sich gegenseitig ausschließenden *„stick"*- sowie *„twist"*-Entscheidungen werden in einem turbulenten Umfeld kreative strategische Möglichkeiten für letztere Entscheidung gesucht. Eine strategische Möglichkeit stellt LAFLEY, MARTIN zufolge zunächst nur eine glückliche Geschichte dar, in der dargestellt wird, in welchen Märkten ein Unternehmen spielen und wie es gewinnen könnte. Zusätzlich zur SWOT-Analyse wird somit Storytelling als Methode eingesetzt, um einerseits die Kreativität zu fördern und andererseits die jahrelang antrainierte, kritische Grundhaltung von Strategen und Entscheidern zur Seite zu legen[963]. Es geht somit zunächst nur darum zu explorieren, was sein könnte, ohne dass dessen Logik bewiesen oder Details dargestellt werden müssen.[964]

Um die Kreativität des Strategieteams zu katalysieren, empfehlen LAFLEY, MARTIN, drei Perspektiven mit verschiedenen Startpunkten zu wählen: *„Inside-out"*, *„Outside-in"* sowie *„Far-outside-in"*. Dabei startet die *„Inside-out"*-Perspektive mit Fragen nach den Assets und Fähigkeiten einer Unternehmung, die *„Outside-in"*-Perspektive mit Fragen nach sich öffnenden Märkten und die *„Far-outside-in"*-Perspektive mit Fragen nach Analogien zu dominanten Unternehmen anderer Branchen.[965] Während die erste Perspektive in Bezug auf eine SWOT-Matrix den Startpunkt bei den Stärken (und Schwächen) einer Unternehmung wählt, startet die zweite Perspektive bei den Opportunitäten (und Bedrohungen). Die dritte Perspektive entspricht demgegenüber dem Konzept des *„Worst-Nightmare-Competitors"*, bei welchem von den Schwächen eines Unternehmens und einer massiven Bedrohung durch einen neuen, omnipotenten Wettbewerber ausgegangen wird[966]. Bezogen auf die SWOT-Matrix ergibt sich somit ein Startpunkt, der gleichzeitig von den Bedrohungen des Umfelds sowie den Schwächen des Unternehmens ausgeht. Zielstellung ist es daher, entweder durch Anwendung einer SWOT-Matrix die deduktive Entwicklung von hypothetischen Geschichten zu moderieren oder die Fundierung rein empirisch-intuitiver Geschichten durch die Ergebnisse des Analysemodells darzustellen.

---

[962] Ebenso wie die SWOT-Matrix stellt die EUREQUIP-Matrix interne Stärken und Schwächen den externen Opportunitäten und Bedrohungen gegenüber. Für die resultierenden strategischen Handlungsempfehlungen differenziert sie jedoch Fälle positiver und negativer Synergie, sodass eine Situationsadaptivität des Werkzeugs realisiert wird. Die EUREQUIP-Matrix sowie deren Handlungsempfehlungen sind in Anhang 20 dargestellt. Hierzu vgl. Ansoff (2019), Implanting, S. 442ff.

[963] Für eine Einführung in die Methode des *„Storytelling"* sei auf die Darstellung von OSTERWALDER, PIGNEUR verwiesen. Hierzu vgl. Osterwalder, Pigneur (2013), Generation, S. 170ff.

[964] vgl. Lafley et al. (2012), Science to Strategy, S. 56

[965] vgl. Lafley et al. (2012), Science to Strategy, S. 60

[966] vgl. Kachaner et al. (2011), Innovating, S. 47; Lyons (1995), Worst Nightmare, S. 87ff.

Aufbauend auf der Kritik von GRANT werden als Eingangsgrößen für die SWOT-Matrix die gewonnenen Implikationen anstelle teils arbiträrer Phänomene genutzt[967]. Darüber hinaus stellt die Differenzierung dreier Startpunkte durch LAFLEY, MARTIN eine Fallunterscheidung dar, welche sich auf jene der EUREQUIP-Matrix in Verbindung übertragen lassen. Die *„inside-out"*-Erneuerung beginnt mit den bestehenden Stärken, welches einem Fall positiver Synergie in der EUREQUIP-Matrix entspricht. Demgegenüber beginnt die *„Far-outside-in"*-Erneuerung mit den Bedrohungen sowie Schwächen, welches einem Fall schlechtmöglichster Synergie in der EUREQUIP-Matrix entspricht. Die *„Outside-in"*-Erneuerung reiht sich dazwischen ohne ein eindeutiges Pendant in der EUREQUIP-Matrix ein, da zunächst wertfrei der Fokus auf die Opportunitäten gelegt wird und anschließend erarbeitet wird, wie eine möglichst positive Synergie geschaffen und eine negative Synergie vermieden werden kann.

Der Unterschied zwischen der EUREQUIP- sowie der SWOT-Matrix liegt insbesondere in der Fallunterscheidung positiver und negativer Synergie sowie in der Berücksichtigung des Aufbaus neuer Fähigkeiten. Der Vorteil bzw. die höhere Eignung der EUREQUIP-Matrix in hochturbulenten Umfeldern ergibt sich somit ausgehend von den beiden Unterschieden in der Präzisierung generischer Empfehlungen für die Handlungsmöglichkeiten der verschiedenen Quadranten der Matrix. Es ist somit auch für die vorliegende Methodik notwendig, die generischen Schlussfolgerungen für die drei differenzierten Perspektiven zu präzisieren.[968]

Aufbauend auf den Empfehlungen der EUREQUIP-Matrix für den Fall positiver Synergie gilt es bei der *„Inside-out"*-Erneuerung, ausgehend von den bestehenden Assets und Fähigkeiten, Stärken auszubauen oder Schwächen zu umgehen, sodass Opportunitäten ergriffen werden können. Konträr gilt es, bestehende Stärken auszuspielen und Schwächen abzusichern, sodass Bedrohungen vermieden werden können[969]. Demgegenüber ergibt sich analog der Empfehlungen der EUREQUIP-Matrix für den Fall negativer Synergie, dass bestehende Schwächen selbstdisrumpiert werden, um externe Bedrohungen vorab zu unterbinden oder neue Stärken aufgebaut werden, um Bedrohungen zu stabilisieren (bspw. die Selbstdisruption von Amazon als früherer Onlinebuchhandel hin zum Marktführer für eBooks). Bezogen auf den Sekundärfokus von Opportunitäten bei der *„Far-outside-in"*-Erneuerung gilt es, sowohl Schwächen durch neue Fähigkeiten zu stärken als auch bestehende Stärken zu transformieren, sodass diese nicht als *„Core Rigidities"* die Ergreifung neuer Opportunitäten verhindern[970]. Da für die *„Outside-in"*-Erneuerung kein eindeutiges Pendant in der EUREQUIP-Matrix existiert, wird dessen Logik analog fortgeführt, um die Empfehlungen für Handlungsmöglichkeiten abzuleiten. So gilt es ausgehend von den Opportunitäten, diese im Fall dominierender Stärken zu forcieren und im Fall dominierender Schwächen zu verbergen, sodass Wettbewerber nach Möglichkeit hierauf nicht aufmerksam gemacht werden. Demgegenüber ist im Sekundärfokus von Bedrohungen eine Vergemeinschaftung dieser im Fall dominierender Stärken und ein Zuvorkommen im Fall dominierender Schwächen anzustreben.

---

[967] vgl. Grant (2002), Strategy Analysis, S. 11

[968] vgl. Ansoff (2019), Implanting, S. 441ff.

[969] vgl. Ansoff (1980), Issue Management, S. 145ff.

[970] vgl. Leonard-Barton (1992), Core Rigidities, S. 122f.; Ansoff (2019), Implanting, S. 442f.

Auf Basis der drei Erneuerungsperspektiven sowie deren generischen – jedoch kontextspezifischen – Empfehlungen der Quadranten leiten sich Handlungsmöglichkeiten des Unternehmens im Umgang mit den zugrundeliegenden Phänomenen ab. Aufbauend auf der zuvor beschriebenen Kritik langer Listen von HILL, WESTBROOK wird eine weitere Systematisierung der Implikationen sowie der resultierenden Handlungsmöglichkeiten vorgenommen, um den Erkenntnisgewinn des Modells für den Anwender zu erhöhen [971]. Da nicht alle wahrgenommenen Phänomene im Umfeld und somit ebenfalls deren Implikationen die gleiche Bedeutung für eine Unternehmung besitzen, erscheint eine grobe Strukturierung sinnvoll, sodass im Sinne des Anwendungsaufwands zielgerichteter auf die wichtigsten abgestellt werden kann[972]. Nach einem potenzialbasierten Strategieansatz ist hierfür das jeweils assoziierte Nutzen- oder Schadpotenzial ausschlaggebend (vgl. Unterkapitel 2.1.2). In erster Instanz ist für eine Implikation zunächst qualitativ ein geringes, moderates oder hohes Potenzial zu differenzieren. Zur anschaulichen Illustrierung dessen im Rahmen der Anwendung wird auf den Gedanken des Schalenmodells von der Baukastengestaltung zurückgegriffen. Hier werden Module anhand des Änderungsaufwands in drei Schalen differenziert, welche schließlich deren Platz im Kern oder der Peripherie eines Baukastensystems bestimmen.[973] So wie die Auswirkungen von Änderungen für den Anpassungsaufwand von Modulen verantwortlich sind, so treiben die Auswirkungen eines Phänomens das Nutzen- oder Schadpotenzial für ein Unternehmen. Im Kern stehen somit diejenigen Implikationen eines Phänomens, welche das höchste Potenzial für eine strategische Ausrichtung besitzen. Diese sollten somit sinnvollerweise als Ausgangspunkt für die aufwandsoptimierte Ableitung von Handlungsmöglichkeiten dienen. Gegensätzlich ergibt es Sinn, dass eben diese Implikationen und Handlungsmöglichkeiten zur Fundierung intuitiv formulierter strategischer Möglichkeiten herangezogen werden. Zur Synchronisierung des induktiven und deduktiven Ansatzes sind die resultierenden strategischen Möglichkeiten als konsistentes und kohärentes Bündel der verschiedenen Handlungsmöglichkeiten zu begreifen, bei welchen es durch die Kernidee einer hypothetischen Geschichte zur Kohäsion kommt.

Gemäß BEINHOCKER kombiniert die Natur bei der Entwicklung robust adaptiver Strategien die Exploration inkrementaler *(„Adaptive Walks")* sowie radikaler *(„Long Jumps")* Möglichkeiten, um eine Population höherer Fitness zu finden (vgl. Unterkapitel 2.1.4)[974]. Bezogen auf das Teilmodell wettbewerbsstrategischer Möglichkeiten wird dies somit umgesetzt, indem durch die drei Perspektiven *(„Inside-out", „Outside-in", „Far-Outside-in")* unterschiedliche Startpunkte und Sprungweiten für die Erneuerung vorgegeben werden. In diesem Zusammenhang ist daher ebenfalls davon auszugehen, dass die verschiedenen Möglichkeiten aufgrund ihrer Exposition zu unterschiedlichen Turbulenzelementen auch von abweichenden Turbulenzgraden gekennzeichnet sind (bspw. werden Möglichkeiten aus der *„Inside-out"*-Perspektive von geringeren Unsicherheiten gekennzeichnet sein als jene der *„Far-Outside-in"*-Perspektive). Mithilfe der Einordnung von Implikationen als Turbulenzelemente und -grade (vgl. Unterkapitel

[971] vgl. Hill, Westbrook (1997), SWOT Analysis, S. 50

[972] vgl. Welge et al. (2017), Management, S. 300

[973] vgl. Schuh et al. (2015), Baukastensysteme, S. 78f.

[974] vgl. Beinhocker (1999), Strategies, S. 100f.

4.2.6) ist daher transparent zu diskutieren, wie unsicher und dynamisch eine Handlungsmöglichkeit und somit die strategischen Möglichkeiten sind. Im Zusammenspiel mit dem Schalenmodell des Nutzen- und Schadpotenzials ist insbesondere darauf zu schließen, ob die im Rahmen des Charakterisierungsmodells aufgenommene Risikoneigung einer Unternehmung (vgl. Unterkapitel 4.1.3) zu der Turbulenz einer strategischen Möglichkeit passt.

Ausgehend von der formulierten Problemstellung (vgl. Unterkapitel 4.2.4) illustriert Abbildung 4-34 die Generierung von strategischen Möglichkeiten zur Erneuerung *(„Twist")*. Hierfür werden die Implikationen aus dem Analysemodell (Stärken, Schwächen, Opportunitäten, Bedrohungen) entsprechend ihrem Nutzen- und Schadpotenzial in die Schalen der falldifferenzierten Matrizen der *„Inside-out"*, *„Outside-in"* und *„Far-Outside-in"* Perspektive eingeordnet. Entsprechend den Handlungsempfehlungen der Matrix werden Handlungsmöglichkeiten aus dem Zusammenwirken der Implikationen abgeleitet und in einer hypothetischen Geschichte zu einer strategischen Möglichkeit als kohärentes Portfolio von Handlungsmöglichkeiten zusammengefasst. Schließlich wird die Einordnung der genutzten Implikationen einer strategischen Möglichkeit in die Turbulenzelemente und -grade der Turbulenzanalyse (vgl. Unterkapitel 4.2.6) genutzt, um hiermit qualitativ die im Charakterisierungsmodell angegebene Risikoneigung des Unternehmens abzuleiten (vgl. Unterkapitel 4.1.3).

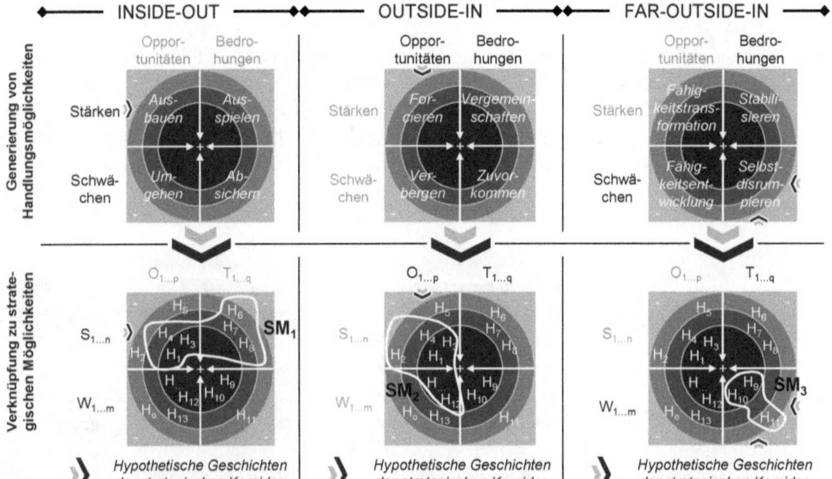

Abbildung 4-34: Generierung von strategischen Möglichkeiten zur Erneuerung[975]

[975] i. A. a. Lafley et al. (2012), Science to Strategy, S. 56ff.; Schuh et al. (2015), Baukastensysteme, S. 78f.; Andrews (1987), Corporate Strategy, S. 18ff.; Ansoff (2019), Implanting, S. 442ff.

Neben der gezielten Konstruktion von strategischen Möglichkeiten mit einem für das Unternehmen akzeptablen Grad der Turbulenz ist ebenfalls die inhaltliche Ausrichtung auf die Zukunft maßgeblich für die Robustheit einer strategischen Möglichkeit. Hierfür wird i. d. R. deren Kompatibilität mit den entwickelten Zukunftsszenarien evaluiert[976]. BRANDS, WULF ET AL. stellen in diesem Zusammenhang fest, dass eine planvolle Gestaltung von zukunftsrobusten Strategien der herausforderndste Schritt in jeder szenariobasierten Strategieplanung ist[977]. Hierfür definieren die Autoren den sog. *„Strategy Corridor"*, welcher auf der Annahme basiert, dass Unternehmen ihre Strategie grundsätzlich hinsichtlich des für sie vorteilhaftesten Szenarios ausrichten sollten. Ausgehend von Ursache-Wirkungs-Diagrammen der Dimensionen des Szenariorahmens werden Handlungsmöglichkeiten entwickelt und zu einer sog. *„Core Strategy"* verknüpft. Daneben sollten die übrigen Szenarien im Sinne eines *„hedging"* (vgl. Unterkapitel 2.4) durch situationsspezifische Optionen abgesichert werden.[978] Dieser Ansatz zur Generierung robuster Strategien kann im Rahmen der Methodik erst zu einem späteren Zeitpunkt angewendet werden, da initial noch keine Szenarien entwickelt werden und Entwicklungstrajektorien nur eine Grundrichtung ohne Aufspreizung der Wandelkatalysatoren aufzeigen. Ebenso erscheint es unmittelbar nach einer ereignisinduzierten Diskontinuität fragwürdig, den *„Best Case"* trotz höchster Turbulenz anzunehmen und hierauf die *„Core Strategy"* auszurichten. Da die vorliegende Methodik im Gegensatz zu den bestehenden nicht nur auf dem synoptischen Planungsansatz basiert (vgl. Teilkapitel 2.6.6), sondern diesen mit dem inkrementalen Planungsansatz kombiniert (vgl. Teilkapitel 3.1.2), bedarf es nicht zwangsweise einer apriori Planung der Robustheit von Strategien. Vielmehr werden daher die Lerneffekte aus einer iterativen Anwendung als Mittel genutzt, mithilfe derer sich eine zukunftsrobuste *„Core Strategy"* mit strategischen *„hedging"*-Optionen emergent aus der generierten Population von strategischen Möglichkeiten bildet. Die Zukunftsrobustheit strategischer Möglichkeiten wird daher, im Gegensatz zu den synoptischen Ansätzen, nicht im Zuge der Generierung strategischer Möglichkeiten, sondern im Rahmen derer iterativen Synthese zu einem wettbewerbsstrategischen Prototyp (vgl. Abschnitt 4.3.1.3) aufgegriffen.

Für die abschließende Sammlung bzw. Dokumentation der initial generierten strategischen Möglichkeiten wird auf dem Gedanken des *„Unternehmensszenarios"* nach PILLKAHN aufgebaut. Dabei werden, vergleichbar zu einem morphologischen Kasten nach ZWICKY, die verschiedenen Handlungsmöglichkeiten je Zukunftselement aufgelistet und schließlich durch einen Pfad verbunden.[979] Übertragen auf die vorliegende Methodik ergeben sich die Handlungsmöglichkeiten aus dem zuvor beschriebenen Zusammenwirken interner sowie externer Implikationen von Phänomenen des Umfelds (Opportunitäten/Bedrohungen) und der Unternehmung (Stärken/Schwächen). Um die Außenorientierung der Methodik nach der geforderten Komplementarität von RBV und MBV (vgl. Unterkapitel 2.1.2) zu betonen, bietet sich eine Strukturierung nach den Opportunitäten und Bedrohungen an. Auf diese Weise ergibt sich

---

[976] vgl. Gomeringer (2007), Technologieplanung, S. 108ff.; Pillkahn (2008), Scenarios, S. 263ff.; Reymann (2013), Strategieentwicklung, S. 107; Gausemeier, Plass (2014), Unternehmensgestaltung, S. 170

[977] vgl. Brands et al. (2013), Six Tools, S. 133

[978] vgl. Brands et al. (2013), Six Tools, S. 134ff.

[979] vgl. Zwicky (1957), Morphological Astronomy, S. 19ff.; Pillkahn (2008), Scenarios, S. 274

eine Übersicht über die Handlungsmöglichkeiten sowie strategischen Möglichkeiten, welche im Sinne der Reaktionsunsicherheiten (vgl. Unterkapitel 4.2.6) sukzessive ergänzt werden. Vor diesem Hintergrund illustriert Abbildung 4-35 die Strukturierung von Handlungsmöglichkeiten entlang der externen Implikationen (Opportunitäten/Bedrohungen) als Schnittstelle zu den internen Implikationen (Stärken/Schwächen). Eine strategische Möglichkeit verbindet somit die jeweils relevanten Handlungsmöglichkeiten zu einem kohärenten Pfad.

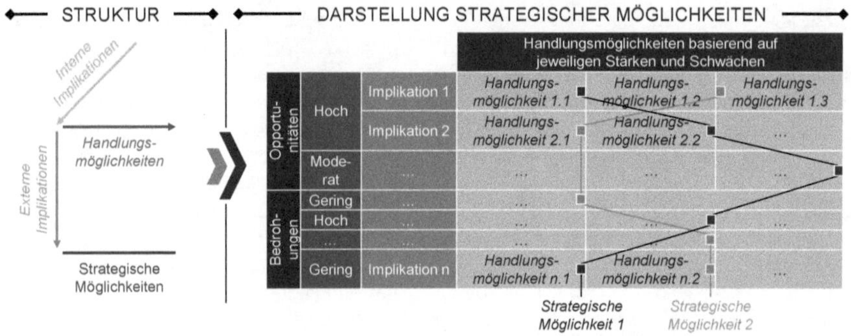

Abbildung 4-35: Verknüpfungsstruktur von Handlungsmöglichkeiten zu strategischen Möglichkeiten[980]

Abschließend zu der initialen Generierung von strategischen Möglichkeiten (in einigen Ansätzen auch strategische Optionen oder Alternativen sowie Unternehmensszenarien genannt) stellt ANT fest, dass durch diese Form der reflexiven Kommunikation des Strategie- und Managementteams in einer sozialkonstruktivistischen Perspektive neue Gedankenwelten erschaffen werden. Es reift hierdurch bei Entscheidern und Strategen die Erkenntnis, dass es nicht nur eine Realität gibt, sondern mehrere Wahrheiten nebeneinander existieren können. Da es hierbei jedoch keine absolute Gewissheit gibt, gilt es, die strategischen Möglichkeiten so weit wie möglich zu entwickeln und hieraus die viabelste Lösung auszuwählen.[981] Nachfolgend wird daher ein Rahmen detailliert, welcher den Anwender bei der iterativen Ausarbeitung und Beschreibung einer strategischen Möglichkeit unterstützt.

---

980 i. A. a. Pillkahn (2008), Scenarios, S. 274

981 vgl. Ant (2018), Effizientes Management, S. 153

Ableiten und Generieren von Handlungs- sowie strategischen Möglichkeiten

Beispiel: Für die Triebwerk AG, einen globalen Produzenten von Flugzeugtriebwerken, implizieren die „*Lockdowns*“ im Zuge der Corona-Pandemie einen Stillstand von Flotten der Fluggesellschaften. Die Stillstandszeiten bieten somit einerseits die Handlungsmöglichkeit, Wartungen an den Flugzeugen durchzuführen. Andererseits ergibt sich ebenfalls die Handlungsmöglichkeit, durch Upgrades und Retrofitting die Flugzeuge technisch zu überholen. Aufgrund der Liquiditätsengpässe der Fluggesellschaften bedarf letztere Handlungsmöglichkeit jedoch zudem eigener Finanzierungsmodelle, welche ebenfalls für die Triebwerk AG auf Basis ihrer eigenen Liquidität tragbar sein müssen. Zudem kann aufgrund der Reisebeschränkungen geschultes Personal nur begrenzt zu den Wartungsstätten der Fluggesellschaften befördert werden. Für die Triebwerk AG ergeben sich somit Handlungsmöglichkeiten, Wartungen von fremdem Personal durchführen zu lassen, auf die Aufhebung der Reisebeschränkungen zu warten oder auf Basis technologischer Lösungen wie bspw. „*Augmented Reality*“ einen „*Remote-Maintenance*“-Service anzubieten. Aufgrund der Finanzkraft der Triebwerk AG sowie der zeitlich begrenzten Opportunität erscheint die Handlungsmöglichkeit eines vorfinanzierten Retrofittings durch hochqualifiziertes Personal in Kombination mit „*Remote-Maintenance*“-Lösungen Erfolg versprechend. Die Triebwerk AG fasst die beiden Handlungsmöglichkeiten somit in der strategischen Möglichkeit „*Ad-hoc Retrofit*“ zusammen, um diese sukzessive einer Investigation und Detaillierung zu unterziehen.

4.3.1.1.2 Beschreiben und detaillieren von strategischen Möglichkeiten

Die zuvor generierten und im Rahmen des Analysemodells mit Erfolgsvoraussetzungen versehenen strategischen Möglichkeiten (vgl. Unterkapitel 4.2.5) konstituieren zunächst nur eine hypothetische Geschichte der Kernidee sowie die hiermit verbundenen Handlungsmöglichkeiten. Sie repräsentieren somit gewissermaßen eine Wettbewerbsstrategie ersten Reifegrads, welche jedoch noch zu unspezifisch ist, um implementiert zu werden. Hierfür gilt es daher iterativ den Grad der Detaillierung sowie der analytischen Fundierung zu erhöhen, sodass einerseits Interpretationsspielräume aufgrund der geringen Spezifität geschlossen werden und Entscheider eine strategische Entscheidung verantwortungsbewusst vertreten können.

Um einer iterativen Detaillierung der Beschreibung von strategischen Möglichkeiten einen Rahmen zu verleihen und das Konzept eines Strategieprototyps zu konkretisieren, bietet sich eine zweistufige Referenzmodellierung an. Ausgehend von etablierten Ansätzen auf Ebene der Geschäftsstrategien (vgl. Unterkapitel 2.2.3) lassen sich fünf Bausteine einer Strategie modellieren: die zuvor beschriebene Kernidee, das strategische Spielfeld, die hierfür benötigten Aktivitäten und Fähigkeiten, die Konfiguration von Wettbewerbsvorteilen sowie der zeitliche Zusammenhang zwischen den einzelnen Komponenten (vgl. Anhang 21)[982]. Aufbauend auf dem Verständnis nach MARTIN sowie ECKERT von (Strategie- bzw. Geschäfts-

[982] vgl. Lafley, Martin (2013), Playing to Win, S. 14ff.; Hambrick, Fredrickson (2005), Strategy?, S. 54; Pümpin (1992), Erfolgspositionen, S. 120ff.; Müller-Stewens, Lechner (2016), Management, S. IXff.

modell-) Prototypen als dessen Kernbestandteile werden diese in der zweiten Modellierungsstufe durch übergreifende Perspektiven etablierter Ansätze identifiziert[983]. Hierbei zeigt sich, dass in der zweiten Modellierungsstufe alle Standardwerke den Kern einer Strategie in den Komponenten Spielfeld, Aktivitäten & Fähigkeiten sowie Wettbewerbsvorteile sehen (vgl. Anhang 22)[984]. Im Folgenden werden daher diese drei Bausteine konzeptionell detailliert.

Spielfeld

Der Baustein des strategischen Spielfelds ist übergreifend mit dem Konzept der Produkt-Markt-Kombinationen von strategischen Geschäftseinheiten in Verbindung zu bringen[985]. Darüber hinaus sind für den Baustein gemäß der Referenzmodellierung eine Reihe weiterer Abgrenzungen von Interesse, wie bspw. die relevanten Anspruchsgruppen, das Leistungsangebot oder die Wertschöpfungstiefe und -position. Hieraus wird deutlich, dass es sich um ein multidimensionales Spielfeld handelt, auf welchem sich die Unternehmung im Außenfeld abgrenzt und dessen Entscheidungen aufeinander abgestimmt sein müssen. Da es sich bei dem Unternehmensumfeld um ein zunächst unbegrenztes Umsystem des Unternehmens handelt, sind quasi zahllose Abgrenzungen möglich. Trotz dieser Multidimensionalität ist auf Basis einer Literaturanalyse bestehender Werke des strategischen Managements zu erkennen, dass ein Großteil ähnliche Abgrenzungsmerkmale nutzt (vgl. Anhang 23). Je nach Merkmal ist zudem festzustellen, dass übliche Ausprägungen entweder auf einer generischen oder nur auf einer spezifischen Ebene beschrieben werden. Anhang 23 dient dem Anwender somit insb. zur Orientierung hinsichtlich möglicher Abgrenzungsmerkmale und -ausprägungen des Spielfelds, welche er prototypisch auf Basis der Ergebnisse des Investigationsmodus trifft und iterativ aktualisiert sowie eingrenzt.

Aktivitäten & Fähigkeiten

Ausgehend von den getroffenen Abgrenzungen des strategischen Spielfelds einer strategischen Möglichkeit ist es möglich, ein tiefergehendes Verständnis für die jeweiligen Wertschöpfungsumfänge in Form von Aktivitäten und hierfür benötigten Fähigkeiten zu erarbeiten[986]. Hierfür bedarf es somit eines Werkzeugs, welches die zuvor abgegrenzte Außensicht mit einer Innensicht des Unternehmens verknüpft. Ein pragmatisches und iterativ skalierbares Werkzeug hierfür stellt das Aktivitätensystem nach PORTER dar (auch als „*Strategy Map*“ bezeichnet), welches auch im Ansatz von LAFLEY, MARTIN verwendet wird[987]. Hierbei werden ausgehend von den zentralen Eckpfeilern des Kundennutzens einer strategischen Möglichkeit deren Aktivitäten sowie logische Abhängigkeiten untereinander erarbeitet sowie illustrativ dargestellt[988]. Folglich ist auf Basis der zentralen Aktivitäten und deren iterativen

---

983 vgl. Martin (2014), Iterative Prototyping; Eckert (2014), Business Model, S. 99; Eckert (2018), Echtzeitunternehmen, S. 101

984 vgl. Hamel, Prahalad (2010), Competing, S. 16f.; Hungenberg (2014), Management, S. 247; Welge et al. (2017), Management, S. 24; Rüegg-Stürm (2009), Management-Modell, S. 84

985 vgl. Gausemeier, Plass (2014), Unternehmensgestaltung, S. 116, S. 156ff.; Müller-Stewens, Lechner (2016), Management, S. 142f.; Lafley, Martin (2013), Playing to Win, S. 57

986 vgl. Müller-Stewens, Lechner (2016), Management, S. 339ff.; Rüegg-Stürm (2009), Management-Modell, S. 84f.

987 vgl. Porter (1996), What Is Strategy, S. 70ff.; Lafley, Martin (2013), Playing to Win, S. 112ff.

988 vgl. Hungenberg (2014), Management, S. 162

Detaillierung abzuleiten, welche Fähigkeiten sowie letztlich Ressourcen die Unternehmung zur Durchführung der Aktivitäten benötigt. Hierdurch schließt sich somit die Verbindung zu der Analyse der Unternehmung sowie dem hieraus resultierenden Fähigkeits- und Kompetenzprofil (vgl. Abschnitt 4.2.1.3). Abbildung 4-36 stellt die Strukturelemente eines Aktivitätensystems als Eckpfeiler, Aktivitäten sowie logische Zusammenhänge dar und illustriert diese am Beispiel des Möbelunternehmens IKEA.

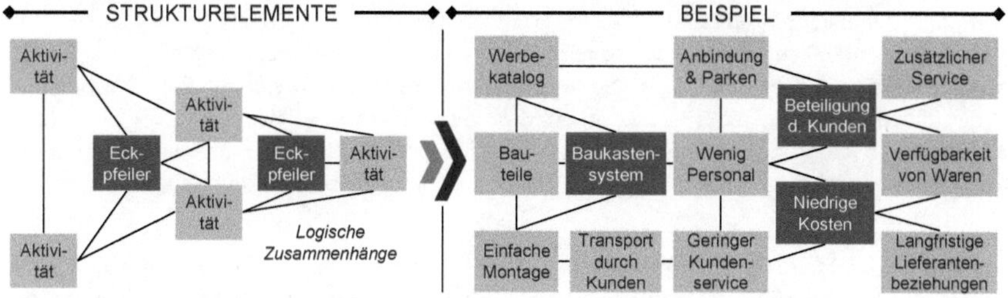

Abbildung 4-36: Aktivitätensystem zur Beschreibung der Wertschöpfung[989]

Schließlich konstituiert gemäß PORTER das Aktivitätensystem die unmittelbare Schnittstelle zur Beschreibung und Detaillierung des Wettbewerbsvorteils. Dabei gilt es, den strategischen Fit (vgl. Unterkapitel 2.1.4) durch Konsistenz und positive Rückkopplungseffekte zwischen den Aktivitäten sowie dem im strategischen Spielfeld abgegrenzten Kundenutzen zu untersuchen und zu stärken[990]. Hierfür trifft ein Unternehmen Trade-offs, welche Wettbewerbern eine Imitation aufgrund von Pfadabhängigkeiten (vgl. Unterkapitel 2.1.2) erschweren. Folglich erhöht eine diskrete wettbewerbsstrategische Positionierung die Nachhaltigkeit des Wettbewerbsvorteils bzw. in einem hyperkompetitiven Umfeld nach D'AVENI zumindest die Dauer eines temporären Wettbewerbsvorteils.[991]

Wettbewerbsvorteile

Dem *„möglichkeitsbasierten"* Ansatz nach LAFLEY, MARTIN ET AL. zufolge spezifizieren die Wettbewerbsvorteile den Grund, warum ein Unternehmen gewinnt, sowie die Art, wie es beabsichtigt zu gewinnen[992]. Die Erklärung von Wettbewerbsvorteilen stellt in der Forschung des strategischen Managements den Scheidepunkt der verschiedenen Strömungen (bspw. des RBV und MBV) dar (vgl. Unterkapitel 2.1.2). Aufgrund der Vielzahl von wissenschaftlichen Erklärungsversuchen einerseits sowie der ausgeprägten Situationsspezifität von Wettbewerbsvorteilen andererseits existiert in der Literatur keine einheitlich strukturierte, allgemein anerkannte und erschöpfliche Übersicht von Wettbewerbsvorteilen, welche sich ein Anwen-

---

989 i. A. a. Hungenberg (2014), Management, S. 163; Porter (1996), What Is Strategy, S. 71; Lafley, Martin (2013), Playing to Win, S. 116

990 vgl. Johnson et al. (2008), Corporate Strategy, S. 115f.

991 vgl. Porter (1996), What Is Strategy, S. 68ff.; D'Aveni (1998), New Era, S. 186; D'Aveni, Gunther (1994), Hypercompetition, S. 7ff.

992 vgl. Lafley, Martin (2013), Playing to Win, S. 159f.; Lafley et al. (2012), Science to Strategy, S. 56ff.

der der Methodik zunutze machen könnte. Selbst etablierte Standardwerke des strategischen Managements, wie bspw. jene von WELGE, AL-LAHAM oder JOHNSON, WHITTINGTON ET AL., kommen in der Synthese nur zu vereinfachten, generellen Aussagen hinsichtlich von Wettbewerbsvorteilen. So sei ein Wettbewerbsvorteil letztlich immer auf einen höheren Wert für einen Kunden zurückzuführen, d.h. einen höheren Nutzen bei gleichen Kosten oder auf einen äquivalenten Nutzen bei geringeren Kosten.[993] Ungeachtet der fehlenden wissenschaftlichen Konvergenz von Konzeptionen der Wettbewerbsvorteile erscheint eine kompakte Übersicht bestehender Beschreibungen von Wettbewerbsvorteilen geeignet, um einem Anwender zu helfen, die angestrebten Wettbewerbsvorteile seiner strategischen Möglichkeiten zu detaillieren. Zur groben Strukturierung bieten sich hierbei die eingangs dargestellten Strömungen des strategischen Managements an (vgl. Unterkapitel 2.1.2). Anhang 24 gibt einen Überblick über strukturierte Quellen von Wettbewerbsvorteilen aus markt-, ressourcen-, potenzial- sowie hybrid- und zeitorientierten Werken des strategischen Managements.

Ergänzt wird neben den zuvor beschriebenen Kernbausteine einer strategischen Möglichkeit zudem die Detaillierung des zeitbezogenen Verhaltens[994]. Hierbei gilt es, den Verlauf der Handlungsmöglichkeiten einer strategischen Möglichkeit in einen zeitlichen Zusammenhang zu setzen. Zur spielerischen Visualisierung bieten sich hierfür Roadmaps sowie das Modell der drei Horizonte nach BAGHAI, COLEY ET AL. an (vgl. Abschnitt 4.3.2.2)[995]. Da hierauf noch einmal im Rahmen der innovationsstrategischen Handlungsoptionen eingegangen wird, soll dies an dieser Stelle nicht weiter vertieft werden. Das Rahmenwerk zur iterativen Beschreibung und Detaillierung der strategischen Möglichkeiten wird in Abbildung 4-37 schließlich i. A. a. den *„Strategy Diamond"* nach HAMBRICK, FREDRICKSON visualisiert[996]. Ausgehend von einer strategischen Kernidee (als Diamant visualisiert) wird der Anwender anhand exemplarischer Leitfragen angeleitet, eine strategische Möglichkeit entlang der vier Dimensionen des Spielfelds, des Wettbewerbsvorteils, der Aktivitäten und Fähigkeiten sowie des zeitbezogenen Verhaltens zu beschreiben und zu detaillieren.

---

993 vgl. Hungenberg (2014), Management, S. 194ff.

994 vgl. Lafley, Martin (2013), Playing to Win, S. 14ff.; Hambrick, Fredrickson (2005), Strategy?, S. 54; Pümpin (1992), Erfolgspositionen, S. 120ff.; Müller-Stewens, Lechner (2016), Management, S. IXff.

995 vgl. Baghai et al. (1999), Alchimie, S. 3ff.; Möhrle, Isenmann (2017), Grundlagen, S. 8ff.

996 vgl. Hambrick, Fredrickson (2005), Strategy?, S. 54

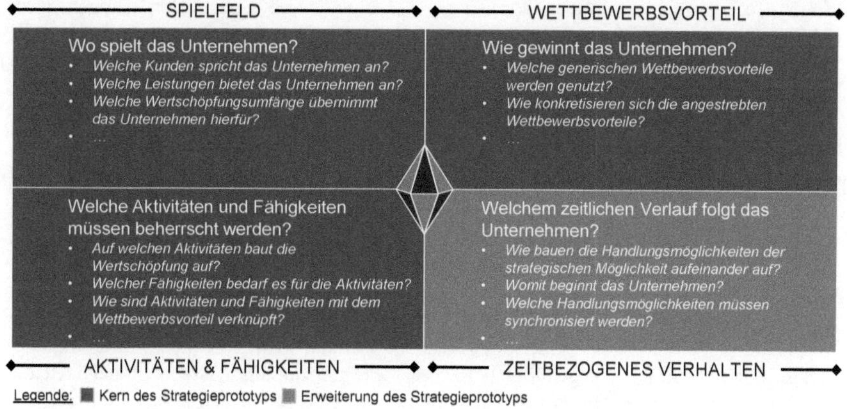

Abbildung 4-37: Beschreibung und Detaillierung der strategischen Möglichkeiten[997]

Nachdem eine potenziell vielfältige Population strategischer Antwortmöglichkeiten eines Unternehmens auf die turbulenzinduzierten Veränderungen des volatilen Unternehmensumfelds generiert und sukzessive detailliert wurde, gilt es, hieraus eine strategische Entwicklungsrichtung für die Unternehmung zu gewinnen. In diesem Kontext beschreibt ANDREWS eine wirtschaftliche Strategie als eine solche Alternative, welche die Opportunitäten des Umfelds mit den Fähigkeiten der Unternehmung auf einem akzeptablen Risiko- bzw. Turbulenzniveau vereint[998]. Hierzu wird nachfolgend die Bewertung und Priorisierung strategischer Möglichkeiten detailliert.

4.3.1.2 Evaluation von Positionierungsmöglichkeiten

LAFLEY, MARTIN folgend verliert in empirisch-inkremental geprägten Strategieansätzen die Bewertung und Priorisierung von strategischen Möglichkeiten im Vergleich zu synoptischen Planungsansätzen deutlich an Komplexität und Konfliktpotenzial. Dies ist vor allem darauf zurückzuführen, dass durch das iterative Analysieren und Prüfen der kritischen Positionierungshypothesen eine Vielzahl von strategischen Möglichkeiten bereits verworfen wird, bevor eine Bewertung der strategischen Alternativen notwendig wird. Anhand der analysierten Hypothesen von Erfolgsvoraussetzungen drängt sich auf diese Weise die viabelste Möglichkeit, als diejenige mit den geringsten Hürden, geradezu auf.[999]

Sollte sich nicht wie von LAFLEY, MARTIN beschrieben eine natürliche Priorisierung durch den Fortgang des iterativen Zusammenspiels aus Analyse- und Optionsmodell ergeben,

---

[997] i. A. a. Lafley, Martin (2013), Playing to Win, S. 14ff.; Hambrick, Fredrickson (2005), Strategy?, S. 54; Pümpin (1992), Erfolgspositionen, S. 120ff.; Müller-Stewens, Lechner (2016), Management, S. IXff.

[998] vgl. Andrews (1987), Corporate Strategy, S. 18

[999] vgl. Lafley et al. (2012), Science to Strategy, S. 65f.

bedarf es einer analytischeren Bewertung. Ausgehend von den Anforderungen nach Reduktion sowie Skalierbarkeit des Anwendungsaufwands (vgl. Unterkapitel 3.1.2 sowie Anhänge A.2 und A.3) sollte diese jedoch rudimentärer gestaltet sein als bspw. die Bewertung der Erreichbarkeit von REYMANN über die gewichteten Distanzmatrizen von BÄTZEL[1000]. Zunächst werden daher Bewertungskriterien gesammelt und strukturiert, bevor die methodische Bewertungslogik detailliert wird.

Bewertungskriterien für die Evaluation von Positionierungsmöglichkeiten

In der Literatur des strategischen Managements existiert eine Vielzahl von Kriterien zur Bewertung von strategischen Alternativen. Eine strukturierte Übersicht gibt Anhang 25. Ausgehend von dieser initialen Sammlung und Strukturierung wird deutlich, dass sich vier Bewertungsdimensionen herausbilden: Machbarkeit, Angemessenheit, Attraktivität sowie Logik. Die Machbarkeit umfasst mehrere Kriterien, anhand derer evaluiert wird, ob eine Unternehmung in der Lage ist, eine strategische Möglichkeit wahrzunehmen. Im Rahmen der Angemessenheit wird demgegenüber betrachtet, wie gut eine strategische Möglichkeit die heutigen und zukünftigen Potenziale im Umfeld aufgreift, um die Leistungspotenziale der Unternehmung gewinnbringend einzusetzen und weiterzuentwickeln. Die Attraktivität wiederum umfasst, ausgehend von möglichen Zielausrichtungen an einem *„Stakeholder-"* oder *„Shareholder-Value"*-Konzept, verschiedene Maße des potenziell generierbaren Mehrwerts zu einem bestimmten Risikoniveau. Schließlich wird in der Dimension der Logik evaluiert, ob eine strategische Möglichkeit in sich stimmig, zielgerichtet und insgesamt sinnvoll erscheint.

Mit Blick auf die Zielstellung und Anforderungen der Methodik in einem volatilen Unternehmensumfeld (vgl. Teilkapitel 1.1 und Unterkapitel 3.1.2) bedarf es insbesondere zweier Anpassungen an der generischen Bewertungsstruktur. Da ein Risiko quantifizierbar ist (vgl. Unterkapitel 2.3.3), tritt an dessen Stelle in den frühen Phasen nach der ereignisbezogenen Diskontinuität (vgl. Abbildung 3-9) die Turbulenz als qualitatives Kriterium für die Instabilität von Annahmen und Bewertungen. Im Zusammenhang mit dem Risiko einer strategischen Alternative stellt ANDREWS zudem fest, dass dieses einerseits zu dem Risikoprofil des Top Managements (vgl. Unterkapitel 4.1.3) und andererseits zu den ökonomischen Ressourcen einer Unternehmung kompatibel sein muss[1001]. Mit dem Hintergrund des *„Value at Risk"* aus dem Finanzwesen[1002] sowie der Bewertung des Kosten-/ Nutzenverhältnisses nach ANT erscheint es somit sinnvoll, die Attraktivität einer strategischen Möglichkeit in zwei Dimensionen zu unterteilen: dem potenziellen Gewinn als Zähler *(„upside potential")* sowie dem potenziell verlorenen Einsatz als Nenner *(„downside potential")*[1003]. Durch Ergänzen der Turbulenz wird folglich sowohl die Unschärfe über die potenzielle Attraktivität als auch die Tragweite einer strategischen Fehlentscheidung qualitativ zum Ausdruck

---

1000 vgl. Reymann (2013), Strategieentwicklung, S. 120f.; Bätzel (2003), Strategiealternativen, S. 116ff.

1001 vgl. Andrews (1987), Corporate Strategy, S. 29

1002 Der *„Value at Risk"* stellt im Finanzwesen eine zentrale Risikokenngröße für Banken und Versicherungen dar. Sie gibt über eine definierte Laufzeit zu einem vorgegebenen Konfidenzniveau diejenige Verlusthöhe einer Finanzposition an, die mit der vorgegebenen Wahrscheinlichkeit nicht überschritten wird. Hierzu vgl. Bauwens et al. (2012), Volatility Models, S. 17

1003 vgl. Ant (2018), Effizientes Management, S. 155

gebracht. Da Zielsysteme von Bewertungskriterien in etablierten Bewertungsmethoden (bspw. Nutzwertanalyse oder *„Analytic Hierarchy Process"*) oftmals hierarchisch aufgebaut sind und darauf zu achten ist, dass Ziel- bzw. Bewertungskriterien nutzenunabhängig voneinander sind, wird die Turbulenz als eigenes Bewertungskriterium mit Querschnittsfunktion ausgeführt[1004]. Abbildung 4-38 illustriert die hieraus resultierenden sechs Bewertungsdimensionen (Machbarkeit, Angemessenheit, Nutzen, Aufwand, Logik sowie Turbulenz) zur Evaluation von strategischen Möglichkeiten, welche nachfolgend weiter hinsichtlich ihrer Kriterien skizziert werden.

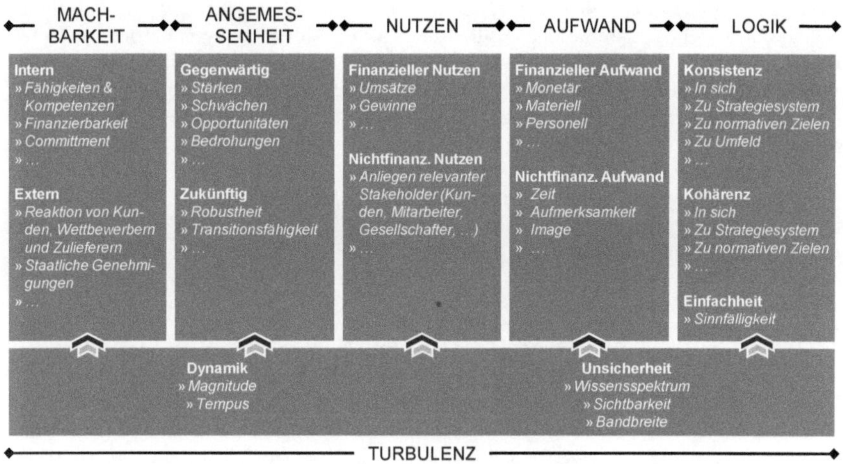

Abbildung 4-38: Strukturierung der Bewertungsdimensionen und -kriterien[1005]

Zur Bewertung der Querschnittsdimension der Turbulenz werden die mit einer strategischen Möglichkeit assoziierten Turbulenzelemente und -grade herangezogen. Da diese bereits im Rahmen der Turbulenzanalyse (vgl. Unterkapitel 4.2.6) erläutert wurden, wird an dieser Stelle die Operationalisierung der Turbulenz nicht weiter vertieft.

Bezogen auf die Machbarkeit (*„Feasibility"*) ist der Frage nachzugehen, wie gut eine strategische Möglichkeit von der Unternehmung umzusetzen ist. Hierfür lassen sich unternehmensinterne

---

[1004] vgl. Breiing, Knosala (1997), Technische Systeme, S. 241ff.

[1005] i. A. a. Johnson et al. (2017), Exploring Strategy, S. 374ff.; Ant (2018), Effizientes Management, S. 153ff.; Welge et al. (2017), Management, S. 736ff.; Thompson et al. (2017), Strategic Management, S. 301ff.; Rüegg-Stürm, Grand (2017), Management-Modell, S. 184f.; Gausemeier et al. (2017), Unternehmensführung, S. 106; Bachmann (2015), Logik, S. 150ff.; Hungenberg (2014), Management, S. 275ff.; Reymann (2013), Strategieentwicklung, S. 120ff.; Gomeringer (2007), Technologieplanung, S. 115; Lynch (2006), Corporate Strategy, S. 493ff.; Porter (1998), Competitive Advantage, S. 181ff.; Pümpin (1992), Erfolgspositionen, S. 131ff.; Andrews (1987), Corporate Strategy, S. 27ff.

sowie -externe Faktoren differenzieren, welche eine Realisierung fördern oder behindern können. Zu den internen Faktoren zählen die benötigten Fähigkeiten und Kompetenzen, die finanziellen Voraussetzungen sowie das Committment der Mitarbeitenden. Die externen Faktoren zielen hingegen auf die Reaktionen von Kunden, Wettbewerbern und Zulieferern sowie auf staatliche Genehmigungen ab.[1006]

In der Dimension der Angemessenheit *(„Suitability“* oder *„Appropriateness“)* stellt sich die Frage, wie gut eine strategische Möglichkeit die gegenwärtigen als auch zukünftig erwarteten Charakteristika des Umfelds und des Unternehmens berücksichtigt. Zurückzuführen ist die Bewertung der Angemessenheit folglich auf die Gesamtheit der identifizierten Implikationen (Stärken, Schwächen, Opportunitäten, Bedrohungen) aus dem Analysemodell (vgl. Unterkapitel 4.2.4).[1007] Über die gegenwärtige oder kurzfristige Angemessenheit hinaus bedarf es insb. mit Blick auf den längerfristigen Zeithorizont von Technologiestrategien auch einer zukünftigen Angemessenheit[1008]. Sowohl GOMERINGER als auch PILLKAHN und REYMANN verweisen in diesem Zusammenhang daher auf die Zukunftsrobustheit von strategischen Möglichkeiten gegenüber den entwickelten Szenarien (vgl. Unterkapitel 4.2.3)[1009]. Da in der vorliegenden Arbeit Entwicklungstrajektorien als Vorläufer von Szenarien in der Vorausschau genutzt werden, schließt sich hieran die Transitionsfähigkeit einer strategischen Möglichkeit an. Diese ist somit als Ausdruck einer pfadabhängigen Anschlussfähigkeit an weitere strategische Möglichkeiten über die verschiedenen Zeithorizonte der erarbeiteten Entwicklungstrajektorien hinweg aufzufassen[1010].

Bezogen auf die Dimension des turbulenzadjustierten Nutzens stellt sich die Frage, wie groß das Potenzial des erzielbaren Mehrwerts einer strategischen Möglichkeit eingeschätzt wird. Dieses ist ausgehend von der dominierenden Zielausrichtungen auf einen Shareholder und Stakeholder Value in finanzielle und nichtfinanzielle Nutzenpotenziale zu differenzieren. Während das finanzielle Potenzial i. d. R. auf zukünftige Umsätze und Gewinne abstellt, zielen die nichtfinanziellen Nutzenpotenziale auf die Befriedigung von Anliegen relevanter Stakeholder ab.[1011] Hinsichtlich des finanziellen Nutzens ist jedoch festzustellen, dass hierfür regelmäßig vorausgesetzt wird, zukünftige Cashflows seien hinreichend bekannt. Im Hinblick auf den Anwendungskontext der vorliegenden Methodik erscheint diese Annahme nicht ausreichend gegeben zu sein, da Unsicherheiten und Risiken (folglich ebenso der

1006 vgl. Rüegg-Stürm, Grand (2017), Management-Modell, S. 183ff.; Lynch (2006), Corporate Strategy, S. 494f.; Johnson et al. (2017), Exploring Strategy, S. 398ff.; Hungenberg (2014), Management, S. 277f.; Reymann (2013), Strategieentwicklung, S. 120ff.; Welge et al. (2017), Management, S. 739; Porter (1998), Competitive Advantage, S. 467; Thompson et al. (2017), Strategic Management, S. 301ff.

1007 vgl. Pümpin (1992), Erfolgspositionen, S. 112f.; Rüegg-Stürm, Grand (2017), Management-Modell, S. 183ff.; Lynch (2006), Corporate Strategy, S. 493

1008 vgl. Schuh et al. (2017), Benchmarking, S. 23

1009 vgl. Gomeringer (2007), Technologieplanung, S. 115; Reymann (2013), Strategieentwicklung, S. 123ff.; Pillkahn (2008), Scenarios, S. 263ff.

1010 vgl. Sydow et al. (2009), Path Dependence, S. 691f.

1011 vgl. Johnson et al. (2017), Exploring Strategy, S. 387ff.; Hungenberg (2014), Management, S. 276ff.; Lynch (2006), Corporate Strategy, S. 496f.; Rüegg-Stürm, Grand (2017), Management-Modell, S. 105ff.; Bleicher (2017), Management, S. 219ff.

Diskontierungszinssatz) nur rudimentär abgeschätzt werden können (vgl. Unterkapitel 4.2.6).[1012] Zudem stellt auch HARMANN in diesem Kontext fest, dass sich die Abschätzung des ökonomischen Potenzials aufgrund von Netzwerk- und Skaleneffekten als besonders herausfordernd darstellt[1013]. Es bedarf somit im Rahmen der anschließend detaillierten Bewertungslogik für die abgeleiteten Kriterien einer Berücksichtigung dieses Umstandes, indem eine Bewertung zunächst qualitativ vorgenommen und bei abnehmender Turbulenz eine Quantifizierung im Sinne einer Skalierung des Anwendungsaufwands angestrebt wird.

Dem potenziellen Nutzen steht die Dimension des turbulenzadjustierten Aufwandes entgegen, in welcher sich die Frage nach dem Einsatz stellt, welcher im Fall eines potenziellen Scheiterns auf dem Spiel steht. Auch hier bietet sich erneut eine Differenzierung von finanziellen und nichtfinanziellen Faktoren an. Der finanzielle Aufwand beschreibt dabei den Einsatz von monetären, materiellen und personellen Ressourcen. Demgegenüber reichen nichtfinanzielle Aufwände von der investierten Zeit oder Aufmerksamkeit des Top Managements bis hin zu nichtmateriellen Vermögenswerten *(„intangible assets")*, wie bspw. dem Image eines Unternehmens oder einer Marke.[1014]

Abschließend gilt es in der Dimension der Logik der Frage nachzugehen, ob eine strategische Möglichkeit in sich und zu den anderen Kontextfaktoren des Unternehmens sowie des Umfelds schlüssig ist. In diesem Zusammenhang wird die Konsistenz einer strategischen Möglichkeit, d.h. ihre Widerspruchsfreiheit, in einem Großteil der bestehenden Ansätze ihrer Logik gleichgesetzt bzw. an deren Stelle ausschließlich geprüft[1015]. BACHMANN greift jedoch im Rahmen der Logik von Technologiestrategien zusätzlich auf das Kriterium der Kohärenz in Verbindung mit der Komplexitätsdifferenz zwischen Strategie und Umfeld zurück[1016]. Aus Gründen des Anwendungsaufwandes einer solch präzisen Methodik wird jedoch das Kriterium der Komplexitätsdifferenz vorliegend zunächst vernachlässigt. Statt eines strikt analytischen Kriteriums wird daher i. A. a. THOMPSON, SCOTT ET AL. sowie ANT das eher intuitive Kriterium der Einfachheit übernommen, welches qualitativ widerspiegelt, wie offensichtlich bzw. sinnfällig eine strategische Möglichkeit anderen überlegen ist[1017].

Bewertungslogik für die Evaluation von Positionierungsmöglichkeiten

Zweck der Bewertungslogik ist es, eine relative Vergleichbarkeit zwischen den strategischen Möglichkeiten herzustellen, sollte nicht der von LAFLEY, MARTIN angezeigte Fall einer offensichtlichen Auswahl auftreten. Es gilt somit die Lagebestimmung auf der *„Fitness Landscape"* robust, adaptiver Strategien nach BEINHOCKER für die Population von strategischen Möglichkeiten zu approximieren. Um im Sinne dieses *„Survival of the Fittest"* die überlebens-

[1012] vgl. Hutterer (2013), Dynamic Capabilities, S. 220

[1013] vgl. Harmann (2003), Patente, S. 57

[1014] vgl. Howells (1996), Tacit Knowledge, S. 92; Mangoldt (2018), Diversifikation, S. 136

[1015] vgl. Welge et al. (2017), Management, S. 739ff.; Gomeringer (2007), Technologieplanung, S. 115; Bachmann (2015), Logik, S. 69ff.; Johnson et al. (2017), Exploring Strategy, S. 402; Hungenberg (2014), Management, S. 275f.; Lynch (2006), Corporate Strategy, S. 493f.; Gausemeier et al. (2017), Unternehmensführung, S. 105f.

[1016] vgl. Bachmann (2015), Logik, S. 70ff.

[1017] vgl. Ant (2018), Effizientes Management, S. 155; Thompson et al. (2017), Strategic Management, S. 301ff.

fähigsten Möglichkeiten aus der Population von generierten Strategien zu approximieren, werden hierzu die zuvor detaillierten Bewertungsdimensionen und -kriterien genutzt.[1018]

Da mit der vorliegenden Methodik weder das Ziel noch der Anspruch eines *„Strategiegenerators"* verfolgt wird, bedarf es dafür einer Kombination von intuitiven sowie analytischen Elementen (vgl. Teilkapitel 3.5). Ausgehend von seiner sozialkonstruktivistischen Sichtweise verknüpft ANT für die Evaluation seiner strategischen Alternativen daher eine quantitative mit einer qualitativen Bewertung[1019]. Diese Überlegung wird für die vorliegende Arbeit übernommen, da insb. zu Beginn der iterativen Methodikanwendung u. U. keine ausreichend belastbare Informationsgrundlage verfügbar sein könnte, von welcher sich glaubwürdig eine quantitative Bewertung ableiten lässt. Ein Großteil der bestehenden Ansätze (bspw. BERGER, PÜMPIN oder REYMANN) basiert daher auf der methodischen Architektur der Nutzwertanalyse (NWA) oder dem *„Analytic Hierchary Process"* (AHP) als stärker analytisch geprägtes Pendant[1020]. So stellen bspw. BREIING, KNOSALA fest, dass es sich bei der NWA um ein hervorragendes Werkzeug in Bezug auf markt- und firmenstrategische Gesichtspunkte handelt[1021].

Sowohl NWA[1022] als auch AHP[1023] werden genutzt, um komplexe Entscheidungen rationaler zu treffen und können somit den Methoden der präskriptiven Entscheidungstheorie zugeordnet werden[1024]. Darüber hinaus können beide Verfahren quantitative sowie qualitative Merkmale in einer multiattributiven Nutzenbetrachtung berücksichtigen. Während jedoch die NWA eine Heuristik darstellt, ist der AHP geeignet, um ein Entscheidungsproblem mit seinen Abhängigkeiten umfassend zu analysieren.[1025] Ausgehend von der Anforderung nach Reduktion und Skalierbarkeit des Aufwands (vgl. Unterkapitel 3.1.2 und Anhang A.3) erscheint es somit sinnvoll, zunächst eine NWA zugrunde zu legen. Bei nachlassender Dynamik und somit einem längeren Sprintintervall (vgl. Unterkapitel 4.2.6) oder sukzessiver Festigung der strategischen Möglichkeiten durch eine belastbarere Informationsbasis aus dem Investigationsmodus der Analyse kann von der NWA zu einem AHP übergegangen werden.

In Bezug auf die NWA sind jedoch zwei Umstände zu berücksichtigen: Erstens ist aufgrund der additiven Aggregation von Teilnutzen zu einem Gesamtnutzen darauf zu achten, dass Teilnutzen kardinal messbar und Zielkriterien voneinander nutzenunabhängig sind[1026]. Es wurde daher bereits im Rahmen der Bewertungsdimensionen und Kriterien darauf geachtet, dass diese nutzenunabhängig ausgestaltet sind. Für die NWA können ebenfalls ordinal-

---

1018 vgl. Beinhocker (1999), Strategies, S. 97; Darwin (2017), Entstehung, S. X

1019 vgl. Ant (2018), Effizientes Management, S. 155ff.

1020 vgl. Berger (2006), Technologiestrategien, S. 92ff.; vgl. Pümpin (1992), Erfolgspositionen, S. 132f.; Reymann (2013), Strategieentwicklung, S. 122

1021 vgl. Breiing, Knosala (1997), Technische Systeme, S. 241

1022 Für eine ausführliche Darstellung der Nutzwertanalyse sei auf ZANGEMEISTER hingeweisen. Hierzu vgl. Zangemeister (2014), Nutzwertanalyse, S. 55ff.

1023 Für eine detaillierte Erläuterung des *„Analytic Hierarchy Process"* sei auf SAATY verwiesen. Hierzu vgl. Saaty (1990), Decision

1024 vgl. Riedl (2006), Nutzwertanalyse, S. 101f.

1025 vgl. Peters, Zelewski (2002), AHP, S. 5; Kröll (2007), Technologiebewertung, S. 39ff.

1026 vgl. Wübbenhorst et al. (2018), Stichwort: Nutzwertanalyse

skalierte Teilnutzen verwendet werden. Diese gehen jedoch mit einer gewissen Ungenauigkeit und schließlich Verzerrung einher, wenn sie zusammen mit kardinalskalierten Werten dargestellt werden (bspw. ein kardinalskalierter, finanzieller Nutzen als quantifizierter Gewinn in Euro und ein ordinalskalierter, nichtfinanzieller Nutzen als hoher Erfüllungsgrad eines Anliegens von Stakeholdern)[1027]. Da die Bewertungsmethodik ohnehin nicht auf eine exakte, analytische Lösung, sondern auf eine qualitativ-quantitative Priorisierung von strategischen Möglichkeiten zur Unterstützung der Entscheider abzielt, werden diese Ungenauigkeiten zugunsten der Anwendbarkeit in Kauf genommen. Hinzu kommt, dass von der NWA auf einen AHP gewechselt werden kann, sobald kardinalskalierte Werte aus der Informationsbasis des Investigationsmodus in die Bewertung einfließen (bspw., wenn quantifizierte Cashflows einer strategischen Möglichkeit glaubhaft berechnet werden können). Zweitens ist darauf zu achten, dass die Gewichtung der Bewertungsdimensionen und -kriterien einen signifikanten Einfluss auf die Teilnutzen hat, wodurch es bei Mehrpersonenentscheidungen zu Konflikten kommen kann[1028]. Da durch das Strategieteam ein solche Konstellation gegeben ist, erscheint es sinnvoll, analog dem AHP zumindest die Bewertungsdimensionen mittels eines paarweisen Vergleichs zu gewichten.

Entsprechend dem Aufbau einer NWA werden für die vorliegende Methodik die strategischen Möglichkeiten den mittels Paarvergleichen gewichteten und normierten Bewertungsdimensionen und -kriterien gegenübergestellt. Jede strategische Möglichkeit wird dabei durch die Summe ihrer Handlungsmöglichkeiten konkretisiert (vgl. Abschnitt 4.3.1.1). Folglich ergibt sich eine im Aufwand multidimensional skalierbare Bewertungsmatrix. Auf oberster Ebene werden die strategischen Möglichkeiten gesamtheitlich hinsichtlich der Bewertungsdimensionen evaluiert. In nächster Instanz wird der Detailgrad durch Auflösung der strategischen Möglichkeiten in die Handlungsmöglichkeiten oder der Bewertungsdimensionen in -kriterien erhöht. Schließlich werden Handlungsmöglichkeiten hinsichtlich der Subkriterien evaluiert und zu einer Gesamtbewertung aggregiert. Da auf diese Weise jedoch die Gefahr besteht, dass Synergien zwischen den Handlungsmöglichkeiten nur unzureichend in der Bewertung zum Ausdruck kommen, erscheint es sinnvoll, eine solche *„bottom-up"*-Bewertung mit einer gesamtheitlichen *„top-down"*-Bewertung abzugleichen[1029]. Ebenso ist darauf zu achten, dass der iterativ zunehmende Detailgrad der Bewertungsauflösung ebenfalls mit dem fortschreitenden Erkenntnisgewinn aus der Analyse abgestimmt ist. Anderenfalls besteht die Möglichkeit einer Scheinobjektivierung von einer nicht ausreichend fundierten Bewertungsgrundlage. Abbildung 4-39 illustriert die skalierbare Evaluation von strategischen Möglichkeiten (a: grob, c: fein) gegenüber dem bestehenden Status quo hinsichtlich der sechs erläuterten Bewertungsdimensionen und deren zugrunde liegenden Kriterien sowie Subkriterien. Dabei wird schließlich die semi-quantitative Bewertung einer strategischen Möglichkeit anhand eines Punktwertes um ein qualitatives Fazit des bewertenden Strategieteams ergänzt.

[1027] vgl. Jonen et al. (2006), Lynkeus, S. 18

[1028] vgl. Wübbenhorst et al. (2018), Stichwort: Nutzwertanalyse

[1029] D.h. die gesamtheitliche Evaluation einer strategischen Möglichkeit hinsichtlich der Bewertungsdimensionen

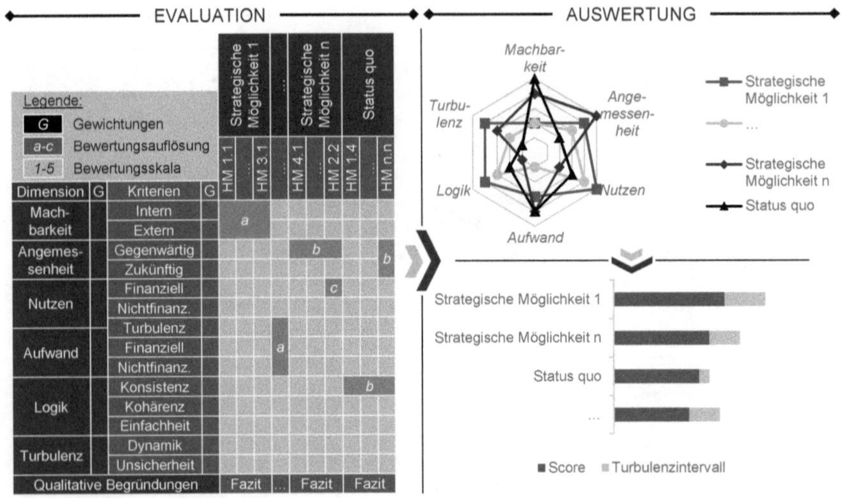

Abbildung 4-39: Skalierbare Bewertung zur Priorisierung von strategischen Möglichkeiten[1030]

Für die Bewertungsdimensionen Machbarkeit, Angemessenheit, Nutzen, Aufwand sowie Turbulenz wird die Bewertungsgrundlage als Informationen den Teilmodellen der Charakterisierung (vgl. Teilkapitel 4.1) sowie der Analyse (vgl. Teilkapitel 4.2) entnommen. So ergeben sich bspw. die Robustheit gegenüber Szenarien sowie die Transitionsfähigkeit über die Entwicklungstrajektorien aus der Vorausschau (vgl. Unterkapitel 4.2.3) oder die Wertevorstellungen sowie Risikoneigungen aus dem normativen Bezugsrahmen (vgl. Unterkapitel 4.1.3). Analog der zuvor detaillierten Skala für die Analyse der Turbulenz (vgl. Unterkapitel 4.2.6) wird eine Fünfpunkt-Ordinalskala genutzt, in welcher der Anwender Bewertungsintervalle erfasst. Auf diese Weise ergeben sich die in Abbildung 4-39 illustrierten, multidimensionalen Punktwerte sowie ein Turbulenzintervall, welches die in den Bewertungsintervallen implizit verborgene Unsicherheit widerspiegelt.

Wie zuvor bereits diskutiert wurde, bedarf die Bewertungsdimension der Logik gegenüber den übrigen einer eignen Prüfung auf einer Meta-Ebene. Dabei zeigt die Arbeit von BACHMANN, dass sich eine möglichst exakte Bestimmung der Logik durchaus aufwendig gestaltet. Ausgehend von der Anforderung nach Reduktion des Anwendungsaufwands wird daher im Rahmen der vorliegenden Methodik ein rudimentärer Ansatz verfolgt. Hierzu werden die Technik des vernetzten Denkens nach PROBST, GOMEZ sowie der *„Papiercomputer"* nach

[1030] i. A. a. Zangemeister (2014), Nutzwertanalyse, S. 55ff.; Breiing, Knosala (1997), Technische Systeme, S. 241ff.; Lafley et al. (2012), Science to Strategy, S. 57ff.; Ant (2018), Effizientes Management

VESTER zu Hilfe genommen und adaptiert (vgl. Anhang 27)[1031]. Auf Basis der Matrixdarstellung wird geprüft, inwieweit die Handlungsmöglichkeiten widerspruchsfrei (Konsistenz durch *„Fit as Matching"*) und stimmig zusammenhaltend (Kohärenz durch *„Fit as Gestalts"*) sind (vgl. Unterkapitel 2.1.4). Während eine Widerspruchsfreiheit entweder gegeben (0) oder nicht gegeben (1) ist, kann sich der stimmige Zusammenhalt in einer Gestalt durch unterschiedliche Wirkungsstärken (0-3) ergeben.[1032] Die Einfachheit *(„Simplicity")* einer strategischen Möglichkeit wird schließlich einerseits an dessen Umfang und Grad der Vernetzung der Handlungsmöglichkeiten sowie andererseits qualitativ durch das offensichtliche Verständnis einer Vorteilhaftigkeit des Strategieteams approximiert[1033].

4.3.1.3 Wettbewerbsstrategischer Prototyp

Nach der Kontingenztheorie (vgl. Unterkapitel 3.3.1) stellen die erarbeiteten strategischen Möglichkeiten in einer systemtheoretisch-konstruktivistischen Perspektive alternative Wirklichkeitskonstruktionen dar, welche sich nach der Analyse bzw. Evaluation grundsätzlich durch Viabilität, Anschlussfähigkeit und Zieldienlichkeit auszeichnen[1034]. Dabei ist jede strategische Möglichkeit als ein kohärentes Portfolio von verschiedenen Handlungsmöglichkeiten *(„Portfolio of Actions")* zu verstehen, welches von einer unterschiedlichen Turbulenz und strategischen Haltung *(„Strategic Posture")* gekennzeichnet ist[1035]. Weiterhin zeichnen sich die diskreten, durch Trade-offs geprägten wettbewerbsstrategischen Möglichkeiten infolge des kreativen Generierungs- und analytischen Detaillierungsprozesses durch unterschiedliche Geltungsbereiche aus. So werden strategische Möglichkeiten der *„inside-out"*-Perspektive anhand ihrer Handlungsmöglichkeiten tendenziell einen eher kurzfristigeren Geltungsbereich aufgreifen als jene der *„far-outside-in"*-Perspektive. Gleichzeitig ist das Ergebnis der iterativen Analyse oder ggf. notwendigen Evaluation von strategischen Möglichkeiten, entgegen der klassischen Selektion der vielversprechendsten Strategiealternative, eine nach Rangfolge geordnete Population von Wettbewerbsstrategien[1036]. Somit zeigt sich, dass das kontinuierlich-iterative Management einer wettbewerbsstrategischen Population von Möglichkeiten in der Synthese deutlich anspruchsvoller ist als die einmalige Auswahl und Implementierung der vielversprechendsten Alternative.

Übertragen auf eine dynamische Population von Möglichkeiten ist die vielversprechendste Alternative vielmehr als die dominante Stoßrichtung zu interpretieren[1037]. Aufbauend auf den potenziell unterschiedlichen Geltungsbereichen von strategischen Möglichkeiten der Population stellt sich im Zuge einer emergenten Zukunftsrobustheit und Transitionsfähigkeit somit die Frage nach der Kompatibilität sowie Komplementarität mit der dominanten

---

[1031] vgl. Probst, Gomez (1989), Vernetztes Denken, S. 6ff.; Vester (2011), Kunst, S. 194ff.

[1032] vgl. Venkatraman (1989), Concept of Fit, S. 430ff.; Bachmann (2015), Logik, S. 150ff.

[1033] vgl. Thompson et al. (2017), Strategic Management, S. 301ff.

[1034] vgl. Backhausen, Thommen (2017), Coaching, S. 37f.; Thommen (2018), Stichwort: Wirklichkeitskonstruktionen

[1035] vgl. Courtney et al. (1997), Strategy, S. 74ff.

[1036] vgl. Picot, Lange (1978), Strategische Planung, S. 7f.; Müller-Stewens, Lechner (2016), Management, S. 20

[1037] vgl. Rüegg-Stürm (2009), Management-Modell, S. 80; Müller-Stewens (2004), Strategisches Konzept, S. 26; Cooper, Edgett (2010), Technologie Strategie, S. 38; Cooper (2000), Product Innovation, S. 40; Pümpin (1992), Erfolgspositionen, S. 123ff.

Stoßrichtung. Hierzu wird das Konzept des *„Strategy Corridors"* sowie der *„Core Strategy"* nach SCHWENKER ET AL. aufgegriffen und für den Kontext der vorliegenden Arbeit adaptiert. Ursprünglich basiert das Konzept des *„Strategy Corridors"* auf der Annahme einer möglichst vorteilhaften Entwicklung des Umfelds für ein Unternehmen. Hiervon ausgehend wird eine *„Core Strategy"* formuliert, welche zunächst unabhängig von der tatsächlichen Entwicklung des Umfelds geplant und durch strategische Hedging-Optionen ergänzt wird.[1038]

Bezogen auf die evolvierende Population strategischer Möglichkeiten in der vorliegenden Arbeit wird ausgehend von der dominanten Stoßrichtung eine *„Core Strategy"* somit als durchgängiger Strang von komplementären Handlungsmöglichkeiten interpretiert. Anhand gemeinsamer sowie komplementärer Handlungsmöglichkeiten von strategischen Alternativen bildet sich folglich auf natürliche Weise ein strategischer Korridor, welcher eine gewisse Zukunftsrobustheit und Transitionsfähigkeit aufweist. Hierfür bedarf es im Rahmen des Strategieteams einer Reflexion der Geltungsbereiche, der Turbulenz sowie der Kompatibilität und Komplementarität der strategischen Möglichkeiten. Ausgehend von dem jeweiligen Turbulenzgrad eines Geltungsbereichs werden situationsspezifische Handlungsmöglichkeiten als strategische Hedging-Optionen ergänzt, um die Breite des Korridors sinnvoll an das jeweilige Turbulenzniveau anzupassen. BEINHOCKER sowie SCHWENKER ET AL. betonen jedoch, dass der Fokus der strategischen Gestaltung auf dem gewünschten Zustand bzw. der *„Core Strategy"* liegen muss und nicht auf einer umfassenden Sammlung von strategischen Hedging-Optionen[1039]. Einerseits wird der strategische Korridor folglich zu Beginn einer iterativ-kontinuierlichen Strategieentwicklung breit und dynamisch sein und andererseits sukzessive durch den zyklischen Erkenntnisgewinn sowie eine abnehmende Turbulenz konvergieren. Dieser Prozess der Konvergenz einer zunehmenden Detaillierung und Fundierung beschreibt somit den Übergang von einem Strategieprototypen hin zu einer implementierbaren Strategie. Dabei ergibt sich durch diesen Prozess das von FELLNER beschriebene Wechselspiel zwischen strategischem Fit und strategischer Flexibilität in einem turbulenten Unternehmensumfeld[1040]. Die Entscheider des Top Managements müssen somit fortlaufend evaluieren, wann aus dem strategischen Drift des Status quo (vgl. Unterkapitel 2.1.4) gegenüber der Population strategischer Möglichkeiten die Notwendigkeit zur Erneuerung erwächst. Gemäß der *„Clock of Newness"* gilt es eine Balance aus Anpassung und Stabilisierung zu realisieren[1041].

Abbildung 4-40 illustriert das Management einer konvergierenden Population wettbewerbsstrategischer Möglichkeiten in einem Strategiekorridor. Dazu werden die strategischen Möglichkeiten in ihre Handlungsmöglichkeiten dekomposiert, die Geltungsbereiche sowie assoziierte Turbulenz einer Handlungsmöglichkeit aufbereitet sowie hieraus das Handlungsportfolio einer strategischen Möglichkeit über die Geltungsbereiche abgeleitet. Aus dem Zusammenspiel von Handlungsintensität sowie Geltungsbereich eines Portfolios von

---

1038 vgl. Brands et al. (2013), Six Tools, S. 133f.

1039 vgl. Beinhocker (1999), Strategies, S. 103

1040 vgl. Fellner (2010), Strategic Flexibility, S. 55ff.

1041 vgl. Ant (2018), Effizientes Management, S. 32; Amburgey et al. (1993), Resetting, S. 53; Hannan, Freeman (1984), Structural Inertia, S. 160; Johnson et al. (2017), Exploring Strategy, S. 180ff.

Handlungsmöglichkeiten lässt sich eine der drei von COURTNEY, KIRKLAND ET AL. beschriebenen strategischen Grundhaltungen („*Shape*", „*Adapt*" oder „*Reserve*") einer Positionierungsmöglichkeit identifizieren[1042]. Um hieraus den strategischen Korridor zu konstruieren, wird die aus der vorherigen Evaluation resultierende Rangfolge strategischer Möglichkeiten zugrunde gelegt. Dabei stellt die attraktivste, d.h. ranghöchste Positionierungsmöglichkeit die zu verfolgende „*Core Strategy*" dar, welche durch kompatible und komplementäre Handlungsmöglichkeiten weiterer strategischer Möglichkeiten als „*Hedging Optionen*" zu einem transitionsfähigen Strategiekorridor über die zeitlichen Geltungsbereiche ergänzt wird.

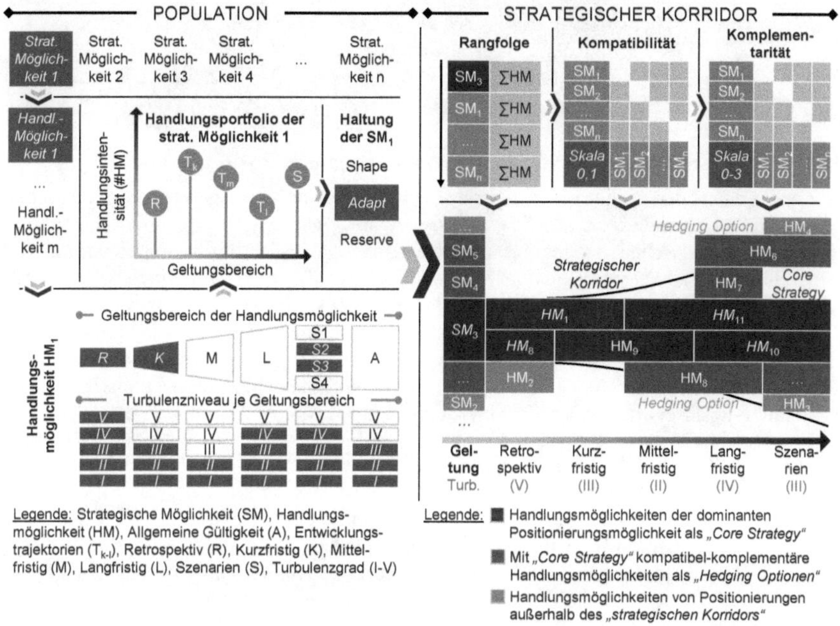

Abbildung 4-40: Konvergierende Population wettbewerbsstrategischer Prototypen in einem dynamischen Strategiekorridor[1043]

[1042] vgl. Courtney et al. (1997), Strategy, S. 74ff.

[1043] i. A. a. Courtney et al. (1997), Strategy, S. 74ff.; Beinhocker (1999), Strategies, S. 98ff.; Brands et al. (2013), Six Tools, S. 136

Wettbewerbsstrategischer Prototyp und iterative Konvergenz

Beispiel: Eine wettbewerbsstrategische Population mit einer dominanten *„Core Strategy"* ist retrospektiv bei Microsoft während der 1980/90er Jahre zu erkennen. So wurde trotz aller Kritik konsequent an dem anfänglich wenig erfolgreichen Windows-System weitergearbeitet. Gleichzeitig verfolgte das Unternehmen eine Vielzahl weiterer Handlungsmöglichkeiten: die Weiterentwicklung neuer Versionen des DOS, die Ko-Entwicklung an OS/2 mit IBM, neue Releases von Applikationen (bspw. Word und Excel) für Mac oder auch Marketingpartnerschaften mit SCO für deren Unix-System. Aufgrund der hohen Turbulenz war es notwendig, neben der präferierten strategischen Möglichkeit eines Erfolgs von Windows alternativ-komplementäre Handlungsmöglichkeiten zu verfolgen. So wäre Microsoft ebenfalls erfolgreich gewesen, falls bspw. die Kunden weiter an DOS festgehalten oder Mac sich als Betriebssystem durchgesetzt hätte.[1044]

4.3.2 Innovationsstrategische Handlungsoptionen und Positionierung

Nachdem durch den strategischen Korridor eine Population von wettbewerbsstrategischen Möglichkeiten grundlegend-evolvierend ausgerichtet wurde, gilt es im Rahmen der innovationsstrategischen Handlungsoptionen das zugehörige Innovationsspektrum der Unternehmung zu bestimmen (vgl. Unterkapitel 3.4.2). Dem Aktivitätenschema der Strategieformulierung im Optionsmodell folgend (vgl. Abbildung 4-33) werden daher zunächst die Innovationsfelder als Bezugsobjekt einer Innovationsstrategie abgeleitet und beschrieben (vgl. Abschnitt 4.3.2.1). Hierauf basierend erfolgt eine Bewertung der Innovationsfelder (vgl. Abschnitt 4.3.2.2), um schließlich die innovationsstrategische Positionierung als evolvierenden Prototyp zu bestimmen (vgl. Abschnitt 4.3.2.3).

4.3.2.1 Ableiten von Innovationsfeldern als innovationsstrategische Handlungsoptionen

Um Innovationsfelder methodisch ableiten und beschreiben zu können, bedarf es zunächst eines detaillierteren Verständnisses der Konzeption eines Innovationsfeldes. SCHUH, SCHÖN folgend definieren Innovationsfelder jene Bereiche, in denen ein Unternehmen in Zukunft plant zu innovieren, um neue oder bessere Produkteigenschaften zu realisieren. Diese beziehen sich dabei auf konkrete Produktlösungen, spezifizieren jedoch nicht deren technologische Umsetzung.[1045] HILZENBECHER versteht Innovationsfelder als abstrakte Bereiche, in denen Innovationen (bspw. Kosteninnovation, Produktinnovation oder Managementinnovation) stattfinden[1046]. Ohne den Begriff explizit zu definieren, fassen CANZLER, WENTLAND ET AL. diesen implizit breiter, indem sie Innovationsfelder auf Makroebene mit sozialen Nutzenerwartungen und ökonomischen Leitvorstellungen in Verbindung bringen (bspw. Biotechnologie oder Elektromobilität). Auf Makroebene basieren Innovationsfelder demnach auf den wissenschaftlichen, wirtschaftlichen und politischen

[1044] vgl. Beinhocker (1999), Strategies, S. 96

[1045] vgl. Schuh, Schön (2014), Technologiefelder, S. 931f.

[1046] vgl. Hilzenbecher (2009), Innovationsstrategie, S. 53

Dynamiken des „*Triple Helix*"-Modells[1047], infolge derer engen Verbindung wissenschaftlich-technische Innovationen aus der akademischen Forschung Lösungen für drängende technisch-soziale Probleme versprechen (bspw. Auslaufen fossiler Energieträger oder globale Bekämpfung von Krankheitserregern).[1048] Bezogen auf die Produktentwicklung definiert HATCHUEL Innovationsfelder als Bereiche für innovative Gestaltung. Dabei umfasst jedes Innovationsfeld gewisse Innovationsaspekte *(„Innovation Themes")*, welche ein Manager erkennen bzw. reflektieren muss, um das Timing des Innovationsfelds gestalten zu können.[1049] In Anlehnung an SPECHT, MICHEL definiert EWALD Innovationsfelder als spezielle Geschäftsfelder, in welchen mindestens eine Abgrenzungsdimension erweitert bzw. erneuert wird[1050]. Dabei werden die Abgrenzungsdimensionen Kundengruppe, Kundenfunktion sowie Technik nach ABELL zugrunde gelegt, sodass ein analytischer Raum entsteht, welcher ein autonomes Innovationspotenzial besitzt und relativ unabhängig von anderen Innovationsfeldern bearbeitet werden kann (vgl. Unterkapitel 2.1.2)[1051]. Während Kundengruppe und -funktion sich auf Segmente des Gesamtmarkts mit relativ homogenen, kaufrelevanten Verhaltensmerkmalen sowie die Art des gestifteten Nutzens beziehen, beschreibt Technik die verschiedenen (technischen) Realisierungen, mittels derer die Funktion dem Kunden gegenüber erfüllt wird (vgl. Unterkapitel 2.2.1)[1052].

Ausgehend von diesen konzeptionellen Vorarbeiten können drei Schlussfolgerungen für die weitere Ausgestaltung der Methodik gezogen werden: Erstens lassen sich Innovationsfelder zwecks Konkretisierung in Innovationsaspekte dekomposieren oder umgekehrt zwecks Abstraktion aggregieren. Zweitens sind Innovationsfelder einer technisch-sozioökonomischen Ebene zuzuordnen, da ihre Neuerungen sowohl die Anwendung in Form von Kundengruppen- und -funktionen als auch ihre Technik betreffen. Hierdurch ergibt sich drittens, dass unterschiedliche Arten von Innovationsfeldern existieren. Abbildung 4-41 illustriert ausgehend von den möglichen Neuerungskombinationen in den Bereichen Markt, Produkte und Dienstleistungen sowie Technologie die sieben potenziellen Arten von Innovationsfeldern (bspw. ein „*Marktinnovationsfeld*" durch eine neue Kundengruppe).

[1047] Das „*Triple Helix*"-Modell erläutert das Zusammenspiel von Faktoren aus Wissenschaft, Industrie und Regierung, um die sozioökonomische Entwicklung von Wissensgesellschaften zu fördern. Hierzu vgl. Etzkowitz, Leydesdorff (1998), Triple Helix, S. 198ff.; Etzkowitz, Leydesdorff (1998), Endless Transition, S. 205

[1048] vgl. Canzler et al. (2011), Innovationsfelder, S. 2ff.

[1049] vgl. Hatchuel et al. (2001), R&D, S. 426

[1050] vgl. Ewald (1994), Marktplanung, S. 70f.

[1051] vgl. Abell (1980), Defining, S. 206f.; Michel (1987), Technologie, S. 153ff.

[1052] vgl. Ewald (1994), Marktplanung, S. 59; Specht, Michel (1988), Integrierte Portfolios, S. 503ff.

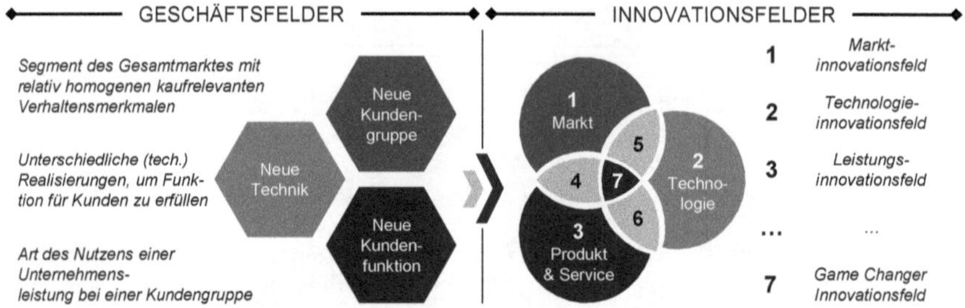

Abbildung 4-41: Konzeption von Innovationsfeldern als Neuerungen in Abgrenzungsdimensionen von Geschäftsfeldern[1053]

Um Innovationsfelder methodisch abzuleiten, wird im Folgenden der Ansatz einer „*bottom-up*"-Aggregation detailliert. Demgegenüber ist es ebenfalls denkbar, dass Strategen und Entscheider Innovationsfelder „*top-down*" definieren und diese im iterativen Wechselspiel mit den wettbewerbsstrategischen Möglichkeiten in Innovationsaspekte dekomposieren.

Ableitung von Innovationsaspekten

Da zukünftige Innovationsfelder als ein „*schwaches Signal*" (vgl. Unterkapitel 4.2.3) charakterisiert werden können, müssen Innovationsaspekte als deren dekomposierte Form auf die Ergebnisse des Analysemodells oder den Informationsfluss aus den Frühaufklärungssystemen des Unternehmens zurückzuführen sein[1054]. Im Sinne der Methodendurchgängigkeit ist somit ein roter Faden ausgehend von den aus der Analyse gewonnenen Implikationen zu spannen (vgl. Unterkapitel 4.2.4). Diese werden im Rahmen von Unterkapitel 4.3.1 genutzt, um aus verschiedenen Perspektiven potenzielle Handlungsmöglichkeiten eines Unternehmens zu entwickeln und zu wettbewerbsstrategischen Möglichkeiten zu verknüpfen. Mit dem Ziel der kontinuierlichen Erneuerung von temporären Wettbewerbsvorteilen ergibt sich daher eine anschlussfähige Sequenz diskreter wettbewerbsstrategischer Positionierungen, welche im Kern durch die jeweiligen Handlungsmöglichkeiten miteinander verbunden sind. Es sind somit die Handlungsmöglichkeiten, welchen implizit eine absolute oder relative Innovationshöhe innewohnt, infolge derer die Transition von einem gegenwärtigen zu einem zukünftigen Zustand wettbewerbsstrategischer Positionierung erfolgt. Zur Ableitung von Innovationsaspekten gilt es folglich, die mit einer Handlungsmöglichkeit implizierten Innovationen zu beschreiben. Basierend auf der konzeptionellen Breite des Innovationsbegriffs (vgl. Unterkapitel 2.2.1) umfassen Innovationsaspekte bspw. den Markt und die Kunden sowie Produkte und Dienstleistungen, aber auch neue Geschäftsmodelle und Technologien oder organisatorische Neuerungen[1055]. Abbildung 4-42 illustriert die Ableitung von Innovationsaspekten über die Implikationen der Analyse (Stärken, Schwächen, Opportunitäten, Bedrohungen) sowie den

[1053] i. A. a. Abell (1980), Defining, S. 207; Ewald (1994), Marktplanung, S. 59f.; Henderson, Clark (1990), Architectural Innovation, S. 10ff.; Albert, Siggelkow (2021), Innovation, S. 1ff.; Doblin (2015), Ten Types

[1054] vgl. Song (2015), Früherkennung, S. 266

[1055] vgl. Johnson et al. (2008), Corporate Strategy, S. 329

hiermit assoziierten Handlungsmöglichkeiten, auf denen eine strategische Möglichkeit unabhängig von ihrer Perspektive (*„Inside-out"*, *„Outside-in"*, *„Far-Outside-in"*) basiert, am Beispiel von Corona-induzierten Implikationen.

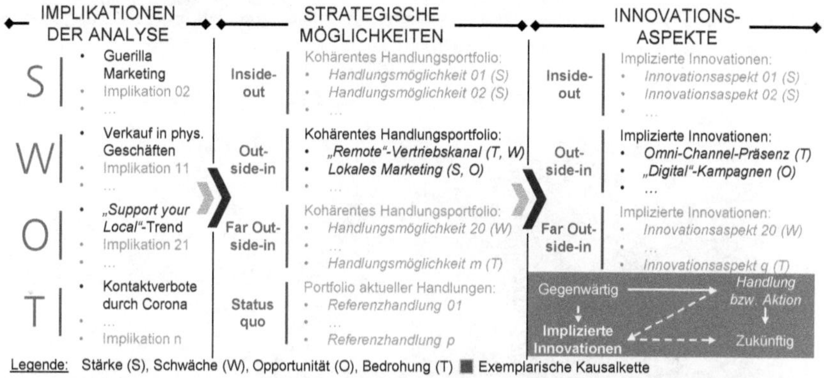

Abbildung 4-42: Innovationsaspekte aus den bewerteten Handlungsmöglichkeiten

Aggregation von Innovationsfeldern und Leuchttürmen

Ausgehend von der abgeleiteten Longlist der Innovationsaspekte gilt es, diese zu aggregieren. Analog der Strukturierung von Technologiefeldern, welche im Rahmen von Unterkapitel 4.3.3 detailliert wird, können Innovationsaspekte und -felder ebenfalls anhand eines Technologiebaums dargestellt werden. Dieser basiert auf der von MITTERDORFER-SCHAAD vorgestellten Innovationsleistungsarchitektur sowie deren Erweiterungen und setzt die Sphären *„Markt"* und *„Technologie"* über *„Produkte"* und *„Funktionen"* zueinander in Bezug[1056]. Wie im Rahmen von Unterkapitel 4.3.3 noch diskutiert wird, kommt dabei der Ebene der Funktionen eine zentrale Rolle zu, um (technisches) Wissen lösungs- sowie effektorientiert in der Produkt- sowie Technologieentwicklung einzusetzen[1057]. Im Rahmen der vorliegenden Arbeit wird diese klassische Struktur des Technologiebaums ergänzt, da strategische Möglichkeiten für produzierende Unternehmen aufgrund erschöpfender Wachstumspotenziale im reinen Produktgeschäft oftmals zudem auf einer (komplementären) Dienstleistung basieren[1058]. Analog der Dekomposition eines Produkts in dessen Komponenten sowie derer Funktionen wird ein Service in gewisse Leistungsbausteine sowie einzelne Aufgaben strukturiert, welche gesamtheitlich für einen Kunden zwecks Nutzenstiftung erbracht werden. Im Gegensatz zu der (technischen) Realisierung von Produkten über diverse Technologien, werden Dienstleistungen gemäß SCHUH, GUDERGAN mittels Koordination von Prozessen realisiert, welche auf Or-

[1056] vgl. Hutterer (2013), Dynamic Capabilities, S. 74; Schulte-Gehrmann et al. (2011), Technologiestrategie, S. 62f.; Kirchgeorg et al. (2011), Technological Discontinuitites, S. 2; Mitterdorfer-Schaad (2001), Innovations-Prozessmodelle, S. 113f.; Sauber (2004), Innovation Strategy, S. 98f.

[1057] vgl. Schulte-Gehrmann et al. (2011), Technologiestrategie, S. 63

[1058] vgl. Frank, Holper (2021), Subscription, S. 17; Frank et al. (2021), Subscription-Businss, S. 4

ganisation, Kultur, Ressourcen sowie Informationssystemen basieren[1059]. Während Produkt-, Produktions- oder Materialtechnologien nicht zwangsweise relevant für die Realisierung von Dienstleistungsaufgaben sind, muss für deren Umsetzung oftmals auf Unterstützungstechnologien (bspw. *„Customer Analytics"*) zurückgegriffen werden[1060]. Abbildung 4-43 illustriert den resultierenden und um Dienstleistungen erweiterten Technologiebaum zur Strukturierung von Technologie- und Innovationsfeldern sowie -aspekten.

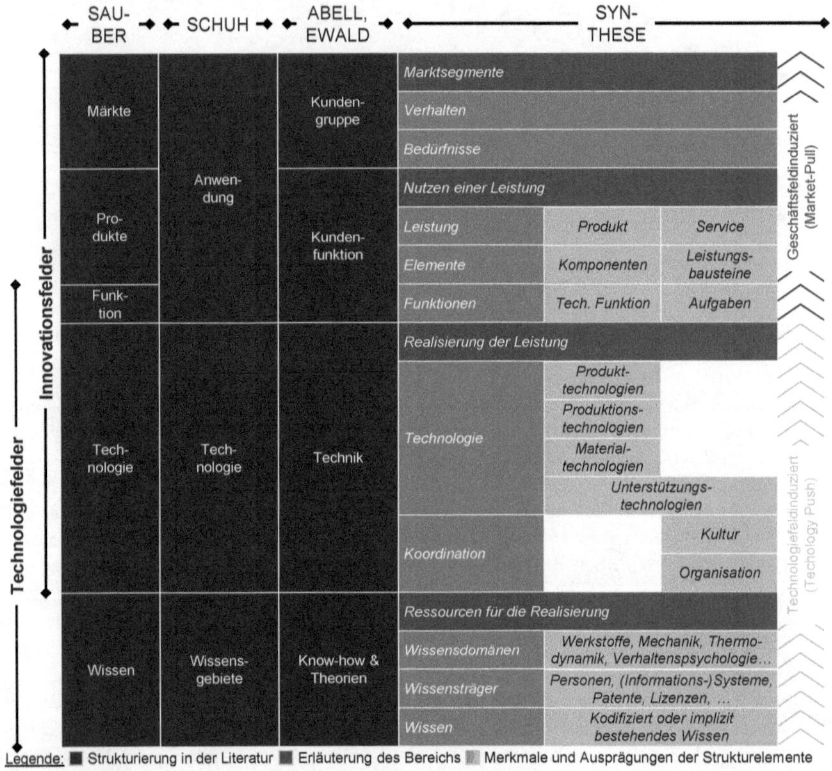

Abbildung 4-43: Technologiebaum für die Technologie- und Innovationsfelder[1061]

[1059] vgl. Schuh, Gudergan (2016), Industrielle Dienstleistungen, S. 25ff.

[1060] vgl. Guthier (2018), Analytics, S. 6ff.

[1061] i. A. a. Schulte-Gehrmann et al. (2011), Technologiestrategie, S. 64; Sauber (2004), Innovation Strategy, S. 98f.; Ewald (1994), Marktplanung, S. 61f.; Abell (1980), Defining; Schuh, Gudergan (2016), Industrielle

Dieser unterteilt i. A. a. SCHUH grob die drei Bereiche *„Anwendung"*, *„Technologie"* und *„Wissen"*, welche insb. im Hinblick auf die Anwendung nach SAUBER sowie ABELL und EWALD in *„Märkte"* bzw. *„Kundengruppen"* sowie *„Kundenfunktionen"* bzw. *„Produkte und Funktionen"* untergliedert werden. Zu den ursprünglich konzeptionierten Technologien zwecks Realisierung der Leistung werden im Zuge der Erweiterung um Dienstleistungen die Koordinationsmechanismen der *„Kultur"* und *„Organisation"* ergänzt. Im Bereich der Wissensgebiete werden schließlich die *„Wissensdomänen"* und *„-träger"* (bspw. Personen oder Informationssysteme) sowie der Kodifizierungsgrad des benötigten Wissens als Ressource differenziert.

Entsprechend dem zuvor detaillierten Konzept eines Innovationsfelds werden die abgeleiteten Innovationsaspekte zu -feldern aggregiert. SCHUH, SCHÖN stellen dabei heraus, dass Innovationsfelder sich auf Produkte bzw. Leistungen beziehen, jedoch deren konkrete technologische Umsetzung offen lassen[1062]. Da Leistungen der Abgrenzungsdimension der Kundenfunktion angehören, ist es somit sinnvoll, Innovationsaspekte nutzenorientiert zu Innovationsfeldern zu gliedern. So werden diese in der Struktur des Technologiebaums zur Ausrichtung von Technologiefeldern genutzt. Mit Blick auf die technologische Vision als initiales Leitbild der iterativen Strategieentwicklung (vgl. Unterkapitel 4.4.1) werden die Innovationsfelder weiter abstrahiert, um i. A. a. die *„Strategic Arenas & Thrust"* nach COOPER die übergeordneten Stoßrichtungen für Innovationen zu beschreiben[1063]. Ausgehend von der Struktur des Technologiebaums bieten sich für die methodische Aggregation von Innovationfeldern zu Leuchttürmen homogene Verhaltensweisen und Bedürfnisse von Kundengruppen an. Abbildung 4-43 illustriert die Aggregationskaskade von Innovationsaspekten über -felder hin zu Leuchttürmen. So wird die Longlist von Innovationsaspekten in die Hierarchisierung des Technologiebaums einsortiert und nutzenorientiert geclustert. Die hieraus resultierenden Innovationsfelder auf Ebene des Zielnutzens einer Leistung werden schließlich bedürfnisorientiert auf Ebene der Marktsegmente zu Leuchttürmen geclustert.

Aggregation von Innovationsaspekten zu -feldern und Leuchttürmen

Beispiel: Bezogen auf das vorherige Beispiel des Mobilitätsökosystems umfasst das Innovationsfeld *„Insassenschutz"* Innovationsaspekte wie bspw. *„externe-" und „interne Schutzmechanismen"* sowie auch *„Aufprallassistenzsysteme"*. Der Leuchtturm *„Automatisierte Individualmobilität"* basiert neben dem *„Insassenschutz"* ebenfalls auf Innovationsfeldern wie bspw. *„Kommunale Parkraumüberwachung"* und *„Hochautomatisiertes Fahren"*, um dem Kundenbedürfnis nach sicherer und bequemer Mobilität nachzukommen.

Dienstleistungen, S. 25; Mitterdorfer-Schaad (2001), Innovations-Prozessmodelle, S. 113f.; Kirchgeorg et al. (2011), Technological Discontinuitites, S. 2; Howells (1996), Tacit Knowledge, S. 91ff.; Polanyi (1962), Personal Knowledge

1062 vgl. Schuh, Schön (2014), Technologiefelder, S. 932

1063 vgl. Cooper (2000), Product Innovation, S. 40

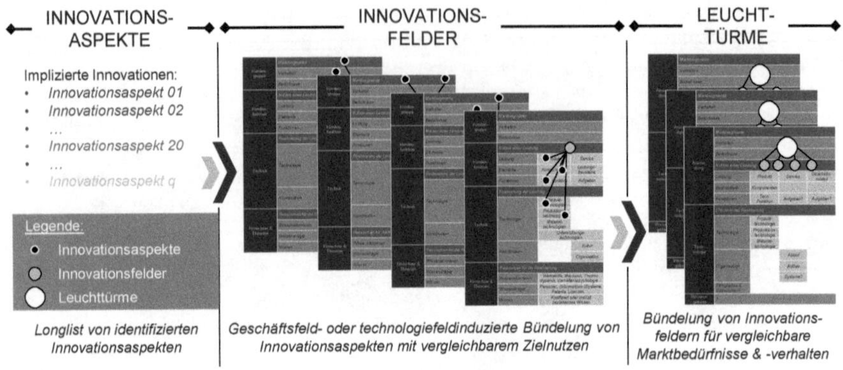

Abbildung 4-44: Kaskade und Prinzipien für die Aggregation von Innovationsaspekten zu -feldern und Leuchttürmen[1064]

4.3.2.2 Evaluation von innovationsstrategischen Handlungsoptionen

Nachdem die Innovationsfelder als zentrales Bezugsobjekt einer Innovationsstrategie erarbeitet sind, gilt es, die Unternehmung in den Vielversprechendsten aktiv zu positionieren. Gemäß dem konzeptionellen Verständnis einer Innovationsstrategie aus Unterkapitel 2.2.2 ist eine Positionierung durch die Entscheidungsdimensionen Auswahl der Innovationsbereiche, Festlegung der Bedeutung und Arten angestrebter Innovationen, Bestimmung des angestrebten Timings, Festlegung von Technologiebeschaffung und -verwertung sowie Auswahl des jeweils verfolgten Innovationsimpulses charakterisiert[1065]. Mit Blick auf die integrierte Entwicklung von Technologie- und Innovationsstrategie in der vorliegenden Arbeit werden die Entscheidungsdimensionen Technologiequelle und -verwertung im Rahmen der technologiestrategischen Positionierung betrachtet (vgl. Unterkapitel 4.4.2). Bezogen auf die Innovationsstrategie bedarf es somit zunächst der Auswahl von Innovationsfeldern für ein ausgewogenes Innovationsportfolio. Eine Positionierung hinsichtlich des angestrebten Timings und Innovationsimpulses erfolgt aufbauend auf den selektierten Innovationsfeldern. Dabei determiniert das gesamte Innovationsportfolio die Bedeutung und Arten angestrebter Innovation.

Zur Auswahl von Innovationsfeldern existiert in der Literatur eine Vielzahl verschiedener Bewertungsansätze (vgl. Anhang 28). Dennoch ist für den *„Darmstädter Ansatz"* nach MICHEL, EWALD ET AL. die höchste Verbreitung in Wissenschaft und Praxis festzustellen[1066]. Zudem wird aus der strukturierten Übersicht der verschiedenen Bewertungsansätze in Anhang 28 deutlich, dass insb. zwei Bewertungsdimensionen mit unterschiedlich operationalisierten

---

[1064] i. A. a. Gomeringer (2007), Technologieplanung, S. 87; Schlegelmilch (1999), Innovationsfelder, S. 55ff.; Schuh, Schön (2014), Technologiefelder, S. 931f.

[1065] vgl. Schuh, Bender (2012), Strategisches Innovationsmanagement, S. 18ff.; Hutterer (2013), Dynamic Capabilities, S. 68ff.

[1066] vgl. Schlegelmilch (1999), Innovationsfelder, S. 333f.; Ewald (1994), Marktplanung, S. 74

Kriterien charakteristisch für die Auswahl von Innovationsfeldern sind: *„(Innovationsfeld-) Attraktivität"* und *„(wettbewerbsbezogene Unternehmens-) Stärke bzw. Position"*. In Anlehnung an die risikobezogenen Bewertungskriterien nach SAAD, ROUSSEL ET AL. und TYLL wird im Kontext der vorliegenden Arbeit weiterhin die *„Turbulenz"* als Bewertungsdimension einbezogen[1067]. Da im Rahmen der Arbeit nicht länger eine einzelne Wettbewerbsstrategie ausgewählt wird (vgl. Abschnitt 4.3.1.3), wird weiterhin zwecks Durchgängigkeit der Methodik die Dimension *„Fit zur wettbewerbsstrategischen Population"* ergänzt. Diese drückt damit die Relevanz eines Innovationsfelds für die priorisierte wettbewerbsstrategische Population und das hierfür benötigte Innovationsspektrum aus.

Die Darstellung der Bewertung zwecks Auswahl von Innovationsfeldern für das Innovationsportfolio erfolgt i. d. R. mithilfe eines pragmatischen Portfolioansatzes[1068]. In diesem Zusammenhang weist jedoch GLAß darauf hin, dass die Punktwerte *(„Scores")* einer Bewertung nicht als mathematisches Modell zur *„Berechnung von Innovationsfeldern"* verstanden werden dürfen, sondern als ein qualitativ geprägtes Werkzeug[1069]. Dieser Auffassung schließt sich die vorliegende Arbeit an: Aufgrund der konsequenten Deduktion von Unternehmens- und Umfeldphänomenen zu Implikationen für Handlungs- und strategische Möglichkeiten sowie Innovationsaspekte und -felder sind die Voraussetzungen für eine durchgängig analytische Bewertung prinzipiell gegeben. Jedoch kann diese Vielzahl an konsekutiven Bewertungsstufen bei grundsätzlich hoher (Zustands-, Effekt- und Reaktions-) Unsicherheit (vgl. Unterkapitel 4.2.6) dazu führen, dass geringe Bewertungsänderungen in den früheren Stufen zu signifikant anderen Schlussfolgerungen in den späteren Bewertungsstufen führen. Die einzelnen Bewertungsstufen werden daher bewusst voneinander entkoppelt, indem Strategen und Entscheider Innovations- sowie Technologiefelder qualitativ auf Basis der vorherigen Erkenntnisse bewerten. Auf diese Weise kommt der Expertise und Intuition erfahrener Top Manager die Rolle eines ausgleichenden Regulativs zu, welches die konsekutiven Bewertungsstufen harmonisiert.

Ausgehend von den erläuterten Bewertungsdimensionen sowie -kriterien aus der Literatur ist daher in Anhang 29 eine exemplarische qualitative Operationalisierung dargestellt, welche durch den Anwender bedarfsgerecht angepasst werden kann. Hierfür wird konsistent zu den vorherigen Bewertungsmodellen eine Ordinalskala mit fünf qualitativ operationalisierten Punkten gewählt. Zur Konsolidierung der Bewertungskriterien je Dimension wird das arithmetische Mittel gewählt, da es sich im Gegensatz zu der Bewertung von strategischen Möglichkeiten nicht um additive Nutzwerte handelt.

Zur Darstellung von vier Bewertungsdimensionen ist prinzipiell ein Doppelportfolio geeignet. Jedoch wird aufgrund der zuvor erläuterten Orientierung an der Erfahrung und Intuition des Top Managements ein einzelnes Portfolio gewählt, um alle vier Dimensionen qualitativ auf einen Blick erfassen zu können. Eine Aufteilung in ein Doppelportfolio kann bei zunehmender analytischer Fundierung der Bewertungsgrundlage zu einem späteren Zeitpunkt als

---

[1067] vgl. Saad et al. (1991), F&E-Strategie, S. 95ff.; Tyll (1989), Forschung, S. 220ff.

[1068] vgl. Ewald (1994), Marktplanung, S. 73; Mauthe, Roventa (1982), Portfolio-Analyse, S. 192; Schlegelmilch (1999), Innovationsfelder, S. 90ff.

[1069] vgl. Glaß (2020), Innovationsstrategien, S. 14

mögliche Skalierungsrichtung erfolgen (vgl. Unterkapitel 4.5.3). Abbildung 4-45 illustriert die Bewertung und Auswahl von Innovationsfeldern für das populationsspezifische Innovationsportfolio. Dabei werden die Innovationsfelder einzeln hinsichtlich der zuvor hergeleiteten Bewertungsdimensionen und -kriterien evaluiert und entlang dieser Dimensionen (Attraktivität, Stärke, Populationsfit sowie Turbulenz) in das Portfolio eingetragen. Die generischen Handlungsoptionen zur Auswahl nach EWALD i. A. a. HINTERHUBER folgen schließlich aus der jeweiligen Lage eines Innovationsfeldes im Bewertungsportfolio[1070].

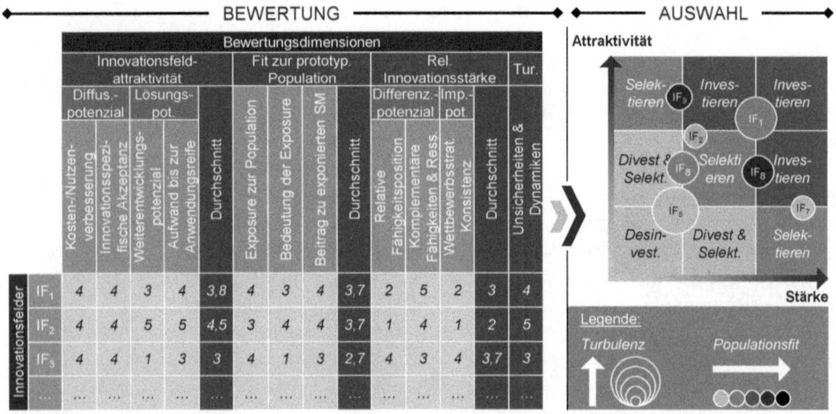

Abbildung 4-45: Bewertung und Auswahl von strategischen Innovationsfeldern[1071]

Um zu prüfen, ob das Ergebnis der Auswahl von Innovationsfeldern ein ausgewogenes Innovationsportfolio bildet, bietet sich eine Strukturierung nach dem zeitlichen Horizont sowie der Art von Innovationen an. Während eine Ausgewogenheit über den Zeithorizont eine kontinuierliche *„Entwicklungspipeline"* sicherstellen soll, reflektiert die Art von Innovationen deren relative Bedeutung für die Erneuerung des Unternehmens[1072]. Für eine Strukturierung der hinter den Innovationsfeldern liegenden -aktivitäten schlagen sowohl BEINHOCKER als auch ECKERT das Modell der drei Horizonte nach BAGHAI, COLEY ET AL. vor[1073]. Hiernach beschreibt der erste Horizont Innovationen, die das bestehende Kerngeschäft festigen und ausbauen. Der zweite Horizont umfasst demgegenüber den Aufbau neuer Fähigkeiten, um nahegelegene Geschäftsopportunitäten zu erschließen. Der dritte Horizont beschreibt schließlich Innovationen, die das Potenzial bieten, in Zukunft zum neuen Kerngeschäft der Unternehmung zu avancieren.[1074] Um diese drei Horizonte zu balancieren, nutzt

---

1070 vgl. Ewald (1994), Marktplanung, S. 74f.; Meffert et al. (2015), Marketing, S. 260f.

1071 i. A. a. Ewald (1994), Marktplanung, S. 74; Hinterhuber et al. (1996), Strategisches Management, S. 293f.; Meffert et al. (2015), Marketing, S. 260f.

1072 vgl. Wördenweber, Wickord (2008), Innovationsmanagement, S. 202ff.

1073 vgl. Beinhocker (1999), Strategies, S. 101; Eckert (2018), Echtzeitunternehmen, S. 78

1074 vgl. Baghai et al. (1999), Alchimie, S. 3ff.

GOOGLE eine 70-20-10-Logik, nach welcher 70% der Innovationen das Kerngeschäft stützen, 20% der Innovationen an das Kerngeschäft angelehnt sind und 10% der Innovationen keinerlei Bezug zum Kerngeschäft aufweisen[1075]. Abbildung 4-47 illustriert den sich ergebenden Setzkasten, mit welchem die Ausgewogenheit des Innovationsportfolios reflektiert wird. So sollte kurzfristig die höchste Priorität (A) auf Innovationen zur Sicherung des Kerngeschäfts liegen, sodass in nachgelagerter Priorität (B) die notwendigen Ressourcen für mittel- bis langfristige Innovationen zur Verfügung stehen. In diesem Kontext sollte jedoch von langfristig inkrementellen Innovationen zur Sicherung des Kerngeschäfts abgesehen werden, da hierdurch ein strategischer Drift begünstigt wird (vgl. Unterkapitel 2.1.4). Als Indikatoren für den Reifegrad der prototypischen Auswahl von Innovationsfeldern bieten sich dabei die Turbulenz und der Populationsfit an, da sich die weitere Planungskonsequenz von Inkrementen der technologie- und innovationsstrategischen Positionierung hieran orientieren sollte.

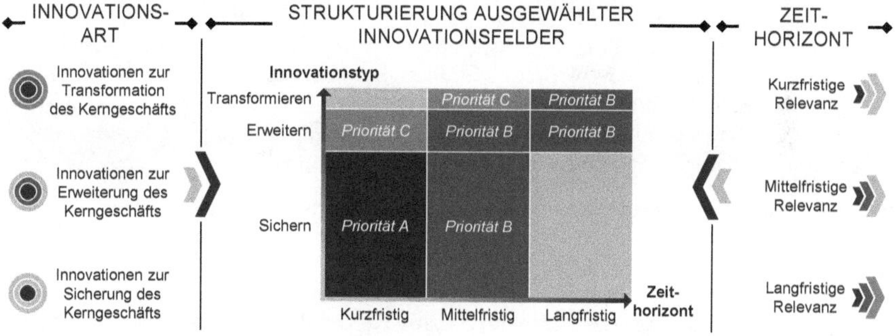

Abbildung 4-46: Strukturierung des ausgewogenen Innovationsportfolios[1076]

4.3.2.3 Innovationsstrategischer Prototyp

Ausgehend von den prototypisch selektierten Innovationsfeldern gilt es, die innovationsstrategische Positionierung in diesen zu präzisieren. Gemäß dem verkürzten, konzeptionellen Verständnis einer Innovationsstrategie der vorliegenden Arbeit bedarf es hierzu Aussagen entlang der Entscheidungsdimensionen des angestrebten Innovationsgrades und -timings sowie zum verfolgten Innovationsimpuls (vgl. Unterkapitel 2.2.2).

Positionierung der Unternehmung entlang des Innovationsgrads

In Bezug auf den angestrebten Innovationsgrad gilt es, die Unternehmung im Spektrum von inkrementellen und radikalen Innovationen zu positionieren[1077]. Hinsichtlich einer kontextsensitiven Entscheidung für die Positionierungsalternativen der Entscheidungsdimension existieren in der Literatur nur eingeschränkte Empfehlungen. Da die Innovationsfelder

---

[1075] vgl. Google for Work (o. J.), Culture, S. 5

[1076] i. A. a. Baghai et al. (1999), Alchimie, S. 3ff.; Google for Work (o. J.), Culture, S. 5; Wördenweber, Wickord (2008), Innovationsmanagement, S. 202ff.

[1077] vgl. Schreiner (2006), Innovationskompetenz, S. 18ff.; Rauth (2012), Timingstrategien, S. 14ff.

„bottom-up“ aus Innovationsaspekten aggregiert wurden, erscheint es daher sinnvoll, diese als Indikator zu nutzen. Aufbauend auf den in Bezug auf die wettbewerbsstrategische Population von Möglichkeiten priorisierten Innovationsaspekten sind somit Rückschlüsse auf den damit einhergehenden Innovationsgrad des Innovationsfelds zu ziehen. Sollte das Top Management aufgrund seiner Intuition und langjährigen Erfahrung oder unternehmenspolitischen Gründen sich für ein vom Indikator abweichendes Innovationsziel entscheiden, so bedarf es sinnvollerweise einer Anpassung der Rangfolge von Innovationsaspekten an den angestrebten Innovationsgrad. Da es auf Ebene des Innovationsfeldportfolios in der Praxis oftmals zu einer Ressourcenzersplitterung kommt, merkt GLAß an, dass die Entscheidung für einen inkrementellen oder radikalen Innovationsgrad im strategischen Gesamtzusammenhang zu sehen ist. Werden vorwiegend inkrementelle Innovationsfelder verfolgt, empfiehlt sich eine Fokussierung auf das Wesentliche. Werden demgegenüber eher radikale Innovationsfelder mit höherer Turbulenz verfolgt, ist es aufgrund einer zu erwartenden Abbruchquote sinnvoll, sich in einer höheren Anzahl von Innovationsfeldern zu positionieren.[1078] BRADLEY, HIRTH ET AL. stellen jedoch in ihren Untersuchungen fest, dass Unternehmen häufig nur inkrementelle Innovationsfelder verfolgen, infolge derer keine ausreichende Differenzierung von den restlichen Wettbewerbern der Branche erfolgt[1079]. Um strategischen Drift (vgl. Unterkapitel 2.1.4) zu vermeiden, ist somit über das gesamte Innovationsfeldportfolio hinweg auf einen situativ ausreichend hohen Innovationsgrad zu achten.

Positionierung der Unternehmung entlang des Innovationstimings

In Bezug auf das angestrebte Innovationstiming gilt es, die Unternehmung im zeitlichen Spektrum relativ zum Wettbewerb zu positionieren. Dabei werden hauptsächlich drei Positionierungsalternativen unterschieden: Innovator *(„Pionier“)*, früher Folger *(„schneller Zweiter“)* sowie später Folger[1080]. Im Gegensatz zu der Entscheidung hinsichtlich des angestrebten Innovationsgrades wird die Entscheidung zum Innovationstiming deutlich umfangreicher in der Literatur diskutiert. Anhang 30 strukturiert die in der Literatur gängigen Einflussvariablen, welche eine Auswirkung auf die Wahl des Innovationstimings besitzen. Ausgehend von einer Clusterung der Einflussvariablen zu übergeordneten Indikatoren wird deutlich, dass zwei Arten von Indikatoren zu unterscheiden sind: übergreifende Indikatoren, welche sich an den Charakteristika der Unternehmung und des Umfelds im Allgemeinen orientieren (vgl. Unterkapitel 4.1.3 sowie 4.2.1) und innovationsfeldspezifische Indikatoren, welche im konkreten Zusammenhang mit dem Unternehmen und dem Umfeld stehen. So ist bspw. das Risikoverhalten oder die Agilität eines Unternehmens zu Ersterer und Markteintritts- sowie -austrittsbarrieren oder innovationsfeldspezifische Wettbewerbsvergleiche zu Letzterer zu zählen. Analog der Bewertung von Innovationsfeldern zur Innovationsfeldauswahl werden die Indikatoren entsprechend der Positionierungsempfehlungen in der Literatur qualitativ anhand einer Fünfpunkt-Ordinalskala operationalisiert (vgl. Anhang 31). Dabei ist ein Positionierungsvorschlag wie zuvor durch Schwerpunktbildung eines Bewertungsintervalls in Verbindung mit Mittel- bzw. Erwartungswerten zu erarbeiten. Die

[1078] vgl. Glaß (2020), Innovationsstrategien, S. 16

[1079] vgl. Bradley et al. (2018), Hockey Stick, S. 8

[1080] vgl. Hutterer (2013), Dynamic Capabilities, S. 75; Hübner (2002), Integratives Innovationsmanagement, S. 108

mit einem Innovationsfeld assoziierte Turbulenz wird einerseits für den dominanten Positionierungsvorschlag und andererseits für dessen Breite des Positionierungsintervalls ergänzend als Indikator hinzugezogen. So sprechen in Abhängigkeit der Risikobereitschaft des Unternehmens hohe Dynamiken und Unsicherheiten eines Innovationsfelds tendenziell für ein abwartendes Verhalten, während geringe Turbulenz eine belastbarere Planungsgrundlage und somit proaktives Verhalten impliziert. In Bezug auf technologische Innovationen stellt HARMANN zudem fest, dass für diese oftmals ein proaktives Verhalten notwendig ist, um rechtzeitig Netzwerkeffekte mit ergänzenden Technologien und Rahmenbedingungen schaffen zu können[1081]. Dabei sind die operationalisierten Indikatoren entsprechend den Empfehlungen in der Literatur aufsteigend geordnet, sodass eine tiefere Einordnung auf eine Positionierung als *„später Folger"* und ein höherer Schwerpunkt auf eine Positionierung als *„Pionier"* hindeutet. Das resultierende prototypische Positionierungsintervall ist somit vielmehr als Ergebnis einer gemeinsamen Reflexion als eine exakt-analytische und endgültige Entscheidung zu verstehen.

Positionierung der Unternehmung entlang des Innovationsimpulses

In Bezug auf den Innovationsimpuls gilt es, die Unternehmung im Spektrum von markt- (*„market-pull"*) und technologiebasierter (*„technology-push"*) Induktionsrichtung zu positionieren. Ebenso wie die Wahl des Zeitpunktes für den Markteintritt von Innovationen existieren hinsichtlich derer Induktionsrichtung Forschungsarbeiten, welche situative Empfehlungen zur Wahl einer Positionierungsalternative erarbeiten. Anhang 32 strukturiert die in der Literatur gängigen Einflussvariablen, welche eine Auswirkung auf die Wahl der Induktionsrichtung besitzen. Hierbei wird deutlich, dass übergreifende Indikatoren denen des Innovationstimings ähneln (bspw. die Agilität der Unternehmung oder deren Risikoverhalten) und weniger innovationsfeldspezifische Indikatoren beschrieben werden (angestrebter Innovationsgrad sowie Sichtbarkeit der Kundenanforderungen). Anhang 33 operationalisiert die Indikatoren qualitativ anhand einer Fünfpunkt-Ordinalskala, wobei eine tiefere Einordnung in der Literatur eine Präferenz für einen *„market-pull"* und ein höherer Schwerpunkt einen *„technology push"* als Ausgangspunkt der gemeinsamen Reflexion impliziert. Dabei ist jedoch zu beachten, dass mittlerweile eine phasen- und situationsabhängige Gültigkeit beider Induktionsrichtungen angenommen wird[1082]. Eine neutrale Einordnung ist somit als Kombination von *„market-pull"* und *„technology-push"* zu interpretieren. Auch JOHNSON, SCHOLES ET AL. stellen fest, dass in der Praxis Unternehmen häufig einen Kompromiss zwischen den beiden Perspektiven finden, welcher über die Industrien und die Zeit variiert[1083].

Auf Basis der selektierten Innovationsfelder ergibt sich der innovationsstrategische Prototyp in Form eines ausgeglichenen Innovationsportfolios, in welchem die Unternehmung intervallpositioniert ist. Dabei sind die Fundierung des Innovationsfeldes im Portfolio sowie die Intervallbreite der Positionierung abhängig von den Unsicherheiten und Dynamiken, denen ein Innovationsfeld unterworfen ist. Durch abnehmende Turbulenz sowie den Erkenntnis-

---

[1081] vgl. Harmann (2003), Patente, S. 56

[1082] vgl. Hutterer (2013), Dynamic Capabilities, S. 73f.

[1083] vgl. Johnson et al. (2008), Corporate Strategy, S. 326

gewinn einer fortschreitenden Strategieentwicklung konvergiert der innovationsstrategische Prototyp somit schließlich zu einer klassisch implementierbaren Strategie.

4.3.3 Technologiestrategische Handlungsoptionen

Basierend auf den getroffenen Entscheidungen des innovationsstrategischen Prototyps werden die technologiestrategischen Handlungsoptionen abgeleitet und damit das zukünftige Technologiespektrum der Unternehmung sinnvoll eingegrenzt. Gemäß dem erläuterten Zusammenhang zwischen dem Innovations- und Technologiespektrum (vgl. Unterkapitel 3.4.2) kommt dabei dem Technologiespektrum allgemein die Funktion der Befähigung zur Innovation durch den gezielten Aufbau von (technologischen) Fähigkeiten zu[1084]. Da benötigte Fähigkeitsbereiche über das Technologiespektrum hinausgehen können (bspw. organisatorische Fähigkeiten oder Fähigkeiten des Managements), erscheint es sinnvoll, diese ebenfalls im Rahmen der technologiestrategischen Handlungsoptionen zu reflektieren. Auf diese Weise profitieren Stakeholder von Funktionalstrategien (bspw. jene der Beschaffungs- oder Finanzstrategie) von den gewonnenen Erkenntnissen und eine Synchronisation der Teilstrategien im Strategiesystem des Unternehmens wird erleichtert (vgl. Unterkapitel 2.2.3). Im Rahmen der technologischen Positionierung (vgl. Unterkapitel 4.4.2) werden hierdurch Entscheidungen zu den technologischen Fähigkeiten fokussiert, ohne dass erarbeitete Informationen und Erkenntnisse verloren gehen.

Das zentrale Bezugsobjekt einer technologischen Positionierung stellen Technologiefelder dar (vgl. Unterkapitel 2.2.2). Technologiefelder sind im Rahmen des Optionsmodells analog der Innovationsfelder einer Innovationsstrategie daher so lange als wertfreie Handlungsoptionen zu verstehen, bis eine bewusste Positionierung in diesen erfolgt. Für den weiteren Verlauf der Arbeit wird das Konzept eines Technologiefelds daher weiter detailliert.

SCHULTE-GEHRMANN, KLAPPERT ET AL. definieren i. A. a. EWALD ein (strategisches) Technologiefeld als einen Ausschnitt des gegenwärtigen sowie potenziell zukünftigen technologischen Betätigungsfelds einer Unternehmung[1085]. Dieses verbindet damit die naturwissenschaftlich-technische Ebene mit der technisch-ökonomischen Ebene einer Unternehmung[1086]. Ausgehend von dem immer komplexeren technologischen Umfeld, mit welchem Unternehmen konfrontiert werden, dient die Definition von Technologiefeldern gemäß SCHUH, SCHÖN dabei der sinnvollen Strukturierung übergeordneter Technologiethemen[1087]. Technologiefelder zeichnen sich somit einerseits dadurch aus, dass sie relativ unabhängig voneinander geplant werden können. Andererseits müssen die einzelnen Technologien eines Technologiefelds nicht unabhängig voneinander sein, sondern können sowohl in konkurrierender als auch komplementärer oder neutraler Beziehung zueinanderstehen.[1088]

[1084] vgl. Schuh, Schön (2014), Technologiefelder, S. 931f.

[1085] vgl. Schulte-Gehrmann et al. (2011), Technologiestrategie, S. 61

[1086] vgl. Ewald (1989), Organisation, S. 36ff.; Specht, Michel (1988), Integrierte Portfolios

[1087] vgl. Schuh, Schön (2014), Technologiefelder, S. 931

[1088] vgl. Bullinger (1994), Technologiemanagement, S. 95ff.

Wie im Rahmen der Ableitung von Innovationsfeldern bereits angeführt wurde, stellen Funktionen für Technologiefelder das kritische Bindeglied dar, um die naturwissenschaftlich-technische mit der ökonomisch-technischen zu verbinden. So argumentieren KIRCHGEORG, BELLERSHEIM ET AL., dass auf Ebene der Funktionen Eigenschaftsbündel von Leistungen auf die vom Markt gewünschten Zustände treffen und eine für die Konsumentenentscheidung relevante Ziel-Mittel-Beziehung bilden[1089].

GOMERINGER stellt daher fest, dass Technologiefelder funktionsorientiert gegliedert werden sollten[1090]. Dabei beschreiben Funktionen gemäß SCHUH Zusammenhänge, welche vor dem Hintergrund von Eingang und Ausgang eines Systems zu Erfüllung einer speziellen Aufgabe dienen[1091]. Durch Dekomposition von Funktionen zwecks Identifikation von Technologien erfolgt mittels Bündelung alternativer, konkurrierender oder substituierender Technologien mit gleicher Funktionserfüllung zu Technologiefeldern somit eine Komplexitätsreduktion[1092]. Als Werkzeug für diese Komplexitätsreduktion nutzen SCHULTE-GEHRMANN, KLAPPERT ET AL. den zuvor eingeführten Technologiebaum (vgl. Abbildung 4-43)[1093]. Hiermit wird das unternehmensspezifische Zusammenspiel von Technologiefeldern ausgehend von Produkttechnologien (bspw. *„Achsen"*), Produktionstechnologien (bspw. *„Drehen"*), Materialtechnologien (bspw. *„Keramik"*), Unterstützungstechnologien (bspw. *„Werkzeugbau"*) sowie Funktionen (bspw. *„Oberflächenbearbeitung"*) dargestellt[1094].

Basierend auf dieser konzeptionellen Grundlage von Technologiefeldern als technologische Handlungsoptionen entstammen Fähigkeitsaspekte zur Bildung von Technologiefeldern im Rahmen der vorliegenden Methodik aus drei Modellbereichen. Einerseits wurden retrospektive Fähigkeiten in der internen und prospektive Fähigkeiten in der externen Perspektive der Analyse erfasst (vgl. Teilkapitel 4.2). Andererseits ergeben sich aus den Diskussionen im Rahmen der Evaluation von Innovationsfeldern neue *„White Spots"* hinsichtlich von Fähigkeitsaspekten, welche eine höhere oder geringere *„Innovationsfeldstärke"* einer Unternehmung bedingen. Wie eingangs erläutert empfiehlt es sich dabei mit Blick auf das Ziel, Technologiefelder abzuleiten, technologische Fähigkeitsaspekte von anderen Fähigkeitsbereichen (bspw. organisatorische Aspekte oder Managementaspekte) zu differenzieren. Diese Technologieaspekte dienen damit als Eingangsgrößen für die von GOMERINGER beschriebene, funktionsorientierte Gliederung von (Einzel-) Technologien zu Technologiefeldern. Da GOMERINGER diese Strukturierung jedoch nur für Produkttechnologien detailliert, bedarf es einer weiteren Präzisierung für Produktions-, Material- sowie Unterstützungstechnologien im Rahmen der vorliegenden Arbeit. Wird die Strukturierung eines Produkts in Systemebenen übertragen, entspricht dies in der Produktion einer Hierarchisierung von (Produktions-) Prozessen. Dabei entspricht die *„Funktion"* eines jeweiligen Prozessschritts einem bestimmten

1089 vgl. Hutterer (2013), Dynamic Capabilities, S. 74; Kirchgeorg et al. (2011), Technological Discontinuitites, S. 1f.; Kreuper et al. (2008), Means-End-Chains, S. 181ff.

1090 vgl. Gomeringer (2007), Technologieplanung, S. 87; Mangoldt (2018), Diversifikation, S. 155

1091 vgl. Schuh et al. (2012), Produktarchitekturgestaltung, S. 123

1092 vgl. Gomeringer (2007), Technologieplanung, S. 85ff.

1093 vgl. Schulte-Gehrmann et al. (2011), Technologiestrategie, S. 62ff.

1094 vgl. Schuh et al. (2014), Technologieplanung, S. 59; Schuh, Schön (2014), Technologiefelder, S. 932

Fertigungsauftrag, welcher einen Beitrag zu den Eigenschaften und Funktionen des Produkts leistet.[1095] Materialtechnologien lassen sich zunächst anhand von Materialgruppen (bspw. *„Metalle"* oder *„Kunststoffe")* strukturieren[1096]. Darüber hinaus impliziert eine funktionsorientierte Strukturierung von Materialtechnologien eine Gliederung nach Materialeigenschaften (bspw. *„Halbleiter"*, *„Gewicht"* oder *„Temperaturbeständigkeit")* für einen bestimmten Einsatzzweck (bspw. *„Leichtbau"* oder *„Luftfahrt")*. Wie bereits der Begriff einer Unterstützungstechnologie impliziert, ist es schwierig, diese losgelöst von einem Anwendungskontext abstrakt zu strukturieren. Es erscheint daher sinnvoller, Unterstützungstechnologien abhängig ihres Zusammenhangs zu den jeweiligen Produkt-, Produktions- und Materialtechnologien zu gliedern (bspw. *„Werkzeugbau"* im Produktionskontext oder *„Flow-Field-Design"* im Produktkontext). Demgegenüber impliziert eine funktionsorientierte Strukturierung von Unterstützungstechnologien im Zusammenhang mit (der zunehmenden Relevanz digitaler) Dienstleistungen eine Gliederung nach Aufgaben von jeweiligen Leistungsbausteinen (bspw. *„Application Programming Interface API"* zur Einbindung von Partnern bei Plattformdienstleistungen). Abbildung 4-47 illustriert die Ableitung und Strukturierung von Technologieaspekten zu Technologiefeldern. Hierzu werden zunächst Fähigkeitsaspekte aus den internen und externen Analysebereichen sowie den Innovationsfeldern und -positionierungen gesammelt. Dabei werden Aspekte der technologischen Fähigkeitsbereiche von den übrigen differenziert und anhand ihres Produkt-, Produktions-, Material- oder Datenbezugs den Technologiearten zugeordnet. Entsprechend dem jeweiligen Strukturierungsschema (bspw. in Systemebenen für Produkttechnologien) und Gliederungskriterium (bspw. nach Funktionen für Produkttechnologien) werden schließlich die einzelnen technologischen Fähigkeiten zu Technologiefeldern aggregiert.

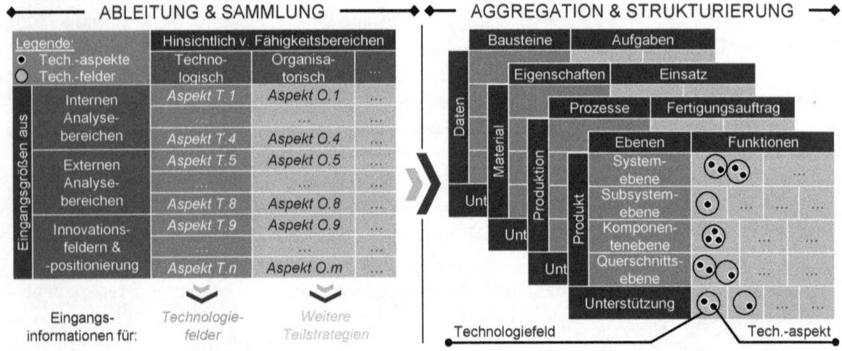

Abbildung 4-47: Ableitung von Technologiefeldern zur Strukturierung in einem Technologiebaum[1097]

[1095] vgl. Löffler (2011), Strukturplanung, S. 13ff.

[1096] vgl. Schuh et al. (2009), Hybride Produktion; Schirrmeister et al. (2013), Nanoelektronik, S. 96ff.; Schuh et al. (2014), Beschaffungsmarktforschung, S. 157ff.

[1097] i. A. a. Gomeringer (2007), Technologieplanung, S. 87; Mangoldt (2018), Diversifikation, S. 136

4.3.4 Zwischenfazit: Optionen als Ausdruck strategischer Resilienz und Agilität

Als drittes Modell der zu entwickelnden Methodik wurde in Teilkapitel 4.3 die Synthese von strategischen Optionen detailliert. Entsprechend der unmittelbaren Orientierung der Technologie- an der Wettbewerbsstrategie wurde hierfür zunächst der *„möglichkeitsbasierte Ansatz"* nach LAFLEY, MARTIN ET AL. aufgegriffen. Dabei wird die Kreativität zur Synthese innovativer strategischer Möglichkeiten durch Instrumente unterstützt und deren Ergebnisse sukzessive verfeinert. Entgegen der singulären Auswahl einer *„besten"* Strategie wird durch Evaluation einer Rangfolge sowie Prüfung derer Geltungsbereiche und Kompatibilitäten BEINHOCKER gefolgt, der sich in einem turbulenten Unternehmensfeld für eine robust adaptive Population von Strategien ausspricht. Davon ausgehend wurde konkretisiert, wie aus den Transitionen von (temporären) wettbewerbsstrategischen Positionen systematisch ein innovationsstrategischer Optionsraum abgeleitet wird. Zur Unterstützung der innovationsstrategischen Positionierung der Unternehmung wurden entlang der dominanten Entscheidungsdimensionen (Auswahl, Innovationsgrad, Innovationstiming, Innovationsimpuls) Orientierungshilfen zur Wahl eines logischen Positionierungsintervalls geben. Schließlich wurde aufgezeigt, wie aus dem prototypisch eingegrenzten innovationsstrategischen Optionsraum die relevanten Technologiefelder abgeleitet werden. Hierzu wurden anhand des Technologiebaums sinnvolle Gliederungsprinzipien für die verschiedenen Technologiearten des technologiestrategischen Optionsraums erläutert.

Auf Basis des detaillierten Optionsmodells konnte somit die Leitfrage aus Teilkapitel 1.3 beantwortet werden, wie innovative, strategische Lösungsoptionen synthetisiert und bewertet werden können. Um eine stimmige Gestalt von Wettbewerbs-, Innovations- sowie Technologiestrategie zu erreichen, kaskadieren die Optionen, deren Bewertungen sowie letztlich die Positionierungen. Zur Unterstützung des Anwenders, diesem roten Faden zu folgen, wird eine Reihe von Werkzeugen genutzt. In diesem Kontext heben RIGBY und MINTZBERG hervor, dass Werkzeuge stets dem Nutzen des Anwenders dienen und nicht umgekehrt. Es kommt somit darauf an, zu lernen, welches Werkzeug wann und wie anzuwenden sei.[1098] Wie noch einmal im Rahmen von Unterkapitel 4.5.3 ausführlicher erläutert wird, bedeutet dies bezogen auf die Methodik, dass der Anwender evaluieren muss, welches Verhältnis von formal-analytischen Werkzeugen sowie pragmatischer Intuition ihm den situativ größten Nutzen bietet. In Bezug auf den Anwendungsaufwand von Werkzeugen ist zudem festzustellen, dass die operationalisierte Neuerung einer Strategiepopulation und eines strategischen Prototyps komplexer im Umgang erscheint als die Auswahl einer einzelnen, diskreten Strategie. Insofern zieht dies ebenfalls höhere Koordinationsaufwände nach sich, welche jedoch über die sukzessive Konvergenz der Strategieprototypen zu einer langfristig implementierbaren Strategie wieder abnehmen. Jedoch erscheinen diese Mehraufwände im vorliegenden Kontext absolut gerechtfertigt, da hieraus eine höhere Robustheit, Flexibilität und Adaptivität erwächst. Etwaige Mehraufwände dürften in einem volatilen Unternehmensumfeld somit durch Blindleistungen einer operationalisiert, implementiert, aber unmittelbar obsolet gewordenen Strategie sowie deren Neuentwicklung kompensiert werden. Durch die spezifischere statt bisher allgemeinere Turbulenzanalyse des Umfelds wird somit der Grundstein im Optionsmodell gelegt, um

---

[1098] vgl. Mintzberg et al. (2005), Strategy Safari, S. 78; Rigby (1993), Tools, S. 15

selektiv das Committment für eine Positionierung mit dessen Belastbarkeit der Planungsprämissen zu korrelieren. Infolge dessen können sich aus belastbareren Planungsprämissen erste Eckpfeiler bzw. Trittsteine *(„Corner Stones"* bzw. *„Stepping Stones")* bilden, welche eine geringere Gefahr der Obsoleszenz und damit ein gewisses Orientierungspotenzial bieten[1099].

Neben dem zuvor detaillierten Analysemodell stellt das Optionsmodell das zweite Herzstück der iterativen Methodik zur Entwicklung von Technologiestrategien dar. Um nahtlos in das Analysemodell zu greifen, hat auch das Optionsmodell einen erheblichen Umfang angenommen. Der Grund hierfür wird im Vergleich zu den etablierten Ansätzen der Technologiestrategieentwicklung (bspw. nach SCHULTE-GEHRMANN, KLAPPERT ET AL.) deutlich: Während traditionelle Ansätze unmittelbar aus der Analyse Technologiefelder ableiten und hierfür eine Positionierung vornehmen, erarbeitet die vorliegende Methodik zunächst eine wettbewerbs- und innovationsstrategische Positionierung, sodass die stark ressourcenorientierten Technologiefelder um eine Marktorientierung ergänzt werden. Wird der Umfang des Optionsmodells mit einer eigenständigen Entwicklung von Wettbewerbs-, Innovations- sowie Technologiestrategien verglichen, erscheint das Optionsmodell in dieser Relation als kompakt. Abseits von einer Anwendung in einem volatilen Unternehmensumfeld zeigt das Optionsmodell somit einem Anwender mit einer Wettbewerbs-, jedoch keiner Technologiestrategie auf, wie er eine solche bei steigender Technologierelevanz entwickeln kann. In diesem Zusammenhang ist ebenfalls der Umfang des Optionsmodells von dessen Anwendungsaufwand zu differenzieren. So wurden aufgrund der Kontingenz von Anwendungssituationen bspw. im Rahmen der Generierung wettbewerbsstrategischer Möglichkeiten semi-formalisierte Modelle aufgezeigt, die ein Anwender nur dann nutzt, wenn das Strategieteam mittels Intuition und Erfahrung zu keinem Ergebnis kommt. Auf diese Mechanismen zur Verkürzung des Anwendungsaufwands wird näher im Rahmen von Unterkapitel 4.5.3 eingegangen.

4.4 Technologische Ziele und Positionierung der Unternehmung

Ausgehend von dem wettbewerbsstrategischen Korridor, der innovationsstrategischen Positionierung sowie dem hiermit assoziierten technologiestrategischen Optionsraum aus Teilkapitel 4.3 wird schließlich die turbulenzinduzierte Technologiestrategie formuliert. Anhand einer Einordnung beider Anwendungsmodi in das Portfolio der Strategieprozesstypen nach MINTZBERG resultiert hieraus zunächst ein visionäres Leitbild als Ergebnis des Explorationsmodus (vgl. Teilkapitel 3.4). Durch eine Transition von einer initial bewussten Strategiebildung zu der bewussten Steuerung einer emergenten Strategiebildung ergibt sich auf Basis einer Positionierung als Ergebnis des Investigationsmodus ein wagender *(„venturing")* Strategieprozesstyp.[1100]

Anknüpfend an die Strukturierung des Optionsmodells (vgl. Teilkapitel 4.3) bedarf es im Explorationsmodus zur Entwicklung einer technologischen Vision als Leitbild generierende und beschreibende Aktivitäten. Demgegenüber werden ausgehend von den generierten Technologie- und Innovationsfeldern des Optionsmodells evaluierende sowie selektierende Akti-

[1099] i. A. a. Lancry et al. (2017), Digital Strategy, S. 3f.

[1100] vgl. Mintzberg et al. (2005), Strategy Safari, S. 202

vitäten zur Entwicklung einer technologiestrategischen Positionierung benötigt. Wie bestehende Ansätze zur Entwicklung von Technologiestrategien sowie deren Referenzmodellierung zeigen (vgl. Teilkapitel 2.6 und 3.4), bedarf es abschließend einer Konsistenz- bzw. Logikprüfung der formulierten Technologiestrategie. Abbildung 4-48 illustriert die sich ergebende Struktur des Ziel- und Positionierungsmodells mit zwei Teilmodellen (Ziele und Positionierung), welche auf Basis des fortlaufenden Erkenntnisgewinns einer iterativen Methodik zur Transition von einem visionären (d.h. einer bewussten Strategiebildung als Perspektive) zu einem wagenden (d.h. einer emergenten Strategiebildung als Position) Strategieprozesstyp genutzt werden. So wird zunächst im Rahmen von Unterkapitel 4.4.1 eine technologische Vision erarbeitet, bevor zur Entwicklung einer technologischen Positionierung (vgl. Unterkapitel 4.4.2) die Technologiefelder bewertet und selektiert (vgl. Abschnitt 4.4.2.1), die Unternehmung hierin prototypisch positioniert (vgl. Abschnitt 4.4.2.2) sowie der resultierende Technologiestrategieprototyp auf dessen Logik untersucht werden (vgl. Abschnitt 4.4.2.3).

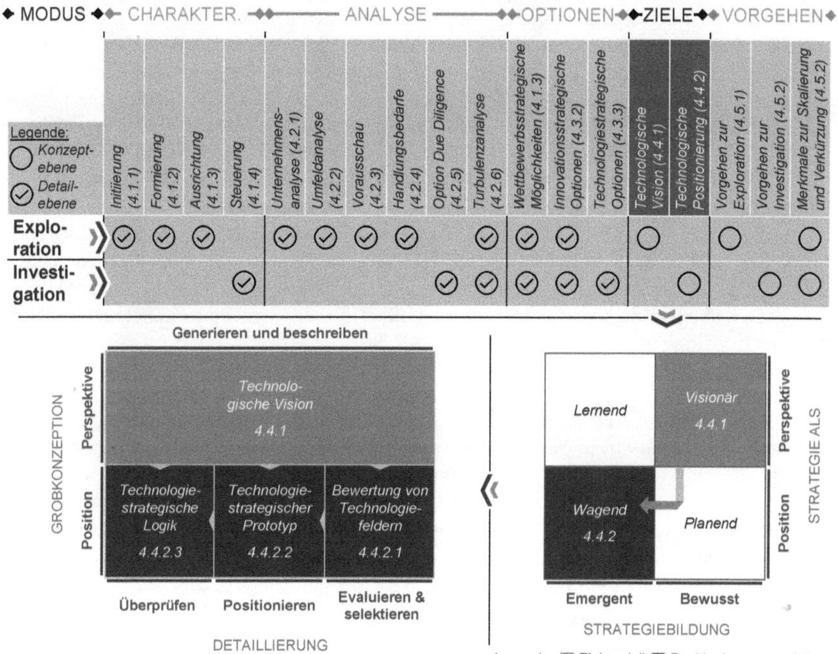

Abbildung 4-48: Struktur und Teilmodelle des Ziel- und Positionierungsmodells[1101]

[1101] i. A. a. Mintzberg et al. (2005), Strategy Safari, S. 202; Johnson, Scholes (1988), Corporate Strategy; Pillkahn (2008), Scenarios, S. 235

4.4.1 Prototyp der technologischen Vision

Entsprechend der zuvor erläuterten Beziehung der Unternehmensvision und -strategie (vgl. Abschnitt 4.1.3.1) bedarf auch die Technologiestrategie eines langfristigen, übergeordneten Leitmotivs, um einzelne strategische Entscheidungen implizit sowie explizit zu synchronisieren[1102]. Dieses wird in der Literatur als *„technologische Vision"* oder auch *„technologisches Leitbild"* beschrieben. Die technologische Vision fungiert damit als eine Art *„Leuchtturm"* oder *„Nordstern"* für die Ausrichtung der Technologiestrategie, welche über spätere Technologie-Roadmaps von technologischen Entwicklungspfaden angesteuert wird[1103]. Da die technologische Vision somit einen normativen Charakter besitzt, bedarf es einer Abstimmung und Einordnung in den Gesamtrahmen der übergeordneten Unternehmensvision[1104]. Gleichzeitig betonen SCHULTE-GEHRMANN, KLAPPERT ET AL., dass es dennoch einer klaren Abgrenzung von den Unternehmensleitbildern bedarf, da diese Technologie nicht als eigentliches Betrachtungsobjekt ansehen[1105].

Subsumierend ist daher festzustellen, dass die technologische Vision von einem sehr hohen Abstraktionsgrad charakterisiert ist und somit der kreative-visionäre Akt, der zu diesem Ergebnis führt, schwer greifbar ist. So finden sich in der Literatur zwar Erläuterungen zu dem konzeptionellen Verständnis einer technologischen Vision, jedoch verbleiben die prozessualen Hilfestellungen für einen Anwender zu unkonkret für die vorliegende Methodik. Damit ergibt sich analog der kreativen Generierung von strategischen Möglichkeiten (vgl. Abschnitt 4.3.1.1) ein Akt der Balance, in welchem der Versuch einer vollständigen Formalisierung und Systematisierung zum Scheitern verurteilt und teilweise sogar falsch wäre. Im Folgenden werden daher nur sehr grob relevante Eingangsgrößen zur Entwicklung einer technologischen Vision dargestellt (vgl. Abschnitt 4.4.1.1). Für die vorliegende Methodik werden hierauf aufbauend zur kreativen und visionären Erarbeitung lediglich unterstützende Betrachtungsperspektiven dargestellt sowie grobe Anhaltspunkte für das Ergebnis der technologischen Visionsentwicklung gegeben (vgl. Abschnitt 4.4.1.2).

4.4.1.1 Relevante Eingangsgrößen der technologischen Visionsentwicklung

Eine zentrale Rolle für die technologische Vision spielen die Kernkompetenzen, welche in wenigen Leitsätzen durch ein Technologieleitbild verkörpert werden und damit die Grundlage für eine innerbetriebliche Technologiekultur bilden[1106]. Da sich (technologische) Kernkompetenzen unmittelbar auf die bestehenden Technologiefelder stützen, stellen auch sie eine relevante Eingangsgröße für die Visionsentwicklung dar[1107]. Für den beabsichtigten Zweck einer Vision bietet sich dabei eine Systematisierung nach dem Wettbewerbspotenzial bzw. der

---

[1102] vgl. Gassmann et al. (2018), Technologiemanagement, S. 18; Bachmann (2015), Logik, S. 23

[1103] vgl. Abele, Laube (2017), Technologie-Roadmapping zur Planung, S. 124; Schuh et al. (2014), Technologiestrategie, S. 12; Schuh, Wemhöner (2013), Konsistente Technologiestrategien, S. 288

[1104] vgl. Westkämper, Balve (2009), Technologiemanagement, S. 134; Gassmann et al. (2018), Technologiemanagement, S. 18

[1105] vgl. Schulte-Gehrmann et al. (2011), Technologiestrategie, S. 65f.

[1106] vgl. Westkämper, Balve (2009), Technologiemanagement, S. 134; Schuh et al. (2014), Technologiestrategie, S. 12

[1107] vgl. Mangoldt (2018), Diversifikation, S. 154f.; Schuh et al. (2015), Technological Competences, S. 2072ff.; Schuh et al. (2013), Diversification, S. 2349ff.

unternehmensinternen Anwendungsbreite an, um insbesondere die Kernkompetenztechnologiefelder in der Visionsentwicklung zu berücksichtigen[1108].

SCHULTE-GEHRMANN, KLAPPERT ET AL. sehen in einem technologischen Leitbild die grundsätzlich bevorzugte Entwicklungsrichtung einer Branche oder eines Unternehmens[1109]. Die in der Literatur größtenteils angeführten Eingangsgrößen sind jedoch stark von einer unternehmensinternen und retrospektiven Betrachtung geprägt. Insofern stellen für die vorliegende Methodik insbesondere die innovationsstrategischen Leuchttürme (vgl. Abschnitt 4.3.2.1) sowie die identifizierten Entwicklungstrajektorien des Umfelds (vgl. Abschnitt 4.2.3.3) sinnvolle Eingangsgrößen zur Visionsentwicklung dar. In Bezug auf die Systematisierung von bestehenden Technologiefeldern nach ihrem Wettbewerbspotenzial ist zudem die wettbewerbsstrategische Population von generierten Möglichkeiten von Interesse (vgl. Abschnitt 4.3.1.3). Durch den Abstimmungsbedarf der technologischen Vision mit der Unternehmensvision ist letztlich auch der eingangs aufgenommene, normative Bezugsrahmen eine wichtige Eingangsgröße für die Verbalisierung einer technologischen Vision (vgl. Abschnitt 4.1.3.1).

4.4.1.2 Perspektiven und rudimentäres Ergebnisformat der technologischen Vision

Allgemein beschreibt PROBST die Entwicklung einer Vision als *„schöpferische Suche [...] nach aussagekräftigen Bildern, prägnanten Begriffen und Sätzen“*[1110]. Dabei handelt es sich um einen partizipativen und kreativen Prozess des kollektiven Nachdenkens auf Ebene der Unternehmensführung, sodass möglichst viele Führungskräfte hierin involviert sein sollten[1111].

Um diesen bislang abstrakten Vorgang des kollektiven Nachdenkens für einen Anwender der Methodik zu konkretisieren, finden sich Anhaltspunkte in der Unternehmerschule *(„Entrepreneurial School“)* des strategischen Managements, welche die Strategieformierung als visionären Prozess begreift (vgl. Unterkapitel 2.1.3)[1112]. Als Rahmen für die unterstützenden Betrachtungsperspektiven wird daher das zugehörige Konzept des *„strategischen Denkens als Sehen“* nach MINTZBERG i. A. a. NÄSI zugrunde gelegt[1113]. Nach diesem bedingen drei Faktorpaare zusammen mit einem siebten, integrativen Element die Strategie als Vision:

Das erste Faktorpaar besteht in der Vorausschau *(„Seeing ahead“)*, welche jedoch gleichzeitig ein Verständnis der Vergangenheit benötigt *(„Seeing behind“)*. Das zweite Faktorpaar besteht in einer übergeordneten Betrachtungsperspektive der Organisation *(„Seeing down“)*, welche jedoch durch einen Kern *(„Gem“)* des Fundaments komplementiert werden muss *(„Seeing below“)*. Das dritte Faktorpaar besteht letztlich in der Kreativität eines lateralen Denkens, um aus bekannten Bahnen auszubrechen *(„Seeing beside“)* und dabei gleichzeitig eine Zukunft über das offensichtlich Bestehende hinaus zu konstruieren *(„Seeing beyond“)*. Letztlich müssen die verschiedenen Betrachtungsperspektiven kollektiv durchdacht werden *(„Seeing it through“)*, um

---

1108 vgl. Schuh et al. (2011), Grundlagen, S. 35

1109 vgl. Schulte-Gehrmann et al. (2011), Technologiestrategie, S. 65

1110 Probst, Wiedemann (2013), Strategie-Leitfaden, S. 21

1111 vgl. David, David (2015), Strategic Management, S. 170ff.; Ant (2018), Effizientes Management, S. 164ff.

1112 vgl. Mintzberg et al. (2005), Strategy Safari, S. 124

1113 vgl. Näsi (1991) Arenas; Liedtka (1998), Strategic Thinking, S. 121

eine handlungsleitende Vision zu entwickeln.[1114] Abbildung 4-49 ordnet die sieben Perspektiven des *„strategischen Denkens als Sehen"* den drei Zeithorizonten der Vergangenheit, Gegenwart und Zukunft zu, sodass diese nachfolgend in Beziehung zu den relevanten Eingangsgrößen der Visionsentwicklung gesetzt werden können.

Abbildung 4-49: Strategisches Denken als Sehen zur Visionsentwicklung[1115]

Demnach sind die innovationsstrategischen Leuchttürme sowie die Kernkompetenzen und bestehenden Technologiefelder dem ersten Faktorpaar zuzuordnen. Das zweite Faktorpaar besteht weiterhin in dem normativen Bezugsrahmen als *„Big Picture"*, für welchen zunächst die Unternehmenskultur als *„DNA"* verstanden werden muss, um auch das Gesamtbild nachvollziehen zu können. Um in Bezug auf das dritte Faktorpaar bestehende Denkpfade aufzuweiten, wird die *„Walt-Disney"*-Methode genutzt[1116]. Zu einem späteren Zeitpunkt der iterativen Methodikanwendung ist es zudem denkbar, hierfür alternative Zukunftsszenarien als Skalierung der Vorausschau zu nutzen (vgl. Abschnitt 4.2.3.3). Als Hilfsmittel für das Strategieteam, über das Bisherige hinauszusehen, bietet sich das Konzept der *„Shared Beliefs"* aus den Forschungsbereichen der Philosophie, kognitiven Psychologie sowie Unternehmenskultur an[1117]. So sieht VAN DEN STEEN eine Vision als eine tiefe Überzeugung *(„belief")* eines Managers an, welche einen Handlungsstrang für die Unternehmung ersinnt[1118]. In Bezug auf die Visionsentwicklung geben gemeinsame Überzeugungen *(„shared beliefs")* des Strategieteams über die Zukunft somit mögliche Ansatzpunkte über eine multifuturielle Vorausschau hinaus. Um die vorherigen Faktorpaare kollektiv zu durchdenken, gilt ein Workshop als geeigneter

---

[1114] vgl. Mintzberg et al. (2005), Strategy Safari, S. 126ff.

[1115] i. A. a. Mintzberg et al. (2005), Strategy Safari, S. 128; Liedtka (1998), Strategic Thinking, S. 126

[1116] vgl. Boysen (2013), Kreativitätstechniken, S. 175f.; Dilts (1994), Genius

[1117] vgl. Lee (2001), Shared Beliefs, S. 21ff.

[1118] vgl. van den Steen (2010), Shared Beliefs, S. 620f.

Rahmen, in welchem die zunächst vom Strategieteam vorbereiteten Ansatzpunkte zur Visionsentwicklung gemeinsam mit dem Top Management konkretisiert werden[1119].

Als Ergebnis des kollektiven Nachdenkens sollte eine technologische Vision anspruchsvolle Ziele auf einer ausreichend abstrakten Ebene formulieren, sodass einerseits der Lösungsraum nicht eingeschränkt wird und andererseits Handlungsmöglichkeiten aufgeworfen werden[1120]. Hiermit sollen die Mitarbeiter angespornt werden, das offensichtlich Unmögliche zu erreichen[1121]. Da das Ergebnis sowohl in kurzen prägnanten Begriffen und Sätzen als auch Bildern besteht, empfiehlt sich zudem die Einbindung von Zeichnern in die Visionsentwicklung[1122].

Technologische Vision des Unternehmens

Beispiel: In der Geschäftseinheit *„Global Technology Development Mechanization"* formulierte das Unternehmen PHILIPS 2009 die Vision *„We make quality visible and controllable"*. Dabei umfasst bspw. das Objekt *„quality"* technologische Aspekte der optischen 2D Erkennung von Konturen, Mustern oder Positionen. Die Adjektive *„visible"* sowie *„controllable"* beziehen sich hingegen auf technologische Aspekte wie bspw. die Bild- und Datenvorbereitung sowie -visualisierung. Damit gibt das Unternehmen die für dessen zukünftige Ausrichtung relevanten Technologiebereiche rudimentär vor.[1123]

4.4.2 Prototyp der technologiestrategischen Positionierung

Die technologiestrategische Positionierung konkretisiert die zuvor entwickelte technologische Vision. Wie die Darstellung der Grundlagen zu Inhalten von Technologiestrategien gezeigt hat, werden Technologiestrategien hierzu anhand von Positionierungsalternativen entlang von Entscheidungsdimensionen formuliert. Ausgehend von dem Verständnis aus Unterkapitel 2.2.2 werden hierunter die Entscheidungsdimensionen der Technologieauswahl, der -leistungsfähigkeit und des -timings sowie der -quelle und -verwertung begriffen. Dabei ist die Entscheidungsdimension der Technologieauswahl jedoch gemäß WOLFRUM sowie SCHULTE-GEHRMANN, KLAPPERT ET AL. den restlichen technologiestrategischen Entscheidungsdimensionen vorgelagert[1124]. Wird der Gedanke einer Kaskadierung fortgeführt, bietet sich anschließend an die Technologieauswahl die Formulierung des angestrebten Leistungsniveaus und Timings als zweite Stufe der Positionierung an. Hierfür spricht dreierlei: Erstens stellt die vorgelagerte innovationsstrategische Positionierung Anforderungen an die benötigte technologische Leistungsfähigkeit und das -timing von strategischen Technologiefeldern, um den angestrebten Innovationsgrad zu einem gegebenen Innovationstiming zu realisieren. Zweitens zeigt BACHMANN auf, dass Leistungsfähigkeit und

---

[1119] vgl. Bleicher (2017), Management, S. 177ff.; Gassmann et al. (2018), Technologiemanagement, S. 18

[1120] vgl. Schuh et al. (2014), Technologiestrategie, S. 12; Gausemeier, Plass (2014), Unternehmensgestaltung, S. 116

[1121] vgl. Hamel, Prahalad (2010), Competing, S. 23

[1122] vgl. Probst, Wiedemann (2013), Strategie-Leitfaden, S. 21

[1123] vgl. Wellensiek (2010), Diversifikation, S. 116f.

[1124] vgl. Wolfrum (1991), Technologiemanagement, S. 245f.; Schulte-Gehrmann et al. (2011), Technologiestrategie, S. 68

Timing von strategischen Technologiefeldern in einer engen, logischen Wechselwirkung zueinanderstehen. Drittens wirken sich sowohl die Leistungsfähigkeit als auch das beabsichtigte Timing auf die Entscheidung einer sinnvollen Höhe der Eigenentwicklung und damit auf die Technologiequelle aus.[1125]

Entsprechend der vorhergehenden innovationsstrategischen Positionierung wird auch für die technologiestrategische Positionierung ein iterativ konvergierendes Intervall angestrebt, um die Robustheit und Flexibilität in einem volatilen Umfeld zu erhöhen (vgl. Abschnitt 4.3.2.3). Während sich für die Entscheidungsdimensionen der Leistungsfähigkeit *(„gering bis hoch“)*, des Timings *(„früh bis spät“)*, der Quelle und der Verwertung *(„intern bis extern“)* natürliche Spektren für eine Intervallpositionierung ergeben, existieren für die Technologieauswahl keine natürlichen Positionierungsalternativen[1126]. Um dennoch eine Intervallpositionierung zu ermöglichen, wird daher die behelfsmäßige Entscheidungsdimension der Technologiefeldbreite eingeführt. Hierbei legen Anwender fest, wie eng oder breit ein Technologiefeld in Anbetracht der jeweiligen Turbulenz gefasst werden sollte. Die Technologiefeldbreite ermöglicht somit eine flexible Technologiestrategie, welche die von FELLNER konzeptionierten, absorbierenden Optionsfähigkeiten der *„strategischen Reprogrammierbarkeit“*, des *„strategischen Hedgings“* sowie der *„strategischen Versalität“* umfasst[1127]. Abbildung 4-50 illustriert die sich ergebenden Entscheidungsstufen zur Formulierung und Prüfung des technologiestrategischen Prototyps.

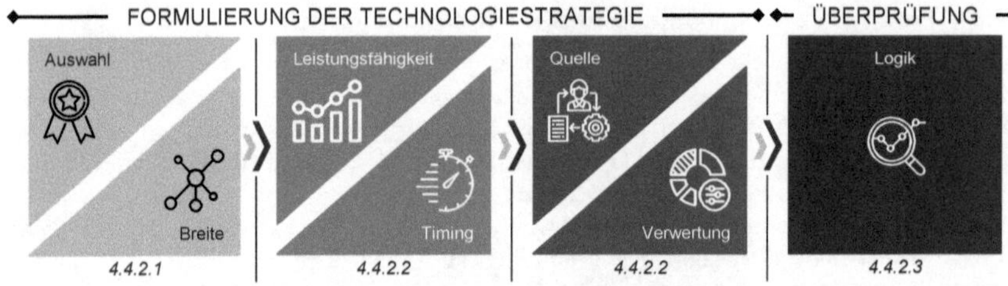

Abbildung 4-50: Stufenweise Formulierung und Prüfung der Technologiestrategie[1128]

Wie Unterkapitel 2.2.1 aufgezeigt hat, können Technologien und somit auch Technologiefelder sehr unterschiedlich beschaffen sein. Um dieser Unterschiedlichkeit gerecht zu werden, ist es vorbereitend zur Formulierung der Technologiestrategie sinnvoll, die potenziell strategischen Technologiefelder mental zu differenzieren. Neben der bereits adoptierten Unterscheidung von Produkt-, Produktions-, Material- sowie Datentechnologien ist ausgehend von den technologischen Optionen aus Unterkapitel 4.3.3 sowie der bestehenden technologischen Basis aus Abschnitt 4.2.1.2 eine Differenzierung von bestehenden und potenziell neuen Technologien möglich. Diese ist sinnvoll, um zu evaluieren, ob eine technologische Positio-

[1125] vgl. Bachmann (2015), Logik, S. 111f.

[1126] vgl. Bachmann (2015), Logik, S. 85

[1127] vgl. Fellner (2010), Strategic Flexibility, S. 201

[1128] i. A. a. Wolfrum (1991), Technologiemanagement, S. 245f.; Schulte-Gehrmann et al. (2011), Technologiestrategie, S. 68

nierung den Randbedingungen des normativen Bezugsrahmens (vgl. Abschnitt 4.1.3.1) entspricht (bspw. hinsichtlich finanzieller Ressourcen oder der Risikoneigung). Aufbauend auf der Verbindung der Technologiefelder zu den Innovationsfeldern der innovationsstrategischen Positionierung ist weiterhin eine Differenzierung von Nischen- und Querschnittstechnologiefeldern möglich. Wie GOMERINGER in seinem Bewertungsmodell des Übereinstimmungsgrads zeigt, ist diese sinnvoll, um Technologiefelder differenzierter bewerten und deren Ergebnisse interpretierend einordnen zu können. Vereinfachend ist hierfür der Einfluss *(„Relevanz")* eines Technologiefelds für die Realisierung eines Innovationsfelds und dessen Attraktivität *(„Bedeutung der Zieloption")* von Interesse.[1129] Während nutzwertbasierte Scores, Maxima und Minima sowie deren Mittelwerte für die nachfolgende Bewertung zwecks Technologiefeldauswahl von Interesse sind, reicht zur Differenzierung von Nischen- sowie Querschnittstechnologiefeldern bereits die Anzahl von Einflüssen aus. Ein Mapping der Technologiefelder auf die zuvor festgelegten Innovationsfelder stellt somit den Ausgangspunkt für die Bewertung und schließliche Auswahl von strategischen Technologiefeldern dar[1130].

4.4.2.1 Prototypische Selektion und Adjustierung strategischer Technologiefelder

Für die Bestimmung von strategischen Technologiefeldern werden, wie auch bei der Evaluation von Innovationsfeldern, verstärkt Portfolioansätze aufgrund ihrer pragmatischen Anwendung eingesetzt[1131]. Anhang 34 gibt eine Übersicht über die etablierten Portfolio-Ansätze sowie die von ihnen genutzten Dimensionen und Bewertungskriterien[1132]. Dabei wird deutlich, dass viele Autoren auf dem Portfolio-Ansatz nach PFEIFFER, METZE ET AL. aufbauen und diesen weiterentwickeln. Da die Innovationsfeldbewertung (vgl. Abschnitt 4.3.2.2) bereits den *„Darmstädter Ansatz"* von MICHEL, EWALD ET AL. aufgreift, orientiert sich die vorliegende Arbeit ebenfalls an dem Portfolio nach PFEIFFER, METZE ET AL. aufgrund dessen Generizität. Mit Bezug auf eine vorausschauende Technologieplanung (vgl. Unterkapitel 4.2.3) adaptiert GOMERINGER die Bewertungskriterien der Portfoliodimensionen, sodass diese im Rahmen der vorliegenden Arbeit ebenfalls aufgegriffen werden.

Um analog zu der Bewertung und Auswahl von Innovationsfeldern den Anwendungsaufwand zu reduzieren, wird auf ein Doppelportfolio, wie bspw. jenes von MCKINSEY, verzichtet[1133]. Demgegenüber werden die dominanten Portfoliodimensionen der *„Technologiefeldattraktivität"* sowie der *„Technologischen Wettbewerbsstärke"* zwecks Durchgängigkeit der Methodik um die Dimensionen der *„Turbulenz"* sowie der *„Innovationspriorität"* ergänzt. Einerseits werden hierdurch die markt- und technologiebezogene Turbulenz aus den vorherigen Modellen in der Bewertungsdimension *„Turbulenz"* konsolidiert. Diese umfasst somit vereinfacht das Kriterium der *„Technologiedynamik"* von GOMERINGER und erweitert dieses um die hiermit einhergehenden, wahrgenommenen Unsicherheiten (vgl. Unterkapitel 4.2.6). Andererseits

---

[1129] vgl. Gomeringer (2007), Technologieplanung, S. 116f.

[1130] vgl. Schuh, Schön (2014), Technologiefelder, S. 932

[1131] vgl. Ewald (1994), Marktplanung, S. 73; Mauthe, Roventa (1982), Portfolio-Analyse, S. 192; Greitemann (2016), Produktionstechnologien, S. 41

[1132] Für eine umfassendere Übersicht sei auf HAAG, SCHUH ET AL. verwiesen. Hierzu vgl. Haag et al. (2011), Technologiebewertung, S. 331

[1133] vgl. Krubasik (1982), Technologie, S. 29ff.

umfasst die Dimension der Innovationspriorität vereinfachend den *„Übereinstimmungsgrad"* sowie die *„zukünftige Bedeutung"* von GOMERINGER. Dabei wird der *„Übereinstimmungsgrad"* durch den Bezug zu den Zielen des normativen Bezugsrahmens abgebildet. Die *„zukünftige Bedeutung"* wird hingegen durch den Bezug zu den strategischen Innovationsfeldern hergestellt, welche sich unmittelbar aus der wettbewerbsstrategischen Population und deren zukünftigen Opportunitäten ableiten (vgl. Abschnitt 4.3.2.1).

Ausgehend von den zuvor erläuterten Bewertungsdimensionen und -kriterien aus den relevanten Ansätzen der Literatur wird analog zu den restlichen Bewertungsschemen eine qualitative Operationalisierung zur Vereinfachung der Anwendung vorgenommen. Hierfür wird erneut eine Fünfpunkt-Ordinalskala verwendet, um Durchgängigkeit der Methodik zu erreichen. Anhang 35 illustriert die exemplarische Operationalisierung der Bewertungsdimensionen und -kriterien. Wie PFEIFFER, DÖGL sowie EHRAT herausstellen, gilt es diese sog. *„Minimalstruktur"* jedoch im konkreten Anwendungsfall zu adaptieren sowie zu ergänzen[1134].

Auf Basis der zuvor differenzierten und bewerteten Technologiefelder können schließlich die strategischen Technologiefelder im Portfolio zwecks Auswahl dargestellt werden. Zur Konsolidierung der Bewertungskriterien einer Dimension wird in einfachen Portfolios regelmäßig das arithmetische Mittel genutzt[1135]. Jedoch können auch andere Lageparameter, wie bspw. Maxima und Minima flankierend einen Mehrwert bei der Auswahl von strategischen Technologiefeldern bieten. Wie in der einleitenden Motivation (vgl. Teilkapitel 1.1) bereits dargestellt wurde, bedarf es im Kontext ereignisbezogener Diskontinuitäten vielmehr des Aufbaus neuer Fähigkeiten und Technologien statt einer reinen Anpassung des strategischen Fokus. Daher wird analog GOMERINGER das Portfolio von PFEIFFER, METZE ET AL. gemäß dem Ansatz von TSCHIRKY um eine Differenzierung bestehender und neuer Technologiefelder ergänzt[1136]. Um zudem die sich aus dem Portfolio ergebenden Normstrategien weiter anzureichern, werden die Handlungsoptionen des *„Darmstädter Ansatzes"* nach MICHEL, EWALD ET AL. sowie des *„St. Galler Technologieportfolios"* nach BOUTELLIER sowie GASSMANN, WECHT aufgegriffen[1137]. Abbildung 4-51 illustriert die Bewertung und Auswahl von strategischen Technologiefeldern anhand der vier Bewertungsdimensionen (Technologieattraktivität, Innovationspriorität, technologische Wettbewerbsstärke sowie Turbulenz) sowie deren untergeordneten Bewertungskriterien (bspw. die Anwendungsbreite hinsichtlich des Bedarfs oder die Reaktionsgeschwindigkeit in Bezug auf die Leistungsadaptivität). Entsprechend der Bewertungsergebnisse werden die Technologiefelder entlang der Portfolio-Achsen eingeordnet, die Blasengröße entsprechend der Turbulenz und die Einfärbung entsprechend der Innovationspriorität gewählt. So ergeben sich schließlich die Normstrategien (bspw.

1134 vgl. Pfeiffer, Dögl (1990), Technologie-Portfolio, S. 259; Ehrat (1997), Technologiestrategieerarbeitung, S. 119

1135 vgl. Gomeringer (2007), Technologieplanung, S. 119; Markowitz (1952), Portfolio Selection

1136 vgl. Tschirky (1998), Konzept, S. 311f.; Gomeringer (2007), Technologieplanung, S. 121

1137 vgl. Ewald (1994), Marktplanung, S. 78; Ehrat (1997), Technologiestrategieerarbeitung, S. 124; Gassmann et al. (2018), Technologiemanagement, S. 23; Boutellier et al. (1995), Technologiestrategie; Boutellier et al. (1999), Innovation, S. 493

„Pilotieren“ oder *„Exploitieren“)* und deren Mittelbindung oder -freisetzung (*„Investieren“* oder *„Desinvestieren“)* aus der Lage der jeweiligen Technologiefelder im Portfolio.

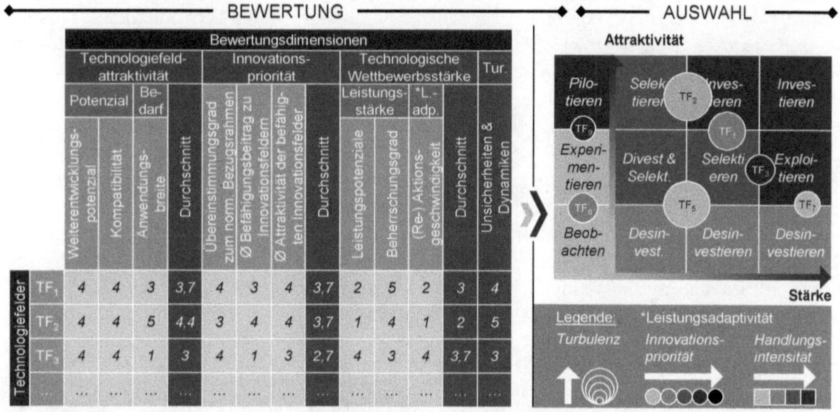

Abbildung 4-51: Bewertung und Auswahl von strategischen Technologiefeldern[1138]

Zur turbulenzadjustierten Flexibilisierung der Auswahl von strategischen Technologiefeldern gilt es, die Technologiefeldbreite der ausgewählten Technologiefelder im Sinne der strategischen *„Reprogrammierbarkeit“*, des *„Hedgings“* sowie der *„Versalität“* nach FELLNER festzulegen. Diese Konzepte der strategischen Flexibilität befähigen Unternehmen dazu, besser mit den Dynamiken und Unsicherheiten emergierender Märkte umzugehen. Gleichzeitig bedarf es hierzu eines höheren Committments in Form von Investitionen, da neben dem Aufbau des technologischen Know-hows i. d. R. auch Ressourcen für die Markteinführung von neuen Produkten benötigt werden.[1139] Aus Sicht der Ressourceneffizienz werden Unternehmen somit natürlicherweise nach einer engeren Technologiefeldbreite streben, sodass sich in einem volatilen Umfeld hieraus automatisch ein iterativer Prozess mit einem konvergierenden Intervall bei abnehmender Turbulenz ergibt.

Um die neue Entscheidungsdimension der Technologiefeldbreite konzeptionell zu präzisieren, bedarf es einer Systematisierung bzw. Hierarchisierung von Technologiefeldern. Da Technologiefelder funktionsorientiert gebündelt werden, ist der Ausgangspunkt der Systematisierung bzw. Hierarchisierung in der jeweils relevanten System-, Subsystem-, Komponenten- oder Querschnittsfunktion zu suchen (vgl. Unterkapitel 4.3.3)[1140]. Ausgehend von kunden- bzw. anwenderbezogenen Funktionen nutzt GOCHERMANN zur systematischen Identifikation von potenziellen Konkurrenztechnologien einen *„Technologiebaum“* (vgl.

[1138] i. A. a. Gomeringer (2007), Technologieplanung, S. 116ff.; Tschirky (1998), Konzept, S. 311f.; Pfeiffer, Dögl (1990), Technologie-Portfolio, S. 259ff.

[1139] vgl. Hatfield et al. (2001), Facing the Uncertain, S. 65

[1140] vgl. Gomeringer (2007), Technologieplanung, S. 87

Abbildung 4-52)[1141]. Anhand der baumartigen Strukturierung wird deutlich, dass grundsätzlich vier sinnvolle Grund-richtungen zur Adjustierung der Technologiefeldbreite existieren: diagonal-aufsteigend, vertikal-aufsteigend, horizontal sowie diagonal-absteigend[1142]. Ausgehend von einer gegebenen Beschreibung eines Technologiefelds (bspw. *„induktionsbasierte Energieübertragung"*) kann dieses somit geringfügig erweitert werden, indem diagonal-absteigende Technologiefelder inkludiert werden (bspw. durch *„kontaktbasierte Energieübertragung"*). Weiterhin kann die Technologiefeldbreite horizontal durch ganze Technologiefelder der gleichen Hierarchie erweitert werden (bspw. durch *„reibungsfreie Energieübertragung"*). Darüber hinaus kann die Technologiefeldbreite vertikal-aufsteigend zu dem übergeordneten Technologiefeld ausgeweitet werden (bspw. als *„berührungslose Energieübertragung"*). Letztlich kann die Technologiefeldbreite diagonal-aufsteigend ergänzt werden, welches einer Kombination aus den beiden vorherigen Grundrichtungen entspricht (bspw. durch *„berührende Energieübertragung"*). Abbildung 4-52 illustriert die Technologiestrukturierung am Beispiel der Energieübertragung und zeigt die zuvor erläuterten Adjustierungsrichtungen für die Technologiefeldbreite auf.

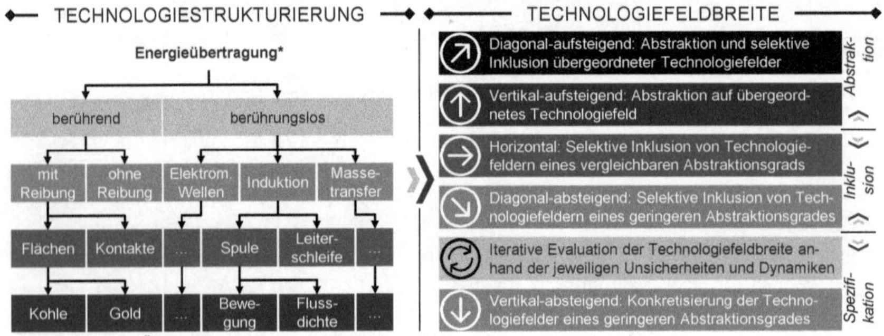

Abbildung 4-52: Strukturierung zur Adjustierung der Technologiefeldbreite[1143]

Ausgehend von der dargestellten Strukturierung ist eine semi-quantitative Operationalisierung der Technologiefeldbreite möglich, um diese mit dem Grad der Turbulenz infolge von Dynamiken und Unsicherheiten abzustimmen. Ziel der Methodik ist es jedoch nicht, einen rein analytischen Entwicklungsprozess darzustellen. Vielmehr wird angestrebt, durch eine bewusste Entkopplung Freiräume für Intuition und Erfahrungen der Manager zu schaffen. Daher wird im Rahmen der vorliegenden Methodik auf eine Quantifizierung der Technologiefeldbreite zugunsten des Anwendungsaufwandes verzichtet. Auf Basis des fortlaufenden Erkenntnisgewinns wird die Technologiefeldbreite stattdessen in gemeinsamen Diskussionen

[1141] vgl. Gochermann (2020), Technologiemanagement, S. 32ff.

[1142] Da die vorliegende Arbeit den Begriff des Technologiebaums mit einem anderen konzeptionellen Verständnis nutzt (vgl. Unterkapitel 4.3.3), wird in diesem Kontext von einer *„Technologiestrukturierung"* gesprochen.

[1143] i. A. a. Gochermann (2020), Technologiemanagement, S. 33

mittels der erläuterten Anpassungsrichtungen adjustiert. Dabei werden neben der aktuellen Turbulenz auch andere situative Variablen, wie bspw. die Attraktivität eines Technologiefelds oder die allgemeine Ressourcenstärke des Unternehmens, iterativ in Betracht gezogen.

4.4.2.2 Prototypische Positionierung in strategischen Technologiefeldern

Auf Basis der ausgewählten strategischen Technologiefelder sowie deren Breite erfolgt die aktive Positionierung der Unternehmung im technologiestrategischen Spektrum. Da eine Technologiestrategie als eine Aggregation von technologiefeldspezifischen Teilstrategien verstanden wird (vgl. Teilkapitel 2.2), ist es sinnvoll, die aktiven Positionierungsentscheidungen anhand der strategischen Bedeutung zu kaskadieren, um den Zeit- und Anwendungsaufwand zu skalieren. Dabei wird im Rahmen der vorliegenden Methodik die strategische Bedeutung i. A. a. das St. Galler Technologieportfolio sowie verwandte Ansätze anhand der Attraktivität sowie Innovationspriorität qualitativ approximiert[1144]. Im Rahmen einer aktiven Positionierung gilt es folgend, je strategischem Technologiefeld Aussagen zu der angestrebten Leistungsfähigkeit und dem Timing sowie der Quelle und Verwertung zu treffen. Hierzu wird im Sinne der Durchgängigkeit der Methodik an die innovationsstrategische Positionierung angeknüpft sowie anforderungsgemäß (vgl. Unterkapitel 3.1.2) die Turbulenz aktiv in die Positionierungsentscheidung eingebunden.

Positionierung der Unternehmung entlang der technologischen Leistungsfähigkeit und des Technologietimings

In Bezug auf die technologische Leistungsfähigkeit gilt es, die Unternehmung im Spektrum der technologischen Führerschaft *(„technology leader")* und der technologischen Präsenz *(„me-too")* zu positionieren[1145]. Hinsichtlich des angestrebten Leistungsniveaus finden sich in der Literatur umfangreiche Diskussionen, sodass Anhang 36 die gängigen Einflussvariablen übersichtlich strukturiert. Hierdurch wird erneut deutlich, dass übergreifende sowie technologiefeldspezifische Indikatoren differenziert werden können. So betrifft bspw. die Ressourcenstärke das Unternehmen als Ganzes, während die Innovationshöhe ein spezifisches Technologiefeld charakterisiert. Hieraus wird deutlich, dass zudem eine Abstimmung mit der innovationsstrategischen Positionierung notwendig ist, da auch der angestrebte Innovationsgrad eines Innovationsfelds (vgl. Abschnitt 4.3.2.3) in einem technologischen Leistungsbedarf resultiert. Im Fall von Technologiefeldern mit Befähigungsbezug zu mehreren Innovationsfeldern ist jedoch die Feststellung eines strategisch sinnvoll zu deckenden Leistungsbedarfs nicht direkt offensichtlich. Zur Unterstützung des Anwenders wird daher ein pragmatischer Portfolio-Ansatz verwendet. Anknüpfend an die vorherige Differenzierung von Nischen- und Querschnittstechnologiefeldern wird hierfür der Befähigungsbeitrag eines Technologiefelds für ein Innovationsfeld im Zusammenhang mit dessen Attraktivität sowie dem angestrebten Innovationsgrad herangezogen (vgl. Unterkapitel 4.4.2). Ein strategisch sinnvoll zu deckender Leistungsbedarf ist somit als eine Abwägung zwischen der Attraktivität befähigter Innovationsfelder und der hierfür benötigten Leistungsfähigkeit zu verstehen (vgl. Anhang 38).

[1144] vgl. Gassmann et al. (2018), Technologiemanagement, S. 23; Ehrat (1997), Technologiestrategieerarbeitung, S. 124; Boutellier et al. (1995), Technologiestrategie

[1145] vgl. Schulte-Gehrmann et al. (2011), Technologiestrategie, S. 69f.

Analog der innovationsstrategischen Positionierungen werden die Indikatoren zur Entscheidung der technologischen Leistungsfähigkeit entsprechend den Positionierungsempfehlungen in der Literatur qualitativ anhand einer Fünfpunkt-Ordinalskala operationalisiert (vgl. Anhang 37). Sowohl für die Erarbeitung eines dominanten Positionierungsvorschlags als auch für die Bestimmung der Breite des Positionierungsintervalls wird erneut die mit einem Technologiefeld assoziierte Turbulenz unterstützend herangezogen. Im Sinne einer pragmatischen Abstufung der Breite eines Positionierungsintervalls werden quasi-stabile (Turbulenzgrad I), moderat-turbulente (Turbulenzgrade II und III) sowie hoch-turbulente (Turbulenzgrade IV und V) differenziert. Während für ein quasi-stabiles Technologiefeld eine diskrete Positionierung auf der Fünfpunkt-Skala festgelegt werden kann, wird die Breite des Positionierungsintervalls jeweils schrittweise für ein moderat- sowie hoch-turbulentes Technologiefeld erweitert. Auf diese Weise sollen voreilige Entscheidungen, welche retrospektiv revidiert werden müssen, reduziert oder gar vermieden werden.

Hinsichtlich des Technologietimings gilt es, die Unternehmung im zeitlichen Spektrum relativ zum Wettbewerb zu positionieren. Dabei werden insbesondere die Positionierungsalternativen des Technologiepioniers *(„pioneer")* sowie des frühen und späten Technologiefolgers *(„early & late adopter")* unterschieden[1146]. In Bezug auf Einflussvariablen und damit verbundene Empfehlungen für eine der Positionierungsalternativen ergibt sich insbesondere hinsichtlich der übergreifenden Indikatoren in der Literatur eine hohe Übereinstimmung mit denen der technologischen Leistungsfähigkeit (vgl. Anhang 39). Dies spiegelt die engen Wechselwirkungen und den resultierenden Abstimmungsbedarf der beiden Entscheidungsdimensionen wider. Abweichend von der Innovationshöhe werden jedoch technologiefeldspezifisch in der Literatur die Reife der Zielmärkte sowie der Produkt- bzw. Leistungsneuheitsgrad herangezogen. Daher ergibt sich erneut ein Abstimmungsbedarf hinsichtlich des Timings der Innovationspositionierung (vgl. Abschnitt 4.3.2.3). Bei Technologiefeldern mit Befähigungsbezug zu mehreren Innovationsfeldern wird daher auf den vorherigen Portfolio-Ansatz zur Bestimmung eines strategisch sinnvollen Umfangs für diesen technologischen Einführungsbedarf zurückgegriffen. Hierbei wird jedoch das angestrebte Timing des Innovationsfelds statt des angestrebten Innovationsgrads zugrunde gelegt (vgl. Anhang 38).

Ausgehend von den gesammelten Indikatoren und Positionierungsempfehlungen aus der Literatur, werden diese erneut anhand einer Fünfpunkt-Ordinalskala qualitativ operationalisiert (vgl. Anhang 40). Zur Bestimmung eines turbulenzsensitiven Positionierungsintervalls für das Technologietiming werden die vorhergehenden Überlegungen der technologischen Leistungsfähigkeit übernommen.

Positionierung der Unternehmung entlang der Technologiequelle und -verwertung
In Bezug auf die Technologiequelle gilt es, die Unternehmung im Spektrum von einer rein internen Eigenentwicklung über eine kooperative Gemeinschaftsentwicklung bis hin zu einem rein externen Technologiebezug zu positionieren[1147]. Dabei wird jedoch eine Vielzahl sehr spezifischer Formen der Technologiebeschaffung differenziert (bspw. Auftragsentwicklung,

[1146] vgl. Wolfrum (1994), Technologiemanagement, S. 293ff.
[1147] vgl. Bachmann (2015), Logik, S. 103

Joint Ventures, Lizenzierung oder auch M&A)[1148]. Da zudem die vorgelagerten Entscheidungsdimensionen der technologischen Leistungsfähigkeit und des Technologietimings einen signifikanten Einfluss auf die Qualifikation von Technologiequellen besitzen, können detaillierte *„Make-or-Buy"*-Analysen sehr komplex werden[1149]. Im Sinne des Anwendungsaufwands der Methodik wird daher eine Vereinfachung angestrebt, welche durch den Anwender um situative Rahmenbedingungen ergänzt wird.

So gibt Anhang 41 einen Überblick über Einflussvariablen der Literatur in Hinblick auf die Positionierung zur Technologiequelle. Dabei wird deutlich, dass die relevanten Kompetenzen, in Abgrenzung zu den vorherigen Entscheidungsdimensionen, rein in den F&E-Kompetenzen fundiert sind. Hinsichtlich der technologiefeldspezifischen Einflussvariablen finden sich in der Literatur insbesondere die Dringlichkeit einer Technologieverfügbarkeit, die Position im Technologielebenszyklus sowie die Kategorisierung eines Technologiefelds nach dessen Bedeutung für die Wettbewerbsposition. Infolge der vorgelagerten Strategien und Entscheidungsdimensionen ergeben sich zudem spezifische Einschränkungen aus der Spezifität eines Technologiefelds, welche unmittelbar mit der Verfügbarkeit externer und gemeinschaftlicher Quellen in Verbindung stehen. Anhang 42 operationalisiert erneut die diskutierten Indikatoren anhand einer Fünfpunkt-Ordinalskala auf Basis der Positionierungsempfehlungen in der Literatur für die Positionierung hinsichtlich der Technologiequelle.

In Bezug auf die Technologieverwertung gilt es, die Unternehmung im Spektrum einer rein internen Verwertung über eine kooperative Verwertung bis hin zu einer rein externen Technologieverwertung zu positionieren[1150]. Zielstellung ist es dabei, das Technologiepotenzial während des gesamten Technologielebenszyklus leistungsmäßig und finanziell bestmöglich auszuschöpfen[1151]. Analog zu der Technologiequelle existieren für die Technologieverwertung neben der Nutzung in eigenen Leistungen eine Vielzahl distinkter Ausprägungen in diesem Spektrum (bspw. Auftragsfertigung, Joint Venture oder Lizenzierung)[1152]. Insofern werden viele der vorhergehenden Erläuterungen für die Positionierung hinsichtlich der Technologieverwertung übernommen. Anhang 43 fasst die in der Literatur diskutierten Einflussvariablen auf die Entscheidungsdimension der Technologieverwertung zusammen.

Hieraus wird deutlich, dass die für die Verwertungsoptionen relevanten Kompetenzen insbesondere in der Produktion und dem Marketing zu finden sind. Über die Dringlichkeit und Kategorisierung im Rahmen der Technologiequelle hinaus sind ebenfalls Überlegungen zu benötigten Unterstützungstechnologien und der potenziellen Anwendungsbreite von Interesse[1153]. Aufgrund der leistungs- und finanzbezogenen Zielstellung der

[1148] vgl. Ford (1988), Technology Strategy, S. 91

[1149] vgl. Bachmann (2015), Logik, S. 104ff.

[1150] vgl. Schulte-Gehrmann et al. (2011), Technologiestrategie, S. 74f.; Mieke (2005), Frühaufklärung, S. 14ff.

[1151] vgl. Schuh et al. (2011), Technologieverwertung, S. 241; Stephan (2003), Diversifikation, S. 152; Brodbeck (1999), Entscheidungen, S. 112

[1152] vgl. Birkenmeier (2003), Technologie-Verwertung, S. 94ff.; Brodbeck (1999), Entscheidungen, S. 110ff.; Wolfrum (1994), Technologiemanagement, S. 355ff.; Ford (1988), Technology Strategy, S. 92; Schuh et al. (2011), Technologieverwertung, S. 250

[1153] vgl. Ford (1988), Technology Strategy, S. 92f.

Technologieverwertung sind zudem Monopolisierungspotenziale sowie potenzielle Synergien von Relevanz für die Entscheidung zur Einschränkung sinnvoller Verwertungsoptionen[1154]. Anhang 44 operationalisiert die Indikatoren auf Basis der Positionierungsempfehlungen der Literatur in einer Fünfpunkt-Ordinalskala. Wie auch bei der Entscheidungsdimension der Technologiequelle ist hierin jedoch nur eine erste Indikation zu sehen. Hierauf aufbauend bedarf es in der konkreten Anwendungssituation somit tiefergehender Diskussionen über die kontext- und pfadspezifischen Einflüsse, welche für die Entscheidungsdimensionen ebenfalls von Relevanz sind.

Wechselwirkungen zwischen den Entscheidungsdimensionen

Auch in der Literatur ist die vorherrschende Meinung, dass zwar die Positionierung je Entscheidungsdimension festgelegt wird, eine isolierte Betrachtung aufgrund von Abhängigkeiten und Wechselwirkungen jedoch nicht zielführend ist[1155]. Aus Gründen der Komplexität von Wirkzusammenhängen, dem damit einhergehenden Umfang notwendiger Ausführungen und der bestehenden Betrachtung in der Literatur sei an dieser Stelle exemplarisch auf die Arbeiten von WOLFRUM, BACHMANN sowie SCHULTE-GEHRMANN ET AL. verwiesen[1156].

Technologische Positionierung des Unternehmens

Beispiel: Bei einem Sportwagen-OEM ist retrospektiv ein differenziertes, strategisches Verhalten je Technologiefeld zu beobachten. So verfolgt das Unternehmen *„Bremsen-"* und *„Turbotechnologie"* eine Hochleistungsstrategie als Pionier und Technologieführer. Aufgrund bestehender Kernkompetenzen verfolgt das Unternehmen eine interne Entwicklung, um Know-how zu schützen und weiterzuentwickeln. Im Bereich der Dieseltechnologie ist demgegenüber eine Positionierung als später Folger zu beobachten, bei welcher Entwicklungskompetenzen aus dem Konzern genutzt werden. Für den anstehenden Technologiesprung zu elektrifizierten Antrieben ist das Technologietiming mit höheren Unsicherheiten verbunden als das technologische Leistungsniveau eines Sportwagen-OEM. Als mögliche Intervallpositionierung hinsichtlich des Timings ist somit eine Positionierung als früher bis später Folger zu erwarten, von welcher aus eine Aufholjagd zu dem Branchenpionier elektrischer Antriebe erfolgen könnte.[1157]

4.4.2.3 Logik des formulierten Strategieprototyps

Nachdem der technologiestrategische Prototyp der bedeutendsten Technologiefelder entwickelt wurde, schließt die Strategieformulierung für gewöhnlich mit der Überprüfung des Ergebnisses (vgl. Abbildung 3-6). Insbesondere aufgrund der zuvor dargestellten, vielfältigen Wechselwirkungen gilt es, mögliche Widersprüche und Logikbrüche zu vermeiden. Wie im Rahmen der Würdigung bestehender Ansätze herausgestellt wurde (vgl. Abschnitt 2.6.2.3),

[1154] vgl. Wolfrum (1991), Technologiemanagement, S. 323

[1155] vgl. Schulte-Gehrmann et al. (2011), Technologiestrategie, S. 76

[1156] vgl. Wolfrum (1991), Technologiemanagement, S. 334ff.; Bachmann (2015), Logik, S. 111f.; Schulte-Gehrmann et al. (2011), Technologiestrategie, S. 76ff.

[1157] vgl. Schuh, Bender (2012), Strategisches Innovationsmanagement, S. 23

befasst sich die Arbeit von BACHMANN tiefgehend mit der Bewertung eines Logikgrads für Technologiestrategien[1158]. Aufgrund der analytischen Tiefe der Methode wird ausgehend von der Anforderung nach Reduktion und Skalierbarkeit des Anwendungsaufwandes (vgl. Unterkapitel 3.1.2) erneut auf die Vereinfachung anhand von Konsistenz- und Kohärenz-Matrizen aus Abschnitt 4.3.1.2 zurückgegriffen. Für den Übertrag von einer wettbewerbsstrategischen Möglichkeit auf einen technologiestrategischen Prototyp bedarf es jedoch aufgrund der unterschiedlichen Positionierungsmechanismen Adaptionen. So handelt es sich im Gegensatz zu einer wettbewerbsstrategischen Positionierung bei einer Technologiestrategie um eine Aggregation von Einzelstrategien der Technologiefelder (vgl. Teilkapitel 2.2). Da jede Einzelstrategie wiederum aus den gewählten Positionierungsalternativen der Entscheidungsdimensionen besteht, ergibt sich für die rudimentäre Logikprüfung der Aufbau eines Schalenmodells. Dieser bietet sich gleichzeitig dazu an, den Anwendungsaufwand sukzessive über die Iterationen der Methodik zu skalieren. Abbildung 4-53 illustriert den Aufbau der Logikprüfung in vier Schalen, anhand derer die Konsistenz und Kohärenz eines zuvor entwickelten Technologiestrategieprototyps evaluiert wird.

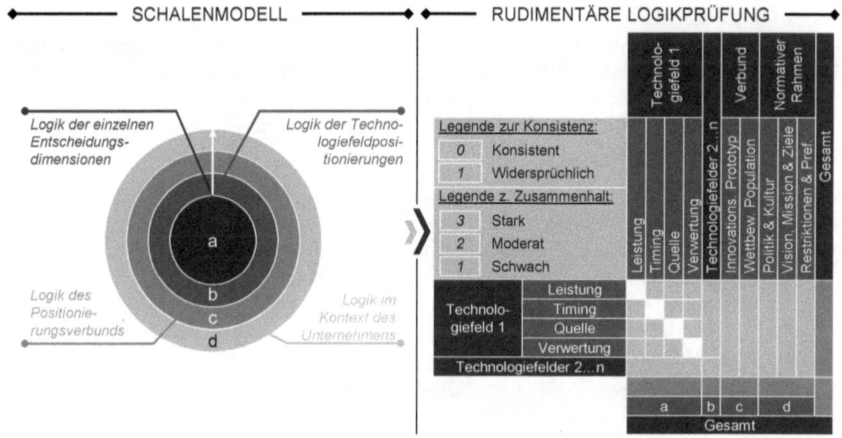

Abbildung 4-53: Schalenmodell für die rudimentäre Logikprüfung des technologiestrategischen Prototyps[1159]

In der innersten Schale wird somit die Konsistenz und Kohärenz des Zusammenspiels der gewählten Positionierungsalternativen für jede Entscheidungsdimension (*„Leistungsfähigkeit"*, *„Timing"*, *„Quelle"*, *„Verwertung"*) geprüft. Hiervon ausgehend werden in der nächsten Schale die Positionierungen der strategischen Technologiefelder untereinander überprüft. In der sich

[1158] vgl. Bachmann (2015), Logik, S. 4f.

[1159] i. A. a. Bachmann (2015), Logik, S. 154; Gausemeier, Plass (2014), Unternehmensgestaltung, S. 183f.; Reymann (2013), Strategieentwicklung, S. 40f.

anschließenden Schale des integrierten Positionierungsverbunds werden die Widerspruchsfreiheit und der Zusammenhalt des technologiestrategischen Prototyps mit dem innovationsstrategischen Prototyp sowie der Population wettbewerbsstrategischer Möglichkeiten untersucht. In der äußersten Schale erfolgt letztlich der Abgleich der entwickelten Technologiestrategie mit dem normativen Bezugsrahmen. Bedarf es einer Logikprüfung über die beschriebenen Schalen hinaus, so ist auf die Logikprüfung nach BACHMANN zurückzugreifen. Hierin werden ebenfalls situative Variablen des Umfelds in die Evaluation einbezogen und zu einem analytischen Logikgrad verknüpft.[1160]

4.4.3 Zwischenfazit: Ziele und Positionierung als gemeinsamer Sinneshorizont

Als viertes Modell der zu entwickelnden Methodik wurde in Teilkapitel 4.4 die technologische Ausrichtung der Unternehmung in einem volatilen Unternehmensumfeld detailliert. Hierzu wurde zunächst aufgezeigt, dass bereits eine technologische Vision und die hieraus abgeleiteten Ziele eine erste Orientierung im Explorationsmodus bieten. Um eine solche im Rahmen der Methodik zu entwickeln, wurde das Konzept des *„strategischen Denkens als Sehen"* aus der Unternehmerschule nach MINTZBERG adaptiert. Hiervon geleitet wurde für den Investigationsmodus die Entwicklung einer technologiestrategischen Positionierung anhand der Entscheidungsdimensionen der Technologieauswahl, -leistungsfähigkeit, -timing, -quelle sowie -verwertung detailliert. Für die abschließende Logikprüfung des technologiestrategischen Prototyps wurden die Überlegungen von BACHMANN adaptiert, indem die Methode vereinfacht und für einen skalierbaren Anwendungsaufwand in Form eines Schalenmodells inkrementalisiert wurde.

Auf Basis des detaillierten Ziel- und Positionierungsmodells konnte somit die Leitfrage aus Teilkapitel 1.3 beantwortet werden, wie eine strategische Positionierung zu formulieren ist, damit sie in einem volatilen Unternehmensumfeld nicht unmittelbar an Aktualität und Effektivität verliert. Demnach ist ein erster Teil der Antwort in der Dualität von technologischer Vision und Positionierung zu sehen, da eine Vision aufgrund des höheren Abstraktionsgrads weniger anfällig gegenüber der Turbulenz des Umfelds ist. Ein zweiter Teil der Antwort findet sich in der turbulenzadjustierten Intervallpositionierung, welche im Rahmen der Methodik anstelle der traditionell diskreten Entscheidung für eine Positionierungsalternative genutzt wird. Da mit Ausnahme der Technologieauswahl alle adoptierten Entscheidungsdimensionen einem natürlichen Spektrum folgen, wurde für erstere die Hilfsdimension der Technologiefeldbreite konzeptioniert und detailliert. Schließlich findet sich ein dritter Teil der Antwort in der temporalen Sequenzierung von Positionierungsentscheidungen und der iterativen Konvergenz von Positionierungsintervallen. Indem bei einer kontinuierlich-iterativen Methodik nicht länger der Zwang besteht, zu einem festgelegten Zeitpunkt eine Positionierungsentscheidung treffen zu müssen, können diese flexibel an die Turbulenz und den Erkenntnisgewinn durch Lernmechanismen angepasst werden.

Zusammenfassend ist festzustellen, dass das Ziel- und Positionierungsmodell im Vergleich zu den Analyse- und Optionsmodellen als deutlich kompakter zu charakterisieren ist. Dies

[1160] vgl. Bachmann (2015), Logik, S. 156ff.

reflektiert einerseits den Schwerpunkt der Methodik auf dem Zusammenspiel von Analyse und Optionen, aus welchem iterativ prototypische Positionierungen ausgeleitet werden. Andererseits spiegelt dies die deutlich umfangreicheren Vorarbeiten der Literatur in Bezug zu einer technologischen Positionierung wider. So finden sich die Innovationshöhen des Ziel- und Positionierungsmodells insbesondere in der Erweiterung der Entscheidungsdimensionen um eine turbulenzsensitive Technologiefeldbreite sowie in den übersichtlich strukturierten Sammlungen relevanter Positionierungsindikatoren für die Eingrenzung der Positionierungsalternativen in der Praxis. Aus der Benennung als Indikator ist jedoch gleichzeitig zu schließen, dass durch die formalisierten Tabellen und Operationalisierungen zwar eine erste Indikation gegeben wird, diese jedoch keinen Ersatz für die kritische Reflexion des Anwenders darstellt.

4.5 Vorgehen zur Entwicklung von Technologiestrategien in einem volatilen Unternehmensumfeld

Ausgehend von den zuvor detaillierten Instrumenten für die Entwicklung von Technologiestrategien in einem volatilen Unternehmensumfeld werden diese schließlich durch ein praxisorientiertes Vorgehen miteinander zu einer Methodik verknüpft. Da die Methodik zwecks Situationsadaptivität zwei Anwendungsmodi differenziert, unterscheiden sich sowohl die Entwicklungsumfänge, die hierfür genutzten Instrumente und somit folglich auch das Vorgehen. Im Rahmen von Unterkapitel 4.5.1 wird daher zunächst der initiale Explorationsmodus zur Schaffung einer Orientierung (vgl. Teilkapitel 3.4.1) erläutert. Hierauf aufbauend wird anschließend in Unterkapitel 4.5.2 der kontinuierliche Investigationsmodus zur Entwicklung einer technologischen Positionierung präzisiert. Um in der Praxis schließlich eine skalierbare Anwendung zu ermöglichen, werden im Rahmen von Unterkapitel 4.5.3 die zuvor implizit erarbeiteten Verkürzungs- sowie Skalierungsmöglichkeiten systematisiert. Abbildung 4-54 ordnet die drei Teilmodelle des Vorgehens in das Konzept der Gesamtmethodik ein.

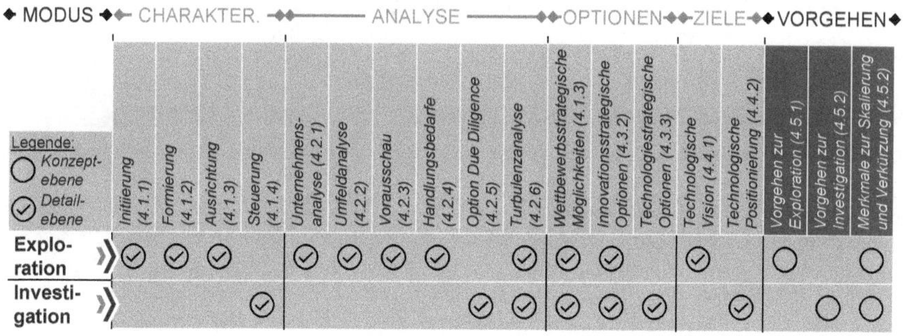

Abbildung 4-54: Struktur und Teilmodelle des Vorgehensmodells

4.5.1 Sequenziell-iteratives Vorgehen im Explorationsmodus

Ausgangspunkt des Explorationsmodus stellt ein krisenhaftes Vorkommnis in Form einer ereignisbezogenen Diskontinuität dar (vgl. Teilkapitel 2.5). Es gilt somit zunächst den Betrachtungsbereich des Unternehmens zu spezifizieren, welcher auf die turbulenzinduzierten Auswirkungen hin untersucht und potenziell strategisch neu ausgerichtet werden soll bzw. muss. Im Fall von einem diversifizierten Unternehmen mit mehreren Geschäftsbereichen und -einheiten nutzt der verantwortliche Entscheider (regelmäßig der CEO oder Geschäftsführer) hierfür die in Abschnitt 4.1.1.1 vorgestellten Werkzeuge zur Abgrenzung von strategischen Geschäftsbereichen. In Bezug auf den spezifizierten Betrachtungsbereich bedarf es anschließend der Evaluation, ob die ereignisbezogene Diskontinuität eine strategische und/oder operative Reaktion des Unternehmens erfordert. Hierfür wird angelehnt an die *„Critical Incident Technique“* nach FLANAGAN und ANT das pragmatische Entscheidungsschema aus Abschnitt 4.1.1.2 verwendet. Um Biases zu vermeiden und die Kritikalität und Dringlichkeit der offensichtlichen Konsequenzen des Krisenereignisses besser einschätzen zu können, empfiehlt es sich, die Betrachtungs- und Erfahrungsperspektiven zu diversifizieren. So kann der Vorstand oder die Geschäftsführung unternehmensinterne oder -externe Sachverständige hinzuziehen. Im Fall strategisch relevanter Konsequenzen bedarf es schließlich einer Einschätzung der Dringlichkeit für die Neuausrichtung, um hierauf basierend die Methodik sowie die verwendeten Instrumente auszuwählen. Zur vereinfachten Orientierung hinsichtlich der Anwendung einer synoptischen Strategiemethodik (vgl. Unterkapitel 2.1.3) und der vorliegenden inkremental-synoptischen Methodik wird Abbildung 4-3 verwendet. Ungeachtet der Wahl einer synoptischen oder inkrementalen Planungsmethodik bedarf es zur Erarbeitung einer Strategie eines Teams, welches formiert werden kann, sobald die Notwendigkeit für einen Strategieprozess festgestellt wurde. Zur Formierung des Strategieteams durch die Entscheider werden die in Unterkapitel 4.1.2 beschriebenen Abwägungen zu Hilfe genommen, um diese unternehmenspolitisch geprägte Aufgabe zu unterstützen. Um den normativen Bezugsrahmen sowie die Erstintuition aufzunehmen, empfiehlt sich ein gemeinsamer Workshop mit allen involvierten Stakeholdern als zeiteffizientes Format. Dabei wird der Workshop durch die Strategen vorbereitet, indem die bestehenden Informationen zu den einzelnen Instrumenten des normativen Bezugsrahmens aus Abschnitt 4.1.3.1 aggregiert und strukturiert werden. Diese Vorarbeiten werden gemeinsam durch Diskussion aktualisiert, ergänzt oder geschärft, sodass der normative Bezugsrahmen abgestimmt als gemeinsamer Sinneshorizont für die involvierten Entscheider und Strategen fungieren kann. Nachdem die Randbedingungen für die Strategiearbeit aufgenommen und abgestimmt wurden, bedarf es der initialen Ausrichtung der nachfolgenden Methodikanwendung durch die Erstintuition des Steuerkreises. Wie in Abschnitt 4.1.3.2 beschrieben, ergeben sich hierbei auf Basis des Problem- und Lösungsverständnisses der turbulenzinduzierten Auswirkungen drei mögliche Pfade. Sollte kein detailliertes Problemverständnis verbalisiert werden können, besteht Ersterer in der systematischen Schaffung eines Problemverständnisses durch den Explorationsmodus des Analysemodells. Sollte sich das Strategieteam auf Basis seiner jahrelangen Erfahrung eine Diagnose des Problemverständnisses zutrauen, besteht der zweite Pfad in der kreativen Generierung von innovativen Lösungsmöglichkeiten durch das Optionsmodell des Explorationsmodus. Sollten schließlich über ein dezidiertes Problemverständnis hinaus Lösungsmöglichkeiten formuliert werden können, besteht der dritte Pfad in der sorgfältigen Prüfung der strategischen Möglichkeit durch den Investigationsmodus des Analysemodells.

Um potenziell voreilige Schlüsse nach einem Krisenereignis zurückhaltend zu vermeiden, beginnt das Strategieteam mit der Analyse zwecks Diagnose der strategischen Problemstellung. Hierzu werden sinnvollerweise zunächst die unmittelbaren Implikationen auf das Unternehmen untersucht, indem die Instrumente für die Analyse der Makro- und Mikrokonfiguration der Unternehmung genutzt werden (vgl. Unterkapitel 4.2.1). Anschließend werden die turbulenzinduzierten Verschiebungen im Umfeld hinsichtlich derer Implikationen für die Unternehmung analysiert (vgl. Unterkapitel 4.2.2). Hierbei ist es sinnvoll, auf Ebene des Makroumfelds mit jenen Umweltsphären und Stakeholdern priorisiert zu beginnen, von denen die höchste Beeinflussung durch die ereignisbezogene Diskontinuität erwartet wird. Gleiche Überlegung ist auf Ebene des Mikroumfelds für die Ökosysteme anwendbar, um den Anwendungsaufwand zeiteffizient zu fokussieren. Auf Basis der ereignisbezogen-retrospektiven Implikationen ist es sinnvoll, bereits eine erste Problemstellung zu diagnostizieren, sodass kurzfristig ebenfalls operative Handlungsmaßnahmen von den gewonnenen Erkenntnissen profitieren (vgl. Unterkapitel 4.2.4). Um weiterhin die prospektiven Implikationen der Krise zu explorieren, wird die in Unterkapitel 4.2.3 beschriebene, zeitoptimierte Analyse der Entwicklungstrajektorien zur Vorausschau durchgeführt. Für die relevanten Implikationen der retro- sowie prospektiven Betrachtung leiten die Strategen die jeweiligen Unsicherheiten und Dynamiken ab. Mittels der in Unterkapitel 4.2.6 dargestellten Turbulenzanalyse ordnen sie jede relevante Implikation in das Spektrum der Turbulenz ein, um deren Belastbarkeit als Planungsgrundlage transparent darzustellen. Erkenntnisse, auf welche das Strategieteam gestoßen ist, diese jedoch in der Kürze der Zeit nicht weiter explorieren konnte, werden im *„Strategy Backlog"* festgehalten (vgl. Abschnitt 4.1.4.2). Auf der explorativen Analyse aufbauend erfolgt in einem zeiteffizienten Workshop-Format die Synthese ereignisbezogen-retrospektiver sowie prospektiver Handlungsbedarfe. Während operative Handlungsbedarfe der Krisen-Taskforce übergeben werden, priorisieren und konsolidieren Entscheider sowie Strategen gemeinsam die strategischen Handlungsbedarfe zur Problemstellung *(„strategic issue")* der Strategieentwicklung (vgl. Unterkapitel 4.2.4)[1161].

Entweder auf Basis des systematisch erarbeiteten oder des intuitiv-erfahrungsbasierten Problemverständnisses beginnt das Strategieteam den iterativen Prozess zur Generierung von strategischen Möglichkeiten. Um die kreativ-intuitive Generierung zu unterstützen, wird bei Bedarf das in Abschnitt 4.3.1.1 beschriebene Schema als analytisch-deduktives Instrument komplementierend genutzt. Basierend auf einer pragmatischen Diskussion der Präferenzfolge strategischer Möglichkeiten werden die vielversprechendsten Möglichkeiten entlang der in Abschnitt 4.3.1.1 erläuterten Instrumente zur Beschreibung des Spielfelds, des Wettbewerbsvorteils sowie der Aktivitäten und Fähigkeiten von dem Strategieteam detailliert. Dabei werden offene Ansatzpunkte hinsichtlich strategischer Möglichkeiten und deren Detaillierung im *„Strategy Backlog"* festgehalten (vgl. Abschnitt 4.1.4.2). Anhand der mit den strategischen Möglichkeiten assoziierten Handlungsmöglichkeiten werden schließlich die

[1161] vgl. Ansoff (1980), Issue Management, S. 133

Innovationsaspekte abgeleitet und zu Innovationsfeldern sowie Leuchttürmen aggregiert (vgl. Abschnitt 4.3.2.1). Somit ergibt sich für die Unternehmung ein erster, prototypischer Innovationsraum für die *„Respond"*- und *„Recover"*-Phasen des Resilienzzyklus (vgl. Unterkapitel 2.4.1), welcher im weiteren Vorgehen iterativ ausgerichtet und eingegrenzt wird.

Für diese initiale Ausrichtung des Innovations- und angeschlossenen Technologieraumes erarbeiten Entscheider und Strategen die technologische Vision. Hierzu empfiehlt sich ein gemeinsamer Workshop des Strategieteams mit dem Steuerkreis von Entscheidern als zeit- und aufwandseffizientes Format. Dabei wird das in Unterkapitel 4.4.1 beschriebene Schema von Visionsbausteinen als initialer Startpunkt der kreativ-innovativen Visionsformulierung genutzt. Das Augenmerk liegt dabei auf der Synthese bestehender Technologien und Fähigkeiten des Unternehmens (vgl. Abschnitt 4.2.1.2), den wettbewerbsstrategischen Möglichkeiten (vgl. Abschnitt 4.3.1.1), den übergeordneten Leuchttürmen des Innovationsspektrums (vgl. Abschnitt 4.3.2.1) und schließlich den Technologien und Fähigkeiten, welche hierfür zukünftig im normativen Rahmen (vgl. Abschnitt 4.1.3.1) eine besondere Relevanz besitzen. Ist es den involvierten Stakeholdern auf Basis der prototypischen Arbeitsergebnisse noch nicht möglich, eine technologische Vision für die Neuausrichtung nach dem Krisenereignis zu formulieren, bedarf es einer weiteren Iteration des Zusammenspiels von Analyse- und Optionsmodell mit einem erneuten Versuch der Visionsentwicklung. Um jenen Analyse- und Optionsbedarf zu konkretisieren, an dem die Visionsformulierung gescheitert ist, wird die in Abschnitt 4.1.4.3 erläuterte Sprintplanung genutzt. Wurde demgegenüber ein prototypisches Leitbild formuliert, beginnt der kontinuierlich-iterative Investigationsmodus ebenfalls mit der Sprintplanung des Charakterisierungsmodells (vgl. Abschnitt 4.1.4.3). Abbildung 4-55 illustriert das iterativ-sequenzielle Vorgehen im Explorationsmodus der Methodik anhand der genutzten Unterkapitel der vorliegenden Arbeit, deren Ablaufbeziehungen sowie der genutzten Formate (Team- sowie Workshoparbeit).

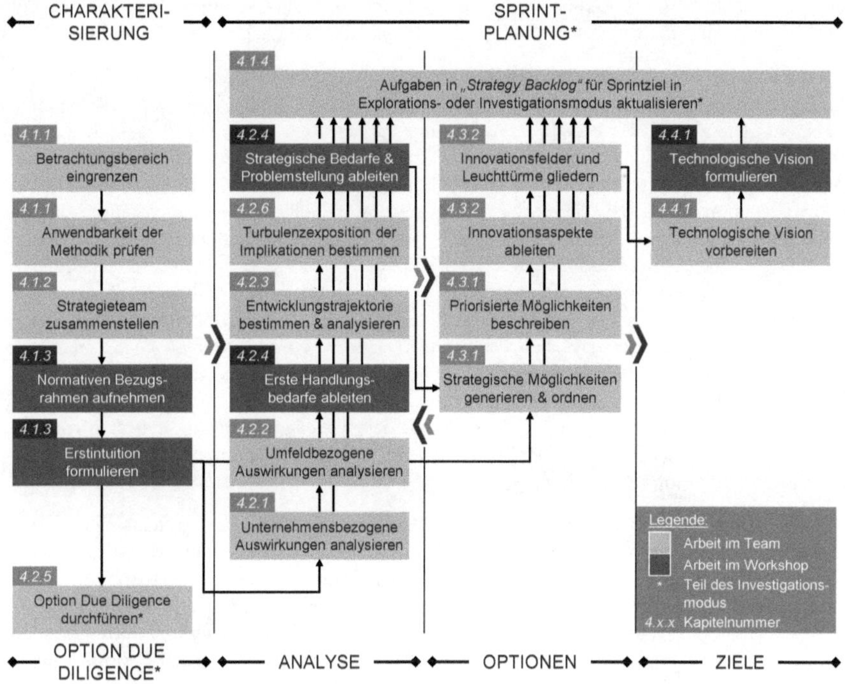

Abbildung 4-55: Vorgehensübersicht im Explorationsmodus der Methodik

4.5.2 Kontinuierlich-iteratives Vorgehen im Investigationsmodus

Ausgangs- sowie Endpunkt des kontinuierlich-iterativen Vorgehen im Investigationsmodus der Methodik ist das Charakterisierungsmodell (vgl. Unterkapitel 4.1.4). Entsprechend der in Abschnitt 4.1.4.3 beschriebenen Sprintplanung priorisiert das Strategieteam gemeinsam mit dem *„Strategy Owner"* die offenen Informations- und Lösungsbedarfe aus dem *„Strategy Backlog"*. Für eine erneute Iteration des Explorationsmodus werden hierdurch die Schwerpunkte der Analyseperspektiven (vgl. Unterkapitel 4.2.1 bis 4.2.3 sowie 4.2.6) sowie deren Verknüpfung zu wettbewerbs- und innovationsstrategischen Optionen (vgl. Abschnitte 4.3.1.1 sowie 4.3.2.1) entsprechend dem Informationsbedarf zur Visionsformulierung des Steuerkreises festgelegt. Für den erstmaligen Übergang in den Investigationsmodus wird hingegen der Fokus auf die strategischen Möglichkeiten gelegt. Dabei gilt es situativ zu diskutieren, ob es vielversprechender erscheint, (falls existent) die präferierte strategische Möglichkeit zu untersuchen, oder ob es aussichtsreicher ist, die Investigation, wie von BEINHOCKER empfohlen, zu parallelisieren[1162]. Das Strategie- bzw. Entscheidungsinkrement wird schließlich mit den zugehörigen Arbeitsumfängen im Sprintziel (vgl. Abschnitt 4.1.4.2) festgehalten.

Für die Analyse der strategischen Möglichkeit(en) nutzt das Strategieteam die in Unterkapitel 4.2.5 beschriebene Option Due Diligence. Hierbei werden in einem Workshop des Strategieteams ausgehend von der beschriebenen strategischen Möglichkeit (vgl. Abschnitt 4.3.1.1) deren Positionierungshypothesen zunächst abgeleitet, dann priorisiert und schließlich unter Zuhilfenahme des beschriebenen Werkzeugkoffers (vgl. Anhang 11 bis Anhang 17) die notwendigen Analysen bzw. Hypothesentests bestimmt. Sollte keines der vorausgewählten Analysewerkzeuge für die zu untersuchende Hypothese geeignet sein, ergänzt das Strategieteam die jeweilige Analyse und erweitert somit sukzessive den Werkzeugkoffer unternehmensspezifisch. Da sich das Vorgehen der Hypothesenprüfung nach der jeweiligen Analyse richtet, sind hierzu keine spezifischen Aussagen möglich. Durch die Organisation in Sprints ist jedoch übergreifend festzuhalten, dass sich das Strategieteam im Rahmen der *„Daily Scrums"* (vgl. Abschnitt 4.1.4.3) zu den individuellen Arbeitsumfängen und deren Fortschritt sowie Erkenntnissen austauscht, um die Transparenz zu erhöhen. Ebenso werden die aus den Hypothesentests gewonnenen Erkenntnisse von dem jeweiligen Strategieanalysten mithilfe der in Teilkapitel 4.2.6 beschriebenen Turbulenzanalyse hinsichtlich ihrer Belastbarkeit für die Strategieformulierung eingeordnet.

Auf diesen spezifischen Erkenntnissen aufbauend erarbeitet das Strategieteam einen Vorschlag zur Aktualisierung, Detaillierung sowie Annullierung bestehender oder Generierung neuer strategischer Möglichkeiten. Ebenso nutzt das Strategieteam das in Abschnitt 4.3.1.2 beschriebene Bewertungsmodell, um einen Vorschlag zur Priorisierung der Population wettbewerbsstrategischer Möglichkeiten vorzubereiten. In einem Steuerkreistreffen werden die Entscheider durch die Erkenntnisgewinne und Bewertungs- sowie Priorisierungsvorschläge geführt. Auf Basis deren möglicherweise abweichenden Einschätzung wird in der gemeinsamen Diskussion von Strategieteam und Steuerkreis die Rangfolge der wettbewerbsstrategischen Population abgestimmt und hieraus der wettbewerbsstrategische Prototyp konsolidiert (vgl. Abschnitt 4.3.1.3). Dabei werden unattraktive strategische Möglichkeiten gestrichen und demgegenüber neue und potenziell attraktive Möglichkeiten sowie weiterer Klärungsbedarf zur Bewertung der bestehenden Möglichkeiten in das *„Strategy Backlog"* aufgenommen. Anhand der prototypischen Population aktualisiert das Strategieteam im Nachgang die Innovationsaspekte sowie -felder (vgl. Abschnitt 4.3.2.1). Mittels der indikatorbasierten Bewertungsschemata aus den Abschnitten 4.3.2.2 und 4.3.2.3 erarbeitet das Team hierauf aufbauend einen Vorschlag für das prototypische Positionierungsintervall entlang der innovationsstrategischen Entscheidungsdimensionen. Hierbei gilt es erneut, im Sinne des Anwendungsaufwandes eine situative Abschätzung zu treffen: Eine Aufteilung der Innovationsfeldauswahl sowie der restlichen Positionierung in zwei Steuerkreistreffen reduziert das Risiko einer signifikanten Blindleistung des Strategieteams, indem Positionierungsvorschläge für Innovationsfelder erarbeitet werden, welche durch eine abweichende Innovationsfeldauswahl des Steuerkreises aufgehoben werden. Eine solche Zweiteilung wirkt sich somit

[1162] vgl. Beinhocker (1999), Strategies, S. 99f.

vorteilhaft auf den Anwendungsaufwand der Methodik für die Strategen aus, während für die Entscheider ein Mehraufwand entsteht. Demgegenüber führt ein einzelnes Steuerkreistreffen zu höheren Aufwänden für die Strategen und zu geringeren Aufwänden für die Entscheider. Unmittelbar nach einem Krisenereignis erscheint es realistisch, dass die relative Neuerkenntnishöhe durch Umfeldbeobachtungen und deren Interpretation für Handlungsmöglichkeiten der Unternehmung größer ist als in späteren Phasen (bspw. der *„Recover-Phase"*). Da es somit anfänglich zu signifikanten Pivotierungen des wettbewerbs- und innovationsstrategischen Prototyps kommen kann, erscheint zunächst eine Zweiteilung und später ein integriertes Steuerkreistreffen sinnvoll, um über die Iterationen bei abnehmender Turbulenz des Umfelds den Anwendungsaufwand bidirektional zu reduzieren. Neue Implikationen aus der Diskussion sowie offene Informations- und Entscheidungsbedarfe hinsichtlich der innovationsstrategischen Positionierung werden erneut im *„Strategy Backlog"* festgehalten. Auf Basis der prototypischen Innovationspositionierung leitet das Strategieteam im Nachgang schließlich die assoziierten Technologiefelder in einem Workshop ab und clustert diese (vgl. Unterkapitel 4.3.3). Durch Ergänzung der bestehenden Technologiefelder aus der Unternehmens- sowie den potenziell attraktiven Technologiefeldern aus der Umfeldanalyse und -vorausschau als auch Option Due Diligence spannt das Strategieteam den technologiestrategischen Optionsraum auf (vgl. Unterkapitel 4.2.1 bis 4.2.3 sowie Unterkapitel 4.2.5).

Entsprechend dem Vorgehen zur Innovationsfeldauswahl und -positionierung erarbeitet das Strategieteam mittels des Bewertungsschemas und -portfolios einen Vorschlag für die prototypische Technologiefeldauswahl, welche in einem ersten Steuerkreistreffen abgestimmt wird. Hiervon ausgehend nutzt das Strategieteam die indikatorbasierten Bewertungsschemata aus dem Unterkapitel 4.4.2, um einen Vorschlag für das Positionierungsintervall entlang der technologiestrategischen Entscheidungsdimensionen vorzubereiten. Der technologiestrategische Prototyp wird in einem zweiten Steuerkreistreffen mit den Entscheidern abgestimmt und offene Informations- sowie Entscheidungsbedarfe im *„Strategy Backlog"* dokumentiert. Schließlich wird der technologiestrategische Prototyp mittels des rudimentären Evaluationsschemas aus Abschnitt 4.4.2.3 hinsichtlich seiner Logik überprüft und die Implikationen aus den gewonnenen Erkenntnissen erneut im *„Strategy Backlog"* festgehalten.

Der kontinuierlich-iterative Strategiesprint wird letztlich mit dem Sprintreview und der -retrospektive im Strategieteam unter Zuhilfenahme der Instrumente aus Unterkapitel 4.1.4 abgeschlossen. Während in Ersterem die Erreichung des Sprintziels überprüft und hieraus eine Einsicht für die Planung des nächsten Sprintziels abgeleitet wird, erfolgt in Letzterem eine prozessuale Reflexion hinsichtlich der Modelle und Methoden sowie der notwendigen Sprintdauer. Folglich startet die nächste Iteration der Methodik mit der gemeinsamen Planung des anschließenden Sprintziels durch das Strategieteam und den *„Strategy Owner"*. Während sich die Entscheidungsinkremente für das Sprintziel somit zu Beginn stärker auf wettbewerbsstrategische Fragestellungen beziehen, erfolgt entlang der iterativen Anwendung der Methodik sukzessive eine Verlagerung des Schwerpunkts zu deren technologie- und innovationsstrategischen Ausleitungen. Abbildung 4-56 illustriert das Vorgehen im Investigationsmodus der Methodik anhand der genutzten Unterkapitel der vorliegenden Arbeit, deren Ablaufbeziehungen sowie der genutzten Formate (Team- sowie Workshoparbeit).

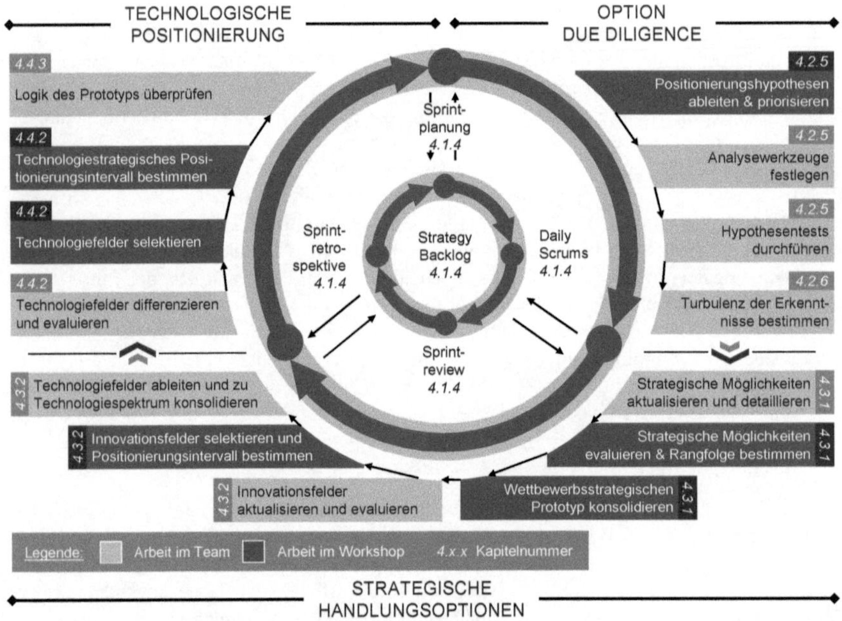

Abbildung 4-56: Vorgehensübersicht im Investigationsmodus

4.5.3 Skalierungs- und Verkürzungsrichtungen der Methodik

Nachdem in den vorherigen Teil- und Unterkapiteln die Modelle sowie das Vorgehen der Methodik im Explorations- sowie Investigationsmodus detailliert wurden, wird im Rahmen des vorliegenden Unterkapitels aufgezeigt, wie der Anwendungsaufwand skaliert oder verkürzt werden kann. Hierdurch soll es dem Anwender der Methodik einerseits möglich sein, pragmatische Abkürzungen zu nehmen sowie andererseits eine spätere Interoperabilität mit etablierten Ansätzen für moderat turbulente Umfelder sicherzustellen.

In der Literatur finden sich Skalierungstheorien hauptsächlich in der IT sowie in der Betriebswirtschaftslehre. Im ersteren Fall beziehen sich diese auf Hard- und Software und im letzteren Fall auf Geschäftsmodelle.[1163] Aufgrund fehlender Skalierungstheorien im Kontext der Entwicklung von (Technologie-) Strategien werden daher im Folgenden Skalierungs- und Verkürzungsmechanismen exemplarisch anhand der Skalierungsrichtungen aus dem Bereich

[1163] vgl. Engelhardt et al. (2019), Geschäftsmodelle, S. 16; vgl. Hill (1990), Scalability, S. 18ff.

der IT abgeleitet. Diese konzeptioniert Skalierung in Form von zwei Richtungen: vertikal (*„scale-up"*) sowie horizontal (*„scale out"*)[1164].

Auf Basis der detaillierten Modelle sowie des beschriebenen Vorgehens zur Anwendung können jedoch zunächst zwei übergreifende Mechanismen zur Skalierung des Anwendungsaufwands identifiziert werden. Ersterer besteht in der pragmatischen Anwendungsauslegung der Modelle. Dabei spricht die intuitive Auslegung für eine zeit- und aufwandsorientierte Anwendung. Demgegenüber spricht die analytische Auslegung für eine absicherungs- und qualitätsorientierte Anwendung. Im Sinne einer schnellen Aussagefähigkeit sollte somit sukzessive von einer intuitiven hin zu einer analytischen Anwendungsauslegung der Modelle übergegangen werden. Der zweite übergreifende Mechanismus besteht in den vorgehensbezogenen Umsetzungsformaten der Modelle. Während inklusive Formate (wie bspw. größere Workshops) für die zeit- und aufwandsorientierte Anwendung sprechen, bieten sich exklusive Formate (bspw. Einzelinterviews) für die absicherungs- und qualitätsorientierte Anwendung an. Im Gegensatz zum ersten Mechanismus kann für die Anwendungsformate keine natürliche Skalierungsrichtung benannt werden, da das Format vor allem dem Zweck gerecht werden muss. So bergen bspw. inklusive Formate die Gefahr, dass dominante Persönlichkeiten das Ergebnis überdurchschnittlich beeinflussen. Ebenso kann es bei eingeschränkter Vorbereitungszeit problematisch sein, in einer großen Runde über unternehmenspolitisch sensible Themen, wie bspw. strategische Entscheidungen, zu sprechen.[1165] Umgekehrt ist es teilweise kaum möglich, mit exklusiven Formaten einen tragfähigen Konsens zu erzielen. Es gilt somit stets vor dem Hintergrund des jeweiligen Zwecks, eine zeit- und aufwandsorientierte Balance von inklusiven und exklusiven Anwendungsformaten zu wählen.

Die Informationssammlung und -analyse stellt in Strategieprozessen typischerweise den zeit- und aufwandsintensivsten Schritt dar[1166]. Im Hinblick auf eine horizontale Skalierungsrichtung wird diese als Ergänzung von Analyseaspekten interpretiert (bspw. die Untersuchung weiterer Wandelkatalysatoren hinsichtlich ihrer Implikationen oder die Prüfung weiterer Positionierungshypothesen). Demgegenüber wird die vertikale Skalierungsrichtung mit einer Erhöhung des Detailgrades übersetzt (bspw. die Reinklusion von Elementen der Szenariotechnik oder die Veranlassung weiterer Tests für bestehende Positionierungshypothesen). Somit ist im Hinblick auf die Analyse ein Verkürzungsmechanismus vor allem in der stärkeren Priorisierung von Analysebereichen und -aspekten festzustellen, welche mit der Zeit kontinuierlich durch weitere priorisierte Analyseumfänge skaliert werden. Ebenso können Analyseaufwände radikal reduziert werden, je früher eine potenziell attraktive strategische Möglichkeit durch Widerlegen der Positionierungshypothesen verworfen oder angenommen wird[1167].

[1164] vgl. Michael et al. (2007), Scale-up, S. 1

[1165] vgl. Pettigrew (1977), Strategy Formulation, S. 79ff.

[1166] vgl. Pillkahn (2008), Scenarios, S. 269

[1167] In dem Kontext von Technologiestrategien nutzen HARRIS, SHAW ET AL. hierfür die Analogie der *„Bet"* bzw. *„Call"* oder *„Fold"* Begrifflichkeiten aus dem Poker. Hierzu vgl. Harris et al. (1983), Strategic Management, S. 32; Sklansky (2006), Poker, S. XI

Die Options- und Positionierungsmodelle sind neben Tätigkeiten der Ableitung und Aggregation insbesondere von Bewertungsaktivitäten gekennzeichnet. In Bezug auf diese wird eine horizontale Skalierung mit der Erweiterung von Bewertungsperspektiven interpretiert (bspw. die weitere Einbindung von Bewertungen interner sowie externer Experten). Die vertikale Skalierung wird dagegen mit einer zunehmenden Bewertungstiefe beschrieben (bspw. die weitere Untergliederung von Bewertungskriterien in Subkriterien sowie deren Reaggregation). Folglich besteht in Bezug zu den Bewertungsmodellen ein Verkürzungsmechanismus insb. in einer *„top-down"* Bewertung, welche sukzessive durch eine Aggregation von *„bottom-up"* Bewertungen skaliert wird.

4.5.4 Zwischenfazit: Strategieentwicklung als andauernde Reise

Als letztes Modell der zu entwickelnden Methodik wurde in Teilkapitel 4.5 das Vorgehen zur Entwicklung einer Technologiestrategie in einem volatilen Unternehmensumfeld detailliert. Hierfür wurde einerseits ein sequenziell-iteratives Vorgehen für den Explorationsmodus und andererseits ein kontinuierlich-iteratives Vorgehen für den Investigationsmodus erläutert. Dabei greifen beide Vorgehensmodelle selektiv auf die zuvor detaillierten Teilmodelle sowie deren Instrumente zurück. Damit die Methodik schließlich in etablierten Ansätzen zur Entwicklung von Technologiestrategien mündet, wurden abschließend Mechanismen zur Verkürzung und Skalierung des Anwendungsaufwands aufgezeigt.

Auf Basis des detaillierten Vorgehensmodells konnte somit die Leitfrage, mit welchem Vorgehen ein Anwender aus der Praxis eine technologiestrategische Positionierung in Krisenzeiten entwickeln kann, beantwortet werden. Dabei startet das Vorgehen nicht durch die traditionellen, zeitlichen Auslöser von Strategie- und Reviewprozessen, sondern auf Basis eines inhaltlichen Auslösers in Form einer ereignisinduzierten Diskontinuität mit strategischen Implikationen[1168]. Damit greift das Vorgehen den ersten von acht Paradigmenwechseln der Strategiearbeit nach BRADLEY, HIRTH ET AL. auf, indem Strategie als kontinuierliche Reise statt als jährliche Budgetplanung ausgestaltet wird[1169].

Ebenso wie der Design Sprint für Produkte nach KNAPP, ZERATSKY ET AL. adaptiert das Vorgehensmodell hierfür eine sprintbasierte Grundlogik agiler Entwicklungsmethoden[1170]. SCHWABER, SUTHERLAND geben für Scrum lediglich ein oberes Limit von vier Wochen für einen Sprint an[1171]. WULF, MEISSNER ET AL. geben für ihren Ansatz mit einer aufwandsoptimierten Szenarioanalyse einen Planungszeitraum von vier bis sechs Wochen an[1172]. Während die Sprintdauer in der Scrum-Methodik nach SCHWABER, SUTHERLAND konstant zu halten ist, erscheint es vorliegend, wie im Rahmen der Turbulenzanalyse erläutert (vgl. Unterkapitel 4.2.6), sinnvoll, die Dauer eines Entwicklungssprints an dem Ausmaß der Umfeldturbulenz zu orientieren. Um die *„Clock of Newness"* (vgl. Unterkapitel 2.1.4) für die geänderten Randbedingungen der ereignisinduzierten Diskontinuität in einem quasi aperiodischen

---

[1168] vgl. Ant (2018), Effizientes Management, S. 118

[1169] vgl. Bradley et al. (2018), Shifts, S. 2f.; Bradley et al. (2012), Journey, S. 5ff.

[1170] vgl. Knapp et al. (2016), Sprint; Eckert (2018), Echtzeitunternehmen, S. 87

[1171] vgl. Schwaber, Sutherland (2017), Scrum, S. 9

[1172] vgl. Wulf et al. (2013), Strategic Planning, S. 50

Grenzfall der Dynamik schnellstmöglich neu zu starten, ist somit eine initiale Sprintlänge von einigen Tagen bis zu einer Woche als zielführend anzunehmen.

Zusammenfassend ist in Bezug auf das Vorgehensmodell festzustellen, dass es im Vergleich zu den etablierten Ansätzen (vgl. Teilkapitel 2.6) als komplexer zu charakterisieren ist. Dies ist insbesondere auf die situationsadaptiven Anwendungsmodi sowie die Nichtlinearität des Vorgehens ausgehend von einer iterativen Sprintorganisation zurückzuführen. Dies sind jedoch gleichzeitig jene Mechanismen der Methodik, die i. S. d. strategischen Flexibilität eine höhere Aktualität über empirische Lerneffekte in einem volatilen Unternehmensumfeld sicherstellen, sodass hierauf nicht verzichtet werden kann. Ebenso ist in diesem Zuge eine Umstellung im gewohnten Verhalten erfahrener Strategen und Entscheider zu erwarten, die Strategien bislang nach einem rein synoptischen Planungsansatz im Rahmen der jährlichen Strategiereviews und Budgetierungsgespräche entwickelt haben. Da gleiche Umgewöhnungsprozesse in der Praxis bereits bei der Einführung agiler Methoden in die F&E-Organisation physischer Produkte zu beobachten waren, zeigen erfolgreich agil entwickelnde Unternehmen wie bspw. die TRUMPF GmbH + Co. KG, dass eine solche Umstellung möglich ist und in einem turbulenten Umfeld von Erfolg gekrönt sein kann[1173].

4.6 Reflexion: Methodik zur Entwicklung von Technologiestrategien in einem volatilen Unternehmensumfeld

Auf Basis der in Kapitel 3 konzeptionierten Anwendungsmodi und Modelle der Methodik wurden diese im Rahmen von Kapitel 4 hinsichtlich der jeweiligen Instrumente sowie deren Zusammenhang in einem praxisorientierten Vorgehen detailliert. Hierzu wurde in Teilkapitel 4.1 dargestellt, wie ein turbulenzinduzierter Strategieprozess initiiert, unternehmensspezifisch ausgerichtet sowie kontinuierlich gesteuert wird. Dabei kommt der Evaluation der strategischen Kritikalität eines Krisenereignisses, der Formierung des Strategieteams sowie insbesondere der Erstintuition erfahrener Top Manager eine zentrale Rolle zu, um die Effektivität und Effizienz eines Strategieprozesses zu optimieren.

Im Rahmen von Teilkapitel 4.2 wurden die Bereiche und Aspekte sowie Instrumente der Analyse im Hinblick auf ein zeit- und aufwandsskalierbares Vorgehen ausgestaltet. Da die Informationsbeschaffung, -aggregation und -analyse traditionell die zeit- und aufwandsintensivste Phase eines Strategieprozesses darstellen, wurde für den Investigationsmodus, entgegen bestehender Ansätze zur Entwicklung von Technologiestrategien, ein hypothesenbasierter Ansatz gewählt. Demgegenüber wurde im Explorationsmodus das Augenmerk auf die turbulenzinduzierten Implikationen fokussiert, sodass zur Umfeldanalyse und -vorausschau aufwandsoptimierte Instrumente eingesetzt werden. Um weiterhin Transparenz über die Belastbarkeit von Planungsprämissen im Strategieprozess zu schaffen, wurde erstmals eine Turbulenzanalyse detailliert. Diese orientiert sich dabei zunächst an subjektiven Bewertungsmaßstäben der Volatilität. Wie jedoch diskutiert wurde, ist in diesem Kontext weiter zu

---

1173 vgl. Daum (2017), Maschinenentwicklung, S. 2f.

untersuchen, inwiefern objektive Bewertungsmaßstäbe der Volatilität zeit- und aufwandsoptimiert realisiert werden können.

Um die gewonnenen Erkenntnisse zu handlungsleitenden Strategien zu verknüpfen, wurde im Rahmen von Teilkapitel 4.3 das Optionsmodell detailliert. Da Technologiestrategien der Erzielung von Wettbewerbsvorteilen dienen, gilt es hierzu, eine enge Abstimmung zwischen der Technologie- und Wettbewerbsstrategie sicherzustellen. Dabei kommt der Innovationsstrategie im Kontext temporärer Wettbewerbsvorteile eines volatilen Unternehmensumfelds eine entscheidende Bindefunktion zwischen der Wettbewerbs- und Technologiestrategie zu. So grenzt die Innovationsstrategie jenes Innovationsspektrum ein, in welchem die Unternehmung zwischen diskret-temporären Wettbewerbspositionen transitionieren kann und für welches es gilt, das Technologie- und Fähigkeitsspektrum mittels der Technologiestrategie auszurichten.

Dazu wurde im Rahmen von Teilkapitel 4.4 erläutert, dass diese Ausrichtung initial durch ein rudimentäres Leitbild erfolgen kann. Dies eignet sich insbesondere bei hoher Turbulenz, da es aufgrund seines hohen Abstraktionsgrades weniger anfällig gegenüber den ex-post Veränderungen einer Krise ist als eine strategische Positionierung. Folglich wurde die technologische Positionierung ebenfalls als ein zunächst abstraktes Positionierungsintervall ausgestaltet, welches über den zunehmenden Erkenntnisgewinn einerseits und die abnehmenden Umfeldturbulenzen andererseits zu einer traditionell diskreten Positionierung konvergiert. Jedoch kann das Positionierungsintervall ebenso bei steigender Turbulenz und Obsoleszenz bestehender Planungsprämissen sowie Positionierungshypothesen selektiv destabilisiert und wieder erweitert werden.

Im Rahmen von Teilkapitel 4.5 wurden schließlich die grundlegenden Vorgehensmuster der Methodik erläutert sowie die verschiedenen Mechanismen, um den Anwendungsaufwand zu reduzieren oder zu skalieren. Um die Anforderung nach Situationsadaptivität der Methodik umzusetzen und dem Anwender Freiräume zur Anpassung offen zu lassen, wurde für das Vorgehen bewusst auf eine Überspezifikation mittels einer formalen Modellierungssprache verzichtet. Somit stellen das Vorgehen und die Methodik als Ganzes, im Sinne des Sensemaking (vgl. Unterkapitel 3.3), vielmehr eine offene Architektur für das technologiestrategische Denken in Krisensituationen dar.

Zusammenfassend ist somit festzustellen, dass sich die Detaillierung der konzeptionierten Methodik als sehr umfassend erwiesen hat. Dies ist insbesondere auf dessen Situationsadaptivität in Verbindung mit der integrierten Entwicklung von Wettbewerbs- und Innovationsstrategien parallel zur Technologiestrategie zurückzuführen. Gleichzeitig bietet dies jedoch dem Anwender die Möglichkeit, im Rahmen der kontinuierlichen Steuerung der Methodik jene Aspekte zu fokussieren, welche den situativ größten Mehrwert für die Strategie- und Entscheidungsfähigkeit des Unternehmens bieten. Da sich zudem durch die inhaltliche Stringenz der Methodik viele kleinere Bewertungsabweichungen bei einer hohen Umfeldturbulenz analog des „*Bullwhip*"-Effekts" ergeben können, bedarf es systematischer

Entkopplungspunkte[1174]. Insofern sollten die resultierenden Positionierungsvorschläge der Methodik nicht als analytisch exaktes Ergebnis verstanden werden, sondern jeweils als systematischer Ausgangspunkt für eine durch Intuition und Erfahrung geleitete Diskussion der Strategen und Entscheider.

Schließlich kann auf Basis der detaillierten Teilmodelle die letzte Leitfrage aus Teilkapitel 1.3 beantwortet werden. Demnach wurden im Rahmen der entwickelten Methodik Konzepte der Resilienz und Agilität auf vielerlei Ebenen operationalisiert und umgesetzt: bspw. durch die höhere Robustheit eines technologischen Leitbildes, die Flexibilität und Adaptivität von strategischen Optionen und intervallbasierten Positionierungen sowie durch die Wahl einer agilen Entwicklungsmethodik für die hypothesenbasierte Analyse basierend auf einer Kombination aus inkrementalen und synoptischen Planungsvorgehen.

Ausgehend von den gewonnenen Erkenntnissen in der Theorie wird die entwickelte Methodik somit nachfolgend auf ihre Anwendbarkeit in der Praxis untersucht. Hierzu erfolgt die Validierung der Methodik anhand von Fallstudieninterviews, deren Erkenntnisse hinsichtlich der eingangs gestellten Anforderungen aus Teilkapitel 3.1 reflektiert werden.

1174 Der „*Bullwhip*"-Effekt wurde von FORRESTER Ende der 1950er Jahre entdeckt und beschreibt Nachfrageschwankungen, welche ausgehend vom Endkunden entlang von Lieferketten zunehmen. Hierzu vgl. Elbert, Scharf (2015), Bullwhip, S. 211; Forrester (1961), Industrial Dynamics

5 Validierung und kritische Reflexion

„But a time of turbulence is also one of great opportunity for those who can understand, accept, and exploit the new realities. It is, above all, a time of opportunity for leadership."
– PETER DRUCKER (1980)[1175]

Der Strategie angewandter Wissenschaften nach ULRICH folgend schließt sich an den theoretischen Forschungsprozess die Überprüfung der gewonnenen Erkenntnisse im Anwendungszusammenhang an[1176]. Die Validierung im Rahmen der vorliegenden Arbeit orientiert sich dabei an dem kritischen Rationalismus, welcher eine vollständige Induktion ablehnt und sich stattdessen der Falsifikation bedient. Demnach wird eine Hypothese so lange als gültig erachtet, bis sie empirisch widerlegt wird.[1177] Da eine vollständige Strategieentwicklung ungeachtet der zugrundeliegenden Methodik eine Aufgabe für ein mehrköpfiges Team über mehrere Wochen oder Monate hinweg darstellt, wird die detaillierte Methodik in abgeschlossenen Ausschnitten empirisch validiert. Hierzu werden Fallstudieninterviews mit Strategen und Entscheidern aus der industriellen Praxis geführt und die gewonnenen Erkenntnisse zur Validierung einzelner Teilausschnitte der Methodik genutzt (vgl. Teilkapitel 5.1). Abschließend werden die Fallstudien kritisch reflektiert und die Erfüllung gestellter Anforderungen evaluiert (vgl. Teilkapitel 5.2).

5.1 Darstellung und Diskussion der Fallstudien zur Validierung

Gemäß WILDE, HESS können mithilfe von Fallstudien komplexe und schwer abgrenzbare Phänomene objektiv untersucht werden, indem wenige Merkmalsträger in ihrem natürlichen Kontext überprüft werden[1178]. Die Fallstudieninterviews für die vorliegende Validierung wurden im Rahmen des Innovationsprogramms *„Resiliente Wertschöpfungssysteme"* (RESYST) des Fraunhofer-Verbunds *„Produktion"* während der Corona-Pandemie geführt. Ziel des Arbeitspakets *„Dynamische Resilienz- und Technologiestrategien"* war es, Einblicke in die Strategiearbeit produzierender Unternehmen im Nachgang von Krisenereignissen zu gewinnen, *„Best-Practices"* zu identifizieren und Unterschiede zur regelmäßigen Strategiearbeit herauszustellen. Im Rahmen dessen wurden 17 Interviews über zehn Branchen hinweg geführt, von denen aus Gründen des Umfangs und der Freigabe durch die Unternehmen nachfolgend sechs dargestellt werden[1179]. Zudem wird eine Fallstudie ergänzt, die auf einem Industrieprojekt des Fraunhofer IPT basiert und durch den Autor der vorliegenden Arbeit geleitet wurde. Hierin wurde losgelöst von der Umfeldturbulenz eine Technologie- und Innovationsstrategie

---

[1175] Drucker (2011), Turbulent Times, S. x

[1176] vgl. Ulrich (1981), Betriebswirtschaftslehre, S. 20

[1177] vgl. Ulrich, Hill (1976), Grundlagen Teil II, S. 345

[1178] vgl. Wilde, Hess (2007), Forschungsmethoden, S. 282

[1179] vgl. Schuh et al. (2021), Strategiearbeit, S. 14

entwickelt. Aufgrund der Sensibilität sowie Aktualität der Fallstudien müssen diese stark abstrahiert und anonymisiert werden. Tabelle 5-1 gibt einen Überblick über die sieben Fallstudien und die Teilmodelle der Methodik, welche durch die Interviews validiert werden.

Tabelle 5-1: Übersicht von Teilvalidierungen der Methodik durch die Fallstudien

Modell	**Teilmodelle**	**Fallstudie 1**	**Fallstudie 2**	**Fallstudie 3**	**Fallstudie 4**	**Fallstudie 5**	**Fallstudie 6**	**Fallstudie 7**	**Anzahl**
Charakterisierung	Initiierung (1.1)	✓	✓	✓	✓			✓	5
	Formierung (1.2)		✓	✓			✓		3
	Ausrichtung (1.3)			✓			✓		2
	Steuerung (1.4)		✓	✓		✓			3
Analyse	Unternehmensanalyse (2.1)							✓	1
	Umfeldanalyse (2.2)				✓			✓	2
	Vorausschau (2.3)		✓		✓	✓		✓	4
	Handlungsbedarfe (2.4)		✓					✓	2
	Option Due Diligence (2.5)		✓	✓		✓	✓		4
	Turbulenzanalyse (2.6)		✓				✓		2
Optionen	Wettbewerbsstrategisch (3.1)		✓	✓	✓	✓			4
	Innovationsstrategisch (3.2)			✓	✓	✓		✓	4
	Technologiestrategisch (3.3)				✓			✓	2
Ziele & Positionierung	Technologische Vision (4.1)			✓	✓	✓		✓	4
	Technologische Positionierung (4.2)			✓		✓	✓	✓	4
	Anzahl	**1**	**8**	**9**	**7**	**7**	**5**	**9**	

Zwecks Vergleich- und Reproduzierbarkeit wurden die Fallstudieninterviews anhand eines semi-strukturierten Interviewleitfadens geführt: In der ersten Interviewphase wurden unternehmensinterne (bspw. Leistungsportfolio, Unternehmensziele, Unternehmenskultur, ...) sowie -externe (bspw. Kunden, Wettbewerbssituation, Trends, ...) Kontextfaktoren charakterisiert. In der zweiten Phase wurden der routinemäßige Strategieprozess des Unternehmens sowie genutzte Instrumente erläutert. In der dritten Phase wurden schließlich ereignisbezogene Diskontinuitäten in der Firmenhistorie thematisiert sowie der prozessual-methodische Umgang des Unternehmens hiermit erläutert. Als Ausgangspunkt der Validierung wurde daher das Vorgehensmodell (vgl. Teilkapitel 4.5) genutzt, anhand dessen relevante Ausschnitte der restlichen Modelle als Merkmalsträger (vgl. Teilkapitel 4.1 bis 4.4) der Methodik validiert werden.

5.1.1 Fallstudie 1: Aluminium AG

Das Interview mit einem *„Vice President"* der Aluminium AG wurde am 8. September 2020 geführt. Die Aluminium AG ist ein weltweit agierender Konzern, der sich mit der Herstellung von Walzprodukten sowie dem Recycling von Aluminium beschäftigt. Die Tätigkeiten des Unternehmens verteilen sich dabei auf vier Geschäftsfelder: Lebensmittel, Automotive, Luft- und Raumfahrt sowie diversifizierte Spezialprodukte. Als ereignisbezogene Diskontinuität wurde die Corona-Pandemie 2020/21 genannt. Während dieser wurden die vier Geschäftsbereiche unterschiedlich stark betroffen. So wurde das Geschäftsfeld der Lebensmittelbranche kaum beeinträchtigt und Schwankungen der Spezialprodukte wurden aufgrund der hohen Diversifizierung ausgeglichen. Während beide Geschäftsfelder der Automotive sowie Luft- und Raumfahrt stark beeinträchtigt wurden, ist ersteres durch eine V-förmige Erholung und letzteres durch langfristige Auswirkungen gekennzeichnet. Insgesamt ergaben sich für das Unternehmen somit, abgesehen von dem Geschäftsfeld der Luft- und Raumfahrt, hauptsächliche operative Handlungsbedarfe im Rahmen der Corona-Pandemie. Aufgrund der langen Entwicklungszeiten und Innovationszyklen in der Luftfahrt entschied sich das Unternehmen, auf Basis einer kurzen Situationsanalyse dem regelmäßigen Strategieprozess zu folgen.

Bezogen auf die entwickelte Methodik werden insbesondere Rückschlüsse auf das Charakterisierungsmodell gezogen. Erstens zeigt die Fallstudie, dass eine Differenzierung der Geschäftstätigkeiten sowie deren Beeinflussung durch ereignisbezogene Diskontinuitäten sinnvoll ist, um den strategisch relevanten Betrachtungsbereich zu definieren. Zweitens wurde dabei die Unterscheidung von operativen sowie strategischen Implikationen bestätigt, von denen die Notwendigkeit eines Strategieprozesses abhängt. Ausgehend von der längerfristigen Entwicklungsdynamik in der Luft- und Raumfahrt wurde drittens die Wahl der Strategiemethodik anhand eines Unsicherheits- sowie Dynamikspektrums bestärkt.

5.1.2 Fallstudie 2: Haushaltswaren GmbH

Das Interview mit dem *„Geschäftsführer Technik"* sowie dem *„Vorstandsassistent"* der Haushaltswaren GmbH wurde am 30. September 2020 geführt. Die Haushaltswaren GmbH ist ein weltweit agierendes Familienunternehmen mit hoher Wertschöpfungstiefe, welches Produkte und Dienstleistungen sowohl für End- als auch Geschäftskunden entwickelt, produziert und vertreibt. Als ereignisbezogene Diskontinuität wurde neben der Finanzkrise 2008/09 sowie der Reaktorkatastrophe von Fukushima 2011 insbesondere die Corona-Pandemie 2020/21 als größter exogener Schock seit dem Zweiten Weltkrieg genannt. Während dieser hat sich die traditionelle Asynchronität von B2C- sowie B2B-Märkten umgekehrt, sodass dennoch ein Ausgleich der starken pandemieinduzierten Schwankungen möglich war. Dabei war ersterer durch eine V-förmige und letzterer durch eine U-förmige Erholung gekennzeichnet, sodass die Resilienzphasen (vgl. Unterkapitel 2.4) vergleichsweise schnell durchlaufen wurden. Aufgrund der hohen Dynamik und Unsicherheit der Veränderungen wurde ein Think Tank formiert, im Rahmen dessen militärische Entscheidungssystematiken genutzt wurden. Zum Umgang mit der Unsicherheit unter engen zeitlichen Restriktionen wurde eine intuitive Szenariotechnik eingesetzt, mithilfe derer ein rudimentärer Szenariorahmen für den Fortgang des Pandemie-Verlaufs aufgespannt wurde. Aus den Szenarien wurden jeweils Implikationen für unterschiedliche Zeithorizonte reflektiert, anhand derer Hypothesen als Planungsprämissen formuliert und entsprechend den tatsächlichen Geschehnissen selektiv stabilisiert oder verworfen wurden. Hierzu wurden thematische Analysebereiche wie bspw. *„Produkt"*, *„Markt"*, *„Operations"* und *„Supply Chain"* vorgegeben, um Implikationen und resultierende Handlungsbedarfe abzuleiten. Schließlich wurden die in einer agilen Arbeitsweise gewonnenen Erkenntnisse aus dem Think Tank in die jeweiligen Geschäftsbereiche und -funktionen kaskadiert und mit den regelmäßigen Strategieprozessen synchronisiert.

Bezogen auf die entwickelte Methodik werden sowohl Rückschlüsse auf das Charakterisierungs-, Analyse- sowie Optionsmodell gezogen. Erstens zeigt die Fallstudie die Notwendigkeit einer Organisation des Strategieteams in einer an militärische Entscheidungssystematiken angelehnten Task-Force auf Basis von agilen Entwicklungsmethoden. Zweitens wird der Bedarf nach einer aufwandsoptimierten Vorausschau deutlich. In diesem Zusammenhang wurde die intuitive Konzeption der Szenariotechnik bestätigt. Aufgrund einer Fokussierung des Szenariofelds rein auf Schlüsselfaktoren der Pandemie (Intensität der Pandemie vs. wirtschaftliche Folgen) konnte der Anwendungsaufwand signifikant gesenkt und damit die in der Methodik beschriebene Analyse der Entwicklungstrajektorien übersprungen werden. Drittens wurde die Grundstruktur der Option Due Diligence bestärkt, welche ebenfalls auf thematischen Analysebereichen sowie Hypothesen und deren Überprüfung basiert. Indem das Unternehmen zudem Planungsprämissen anhand derer turbulenzbasierten Belastbarkeit selektiv stabilisiert oder zurückgenommen hat, wird viertens die Sinnhaftigkeit einer Turbulenzanalyse für strategische Entscheidungen bestärkt. Fünftens wird die Generierung von Handlungsmöglichkeiten als logische Konsequenz von identifizierten Implikationen und resultierenden Handlungsbedarfen der ereignisbezogenen Diskontinuität für eine gewählte Systemstruktur bestätigt. Letztlich veranschaulicht die Fallstudie ebenfalls die Notwendigkeit einer Synchronisation einer kontinuierlich-iterativen Strategiemethodik mit den regelmäßig synoptischen Strategieprozessen eines Unternehmens.

5.1.3 Fallstudie 3: Halbleiter GmbH

Das Interview mit einem *„Senior Director"* der Halbleiter GmbH wurde am 10. November 2020 geführt. Die Halbleiter GmbH ist ein weltweit agierendes Unternehmen mit geringer Wertschöpfungstiefe, welches sich mit dem Anlagenbau für die Halbleiterindustrie beschäftigt. Hierzu ist das Unternehmen in drei Geschäftsbereiche gegliedert: Lithographie, Messtechnik & Inspektion sowie Software. Neben der Corona-Pandemie 2020/2021 wurde insbesondere die Finanzkrise 2008/09 als ereignisbezogene Diskontinuität genannt. In Letzterer kam es, wenngleich absehbar, sehr überraschend zu einem Umsatzeinbruch von 80% infolge von Stornierungen und Verschiebungen in einem Großteil der strategischen Kundensegmente. Die Strategen und Entscheider der Halbleiter GmbH vertraten jedoch die Hypothese, dass Endkundenmärkte (*„Consumer Markets"*) weniger von dem Systemzusammenbruch betroffen waren als der Großteil der bestehenden (Geschäftskunden-) Kundensegmente. Infolge dessen wurde zunächst eine enge Kommunikation und später eine bilaterale Marktexploration gemeinsam mit einem Leitkunden (*„Lead Customer"*) aufgenommen, um diese Positionierungshypothese empirisch zu validieren. Durch Konfirmation dieser Hypothese als belastbare Planungsprämisse entschied sich das Top Management, entgegen der Bewegung des Marktes und aller Wettbewerber, Investitionen in laufende Technologieinnovationen weiter aufrecht zu erhalten und einen sofortigen Anlauf aller Produktionskapazitäten zu veranlassen. Infolge dieser strategisch-temporären (Re-)Positionierung gewann die Halbleiter GmbH innerhalb nur eines Jahres 20% Marktanteil und zählt durch die damals in der Entwicklung befindlichen technologischen Innovationen heute zu den Marktführern.

Bezogen auf die entwickelte Methodik werden Rückschlüsse auf sämtliche Modelle der Arbeit gezogen. Erstens bestätigt die Fallstudie viele der Teilmodelle der Charakterisierung. So operierte das Top Management der Halbleiter GmbH in einem Task-Force-Modus und bediente sich entsprechender *„Discontinuity"*-Pläne und Methoden. Diese unterscheiden sich dabei deutlich von dem regelmäßigen Strategieprozess, welcher auf einem synoptischen Planungsansatz basiert. Weiterhin verdeutlicht die Fallstudie die Relevanz des normativen Bezugsrahmens. So ist die Strategie grundsätzlich in einem *„Code of Conduct"* eingebettet, welcher sich als umso belastbarer und wichtiger in Krisenzeiten erwiesen hat. Ebenso zeichnet sich das Top Management der Halbleiter GmbH durch eine ausgeprägte Risikoaffinität des CEOs als Gründer und Manager aus. Ebenso zeigt die Reaktion des Unternehmens, dass eine Erstintuition als rudimentäre Lösungshypothese den strategischen Antwortprozess deutlich beschleunigen kann. Zweitens bestärkt die Fallstudie die grundsätzliche Konzeption der Option Due Diligence als gezielte Analyse fundamentaler Positionierungshypothesen mithilfe einer potenziellen Vielzahl von Analysenwerkzeugen. Drittens wurde in diesem Zusammenhang die Notwendigkeit für Flexibilität hervorgehoben, sodass die Strategiearbeit sowohl langfristige als auch kurzfristige Aspekte adressieren und balancieren muss. Insofern stellt dies hinsichtlich des Optionsmodells ein Indiz für das Management einer wettbewerbsstrategischen Population dar, aus welcher sich ein Spektrum von Innovationsaspekten und -feldern verschiedener Zeithorizonte ergibt. Viertens zeigen die sehr langen Technologieentwicklungszeiten der Halbleiter GmbH von bis zu 20 Jahren auf, dass strategische Technologieentscheidungen von Langfristigkeit, Committment und Durchhaltevermögen geprägt sein müssen, um diese zu einem Markterfolg zu führen. Hierbei spielten sowohl die Vision des Top Managements als auch die Formulierung von Strategien als Korridore eine zentrale Rolle. Demnach bestätigt sich sowohl die Entwicklung einer technologischen Vision als fundamentales Instrument zur Ausrichtung als auch die Formulierung von wettbewerbs-, innovations- sowie technologiestrategischen Positionierungen als turbulenzadjustierte Intervalle über die diskutierten Krisen hinweg.

5.1.4 Fallstudie 4: Triebwerk AG

Das Interview mit einem *„Head of Strategy"* der Triebwerk AG wurde am 16. Oktober 2020 geführt. Die Triebwerk AG ist ein weltweit tätiger Konzern, der sich mit der Entwicklung, Herstellung und Vermarktung von Triebwerken und -komponenten beschäftigt. Hierzu ist die Triebwerk AG in drei Geschäftsfelder unterteilt, welche u. a. die Energiesysteme, die militärische sowie insbesondere zivile Luftfahrt umfassen. Als ereignisbezogene Diskontinuitäten wurden neben den Anschlägen vom 11. September 2001 sowie der Finanzkrise 2008/09 verstärkt die Corona-Pandemie 2020/21 genannt. Infolge eines aggressiven *„Product-as-a-Service"*-Geschäftsmodells im Zusammenhang mit einem starken *„Footprint"* im Langstrecken-Segment kam es während letzterer zu erheblichen strategischen Implikationen für das Unternehmen. Da zudem sehr lange Entwicklungs- und Amortisationszeiten in der Branche üblich sind, nehmen die Flugstunden der Fluggesellschaften sowie eine enge Kundenbindung eine zentrale Rolle in der Strategiearbeit ein. Infolge der weltweiten *„Lockdowns"* während der Corona-Pandemie sowie des damit einhergehenden scharfen Abfalls der Flugstunden bedurfte es somit kurzfristig einer Sicherstellung der Liquidität sowie der langfristigen Generierung von strategischen Reaktionsmöglichkeiten. Insbesondere für die Generierung der langfristigen Reaktionsmöglichkeiten hat ein hoher öffentlicher sowie politischer Druck nach ökologischer Nachhaltigkeit einen signifikanten Stellenwert.

Bezogen auf die entwickelte Methodik werden sowohl Rückschlüsse auf das Analyse-, Options- sowie Ziel- & Positionierungsmodell gezogen. Erstens zeigt die Fallstudie die Relevanz einer Analyse des globalen über das aufgabenbezogene Umfeld hinaus auf. Infolge dessen wird die aus dem St. Galler Management-Modell adaptierte Struktur der Umweltsphären und Anspruchsgruppen bestätigt. Auch wird in diesem Kontext die Vorausschau der Methodik bestärkt, indem regelmäßig rudimentäre Szenarien einer CO_2-Bepreisung in die Strategiearbeit einbezogen werden. Zweitens bestärkt die Fallstudie die übergreifende Bündelung von kurz-, mittel- und langfristigen strategischen Möglichkeiten in Innovations- sowie nachgelagerten Technologiefeldern. So wurden u. a. kurz- bis mittelfristige Fördermöglichkeiten zur Entspannung von Liquiditätsengpässen aufgegriffen und in strategischen Innovationsfeldern wie bspw. *„Sustainable Aviation"* gebündelt. Hieraus wurden schließlich relevante Technologiefelder im Zusammenhang mit der Elektrifizierung der Luftfahrt, wie bspw. hybrid-elektrische Antriebe, abgeleitet sowie eine unternehmensspezifische Positionierung hierin erarbeitet. Dabei differenziert die Triebwerk AG für ihr Innovationsportfolio Innovationsfelder des Kerngeschäfts *(„Core Business")* sowie angrenzender Opportunitäten *(„Adjacencies")*. Damit bestärkt die Fallstudie den Aufbau des Optionsmodells in wettbewerbs-, innovations- sowie technologiestrategischen Optionen. Drittens ist im Bereich der *„Adjacencies"* eine sehr hohe Unsicherheit und Dynamik durch rege Aktivitäten von Venture Capital Firmen sowie fehlende Regulatorik festzustellen. In der Triebwerk AG erfolgt daher konzernweit eine *„top-down"* Ausrichtung über eine Konzernvision *(„Group Vision")*, die in der Geschäftseinheit der *„Adjacencies"* kurzzyklisch-iterativ angepasst sowie ausgestaltet wird. Dafür werden relevante Markt- und Technologieparameter kontinuierlich überwacht. Die Beobachtungen der Fallstudie sind somit konsistent mit der Detaillierung des Ziel- und Positionierungs- sowie des Vorgehensmodells.

5.1.5 Fallstudie 5: Heiztechnik GmbH

Die Interviews mit dem *„Head of Strategy"* sowie dem *„Head of Industrial Program Management"* der Heiztechnik GmbH wurden am 04. September sowie 14. August 2020 geführt. Die Heiztechnik GmbH ist ein weltweit agierendes Familienunternehmen, welches Produkte und Dienstleistungen im Bereich der Heizungs-, Lüftungs- und Klimatechnik entwickelt, produziert und vertreibt. Damit ist das Unternehmen in einem historisch gesehen krisenresistenten Umfeld aktiv, sodass angeführte ereignisbezogene Diskontinuitäten, wie bspw. die Corona-Pandemie, hauptsächliche operative Implikationen und Handlungsbedarfe zeigten. Da jedoch die (Klima-)Politik sowie Regulatorik ein signifikantes Disruptionspotenzial für das Unternehmen besitzt und die historische Stabilität des Umfelds zu einer falschen Sicherheit führen kann, entschied sich das Unternehmen für einen atypischen Strategieprozessstandard. Hierbei erfolgt eine revolvierende Strategieplanung, im Rahmen derer monatliche Reviews mit der gesamten Geschäftsführung stattfinden, um die aus der kontinuierlichen Marktbeobachtung gewonnenen Optionen gemeinsam zu reflektieren. Strategiearbeit nimmt somit in der Heiztechnik GmbH einen hohen Stellenwert ein und wird mit ebenso hohem Einsatz umgesetzt.

Bezogen auf die entwickelte Methodik werden Rückschlüsse auf sämtliche Modelle gezogen. So bestätigt die revolvierende Strategieplanung der Fallstudie erstens das Charakterisierungsmodell im Investigationsmodus, welches die Strategieentwicklung durch iterative Sprintplanungen, -reviews sowie -retrospektiven steuert. Zweitens werden sowohl die Vorausschau als auch die Option Due Diligence des Analysemodells bestärkt. So nutzt die Heiztechnik GmbH explorative Szenarien, um mittels *„ceteris-paribus"*-Annahmen strategische Implikationen für das Unternehmen abzuleiten[1180]. Diese dienen somit einerseits der gedanklichen Flexibilisierung wichtiger Entscheidungen sowie andererseits als Ausgangspunkt für eine Überprüfung von Positionierungshypothesen. Drittens werden strategische Prioritäten formuliert, welche im Sinne eines robusten Strategiedesigns als Leitplanken langfristige Zielkorridore sowie Spielräume für das operative Handeln schaffen. Folglich werden die Modellierungen von strategischen Positionierungen im Rahmen des Options- sowie Ziel- und Positionierungsmodells als Intervalle bestärkt.

5.1.6 Fallstudie 6: Energieversorger AG

Die Interviews mit einem *„Vice President"* der Energieversorger AG sowie dem *„Geschäftsführer"* einer Tochterfirma wurden am 2. November 2020 sowie am 21. September 2020 geführt. Diese ist ein weltweit agierender Konzern mit Fokus auf Europa, der in den Bereichen der Energiewandlung und -verteilung sowie energienahen Dienstleistungen tätig ist. Wenngleich das Umfeld der Energieversorger AG tendenziell als stabil zu charakterisieren ist, kennzeichnen zwei historische Revolutionen die Industrie: die Liberalisierung des Energiemarkts (1998) sowie die Abkehr von der Kernenergie infolge der Reaktorkatastrophe von Fukushima (2011). Dabei zog insbesondere letztere gravierende Folgen für die etablierten Strategien und Geschäftsmodelle sowie deren zugrundeliegenden Technologien nach sich. Von zentraler Bedeutung für die strategische Reaktion auf die Energiewende waren die extrem

---

1180 Demnach werden Zusammenhängen unter der Annahme analysiert, dass sich einzig die betrachtete Variable bei gleichzeitiger Konstanz aller anderen Variablen verändert. Hierzu vgl. Thommen (2018), Stichwort: Ceteris-Paribus

kapitalintensive Geschäftstätigkeit einerseits sowie die fundamentalen technologischen Änderungen in der Stromerzeugung und -verteilung andererseits. So ergab sich als vergleichsweise späte Reaktion eine Fortsetzung stark anorganischer Wachstumsstrategien. Dabei folgten die retrospektiv zielführenden Aktivitäten während der Revolutionen weniger der Planung eines stringenten Strategieprozesses als einem nichtlinearen, kreativen Prozess unter Zuhilfenahme unternehmensexterner Experten. Die Positionierung des Unternehmens hinsichtlich der erneuerbaren Energien stellt somit vielmehr eine Kaskade situativer Entscheidungen als das Resultat langfristiger Planung dar. Als ereignisbezogene Diskontinuität wurde in den Interviews darüber hinaus die Corona-Pandemie (2020/2021) genannt und vertieft. Durch eine zentrale Strategieorganisation war es während dieser möglich, akute Problemstellungen neben dem operativen *„Trouble-Shooting"* mit einem Blick in die Zukunft aufzugreifen. So stellten Workshops mit dem Top Management zum Thema *„Die Krise als Chance"* einen wichtigen Schritt in der Krisenbewältigung dar, bei der Geschwindigkeit und Flexibilität in Einklang mit Routinen und Prozessen zu bringen waren.

Bezogen auf die entwickelte Methodik werden Rückschlüsse insbesondere auf die Konzeption sowie das Charakterisierungs- und Analysemodell gezogen. In den Phasen turbulenter Wendepunkte bestärkt die Fallstudie erstens die Konzeption der Methodik als Strategieprozess mit emergenter Strategiebildung. Zweitens achtet die Energieversorger AG infolge von systematischen Unterschätzungen gesellschaftlich-induzierter Entwicklungen in der Vergangenheit (bspw. die Kostenreduktionspotenziale von Photovoltaiktechnologien) darauf, Strategieteams möglichst divers zusammenzustellen. So sollen Strategen und Entscheider neben der traditionell wirtschaftlich-technischen Denkhaltung für gesellschaftliche Aspekte sensibilisiert werden. Drittens zeigt die Abkehr der Energieversorger AG von einem starren, stark strukturierten Strategieprozess die Notwendigkeit der Individualisierung und Anpassung an die spezifischen Bedarfe der Strategen und Entscheider auf. Damit wird die Formierung des Strategieteams sowie dessen Erstintuition im Rahmen des Charakterisierungsmodells bestärkt. Das Unternehmen hat viertens seinen Strategieprozess auf dessen Stakeholder angepasst, indem es konkrete Kernfragestellungen herausgreift und relevante Aspekte dieser Kernfragestellungen einer sehr sorgfältigen Analyse unterzieht. Aufgrund der Kapitalintensivität sind im Strategieprozess hiermit sehr umfassende Investitionsentscheidungen verbunden. Da das Unternehmen daher traditionell als risikoavers zu charakterisieren ist, werden fünftens umfassende Risikoanalysen durchgeführt. Somit bestärkt die Fallstudie im Rahmen des Analysemodells zudem die hypothesengetriebene Option Due Diligence sowie die Turbulenzanalyse als qualitativen Wegbereiter einer quantifizierten Risikoanalyse.

5.1.7 Fallstudie 7: Sicherheitstechnik GmbH

Das Industrieprojekt zur Entwicklung einer Technologie- und Innovationsstrategie bei der Sicherheitstechnik GmbH wurde im Kern während des Zeitraums Q4/2019 bis Q2/2020 durchgeführt. Diese ist ein global agierendes, mittelständisches Unternehmen mit hoher Wertschöpfungstiefe, das im Bereich des Brand- und Fahrzeugschutzes tätig ist. Die ab Q1/2020 einsetzende Corona-Pandemie induzierte für das Unternehmen ausschließlich operative Handlungsbedarfe, sodass vorliegend nicht von einem turbulenzinduzierten Strategieprozess zu sprechen ist. In der internen Analysephase wurde daher eine vollständige

Geschäftsmodell- und Kernkompetenzanalyse durchgeführt. Während der externen Analysephase wurden hingegen Kunden-, Trend- und Wettbewerbsanalysen sowie ein szenariobasierter *„Picture-of-the-Future"*- Workshop durchgeführt. Da keine turbulenzinduzierte Neuausrichtung der Wettbewerbsstrategie notwendig war, wurden anhand der strategischen Implikationen für das Unternehmen die relevanten Innovationsaspekte aus den Analyseperspektiven abgeleitet. Diese wurden zu Innovationsfeldern (bspw. *„Smart Products"*) und Leuchttürmen (bspw. *„Anwendungsoptimierung"*) gebündelt sowie innerhalb derer priorisiert, um eine Vorbewertung auf Ebene der Innovationsfelder durchführen zu können. Im Workshop der Innovationspositionierung wurden die Innovationsfelder anhand eines operationalisierten Bewertungsschemas mit dem Top Management evaluiert sowie hieraus ein ausgeglichenes Innovationsportfolio aufgebaut. Sukzessive wurden hierbei die innovationsstrategischen Positionierungen anhand der Entscheidungsdimensionen *„Innovationshöhe"* sowie *„-timing"* diskutiert und intervallweise festgelegt. Die hieraus resultierenden Technologiefelder (bspw. *„Energiespeicher und -versorgung"*) sowie die bestehenden (bspw. *„konstruktiver Leichtbau"*) wurden in Vorbereitung auf den Workshop zur Technologiepositionierung mit den Innovationsfeldern sowie Kompetenzen verknüpft sowie hinsichtlich ihrer *„Innovations-"* und *„Kompetenzpriorität"* evaluiert. Aufgrund der hohen Anzahl von Technologiefeldern wurde eine Heuristik eingesetzt, um die Bewertungs- und Positionierungsdiskussionen des Workshops auf die *„diskussionswürdigsten"* Technologiefelder zu fokussieren. Dies waren insb. jene neuen Technologiefelder, die für eine ambitionierte Innovationspositionierung mit großer Positionierungsbewegung (d.h. großes Delta zwischen heutiger und zukünftiger Position) benötigt wurden. Die Diskussion der technologischen Positionierung orientierte sich dabei an der bestehenden Informationsbasis aus der Analyse und wurde entlang der Entscheidungsdimensionen *„Leistungsfähigkeit"*, *„Timing"*, *„Quelle"* sowie *„Verwendung"* geführt. Um die technologischen Positionierungen übergreifend zu synchronisieren, wurde in einem Kreativworkshop die technologische Vision des Unternehmens formuliert. Hierfür wurden die Kompetenzen sowie Technologie- und Innovationsfelder in unterschiedlich aggregierter Form (bspw. als Leuchttürme) in ein Schalenmodell eingeordnet. Visionssätze hierfür wurden schließlich formuliert und die Bedeutung der genutzten Termini spezifiziert. Zur erleichterten Kommunikation der entwickelten Technologievision und -strategie im Unternehmen wurde abschließend mit Unterstützung eines Zeichners ein Visionsbild erstellt.

Bezogen auf die entwickelte Methodik werden Rückschlüsse auf das Analyse-, Options- sowie Ziel- und Positionierungsmodell gezogen. So wurde erstens im Rahmen des Industrieprojekts auf diverse Instrumente des Analysemodells zurückgegriffen. Hierzu gehören bspw. der Business Model und Value Proposition Canvas, die Kernkompetenzanalyse und Experteninterviews sowie weitere Instrumente des aggregierten Werkzeugkoffers (vgl. Anhang 11 bis Anhang 17). Aufgrund der nichthypothesengetriebenen Natur der Analyse bestärkt die Fallstudie somit maßgeblich den Explorationsmodus des Analysemodells. Zweitens wurden im Rahmen des Projekts Innovationsaspekte und -felder abgeleitet sowie aggregiert und anschließend einer Innovationspositionierung in einem ausgewogenen Innovationsportfolio zugeführt. So bestätigt die Fallstudie die Konzeption sowie Detaillierung des Optionsmodells, in welchem die Herleitung technologischer Handlungsoptionen über eine innovationsstrategische Positionierung erfolgt. Mit der *„Innovations-"* sowie *„Kompetenzpriorität"* wurden zudem inhaltlich synonyme Bewertungsdimensionen sowie -kriterien aus dem Positionierungsmodell entnommen. Darüber hinaus wurden zur Formulierung der technologischen Vision die Grundbausteine des Zielmodells genutzt. Somit validiert die Fallstudie drittens den detaillierten Aufbau des Ziel- und Positionierungsmodells.

5.2 Kritische Reflexion der Methodik im Kontext der Fallstudien

Wie eingangs beschrieben eignen sich Fallstudien, um komplexe sowie schwer abgrenzbare Phänomene objektiv zu untersuchen, indem wenige Merkmalsträger in ihrem natürlichen Kontext überprüft werden. Insofern liefert jede der zuvor dargestellten Fallstudien nur einen Teilbeitrag zur Validierung der entwickelten Methodik. Die Gesamtheit der erläuterten Ausschnitte von Methodik und natürlichem Anwendungskontext wird daher abschließend auf einer übergreifenden Ebene kritisch reflektiert und die Erfüllung der in Teilkapitel 3.1 formulierten Anforderungen überprüft.

Wie Tabelle 5-1 zuvor durch Häkchen veranschaulicht hat, wurde jedes Teilmodell der Methodik mindestens von einer der sieben dargestellten Fallstudien validiert. Insofern wurde der systemischen Schwäche von Fallstudien im Kontext einer ganzheitlichen Methodik entgegengewirkt, indem die Anzahl von Interviews und somit die Anzahl an Merkmalsträgern und natürlichen Anwendungsausschnitten erhöht wurde. Da zudem alle Unternehmen unterschiedlichen Industrien und Branchen angehören, wird eine grundlegende Repräsentativität der Validierung angenommen. Dennoch bleibt die vorliegende Arbeit eine vollständige Anwendung der entwickelten Methodik aus den zuvor genannten Gründen des Umfangs schuldig. In Anbetracht der dargestellten Fallstudien stellt sich jedoch die Frage, ob für eine strategische Reaktion in der Praxis eine vollumfängliche Anwendung notwendig ist. So haben die Unternehmen für ihre strategische Entscheidungsfindung im Kontext der ereignisbezogenen Diskontinuitäten explizit sowie implizit Gebrauch von einzelnen, wenngleich unterschiedlichen Teilmodellen der Methodik gemacht. Somit bestätigt sich die vorherige Reflexion der Detaillierung (vgl. Teilkapitel 4.6), dass die entwickelte Methodik vielmehr einer situationsadaptiven Strategiearchitektur aus Modellen, Teil- und Submodellen sowie Werkzeugen entspricht. Diese bietet Anwendern folglich ein methodisches Rahmenwerk, welches sie selektiv nach situationsspezifischen Bedarfen nutzen, um i. S. d. *„Sensemaking"* (vgl. Unterkapitel 3.3.2) systematisch eine adäquate strategische Reaktion auf die ereignisbezogene Diskontinuität zu entwickeln. Folglich erklärt die Kontingenz von potenziellen Anwendungsfällen den merklichen Umfang der Methodik, der notwendig ist, um einen möglichst breiten Anwenderkreis aus der industriellen Praxis in seiner individuellen Strategiearbeit zu unterstützen.

Aus dem Abgleich der Methodik mit dem natürlichen Anwendungskontext der Fallstudien erscheint die vorliegende Arbeit als sehr umfassend, detailliert und teilweise formalisiert. Dies ist einerseits auf die große Vielfalt und Breite bestehender Forschungsarbeiten im Themenkomplex des strategischen (Technologie- und Innovations-) Managements zurückzuführen, welche es in einer wissenschaftlichen Arbeit zu berücksichtigen gilt. Andererseits gilt es trotz der Kontingenz von Anwendungssituationen, dem Anwender ausreichend handlungsleitende Instrumente zur Verfügung zu stellen, sodass dieser zur Lösung seiner spezifischen Herausforderungen befähigt wird. Neben den diversen Vereinfachungen im Rahmen der einzelnen

Teilmodelle wurden daher weitere Skalierungs- und Verkürzungsmechanismen detailliert, welche zudem pragmatische Abkürzungen zugunsten des Anwendungsaufwands in der Praxis aufzeigen. Letztlich ist über die Gesamtheit von Fallstudien festzustellen, dass noch keines der Unternehmen die Analyse von Entwicklungstrajektorien sowie die Turbulenzanalyse der Methodik verwendet. Stattdessen arbeiten die Unternehmen mit pragmatischen Szenarien auf Basis eines sehr eingeschränkten Szenariofelds sowie nachgelagert mit umfassenden Risikoanalysen. Insofern scheinen die beiden entwickelten Teilmodelle eine sinnvolle Ergänzung zu den bereits etablierten Instrumenten darzustellen, um im ersteren Fall das Szenariofeld zu erweitern und im zweiten Fall eine grobe Vorabindikation bereitzustellen. Ausgehend vom kritischen Rationalismus wurde anhand der sieben Fallstudien kein prinzipieller Widerspruch der Methodik zum praktischen Anwendungskontext festgestellt. Neben der diskutierten Komplexität der gesamten Methodik bestärkten die Fallstudien vielmehr die konzeptionellen sowie instrumentellen Grundzüge der Methodik.

Nachdem die im Anwendungszusammenhang gewonnenen Erkenntnisse der Fallstudien kritisch reflektiert wurden, erfolgt die abschließende Überprüfung der inhaltlichen und formalen Anforderungen. Für eine bessere Übersichtlichkeit der inhaltlichen Anforderungen werden für die Validierung die übergeordneten Gestaltungsgrundsätze genutzt, welche aus den inhaltlichen Anforderungen abgeleitet wurden.

In Bezug auf die übergeordneten Gestaltungsgrundsätze wurden alle inhaltlichen Anforderungen erfüllt. So **systematisiert** erstens die Turbulenzanalyse die **Unsicherheiten und Dynamiken** eines turbulenten Umfelds und schafft somit Transparenz über die Belastbarkeit von Entscheidungsprämissen. Zweitens leiten sich die technologiestrategischen Handlungsoptionen **marktbasiert** aus den wettbewerbsstrategischen Möglichkeiten sowie innovationsstrategischen Handlungsoptionen ab. Die **hypothesenbasierte Ableitung** wurde dabei durch die Formulierung von Positionierungshypothesen im Rahmen der Option Due Diligence umgesetzt. Drittens wurden **Konzepte der Resilienz und Agilität** durch die wettbewerbsstrategische Population, das Denken in Prototypen sowie die Positionierung in konvergierenden Intervallen für eine **robuste Positionierung** berücksichtigt. Viertens bietet das sprintbasierte Vorgehensmodell im Zusammenspiel mit dem *„Strategy Backlog"* die Möglichkeit, **iterativ die Erkenntnisse** aus den vorherigen Sprints zu nutzen, um **Lerneffekte kontinuierlich** in die Strategieentwicklung einfließen zu lassen.

Auch hinsichtlich der formalen Anforderungen an die Methodik ist eine Erfüllung dieser festzustellen. So zeigt die Übereinstimmung der Methodik mit den dargestellten Fallstudien, dass diese **empirisch richtig** ist. Darüber hinaus stellt sich die Methodik auch als **formal richtig** dar, indem sie über die Fallstudien hinweg wiederholbare und damit nachprüfbare Aussagen liefert. Auch ist die Methodik als **produktiv** zu bezeichnen, da sie einem Anwender eine Reihe von situations- und zweckbezogenen Antworten bietet (bspw. die Entscheidung für oder gegen einen Strategieprozess sowie eine wettbewerbs-, innovations- oder technologiestrategische Positionierung als temporäres Ergebnis). Weiterhin wurde mittels Vereinfachungen sowie der zuvor beschriebenen Skalierungs- und Verkürzungsmechanismen der **Anwendungsaufwand** reduziert. Letztlich ist die Methodik trotz ihres Umfangs und der damit einhergehenden Komplexität als **handhabbar** zu bezeichnen. Anwender der Methodik sind erfahrene Strategen und Entscheider, sodass aufgrund ihrer jahrelangen Expertise ein Mindestmaß an notwendigem Vorwissen zur Strategieentwicklung vorauszusetzen ist.

Infolge der zuvor identifizierten Optimierungspotenziale der Methodik werden im Rahmen des nachfolgenden Kapitels deren Limitierungen diskutiert. Da die Forschung keinen abgeschlossenen Prozess darstellt, werden darüber hinaus auf Basis der Limitierungen sowie Optimierungspotenziale Anknüpfungspunkte für zukünftige Forschungsarbeiten gegeben.

6 Reflexion

„Old-fashioned decision making doesn't meet the needs of a world with too much information and too little time. So-called rational decision making, once the ideal, requires comprehensive knowledge of every facet of a problem, which is clearly impossible today."
– AMITAI ETZIONI (1989)[1181]

Die *„Strategie angewandter Forschung"* nach ULRICH schließt, wie sie begonnen hat: in der Praxis. Nach der Validierung der Methodik anhand von Fallstudien werden daher die gesammelten Erkenntnisse der Forschungsreise nach BINDER, KANTOWSKY resümiert und ein Fazit zur Beratung der Praxis hieraus gezogen (vgl. Teilkapitel 6.1). Da es im Verlauf dieser Forschungsreise notwendig war, Eingrenzungen des Betrachtungsbereichs sowie Annahmen zu treffen, werden abschließend die Limitierungen der Arbeit diskutiert und hieraus ein Ausblick auf zukünftige Forschungsprioritäten gegeben (vgl. Teilkapitel 6.2).

6.1 Zusammenfassung der Arbeit

Unternehmen sehen sich seit der Erkenntnis von DRUCKER mit stets turbulenteren Veränderungen des Unternehmensumfelds konfrontiert. Neben einer zunehmenden Globalisierung, Digitalisierung und dem Bestreben nach Nachhaltigkeit wird dieser multidimensionale Wandel zunehmend von krisenhaften Diskontinuitäten, wie bspw. jüngst der Corona-Pandemie, disrumpiert. Dieses volatile Unternehmensumfeld stellt daher die Widerstands-, Überlebens- und Innovationsfähigkeit von Unternehmen auf die Probe und katalysiert Wettbewerbsvorteile jener Unternehmen, die strategisch überlegen mit extremer Turbulenz umzugehen vermögen. Da der ständige Aufbau neuer Technologien und Kompetenzen eine zentrale Rolle für die Wandlungsfähigkeit eines Unternehmens und damit für das Ergreifen neuer Opportunitäten spielt, kommt der Technologiestrategie eine besondere Bedeutung in diesem Kontext zu. Jedoch bergen traditionelle Ansätze zur Entwicklung von Technologiestrategien unter diesen Bedingungen aufgrund ihrer Fundierung in einer synoptischen Totalplanung eine Reihe möglicher Gefahren: bspw. eine Paralyse der Strategie- und Entscheidungsfähigkeit durch extensive Analysen in Sequenz oder eine im Kontext hoher Turbulenz voreilige Entscheidung für eine überspezifizierte technologische Positionierung durch Entscheidungsgewohnheit von diskreten Positionierungen. Während bekannte oder neue Wettbewerber enteilen, bedarf es somit eines innovativen Verfahrens zur Entwicklung von Technologiestrategien, um sowohl einschneidende Strategiepivots als auch ein reaktiv-abwartendes Verhalten zu reduzieren.

Im Rahmen der vorliegenden Dissertation wurde daher die Zielsetzung verfolgt, eine Methodik für diese Ausnahmesituation von Unternehmen zu entwickeln. Diese basiert dabei

[1181] Etzioni (1989), Decision Making, S. 45

auf einer geplanten Evolution, welche Elemente der synoptischen und inkrementalen Planung verbindet sowie Lösungsprinzipien der Resilienz und Agilität integriert. Hierfür wurden die fünf Modelle der Methodik in zwei Anwendungsmodi ausgestaltet (vgl. Teilkapitel 3.4). Im Modus der Exploration dienen die Modelle dazu, schnell ein Problem- und mögliches Lösungsverständnis zu erarbeiten, um anhand eines prototypischen Leitbildes eine erste Orientierung zu ermöglichen. Im Modus der Investigation werden demgegenüber strategische Lösungsoptionen sorgfältig hypothesenbasiert untersucht, um einen evolvierenden Prototyp von abgestimmten wettbewerbs-, innovations- sowie technologiestrategischen Positionierungen zu entwickeln. Hierfür erfolgt eine Loslösung von bestehenden Paradigmen der synoptischen Strategiesynthese und -formulierung. Einerseits fokussiert der Anwender nicht länger die Auswahl einer einzelnen *„besten"* Strategie, sondern die kontinuierliche Synthese einer Population von strategischen Optionen mit einer dominanten Alternative als Kern wird in den Mittelpunkt der Überlegungen gestellt (vgl. Unterkapitel 4.3.1). Andererseits formuliert der Anwender technologie- und innovationsstrategische Positionierungen nicht länger als diskrete, endgültige Vorgaben, sondern als turbulenzadjustiertes Intervall eines Prototyps (vgl. Unterkapitel 4.4.2). Dabei konvergiert das prototypische Positionierungsintervall evolutionär über einen zunehmenden Erkenntnisgewinn der Strategen und Entscheider sowie über die abnehmenden Dynamiken und Unsicherheiten des Umfelds. Somit ergibt sich ein Zusammenspiel von geplanter und emergenter Strategiebildung (vgl. Unterkapitel 2.1.3).

6.2 Fazit und Limitierungen der Arbeit

Nachdem alle Leitfragen beantwortet wurden, wird ein Beitrag zur Beantwortung der eingangs gestellten Forschungsfrage geleistet. Dabei ist jedoch eine allgemeine und endgültig abschließende Antwort auf die Frage, wie Unternehmen in einem volatilen Umfeld zu einer funktionierenden Technologiestrategie gelangen können, kaum möglich.

Dennoch zeigt sich durch die entwickelte Methodik der vorliegenden Abhandlung, wie sich allgemeine, in der Literatur empirisch fundierte Erkenntnisse von Anwendern aus der Praxis operativ umsetzen lassen. Hierzu zählt insbesondere die methodische Ausgestaltung einer Synthese aus einem synoptischen und inkrementalen Planungsansatz, um die Entscheidungskomplexität zu verringern. Ebenso zeigt die Methodik auf, wie Unternehmen der Unsicherheit und Ambiguität eines volatilen Unternehmensumfelds durch systematisches Experimentieren und Validieren begegnen sollten. Letztlich greift die Methodik in den einzelnen Modellen Ansätze der Resilienz und Agilität auf. Hieraus wird jedoch unmittelbar deutlich, warum die vorliegende Arbeit zwar einen Beitrag zu der Forschungsfrage leisten, diese jedoch nicht endgültig beantworten kann. Es wäre anmaßend zu folgern, ein Unternehmen sei strategisch *„resilient"* und *„agil"*, nur, weil es im Nachgang einer Krise eine angepasste Strategiemethodik verwendet. Die Abhandlung hat vielmehr *einen* möglichen Zugang aufgezeigt, wie sich Unternehmen in einem volatilen Umfeld den extrem komplexen und vielschichtigen Themen der Resilienz und Agilität auf einer ohnehin bereits erklärungsbedürftigen Ebene der Entwicklung von Strategien näheren können.

Wie bestehende Arbeiten zeigen, sind bereits die Planung von Strategien sowie eine stark analytische Auswahl der attraktivsten Alternative in einem quasi-stabilen Umfeld ein äußerst herausforderndes Unterfangen. Bei zusätzlich steigender Dynamik und Unsicherheit erscheint es daher durch die weiter zunehmende Entscheidungskomplexität immer weniger Erfolg versprechend, eine kontextspezifische Strategie nach einem rein quantitativ-analytischen Vorgehen entwickeln zu wollen. Die vorliegende Methodik darf daher keinesfalls als *„Strategiegenerator"* verstanden werden, der einem Anwender rein auf Basis quantitativ-analytischer Operationen eine kontextspezifisch optimale Strategie entwickelt. Vielmehr ist in ihr ein Gedankengerüst zu sehen, in welchem ein Anwender seine Wirklichkeitskonstruktionen strukturiert (*„Sensemaking"*) und mittels geeigneter Instrumente sukzessive bei der Entwicklung einer strategischen Antwort unterstützt wird. Insofern darf in der Methodik nicht der Ersatz für das kritische, strategische Denken von Entscheidern und Strategen gesehen werden, sondern ein Katalysator für die gemeinsame Strategiearbeit. Hierbei sind systematische Analysen, möglichst objektive Bewertungen von Handlungsoptionen und letztlich abgeleitete Positionierungen stets der Kreativität, Erfahrung, Intuition und kritischen Reflexion der eingebundenen Personen Rechenschaft schuldig.

Aufgrund des Umfangs sowie der Komplexität der entwickelten Methodik ist eine entscheidende Limitierung in Bezug auf deren Anwenderkreis, erfahrene Strategen und Entscheider aus der Industrie (vgl. Unterkapitel 2.5.3), zu sehen. Zwar verfügen die fokussierten Anwender der vorliegenden Arbeit über das notwendige Vorwissen, um sich auf der abstrakt-konzeptionellen Ebene der Strategieentwicklung frei zu bewegen. Potenziellen Anwendern, deren Arbeit zuvor weniger stark durch *„strategisches Denken"* geprägt war (bspw. Quereinsteiger aus einer operativen Linienfunktion), wird es daher schwerer fallen, die Methodik so zu verinnerlichen, dass die Auswahl und Ausgestaltung der pragmatischen Skalierungs- und Verkürzungsmerkmale einfach, schnell, intuitiv sowie situationsspezifisch erfolgt. Eben hierin liegt jedoch der entscheidende Unterschied zu den traditionell synoptischen Strategie-prozessen in Unternehmen, um die notwendige Geschwindigkeit in einem turbulenzinduzierten Strategieprozess zu gewinnen. Damit diese Geschwindigkeit nicht nur theoretisch-konzeptioneller Natur verbleibt, sondern auch praktisch-operativ zur Realisierung von Wettbewerbsvorteilen führt, bedarf es zur wertstiftenden Umsetzung der entwickelten Methodik ebenfalls einer Detaillierung des Validierungs- und Implementierungszyklus sowie der strategischen Kontrolle. Aus diesen Limitierungen kommend wird daher nachfolgend ein Ausblick für zukünftige Forschungsarbeiten im Themenkomplex der Strategieentwicklung in einem volatilen Unternehmensumfeld gegeben.

6.3 Ausblick für zukünftige Forschungsreisen

An die zuvor erläuterten Limitierungen des Betrachtungsbereichs sollten zukünftige Forschungsarbeiten anknüpfen. In Bezug zu dem Validierungszyklus könnten firmeninterne Inkubatoren einen entscheidenden Beitrag leisten. So könnten die von LAU beschriebenen Typen des *„Kunden- bzw. Ideenlabors"* genutzt werden, um Strategie- und Entscheidungsinkremente prototypisch greifbar zu machen und empirisch durch kurzfristiges Marktfeedback zu validieren[1182]. Hierfür erscheinen die Techniken des Pretotyping nach SAVOIA

[1182] vgl. Lau (2019), Inkubatoren, S. 191ff.

(bspw. *„The Fake Door"*, *„The Provincial"* oder *„The Minimum Viable Product"*) als wertvolle Ansatzpunkte, welche es für den Kontext der Strategiearbeit weiter auszugestalten gilt[1183].

Hinsichtlich des Implementierungszyklus gilt es, die Operationalisierung und selektive Implementierung von Strategieprototypen zu konzeptionieren und auszugestalten. Relevante Ansatzpunkte hierfür sind in den Entscheidungsmustern von SNOWDEN, BOONE sowie den Vorgehensmustern von FELLNER zu finden[1184]. Beide Arbeiten legen die Hypothese nahe, dass die Operationalisierung und Implementierung von Strategieprototypen nach gewissen Mustern erfolgen könnte, welche sich nach dem operativen Entscheidungskontext sowie der Unsicherheit richten. Hiermit könnte, wie im detaillierten Entwicklungszyklus, eine Situationsadaptivität des Implementierungszyklus über die verschiedenen Wandelstadien des Umfelds realisiert werden.

Anknüpfend an die Wandelstadien und somit deren Turbulenz, besteht weiterer Forschungsbedarf in der Ausgestaltung der Turbulenzanalyse. Im Rahmen der vorliegenden Arbeit wurde eine reaktive ad-hoc Perspektive nach einer ereignisinduzierten Diskontinuität eingenommen, aufgrund dessen subjektive Bewertungsmaßstäbe der Unsicherheit und Dynamik genutzt wurden. Wird, wie in den bestehenden Ansätzen, der Ausgangspunkt in die *„Prepare"*-Phase des Resilienzzyklus verlegt, könnten möglichst objektive Bewertungsmaßstäbe im Rahmen der Frühaufklärungssysteme zugrunde gelegt werden. Für die Vorausschau erscheint hierfür die Erweiterung von virtuellen Börsen (*„Prediction Markets"*) um einen Optionshandel aussichtsreich[1185]. Hierdurch könnte eine nähere Analogie zu dem Volatilitätsindex VIX der CBOE aufgebaut werden.

An die Informations- und Frühaufklärungssysteme schließt sich unmittelbar ein weiterer Forschungsbedarf an. So wurde im Kontext der Resilienz und Agilität von Unternehmen die lernende, agile Unternehmung als Zielbild von Industrie 4.0 nach SCHUH, ANDERL ET AL. angeführt (vgl. Teilkapitel 2.4). Es stellt sich daher die Frage, wie sich diese Potenziale einer lateralen und echtzeitfähigen Vernetzung in und über ein Unternehmen hinaus für die Strategieentwicklung konkretisieren. Es bedarf somit weiterer Forschung, um diese Potenziale für den Strategieprozess zu erschließen.

1183 vgl. Savoia (2011), Pretotype, S. 38ff.

1184 Bspw. das *„Probe-Sense-Respond"*-Muster nach SNOWDEN, BOONE in einem komplexen Entscheidungskontext oder das *„Anticipate-Preempt-Align"*-Muster nach FELLNER bei *„Known Unknowns"*. Hierzu vgl. Snowden, Boone (2007), Decision Making, S. 72; Fellner (2010), Strategic Flexibility, S. 199

1185 Bei *„Prediction Markets"* handelt es sich um einen zur Szenariotechnik alternativen Ansatz der strategischen Prognose mit hoher Nähe zu den Finanzwissenschaften. Hierzu vgl. Geissler, Krys (2013), Challenges, S. 37; Hungenberg (2014), Management, S. 186ff.; Wolfers, Zitzewitz (2004), Prediction Markets, S. 108f.; Spann, Skiera (2004), Einsatzmöglichkeiten, S. 46ff.; Spann (2002), Virtuelle Börsen

7 Literaturverzeichnis

Abele, T.; Laube, T.: Technologie-Roadmapping zur Planung und Steuerung der betrieblichen Forschung und Entwicklung, In: Möhrle, M. G.; Isenmann, R. (Hrsg.): Technologie-Roadmapping - Zukunftsstrategien für Technologieunternehmen, 4. Aufl.; Springer-Verlag, Berlin, 2017, S. 117-142.

Abell, D. F.: Defining the business - The starting point of strategic planning. Prentice-Hall, Englewood Cliffs, NJ, 1980.

Abernathy, W.; Utterback, J.: Patterns of industrial innovation, In: Technology Review, Nr. 7, 80. Jg., 1978, S. 40-47.

acatech: Resilien-Tech - "Resilience-by-Design": Strategie für die technologischen Zukunftsthemen. Utz, München, 2014.

Achtenhagen, C.; Sahl, J. v. d.: Situation analysieren - Interne Unternehmensanalyse. Berlin, 2012.

Adler, P.: Technology Strategy: A guide to the literatures, In: Rosenbloom, R. S. (Hrsg.): Research on technological innovation, management and policy - A research annual, Jai Press, Greenwich, 1989, S. 25-151.

Adner, R.: The Wide Lens - What successful innovators see that others miss. Revised pbk. edition; Portfolio Penguin, New York, 2013.

Adner, R.: Ecosystem as Structure, In: Journal of Management, Nr. 1, 43. Jg., 2017, S. 39-58.

Adolph, G.; Gillies, S.; Krings, J.: Strategic Due Diligence: A Foundation for M&A Success, In: Sisk, M.; Adolph, G.; Sambrook, A.; Booz, A. & H. (Hrsg.): The Whole Deal - Reader Fulfilling the Promise of Acquisitions and Mergers, Booz, Allen, Hamilton, 2006, S. 20-29.

Aguilar, F. J.: Scanning the business environment. Macmillan, New York, 1967.

Albers, S.; Gassmann, O.: Technologie- und Innovationsmanagement, In: Albers, S.; Gassmann, O. (Hrsg.): Handbuch Technologie- und Innovationsmanagement - Strategie - Umsetzung - Controlling, Springer Gabler, Wiesbaden, 2005, S. 3-22.

Albert, D.; Siggelkow, N.: Architectural Search and Innovation, In: Organization Science, Nr. 3, 49. Jg., 2021, S. 1-18.

Albort-Morant, G.; Leal-Rodríguez, A.; Fernández-Rodríguez, V.; Ariza-Montes, A.: Assessing the origins, evolution and prospects of the literature on dynamic capabilities - A bibliometric analysis, In: European Research on Management and Business Economics, Nr. 1, 24. Jg., 2018, S. 42-52.

Albright, R.; Kappel, T.: Roadmapping In the Corporation, In: Research-Technology Management, Nr. 2, 46. Jg., 2003, S. 31-40.

Aldrich, H.: Organizations and environments. Stanford University Press, Stanford Calif., 2008.

Amburgey, T.; Kelly, D.; Barnett, W.: Resetting the Clock - The Dynamics of Organizational Change and Failure, In: Administrative Science Quarterly, Nr. 1, 38. Jg., 1993, S. 51-73.

Amer, M.; Daim, T.; Jetter, A.: A review of scenario planning, In: Futures, 46. Jg., 2013, S. 23-40.

Ancona, D.: Sensemaking - Framing and Acting in the Unknown, In: Snook, S. A.; Nohria, N.; Khurana, R. (Hrsg.): The Handbook for Teaching Leadership - Knowing, doing, and being, Sage Publications, Los Angeles, 2012, S. 3-19.

Anders, M.; Gehle, B.: Das Assessorexamen im Zivilrecht. 13., neu bearbeitete Auflage; Verlag Franz Vahlen, München, 2017.

Anderson, C.; Paine, F.: Managerial Perceptions and Strategic Behavior, In: Academy of Management Journal, Nr. 4, 18. Jg., 1975, S. 811-823.

Anderson, C.; Zeithaml, C.: Stage of the Product Life Cycle, Business Strategy, and Business Performance, In: Academy of Management Journal, Nr. 1, 27. Jg., 1984, S. 5-24.

Anderson, P.; Tushman, M.: Technological Discontinuities and Dominant Designs - A Cyclical Model of Technological Change, In: Administrative Science Quarterly, Nr. 4, 35. Jg., 1990, S. 604-633.

Andrews, K. R.: The Concept of Corporate Strategy. Irwin, Homewood, Ill., 1987.

Ansoff, H.: Strategic Issue Management, In: Strategic Management Journal, Nr. 2, 1. Jg., 1980, S. 131-148.

Ansoff, H.; Stewart, J.: Strategies for a technology-based business, In: Harvard Business Review, Nr. 6, 45. Jg., 1967, S. 71-83.

Ansoff, H. I.: Corporate Strategy - An analytic approach to business policy for growth and expansion. McGraw-Hill, New York, 1965.

Ansoff, H. I.: Strategic Management. Palgrave Macmillan, London, 1979.

Ansoff, H. I.: Implanting Strategic Management. Palgrave Macmillan, Cham, Switzerland, 2019.

Ant, M.: Effizientes strategisches Management - Die 10 Phasen einer erfolgreichen Unternehmensentwicklung. Springer Gabler, Wiesbaden, 2018.

Arend, J.; Zimmermann, V.: Innovationshemmnisse kleiner und mittlerer Unternehmen, 43. Jg., 2009, S. 57-95.

Armistead, C.; Clark, G.: Resource Activity Mapping - The Value Chain in Service Operations Strategy, In: The Service Industries Journal, Nr. 4, 13. Jg., 1993, S. 221-239.

Arpe, J.: Globalization and its Complexity - Challenges to Economic Policy. Gütersloh, 2012.

Arthur, W.: Competing Technologies, Increasing Returns, and Lock-In by Historical Events, In: The Economic Journal, Nr. 394, 99. Jg., 1989, S. 116.

Aven, T.: On how to define, understand and describe risk, In: Reliability Engineering & System Safety, Nr. 6, 95. Jg., 2010, S. 623-631.

Bachmann, H.: Methode zur Bestimmung der Logik einer Technologiestrategie. Dissertation, Rheinisch-Westfälisch-Technische-Hochschule Aachen, 2015.

Backerra, H.; Malorny, C.; Schwarz, W.: Kreativitätstechniken - Kreative Prozesse anstoßen, Innovationen fördern. 4. Auflage; Hanser, München, 2020.

Backhaus, K.; Erichson, B.; Plinke, W.; Weiber, R.: Multivariate Analysemethoden - Eine anwendungsorientierte Einführung. 15., vollständig überarbeitete Auflage; Springer Gabler, Berlin, Heidelberg, 2018.

Backhausen, W.; Thommen, J.-P.: Coaching. Springer Fachmedien Wiesbaden, Wiesbaden, 2017.

Backhouse, C.; Burns, N.: Agile value chains for manufacturing - Implications for performance measures, In: International Journal of Agile Management Systems, Nr. 2, 1. Jg., 1999, S. 76-82.

Baghai, M.; Coley, S.; White, D.: Die Alchimie des Wachstums - Die McKinsey-Strategie für nachhaltig profitable Unternehmensentwicklung. Econ, Düsseldorf, 1999.

Bain, J. S.: Industrial Organization. Wiley, New York, 1959.

Bamberger, I.; Wrona, T.: Strategische Unternehmensführung - Strategien, Systeme, Prozesse. Vahlen, München, 2004.

Barg, S. J.: Kontextbezogene Auslegung von Produktbaukästen. Apprimus, Aachen, 2018.

Barnett, C.; Pratt, M.: From threat-rigidity to flexibility - Toward a learning model of autogenic crisis in organizations, In: Journal of Organizational Change Management, Nr. 1, 13. Jg., 2000, S. 74-88.

Barney, J.: Firm Resources and Sustained Competitive Advantage, In: Journal of Management, Nr. 1, 17. Jg., 1991, S. 99-120.

Barney, J.: Looking inside for competitive advantage, In: Academy of Management Perspectives, Nr. 4, 9. Jg., 1995, S. 49-61.

Barney, J.: Resource-based theories of competitive advantage - A ten-year retrospective on the resource-based view, In: Journal of Management, Nr. 6, 27. Jg., 2001, S. 643-650.

Barro, D.; Canestrelli, E.; Consigli, G.: Volatility versus downside risk - Performance protection in dynamic portfolio strategies, In: Computational Management Science, Nr. 1, 165. Jg., 2018, S. 1-44.

Bartholomae, F.; Wiens, M.: Spieltheorie - Ein anwendungsorientiertes Lehrbuch. 2., überarbeitete und ergänzte Auflage; Springer Gabler, Wiesbaden, 2020.

Bätzel, D.: Methode zur Ermittlung und Bewertung von Strategiealternativen im Kontext Fertigungstechnik. Dissertation, Universität Paderborn, 2003.

Bauwens, L.; Hafner, C. M.; Laurent, S.: Handbook of volatility models and their applications. John Wiley & Sons, Hoboken, 2012.

Bea, F. X.; Haas, J.: Strategisches Management. 8., überarbeitete Auflage; UVK Verlagsgesellschaft mbH; UVK/Lucius, Konstanz, München, 2016.

Beck, K.; Beedle, M.; van Bennekum, A.; Cockburn, A.; Cunningham, W.; Fowler, M.; Grenning, J.; Highsmith, J.; Hunt, A.; Jeffries, R.; Kern, J.; Marick, B.; Martin, R.; Mellor, S.; Schwaber, K.; Sutherland, J.; Thomas, D.: Manifesto for Agile Software Development. URL: http://agilemanifesto.org/ [Stand: 12.06.2021].

Becker, J.; Beverungen, D.; Knackstedt, R.; Glauner, C.; Stypmann, M.; Rosenkranz, C.; Schmitt, R.; Hatfield, S.; Schmitz, G.; Eberhardt, S.; Dietz, M.; Thomas, O.; Walter, P.; Lönngren, H.-M.; Leimeister, J.: Ordnungsrahmen für die hybride Wertschöpfung, In: Thomas, O.; Nüttgens, M. (Hrsg.): Dienstleistungsmodellierung, Physica-Verlag HD, Heidelberg, 2009, S. 109-128.

Becker, K.: Mechanik hinter dem Volatilitätsindex VIX, In: Institutional Money, Nr. 2, 4. Jg., 2018, S. 98.

Beer, M.; Voelpel, S.; Leibold, M.; Tekie, E.: Strategic Management as Organizational Learning, In: Long Range Planning, Nr. 5, 38. Jg., 2005, S. 445-465.

Beinhocker, E.: Robust Adaptive Strategies, In: MIT Sloan Management Review, Nr. 3, 40. Jg., 1999, S. 95-106.

Belz, C.: Industrie als Dienstleister. Thexis, St. Gallen, 1997.

Bennett, L.: Managing the business environment. 1. ed.; International Thomson Business Press, London, 1997.

Bennett, N.; Lemoine, G.: What a difference a word makes - Understanding threats to performance in a VUCA world, In: Business Horizons, Nr. 3, 57. Jg., 2014, S. 311-317.

Bennett, N.; Lemoine, J.: What VUCA Really Means for You, In: Harvard Business Review, Nr. 1, 92. Jg., 2014, S. 27.

Berens, W.; Brauner, H.; Knauer, T.; Strauch, J.: Due Diligence bei Unternehmensakquisitionen. 8., überarbeitete Auflage, 2019.

Berens, W.; Knauer, T.; Strauch, J.: State of the Art der Due Diligence, In: Berens, W.; Brauner, H. U.; Knauer, T.; Strauch, J. (Hrsg.): Due Diligence bei Unternehmensakquisitionen, 8., überarbeitete Auflage, 2019, S. 3-14.

Berger, T.: Methode zur Entwicklung und Bewertung innovativer Technologiestrategien. Dissertation, Universität Paderborn, 2006.

Bhamra, R.; Dani, S.; Burnard, K.: Resilience - The Concept, a Literature Review and Future Directions, In: International Journal of Production Research, Nr. 18, 49. Jg., 2011, S. 5375-5393.

Bibik, I.: How to Kill the Scrum Monster. Apress, Berkeley, CA, 2018.

Binder, V.; Kantowsky, J.: Technologiepotentiale - Neuausrichtung der Gestaltungsfelder des Strategischen Technologiemanagements. Deutscher Universitätsverlag, Wiesbaden, 1996.

Bircher, B.: Langfristige Unternehmungsplanung - Konzepte, Erkenntnisse und Modelle auf systemtheoretischer Grundlage. Haupt, Bern, 1976.

Birkenmeier, B.: Verwertungsstrategien für Technologien, In: Tschirky, H.; Koruna, S. (Hrsg.): Technologie-Management - Idee und Praxis, Orell Füssli Verl. Industrielle Organisation, Zürich, 1998, S. 477-500.

Birkenmeier, B.: Externe Technologie-Verwertung - Eine komplexe Aufgabe des Integrierten Technologie-Managements. Dissertation, ETH Zurich, 2003.

Black, F.; Scholes, M.: The Pricing of Options and Corporate Liabilities, In: Journal of Political Economy, Nr. 3, 81. Jg., 1973, S. 637-654.

Bleicher, K.: Organisation - Strategien - Strukturen - Kulturen. 2., vollständig neu bearbeitete und erweiterte Auflage; Springer Gabler, Wiesbaden, 1991.

Bleicher, K.: Das Konzept Integriertes Management - Visionen - Missionen - Programme. 9. aktualisierte und erweiterte Auflage; Campus Verlag, Frankfurt, New York, 2017.

Blokhuis, E.; Snijders, C.; Han, Q.; Schaefer, W.: Conflicts and Cooperation in Brownfield Redevelopment Projects - Application of Conjoint Analysis and Game Theory to Model Strategic Decision Making, In: Journal of Urban Planning and Development, Nr. 3, 138. Jg., 2012, S. 195-205.

Boerner, S.: Karl E. Weick - Sensemaking in Organizations - Rezension, In: Management Revue, Nr. 3, 8. Jg., 1997, S. 211-214.

Bogner, A.: Das Experteninterview - Theorie, Methode, Anwendung. Leske + Budrich, Opladen, 2002.

Böhm, J.: Erfolgsfaktor Agilität - Warum Scrum und Kanban zu zufriedenen Mitarbeitern und erfolgreichen Kunden führen. Springer Fachmedien Wiesbaden; Imprint: Springer Vieweg, Wiesbaden, 2019.

Boos, W.; Völker, M.; Schuh, G.: Grundlagen des Managements produzierender Unternehmen, In: Schuh, G.; Kampker, A. (Hrsg.): Strategie und Management produzierender Unternehmen, Springer Berlin Heidelberg, Berlin, Heidelberg, 2011, S. 1-62.

Bose, R.: Competitive intelligence process and tools for intelligence analysis, In: Industrial Management & Data Systems, Nr. 4, 108. Jg., 2008, S. 510-528.

Bourgeois, L.: Strategy and Environment: A Conceptual Integration, In: Academy of Management Review, Nr. 1, 5. Jg., 1980, S. 25.

Bourgeois, L. J.; Duhaime, I. M.; Stimpert, J. L.: Strategic Management - A managerial perspective. 2. ed.; Dryden Press, Fort Worth, Tex., London, 1999.

Boutellier, R.; Gassmann, O.; Zedtwitz, M.: Managing Global Innovation - Uncovering the Secrets of Future Competitiveness. Springer Berlin Heidelberg, Berlin, Heidelberg, s.l., 1999.

Boutellier, R.; Hallbauer, S.; Locker, A.: Technologiestrategie für kleinere und mittlere Unternehmen. Eigendruck, Universität St. Gallen, 1995.

Bower, J.: Planning within the Firm, In: The American Economic Review, Nr. 2, 60. Jg., 1970, S. 186-194.

Bower, J.; Christensen, C.: Disruptive Technologies - Catching the wave, In: Harvard Business Review, 1995, S. 43-53.

Bowman, E.: Epistemology, Corporate Strategy, and Academe, In: MIT Sloan Management Review, 15. Jg., 1974, S. 35-50.

Boyne, G.; Meier, K.: Environmental Turbulence, Organizational Stability, and Public Service Performance, In: Administration & Society, Nr. 8, 40. Jg., 2009, S. 799-824.

Boysen, W.: Kreativitätstechniken und Sparring als Instrumente für neue Lösungsansätze, In: Boysen, W. (Hrsg.): Grenzgänge im Management, Springer Fachmedien Wiesbaden, Wiesbaden, 2013, S. 169-179.

Bradfield, R.; Wright, G.; Burt, G.; Cairns, G.; van der Heijden, K.: The origins and evolution of scenario techniques in long range business planning, In: Futures, Nr. 8, 37. Jg., 2005, S. 795-812.

Bradley, C.; Hirt, M.; Hudson, S.; Northcote, N.; Smit, S.: The great acceleration. Sydney, Taipei, London, Brussels, Amsterdam, 2020.

Bradley, C.; Hirt, M.; Smit, S.: Eight shifts that will take your strategy into high gear - Developing a great strategy starts with changing the dynamics in your strategy room. Here's how. Sydney, Beijing, Amsterdam, 2018.

Bradley, C.; Hirt, M.; Smit, S.: Strategy beyond the hockey stick - People, probabilities, and big moves to beat the odds. John Wiley & Sons Inc, Hoboken, New Jersey, 2018.

Bradley, C.; Lowell, B.; Smit, S.: Managing the strategy journey. Sydney, New York, Amsterdam, 2012.

Brandenburg, F.: Methodik zur Planung technologischer Produktinnovationen. Dissertation, Rheinisch-Westfälisch-Technische-Hochschule Aachen, 2002.

Brandenburger, A.; Nalebuff, B.: The Right Game - Use Game Theory to Shape Strategy, In: Harvard Business Review, 76. Jg., 1995, S. 57-71.

Brandenburger, A.; Nalebuff, B.: Co-opetition - 1. A revolutionary mindset that combines competition and co-operation; 2. The game theory strategy that's changing the game of business. 1. currency paperback ed.; Doubleday, New York, NY, 1998.

Brands, C.; Wulf, T.; Meissner, P.: Six Tools for Scenario-based Strategic Planning and Their Application, In: Schwenker, B.; Wulf, T. (Hrsg.): Scenario-based Strategic Planning - Developing Strategies in an Uncertain World, Springer Fachmedien Wiesbaden, Wiesbaden, s.l., 2013, S. 69-154.

Breiing, A.; Knosala, R.: Bewerten technischer Systeme - Theoretische und methodische Grundlagen bewertungstechnischer Entscheidungshilfen. Springer, Berlin, 1997.

Breiman, L.; Friedman, J. H.; Olshen, R. A.; Stone, C. J.: Classification and regression trees. Chapman & Hall, Boca Raton, 1998.

Brem, A.; Voigt, K.-I.: Integration of market pull and technology push in the corporate front end and innovation management - Insights from the German software industry, In: Technovation, Nr. 5, 29. Jg., 2009, S. 351-367.

Bresser, R. K. F.: Strategische Managementtheorie. de Gruyter, Berlin, 2012.

Breuer, T.: Management von Technologieplattformen in diversifizierten Unternehmen. Dissertation, Rheinisch-Westfälisch-Technische-Hochschule Aachen, 2006.

Brockhoff, K.: Forschung und Entwicklung - Planung und Kontrolle. 5. Aufl.; Oldenbourg Wissenschaftsverlag, München, 1999.

Brodbeck, H.: Strategische Entscheidungen im Technologie-Management - Relevanz und Ausgestaltung in der unternehmerischen Praxis. Verl. Industrielle Organisation, Zürich, 1999.

Brown, A.; Jones, M.: Honourable Members and Dishonourable Deeds - Sensemaking, Impression Management and Legitimation in the `Arms to Iraq Affair', In: Human Relations, Nr. 5, 53. Jg., 2000, S. 655-689.

Brozovic, D.: Strategic Flexibility: A Review of the Literature, In: International Journal of Management Reviews, Nr. 1, 20. Jg., 2018, S. 3-31.

Buchholz, W.: Timingstrategien - Zeitoptimale Ausgestaltung von Produktentwicklungsbeginn und Markteintritt, In: Schmalenbachs Zeitschrift für betriebswirtschaftliche Forschung, Nr. 1, 50. Jg., 1998, S. 21-40.

Buchko, A.: Conceptualization and Measurement of Environmental Uncertainty - An Assessment of the Miles and Snow Perceived Environmental Uncertainty Scale, In: Academy of Management Journal, Nr. 2, 37. Jg., 1994, S. 410-425.

Bugdahl, V.: Methoden der Entscheidungsfindung. 1. Aufl.; Vogel, Würzburg, 1990.

Bullinger, H.-J.: Technologiemanagement - Wettbewerbsfähige Technologieentwicklung und Arbeitsgestaltung. Vieweg+Teubner, Wiesbaden, 1994.

Bullinger, H.-J.; Renz, K.-C.: Forschungs- und Entwicklungsstrategien, In: Albers, S.; Gassmann, O. (Hrsg.): Handbuch Technologie- und Innovationsmanagement - Strategie - Umsetzung - Controlling, Springer Gabler, Wiesbaden, 2005, 83-100.

Burgelman, R.: Fading memories - A process theory of strategic business exit in dynamic environments, In: Administrative Science Quarterly, Nr. 1, 39. Jg., 1994, S. 24-56.

Burgelman, R.; Rosenbloom, R.: Technology Strategy - An Evolutionary Process Perspective, In: Research on Technological Innovation, Management and Policy, Nr. 1, 4. Jg., 1989, S. 273-286.

Burke, W.; Litwin, G.: A Causal Model of Organizational Performance and Change, In: Journal of Management, Nr. 3, 18. Jg., 1992, S. 523-545.

Burmann, C.: Strategische Flexibilität und Strategiewechsel als Determinanten des Unternehmenswertes. Deutscher Universitätsverlag, Wiesbaden, 2002.

Burmann, C.: Strategische Flexibilität und der Markenwert von Unternehmen, In: Kaluza, B.; Blecker, T.; Behrens, S. (Hrsg.): Erfolgsfaktor Flexibilität - Strategien und Konzepte für wandlungsfähige Unternehmen, Schmidt, Berlin, 2005, S. 29-54.

Burt, G.; Mackay, D.; van der Heijden, K.; Verheijdt, C.: Openness Disposition - Readiness characteristics that influence participant benefits from scenario planning as strategic conversation, In: Technological Forecasting and Social Change, Nr. 1, 124. Jg., 2017, S. 16-25.

Büter, C.: Internationale Unternehmensführung - Entscheidungsorientierte Einführung. Oldenbourg Verlag, München, 2010.

Callister, W. D.; Rethwisch, D. G.: Materials science and engineering - An introduction. 8th ed.; John Wiley, Hoboken, NJ, 2010.

Calof, J.; Wright, S.: Competitive intelligence, In: European Journal of Marketing, Nr. 7/8, 42. Jg., 2008, S. 717-730.

Camp, R. C.: Benchmarking - The search for industry best practices that lead to superior performance. Quality Press, Milwaukee, Wis., 1989.

Canzler, W.; Wentland, A.; Simon, D.: Wie entstehen neue Innovationsfelder? - Vergleich der Formierungs- und Formungsprozesse in der Biotechnologie und Elektromobilität. Berlin, 2011.

Carlopio, J.: Strategy by Design - A Process of Strategy Innovation. 1st ed.; Palgrave Macmillan, New York, 2010.

Carpenter, M. A.; Sanders, W. G.: Strategic Management - Concepts and Cases. 2. ed., Pearson new internat. ed.; Pearson, Harlow, Essex, 2014.

Castrogiovanni, G.: Organization Task Environments - Have they Changed Fundamentally over Time?, In: Journal of Management, Nr. 2, 28. Jg., 2002, S. 129-150.

Cboe Global Markets Inc.: VIX - White Paper. Chicago, 2019.

Cervone, H.: Understanding agile project management methods using Scrum, In: OCLC Systems & Services: International digital library perspectives, Nr. 1, 27. Jg., 2011, S. 18-22.

Chandler, A. D.: Strategy and Structure - Chapters in the History of the American Industrial Enterprise. The M.I.T. Press, Cambridge, 1962.

Chandler, G.; Hanks, S.: Market attractiveness, resource-based capabilities, venture strategies, and venture performance, In: Journal of Business Venturing, Nr. 4, 9. Jg., 1994, S. 331-349.

Child, J.: Organizational Structure, Environment and Performance - The Role of Strategic Choice, In: Sociology, Nr. 1, 6. Jg., 1972, S. 1-22.

Child, J.: What Determines Organization - The universals vs. the it-all-depends, In: Organizational Dynamics, Nr. 1, 3. Jg., 1974, S. 2-18.

Christensen, C. M.: The Innovator's Dilemma - When New Technologies Cause Great Firms to Fail. Harvard Business School Press, Boston, Mass., 1997.

Christensen, C. M.; Raynor, M. E.: The innovator's solution - Creating and sustaining successful growth. Harvard Business School Press, Boston, Mass., 2003.

Clarke, K.; Ford, D.; Saren, M.; Thomas, R.: Technology Strategy in UK Firms, In: Technology Analysis & Strategic Management, Nr. 2, 7. Jg., 1995, S. 169-191.

Clausewitz, C. v.; Heuser, B.; Howard, M. E.; Paret, P.: On War. Reissued.; Oxford University Press, Oxford, 2007.

Cochrane, J.: The Sphere of Tourism Resilience, In: Tourism Recreation Research, Nr. 2, 35. Jg., 2010, S. 173-185.

Cockburn, I.; Henderson, R.; Stern, S.: Untangling the Origins of Competitive Advantage, In: Strategic Management Journal, Nr. 10-11, 21. Jg., 2000, S. 1123-1145.

Coenenberg, A. G.; Haller, A.; Schultze, W.: Jahresabschluss und Jahresabschlussanalyse - Betriebswirtschaftliche, handelsrechtliche, steuerrechtliche und internationale Grundlagen - HGB, IAS/IFRS, US-GAAP, DRS. 24., überarbeitete Auflage; Schäffer-Poeschel Verlag, Stuttgart, 2016.

Cohen, W.; Levinthal, D.: Absorptive Capacity - A New Perspective on Learning and Innovation, In: Administrative Science Quarterly, Nr. 1, 35. Jg., 1990, S. 128-152.

Cooper, R.: Product Innovation and Technology Strategy, In: Research Technology Management, Nr. 1, 43. Jg., 2000, S. 38-41.

Cooper, R.; Edgett, S.: Developing a Product Innovation and Technology Strategy for Your Business, In: Research Technology Management, 53. Jg., 2010, S. 33-40.

Cooper, R.; Edgett, S.: Eine Produktinnovations- und Technologie Strategie für Ihr Unternehmen entwickeln, In: Research Technology Management, 53. Jg., 2010, S. 33-40.

Cordts, J.; Lensing, H.-J.: ABC-Analyse - Preisanalyse für Einkäufer. Gabler Verlag, Wiesbaden, s.l., 1992.

Courtney, H.: Making the most of uncertainty, In: McKinsey Quarterly, Nr. 4, 2001, S. 38-47.

Courtney, H.; Kirkland, J.; Viguerie, P.: Strategy Under Uncertainty, In: Harvard Business Review, Nr. 6, 75. Jg., 1997, S. 66-79.

Covin, J.; Slevin, D.; Heeley, M.: Pioneers and followers - Competitive tactics, environment, and firm growth, In: Journal of Business Venturing, Nr. 2, 15. Jg., 2000, S. 175-210.

Cox, J.; Ross, S.; Rubinstein, M.: Option Pricing - A Simplified Approach, In: Journal of Financial Economics, Nr. 3, 7. Jg., 1979, S. 229-263.

Craft, R.; Leake, C.: The Pareto principle in organizational decision making, In: Management Decision, Nr. 8, 40. Jg., 2002, S. 729-733.

Daft, R. L.: Organization Theory and Design. 10th ed.; South-Western Cengage Learning, Mason Ohio, 2010.

Daim, T.; Rueda, G.; Martin, H.; Gerdsri, P.: Forecasting emerging technologies - Use of bibliometrics and patent analysis, In: Technological Forecasting and Social Change, Nr. 8, 73. Jg., 2006, S. 981-1012.

Dalkey, N.; Helmer, O.: An Experimental Application of the Delphi Method to the Use of Experts, In: Management Science, Nr. 3, 9. Jg., 1963, S. 458-467.

Darwin, C.: Die Entstehung der Arten - Illustrierte Edition. Konrad Theiss Verlag, Darmstadt, 2017.

Darwin, C.; Burkhardt, F.; Gräfe, U.; Gould, S.: "Nichts ist beständiger als der Wandel" - Briefe 1822 - 1859. 1. Aufl.; Insel-Verl., Frankfurt am Main, 2008.

Daum, C.: Agile Maschinenentwicklung geht nicht? Geht doch!, In: TRUMPF GmbH + Co. KG (Hrsg.): Presse Onlinemagazin. URL: https://www.trumpf.com/de_DE/presse/onlinemagazin/agile-maschinenentwicklung-geht-nicht-geht-doch/ [Stand: 04.06.201].

D'Aveni, R.: Waking Up to the New Era of Hypercompetition, In: The Washington Quarterly, Nr. 1, 21. Jg., 1998, S. 183-195.

D'Aveni, R. A.; Gunther, R. E.: Hypercompetition - Managing the dynamics of strategic maneuvering. Free Press, New York, 1994.

Davenport, T.: How to Design Smart Business Experiments, In: Harvard Business Review, Nr. 2, 87. Jg., 2009, S. 68-78.

David, F. R.; David, F. R.: Strategic Management - Concepts and cases : a competitive advantage approach. 15. ed., global ed.; Pearson, Boston, Munich, 2015.

David, P.: Clio and the Economics of QWERTY, In: The American Economic Review, Nr. 2, 75. Jg., 1985, S. 332-337.

Davies, P.: Der rätselhafte Fluss der Zeit, In: Spektrum der Wissenschaft, Nr. 2, 11. Jg., 2003, S. 10-15.

Day, G.: The Product Life Cycle - Analysis and Applications Issues, In: Journal of Marketing, Nr. 4, 45. Jg., 1981, S. 60-67.

Deans, G.; Kröger, F.; Zeisel, S.: The Consolidation Curve, In: Harvard Business Review, Nr. 12, 80. Jg., 2002, S. 20-21.

Deans, G. K.; Kröger, F.; Zeisel, S.: Merger Endgames - Strategien für die Konsolidierungswelle. Gabler Verlag, Wiesbaden, 2002.

Deemer, P.; Benefield, G.; Larman, C.; Vodde, B.: The Scrum Primer - Version 1.2, 2010.

Dess, G.; Beard, D.: Dimensions of Organizational Task Environments, In: Administrative Science Quarterly, Nr. 1, 29. Jg., 1984, S. 52.

Detering, N.; Zhou, Q.; Wystup, U.: Volatilität als Investment - Diversifikationseigenschaften von Volatilitätsstrategien, 2012.

Di Stefano, G.; Peteraf, M.; Verona, G.: The Organizational Drivetrain - A Road To Integration of Dynamic Capabilities Research, In: Academy of Management Perspectives, Nr. 4, 28. Jg., 2014, S. 307-327.

Dickie, H.: ABC Inventory Analysis Shoots for Dollars, not Pennies, In: Factory Management and Maintenance, Nr. 6, 109. Jg., 1951, S. 92-94.

Diedrich, D.; Northcote, N.; Röder, T.; Sauer-Sidor, K.: Strategic resilience during the COVID-19 crisis - Organizations that rapidly reinvented themselves in response to the pandemic can provide lessons on resilience. Düsseldorf, Brussels, Vienna, 2021.

Dill, W.: Environment as an Influence on Managerial Autonomy, In: Administrative Science Quarterly, Nr. 4, 2. Jg., 1958, S. 409.

Dilts, R.: Strategies of genius - Aristotle, Sherlock Holmes, Walt Disney, Wolfgang Amadeus Mozart. Meta Publ, Capitola, Calif., 1994.

DIN Deutsches Insitut für Normung e.V.: Norm 25 424 Teil 1, *Fehlerbaumanalyse,* Beuth Verlag GmbH, Berlin, 1981.

Dobbs, M.: Guidelines for applying Porter's five forces framework - A set of industry analysis templates, In: Competitiveness Review, Nr. 1, 24. Jg., 2014, S. 32-45.

Doblin: Ten Types of Innovation - The Building Blocks of Breakthroughs, 2015.

Dolata, U.: Technologische Innovationen und sektoraler Wandel - Eingriffstiefe, Adaptionsfähigkeit, Transformationsmuster: Ein analytischer Ansatz, In: Zeitschrift für Soziologie, Nr. 1, 37. Jg., 2008, S. 42-59.

Domschke, W.; Drexl, A.; Klein, R.; Scholl, A.: Einführung in Operations Research. 9., überarbeitete und verbesserte Auflage; Springer Gabler, Berlin, Heidelberg, 2015.

Donaldson, L.: For Positivist Organization Theory - Proving the hard core. Sage Publications, London, Thousand Oaks, Calif, 1996.

Doppler, K.; Lauterburg, C.: Change Management - Den Unternehmenswandel gestalten. 14., aktualisierte Auflage, revidierte Ausgabe; Campus Verlag, Frankfurt, 2019.

Dosi, G.: Technological paradigms and technological trajectories, In: Research Policy, Nr. 3, 11. Jg., 1982, S. 147-162.

Dowling, M.; Huesig, S.: Technologiestrategie, In: Specht, D.; Möhrle, M. G. (Hrsg.): Gabler Lexikon Technologiemanagement - Management von Innovationen und neuen Technologien im Unternehmen, 1. Aufl.; Springer Gabler, Wiesbaden, 2002, S. 377-380.

Downey, H.; Hellriegel, D.; Slocum, J.: Environmental Uncertainty - The Construct and Its Application, In: Administrative Science Quarterly, Nr. 4, 20. Jg., 1975, S. 613-629.

Downey, H.; Slocum, J.: Uncertainty - Measures, Research, and Sources of Variation, In: Academy of Management Journal, Nr. 3, 18. Jg., 1975, S. 562-578.

Downey, S.; Sutherland, J.: Scrum Metrics for Hyperproductive Teams - How They Fly like Fighter Aircraft, In: Shidler College of Business; IEEE Computer Society (Hrsg.): Proceedings of 2013 46th Hawaii International Conference on System Sciences, IEEE, Piscataway, NJ, 2013, S. 4870-4878.

Doz, Y.; Kosonen, M.: The Dynamics of Strategic Agility - Nokia's Rollercoaster Experience, In: California Management Review, Nr. 3, 50. Jg., 2008, S. 95-118.

Doz, Y.; Kosonen, M.: Embedding Strategic Agility, In: Long Range Planning, Nr. 2-3, 43. Jg., 2010, S. 370-382.

Dreborg, K.: Essence of Backcasting, In: Futures, Nr. 9, 28. Jg., 1996, S. 813-828.

Drucker, P. F.: The Age of Discontinuity - Guidelines to our Changing Society. Heinemann, London, 1969.

Drucker, P. F.: The Five Most Important Questions You Will Ever Ask About Your Organization. 1. ed.; Jossey-Bass, San Francisco Calif., 2008.

Drucker, P. F.: Managing in Turbulent Times. Routledge, London, 2011.

Du, J.; Chen, Z.: Applying Organizational Ambidexterity in strategic management under a "VUCA" environment - Evidence from high tech companies in China, In: International Journal of Innovation Studies, Nr. 1, 2. Jg., 2018, S. 42-52.

Duchek, S.: Organizational resilience - a capability-based conceptualization, In: Business Research, Nr. 1, 13. Jg., 2020, S. 215-246.

Duden: Stichwort: Technologie, In: Duden Verlag (Hrsg.): URL: https://www.duden.de/node/180415/revision/180451 [Stand: 13.06.2021].

Duncan, R.: Characteristics of Organizational Environments and Perceived Environmental Uncertainty, In: Administrative Science Quarterly, Nr. 3, 17. Jg., 1972, S. 313.

Dutton, J.; Ashford, S.: Selling Issues to Top Management, In: Academy of Management Review, Nr. 3, 18. Jg., 1993, S. 397-428.

Ealey, L.; Troyano-Bermúdez, L.: Are automobiles the next commodity?, In: The McKinsey Quarterly, Nr. 4, 1996, S. 62-75.

Eckert, R.: Business Model Prototyping - Geschäftsmodellentwicklung im Hyperwettbewerb. Strategische Überlegenheit als Ziel. Springer Science and Business Media, Place of publication not identified, 2014.

Eckert, R.: Intelligente Echtzeitunternehmen im digitalen Hyperwettbewerb. Springer Fachmedien Wiesbaden, Wiesbaden, 2018.

Edge, G.; Klein, J.; Hiscocks, P.; Plasonig, G.: Technologiekompetenz und skill-basierter Wettbewerb, In: Zahn, E. (Hrsg.): Handbuch Technologiemanagement, Schäffer-Poeschel, Stuttgart, 1995, S. 185-217.

Edler, F.; Soden, M.; Hankammer, R.: Fehlerbaumanalyse in Theorie und Praxis - Grundlagen und Anwendung der Methode. Springer Vieweg, Berlin, Heidelberg, 2015.

Edwards, C.: Resilient Nation. Demos, London, 2009.

Eggers, F.; Sattler, H.: Preference Measurement with Conjoint Analysis - Overview of State-of-the-Art Approaches and Recent Developments, In: GfK Marketing Intelligence Review, Nr. 1, 3. Jg., 2011, S. 36-47.

Ehlers, K.: Mobility of the Future - Conntected, Autonomous, Shared, Electric, In: AVL List GmbH (Hrsg.): Proceedings of 30th International AVL Conference "Engine & Environment" - Connectivity - key to future emission and consumption reduction?, AVL List GmbH, Graz, 2018, S. 175-178.

Ehrat, H.: Kompetenzorientierte, analysegestützte Technologiestrategieerarbeitung - Methodisches Konzept zur Unterstützung der Technologiestrategieentwicklung mit externen Datenbanken. Dissertation, Universität St. Gallen, 1997.

Ehrlenspiel, K.; Meerkamm, H.: Integrierte Produktentwicklung. Carl Hanser Verlag GmbH & Co. KG, München, 2017.

Einstein, A.; Calaprice, A.; Dyson, F. J.: The Ultimate Quotable Einstein. Princeton University Press, Princeton, N.J, 2011.

Eisenhardt, K.; Martin, J.: Dynamic Capabilities - What Are They?, In: Strategic Management Journal, Nr. 10-11, 21. Jg., 2000, S. 1105-1121.

Elbert, R.; Scharf, K.: Der Bullwhip Effekt, In: WiSt - Wirtschaftswissenschaftliches Studium, Nr. 4, 44. Jg., 2015, S. 211-214.

Engelhardt, C.: Mergers & Acquisitions. Springer Fachmedien Wiesbaden, Wiesbaden, 2017.

Engelhardt, P.; Gassmann, O.; Möller, K.: Innovative Geschäftsmodelle steuern und skalieren, In: Controlling & Management Review, Nr. 2, 63. Jg., 2019, S. 16-25.

Ensthaler, J.; Strübbe, K.: Patentbewertung - Ein Praxisleitfaden zum Patentmanagement. Springer-Verlag Berlin Heidelberg, Berlin, Heidelberg, 2006.

Eppink, D.: Planning for Strategic Flexibility, In: Long Range Planning, Nr. 4, 11. Jg., 1978, S. 9-15.

Erler, T.: Business Objects als Gestaltungskonzept strategischer Informationssystemplanung. 58. Aufl.; Peter Lang International Academic Publishers, Berlin, 2000.

Eschenbach, R.; Eschenbach, S.; Kunesch, H.: Strategische Konzepte - Management-Ansätze von Ansoff bis Ulrich. 4., überarb. und erw. Aufl.; Schäffer-Poeschel, Stuttgart, 2003.

Esser, W.-M.: Die Wertkette als Instrument der strategischen Analyse, In: Riekhof, H.-C. (Hrsg.): Strategieentwicklung - Konzepte und Erfahrungen, Poeschel, Stuttgart, 1989, S. 191-213.

Esser, W.-M.: Die Wertkette als Instrument der Strategischen Analyse, In: Riekhof, H.-C. (Hrsg.): Praxis der Strategieentwicklung - Konzepte - Erfahrungen - Fallstudien, 2., überarb. und erw. Aufl.; Schaeffer-Poeschel, Stuttgart, 1994, S. 191-211.

Etzioni, A.: Humble Decision Making, In: Harvard Business Review, Nr. 4, 67. Jg., 1989, S. 45-57.

Etzkowitz, H.; Leydesdorff, L.: A Triple Helix of University—Industry—Government Relations - Introduction, In: Industry and Higher Education, Nr. 4, 12. Jg., 1998, S. 197-201.

Etzkowitz, H.; Leydesdorff, L.: The Endless Transition: A "Triple Helix" of University - Industry - Government Relations - Introduction, In: Minerva, Nr. 3, 36. Jg., 1998, S. 203-208.

European Political Strategy Centre: The state of investment in Europe and the world - Key investment trends. Publications Office of the European Union, Luxembourg, 2018.

Evans, N. D.: Business agility - Strategies for gaining competitive advantage through mobile business solutions. Prentice Hall, Upper Saddle River, N.J, 2002.

Eversheim, W.; Böhlke, U.; Martini, C.; Schmitz, W.: Innovativer mit dem Technologiekalender, In: HARVARD BUSINESS manager, Nr. 1, 16. Jg., 1996, S. 2-9.

Ewald, A.: Organisation des strategischen Technologie-Managements. E. Schmidt, Berlin, 1989.

Ewald, A.: Methodik der Integrierten Technologie- und Marktplanung, In: Bloech, J.; Freidank, C.-C.; Huch, B.; Lücke, W.; Götze, U.; Rudolph, F. (Hrsg.): Strategische Planung, Physica-Verlag HD, Heidelberg, 1994, S. 57-80.

Fahey, L.; Narayanan, V. K.: Macroenvironmental Analysis for Strategic Management. West Publ, St. Paul, 1986.

Faulkner, D.; Bowman, C.: The Essence of Competitive Strategy. Prentice Hall, New York, 1995.

Faulkner, D.; Campbell, A.: The Oxford Handbook of Strategy - A strategy overview and competitive strategy. 1. publ. in paperback; Oxford Univ. Press, Oxford, 2006.

Feess, E.; Thommen, J.-P.: Stichwort: Konstruktivismus, In: Springer Gabler (Hrsg.): Gabler Wirtschaftslexikon. URL: https://wirtschaftslexikon.gabler.de/definition/konstruktivismus-37530/version-260964 [Stand: 19.06.2021].

Feldmann, C.: Strategisches Technologiemanagement - Eine empirische Untersuchung am Beispiel des deutschen Pharma-Marktes 1990 - 2010. Technische Universität Chemnitz, 2007.

Fellner, B.: Strategic Flexibility and Technology Strategy - Managing of technology turbulence by incumbent firms in the manufacturing industry. Dissertation, TU Graz, 2010.

Feucht, H.: Implementierung von Technologiestrategien. Dissertation, Universität Tübingen, 1995.

Fischer, J.: Technologie und Wettbewerbsvorteile. Deutscher Universitätsverlag, Wiesbaden, 2002.

Fischer, M.: Timing der Markteinführung von Innovationen, In: Albers, S.; Gassmann, O. (Hrsg.): Handbuch Technologie- und Innovationsmanagement - Strategie - Umsetzung - Controlling, Springer Gabler, Wiesbaden, 2005, S. 397-414.

Fjeldstad, Ø.; Snow, C.: Business models and organization design, In: Long Range Planning, Nr. 1, 51. Jg., 2018, S. 32-39.

Flanagan, J.: The Critical Incident Technique, In: Psychological bulletin, Nr. 4, 51. Jg., 1954, S. 327-358.

Fontanari, M.; Reiche, T.: Resilienz als Merkmal verantwortlicher Unternehmensführung, In: Pechlaner, H.; Speer, S. (Hrsg.): Responsible Entrepreneurship, Springer Fachmedien Wiesbaden, Wiesbaden, 2020, S. 163-192.

Ford, D.: Develop your Technology Strategy, In: Long Range Planning, Nr. 5, 21. Jg., 1988, S. 85-95.

Forrester, J. W.: Industrial Dynamics. The M.I.T. Press, Cambridge, Mass., USA, 1961.

Forrester, J. W.: Grundzüge einer Systemtheorie. Springer Gabler, Wiesbaden, 1972.

Foster, R.: Working The S-Curve - Assessing Technological Threats, In: Research Management, Nr. 4, 29. Jg., 1986, S. 17-20.

Franco, L.: Facilitating Collaboration with Problem Structuring Methods - A Case Study of an Inter-Organisational Construction Partnership, In: Group Decision and Negotiation, Nr. 4, 17. Jg., 2008, S. 267-286.

Frank, J.; Holper, C.: Subscription-Geschäftsmodelle in der produzierenden Industrie, In: WiSt - Wirtschaftswissenschaftliches Studium, Nr. 5, 50. Jg., 2021, S. 16-22.

Frank, J.; Holst, L.; Müller, D.; Leiting, T.: Aachener Subscription-Businss - Monetarisieren Sie die Nutzungsphase Ihrer Produkte. Aachen, 2021.

Freeman, R. E.: Strategic Management. Cambridge University Press, Cambridge, 2010.

Friar, J.; Horwitch, M.: The Emergence of Technology Strategy, In: Technology in Society, Nr. 2-3, 7. Jg., 1985, S. 143-178.

Friedrich, S.; Matzler, K.; Stahl, H.: Quo vadis RBV?, In: Bellmann, K.; Freiling, J.; Hammann, P.; Mildenberger, U. (Hrsg.): Aktionsfelder des Kompetenz-Managements, Deutscher Universitätsverlag, Wiesbaden, 2002, S. 29-58.

Fritscher, B.; Pigneur, Y.: Classifying Business Model Canvas Usage from Novice to Master - A Dynamic Perspective, In: Shishkov, B. (Hrsg.): Business Modeling and Software Design, Springer International Publishing, Cham, 2016.

Fritz, W.; Oelsnitz, D. von der; *Seegebarth, B.:* Marketing - Elemente marktorientierter Unternehmensführung. 5. Auflage; Kohlhammer Verlag, Stuttgart, 2019.

Fukuzawa, M.: Dynamic Capability as Fashion, In: Annals of Business Administrative Science, Nr. 2, 14. Jg., 2015, S. 83-96.

Gadiesh, O.; Gilbert, J.: How to Map Your Industry's Profit Pool, In: Harvard Business Review, 76. Jg., 1998, S. 149-166.

Gadiesh, O.; Gilbert, J.: Profit Pools - A fresh Look at Strategy, In: Harvard Business Review, Nr. 376, 1998, S. 139-147.

Galli, B.: Change Management Models - A Comparative Analysis and Concerns, In: IEEE Engineering Management Review, Nr. 3, 46. Jg., 2018, S. 124-132.

Gallon, M.; Stillman, H.; Coates, D.: Putting Core Competency Thinking into Practice, In: Research Technology Management, Nr. 3, 38. Jg., 1995, S. 20-28.

Gälweiler, A.: Strategische Unternehmensführung. Campus-Verl., Frankfurt/Main, 1987.

Gassmann, O.; Wecht, C.; Winterhalter, S.: Strategisches Technologiemanagement für die Industrie 4.0, In: Granig, P.; Hartlieb, E.; Heiden, B. (Hrsg.): Mit Innovationsmanagement zu Industrie 4.0, Springer Fachmedien, Wiesbaden, 2018, S. 15-27.

Gausemeier, J.; Fink, A.; Schlake, O.: Szenario-Management - Planen und Führen mit Szenarien. 2., bearb. Aufl.; Hanser, München, 1996.

Gausemeier, J.; Pfänder, T.; Lehner, A.-C.: Strategische Unternehmensführung mit Szenario-Management, In: Spath, D.; Westkämper, E.; Bullinger, H.-J.; Warnecke, H.-J. (Hrsg.): Neue Entwicklungen in der Unternehmensorganisation, Springer Berlin Heidelberg, Berlin, Heidelberg, 2017, S. 97-109.

Gausemeier, J.; Plass, C.: Zukunftsorientierte Unternehmensgestaltung - Strategien, Geschäftsprozesse und IT-Systeme für die Produktion von morgen. 2., überarb. Aufl.; Carl Hanser, München, 2014.

Geissler, C.; Krys, C.: The Challenges of Strategic Management in the Twenty-First Century, In: Schwenker, B.; Wulf, T. (Hrsg.): Scenario-based Strategic Planning - Developing Strategies in an Uncertain World, Springer Fachmedien Wiesbaden, Wiesbaden, s.l., 2013, S. 21-42.

Gelbmann, U.; Vorbach, S.: Strategisches Innovationsmanagement, In: Strebel, H. (Hrsg.): Innovations- und Technologiemanagement, 2. Aufl.; Facultas.wuv, Wien, 2007, S. 158-212.

Gerhard, T.; Mühlhäuser, H.: Ambition Driven Strategy™ - Strategieentwicklung in Zeiten rasanten Wandels, In: Bamberger, I. (Hrsg.): Strategische Unternehmensberatung - Konzeptionen, Prozesse, Methoden, 6., aktualisierte und erw. Aufl.; Springer Gabler, Wiesbaden, 2012, S. 105-136.

Gerpott, T. J.: Strategisches Technologie- und Innovationsmanagement - Eine konzentrierte Einführung. Schäffer-Poeschel, Stuttgart, 1999.

Gerpott, T. J.: Strategisches Technologie- und Innovationsmanagement. 2., überarb. und erw. Aufl.; Schäffer-Poeschel, Stuttgart, 2005.

Geschka, H.: Szenariotechnik als Instrument der Frühaufklärung, In: Gassmann, O.; Kobe, C.; Voit, E. (Hrsg.): High-Risk-Projekte, Springer, Berlin, Heidelberg, 2001, S. 301-316.

Geschka, H.; Hammer, R.: Die Szenario-Technik in der strategischen Unternehmensplanung, In: Hahn, D.; Taylor, B. (Hrsg.): Strategische Unternehmungsplanung - Strategische Unternehmungsführung, Physica-Verlag HD, Heidelberg, 1990, S. 311-336.

Ghasemkhani, H.; Soule, D.; Westerman, G.: Competitive Advantage in a Digital World - Toward an Information-Based View of the Firm, In: SSRN Electronic Journal, 2014.

Gilbert, C.: Unbundling the Structure of Inertia - Resource Versus Routine Rigidity, In: Academy of Management Journal, Nr. 5, 48. Jg., 2005, S. 741-763.

Gillenkirch, R.: Stichwort: Systemtheorie, In: Springer Gabler (Hrsg.): Gabler Wirtschaftslexikon. URL: https://wirtschaftslexikon.gabler.de/definition/systemtheorie-49100/version-272341 [Stand: 19.06.2021].

Gillon, B.: Ambiguity, Generality, and Indeterminacy - Tests and Definitions, In: Synthese, Nr. 3, 85. Jg., 1990, S. 391-416.

Glaß, J.: Innovationsstrategien für das digitale Zeitalter der chemischen Industrie, In: Landwehr-Zloch, S.; Glaß, J. (Hrsg.): Innovationsmanagement der chemischen Industrie im digitalen Zeitalter, Springer Berlin Heidelberg, Berlin, Heidelberg, 2020, S. 1-23.

Globocnik, D.; Salomo, S.: Erfolgsfaktoren des strategischen Innovationsmanagements, In: Granig, P.; Hartlieb, E.; Lercher, H. (Hrsg.): Innovationsstrategien - Von Produkten und Dienstleistungen zu Geschäftsmodellinnovationen, Springer Gabler, Wiesbaden, 2014, S. 55-69.

Gochermann, J.: Technologiemanagement. Springer Fachmedien Wiesbaden, Wiesbaden, 2020.

Goldman, S.; Nagel, R.: Management, Technology and Agility - The Emergence of a New Era in Manufacturing, In: International Journal of Technology Management, Nr. 1-2, 8. Jg., 1993, S. 18-38.

Goldstein, S.: Exploit Continuities to Grow, In: Strategy & Leadership, Nr. 5, 24. Jg., 1996, S. 12-17.

Gomeringer, A.: Eine integrative, prognosebasierte Vorgehensweise zur strategischen Technologieplanung für Produkte. Dissertation, Universität Stuttgart, 2007.

Goodson, R.: Eine Fabrik unter die Lupe nehmen - schnell und effizient, In: HARVARD BUSINESS manager, Nr. 6, 24. Jg., 2002, S. 69-81.

Google for Work: Creating a Culture of Innovation. Mountain View, CA, o. J.

Gordon, S.: Convergence Versus Strategic Reorientation - The Antecedents of Fast-paced Organizational Change, In: Journal of Management, Nr. 5, 26. Jg., 2000, S. 911-945.

Gordon, W. J. J.: Synectics - The development of creative capacity. Harper, 1961.

Götze, U.: Investitionsrechnung - Modelle und Analysen zur Beurteilung von Investitionsvorhaben. 7. Aufl.; Springer Gabler, Berlin, 2014.

Grant, R.: The Resource-Based Theory of Competitive Advantage: Implications for Strategy Formulation, In: California Management Review, Nr. 3, 33. Jg., 1991, S. 114-135.

Grant, R.: Strategic Planning in a Turbulent Environment - Evidence from the Oil Majors, In: Strategic Management Journal, Nr. 6, 24. Jg., 2003, S. 491-517.

Grant, R. M.: Contemporary Strategy Analysis - Concepts, techniques, applications. Reprint; Blackwell, Cambridge, Mass., USA, 1991.

Grant, R. M.: Contemporary Strategy Analysis - Concepts, techniques, applications. 4th ed.; Blackwell Publishing, Malden, MA., 2002.

Grant, R. M.: Contemporary Strategy Analysis. Tenth edition; Wiley & Sons, Hoboken, NJ, 2019.

Green, P.; Srinivasan, V.: Conjoint Analysis in Consumer Research - Issues and Outlook, In: Journal of Consumer Research, Nr. 2, 5. Jg., 1978, S. 103.

Greeuw, S. C. H.: Cloudy crystal balls - An assessment of recent European and global scenario studies and models. November 1999; Off. for Off. Publ. of the Europ. Communities, Luxembourg, 2000.

Greitemann, J.: Methodik für die systematische Identifikation von Produktionstechnologien. Dissertation, Technische Universität München, 2016.

Greve, H.: The Effect of Core Change on Performance - Inertia and Regression toward the Mean, In: Administrative Science Quarterly, Nr. 3, 44. Jg., 1999, S. 590.

Griese, K.-M.; Baringhorst, S.: Organisationale Resilienz im Unternehmen im Kontext von hohem Digitalisierungs- und Nachhaltigkeitsgrad, In: Gausemeier, J.; Bauer, W.; Dumitrescu, R. (Hrsg.): Vorausschau und Technologieplanung, Heinz Nixdorf Institut, Universität Paderborn, Paderborn, 2018, S. 347-362.

Griffin, A.; Hauser, J.: The Voice of the Customer, In: Marketing Science, Nr. 1, 12. Jg., 1993, S. 360-373.

Groenveld, P.: Roadmapping Integrates Business and Technology, In: Research Technology Management, Nr. 5, 40. Jg., 1997, S. 48-55.

Grundy, T.: Rethinking and reinventing Michael Porter's five forces model, In: Strategic Change, Nr. 5, 15. Jg., 2006, S. 213-229.

Grünig, R.; Kühn, R.: The Strategy Planning Process. Springer Berlin Heidelberg, Berlin, Heidelberg, 2018.

Guba, Lincoln (1994) Competing Paradigms in Qualitative Research. In: Denzin, Norman K.; Lincoln, Yvonna S.Handbook of Qualitative Research. Herausgegeben von Norman K. Denzin und Yvonna S. LincolnThousand Oaks, Sage Publ, , S. 105-117.

Guthier, M.: Next Generation Customer Analytics - Mit Customer Analytics zu mehr Kundenzentrierung und gesteigertem Unternehemenserfolg. Frankfurt am Main, 2018.

Haag, C.; Schuh, G.; Kreysa, J.; Schmelter, K.: Technologiebewertung, In: Schuh, G.; Klappert, S. (Hrsg.): Technologiemanagement, Springer-Verlag, Berlin, 2011, S. 309-366.

Haberfellner, R.: Systems Engineering - Grundlagen und Anwendung. 12., aktualisierte Aufl.; Orell Füssli, Zürich, 2012.

Hahn, C.: Segmentspezifische Kundenzufriedenheitsanalyse - Neue Ansätze zur Segmentierung von Märkten. Dissertation, Universität Mainz, 2002.

Hall, D.; Saias, M.: Strategy Follows Structure!, In: Strategic Management Journal, Nr. 2, 1. Jg., 1980, S. 149-163.

Hambrick, D.; Fredrickson, J.: Are you sure you have a strategy?, In: Academy of Management Perspectives, Nr. 4, 19. Jg., 2005, S. 51-62.

Hamel, G.; Prahalad, C.: The Core Competence of the Corporation, In: Harvard Business Review, Nr. 3, 68. Jg., 1990, S. 79-91.

Hamel, G.; Prahalad, C.: Corporate Imagination and Expeditionary Marketing, In: Harvard Business Review, Nr. 4, 69. Jg., 1991, S. 81-92.

Hamel, G.; Prahalad, C. K.: Competing for the Future. [Nachdr.]; Harvard Business School Press, Boston, Mass., 2010.

Hamel, G.; Valikangas, L.: The Quest for Resilience, In: Harvard Business Review, Nr. 9, 81. Jg., 2003, S. 52-63.

Hancock, T.; Bezold, C.: Possible Futures, Preferable Futures, In: The Healthcare Forum journal, 37. Jg., 1994, S. 23-29.

Hannan, M.; Freeman, J.: The Population Ecology of Organizations, In: American Journal of Sociology, Nr. 5, 82. Jg., 1977, S. 929-964.

Hannan, M.; Freeman, J.: Structural Inertia and Organizational Change, In: American Sociological Review, Nr. 2, 49. Jg., 1984, S. 149-164.

Harmann, B.-G.: Patente als strategisches Instrument zum Management technologischer Diskontinuitäten. Universität St. Gallen, 2003.

Harmeling, C.: Relationship Dynamics: - Understanding Continuous and Discontinuous Relationship Change, In: Ingene, C.; Brown, J.; Dant, R. (Hrsg.): Handbook of Research on Distribution Channels, Edward Elgar Publishing, 2019, S. 317-336.

Harris, J.; Shaw, R.; Sommers, W.: The Strategic Management of Technology, In: Planning Review, Nr. 1, 11. Jg., 1983, S. 28-35.

Haß, H.: Die Messung des technischen Fortschritts - Theoretische und komparativ-empirische Analyse für ausgewählte Wirtschaftsbereiche der Bundesrepublik Deutschland und Schwedens im Zeitraum 1950 - 1978. Dissertaton, Universität Kiel, 1983.

Hatchuel, A.; Le Masson, P.; Weil, B.: From R&D to RID - Design strategies and the management of innovation fields, In: European Institute for Advanced Studies in Management EIASM (Hrsg.): Proceedings of 8th International Product Development Management Conference, 2001, S. 415-430.

Hatfield, D.; Tegarden, L.; Echols, A.: Facing the uncertain environment from technological discontinuities - Hedging as a technology strategy, In: The Journal of High Technology Management Research, Nr. 1, 12. Jg., 2001, S. 63-76.

Hatton, L.; Spinellis, D.; van Genuchten, M.: The long-term growth rate of evolving software - Empirical results and implications, In: Journal of Software: Evolution and Process, Nr. 5, 29. Jg., 2017, 1-16.

Hauschildt, J.; Salomo, S.; Schultz, C.; Kock, A.: Innovationsmanagement. 6., vollst. akt. u. überarb. Aufl.; Franz Vahlen, München, 2016.

Haveman, H.: Between a Rock and a Hard Place - Organizational Change and Performance Under Conditions of Fundamental Environmental Transformation, In: Administrative Science Quarterly, Nr. 1, 37. Jg., 1992, S. 48.

Hax, A.; Majluf, N.: Corporate Strategy - The Core Concepts, In: Taylor, B. (Hrsg.): Strategische Unternehmungsplanung - Strategische Unternehmungsführung: Stand und Entwicklungstendenzen, 9. Aufl.; Springer-Verlag, Berlin, 2006, 73-81.

Hax, A.; Wilde, D.: The Delta Model - Discovering New Sources of Profitability in a Networked Economy, In: European Management Journal, Nr. 4, 19. Jg., 2001, S. 379-391.

Heesen, M.: Innovationsportfoliomanagement. Gabler Verlag, Wiesbaden, 2009.

Heldt, C.; Weerth, C.; Horn, G. A.: Stichwort: Volatilität, In: Springer Gabler (Hrsg.): Gabler Wirtschaftslexikon. URL: https://wirtschaftslexikon.gabler.de/definition/volatilitaet-48641/version-271892 [Stand: 19.06.2021].

Henderson, R.; Clark, K.: Architectural Innovation - The Reconfiguration of Existing Product Technologies and the Failure of Established Firms, In: Administrative Science Quarterly, Nr. 1, 35. Jg., 1990, S. 9.

Herstatt, C.; Lettl, C.: Management of "technology push" development projects, In: International Journal of Technology Management, Nr. 2, 27. Jg., 2004, S. 155-175.

Herstatt, C.; Verworn, B.; Nagahira, A.: Reducing Project Related Uncertainty in the "Fuzzy Front End" of Innovation - A Comparison of German and Japanese Product Innovation Projects, In: Herstatt, C.; Stockstrom, C.; Tschirky, H.; Nagahira, A. (Hrsg.): Management of Technology and Innovation in Japan, Springer-Verlag, Berlin, Heidelberg, 2006, S. 329-352.

Hiermaier, S.: Introduction, In: Fraunhofer-Institut für Kurzzeitdynamik, Ernst-Mach-Institut, EMI (Hrsg.): Annual Report 2019/2020, Freiburg (Breisgau), 2020, S. 3.

Hill, M.: What is scalability?, In: ACM SIGARCH Computer Architecture News, Nr. 4, 18. Jg., 1990, S. 18-21.

Hill, T.; Westbrook, R.: SWOT Analysis - It's Time for a Product Recall, In: Long Range Planning, Nr. 1, 30. Jg., 1997, S. 46-52.

Hilzenbecher, U.: Innovationsstrategie - Fokus auf Systematik und Selektion der Innovationsfelder bringen Rendite, In: Berndt, R. (Hrsg.): Weltwirtschaft 2010 - Trends und Strategien, Springer, Berlin, 2009, S. 45-55.

Hinterhuber, H. H.: Strategisches Denken - Vision, Ziele, Strategie. 5., neubearb. u. erw. Aufl. Reprint 2020; de Gruyter, Berlin, Boston, 2020.

Hinterhuber, H. H.; Al-Ani, A.; Handlbauer, G.: Das Neue Strategische Management. Springer Gabler, Wiesbaden, 1996.

Hitt, M. A.; Ireland, R. D.; Hoskisson, R. E.: Strategic Management - Competitiveness and Globalization. 8. ed.; South-Western Cengage-Learning, Mason, Ohio, 2009.

Hofer, C. W.; Schendel, D.: Strategy Formulation - Analytical Concepts. West Publ. Co, St. Paul, Minn., 1978.

Hofer, M.; Hofer, C.: Ökologische Bewertung in der betrieblichen Praxis, In: Tschandl, M.; Posch, A. (Hrsg.): Integriertes Umweltcontrolling - Von der Stoffstromanalyse zum Bewertungs- und Informationssystem, 2. Auflage; Gabler, Wiesbaden, 2012, S. 129-144.

Höhne, F.: Praxishandbuch Operational Due Diligence - Bewertung der operativen Leistungsfähigkeit produzierender Unternehmen. Springer Gabler, Wiesbaden, 2013.

Holling, C.: Resilience and Stability of Ecological Systems, In: Annual review of ecology and systematics, Nr. 1, 4. Jg., 1973, S. 1-23.

Holling, C.: Understanding the Complexity of Economic, Ecological, and Social Systems, In: Ecosystems, Nr. 5, 4. Jg., 2001, S. 390-405.

Hoskisson, R.; Hitt, M.; Wan, W.; Yiu, D.: Theory and research in strategic management - Swings of a pendulum, In: Journal of Management, Nr. 3, 25. Jg., 1999, S. 417-456.

Howells, J.: Tacit Knowledge, Innovation and Technology Transfer, In: Technology Analysis & Strategic Management, Nr. 2, 8. Jg., 1996, S. 91-106.

Howson, P.: Commercial Due Diligence - The Key to Understanding Value in an Acquisition. Gower, Aldershot, Hants, England, Burlington, VT, 2006.

Huawei Technologies Co. Ltd.: Forecasting the Future - Helping a Gorilla to Imagine a Black Swan. Shenzhen, China, 2019.

Hübner, H.: Integratives Innovationsmanagement - Nachhaltigkeit als Herausforderung für ganzheitliche Erneuerungsprozesse. E. Schmidt, Berlin, 2002.

Hübner-Weinhold, M.; Dommel, J.; Klapproth, M.: Leadership by Game of Thrones - Wirksamer führen mit den Helden von Westeros. Verlag Franz Vahlen, München, 2019.

Hundt, S.: Stichwort: Carve-Out, In: Springer Gabler (Hrsg.): Gabler Banklexikon. URL: https://www.gabler-banklexikon.de/definition/carve-out-81587/version-344379 [Stand: 19.06.2021].

Hungenberg, H.: Strategisches Management in Unternehmen. Springer Fachmedien, Wiesbaden, 2014.

Hutter, G.: Planung und Wandel - Theoretische Grundlagen der Strategieforschung für kommunale Fallstudien zur strategischen räumlichen Planung. Dissertation, TU Dresden, 2008.

Hutterer, P.: Dynamic Capabilities und Innovationsstrategien - Interdependenzen in Theorie und Praxis. Springer Fachmedien, Wiesbaden, 2013.

Iansiti, M.; Levien, R.: The New Operational Dynamics of Business Ecosystems - Implications for Policy, Operations and Technology Strategy. Working Paper, Havard Business School, 2002.

Iansiti, M.; Levien, R.: Strategy as Ecology, In: Harvard Business Review, Nr. 3, 82. Jg., 2004, S. 68-78.

Iansiti, M.; Levien, R.: The Keystone Advantage - What the new dynamics of business ecosystems mean for strategy, innovation, and sustainability. Harvard Business School Press, Boston, Mass., 2004.

Imboden, D. M.; Koch, S.: Systemanalyse - Einführung in die mathematische Modellierung natürlicher Systeme. Springer, Berlin, Heidelberg, 2003.

Innerhofer, E.: Strategische Innovationen in der Hotellerie - Eine ressourcenorientierte Fallstudienanalyse touristischer Dienstleistungsunternehmen. Dissertation, Katholische Universität Eichstätt-Ingolstadt, 2012.

Ishikawa, K.: Guide to Quality Control. 13. print; Asian Productivity Organization, Tokyo, 1996.

Jaekel, M.: Disruption durch digitale Plattform-Ökosysteme - Eine kompakte Einführung. 1st ed. 2020; Springer Fachmedien Wiesbaden; Imprint: Springer Vieweg, Wiesbaden, 2020.

Javidan, M.: Core Competence - What Does it Mean in Practice?, In: Long Range Planning, Nr. 1, 31. Jg., 1998, S. 60-71.

Johnson, G.: Rethinking Incrementalism, In: Strategic Management Journal, Nr. 1, 9. Jg., 1988, S. 75-91.

Johnson, G.; Scholes, K.: Exploring Corporate Strategy. 2. ed.; Prentice Hall, New York, NY, 1988.

Johnson, G.; Scholes, K.; Whittington, R.: Exploring Corporate Strategy - Text & cases. 8. ed.; Financial Times Prentice Hall, Harlow, 2008.

Johnson, G.; Whittington, R.; Scholes, K.; Angwin, D.; Regnér, P.: Exploring Strategy - Text and cases. 11. ed.; Pearson Education, Harlow, England, 2017.

Jonen, A.; Lingau, V.; Schmidt, T.: Lynkeus - Kritischer Vergleich softwarebasierter Informationssysteme zur Unterstützung des Risikowirtschaftsprozesses. Kaiserslautern, 2006.

Kachaner, N.; Lindgardt, Z.; Michael, D.: Innovating low-cost business models, In: Strategy & Leadership, Nr. 2, 39. Jg., 2011, S. 43-48.

Kainzbauer, C.; Kaelber, C.: Mannesmann Pilotentwicklung, In: Franke, N.; Braun, C.-F. (Hrsg.): Innovationsforschung und Technologiemanagement - Konzepte, Strategien, Fallbeispiele, Springer Berlin Heidelberg, Berlin, Heidelberg, 1998, S. 467-479.

Kampker, A.; Schuh, G.; Schittny, B.: Unternehmensstruktur, In: Schuh, G.; Kampker, A. (Hrsg.): Strategie und Management produzierender Unternehmen, Springer Berlin Heidelberg, Berlin, Heidelberg, 2011, S. 133-230.

Kaplan, R.; Norton, D.: Putting the Balanced Scorecard to Work, In: Harvard Business Review, Nr. 5, 71. Jg., 1993, S. 134-147.

Kaplan, R. S.; Norton, D. P.; Hilgner, B.: Der effektive Strategieprozess - Erfolgreich mit dem 6-Phasen-System ; [von den Erfindern der Balanced Scorecard. Campus-Verl., Frankfurt, 2009.

Kapoor, R.: Ecosystems - Broadening the locus of value creation, In: Journal of Organization Design, Nr. 1, 7. Jg., 2018, 1-16.

Katayama, H.; Bennett, D.: Agility, adaptability and leanness - A comparison of concepts and a study of practice, In: Gunasekaran, A. (Hrsg.): Agile Manufacturing - The 21st century competitive strategy, 1st ed.; Elsevier, Oxford, New York, 2001, S. 483-498.

Kates, A.; Galbraith, J. R.: Designing Your Organization - Using the star model to solve 5 critical design challenges. 1. ed.; Jossey-Bass, San Francisco, CA, 2007.

Kawohl, J.; Krechting, D.: Bedürfniserfüllung als Strategie - Erfolgreich Angebote in der Ökosystem-Welt entwickeln, In: ZOE Zeitschrift für OrganisationsEntwicklung, Nr. 3, 2019, S. 44-48.

Kay, J. A.: Foundations of Corporate Success - How business strategies add value. Paperback ed., reprinted.; Oxford Univ. Press, Oxford, 1995.

Kerin, R.; Varadarajan, P.; Peterson, R.: First-Mover Advantage - A Synthesis, Conceptual Framework, and Research Propositions, In: Journal of Marketing, Nr. 4, 56. Jg., 1992, S. 33-52.

Kerth, K.; Asum, H.; Stich, V.: Die besten Strategietools in der Praxis - Welche Werkzeuge brauche ich wann? ; Wie wende ich sie an? ; Wo liegen die Grenzen. 6., überarb. und erw. Aufl.; Hanser, München, 2015.

Kim, W.; Mauborgne, R.: Creating New Market Space, In: Harvard Business Review, Nr. 1, 77. Jg., 1999, S. 83-93.

Kim, W.; Mauborgne, R.: Blue Ocean Strategy, In: Harvard Business Review, Nr. 10, 82. Jg., 2004, 76-84.

Kimura, R.; Reeves, M.; Whitaker, K.: The New Logic of Competition - Winning the '20s. Tokyo, New York, 2019.

Kirchgeorg, V.; Bellersheim, V.; Dömer, F.: Managing Technological Discontinuitites - How Information & Communication Technologies Can Change Your Business. Frankfurt am Main, 2011.

Kirsch, W.: Einführung in die Theorie der Entscheidungsprozesse. Zweite, durchgesehene und ergänzte Auflage; Gabler Verlag, Wiesbaden, 1977.

Kirsch, W.: Strategisches Management - Die geplante Evolution von Unternehmen ; völlig überarbeitete Neuauflage wesentlicher Teile der Veröffentlichungen "Beiträge zum Management strategischer Programme" und Unternehmenspolitik und strategische Unternehmensführung". Kirsch, Herrsching, 1997.

Klein, M.: Erfolgsfaktoren technologieorientierter Wettbewerbsstrategien - Eine modellbasierte Analyse der Wettbewerbswirkungen forschungsintensiver Produktinnovationen. Universität Mannheim, 1998.

Kleppmann, W.: Statistische Versuchsplanung, In: Pfeifer, T.; Schmitt, R. (Hrsg.): Masing Handbuch Qualitätsmanagement, 1. Aufl.; Carl Hanser Fachbuchverlag, s.l., 2014, S. 501-523.

Knapp, J.; Zeratsky, J.; Kowitz, B.: Sprint - How to solve big problems and test new ideas in just five days. First Simon & Schuster hardcover edition; Simon & Schuster, New York, London, Toronto, Sydney, New Delhi, 2016.

Knight, F.: Risk, Uncertainty and Profit. The Riverside Press Cambridge, Boston, New York, 1921.

Kœnig, G.: The Concept of Business Ecosystem Revisited, In: M@n@gement, Nr. 2, 15. Jg., 2012, S. 209-224.

Kohli, A.; Jaworski, B.: Market Orientation - The Construct, Research Propositions, and Managerial Implications, In: Journal of Marketing, Nr. 2, 54. Jg., 1990, S. 1.

Kolks, U.: Strategieimplementierung - Ein anwenderorientiertes Konzept. Deutscher Universitätsverlag, Wiesbaden, s.l., 1990.

Konrad, L.: Strategische Früherkennung - Eine kritische Analyse des "weak signals"-Konzeptes. Dissertation, Universität Bochum, 1991.

Koob, C.; Schmutte, A.: Strategisches Management - Die Richtung festlegen, In: Niermann, P. F.-J.; Schmutte, A. M. (Hrsg.): Managemententscheidungen, Springer Fachmedien Wiesbaden, Wiesbaden, 2017, S. 221-262.

Korotayev, A.; Tsirel, S.: A Spectral Analysis of World GDP Dynamics - Kondratieff waves, Kuznets swings, Juglar and Kitchin cycles in global economic development, and the 2008-2009 economic crisis, In: Structure and Dynamics, Nr. 1, 4. Jg., 2010.

Koruna, S.: Externe Technologie-Akquisition, In: Tschirky, H.; Koruna, S. (Hrsg.): Technologie-Management - Idee und Praxis, Orell Füssli Verl. Industrielle Organisation, Zürich, 1998, S. 437-476.

Kosow, H.; Gaßner, R.; Erdmann, L.; Luber, B.-J.: Methoden der Zukunfts- und Szenarioanalyse - Überblick, Bewertung und Auswahlkriterien. IZT, Berlin, 2008.

Kotler, P.; Wong, V.; Saunders, J.; Armstrong, G.: Principles of Marketing. 4. Europ. ed.; Financial Times Prentice-Hall, Harlow, 2005.

Kotsemir, M.; Abroskin, A.; Meissner, D.: Innovation Concepts and Typology - An evolutionary discussion. Moskau, 2013.

Kotter, J. P.: Leading Change - Wie Sie Ihr Unternehmen in acht Schritten erfolgreich verändern. 5. Nachdruck; Verlag Franz Vahlen, München, 2011.

Kozielski, S.: Integratives Kennzahlensystem für den Werkzeugbau. Dissertation, Rheinisch-Westfälisch-Technische-Hochschule Aachen, 2013.

Krech, J.: Die Erfahrungskurvenanalyse, In: Krech, J. (Hrsg.): Grundriß der strategischen Unternehmensplanung, de Gruyter, Berlin, Boston, 1998.

Krechting, D.; Kawohl, J.: Erfolgreich im Ökosystem positionieren, In: ZOE Zeitschrift für OrganisationsEntwicklung, Nr. 4, 2018, S. 76-79.

Kreilkamp, E.: Strategisches Management und Marketing - Markt- und Wettbewerbsanalyse Strategische Frühaufklärung Portfolio-Management. Walter de Gruyter, Berlin, 1987.

Kreuper, F.; Hannemann, H.; Hintzpeter, R.: Means-End-Chains-Analyse zur Positionierung und Gestaltung von Services, In: Keuper, F.; Hogenschurz, B. (Hrsg.): Sales & Service -

Management, Marketing, Promotion und Performance, Betriebswirtschaftlicher Verlag Dr. Th. Gabler | GWV Fachverlage GmbH Wiesbaden, Wiesbaden, 2008, S. 179-200.

Kreutzer, R.: Methodik zur Bestimmung der Nutzenpotenziale von Felddaten cyber-physischer Systeme. Dissertation, Rheinisch-Westfälisch-Technische-Hochschule Aachen, 2018.

Kreutzer, R.: Prognoseverfahren, In: Kreutzer, R. T. (Hrsg.): Toolbox für Marketing und Management, Springer Fachmedien Wiesbaden, Wiesbaden, 2018, S. 153-166.

Kröll, M.: Methode zur Technologiebewertung für eine ergebnisorientierte Produktentwicklung. Dissertation, Universität Stuttgart, 2007.

Kromrey, H.; Strübing, J.: Empirische Sozialforschung - Modelle und Methoden der standardisierten Datenerhebung und Datenauswertung. 12., überarb. und erg. Aufl.; Lucius & Lucius, Stuttgart, 2009.

Krubasik, E.: Technologie - Strategische Waffe, In: Wirtschaftswoche, Nr. 25, 36. Jg., 1982, S. 28-33.

Krüger, W.; Homp, C.: Kernkompetenz-Management - Steigerung von Flexibilität und Schlagkraft im Wettbewerb. Gabler, Wiesbaden, 1997.

Kubicek, H.: Heuristische Bezugsrahmen und heuristisch angelegte Forschungsdesigns als Elemente einer Konstruktionsstrategie empirischer Forschung, In: Köhler, R. (Hrsg.): Empirische und handlungstheoretische Forschungskonzeptionen in der Betriebswirtschaftslehre - Bericht über d. Tagung in Aachen, März 1976, Poeschel, Stuttgart, 1977, S. 3-36.

Kubicek, H.; Thom, N.: Betriebliches Umsystem, In: Grochla, E. (Hrsg.): Handwörterbuch der Betriebswirtschaftslehre, 4., völlig neu gest. Aufl.; Poeschel, Stuttgart, 1976, S. 3977-4017.

Kurtz, J.: "Business wargaming": simulations guide crucial strategy decisions, In: Strategy & Leadership, Nr. 6, 31. Jg., 2003, S. 12-21.

Lachnit, L.; Müller, S.: Bilanzanalyse. Springer Fachmedien Wiesbaden, Wiesbaden, 2017.

Lado, A.; Boyd, N.; Hanlon, S.: Competition, Cooperation, and the Search for Economic Rents - A Syncretic Model, In: Academy of Management Review, Nr. 1, 22. Jg., 1997, S. 110.

Lafley, A.; Martin, R.; Rivkin, J.; Siggelkow, N.: Bringing Science to the Art of Strategy, In: Harvard Business Review, Nr. 9, 90. Jg., 2012, 56–66.

Lafley, A. G.; Martin, R.: Playing to Win - How Strategy Really Works. Harvard Business Review Press, Boston, 2013.

Lambkin, M.: Pioneering new markets - A comparison of market share winners and losers, In: International Journal of Research in Marketing, Nr. 1, 9. Jg., 1992, S. 5-22.

Lancry, O.; Morrissey, R.; Shannon, T.; Bankert, A.; Cummings, L.: Digital Strategy for a B2B World - There's plenty to learn from Amazon and Uber, but B2B companies demand their own approach to digital. Chicago, 2017.

Lanzer, F.; Sauberschwarz, L.; Weiß, L.: Erfolgreich durch die Krise - Strategieentwicklung in Zeiten von Finanzkrise bis Corona. 1. Aufl.; Springer Fachmedien Wiesbaden; Imprint: Springer Gabler, Wiesbaden, 2020.

Lardi, K.; Fuchs, R.: Social Media Strategy. vdf Hochschulverlag AG an der ETH Zürich, Zürich, 2013.

Lau, F.: Modell zur typenbasierten Gestaltung von firmeninternen Inkubatoren - Model for the type-based configuration of corporate incubators. Dissertation, Rheinisch-Westfälisch-Technische-Hochschule Aachen, 2019.

Laux, H.; Gillenkirch, R. M.; Schenk-Mathes, H. Y.: Entscheidungstheorie. Springer-Verlag, Berlin, Heidelberg, 2014.

Lawrence, K.: Developing Leaders in a VUCA Environment. Chapel Hill, NC, 2013.

Lawrence, P. R.; Lorsch, J. W.: Organization and Environment - Managing differentiation and integration. Harvard Business School Press, Boston, Mass., 1967.

Lawrenz, F.; Keiser, N.; Lavoie, B.: Evaluative Site Visits - A Methodological Review, In: American Journal of Evaluation, Nr. 3, 24. Jg., 2003, S. 341-352.

Learned, E. P.; Christensen, C. R.; Andrews, K. R.; Guth, W. D.: Business policy - Text and cases. Richard D. Irwin, Homewood, IL, 1965.

Lee, B.: Mutual knowledge, background knowledge and shared beliefs - Their roles in establishing common ground, In: Journal of Pragmatics, Nr. 1, 33. Jg., 2001, S. 21-44.

Lengnick-Hall, C.; Beck, T.; Lengnick-Hall, M.: Developing a capacity for organizational resilience through strategic human resource management, In: Human Resource Management Review, Nr. 3, 21. Jg., 2011, S. 243-255.

Leonard-Barton, D.: Core Capabilities and Core Rigidities - A Paradox in Managing New Product Development, In: Strategic Management Journal, 13. Jg., 1992, S. 111-125.

Lesser, R.; Reeves, M.; Whitaker, K.; Hutchinson, R.: Winning the '20s - A leadership agenda for the next decade. New York, Atlanta, Georgia, 2019.

Levin, H. M.; McEwan, P. J.: Cost-effectiveness analysis - Methods and applications. 2. ed.; Sage Publ, Thousand Oaks, Calif, 2001.

Levy, C.; Mysore, M.; Sneader, K.; Sternfels, B.: The emerging resilients: Achieving 'escape velocity' - The experience of the fast movers out of the last recession teaches leaders emerging from this one to take thoughtful actions to balance growth, margins, and optionality. London, Houston, Hong Kong, San Francisco, 2020.

Liebl, F.: Simulation - Problemorientierte Einführung. 2., überarb. Aufl.; Oldenbourg, München, 1995.

Liedtka, J.: Strategic Thinking - Can it be taught?, In: Long Range Planning, Nr. 1, 31. Jg., 1998, S. 120-129.

Lindblom, C.: The Science of "Muddling Through", In: Public Administration Review, Nr. 2, 19. Jg., 1959, S. 79.

Lindblom, C.: Still Muddling, Not Yet Through, In: Public Administration Review, Nr. 6, 39. Jg., 1979, S. 517.

Lippman, S.; Rumelt, R.: Uncertain Imitability - An Analysis of Interfirm Differences in Efficiency under Competition, In: The Bell Journal of Economics, Nr. 2, 13. Jg., 1982, S. 418.

Liu, B.: Sentiment Analysis and Subjectivity, In: Indurkhya, N.; Damerau, F. J. (Hrsg.): Handbook of Natural Language Processing, 2. ed.; CRC Press, Boca Raton, Fla., 2010, S. 627-666.

Löffler, C.: Systematik der strategischen Strukturplanung für eine wandlungsfähige und vernetzte Produktion der variantenreichen Serienfertigung. Dissertation, Universität Stuttgart, 2011.

Luce, R.; Tukey, J.: Simultaneous Conjoint Measurement - A New Type of Fundamental Measurement, In: Journal of Mathematical Psychology, Nr. 1, 1. Jg., 1964, S. 1-27.

Luhmann, N.; Schmidt, J. F. K.; Kieserling, A.; Gesigora, C.: Systemtheorie der Gesellschaft, 2017.

Lund, S.; Manyika, J.; Woetzel, J.; Barriball, E.; Krishnan, M.; Alicke, K.; Birshan, M.; George, K.; Smit, S.; Swan, D.; Hutzler, K.: Risk, resilience, and rebalancing in global value chains. Washington, San Francisco, Shanghai, Boston, Stuttgart, London, 2020.

Lutterer, W.: Die Ordnung des Beobachters - die Luhmannsche Systemtheorie aus der Perspektive systemischer Theorie, In: Sociologia Internationalis, Nr. 1, 40. Jg., 2002, S. 5-33.

Lynch, R.: Corporate Strategy. 4. ed.; FT/Prentice Hall, Harlow, 2006.

Lynn, G.; Akgün, A.: Innovation Strategies Under Uncertainty - A Contingency Approach for New Product Development, In: Engineering Management Journal, Nr. 3, 10. Jg., 1998, S. 11-18.

Lyons, L.: The Virtual Organisation as Competitor - Your Worst Nightmare, In: Crainer, S. (Hrsg.): The "Financial Times" handbook of management, Pitman, London, 1995, S. 87-94.

Macharzina, K.: Bedeutung und Notwendigkeit des Diskontinuitätenmanagements bei internationaler Unternehmenstätigkeit, In: Macharzina, K. (Hrsg.): Diskontinuitätenmanagement - Strategische Bewältigung von Strukturbrüchen bei internationaler Unternehmenstätigkeit, E. Schmidt, Berlin, 1984, S. 1-18.

Macharzina, K.: Unternehmensführung. Springer Gabler, Wiesbaden, 1995.

Mack, O.; Khare, A.: Perspectives on a VUCA World, In: Mack, O.; Khare, A.; Krämer, A.; Burgartz, T. (Hrsg.): Managing in a VUCA World, Springer International Publishing, Cham, 2016, S. 3-19.

Maertins, A.: Das Management der erfolgreichen strategischen Frühaufklärung als organisationale Fähigkeit. Springer Fachmedien Wiesbaden, Wiesbaden, 2019.

Maitlis, S.: The Social Processes of Organizational Sensemaking, In: Academy of Management Journal, Nr. 1, 48. Jg., 2005, S. 21-49.

Maitlis, S.; Christianson, M.: Sensemaking in Organizations - Taking Stock and Moving Forward, In: The Academy of Management Annals, Nr. 1, 8. Jg., 2014, S. 57-125.

Mangoldt, J. von: Methode zur Ausrichtung der technologiekompetenzbasierten Diversifikation. Dissertation, RWTH Aachen; IIF - Institut für Industriekommunikation und Fachmedien GmbH, 2018.

Markowitz, H.: Portfolio Selection, In: The Journal of Finance, Nr. 1, 7. Jg., 1952, S. 77-91.

Martin, A.: Das strategische Entscheidungsverhalten von kleinen und mittleren Unternehmen - Working Paper. Lüneburg, 2005.

Martin, R.: Strategy Is Iterative Prototyping, In: Harvard Business Review, Nr. 6, 92. Jg., 2014.

Mathiassen, L.; Pries-Heje, J.: Business agility and diffusion of information technology, In: European Journal of Information Systems, Nr. 2, 15. Jg., 2006, S. 116-119.

Mauthe, K.-D.; Roventa, P.: Versionen der Portfolio-Analyse auf dem Prüfstand - Ein Ansatz zur Auswahl und Beurteilung strategischer Analysemethoden, In: Zeitschrift Führung + Organisation: ZfO, Nr. 4, 51. Jg., 1982, S. 191-204.

Mavengere, N.: Information technology role in supply chain's strategic agility, In: International Journal of Agile Systems and Management, Nr. 1, 6. Jg., 2013, S. 7-24.

Maximini, D.: Scrum - Einführung in der Unternehmenspraxis - Von Starren Strukturen Zu Agilen Kulturen. 2nd ed.; Gabler, Berlin, Heidelberg, 2018.

Mayring, P.: Einführung in die qualitative Sozialforschung - Eine Anleitung zu qualitativem Denken. 6., überarbeitete Auflage; Beltz, Weinheim, Basel, 2016.

Meffert, H.; Burmann, C.; Kirchgeorg, M.: Marketing. Springer Fachmedien Wiesbaden, Wiesbaden, 2015.

Meise, V.: Ordnungsrahmen zur prozessorientierten Organisationsgestaltung - Modelle für das Management komplexer Reorganisationsprojekte. Dissertation, Westfälische Wilhelms-Universität Münster, 2001.

Mendelow, A.: Environmental Scanning - The Impact of the Stakeholder Concept, In: Association for Information Systems AIS (Hrsg.): Proceedings of the 2nd International Conference on Information Systems, Association for Information Systems AIS, Atlanta, Georgia, 1981, S. 407-418.

Meschnig, G.: Volatilität nutzen - Flexible Strategien, agile Organisationen, In: ZfCM (Controlling & Management), Nr. 3, 56. Jg., 2012, S. 172-173.

Meyer, C.; Schwager, A.: Understanding Customer Experience, In: Harvard Business Review, Nr. 2, 85. Jg., 2007, S. 116-126.

Michael, M.; Moreira, J.; Shiloach, D.; Wisniewski, R.: Scale-up x Scale-out - A Case Study using Nutch/Lucene, In: IEEE Computer Society Technical Committee on Parallel Processing (Hrsg.): Proceedings of 2007 IEEE International Parallel and Distributed Processing Symposium, IEEE, Piscataway, NJ, 2007, S. 1-8.

Michel, K.: Technologie im strategischen Management - Ein Portfolio-Ansatz zur integrierten Technologie- und Marktplanung. Dissertation, Technische Hochschule Darmstadt, 1987.

Mieke, C.: Kooperative Frühaufklärung mittels szenarobasiertem Technologie-Roadmapping - Entscheidungsmodelle, Organisation, Methodik. Dissertation, Brandenburgische Technische Universität Cottbus, 2005.

Miles, R. E.; Snow, C. C.: Organizational Strategy, Structure, and Process. Stanford University Press, Stanford, Calif, 2003.

Miller, A.: Strategic Management. 3. ed.; Irwin/McGraw-Hill, Boston, Mass., 1998.

Miller, D.: Evolution and Revolution - A Quantum View of Structural Change in Organizations, In: Journal of Management Studies, Nr. 2, 19. Jg., 1982, S. 131-151.

Miller, R. E.; Blair, P. D.: Input-Output analysis - Foundations and extensions. 2nd ed.; Cambridge University Press, Cambridge, New York, 2009.

Milliken, F.: Three Types of Perceived Uncertainty about the Environment - State, Effect, and Response Uncertainty, In: Academy of Management Review, Nr. 1, 12. Jg., 1987, S. 133.

Min, S.; Kalwani, M.; Robinson, W.: Market Pioneer and Early Follower Survival Risks - A Contingency Analysis of Really New versus Incrementally New Product-Markets, In: Journal of Marketing, Nr. 1, 70. Jg., 2006, S. 15-33.

Mingers, J.; White, L.: A review of the recent contribution of systems thinking to operational research and management science, In: European Journal of Operational Research, Nr. 3, 207. Jg., 2010, S. 1147-1161.

Mintzberg, H.: Patterns in Strategy Formation, In: Management Science, Nr. 9, 24. Jg., 1978, S. 934-948.

Mintzberg, H.: The Strategy Concept I: Five Ps for Strategy, In: California Management Review, Nr. 1, 30. Jg., 1987, S. 11-24.

Mintzberg, H.: Crafting Strategy, In: McKinsey Quarterly, Nr. 2, 1988, S. 71-90.

Mintzberg, H.: The Fall and Rise of Strategic Planning, In: Harvard Business Review, Nr. 1, 72. Jg., 1994, S. 107-114.

Mintzberg, H.; Ahlstrand, B. W.; Lampel, J.: Strategy Safari - A Guided Tour Through the Wilds of Strategic Management. 1. Aufl.; Free Press, New York, 2005.

Mishan, E. J.; Quah, E.: Cost-Benefit Analysis. 5. ed.; Routledge, London, 2007.

Mißler-Behr, M.: Methoden der Szenarioanalyse. Deutscher Universitätsverlag, Wiesbaden, 1993.

Mittal, S.; Swami, S.: What Factors Influence Pioneering Advantage of Companies?, In: Vikalpa, Nr. 3, 29. Jg., 2004, S. 15-34.

Mitterdorfer-Schaad, D.: Modellierung unternehmensspezifischer Innovations-Prozessmodelle. Dissertation, ETH Zurich, 2001.

Möhrle, M.; Isenmann, R.: Grundlagen des Technologie-Roadmapping, In: Möhrle, M. G.; Isenmann, R. (Hrsg.): Technologie-Roadmapping - Zukunftsstrategien für Technologieunternehmen, 4. Aufl.; Springer-Verlag, Berlin, 2017, S. 1-16.

Möhrle, M. G.; Specht, D.: Stichwort: Innovationsstrategie, In: Springer Gabler (Hrsg.): Gabler Wirtschaftslexikon. URL: https://wirtschaftslexikon.gabler.de/definition/innovationsstrategie-40920/version-264294 [Stand: 19.06.2021].

Moltke, H. G. v.; Hughes, D.: Moltke on the Art of War - Selected writings. Presidion Press, New York, 1996.

Moore, G. A.: Crossing the Chasm - Marketing and selling high-tech products to mainstream customers. PerfectBound, New York, 2001.

Moore, J.: Business Ecosystems and the View from the Firm, In: The Antitrust Bulletin, Nr. 1, 51. Jg., 2006, S. 31-75.

Moore, J. F.: The Death of Competition - Leadership and Strategy in the Age of Business Ecosystems. 1. paperback ed.; Harper Business, New York, NY, 1997.

Müller, C.: Finanzen – Freiheit – Vorsorge - Der Weg zur finanziellen Unabhängigkeit – nicht nur für Frauen. 1st ed. 2020; Springer Fachmedien Wiesbaden; Imprint: Springer, Wiesbaden, 2020.

Müller-Stewens, G.: Strategische Suchfeldanalyse. Springer Gabler, Wiesbaden, 1990.

Müller-Stewens, G.: Das strategische Konzept - Fehlendes Element in der Strategie des Gesamtunternehmens. HSG Universität St. Gallen, 2004.

Müller-Stewens, G.: Stichwort: Synoptische Planung, In: Springer Gabler (Hrsg.): Gabler Wirtschaftslexikon. URL: https://wirtschaftslexikon.gabler.de/definition/synoptische-planung-49083/version-272325 [Stand: 19.06.2021].

Müller-Stewens, G.; Lechner, C.: Strategisches Management - Wie strategische Initiativen zum Wandel führen : der Strategic Management Navigator. 5., überarbeitete Auflage; Schäffer-Poeschel Verlag, Stuttgart, 2016.

Mun, J.: Real Options Analysis - Tools and techniques for valuing strategic investments and decisions. Wiley, Hoboken, NJ, 2002.

Mussnig, W.; Granig, P.: Prozess der Strategieentwicklung, In: Granig, P.; Hartlieb, E.; Lercher, H. (Hrsg.): Innovationsstrategien - Von Produkten und Dienstleistungen zu Geschäftsmodellinnovationen, Springer Gabler, Wiesbaden, 2014, S. 15-34.

Nachbagauer, A.; Schirl-Böck, I.; Weiss, E.: Unerwartete Herausforderungen in Projekten erfolgreich managen. Springer Berlin Heidelberg, Berlin, Heidelberg, 2020.

Nagel, R. N.; Dove, R.; Goldman, S.; Preiss, K.: 21st Century Manufacturing Enterprise Strategy - An industry led view. Iacocca Institute, Lehigh University, Bethlehem, Pa., 1991.

Näsi, J.: Arenas of Strategic Thinking. Acad. Bookstore, Tampere, 1991.

Nauck, F.; Pancaldi, L.; Poppensieker, T.; White, O.: The resilience imperative - Succeeding in uncertain times. Charlotte, Milan, Munich, San Francisco, 2021.

Neilson, G.; Estupiñán, J.; Sethi, B.: 10 Principles of Organization Design, In: strategy+business, Nr. 79, 2015.

Neumann, J. von; *Morgenstern, O.:* Theory of Games and Economic Behaviour. 3. Aufl.; Princeton University Press, Princeton, 1972.

Neusser, K.: Zeitreihenanalyse in den Wirtschaftswissenschaften. 3. Aufl.; Vieweg+Teubner, Wiesbaden, 2011.

Niederdrenk, R.: Commercial Due Diligence - Die Königsdisziplin. Haufe Lexware Verlag, München, 2017.

Nielsen, J.: Usability Engineering. Academic Press, San Diego, San Francisco, New York, 1994.

Nielsen, J.: Usability Inspection Methods, In: Miller, J.; Katz, I.; Mack, R.; Marks, L. (Hrsg.): Proceedings of CHI '95, ACM Press, New York, 1995, S. 377-378.

Nielsen, J.; Molich, R.: Heuristic Evaluation of User Interfaces, In: Chew, J. C.; Whiteside, J. (Hrsg.): Proceedings of the SIGCHI conference on Human factors in computing systems Empowering people - CHI '90, ACM Press, New York, 1990, S. 249-256.

Nooraie, M.: Decision magnitude of impact and strategic decision-making process output, In: Management Decision, Nr. 4, 46. Jg., 2008, S. 640-655.

Nowak, K.: Marktorientierte Unternehmensbewertung - Discounted cash flow, realoption, economic value added und der direct comparison approach. 2., aktualisierte Aufl.; Dt. Univ.-Verl., Wiesbaden, 2003.

o. V. (2005) Zivilprozessordnung - ZPO, In: Schönfelder, H. (Hrsg.): Deutsche Gesetze, München, C.H.Beck, [Stand: 3. August 2020].

O'Keeffe, D.: Retooling Strategy for a Post-Pandemic World - Covid-19 has shown us the cost of shortchanging adaptability, prediction and resilience. San Francisco, 2020.

O'Reilly, C.; Tushman, M.: The Ambidextrous Organization, In: Harvard Business Review, Nr. 4, 82. Jg., 2004, S. 74-83.

O'Reilly, C.; Tushman, M.: Ambidexterity as a dynamic capability - Resolving the innovator's dilemma, In: Research in Organizational Behavior, 28. Jg., 2008, S. 185-206.

Ohmae, K.: The Mind of the Strategist - The art of Japanese business. McGraw-Hill, New York, N.Y., 1982.

Ohmae, K.: The Strategic Triangle - A new perspective on business unit strategy, In: European Management Journal, Nr. 1, 1. Jg., 1982, S. 38-48.

Olander, S.; Landin, A.: Evaluation of stakeholder influence in the implementation of construction projects, In: International Journal of Project Management, Nr. 4, 23. Jg., 2005, S. 321-328.

Ōno, T.; Bodek, N.: Toyota Production System - Beyond large-scale production. Productivity Press, New York, NY, 1988.

Oreg, S.; Bartunek, J.; Lee, G.; Do, B.: An Affect-Based Model of Recipients' Responses to Organizational Change Events, In: Academy of Management Review, Nr. 1, 43. Jg., 2018, S. 65-86.

Osterwalder, A.; Pigneur, Y.: Business Model Generation - A handbook for visionaries, game changers, and challengers. John Wiley & Sons, New York, 2013.

Osterwalder, A.; Pigneur, Y.; Bernarda, G.; Smith, A.; Papadakos, P.: Value Proposition Design - How to create products and services customers want. Get started with. John Wiley & Sons, Hoboken, 2014.

Patzak, G.: Systemtechnik - Planung komplexer innovativer Systeme - Grundlagen, Methoden, Techniken. Springer-Verlag, Berlin, 1982.

Pennings, J.: The Relevance of the Structural-Contingency Model for Organizational Effectiveness, In: Administrative Science Quarterly, Nr. 3, 20. Jg., 1975, S. 393-410.

Pennings, J.: Structural contingency theory - A Multivariate Test, In: Organization Studies, Nr. 3, 8. Jg., 1987, S. 223-240.

Penrose, E.: The Theory of the Growth of the Firm. 4. Aufl.; Oxford University Press, Oxford, 2009.

Perillieux, R.: Der Zeitfaktor im strategischen Technologiemanagement - Früher oder später Einstieg bei technischen Produktinnovationen. Dissertation, Technische Hochschule Darmstadt, 1987.

Peters, M.; Zelewski, S.: Analytical Hierarchy Process (AHP) - Dargestellt am Beispiel der Auswahl von Projektmanagement-Software zum Multiprojektmanagement. Arbeitsbericht, Universität Essen, 2002.

Pettigrew, A.: Strategy Formulation as a Political Process, In: International studies of management & organization, Nr. 2, 7. Jg., 1977, S. 78-87.

Pettigrew, A.: The Character and Significance of Strategy Process Research, In: Strategic Management Journal, 13. Jg., 1992, S. 5-16.

Pettigrew, A.: The Awakening Giant - Continuity and Change in Imperial Chemical Industries. Taylor and Francis, Hoboken, 2013.

Pettus, M.; Kor, Y.; Mahoney, J.: A theory of change in turbulent environments - The sequencing of dynamic capabilities following industry deregulation, In: Int. J. Strategic Change Management, Nr. 3, 1. Jg., 2009, S. 186-211.

Pfeiffer, W.; Dögl, R.: Das Technologie-Portfolio-Konzept zur Beherrschung der Schnittstelle Technik und Unternehmensstrategie, In: Hahn, D.; Taylor, B. (Hrsg.): Strategische Unternehmungsplanung - Strategische Unternehmungsführung, Physica-Verlag HD, Heidelberg, 1990, S. 254-282.

Pfeiffer, W.; Metze, G.; Schneider, W.; Amler, R.: Technologie-Portfolio zum Management strategischer Zukunftgeschäftsfelder. 6., durchges. Aufl.; Vandenhoeck & Ruprecht, Göttingen, 1991.

Phaal, R.; Farrukh, C.; Probert, D.: Technology roadmapping - A planning framework for evolution and revolution, In: Technological Forecasting and Social Change, Nr. 1-2, 71. Jg., 2004, S. 5-26.

Phaal, R.; O'Sullivan, E.; Routley, M.; Ford, S.; Probert, D.: A framework for mapping industrial emergence, In: Technological Forecasting and Social Change, Nr. 2, 78. Jg., 2011, S. 217-230.

Pichler, R.: Agile Product Management with Scrum - Creating products that customers love. Addison-Wesley, Upper Saddle River, N.J, 2010.

Pickton, D.; Wright, S.: What's SWOT in Strategic Analysis?, In: Strategic Change, Nr. 2, 7. Jg., 1998, S. 101-109.

Picot, A.; Lange, B.: Strategische Planung: synoptisch oder inkremental? - Wirkungsanalyse zweier Planungskonzeptionen im Laborexperiment. Universität Hannover, 1978.

Pillkahn, U.: Using Trends and Scenarios as Tools for Strategy Development. Wiley-VCH, Hoboken, 2008.

Pittioni, V.: Stichwort: Beweis, In: Prechtl, P.; Burkard, F.-P. (Hrsg.): Metzler Philosophie Lexikon, 2. Aufl.; J.B. Metzler, Stuttgart, 2016.

Plank, M.: Bedeutung von Resilienzfähigkeit für Führungskräfte und deren Auswirkungen auf die Mitarbeiter und Mitarbeiterinnen in einer Organisation. Diplomarbeit, Johannes Kepler Universität Linz, 2016.

Polanyi, M.: Personal Knowledge - Towards a Post-Critical Philosophy. Routledge, London, 1962.

Popper, K.: Logik der Forschung. Springer-Verlag, Wien, 1935.

Popper, R.: How are foresight methods selected?, In: Foresight, Nr. 6, 10. Jg., 2008, S. 62-89.

Porter, M.: How Competitive Forces Shape Strategy, In: Harvard Business Review, Nr. 2, 57. Jg., 1979, S. 137-145.

Porter, M.: The Contributions of Industrial Organization To Strategic Management, In: Academy of Management Review, Nr. 4, 6. Jg., 1981, S. 609-620.

Porter, M.: Technology and Competitive Advantage, In: Journal of Business Strategy, Nr. 3, 5. Jg., 1985, S. 60-78.

Porter, M.: What Is Strategy?, In: Harvard Business Review, Nr. 6, 74. Jg., 1996, S. 61-78.

Porter, M.: The Five Competitive Forces That Shape Strategy, In: Harvard Business Review, Nr. 1, 86. Jg., 2008, S. 78-93.

Porter, M.: Strategy - Lecture 24. ECON 125. University of North Carolina, Chapel Hill, NC, 2013.

Porter, M. E.: Competitive Advantage - Creating and sustaining superior performance. Free Press, New York, London, 1998.

Porter, M. E.: Wettbewerbsstrategie - Methoden zur Analyse von Branchen und Konkurrenten. 12., aktualisierte und erweiterte Aufl.; Campus-Verlag, Frankfurt am Main, 2013.

Prahalad, C.: Managing Discontinuities - The Emerging Challenges, In: Research-Technology Management, Nr. 3, 41. Jg., 1998, S. 14-22.

Preisendörfer, P.: Organisationssoziologie. VS Verlag für Sozialwissenschaften, Wiesbaden, 2011.

Probst, G.; Wiedemann, C.: Strategie-Leitfaden für die Praxis. Springer Fachmedien Wiesbaden, Wiesbaden, 2013.

Probst, G. J. B.; Gomez, P.: Vernetztes Denken. Springer Gabler, Wiesbaden, 1989.

Proff, H.; Proff, H.; Fojcik, T. M.; Sandau, J.: Management des Übergangs in die Elektromobilität. Springer Fachmedien, Wiesbaden, 2014.

Pümpin, C.: Strategische Erfolgspositionen - Methodik der dynamischen strategischen Unternehmensführung. Haupt, Bern, 1992.

Quinn, J.: Managing Strategic Change, In: MIT Sloan Management Review, Nr. 4, 21. Jg., 1980, S. 3-20.

Quinn, J.: Managing Strategies Incrementally, In: Omega, Nr. 6, 10. Jg., 1982, S. 613-627.

Quinn, J.: Strategic Change: "logical incrementalism", In: Faulkner, D. (Hrsg.): Strategy - Critical perspectives on business and management, Routledge, London, 2002, S. 371-391.

Quinn, J. B.: Strategies for Change - Logical incrementalism. R.D. Irwin. Irwin-Dorsey, Homewood, I11., Georgetown, Ont., 1980.

Rasiel, E. M.: The McKinsey Way - Using the Techniques of the World's Top Strategic Consultants to Help You and Your Business. McGraw-Hill, New York, 1999.

Rauth, A.: Timingstrategien in Innovationspartnerschaften der deutschen Ernährungsindustrie. Dissertation, Universität Bayreuth, 2012.

Reeves, M.; Haanæs, K.; Sinha, J.: Your Strategy Needs a Strategy - How to choose and execute the right approach. Harvard Business Review Press, Boston, 2015.

Reeves, M.; Love, C.; Tillmanns, P.: Your Strategy Needs A Strategy, In: Harvard Business Review, Nr. 09, 2012, S. 76-83.

Reiß, M.: Change Management als Herausforderung, In: Reiß, M.; Rosenstiel, L. v.; Lanz, A. (Hrsg.): Change-Management - Programme, Projekte und Prozesse, Schäffer-Poeschel, Stuttgart, 1997, S. 5-30.

Renz, K.-C.: Technologiestrategien in wachsenden und schnell wachsenden Unternehmen. Dissertation, Universität Stuttgart, 2004.

Reymann, F.: Verfahren zur Strategieentwicklung und -umsetzung auf Basis einer Retropolation von Zukunftsszenarien. Dissertation, Universität Paderborn, 2013.

Richardson, A.: Using Customer Journey Maps to Improve Customer Experience, In: Harvard Business Review, Nr. 1, 88. Jg., 2010, S. 2-5.

Rieck, R.; Dickson, K.: A Model of Technology Strategy, In: Technology Analysis & Strategic Management, Nr. 4, 5. Jg., 1993, S. 397-412.

Riedl, R.: Analytischer Hierarchieprozess vs. Nutzwertanalyse - Eine vergleichende Gegenüberstellung zweier multiattributiver Auswahlverfahren am Beispiel Application Service Providing, In: Fink, K.; Ploder, C. (Hrsg.): Wirtschaftsinformatik als Schlüssel zum Unternehmenserfolg, DUV, Wiesbaden, 2006, S. 99-127.

Rigby, D.: How to Manage the Management Tools, In: Planning Review, Nr. 6, 21. Jg., 1993, S. 8-15.

Robinson, W.: Sources of Market Pioneer Advantages - The Case of Industrial Goods Industries, In: Journal of Marketing Research, Nr. 1, 25. Jg., 1988, S. 87-94.

Rogers, E. M.: Diffusion of Innovations. 3. ed.; Free Press, New York, NY, 1983.

Romanelli, E.; Tushman, M.: Organizational Transformation as Punctuated Equilibrium - An Empirical Test, In: Academy of Management Journal, Nr. 5, 37. Jg., 1994, S. 1141-1166.

Romeike, F.: Risikomanagement. Springer Fachmedien Wiesbaden, Wiesbaden, 2018.

Ropohl, G.: Allgemeine Technologie - Eine Systemtheorie der Technik. 3. Aufl.; KIT Scientific Publishing, Karlsruhe, 2009.

Rosemann, M.; Schütte, R.: Multiperspektivische Referenzmodellierung, In: Becker, J.; Rosemann, M.; Schütte, R. (Hrsg.): Referenzmodellierung, Physica-Verlag HD, Heidelberg, 1999, S. 22-44.

Rosenbaum, M.; Otalora, M.; Ramírez, G.: How to create a realistic customer journey map, In: Business Horizons, Nr. 1, 60. Jg., 2017, S. 143-150.

Rosenhead, J.: Robustness Analysis, In: Cochran, J. J.; Cox, L. A.; Keskinocak, P.; Kharoufeh, J. P.; Smith, J. C. (Hrsg.): Wiley Encyclopedia of Operations Research and Management Science, John Wiley & Sons, Hoboken, NJ, USA, 2010, S. 1-5.

Rosenhead, J.: Robustness Analysis, In: Gass, S. I.; Fu, M. C. (Hrsg.): Encyclopedia of Operations Research and Management Science, Springer US, Boston, MA, 2013, S. 1346-1347.

Rosier, C.: Zentrale Technologieentwicklung in diversifizierten Unternehmen. Dissertation, Rheinisch-Westfälisch-Technische-Hochschule Aachen, 2006.

Rothärmel, F. T.: Strategic Management. 3rd edition; McGraw-Hill Education, New York, NY, 2017.

Rowley, J.; Slack, F.: Conducting a Literature Review, In: Management Research News, Nr. 6, 27. Jg., 2004, S. 31-39.

Rüegg-Stürm, J.: Das neue St. Galler Management Modell, In: Dubs, R. (Hrsg.): Einführung in die Managementlehre, 2., korrigierte Auflage; Haupt, Bern, 2009, S. 65-141.

Rüegg-Stürm, J.; Grand, S.: Das St. Galler Management-Modell. 3., überarbeitete und weiterentwickelte Auflage; Haupt, Bern, 2017.

Ruiz-Martin, C.; Lopez-Paredes, A.; Wainer, G.: What we know and do not know about organizational resilience, In: Harvard Business Review, Nr. 1, 6. Jg., 2018, S. 11.

Rumelt, R.; Schendel, D.; Teece, D.: Strategic Management and Economics, In: Strategic Management Journal, Nr. S2, 12. Jg., 1991, S. 5-29.

Rumelt, R.; Schendel, D.; Teece, D.: Fundamental Issues in Strategy, In: Rumelt, R. P.; Schendel, D. E.; Teece, D. (Hrsg.): Fundamental Issues in Strategy - Strategy, Harvard Business School Press, Boston, Mass., 1994, S. 9-54.

Rumelt, R. P.: Good Strategy, Bad Strategy - The Difference and Why it Matters. 1. Aufl.; Crown Business, New York, 2011.

Rupp, C.; Queins, S.; Zengler, B.: UML 2 glasklar - Praxiswissen für die UML-Modellierung. 3., aktualisierte Aufl.; Hanser, München, 2007.

Ryschka, S.: Strategien für Technologieplattformen in diversifizierten Unternehmen. Dissertation, Rheinisch-Westfälisch-Technische-Hochschule Aachen, 2019.

Saad, K. N.; Roussel, P. A.; Tiby, C.: Management der F&E-Strategie. Gabler, Wiesbaden, 1991.

Saaty, T.: How to make a decision - The analytic hierarchy process, In: European Journal of Operational Research, Nr. 1, 48. Jg., 1990, S. 9-26.

Sackmann, S.: Unternehmenskultur - Erkennen - Entwickeln - Verändern. Springer Fachmedien Wiesbaden, Wiesbaden, 2017.

Saenz, H.; O'Keeffe, D.: Covid-19 - Protect, Recover and Retool, 2020.

Salicru, S.: Storytelling as a Leadership Practice for Sensemaking to Drive Change in Times of Turbulence and High Velocity, In: Journal of Leadership, Accountability & Ethics, Nr. 2, 15. Jg., 2018.

Sammut-Bonnici, T.; Galea, D.: PEST Analysis, In: Cooper, C. L. (Hrsg.): Wiley Encyclopedia of Management, John Wiley & Sons, Ltd, Chichester, UK, 2015, S. 1.

Sandberg, J.; Tsoukas, H.: Making sense of the sensemaking perspective - Its constituents, limitations, and opportunities for further development, In: Journal of Organizational Behavior, Nr. S1, 36. Jg., 2015, S6-S32.

Sanders, R.: The Pareto Principle: Its Use and Abuse, In: Journal of Services Marketing, Nr. 2, 1. Jg., 1987, S. 37-40.

Sandkuhl, K.; Wißotzki, M.; Stirna, J.: Unternehmensmodellierung. Springer Berlin Heidelberg, Berlin, Heidelberg, 2013.

Sauber, T.: Design and implementation of a concept of structured innovation strategy formulation. Dissertation, ETH Zurich, 2004.

Savoia, A.: Pretotype It - Make sure you are building the right it before you build it right. Second Pretotype Edition; Mountain View, CA, 2011.

Schallmo, D.: Geschäftsmodell-Innovation. Springer Fachmedien Wiesbaden, Wiesbaden, 2013.

Scharte, B.; Hiller, D.; Leismann, T.; Thoma, K.: Einleitung, In: Thoma, K. (Hrsg.): Resilien-Tech - "Resilience-by-Design" ; Strategie für die technologischen Zukunftsthemen, Utz, München, 2014, S. 9-18.

Schawel, C.; Billing, F.: Top 100 Management Tools. Springer Fachmedien, Wiesbaden, 2018.

Scheer, A.-W.: "ARIS - House of Business Engineering" - Konzept zur Beschreibung und Ausführung von Referenzmodellen, In: Becker, J.; Rosemann, M.; Schütte, R. (Hrsg.): Referenzmodellierung, Physica-Verlag HD, Heidelberg, 1999, S. 2-21.

Schein, E.: Coming to a New Awareness of Organizational Culture, In: MIT Sloan Management Review, Nr. 2, 25. Jg., 1984, S. 3-16.

Schendel, D.; Hofer, C. W.: Strategic Management - A New View of Business Policy and Planning. Little, Brown, Boston, 1979.

Scherm, E.; Julmi, C.; Lindner, F.: Intuitive versus analytische Entscheidungen - Überlegungen zur situativen Stimmigkeit, In: Ahn, H.; Clermont, M.; Souren, R. (Hrsg.): Nachhaltiges Entscheiden, Springer Fachmedien Wiesbaden, Wiesbaden, 2016, S. 299-318.

Schirrmeister, E.; Gausepohl, R.; Wydra, S.: Befragung zur Zukunft der Nanoelektronik unter Nationalen Experten, In: Russer, P.; Lugli, P.; Weitze, M.-D. (Hrsg.): Nanoelektronik, Springer Berlin Heidelberg, Berlin, Heidelberg, 2013, S. 93-121.

Schlegelmilch, G.: Management strategischer Innovationsfelder. Dissertation, Technische Hochschule Darmstadt, 1999.

Schlink, H.: Wirtschaftlichkeitsrechnung für Ingenieure. Springer Fachmedien Wiesbaden, Wiesbaden, 2019.

Schmalensee, R.: Product Differentiation Advantages of Pioneering Brands, In: American Economic Review, Nr. 3, 72. Jg., 1982, S. 349-365.

Schmidt, B.: Systemanalyse und Modellaufbau - Grundlagen der Simulationstechnik. Springer, Berlin, Heidelberg, 1985.

Schnaars, S.: When Entering Growth Markets, Are Pioneers Better than Poachers?, In: Business Horizons, Nr. 2, 29. Jg., 1986, S. 27-36.

Schnell, R.; Hill, P. B.; Esser, E.: Methoden der empirischen Sozialforschung. 10., überarbeitete Auflage; Oldenbourg Verlag, München, 2013.

Schoemaker, P.: Scenario Planning - A Tool for Strategic Thinking, In: MIT Sloan Management Review, Nr. 2, 36. Jg., 1995, S. 25-41.

Schoemaker, P.; Heaton, S.; Teece, D.: Innovation, Dynamic Capabilities, and Leadership, In: California Management Review, Nr. 1, 61. Jg., 2018, S. 15-42.

Schostok, D.: Von der Systeminnovation zur strategischen Geschäftsmodellinnovation in der Energiewende - Die Rolle von Innovationskaskaden am Beispiel von Power-to-Gas und Algae-to-X. Dissertation, Bergische Universität Wuppertal, 2018.

Schrader, S.; Riggs, W.; Smith, R.: Choice over uncertainty and ambiguity in technical problem solving, In: Journal of Engineering and Technology Management, Nr. 1-2, 10. Jg., 1993, S. 73-99.

Schreiber, U.; Forer, G.; Yonge, J. de; *Jaggi, G.; Potter, A.; Srinivasan, P.; Wong, E.:* What's after what's next? - The upside of disruption, 2018.

Schreiner, O.: Aufbau und Management von Innovationskompetenz bei radikalen Innovationsprojekten. Dissertation, Technische Hochschule Darmstadt, 2006.

Schreyögg, G.; Koch, J.: Grundlagen des Managements - Basiswissen für Studium und Praxis. 1. Aufl.; Springer Gabler, Wiesbaden, 2007.

Schröder, S.: Integration von Lieferanten in agile Entwicklungsprozesse technischer Systeme. Dissertation, Rheinisch-Westfälisch-Technische-Hochschule Aachen, 2020.

Schuh, G.: Produktkomplexität managen - Strategien ; Methoden ; Tools. 2. Aufl.; Carl Hanser Fachbuchverlag, München, Wien, 2005.

Schuh, G.: Innovationsmanagement. Springer-Verlag, Berlin, Heidelberg, 2012.

Schuh, G.; Anderl, R.; Dumitrescu, R.; Krüger, A.; Hompel, M. ten: Industrie 4.0 Maturity Index - Die digitale Transformation von Unternehmen gestalten. München, 2020.

Schuh, G.; Bender, D.: Grundlagen des Innovationsmanagements, In: Schuh, G. (Hrsg.): Innovationsmanagement, Springer-Verlag, Berlin, Heidelberg, 2012, S. 1-16.

Schuh, G.; Bender, D.: Strategisches Innovationsmanagement, In: Schuh, G. (Hrsg.): Innovationsmanagement, Springer-Verlag, Berlin, Heidelberg, 2012, S. 17-55.

Schuh, G.; Boos, W.; Kampker, A.; Gartzen, U.: Strategie, In: Schuh, G.; Kampker, A. (Hrsg.): Strategie und Management produzierender Unternehmen, Springer Berlin Heidelberg, Berlin, Heidelberg, 2011, S. 63-132.

Schuh, G.; Bremer, D.; Drescher, T.; Essig, J.: Beschaffungsmarktforschung, In: Schuh, G. (Hrsg.): Einkaufsmanagement, Springer Berlin Heidelberg, Berlin, Heidelberg, 2014, S. 147-181.

Schuh, G.; Drescher, T.: Systematic Leverage of Technological Assets - A case study for automated tissue engineering, In: Journal of Engineering and Technology Management, 32. Jg., 2014, S. 76-96.

Schuh, G,; Drescher, T.; Beckermann, S.; Schmelter, K.: Technologieverwertung, In: Schuh, G.; Klappert, S. (Hrsg.): Technologiemanagement, Springer-Verlag, Berlin, 2011, S. 241-282.

Schuh, G.; Friedli, T.: Service-Innovation, In: Albers, S.; Gassmann, O. (Hrsg.): Handbuch Technologie- und Innovationsmanagement - Strategie - Umsetzung - Controlling, Springer Gabler, Wiesbaden, 2005, S. 659-676.

Schuh, G.; Friedli, T.; Kunz, P.: Diskontinuitäten auf dem Weg zur Produktion der Zukunft, In: Industrie Management, Nr. 5, 16. Jg., 2000, S. 23-28.

Schuh, G.; Gudergan, G.: Ordnungsrahmen für das Management industrieller Dienstleistungen, In: Schuh, G.; Gudergan, G.; Kampker, A. (Hrsg.): Management industrieller Dienstleistungen - Handbuch Produktion und Management 8, 2. Aufl. 2016; Springer Berlin Heidelberg, Berlin, Heidelberg, 2016, S. 21-29.

Schuh, G.; Gudergan, G.; Grefrath, C.: Geschäftsmodelle für industrielle Dienstleistungen, In: Schuh, G.; Gudergan, G.; Kampker, A. (Hrsg.): Management industrieller Dienstleistungen - Handbuch Produktion und Management 8, 2. Aufl. 2016; Springer Berlin Heidelberg, Berlin, Heidelberg, 2016, S. 65-104.

Schuh, G.; Gudergan, G.; Kampker, A.: Management industrieller Dienstleistungen - Handbuch Produktion und Management 8. 2. Aufl. 2016; Springer Berlin Heidelberg, Berlin, Heidelberg, 2016.

Schuh, G.; Guo, D.; Wölk, S.; Ryschka, S.; Schön, N.; Wemhöner, H.: Strategische Technologieplanung - Von der Strategie über die Roadmap zur Plattformentwicklung, In: IM : die Fachzeitschrift für Information Management, Nr. 3, 29. Jg., 2014, S. 56-64.

Schuh, G.; Klappert, S.; Orilski, S.: Technologieplanung, In: Schuh, G.; Klappert, S. (Hrsg.): Technologiemanagement, Springer-Verlag, Berlin, 2011, S. 171-222.

Schuh, G.; Klappert, S.; Schubert, J.; Nollau, S.: Grundlagen zum Technologiemanagement, In: Schuh, G.; Klappert, S. (Hrsg.): Technologiemanagement, Springer-Verlag, Berlin, 2011, S. 33-54.

Schuh, G.; König, C.; Bachmann, H.; Drescher, T.: Entwickeln Sie eine Technologiestrategie! - Strategische Technologieplanung – wozu und wie?, In: MQ Management und Qualität, Nr. 12, 44. Jg., 2014, S. 11-13.

Schuh, G.; König, C.; Zeller, P.; Wellensiek, M.; Drescher, T.: Consortium Benchmarking in Technology Management 2016/2017 - Evaluation of the study results. Aachen, 2017.

Schuh, G.; Kreysa, J.; Orilski, S.: Roadmap „Hybride Produktion“, In: Zeitschrift für wirtschaftlichen Fabrikbetrieb, Nr. 5, 104. Jg., 2009, S. 385-391.

Schuh, G.; Lenders, M.; Nußbaum, C.; Rudolf, S.: Produktarchitekturgestaltung, In: Schuh, G. (Hrsg.): Innovationsmanagement, Springer-Verlag, Berlin, Heidelberg, 2012, S. 115-160.

Schuh, G.; Mangoldt, J. von*; Drescher, T.:* Technological Competences - Identifying, Describing and Exploiting, In: Kocaoglu, D. F. (Hrsg.): Proceedings of PICMET '15 - Portland International Conference on Management of Engineering and Technology - Management of the Technology Age, IEEE, Piscataway, NJ, 2015, S. 2068-2078.

Schuh, G.; Patzwald, M.; Imhäuser Cardoso, M.: Resilient Technology Strategy in Volatile Environments - Derivation of requirements to enable long-term strategic positioning in times of volatility, uncertainty, complexity and ambiguity, In: Kocaoglu, D. F.; Anderson, T. R. (Hrsg.): Proceedings of PICMET' 19 - Portland International Conference on Management of Engineering and Technology - Technology Management in the World of Intelligent Systems, IEEE, Piscataway, NJ, 2019.

Schuh, G.; Patzwald, M.; Krebs, L.: Resilienz in der Strategiearbeit - Eine Bestandsaufnahme. Aachen, 2021.

Schuh, G.; Patzwald, M.; Krebs, L.; Dumitrescu, R.; Rasor, R.; Steinwender, A.; Sala, A.; Knothe, T.; Kohl, H.; Hecklau, F.; Singer, K.: Resilienz im strategischen Management produzierender Unternehmen - Konzeptionelle Ansätze für dynamische Resilienzstrategien. Aachen, 2021.

Schuh, G.; Patzwald, M.; Scholz, P.: Methodology for the Design of Technology Strategies in a Volatile Business Environment, In: Grabis, J. (Hrsg.): Proceedings of 2019 60th International Scientific Conference on Information Technology and Management Science of Riga Technical University (ITMS), IEEE, Piscataway, NJ, 2019, S. 1-8.

Schuh, G.; Patzwald, M.; Studerus, B.: Development of technology strategies under volatility and uncertainty - A concept for the continuous-iterative analysis of the firm and its environment, In: Kocaoglu, D. F.; Anderson, T. R. (Hrsg.): Proceedings of PICMET' 22 - Portland International Conference on Management of Engineering and Technology - Technology Management and Leadership in Digital Transformation - Looking Ahead to Post-COVID Era, IEEE, Piscataway, NJ, 2022.

Schuh, G.; Schön, N.: Mehrwert durch systematisch abgeleitete Technologiefelder, In: Zeitschrift für wirtschaftlichen Fabrikbetrieb, Nr. 12, 109. Jg., 2014, S. 931-934.

Schuh, G.; Schöning, S.; Untiedt, D.; Schulte-Gehrmann, A.-L.: Commercial-technological Due Diligence, In: Berens, W.; Brauner, H. U.; Knauer, T.; Strauch, J. (Hrsg.): Due Diligence bei Unternehmensakquisitionen, 8., überarbeitete Auflage, 2019, S. 645-671.

Schuh, G.; Schröder, J.; Breuer, T.: Technologiemanagement - Was am längsten trägt, muss am sorgfältigsten geplant werden, In: wt Werkstatttechnik online, Nr. 6, 93. Jg., 2003, S. 503-504.

Schuh, G.; Schultze, W.; Möller, K.; Rudolf, S.; Sommer, M.; Schrey, E.; Dany, S.: Gestaltung von Baukastensystemen, In: Schuh, G. (Hrsg.): Leitfaden zur Baukastengestaltung - Ergebnisse des Forschungsprojekts Gestaltung innovativer Baukasten- und Wertschöpfungsstrukturen (GiBWert) ; ... innerhalb des Rahmenkonzeptes "Foschung für die Produktion von morgen", VDMA Verl., Stuttgart, 2015, S. 31-134.

Schuh, G.; Wellensiek, M.; Mangoldt, J.: Competence-based diversification - A conceptual approach for evaluating the attractiveness of new market opportunities, In: Kocaoglu, D. F. (Hrsg.): Proceedings of PICMET '13 - Portland International Conference on Management of Engineering and Technology - Technology Management in the IT-Driven Services, IEEE, Piscataway, NJ, 2013, S. 2344-2352.

Schuh, G.; Wemhöner, H.: Entwicklung konsistenter Technologiestrategien, In: Zeitschrift für wirtschaftlichen Fabrikbetrieb, Nr. 5, 108. Jg., 2013, S. 287-290.

Schulte-Gehrmann, A.-L.; Klappert, S.; Schuh, G.; Hoppe, M.: Technologiestrategie, In: Schuh, G.; Klappert, S. (Hrsg.): Technologiemanagement, Springer-Verlag, Berlin, 2011, S. 55-88.

Schulze, P. M.; Porath, D.: Statistik - Mit Datenanalyse und ökonometrischen Grundlagen. 7., überarbeitete und erweiterte Auflage; De Gruyter Oldenbourg, Berlin/Boston, 2012.

Schumann, S.: Repräsentative Umfrage - Praxisorientierte Einführung in empirische Methoden und statistische Analyseverfahren. 7., überarbeitete und ergänzte Auflage; De Gruyter Oldenbourg, Berlin, Boston, 2019.

Schumpeter, J.: The March into Socialism, In: The American Economic Review, Nr. 2, 40. Jg., 1950, S. 446-456.

Schumpeter, J. A.: Business Cycles - A Theoretical, Historical and Statistical Analysis of the Capitalist Process. Repr. [of the ed.] New York 1964; Porcupine Press, Philadelphia, Pa, 1989.

Schumpeter, J. A.: Capitalism, socialism and democracy. Routledge, London, 1994.

Schütte, R.: Grundsätze ordnungsmäßiger Referenzmodellierung - Konstruktion konfigurations- und anpassungsorientierter Modelle. Gabler Verlag, Wiesbaden, s.l., 1998.

Schwaber, K.; Sutherland, J.: The Scrum Guide™ - The Definitive Guide to Scrum: The Rules of the Game, 2017.

Schwaninger, M.: Das größere Ganze - Über Hans Ulrich, Gesammelte Schriften (2001), In: Baecker, D. (Hrsg.): Schlüsselwerke der Systemtheorie, 2., erweiterte und neu gestaltete Auflage; Springer VS, Wiesbaden, 2016.

Schwarz, J.: Business wargaming - Developing foresight within a strategic simulation, In: Technology Analysis & Strategic Management, Nr. 3, 21. Jg., 2009, S. 291-305.

Schweitzer, M.; Hettich, G. O.; Küpper, H.-U.: Systeme der Kostenrechnung. Verl. Moderne Industrie, München, 1976.

Schwenker, B.; Wulf, T.: Introduction, In: Schwenker, B.; Wulf, T. (Hrsg.): Scenario-based Strategic Planning - Developing Strategies in an Uncertain World, Springer Fachmedien Wiesbaden, Wiesbaden, s.l., 2013, S. 11-18.

Schwenker, B.; Wulf, T.: Scenario-based Strategic Planning - Developing Strategies in an Uncertain World. Springer Fachmedien Wiesbaden, Wiesbaden, s.l., 2013.

Sepp, H.: Strategische Frühaufklärung - Eine ganzheitliche Konzeption aus ökologieorientierter Perspektive. Dissertation, Universität Freiburg, 1996.

Serfilippi, E.; Ramnath, G.: Resilience Measurement and Conceptual Frameworks - A Review of the Literature, In: Annals of Public and Cooperative Economics, Nr. 4, 89. Jg., 2018, S. 645-664.

Servatius, H.-G.: Erneuerung von Unternehmen durch innovative Technologien - Von der Frühaufklärung über Suchfeldanalysen zur Selektion von F&E-Projekten, In: Arthur D. Little International (Hrsg.): Management der Geschäfte von morgen, Springer Gabler, Wiesbaden, 1986, 75-95.

Servatius, H.-G.: Vom strategischen Management zur evolutionären Führung. Poeschel, Stuttgart, 1991.

Shane, S. A.: Handbook of Technology and Innovation Management. Wiley, Chichester, England, Hoboken, NJ, 2008.

Shannon, C.: Communication in the Presence of Noise, In: Proceedings of the IRE, Nr. 1, 37. Jg., 1949, S. 10-21.

Sharfman, M.; Dean, J.: Conceptualizing and Measuring the Organizational Environment - A Multidimensional Approach, In: Journal of Management, Nr. 4, 17. Jg., 1991, S. 681-700.

Sheffi, Y.: The Resilient Enterprise - Overcoming vulnerability for competitive advantage. MIT Press, Cambridge, Mass., 2005.

Shover, L.: Trading Options in Turbulent Markets - Master Uncertainty through Active Volatility Management. 2. Aufl.; John Wiley & Sons, Hoboken, 2012.

Sklansky, D.: The Theory of Poker. Dt.-sprachige Ausg., 1. Aufl.; AniMazing, Regensburg, 2006.

Smit, S.; Hirt, M.; Greenberg, E.; La Boutetière, H. de; *Sternfels, B.; Pacthod, D.:* As you return from the summer break, can you lead toward a COVID-Exit? - Here's how to set your business on the right track for 2021 and beyond. Amsterdam, Stamford, Paris, San Francisco, New York, 2020.

Smith, D.: Navigating Risk When Entering and Participating in a Business Ecosystem, In: Technology Innovation Management Review, Nr. 5, 3. Jg., 2013, S. 25-33.

Snow, C.; Darran, D.: Organizational adaptation to the environment - A review, In: Hopfe, M.; Schneider, H. (Hrsg.): Proceedings of the annual meeting of the American Institute for Decision Sciences, Cincinnati, Ohio, 1975, S. 278-280.

Snowden, D.; Boone, M.: A Leader's Framework for Decision Making, In: Harvard Business Review, Nr. 11, 85. Jg., 2007, 68-76.

Snyder, N.; Glueck, W.: Research Notes - Can Environmental Volatility Be Measured Objectively?, In: Academy of Management Journal, Nr. 1, 25. Jg., 1982, S. 185-192.

Sommerlatte, T.: Die Veränderungsdynamik, die uns umgibt. Ist das Unternehmen ausreichend darauf eingestellt?, In: Arthur D. Little International (Hrsg.): Management der Geschäfte von morgen, Springer Gabler, Wiesbaden, 1986, 1-15.

Sommerlatte, T.; Deschamps, J.-P.: Der strategische Einsatz von Technologien - Konzepte und Methoden zur Einbeziehung von Technologien in die Strategieentwicklung des Unternehmens, In: Arthur D. Little International (Hrsg.): Management im Zeitalter der Strategischen Führung, 2. Auflage; Gabler Verlag, Wiesbaden, 1986, S. 37-76.

Song, C.: Früherkennung von konvergierenden Technologien - Ein neuer Ansatz zur Identifi kation attraktiver Innovationsfelder. Dissertation, Westfälische-Wilhelms-Universität Münster,, 2015.

Sontheimer, B.: Die Marktanalyse als Basis der externen Diversifikationsentscheidung. VVF, München, 1989.

Spann, M.: Virtuelle Börsen als Instrument zur Marktforschung. Deutscher Universitätsverlag, Wiesbaden, 2002.

Spann, M.; Skiera, B.: Einsatzmöglichkeiten virtueller Börsen in der Marktforschung, In: Fandel, G.; Rudolph, B.; Kürsten, W. (Hrsg.): Finanzwirtschaftliche Information, Anreizgestaltung und Kontrolle, Gabler Verlag, Wiesbaden, 2004, S. 25-48.

Specht, D.; Möhrle, M.: Gabler Lexikon Technologiemanagement - Management von Innovationen und neuen Technologien im Unternehmen. 1. Aufl.; Springer Gabler, Wiesbaden, 2002.

Specht, G.; Beckmann, C.; Amelingmeyer, J.: F&E-Management - Kompetenz im Innovationsmanagement. 2., überarb. und erw. Aufl.; Schäffer-Poeschel, Stuttgart, 2002.

Specht, G.; Michel, K.: Integrierte Technologie- und Marktplanung mit Innovationsportfolios, In: Zeitschrift für Betriebswirtschaft ZfB, Nr. 4, 58. Jg., 1988, S. 502-520.

Spital, F.; Bickford, D.: Successful competitive and technology strategies in dynamic and stable product technology environments, In: Journal of Engineering and Technology Management, Nr. 1, 9. Jg., 1992, S. 29-60.

Stachowiak, H.: Allgemeine Modelltheorie. Springer-Verlag, Wien, 1973.

Stachowiak, H.: Einleitung - Der Weg zum Systematischen Neopragmatismus und das Konzept der Allgemeinen Modelltheorie, In: Stachowiak, H. (Hrsg.): Modelle und Modelldenken im Unterricht - Anwendungen der allgemeinen Modelltheorie auf die Unterrichtspraxis, Klinkhardt, Bad Heilbrunn/Obb., 1980, S. 9-49.

Stahlmann, K.: Erkenntnisse zum Technology Push von Innovationen und Möglichkeiten einer Operationalisierung, In: Geschka, H. (Hrsg.): Innerbetrieblicher Technologie-Transfer - Eine Chance, Verl. TÜV Rheinland, Köln, 1988, S. 25-58.

Stapenhurst, T.: The Benchmarking Book - A how-to-guide to best practice for managers and practitioners. Elsevier/Butterworth-Heinemann, Amsterdam, Boston, 2009.

Stapleton, J.: DSDM - Dynamic Systems Development Method. Reprint; Addison-Wesley, Harlow, 1998.

Steenburgh, T.; Avery, J.: Marketing Analysis Toolkit - Situation Analysis. HBS Case 510-079, Harvard Business School, 2010.

Stein, F.: Projektmanagement für die Produktentwicklung - Strategien - Erfolgsfaktoren - Organisation. 3., neu bearb. und erw. Aufl.; Expert-Verl., Renningen, 2009.

Stephan, M.: Technologische Diversifikation von Unternehmen. Dissertation, Universität Hohenheim, 2003.

Strebel, H.: Innovations- und Technologiemanagement. 2. Aufl.; Facultas.wuv, Wien, 2007.

Strebel, P.: Dealing With Discontinuities, In: European Management Journal, Nr. 4, 8. Jg., 1990, S. 434-442.

Strebel, P.: Breakpoints - How managers exploit radical business change. Harvard Business School Press, Boston, Mass, 1992.

Strecker, N.: Innovation Strategy and Firm Performance - An empirical study of publicly listed firms. Karl-Franzens-Universität, 2007.

Sull, D.; Eisenhardt, K. M.: Simple Rules - How to Thrive in a Complex World. Houghton Mifflin Harcourt, Boston, 2015.

Swift, F.; Galley, T.; Swift, J.: Benchmarking - The neglected element in total quality management, In: Rolstadås, A. (Hrsg.): Benchmarking - Theory and Practice, Springer US, Boston, MA, 1995, S. 42-50.

Sydow, J.; Schreyögg, G.; Koch, J.: Organizational Path Dependence - Opening the Black Box, In: Academy of Management Review, Nr. 4, 34. Jg., 2009, S. 689-709.

Sydow, J.; Windeler, A.; Müller-Seitz, G.; Lange, K.: Path Constitution Analysis: A Methodology for Understanding Path Dependence and Path Creation, In: Business Research, Nr. 2, 5. Jg., 2012, S. 155-176.

Taleb, N.: Black Swans and the Domains of Statistics, In: The American Statistician, Nr. 3, 61. Jg., 2007, S. 198-200.

Taleb, N.; Douady, R.: Mathematical definition, mapping, and detection of (anti)fragility, In: Quantitative Finance, Nr. 11, 13. Jg., 2013, S. 1677-1689.

Taleb, N.; Tetlock, P.: On the Difference between Binary Prediction and True Exposure with Implications for Forecasting Tournaments and Decision Making Research, In: SSRN Electronic Journal, 2013, 6 S…

Taleb, N. N.: The Black Swan - The Impact of the Highly Improbable. Random House, New York, 2007.

Taleb, N. N.: Antifragile - Things that gain from disorder. Penguin Books, London, 2013.

Tallon; Pinsonneault: Competing Perspectives on the Link Between Strategic Information Technology Alignment and Organizational Agility: Insights from a Mediation Model, In: MIS Quarterly, Nr. 2, 35. Jg., 2011, S. 463.

Teece, D.: Explicating Dynamic Capabilities - the nature and microfoundations of (sustainable) enterprise performance, In: Strategic Management Journal, Nr. 13, 28. Jg., 2007, S. 1319-1350.

Teece, D.: Business models and dynamic capabilities, In: Long Range Planning, Nr. 1, 51. Jg., 2018, S. 40-49.

Teece, D.; Peteraf, M.; Leih, S.: Dynamic Capabilities and Organizational Agility: - Risk, Uncertainty, and Strategy in the Innovation Economy, In: California Management Review, Nr. 4, 58. Jg., 2016, S. 13-35.

Teece, D.; Pisano, G.: The Dynamic Capabilities of Firms - An Introduction, In: Industrial and Corporate Change, Nr. 3, 3. Jg., 1994, S. 537-556.

Teece, D.; Pisano, G.; Shuen, A.: Dynamic Capabilities and Strategic Management, In: Strategic Management Journal, Nr. 7, 18. Jg., 1997, S. 509-533.

Teece, D. J.: Managing Intellectual Capital - Organizational, strategic, and policy dimensions. Oxford University Press, Oxford, New York, 2000.

Tegarden, L.; Hatfield, D.; Echols, A.: Doomed From the Start - What is the value of selecting a future dominant design?, In: Strategic Management Journal, Nr. 6, 20. Jg., 1999, S. 495-518.

Thommen, J.-P.: Stichwort: Ceteris-Paribus-Annahme, In: Springer Gabler (Hrsg.): Gabler Wirtschaftslexikon. URL: https://wirtschaftslexikon.gabler.de/definition/ceteris-paribus-annahme-31028/version-254597 [Stand: 19.06.2021].

Thommen, J.-P.: Stichwort: Wirklichkeitskonstruktionen, In: Springer Gabler (Hrsg.): Gabler Wirtschaftslexikon. URL: https://wirtschaftslexikon.gabler.de/definition/wirklichkeitskonstruktion-49889/version-273115 [Stand: 19.06.2021].

Thommen, J.-P.; Achleitner, A.-K.: Allgemeine Betriebswirtschaftslehre. Springer Gabler, Wiesbaden, 2012.

Thompson, J.: Organizations in Action - Social Science Bases of Adminstrative Theory. McGraw-Hill Book Company, New York, St. Louis, San Francisco, Toronto, London, Sydney, 1967.

Thompson, J.; Scott, J. M.; Martin, F.: Strategic Management - Awareness and Change. 8th edition; Cengage Learning, Andover, Hampshire, 2017.

Tollman, P.; Toma, A.; Roghé, F.; Morieux, Y.; Maaseide, S.; Tamboto, E.; Koike, J.: Smart Design for Performance - A New Approach to Organization Design. Boston, 2016.

Töllner, A.; Jungmann, T.; Bücker, M.: Modelle und Modellierung - Terminologie, Funktionen und Nutzung, In: Bandow, G.; Holzmüller, H. H. (Hrsg.): "Das ist gar kein Modell!" - Unterschiedliche Modelle und Modellierungen in Betriebswirtschaftslehre und Ingenieurwissenschaften, 1. Aufl.; Springer Gabler, Wiesbaden, 2010, S. 5-21.

Tomczak, T.: Forschungsmethoden in der Marketingwissenschaft. Ein Plädoyer für den qualitativen Forschungsansatz, In: Marketing ZFP, Nr. 2, 14. Jg., 1992, S. 77-87.

Töpfer, A.: Benchmarking - Der Weg zu Best Practice. Springer Berlin Heidelberg, Berlin, Heidelberg, 1997.

Tosi, H.; Aldag, R.; Storey, R.: On the Measurement of the Environment - An Assessment of the Lawrence and Lorsch Environmental Uncertainty Subscale, In: Administrative Science Quarterly, Nr. 1, 18. Jg., 1973, S. 27-36.

Tosi, H.; Slocum, J.: Contingency Theory - Some Suggested Directions, In: Journal of Management, Nr. 1, 10. Jg., 1984, S. 9-26.

Tsai, K.-H.; Wang, J.-C.: External technology acquisition and firm performance - A longitudinal study, In: Journal of Business Venturing, Nr. 1, 23. Jg., 2008, S. 91-112.

Tschandl, M.; Posch, A.: Integriertes Umweltcontrolling - Von der Stoffstromanalyse zum Bewertungs- und Informationssystem. 2. Auflage; Gabler, Wiesbaden, 2012.

Tschirky, H.: Konzept und Aufgaben des Integrierten Technologie-Managements, In: Tschirky, H.; Koruna, S. (Hrsg.): Technologie-Management - Idee und Praxis, Orell Füssli Verl. Industrielle Organisation, Zürich, 1998, S. 193-394.

Tschirky, H.; Koruna, S.: Technologie-Management - Idee und Praxis. Orell Füssli Verl. Industrielle Organisation, Zürich, 1998.

Tung, R.: Dimensions of Organizational Environments - An Exploratory Study of Their Impact on Organization Structure, In: Academy of Management Journal, Nr. 4, 22. Jg., 1979, S. 672-693.

Tushman, M.; Anderson, P.: Technological Discontinuities and Organizational Environments, In: Administrative Science Quarterly, Nr. 3, 31. Jg., 1986, S. 439.

Tyll, Á.: Forschung und Entwicklung im strategischen Management industrieller Unternehmen - Die Integration von technischem und Management-Know-How in die FuE-Planung. Dissertation, Universität Mannheim, 1989.

U.S. Department of Defense: DoD News Briefing - Secretary Rumsfeld and Gen. Myers, In: U.S. Department of Defense (Hrsg.): Transcripts. URL: https://archive.defense.gov/Transcripts/Transcript.aspx?TranscriptID=2636 [Stand: 12.02.2021].

Ulrich, H.: Der systemorientierte Ansatz in der Betriebswirtschaftslehre, In: Kortzfleisch, G. v. (Hrsg.): Wissenschaftsprogramm und Ausbildungsziele der Betriebswirtschaftslehre - Bericht von der wissenschaftlichen Tagung in St. Gallen vom 2. - 5. Juni 1971, Duncker & Humblot, Berlin, 1971, S. 43-60.

Ulrich, H.: Die Betriebswirtschaftslehre als anwendungsorientierte Sozialwissenschaft, In: Geist, M.; Köhler, R. (Hrsg.): Die Führung des Betriebes - Curt Sandig zu seinem 80. Geburtstag gewidmet, Poeschel, Stuttgart, 1981, S. 1-25.

Ulrich, H.: Unternehmungspolitik. 3. Aufl.; Haupt, Bern, 1990.

Ulrich, P.; Fluri, E.: Management - Eine konzentrierte Einführung. 7., verb. Aufl.; Haupt, Bern, 1995.

Ulrich, P.; Hill, W.: Wirtschaftstheoretische Grundlagen der Betriebswirtschaftslehre (Teil I), In: Wirtschaftswissenschaftliches Studium WiSt, Nr. 7, 5. Jg., 1976, S. 304-309.

Ulrich, P.; Hill, W.: Wirtschaftstheoretische Grundlagen der Betriebswirtschaftslehre (Teil II), In: Wirtschaftswissenschaftliches Studium WiSt, Nr. 8, 5. Jg., 1976, S. 345-350.

Urban, G.; Hippel, E. v.: Lead User Analyses for the Development of New Industrial Products, In: Management Science, Nr. 5, 34. Jg., 1988, S. 569-582.

Ursprung, H. W.: Die elementare Katastrophentheorie - Eine Darstellung aus der Sicht der Ökonomie. Springer, Berlin, Heidelberg, 1982.

Uskova, M.; Schuster, T.: Finanzplanung, Investitionscontrolling und Finanzcontrolling. Springer Fachmedien Wiesbaden, Wiesbaden, 2020.

Utterback, J.; Abernathy, W.: A Dynamic Model of Process and Product Innovation, In: Omega, Nr. 6, 3. Jg., 1975, S. 639-656.

Valkokari, K.: Business, Innovation, and Knowledge Ecosystems - How They Differ and How to Survive and Thrive within Them, In: Technology Innovation Management Review, Nr. 8, 5. Jg., 2015.

Valkokari, K.; Amitrano, C.; Bifulco, F.; Valjakka, T.: Managing Actors, Resources, and Activities in Innovation Ecosystems - A Design Science Approach, In: Afsarmanesh, H.; Camarinha-Matos, L. M.; Lucas Soares, A. (Hrsg.): Collaboration in a Hyperconnected World, Springer International Publishing, Cham, 2016, S. 521-530.

Valkokari, K.; Seppänen, M.; Mäntylä, M.; Jylhä-Ollila, S.: Orchestrating Innovation Ecosystems - A Qualitative Analysis of Ecosystem Positioning Strategies, In: Technology Innovation Management Review (TIM Review), Nr. 3, 7. Jg., 2017, S. 12-24.

van Bertalanffy, L.: General System Theory - Foundations, development, applications. Braziller, New York, 1968.

van de Ven, A.: Central Problems in the Management of Innovation, In: Management Science, Nr. 5, 32. Jg., 1986, S. 590-607.

van den Steen, E.: On the origin of shared beliefs (and corporate culture), In: RAND Journal of Economics, Nr. 4, 41. Jg., 2010, S. 617-648.

van Oosterhout, M.: Business Agility and Information Technology in Service Organizations - Reactievermogen en informatietechnologie in service organisaties. Dissertation, Erasmus University Rotterdam, 2010.

van Trijp, H.; van Kleef, E.: Newness, value and new product performance, In: Trends in Food Science & Technology, Nr. 11, 19. Jg., 2008, S. 562-573.

Vavoula, G.; Sharples, M.: Future technology workshop - A collaborative method for the design of new learning technologies and activities, In: International Journal of Computer-Supported Collaborative Learning, Nr. 4, 2. Jg., 2007, S. 393-419.

Vecchiato, R.: Strategic planning and organizational flexibility in turbulent environments, In: Foresight, Nr. 3, 17. Jg., 2015, S. 257-273.

Venkatraman, N.: The Concept of Fit in Strategy Research - Toward Verbal and Statistical Correspondence, In: Academy of Management Review, Nr. 3, 14. Jg., 1989, S. 423-444.

Venkatraman, N.; Camillus, J.: Exploring the Concept of "Fit" in Strategic Management, In: Academy of Management Review, Nr. 3, 9. Jg., 1984, S. 513-525.

Venzin, M.; Rasner, C.; Mahnke, V.: Der Strategieprozess - Praxishandbuch zur Umsetzung im Unternehmen. 2., erw. Aufl.; Campus-Verl., Frankfurt, 2010.

Vester, F.: Die Kunst vernetzt zu denken - Ideen und Werkzeuge für einen neuen Umgang mit Komplexität ; ein Bericht an den Club of Rome ; [der neue Bericht an den Club of Rome. 8. Aufl.; Dt. Taschenbuch-Verl., München, 2011.

Veugelers, R.; Cassiman, B.: Make and buy in innovation strategies - Evidence from Belgian manufacturing firms, In: Research Policy, Nr. 1, 28. Jg., 1999, S. 63-80.

Visser, F.; Stappers, P.; van der Lugt, R.; Sanders, E.: Contextmapping: - Experiences from practice, In: CoDesign, Nr. 2, 1. Jg., 2005, S. 119-149.

Vivas López, S.: Competitive advantage and strategy formulation, In: Management Decision, Nr. 5, 43. Jg., 2005, S. 661-669.

Vogelzang, J.; Admiraal, W.; van Driel, J.: Scrum Methodology as an Effective Scaffold to Promote Students' Learning and Motivation in Context-based Secondary Chemistry Education, In: EURASIA Journal of Mathematics, Science and Technology Education, Nr. 12, 15. Jg., 2019.

Vogl, S.: Strategie, Organisation und Performance im Innovationsmanagement - Eine gestaltorientierte empirische Untersuchung im Maschinen- und Anlagenbau. Dissertation, EBS Universität für Wirtschaft und Recht, 2012.

Voigt, K.-I.: Industrielles Management - Industriebetriebslehre aus prozessorientierter Sicht. Springer, Berlin, 2008.

Volck, S.: Die Wertkette im prozeßorientierten Controlling. Deutscher Universitätsverlag, Wiesbaden, s.l., 1997.

Voros, J.: A generic foresight process framework, In: Foresight, Nr. 3, 5. Jg., 2003, S. 10-21.

Wacker, P.-A.: Die Erfahrungskurve in der Unternehmensplanung - Analyse und empirische Überprüfung. Dissertation, Leibniz Universität Hannover, 1980.

Wadhwa, S.; Rao, K.: Flexibility and Agility for Enterprise Synchronization - Knowledge and Innovation Management Towards Flexagility, In: Studies in Informatics and Control, Nr. 2, 12. Jg., 2003, S. 111-128.

Walker, B.; Carpenter, S.; Anderies, J.; Abel, N.; Cumming, G.; Janssen, M.; Lebel, L.; Norberg, J.; Peterson, G.; Pritchard, R.: Resilience Management in Social-ecological Systems - A Working Hypothesis for a Participatory Approach, In: Conservation Ecology, Nr. 1, 6. Jg., 2002, S. 1-17.

Walker, O. C.; Mullins, J. W.: Marketing Strategy - A decision-focused approach. 7th ed.; McGraw-Hill/Irwin, New York, 2011.

Wallace, W. L.: The Logic of Science in Sociology. Routledge, Abingdon, Oxon, 2017.

Walter, A. D.: Mittleres Management - Schlüssel zum Unternehmenserfolg. Springer Fachmedien Wiesbaden, Wiesbaden, 2016.

Wang, C.; Ahmed, P.: Dynamic capabilities - A review and research agenda, In: International Journal of Management Reviews, Nr. 1, 9. Jg., 2007, S. 31-51.

Waterman, R.; Peters, T.; Phillips, J.: Structure is not organization, In: Business Horizons, Nr. 3, 23. Jg., 1980, S. 14-26.

Weick, K.: The Collapse of Sensemaking in Organizations - The Mann Gulch Disaster, In: Administrative Science Quarterly, Nr. 4, 38. Jg., 1993, S. 628.

Weick, K.; Sutcliffe, K.; Obstfeld, D.: Organizing and the Process of Sensemaking, In: Organization Science, Nr. 4, 16. Jg., 2005, S. 409-421.

Weick, K. E.: Sensemaking in Organizations. Sage Publications, Thousand Oaks, Calif., 1995.

Weick, K. E.: Making Sense of the Organization - The Impermanent Organization. Wiley, Chichester, 2009.

Weidler, A.: Entwicklung integrierter Innovationsstrategien. Dissertation, Universität Stuttgart, 1996.

Weisbord, M.: Organizational Diagnosis - Six Places To Look for Trouble with or Without a Theory, In: Group & Organization Studies, Nr. 4, 1. Jg., 1976, S. 430-447.

Welge, M. K.; Al-Laham, A.: Planung. Springer Gabler, Wiesbaden, 1992.

Welge, M. K.; Al-Laham, A.; Eulerich, M.: Strategisches Management - Grundlagen – Prozess – Implementierung. Springer Fachmedien Wiesbaden, Wiesbaden, 2017.

Wellensiek, M.: Erfolg bei der Diversifikation - Auf Kernkompetenzen aufbauen, In: Fraunhofer-Institut für Produktionstechnologie IPT (Hrsg.): Jahresbericht 2009, Aachen, 2010, S. 116-117.

Wenzelmann, C.: Methode zur zukunftsorientierten Entwicklung und Umsetzung von Strategieoptionen unter Berücksichtigung des antizipierten Wettbewerbsverhaltens. Dissertation, Universität Paderborn, 2009.

Wernerfelt, B.: A Resource-Based View of the Firm, In: Strategic Management Journal, Nr. 2, 5. Jg., 1984, S. 171-180.

Westkämper, E.; Balve, P.: Technologiemanagement in produzierenden Unternehmen, In: Bullinger, H.-J.; Spath, D.; Warnecke, H.-J.; Westkämper, E. (Hrsg.): Handbuch Unternehmensorganisation, 3. neu bearbeitete Aufl.; Springer-Verlag, Berlin, 2009, S. 126-139.

Wetterney, T.: Disruptionsorientierter Spezifikationsprozess technischer Systeme. Dissertation, Rheinisch-Westfälisch-Technische-Hochschule Aachen, 2020.

Wheelen, T. L.; Hunger, J. D.: Strategic Management and Business Policy - Toward global sustainability. 13. ed.; Pearson, Boston, 2012.

Whipp, R.; Rosenfeld, R.; Pettigrew, A.: Culture and Competitiveness - Evidence From Two Mature UK Industries, In: Journal of Management Studies, Nr. 6, 26. Jg., 1989, S. 561-585.

Wholey, D.; Brittain, J.: Characterizing Environmental Variation, In: Academy of Management Journal, Nr. 4, 32. Jg., 1989, S. 867-882.

Wilde, T.; Hess, T.: Forschungsmethoden der Wirtschaftsinformatik, In: WIRTSCHAFTSINFORMATIK, Nr. 4, 49. Jg., 2007, S. 280-287.

Williams, E.; Galvin, J.; LaBerge, L.: The new digital edge - Rethinking strategy for the postpandemic era. Sydney, Tokyo, Stamford, 2021.

Willyard, C.; McClees, C.: Motorola's Technology Roadmap Process, In: Research Management, Nr. 5, 30. Jg., 1987, S. 13-19.

Wilmot, R.: Change in Management and the Management of Change, In: Long Range Planning, Nr. 6, 20. Jg., 1987, S. 23-28.

Wilson, D.: Competitive marketing strategy in a volatile environment - Theory, practice and research priorities, In: Journal of Strategic Marketing, Nr. 1, 7. Jg., 1999, S. 19-40.

Wilson, I.: The benefits of environmental analysis, In: Albert, K. J. (Hrsg.): The strategic management handbook, McGraw-Hill, New York, NY, 1983, S. 76-85.

Wilson, I.: Mental Maps of the Future - An Intuitive Logics Approach to Scenarios, In: Fahey, L.; Randall, R. M. (Hrsg.): Learning From the Future - Competitive Foresight Scenarios, Wiley, New York, 1998, S. 81-108.

Winter, S.: Understanding Dynamic Capabilities, In: Strategic Management Journal, Nr. 10, 24. Jg., 2003, S. 991-995.

Wochinger, T.: Modell zur Gestaltung einer kapazitätsgeprüften durchgängigen Planung und Steuerung in der Auftragsabwicklung kundenspezifischer Investitionsgüter. Dissertation, Universität Stuttgart, 2020.

Wöhe, G.; Döring, U.; Brösel, G.: Einführung in die Allgemeine Betriebswirtschaftslehre. 27., überarbeitete und aktualisierte Auflage; Verlag Franz Vahlen, München, 2020.

Wöhrl, R.: Technologiestrategien innovativer Wachstumsunternehmen - Eine empirische Untersuchung der produzierenden Unternehmen am Neuen Markt. Dissertation, Universität Regensburg, 2005.

Wolf, J.: Organisation, Management, Unternehmensführung - Theorien, Praxisbeispiele und Kritik. 6th ed. 2020; Springer Fachmedien Wiesbaden; Imprint: Springer Gabler, Wiesbaden, 2020.

Wolfers, J.; Zitzewitz, E.: Prediction Markets, In: Journal of Economic Perspectives, Nr. 2, 18. Jg., 2004, S. 107-126.

Wolfrum, B.: Strategisches Technologiemanagement. Springer Gabler, Wiesbaden, 1991.

Wolfrum, B.: Technologiestrategien im strategischen Management, In: Marketing: Zeitschrift für Forschung und Praxis, Nr. 1, 14. Jg., 1992, S. 23-36.

Wolfrum, B.: Strategisches Technologiemanagement. 2., überarb. Aufl., 1994.

Woods, D.: Four concepts for resilience and the implications for the future of resilience engineering, In: Reliability Engineering & System Safety, Nr. 1, 141. Jg., 2015, S. 5-9.

Wördenweber, B.; Wickord, W.: Technologie- und Innovationsmanagement im Unternehmen - Lean Innovation. Springer Berlin Heidelberg, Berlin, Heidelberg, 2008.

Worley, C.; Jules, C.: COVID-19's Uncomfortable Revelations About Agile and Sustainable Organizations in a VUCA World, In: The Journal of Applied Behavioral Science, 2020, 002188632093626.

Wötzel, D.: Wirksame Umsetzung strategischer Entscheidungen in profitorientierten Unternehmen. Dissertation, Julius-Maximilians-Universität Würzburg, 2017.

Wright, G.; Cairns, G.: Scenario Thinking. Palgrave Macmillan UK, London, 2011.

Wübbenhorst, K.; Eggert, W.; Minter, S.; Gillenkirch, R.: Stichwort: Nutzwertanalyse, In: Springer Gabler (Hrsg.): Gabler Wirtschaftslexikon. URL: https://wirtschaftslexikon.gabler.de/definition/nutzwertanalyse-42926/version-266266 [Stand: 19.06.2021].

Wulf, T.; Meissner, P.; Brands, C.; Stubner, S.: Scenario-based Strategic Planning - A new approach to coping with uncertainty, In: Schwenker, B.; Wulf, T. (Hrsg.): Scenario-based Strategic Planning - Developing Strategies in an Uncertain World, Springer Fachmedien Wiesbaden, Wiesbaden, s.l., 2013, S. 43-66.

Yao, Y.; Meurier, B.: Understanding the supply chain resilience - A Dynamic Capabilities approach, In: Association Internationale de Recherche en Logistique (Hrsg.): Proceedings of 9th International Meetings on Logistics Research (RIRL), HEC Montrèal, Montrèal, 2012, S. 1-17.

Zahn, E.: Diskontinuitäten im Verhalten sozio-technischer Systeme, In: Die Betriebswirtschaft, Nr. 1, 39. Jg., 1979, S. 119-141.

Zahn, E.: Diskontinuitätentheorie - Stand der Entwicklung und betriebswirtschaftliche Anwendungen, In: Macharzina, K. (Hrsg.): Diskontinuitätenmanagement - Strategische Bewältigung von Strukturbrüchen bei internationaler Unternehmenstätigkeit, E. Schmidt, Berlin, 1984, S. 19-76.

Zahn, E.: Innovation und Wettbewerb, In: Müller-Böling, D. (Hrsg.): Innovations- und Technologiemanagement - Festschrift für Professor Dr. Norbert Szyperski, Poeschel, Stuttgart, 1991, 115-134.

Zahra, S.: Technology Strategy and Financial Performance - Examining the Moderating Role of the Firm's Competitive Environment, In: Journal of Business Venturing, Nr. 3, 11. Jg., 1996, S. 189-219.

Zahra, S.: Technology Strategy and New Venture Performance - A Study of Corporate-Sponsored and Independent Biotechnology Ventures, In: Journal of Business Venturing, Nr. 4, 11. Jg., 1996, S. 289-321.

Zahra, S.; George, G.: Absorptive Capacity - A Review, Reconceptualization, and Extension, In: Academy of Management Review, Nr. 2, 27. Jg., 2002, S. 185-197.

Zahra, S.; Nash, S.; Bickford, D.: Transforming Technological Pioneering into Competitive Advantage, In: The Academy of Management Executive, Nr. 1, 9. Jg., 1995, S. 17-31.

Zangemeister, C.: Nutzwertanalyse in der Systemtechnik - Eine Methodik zur multidimensionalen Bewertung und Auswahl von Projektalternativen. 5., erw. Aufl.; Books on Demand, Norderstedt, 2014.

Zelewski, S.: Grundlagen, In: Corsten, H.; Reiß, M. (Hrsg.): Betriebswirtschaftslehre, 3., vollst. überarb. und erw. Aufl.; Oldenbourg, München, 1999, S. 1-125.

Zinser, S.: Eine Vorgehensweise zur szenariobasierten Frühnavigation im strategischen Technologiemanagement. Dissertation, Universität Stuttgart, 2000.

Zohm, F.: Management von Diskontinuitäten. Dissertation, Rheinisch-Westfälisch-Technische-Hochschule Aachen, 2004.

Züst, R.: Einstieg ins Systems Engineering - Optimale, nachhaltige Lösungen entwickeln und umsetzen. 3. Aufl, vollst. neu bearb; Verl. Industrielle Organisation, Zürich, 2004.

Zwicky, F.: Morphological Astronomy. Springer-Verlag, Berlin, 1957.

Anhang

A. Operationalisierung der inhaltlichen Anforderungen

A.1 Anforderungen an das Charakterisierungsmodell

Mit Bezug zu den übergeordneten Modellierungsgrundsätzen ist für die Konzeption des Charakterisierungsmodells insbesondere die Operationalisierung von fünf der inhaltlichen Anforderungen (vgl. Unterkapitel 3.1.2) hilfreich und zielführend. Im Hinblick auf die Anforderung nach einem systematisch-ganzheitlichen Ansatz zur Strategieentwicklung kann diese zu einer Kombination aus top-down und bottom-up Verfahren nach dem Gegenstromprinzip operationalisiert werden[1186]. Durch die Integration verschiedener Perspektiven soll eine möglichst ganzheitliche Betrachtung des strategischen Entscheidungsprozesses ermöglicht werden. In diesem Zusammenhang kann die Anforderung nach der Reduktion von Entscheidungskomplexität zu einer Begrenzung der involvierten Stakeholder operationalisiert werden. Vor dem Hintergrund der Meinungs- und Erfahrungspluralität könnte ansonsten ein Einbezug einer zu großen Gruppe zu einer erhöhten Entscheidungskomplexität sowie zu einem verlangsamten Strategieprozess führen. Im Sinne der Anforderung nach einer Reduktion des Anwendungsaufwandes kann diese zu der Nutzung eines vorbereiteten Workshop-Formates operationalisiert werden. Workshops stellen ein zeiteffizientes Format dar, um das Wissen einer größeren Teilnehmergruppe zu aggregieren und eine gemeinsam abgestimmte Entscheidung herbeizuführen[1187]. Letztens können die Anordnungen nach einer kontinuierlich-iterativen Rückkopplungsschleife sowie nach einem sprintbasierten Vorgehen dahingehend operationalisiert werden, dass die initiale Charakterisierung des Anwendungskontextes in eine kontinuierliche Steuerung des Strategieprozesses übergeht. Hierdurch können zum Ende eines jeden Sprints somit die gesammelten Erfahrungen in die Ausrichtung und Planung der nächsten Iteration integriert werden.

A.2 Anforderungen an das Analysemodell

Mit Bezug zu den übergeordneten Modellierungsgrundsätzen ist für die Konzeption des Analysemodells insbesondere die Operationalisierung von sieben der inhaltlichen Anforderungen (vgl. Unterkapitel 3.1.2) hilfreich und zielführend. Im Hinblick auf die Anforderungen nach einem systematisch-ganzheitlichen Ansatz zur Strategieentwicklung sowie einer dynamisch, markt- und ressourcenorientierten Fundierung dessen können sie zu einer Kombination aus *„Inside-out"* sowie *„Outside-in"* Analyse operationalisiert werden (vgl. Unterkapitel 2.1.2). Dabei kann weiterhin operationalisiert werden, dass die *„Outside-in"* Betrachtung über das technologische Umfeld der Unternehmung hinausgehen muss, sodass

---

[1186] vgl. Brandenburg (2002), Produktinnovationen, S. 52; Wöhe et al. (2020), Betriebswirtschaftslehre, S. 78

[1187] vgl. Franco (2008), Collaboration, S. 277; Vavoula, Sharples (2007), Future Technology, S. 414ff.

im Rahmen des Optionsmodells markt- und hypothesenbasierte Positionierungsmöglichkeiten abgeleitet werden können (vgl. Unterkapitel 3.1.2 sowie Abbildung 3-8). In diesem Wechselspiel zwischen Analyse- und Optionsmodell kann weiterhin die Anforderung nach einer sprint- und hypothesenbasierten Strategieentwicklung dahingehend operationalisiert werden, dass die Analyse über die Hypothesen des Optionsmodells steuerbar sein muss. Um diese Steuerbarkeit zu unterstützen, kann weiterhin die Anforderung nach einer Explizierung und Integration von Turbulenz als eine Metaanalyse von Unsicherheiten und Dynamiken (vgl. Unterkapitel 2.3.1) der Analysebereiche operationalisiert werden. In dem Kontext der hohen Turbulenz von volatilen Unternehmensumfeldern kann die Anforderung nach iterativer Erneuerung temporärer Wettbewerbsvorteile operationalisiert werden, indem Analysewerkzeuge und -instrumente diesen Unsicherheiten und Dynamiken gerecht werden müssen. Im Hinblick auf die Anforderung nach einer Reduktion des Aufwandes zur Strategieentwicklung in einem sprintbasierten Vorgehen kann dies weiter operationalisiert werden, dass die Analysewerkzeuge und -instrumente im Aufwand und Ergebnis skalierbar sein müssen. Darüber hinaus kann analog zu dem Charakterisierungsmodell die Operationalisierung als Nutzung von Workshop-Formaten für eine zeiteffiziente Aufnahme und Bewertung von Informationen übernommen werden. Schließlich kann die Anforderung nach situationsadaptiven Problemlösemustern im Rahmen des Analysemodells über die Modellstruktur hinaus operationalisiert werden, indem situativ geeignete Analysewerkzeuge und -instrumente modular für die jeweilige Problemstellung bereitgestellt werden müssen.

A.3 Anforderungen an das Optionsmodell

Mit Bezug zu den übergeordneten Modellierungsgrundsätzen ist für die Konzeption des Optionsmodells insbesondere die Operationalisierung von sieben der inhaltlichen Anforderungen (vgl. Unterkapitel 3.1.2) hilfreich und zielführend. Im Hinblick auf die Operationalisierung der Anforderung nach einem systematisch-ganzheitlichen Ansatz zur Strategieentwicklung kann diese in der Abstimmung bzw. Kohärenz von wettbewerbs-, innovations- und technologiestrategischen Handlungsoptionen gefunden werden. Ausgehend von dem Strategiesystem produzierender Unternehmen (vgl. Unterkapitel 2.2.3) legen die Anforderungen nach einer dynamischen, markt- und ressourcenintegrierten Fundierung von iterativ zu erneuernden, temporären Wettbewerbsvorteilen nahe, dass der Ursprung technologiestrategischer Optionen in den wettbewerbsstrategischen Möglichkeiten zu suchen ist. Bezogen auf die Anforderung nach einer sprint- und hypothesenbasierten Strategieentwicklung kann hieraus operationalisiert werden, dass es insbesondere die wettbewerbsstrategischen Möglichkeiten sind, welche hypothesenbasiert generiert werden. Für die anschließende Auswahl der vielversprechendsten Möglichkeit(en) kann die Anforderung nach der Explizierung und Integration von Turbulenz dahingehend operationalisiert werden, dass die Ergebnisse der Turbulenzanalyse ein Kriterium einer multidimensionalen Bewertung darstellen müssen. In dem Zusammenhang der Evaluation strategischer Möglichkeiten kann die Anforderung nach Reduktion des Anwendungsaufwandes auch für das Optionsmodell als bevorzugte Nutzung von Workshop-Formaten zur zeiteffizienten Bewertung und Abstimmung strategischer Prioritäten operationalisiert werden. Abschließend kann die Anforderung nach kontinuierlich-iterativen Rückkopplungsschleifen operationalisiert werden, indem strategische Möglichkeiten aktualisierbar gestaltet sein müssen. Diese Fähigkeit ist insbesondere hinsichtlich der Ergebnisse des Validierungszyklus sowie zukünftiger Analysephasen (vgl. Unterkapitel 3.4.1 sowie Abbildung 3-7) notwendig, um Lerneffekte in die Ausgestaltung strategischer Möglichkeiten einzubringen.

A.4 Anforderungen an das Positionierungsmodell

Mit Bezug zu den übergeordneten Modellierungsgrundsätzen ist für die Konzeption des Positionierungsmodells insbesondere die Operationalisierung von sechs der inhaltlichen Anforderungen (vgl. Unterkapitel 3.1.2) hilfreich und zielführend. Im Hinblick auf die Anforderungen nach der Robustheit strategischer Ausrichtungen sowie der iterativen Erneuerung temporärer Wettbewerbsvorteile kann an die Operationalisierungen des Optionsmodells angeknüpft werden. Es ergibt sich somit in der Konsequenz, dass die technologischen Positionierungen i. S. e. Fähigkeitsspektrums mit einer Reihe von zukünftigen, potenziell attraktiven Wettbewerbs- und Innovationspositionierungen kompatibel sein müssen. Hierzu gilt es weiterhin Konzepte strategischer Flexibilität zu operationalisieren und zusammen mit der Explizierung von Turbulenzen zu integrieren. Bezogen auf das Positionierungsmodell bedeutet dies, dass die Ergebnisse der Turbulenzanalyse mit den technologischen Positionierungen als Intervalle verknüpft werden müssen. In diesem Zusammenhang kann weiterhin die Anforderung nach kontinuierlich-iterativen Rückkopplungsschleifen operationalisiert werden, indem prototypische Technologiestrategien formuliert werden, welche zunehmend an Reife gewinnen und sequenziell-partiell implementiert werden können[1188]. Zur Operationalisierung der Anforderung nach einer dynamischen, markt- und ressourcenintegrierenden Fundierung von Wettbewerbsvorteilen müssen im Rahmen des Positionierungsmodells schließlich beide Perspektiven insb. bei der Technologieauswahl als technologische Entscheidungsdimension berücksichtigt werden.

A.5 Anforderungen an das Vorgehensmodell

Mit Bezug zu den übergeordneten Modellierungsgrundsätzen ist für die Konzeption des Positionierungsmodells insbesondere die Operationalisierung von vier der inhaltlichen Anforderungen (vgl. Unterkapitel 3.1.2) hilfreich und zielführend. Im Hinblick auf die Anforderungen nach situationsadaptiven Problemlösemustern sowie einer sprint- und hypothesenbasierten Strategieentwicklung sind diese in zweierlei Hinsicht für das Vorgehensmodell zu operationalisieren. Einerseits ergibt sich hieraus ein nichtlineares Vorgehen, welches situationsadaptiv durch den Anwender in Planungs- sowie Reviewtreffen anpassbar gestaltet sein muss. Andererseits ergibt sich hieraus somit eine Methodik im Sinne eines adaptiven Methoden- und Modellbaukastens, dessen Funktionalität bei Anpassungen durch geeignete Schnittstellen sichergestellt sein muss. Der Anforderung nach einem systematisch-ganzheitlichen Ansatz zur Strategieentwicklung folgend kann diese als Durchgängigkeit des Vorgehens von der Initiierung, über die Strategieplanung hin zur Strategieformulierung operationalisiert werden. Zur Operationalisierung der Anforderung nach Reduktion der Entscheidungskomplexität sind dabei Planungselemente des

---

[1188] Zur Vertiefung sei auf die Arbeiten von CARLOPIO zu Strategieprototypen, von MARTIN zu Strategie als iteratives Prototyping sowie von WULF ET AL. zum Konzept der *„Core Strategy“* verwiesen. Hierzu vgl. Martin (2014), Iterative Prototyping, S. 1f.; Carlopio (2010), Design, S. 122; Wulf et al. (2013), Strategic Planning, S. 61.

synoptischen sowie inkrementalen Ansatzes zu verbinden. Schließlich gilt es zur Operationalisierung der Anforderung nach Reduktion des Anwendungsaufwandes eine verringerte Zykluszeit mit der gebotenen Sorgfalt bei der Vorbereitung strategischer Entscheidungen anwenderspezifisch zu balancieren. In Summe muss das Vorgehensmodell somit den Anwender und seine Erfahrung in den Mittelpunkt stellen und diese mittels geeigneter Mechanismen gewinnbringend zur Steuerung der Methodik einbringen.

B. Charakterisierungsmodell

Anhang 1: Zusammenfassung von Instrumenten des normativen Managements[1189]

Instrumente	Quellen
Leitbild	• Welge, Al-Laham 2017 • Ant 2018 • Schuh, Kampker 2011
Vision	• Welge, Al-Laham 2017 • Hungenberg 2014 • David, David 2015 • Johnson et al. 2009 • Ant 2018 • Müller-Stewens 2016 • Schuh, Kampker 2011 • Kaplan, Norton 2009 • Bullinger 1994

1189 vgl. Welge et al. (2017), Management, S. 200ff.; Ant (2018), Effizientes Management, S. 163ff.; Kampker et al. (2011), Unternehmensstruktur, S. 208ff.; Hungenberg (2014), Management, S. 25ff.; David, David (2015), Strategic Management, S. 170ff.; Johnson et al. (2008), Corporate Strategy, S. 163ff.; Müller-Stewens, Lechner (2016), Management, S. 221ff.; Kaplan et al. (2009), Strategieprozess, S. 55ff.; Bullinger (1994), Technologiemanagement, S. 79ff.; Wheelen, Hunger (2012), Business Policy, S. 48ff.

Instrumente (fortgesetzt)	Quellen (fortgesetzt)
Mission	• Welge, Al-Laham 2017 • Hungenberg 2014 • David, David 2015 • Wheelen, Hunger 2012 • Johnson et al. 2009 • Ant 2018 • Müller-Stewens 2016 • Kaplan, Norton 2009
Ziele	• Welge, Al-Laham 2017 • Hungenberg 2014 • Wheelen, Hunger 2012 • Johnson et al. 2009 • Ant 2018 • Müller-Stewens 2016 • Schuh, Kampker 2011
Werte	• Johnson et al. 2009 • Müller-Stewens 2016 • Kaplan, Norton 2009
Unternehmensverfassung	• Hungenberg 2014 • Schuh, Kampker 2011 • Bullinger 1994
Unternehmenskultur	• Welge, Al-Laham 2017 • Hungenberg 2014 • David, David 2015 • Wheelen, Hunger 2012 • Schuh, Kampker 2011 • Bullinger 1994

Instrumente (fortgesetzt)	Quellen (fortgesetzt)
Unternehmenspolitik	• Welge, Al-Laham 2017 • Schuh, Kampker 2011 • Bullinger 1994
Unternehmens- und Managementphilosophie	• Schuh, Kampker 2011

C. Analysemodell

C.1 Unternehmensanalyse

Anhang 2: Übersicht von Modellen des Organisationsdesigns (Auszug)[1190]

Autoren	Dimensionen	
Burke, Litwin (1992)	Transformational Factors	Transactional Factors
	External Environment, Mission and Strategy, Leadership, Organizational Culture, Individual and Organizational Performance	*Structure, Management Practices, Systems, Work Unit Climate, Tasks and Individual Skills, Motivation, Individual Needs and Values, Individual and Organizational Performance*
Kates, Galbraith (2007)	Strategy, Capabilities, People, Structure, Rewards, Processes	
Neilson, Estupiñán et al. (2015)	Formal Elements	Informal Elements
	Norms, Commitments, Mind-Sets, Networks	*Decisions, Motivators, Information, Structure*

1190 vgl. Burke, Litwin (1992), Causal Model, S. 528ff.; Kates, Galbraith (2007), Organization, S. 3; Neilson et al. (2015), Organization Design; Tollman et al. (2016), Smart Design, S. 7; Waterman et al. (1980), Structure, S. 18; Weisbord (1976), Organizational Diagnosis, S. 432

Autoren (fortgesetzt)	Dimensionen (fortgesetzt)	
Tollman, Toma et al. (2016)	*Organizational Structure, Roles and Responsibilities, Individual Talent, Organizational Enablers*	
Waterman, Peters et al. (1980)	Hard S	Soft S
	Structure, Strategy, Systems,	*Superordinate Goals, Skills, Style, Staff*
Weisbord (1976)	*Leadership, Purposes, Relationships, Structure, Helpful Mechanisms, Rewards*	

C.2 Umfeldanalyse

Anhang 3: Dimensionen und Aspekte der PESTEL-Analyse[1191]

Dimension	Erläuterung	Beispiele
Politisch	Einflussfaktoren der Umweltsphäre „*Politik*"	• Stabilität • Mehrheitsverhältnisse • …
Ökonomisch	Einflussfaktoren der Umweltsphäre „*Wirtschaft*"	• Wechselkurse • Wachstum • …
Gesellschaftlich	Einflussfaktoren der Umweltsphäre „*Gesellschaft*"	• Demographie • Wohlstand • …
Technologisch	Einflussfaktoren der Umweltsphäre „*Technologie*"	• Fortschritt • Innovation • …

[1191] vgl. Johnson et al. (2017), Exploring Strategy, S. 34ff.; Pillkahn (2008), Scenarios, S. 419

Dimension (fortgesetzt)	Erläuterung (fortgesetzt)	Beispiele (fortgesetzt)
Ökologisch	Einflussfaktoren der Umweltsphäre „*Natur*“	• Artenschutz • Klimaerwärmung • …
Rechtlich	Einflussfaktoren der Umweltsphäre „*Recht*“	• Gesetzgebung • Patente • …

C.3 Vorausschau

Anhang 4: Methoden der quantitativen und qualitativen Prognose[1192]

Art	Methodencluster & Verfahren	
Quantitative Prognose	Trendextrapolation	
	Theorien & Gesetze	Berechnungen
		Simulationen
	Regression	Einfache Regression
		Multiple Regression
		Ökonometrische Modelle
	Lebenszyklusanalyse	
	Input-Output-Analyse	
	Virtuelle Börsen	
Qualitativ-quantitative Prognose	Futurologie	3P-Methode
	Roadmaps	
	Patentanalyse	
	Cross-Impact-Analyse	

[1192] vgl. Welge et al. (2017), Management, S. 420ff.; Geissler, Krys (2013), Challenges, S. 36f.; Hungenberg (2014), Management, S. 173ff.; Pillkahn (2008), Scenarios, 196-164; Bircher (1976), Unternehmungsplanung, S. 186ff.

Art (fortgesetzt)	Methodencluster & Verfahren (fortgesetzt)	
Qualitative Prognose	Explorativ	Delphi-Methode
		Szenarien
		Historische Analogien
		Historische Muster
		Morphologie
		Schwache Signale
		Brainstorming
	Normativ	Relevanzbaum
		Systemanalyse

Anhang 5: Spezifikation des Szenariotyps für die Vorausschau[1193]

Kriterium	Szenariotypen	Eignung
Problemstellung	Entscheidungsprojekte	Wenig geeignet
	Orientierungsprojekte	Gut geeignet
Lenkbarkeit	Umfeldorientierte Szenarien	Gut geeignet
	Lenkungsorientierte Szenarien	Wenig geeignet
Ausgangspunkt	Antizipative Szenarien	Wenig geeignet
	Explorative Szenarien	Gut geeignet
Zielgerichtetheit	Deskriptive Szenarien	Gut geeignet
	Normative Szenarien	Wenig geeignet
Organisationsform	Extern Szenarioprojekte	Mäßig geeignet
	Interne Szenarioprojekte	Wenig geeignet
Beschaffenheit	Situationsszenarien	Gut geeignet
	Prozessszenarien	Mäßig geeignet
Inhaltliche Ausrichtung	Extremszenarien	Mäßig geeignet
	Trendszenarien	Mäßig geeignet
Zeithorizont	Langfristige Szenarien	Gut geeignet
	Kurzfristige Szenarien	Mäßig geeignet
Eintrittswahr-scheinlichkeiten	Projektionen	Gut geeignet
	Vorhersagen	Nicht geeignet

1193 i. A. a. Gomeringer (2007), Technologieplanung, S. 76; Gausemeier et al. (1996), Szenario-Management, S. 103f.

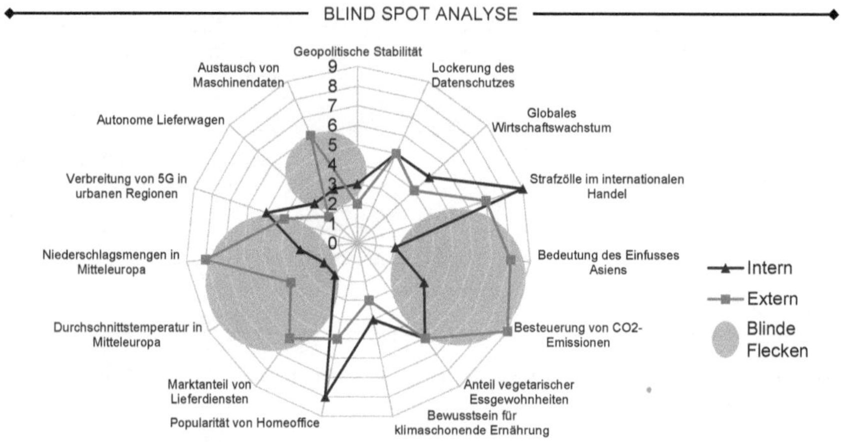

Anhang 6: Blind Spot Analyse von exemplarischen Einflussfaktoren[1194]

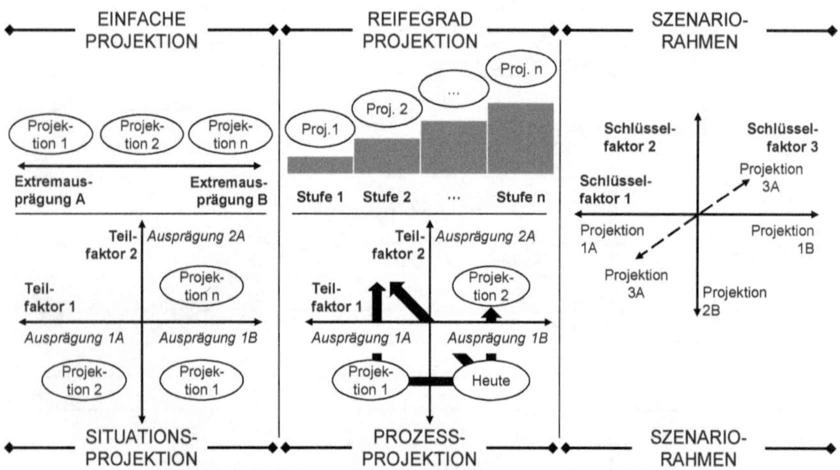

Anhang 7: Modelle der Projektionsbildung für einen Szenariorahmen[1195]

[1194] i. A. a. Wulf et al. (2013), Strategic Planning, S. 55

[1195] i. A. a. Gomeringer (2007), Technologieplanung, S. 81; Wulf et al. (2013), Strategic Planning, S. 58f.

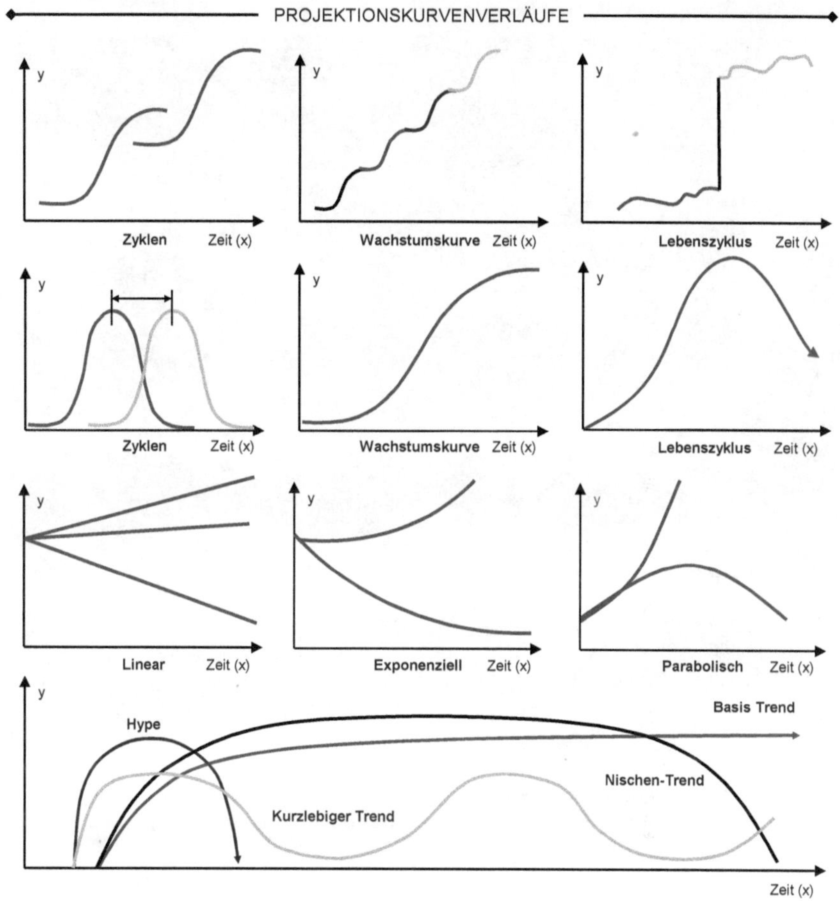

Anhang 8: Mögliche Kurvenverläufe bei der Projektion von Einflussfaktoren[1196]

[1196] i. A. a. Pillkahn (2008), Scenarios, S. 133

C.4 Handlungsbedarfe und Problemstellung

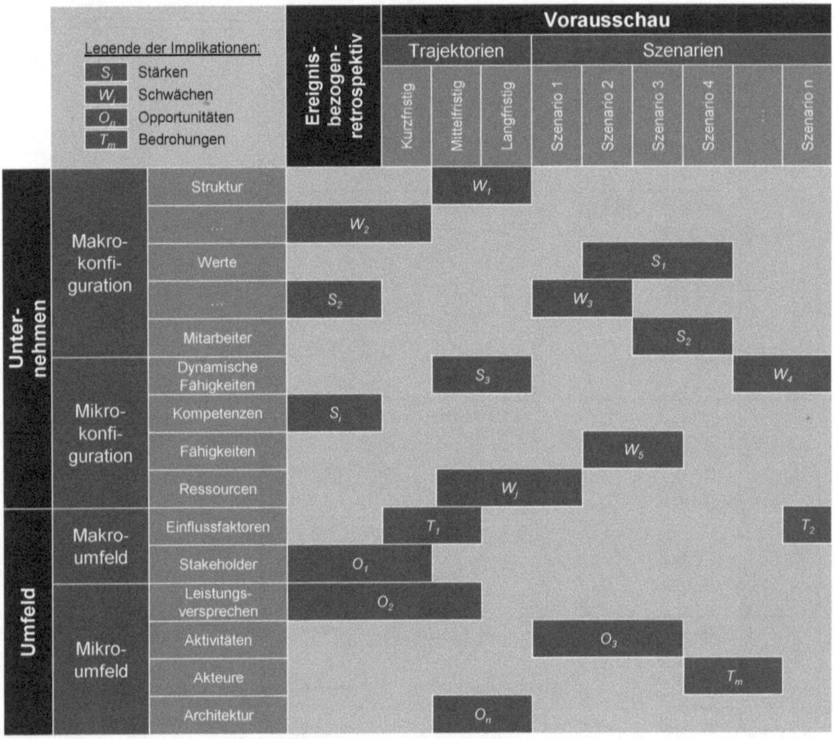

Anhang 9: Exemplarische Struktur für die Zusammenfassung der Implikationen aus dem Explorationsmodus[1197]

[1197] i. A. a. Reymann (2013), Strategieentwicklung, S. 113; Wenzelmann (2009), Strategieoptionen, S. 110f.

C.5 Option Due Diligence

Anhang 10: Zusammenfassung von Analysedimensionen und -aspekten relevanter Due Diligence Ansätze[1198]

Ansatz	Analysebereiche	Analyseaspekte
Adolph, Gilles et al. 2006 (Strategic Due Diligence)	Markt	Segmente, Größe, Wachstum, Trends, Kundenbedürfnisse, dominante Geschäftsmodelle
	Wettbewerber und Technologien	Positionierung, Werteversprechen, strategische Initiativen, Technologietrends, Reaktion der Wettbewerber
	Fertigkeiten	Interne Analyse, Validierung der Existenz, Synergien
	Geschäftsplan	Analyse von Umsätzen, Kosten und Finanzierung, Investitionsplan, Benchmarking, Synergien
	Stresstest	Schwachstellenanalyse, Fundierung der Strategie, Fähigkeit zur Implementierung in gegebener Zeit, Marketingstrategie
	Zusammenfassung	Trends, strategische Problemstellungen, Positionierungshypothesen, Unsicherheiten, Sinnhaftigkeit der Transaktion
Niederdrenk 2017 (Commercial Due Diligence)	Geschäftsmodell	Leistungsversprechen, strategische Gruppe, Erfolgsfaktoren, Umsätze, Margen, Saisonalität, Zyklizität
	Markt	Relevanter Markt, Segmente, Markttreiber, Marktvolumen, Preisniveau, Preisentwicklung
	Kunden	Kundengruppen, Konzentration, Abhängigkeiten, Kundenbeziehung, Dauer, Einkaufsprozess
	Wettbewerb	Wettbewerber, Marktposition, Wettbewerbsintensität, Finanzposition, relatives Wachstum, Wettbewerbsvorteile, Trends
	Geschäftsplan	Planungskompetenz, Geschäftsjahr, Umsatzplanung und -validierung, Synergien
	Risiko	Stärken, Schwächen, Chancen, Gefahren

[1198] vgl. Adolph et al. (2006), Strategic Due Diligence, S. 22f.; Niederdrenk (2017), Commercial Due Diligence, S. 2f.; Howson (2006), Commercial Due Diligence, S. vf.; Schuh et al. (2019), Due Diligence, S. 643ff.; Lafley et al. (2012), Science to Strategy, S. 61

Ansatz (fgs.)	Analysebereiche (fortgesetzt)	Analyseaspekte (fortgesetzt)
Howson 2006 (Commercial Due Diligence)	Markt	Differenzierung, strategische Segmentierung, Produkte, Dienstleistungen, Volumen und Wachstum
	Industrie	Klassifizierung, Attraktivität, Vorausschau
	Kunden	Operative Segmentierung, Demographie, Psychographie, Kaufverhalten, situative Faktoren, Persönlichkeitsmerkmale
	Wettbewerbsvorteile	Ressourcen, Fähigkeiten, Nachhaltigkeit, Markenimage, Vertriebskanäle, IT-Infrastruktur, Industrielebenszyklus
	Wettbewerb	Ziele, Annahmen, Strategien, Fähigkeiten, Stärken und Schwächen, Reaktion
Schuh, Schöning et al. 2019 (Commercial-technological Due Diligence)	Produkte	Geschäftsfelder, Komponenten, Funktionen, Technologiefelder, Wissensgebiete
	Märkte	Kunden, Wettbewerber, Leistungsmerkmale
	Technologien	Technologische Basis, Technologiehebel, Technologiepotenzial
	Forschung & Entwicklung	Ziele, Prozesse, Strukturen, Verhalten, Methoden, Instrumente
	Produktion	Rapid Plant Assessment: Kundenzufriedenheit, Sicherheit, Ordnung, optisches Managementsystem, Planungssysteme, Raumnutzung, Logistik, Lager, Team, Wartung, Komplexität, Zulieferer, Qualität, …
	Synergiepotenziale	Rationalisierung, Technologien, Innovationen, Märkte, Finanzen
	Chancen & Risiken	Verifikation & Falsifikation, Szenarien, Sensitivitäten
Lafley, Martin 2012 (Validitätsframework)	Industrie	Segmentierung (Geografie, Produkt- und Serviceart, Kanal, Bedarfe, …), Struktur (Lieferanten, Käufer, Substitute, Rivalität, Neueinsteiger)
	Kundenwert	Kanäle (Marge, Umsatz Bedingungen, …), Konsumenten (Bedürfnisse, Anforderungen, …)
	Geschäftsmodell	Fähigkeiten (Entwicklung, Produktion, Marketing, …), Kosten (Position, Marke, …)
	Wettbewerb	Vorhersage (Reaktion, Robustheit, …)

Anhang 11: Werkzeugkoffer von Modellen und Methoden zur allgemeinen Analyse im Rahmen der Option Due Diligence[1199]

Name	Charakter[1200]	Umfang[1201]	Quelle für Vorgehensbeschreibung
ABC-Analyse	Mt	2	Dickie 1951; Cordts 1992
Analogie	Mt	1	Kreutzer 2018
Analytischer Hierarchieprozess	Mt	2	Saaty 1990
Argumentenbilanz	Mt	1	Bugdahl 1990
Backcasting	Mt	2	Dreborg 1996
Balanced Scorecard	Mt	2	Kaplan, Norton 1993
Befragung / Umfrage	Mt	2	Schumann 2019; Schnell et al. 2013
Benchmarking	Mt	2	Stapenhurst 2009; Töpfer 1997; Camp 1989

1199 vgl. Dickie (1951), ABC Analysis; Cordts, Lensing (1992), ABC-Analyse; Kreutzer (2018), Prognoseverfahren; Saaty (1990), Decision; Bugdahl (1990), Entscheidungsfindung; Dreborg (1996), Backcasting; Kaplan, Norton (1993), Balanced Scorecard; Schumann (2019), Umfrage; Schnell et al. (2013), Sozialforschung; Stapenhurst (2009), Benchmarking; Töpfer (1997) Benchmarking; Camp (1989), Benchmarking; Welge et al. (2017), Management; Luce, Tukey (1964), Conjoint Measurement; Green, Srinivasan (1978), Conjoint Analysis; Visser et al. (2005), Contextmapping;; Dalkey, Helmer (1963), Delphi Method; Sandkuhl et al. (2013), Unternehmensmodellierung; Probst, Gomez (1989), Vernetztes Denken; Breiman et al. (1998), Classification; Bogner (2002) Experteninterview; vgl. DIN Deutsches Insitut für Normung e.V. (1981), Norm 25 424 Teil 1; Edler et al. (2015), Fehlerbaumanalyse; Popper (2008), Foresight Methods; Domschke et al. (2015), Operations Research; Mishan, Quah (2007), Cost-Benefit; Levin, McEwan (2001), Cost-effectiveness; Backerra (2020) Kreativitätstechniken; Schawel, Billing (2018), Management Tools; Tschandl (2012) Umweltcontrolling; Hofer, Hofer (2012), Ökologische Bewertung; Zangemeister (2014), Nutzwertanalyse; Cox et al. (1979), Option Pricing; Black, Scholes (1973), Options; Kleppmann (2014), Statistische Versuchsplanung; Rowley, Slack (2004), Literature Review; Bircher (1976), Unternehmungsplanung; Backhaus et al. (2018), Analysemethoden; Macharzina (1995), Unternehmensführung; Liebl (1995), Simulation; Maertins (2019), Frühaufklärung; Gordon (1961), Synectics; Imboden, Koch (2003), Systemanalyse; Gausemeier, Plass (2014), Unternehmensgestaltung; Neusser (2011), Zeitreihenanalyse

1200 Legende der Werkzeugcharakterisierung: Modell (Md); Methode (Mt)

1201 Legende der Umfangscharakterisierung: einzelnes Werkzeug (1); Kombination einzelner Werkzeuge (2); Sammlung von Werkzeugen (3)

Name (fortgesetzt)	C.	U.	Quelle für Vorgehensbeschreibung (fortgesetzt)
Bewertungsmatrix	Mt	1	Bugdahl 1990
Checklisten	Mt	1	Welge, Al-Laham 2017
Conjoint Analyse	Mt	2	Luce, Tukey 1964; Green, Srinivasan 1978
Context Mapping	Mt	2	Visser, Stappers et al. 2005
Delphi-Studien	Mt	2	Dalkey, Helmer 1963
Dynamische Unternehmensmodellierung	Md	3	Sandkuhl, Wißotzski et al. 2013
Beeinflussungsmatrix	Mt	1	Probst, Gomez 1989
Entscheidungsbaum	Mt	1	Breiman, Friedman et al. 1998
Experteninterview	Mt	2	Bogner et al. 2002
Fehlerbaumanalyse	Mt	1	DIN 25424 1981; Edler, Soden et al. 2015
Foresight Methoden	Mt	3	Popper 2008
Graphentheorie	Md	2	Domschke et al. 2015
Kosten-Nutzen-Analyse	Mt	2	Mishan, Quah 2007
Kosten-Wirksamkeits-Analyse	Mt	2	Levin, McEwan 2001
Kreativitätstechniken	Mt	2	Backerra, Malorny et al. 2020
Logikbaum	Mt	1	Schawel, Billing 2018
Methoden der ökologischen Bewertung	Mt	2	Hofer, Hofer 2012
Nutzwertanalyse	Mt	2	Zangemeister 2014
Optimierungsmodelle	Md	3	Domschke et al. 2015
Optionspreistheorie	Md	2	Cox et al. 1979; Black, Scholes 1973
Paarweiser Vergleich	Mt	1	Kleppmann 2014
Publikationsanalyse	Mt	2	Rowley, Slack 2004
Qualitative Prognoseverfahren	Mt	2	Bircher 1976
Quantitative Prognoseverfahren	Mt	2	Bircher 1976
Regressionsanalysen	Mt	1	Backhaus, Erichson 2018

Name (fortgesetzt)	C.	U.	Quelle für Vorgehensbeschreibung (fortgesetzt)
Relevanzbaumanalyse	Mt	1	Macharzina 1995
Simulation	Mt	3	Liebl 1995
Strategische Frühaufklärungssysteme	Mt	3	Welge, Al-Laham 2017; Maertins 2019
Synektik	Mt	1	Gordon 1961
Systemanalytische Modelle	Md	2	Imboden, Koch 2003
Szenariotechnik	Mt	2	Gausemeier, Plass 2014
Trendextrapolation	Mt	1	Kreutzer 2018
Wechselwirkungsanalyse	Mt	1	Gordon 1968
Wirkungsnetz	Mt	1	Probst, Gomez 1989
Zeitreihenanalyse	Mt	1	Neusser 2011

Anhang 12: Werkzeugkoffer von Modellen und Methoden zur Analyse von Organisationen im Rahmen der Option Due Diligence[1202]

Name	Charakter[1203]	Umfang[1204]	Quelle für Vorgehensbeschreibung
Analyse der Unternehmens-fähigkeiten	Mt	3	Gallon, Stillman et al. 1995; Armistead, Clark 1993; Porter 2013, Volck 1997; Esser 1994; Edge, Klein et al. 1995
Analyse der Funktionen	Mt	3	Höhne 2013; Schuh, Schöning et al. 2019
Analyse der Ressourcen	Mt	2	Hofer, Schendel 1978; Pümpin 1992
Bilanzanalyse	Mt	2	Lachnit, Müller 2017

1202 vgl. Gallon et al. (1995), Core Competency; Armistead, Clark (1993), Mapping; Porter (2013), Wettbewerbsstrategie; Volck (1997), Wertkette; Esser (1994), Instrument; Edge et al. (1995), Technologiekompetenz; Höhne (2013), Operational Due Diligence; Schuh et al. (2019), Due Diligence; Hofer, Schendel (1978), Strategy Formulation; Pümpin (1992), Erfolgspositionen; Lachnit, Müller (2017), Bilanzanalyse; Osterwalder, Pigneur (2013), Generation; Schwarz (2009), Business Wargaming; Kurtz (2003), Business Wargaming; Hungenberg (2014), Management; Kreilkamp (1987), Strategisches Management; Calof, Wright (2008), Intelligence; Bose (2008), Intelligence; Gomeringer (2007), Technologieplanung; Krech (1998), Erfahrungskurvenanalyse; Kerth et al. (2015), Strategietools; Wacker (1980), Erfahrungskurve; Uskova, Schuster (2020), Finanzplanung; Meffert et al. (2015), Marketing; Abell (1980), Defining; Miller, Blair (2009), Input-Output; Götze (2014), Investitionsrechnung; Coenenberg et al. (2016), Jahresabschluss; Kolks (1990), Strategieimplementierung; Hamel, Prahalad (2010), Competing; Müller-Stewens, Lechner (2016), Management; Ensthaler, Strübbe (2006), Patentbewertung; Daim et al. (2006), Forecasting; Schuh et al. (2011), Technologieplanung; Willyard, McClees (1987), Roadmap Process; Groenveld (1997), Roadmapping; Goodson (2002), Fabrik; Romeike (2018), Risikomanagement; Albright, Kappel (2003), Roadmapping; Rosenhead (2010), Robustness Analysis; Rosenhead (2013), Robustness Analysis; Bennett (1997), Business Environment; Müller-Stewens (1990), Suchfeldanalyse; Iansiti, Levien (2004), Keystone Advantage; Gälweiler (1987), Unternehmensführung; Pickton, Wright (1998), SWOT; Lynch (2006), Corporate Strategy; Ealey, Troyano-Bermúdez (1996), Automobiles; Phaal et al. (2004), Technology Roadmapping; Haag et al. (2011), Technologiebewertung; Eversheim et al. (1996), Technologiekalender; Schallmo (2013), Geschäftsmodell-Innovation; Pfeiffer, Dögl (1990), Technologie-Portfolio; Sackmann (2017), Unternehmenskultur; Nielsen (1994), Usability Engineering; Nielsen (1995), Usability Inspection; Nielsen, Molich (1990), Heuristic Evaluation; Rupp et al. (2007), UML 2; Brandenburger, Nalebuff (1995), Right Game; Brandenburger, Nalebuff (1998), Co-opetition; Lawrenz et al. (2003), Site Visits; Mun (2002), Real Options; Grant (2019), Contemporary; Nowak (2003), Unternehmensbewertung; Esser (1989), Wertkette; Schlink (2019), Wirtschaftlichkeitsrechnung

1203 Legende der Werkzeugcharakterisierung: Modell (Md); Methode (Mt)

1204 Legende der Umfangscharakterisierung: einzelnes Werkzeug (1); Kombination einzelner Werkzeuge (2); Sammlung von Werkzeugen (3)

Name (fortgesetzt)	C.	U.	Quelle für Vorgehensbeschreibung (fortgesetzt)
Business Model Canvas	Mt	2	Osterwalder 2013
Business Wargaming	Mt	2	Schwarz 2009; Kurtz 2003; Hungenberg 2014
Cash Flow Analyse	Mt	1	Lachnit & Müller 2017
Chancen-Gefahren-Analyse	Mt	2	Kreilkamp 1987; Pümpin 1992
Competitive Intelligence	Md	3	Calof, Wright 2008; Bose 2008
Diversifikationsanalyse	Mt	2	Gomeringer 2007
Erfahrungskurvenanalyse	Mt	1	Krech 1998, Kerth et al. 2015; Wacker 1980
Finanzierungsanalyse	Mt	2	Uskova, Schuster 2020
GAP-Analyse	Mt	2	Welge, Al-Laham 2017
Geschäftsfeldsegmentierung	Mt	2	Meffert 2015; Abell 1980
Gewinn- und Verlustrechnung	Mt	2	Lachnit, Müller 2017
Input-/Output-Analyse	Mt	1	Miller, Blair 2009
Investitionsanalyse	Mt	2	Höhne 2013; Uskova, Schuster 2020
Investitionsrechnungs-verfahren	Mt	2	Götze 2014
Jahresabschlussanalyse	Mt	2	Coenenberg et al. 2016
Kompatibilitätsmatrix	Mt	1	Kolks 1990
Kompetenz-Produkt-Matrix	Mt	1	Hamel, Prahalad 2010; Welge, Al-Laham 2017
Lieferantenanalyse	Mt	2	Müller-Stewens 2016
Operations Footprint Analyse	Mt	2	Höhne 2013
Patentanalyse	Mt	2	Ensthaler, Strübbe 2006; Daim et al. 2006
Portfolio-Analysen	Mt	2	Welge, Al-Laham 2017
Produkt-Roadmaps	Mt	2	Schuh, Klappert et al. 2011
Produkt-Technologie-Roadmaps	Mt	2	Willyard, McClees 1987; Groenveld 1997
Produktivitätsanalyse	Mt	2	Höhne 2013
Rapid Plant Assessment	Mt	2	Schuh, Schöning et al. 2019; Goodson 2002

Name (fortgesetzt)	C.	U.	Quelle für Vorgehensbeschreibung (fortgesetzt)
Revenue Stream Analyse	Mt	2	Hungenberg 2014; Ealey, Troyano-Bermudez 1996
Risikomanagement / Risikoanalyse	Mt	2	Romeike 2018; Hungenberg 2014
Roadmapping	Mt	2	Albright, Kappel 2003
Robustheitsanalyse	Mt	2	Rosenhead 2010, 2013
Stakeholder-Analyse / Stakeholder Map	Mt	2	Bennett 1997
Stärken-Schwächen-Analyse	Mt	3	Welge, Al-Laham 2017
Strategische Suchfeldanalyse	Mt	2	Müller-Stewens 1990
Strategisches Ökosystem Portfolio	Mt	2	Iansiti, Levien 2004
Substitutionsanalyse	Mt	2	Kerth et al. 2015; Gälweiler 1987
SWOT-Analyse	Mt	2	Pickton, Wright 1998; Lynch 2006
Technologie Roadmaps	Mt	2	Phaal, Farrukh et al. 2004; Schuh, Klappert 2011
Technologieanalyse / Technologiebewertung	Mt	2	Gomeringer 2007; Höhne 2013; Haag, Schuh et al. 2011
Technologiekalender	Mt	1	Eversheim et al. 1996
Technologielandkarten	Mt	1	Schallmo 2020
Technologieportfolio-Analyse	Mt	2	Pfeiffer 1990
Unternehmenskultur-Analyse	Mt	2	Pümpin 1992; Sackmann 2017
Usability Analyse	Mt	1	Nielsen, Molich 1990, Nielsen 1994 &1995
Use-Case-Diagramm	Mt	1	Rupp, Queins 2012
Value Net	Md	2	Brandenburger, Nalebuff 1995, 1996
Werksbesichtigung	Mt	2	Höhne 2013; Lawrenz et al. 2003
Wertanalysen (DCF-, EVA-Methode, Realoptionsansatz)	Mt	3	Mun 2002; Grant 2019; Nowak 2003
Wertkettenanalyse	Mt	3	Porter 1985, Volck 2013; Esser 1989
Wirtschaftlichkeitsrechnung	Mt	2	Schlink 2019

Anhang 13: Werkzeugkoffer von Modellen und Methoden zur Analyse von Werteversprechen im Rahmen der Option Due Diligence[1205]

Name	Charakter[1206]	Umfang[1207]	Quelle für Vorgehensbeschreibung
Analyse strategischer Gruppen	Mt	2	Welge, Al-Laham 2017
Business Model Canvas	Mt	2	Osterwalder 2013
Customer Journey Analyse	Mt	2	Richardson 2010; Rosenbaum et al. 2017
Geschäftsfeldsegmentierung	Mt	2	Meffert 2015; Abell 1980
Kompetenz-Produkt-Matrix	Mt	1	Hamel, Prahalad 2010; Welge, Al-Laham 2017
Lead User Analyse	Mt	2	Urban, von Hippel 1988
Lebenszyklusanalysen (Produkt-, Markt-, Kondratjew-, Branchen-, Technologielebenszyklus)	Mt	2	Abernathy, Utterback 1978; Day 1981, Anderson, Zeithaml 1984, Kreilkamp 1987; Korotayev, Tsirel 2010; Porter 1998, Kreilkamp 1987; Welge, Al-Laham 2017; Sommerlatte, Deschamps 1986
Substitutionsanalyse	Mt	2	Kerth et al. 2015; Gälweiler 1987
SWOT-Analyse	Mt	2	Pickton, Wright 1998; Lynch 2006
Use-Case-Diagramm	Mt	1	Rupp, Queins 2012
Value Proposition Canvas	Mt	2	Osterwalder et al. 2014

1205 vgl. Welge et al. (2017), Management; Osterwalder, Pigneur (2013), Generation; Richardson (2010), Customer Journey; Rosenbaum et al. (2017), Customer Journey; Meffert et al. (2015), Marketing; Abell (1980), Defining; Hamel, Prahalad (2010), Competing; Urban, Hippel (1988), Lead User; Abernathy, Utterback (1978), Patterns; Day (1981), Life Cycle; Anderson, Zeithaml (1984), Stages; Kreilkamp (1987), Strategisches Management; Korotayev, Tsirel (2010), Spectral Analysis; Porter (1998), Competitive Advantage; Sommerlatte, Deschamps (1986), Technologien; Kerth et al. (2015), Strategietools; Gälweiler (1987), Unternehmensführung; Pickton, Wright (1998), SWOT; Lynch (2006), Corporate Strategy; Rupp et al. (2007), UML 2; Osterwalder et al. (2014), Value Proposition

1206 Legende der Werkzeugcharakterisierung: Modell (Md); Methode (Mt)

1207 Legende der Umfangscharakterisierung: einzelnes Werkzeug (1); Kombination einzelner Werkzeuge (2); Sammlung von Werkzeugen (3)

Anhang 14: Werkzeugkoffer von Modellen und Methoden zur Analyse von Kunden im Rahmen der Option Due Diligence[1208]

Name	Charakter[1209]	Umfang[1210]	Quelle für Vorgehensbeschreibung
Analyse des Käuferverhaltens	Mt	2	Kreilkamp 1987; Meffert 2015
Analyse strategischer Gruppen	Mt	2	Welge, Al-Laham 2017
Branchenstrukturanalyse	Mt	3	Dobbs 2014; Porter 2013
Business Model Canvas	Mt	2	Osterwalder 2013
Chancen-Gefahren-Analyse	Mt	2	Kreilkamp 1987; Pümpin 1992
Customer Journey Analyse	Mt	2	Richardson 2010; Rosenbaum et al. 2017
Erweiterte Branchenanalyse	Mt	3	Hungenberg 2014
Geschäftsfeldsegmentierung	Mt	2	Meffert 2015; Abell 1980
Kundenumfragen und „*Voice of the Customer*"	Mt	2	Griffin, Hauser 1993; Meyer, Schwager 2007
Kundenzufriedenheitsanalyse	Mt	1	Hahn 2002

1208 vgl. Kreilkamp (1987), Strategisches Management; Meffert et al. (2015), Marketing; Welge et al. (2017), Management; Dobbs (2014), Guidelines; Porter (2013), Wettbewerbsstrategie; Osterwalder, Pigneur (2013), Generation; Pümpin (1992), Erfolgspositionen; Richardson (2010), Customer Journey; Rosenbaum et al. (2017), Customer Journey; Hungenberg (2014), Management; Abell (1980), Defining; Griffin, Hauser (1993), Voice; Meyer, Schwager (2007), Customer Experience; Hahn (2002), Kundenzufriedenheitsanalyse; Urban, Hippel (1988), Lead User; Abernathy, Utterback (1978), Patterns; Day (1981), Life Cycle; Anderson, Zeithaml (1984), Stages; Korotayev, Tsirel (2010), Spectral Analysis; Porter (1998), Competitive Advantage; Sommerlatte, Deschamps (1986), Technologien; Gadiesh, Gilbert (1998), Map; Gadiesh, Gilbert (1998), Profit Pools; Romeike (2018), Risikomanagement; Schuh et al. (2011), Grundlagen; Liu (2010), Sentiment Analysis; Höhne (2013), Operational Due Diligence; Bartholomae (2020) Spieltheorie; Bennett (1997), Business Environment; Müller-Stewens (1990), Suchfeldanalyse; Iansiti, Levien (2004), Keystone Advantage; Pickton, Wright (1998), SWOT; Lynch (2006), Corporate Strategy; Gomeringer (2007), Technologieplanung; Rupp et al. (2007), UML 2; Brandenburger, Nalebuff (1995), Right Game; Brandenburger, Nalebuff (1998), Co-opetition

1209 Legende der Werkzeugcharakterisierung: Modell (Md); Methode (Mt)

1210 Legende der Umfangscharakterisierung: einzelnes Werkzeug (1); Kombination einzelner Werkzeuge (2); Sammlung von Werkzeugen (3)

Name (fortgesetzt)	C.	U.	Quelle für Vorgehensbeschreibung (fortgesetzt)
Lead User Analyse	Mt	2	Urban, von Hippel 1988
Lebenszyklusanalysen (Produkt-, Markt-, Kondratjew-, Branchen-, Technologielebenszyklus)	Mt	2	Abernathy, Utterback 1978; Day 1981, Anderson, Zeithaml 1984, Kreilkamp 1987; Korotayev, Tsirel 2010; Porter 1998, Kreilkamp 1987; Welge, Al-Laham 2017; Sommerlatte, Deschamps 1986
Profit-Pool-Analyse	Mt	1	Gadiesh, Gilbert 1998
Risikomanagement / Risikoanalyse	Mt	2	Romeike 2018; Hungenberg 2014
S-Kurven-Modell	Md	1	Schuh, Klappert et al. 2011
Sentiment Analyse	Mt	1	Liu 2010
Share of Wallet Analyse	Mt	1	Höhne 2013
Spieltheoretische Modelle	Md	3	Bartholomae, Wiens 2020
Stakeholder-Analyse / Stakeholder Map	Mt	2	Bennett 1997
Strategische Suchfeldanalyse	Mt	2	Müller-Stewens 1990
Strategisches Ökosystem Portfolio	Mt	2	Iansiti, Levien 2004
SWOT-Analyse	Mt	2	Pickton, Wright 1998; Lynch 2006
Umfeldprognose	Mt	2	Gomeringer 2007
Use-Case-Diagramm	Mt	1	Rupp, Queins 2007
Value Net	Md	2	Brandenburger, Nalebuff 1995, 1996

Anhang 15: Werkzeugkoffer von Modellen und Methoden zur Analyse von Märkten im Rahmen der Option Due Diligence[1211]

Name	Charakter[1212]	Umfang[1213]	Quelle für Vorgehensbeschreibung
Analyse strategischer Gruppen	Mt	2	Welge, Al-Laham 2017
Branchenemergenz	Md	2	Phaal, O'Sullivan 2011
Branchenstrukturanalyse	Mt	3	Dobbs 2014; Porter 2013
Business Model Canvas	Mt	2	Osterwalder 2013
Chancen-Gefahren-Analyse	Mt	2	Kreilkamp 1987; Pümpin 1992
Erweiterte Branchenanalyse	Mt	3	Hungenberg 2014
Geschäftsfeldsegmentierung	Mt	2	Meffert 2015; Abell 1980
Input-/Output-Analyse	Mt	1	Miller, Blair 2009
Kompetenz-Produkt-Matrix	Mt	1	Hamel & Prahalad 2010; Welge, Al-Laham 2017

1211 vgl. Welge et al. (2017), Management; Phaal et al. (2011), Industrial Emergence; Dobbs (2014), Guidelines; Porter (2013), Wettbewerbsstrategie; Osterwalder, Pigneur (2013), Generation; Kreilkamp (1987), Strategisches Management; Pümpin (1992), Erfolgspositionen; Hungenberg (2014), Management; Meffert et al. (2015), Marketing; Abell (1980), Defining; Miller, Blair (2009), Input-Output; Hamel, Prahalad (2010), Competing; Abernathy, Utterback (1978), Patterns; Day (1981), Life Cycle; Anderson, Zeithaml (1984), Stages; Korotayev, Tsirel (2010), Spectral Analysis; Porter (1998), Competitive Advantage; Sommerlatte, Deschamps (1986), Technologien; Gadiesh, Gilbert (1998), Map; Gadiesh, Gilbert (1998), Profit Pools; Romeike (2018), Risikomanagement; Schuh et al. (2011), Grundlagen; Müller-Stewens (1990), Suchfeldanalyse; Kerth et al. (2015), Strategietools; Gälweiler (1987), Unternehmensführung; Pickton, Wright (1998), SWOT; Lynch (2006), Corporate Strategy; Gomeringer (2007), Technologieplanung

1212 Legende der Werkzeugcharakterisierung: Modell (Md); Methode (Mt)

1213 Legende der Umfangscharakterisierung: einzelnes Werkzeug (1); Kombination einzelner Werkzeuge (2); Sammlung von Werkzeugen (3)

Name (fortgesetzt)	C.	U.	Quelle für Vorgehensbeschreibung (fortgesetzt)
Lebenszyklusanalysen (Produkt-, Markt-, Kondratjew-, Branchen-, Technologielebenszyklus)	Mt	2	Abernathy, Utterback 1978; Day 1981, Anderson, Zeithaml 1984, Kreilkamp 1987; Korotayev, Tsirel 2010; Porter 1998, Kreilkamp 1987; Welge, Al-Laham 2017; Sommerlatte, Deschamps 1986
Marktanalyse und -segmentierung	Mt	2	Meffert 2015
Portfolio-Analysen	Mt	2	Welge, Al-Laham 2017
Profit-Pool-Analyse	Mt	1	Gadiesh, Gilbert 1998
Risikomanagement/ Risikoanalyse	Mt	2	Romeike 2018; Hungenberg 2014
S-Kurven-Modell	Md	1	Schuh, Klappert et al. 2011
Strategische Suchfeldanalyse	Mt	2	Müller-Stewens 1990
Substitutionsanalyse	Mt	2	Kerth et al. 2015; Gälweiler 1987
SWOT-Analyse	Mt	2	Pickton, Wright 1998; Lynch 2006
Umfeldprognose	Mt	2	Gomeringer 2007

Anhang 16: Werkzeugkoffer von Modellen und Methoden zur Analyse des Wettbewerbs im Rahmen der Option Due Diligence[1214]

Name	Charakter[1215]	Umfang[1216]	Quelle für Vorgehensbeschreibung
Analyse strategischer Gruppen	Mt	2	Welge, Al-Laham 2017
Branchenstrukturanalyse	Mt	3	Dobbs 2014; Porter 2013
Business Model Canvas	Mt	2	Osterwalder 2013
Business Wargaming	Mt	2	Schwarz 2009; Kurtz 2003; Hungenberg 2014
Chancen-Gefahren-Analyse	Mt	2	Kreilkamp 1987; Pümpin 1992
Erweiterte Branchenanalyse	Mt	3	Hungenberg 2014
Konkurrenzanalyse	Mt	2	Porter 2013
Koopetitionsanalyse	Mt	2	Brandenburger, Nalebuff 1995, 1996

1214 vgl. Welge et al. (2017), Management; Dobbs (2014), Guidelines; Porter (2013), Wettbewerbsstrategie; Osterwalder, Pigneur (2013), Generation; Schwarz (2009), Business Wargaming; Kurtz (2003), Business Wargaming; Hungenberg (2014), Management; Kreilkamp (1987), Strategisches Management; Pümpin (1992), Erfolgspositionen; Brandenburger, Nalebuff (1995), Right Game; Brandenburger, Nalebuff (1998), Co-opetition; Abernathy, Utterback (1978), Patterns; Day (1981), Life Cycle; Anderson, Zeithaml (1984), Stages; Korotayev, Tsirel (2010), Spectral Analysis; Sommerlatte, Deschamps (1986), Technologien; Ensthaler, Strübbe (2006), Patentbewertung; Daim et al. (2006), Forecasting; Gadiesh, Gilbert (1998), Map; Gadiesh, Gilbert (1998), Profit Pools; Romeike (2018), Risikomanagement; Schuh et al. (2011), Grundlagen; Bartholomae (2020) Spieltheorie; Bennett (1997), Business Environment; Müller-Stewens (1990), Suchfeldanalyse; Iansiti, Levien (2004), Keystone Advantage; Pickton, Wright (1998), SWOT; Gomeringer (2007), Technologieplanung; Esser (1994), Instrument

1215 Legende der Werkzeugcharakterisierung: Modell (Md); Methode (Mt)

1216 Legende der Umfangscharakterisierung: einzelnes Werkzeug (1); Kombination einzelner Werkzeuge (2); Sammlung von Werkzeugen (3)

Name (fortgesetzt)	C.	U.	Quelle für Vorgehensbeschreibung (fortgesetzt)
Lebenszyklusanalysen (Produkt-, Markt-, Kondratjew-, Branchen-, Technologielebenszyklus)	Mt	2	Abernathy, Utterback 1978; Day 1981, Anderson, Zeithaml 1984, Kreilkamp 1987; Korotayev, Tsirel 2010; Porter 1998, Kreilkamp 1987; Welge, Al-Laham 2017; Sommerlatte, Deschamps 1986
Patentanalyse	Mt	2	Ensthaler, Strübbe 2006; Daim et al. 2006
Portfolio-Analysen	Mt	2	Welge, Al-Laham 2017
Profit-Pool-Analyse	Mt	1	Gadiesh, Gilbert 1998
Risikomanagement / Risikoanalyse	Mt	2	Romeike 2018; Hungenberg 2014
S-Kurven-Modell	Md	1	Schuh, Klappert et al. 2011
Spieltheoretische Modelle	Md	3	Bartholomae, Wiens 2020
Stakeholder-Analyse / Stakeholder Map	Mt	2	Bennett 1997
Strategische Suchfeldanalyse	Mt	2	Müller-Stewens 1990
Strategisches Ökosystem Portfolio	Mt	2	Iansiti, Levien 2004
SWOT-Analyse	Mt	2	Pickton, Wright 1998; Lynch 2006
Umfeldprognose	Mt	2	Gomeringer 2007
Value Net	Md	2	Brandenburger, Nalebuff 1995, 1996
Wettbewerbsanalyse	Mt	2	Kreilkamp 1987; Esser 1989

Anhang 17: Werkzeugkoffer von Modellen und Methoden zur Analyse von Rahmenbedingungen im Rahmen der Option Due Diligence[1217]

Name	Charakter[1218]	Umfang[1219]	Quelle für Vorgehensbeschreibung
Branchenstrukturanalyse	Mt	3	Dobbs 2014; Porter 2013
Chancen-Gefahren-Analyse	Mt	2	Kreilkamp 1987; Pümpin 1992
Erweiterte Branchenanalyse	Mt	3	Hungenberg 2014
Input-/Output-Analyse	Mt	1	Miller, Blair 2009
Issue-Impact-Matrix	Mt	1	Wilson 1983
Lebenszyklusanalysen (Produkt-, Markt-, Kondratjew-, Branchen-, Technologielebenszyklus)	Mt	2	Abernathy, Utterback 1978; Day 1981, Anderson, Zeithaml 1984, Kreilkamp 1987; Korotayev, Tsirel 2010; Porter 1998, Kreilkamp 1987; Welge, Al-Laham 2017; Sommerlatte, Deschamps 1986
Patentanalyse	Mt	2	Ensthaler, Strübbe 2006; Daim et al. 2006
Portfolio-Analysen	Mt	2	Welge, Al-Laham 2017

1217 vgl. Dobbs (2014), Guidelines; Porter (2013), Wettbewerbsstrategie; Kreilkamp (1987), Strategisches Management; Pümpin (1992), Erfolgspositionen; Hungenberg (2014), Management; Miller, Blair (2009), Input-Output; Wilson (1983), Benefits; Abernathy, Utterback (1978), Patterns; Day (1981), Life Cycle; Anderson, Zeithaml (1984), Stages; Korotayev, Tsirel (2010), Spectral Analysis; Welge et al. (2017), Management; Sommerlatte, Deschamps (1986), Technologien; Ensthaler, Strübbe (2006), Patentbewertung; Daim et al. (2006), Forecasting; Romeike (2018), Risikomanagement; Bennett (1997), Business Environment; Müller-Stewens (1990), Suchfeldanalyse; Iansiti, Levien (2004), Keystone Advantage; Pickton, Wright (1998), SWOT; Lynch (2006), Corporate Strategy; Gomeringer (2007), Technologieplanung; Brandenburger, Nalebuff (1995), Right Game; Brandenburger, Nalebuff (1998), Co-opetition

1218 Legende der Werkzeugcharakterisierung: Modell (Md); Methode (Mt)

1219 Legende der Umfangscharakterisierung: einzelnes Werkzeug (1); Kombination einzelner Werkzeuge (2); Sammlung von Werkzeugen (3)

Name (fortgesetzt)	C.	U.	Quelle für Vorgehensbeschreibung (fortgesetzt)
Risikomanagement / Risikoanalyse	Mt	2	Romeike 2018; Hungenberg 2014
Stakeholder-Analyse / Stakeholder Map	Mt	2	Bennett 1997
Strategische Suchfeldanalyse	Mt	2	Müller-Stewens 1990
Strategisches Ökosystem Portfolio	Mt	2	Iansiti, Levien 2004
SWOT-Analyse	Mt	2	Pickton, Wright 1998; Lynch 2006
Umfeldprognose	Mt	2	Gomeringer 2007
Value Net	Md	2	Brandenburger & Nalebuff 1995, 1996
Werkzeuge der Umweltanalyse	Mt	3	Welge & Al-Laham 2017

Anhang 18: Vereinfachte Zuordnung von Betrachtungsbereichen der Analyse anhand der primär und sekundär untersuchten Inhalte[1220]

System	Ebene	Rahmenbedingungen	Markt	Kunde	Leistungsangebot	Organisation	Wettbewerb
Unternehmen	Makrokonfiguration		Sekundär		Sekundär	Primär	
	Mikrokonfiguration				Sekundär	Primär	Sekundär
Umfeld	Makroumfeld	Primär					
	Mikroumfeld		Primär	Primär	Primär	Sekundär	Primär

[1220] vgl. Unterkapitel 4.2.1 bis Unterkapitel 4.2.5

C.6 Turbulenzanalyse

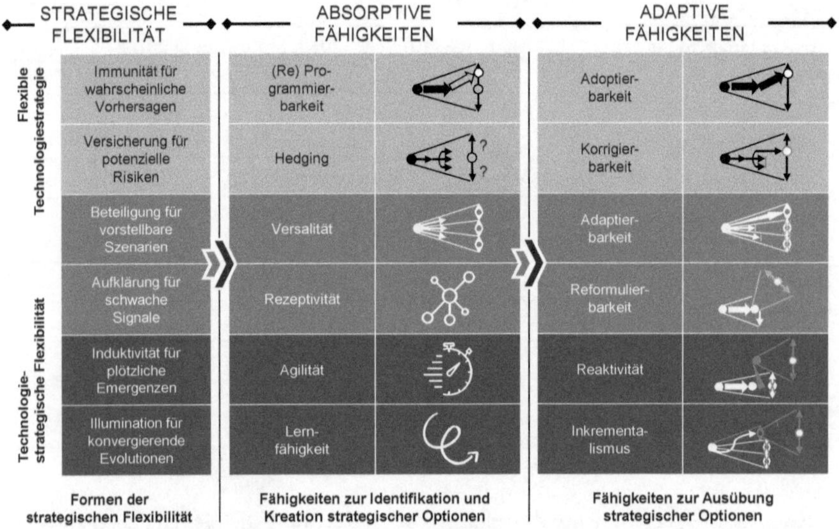

Anhang 19: **Umsetzung strategischer Flexibilität für einen differenzierten Umgang mit Manifestationen technologischer Turbulenz**[1221]

[1221] i. A. a. Fellner (2010), Strategic Flexibility, S. 243

D. Optionsmodell

D.1 Wettbewerbsstrategische Möglichkeiten

POSITIVE SYNERGIE

	Opportunitäten	Bedrohungen
Stärken	» *Höchste Priorität auf Opportunität* » *Priorität des Stärkenaufbaus erhöhen*	» *Priorität der Bedrohung reduzieren* » *Priorität des Stärkenaufbaus beibehalten*
Schwächen	» *Hohe Priorität auf Opportunität* » *Schwächen stärken*	» *Priorität der Bedrohung reduzieren* » *Schwächen stärken*

Stärken und Schwächen sind anwendbar für die Reaktion auf Bedrohungen und Opportunitäten

NEGATIVE SYNERGIE

	Opportunitäten	Bedrohungen
Stärken	» *Geringe Priorität auf Opportunität* » *Geringe Priorität auf Stärken*	» *Erhöhte Priorität auf Bedrohungen* » *Geringe Priorität auf Stärken*
Schwächen	» *Geringe Priorität auf Opportunität* » *Priorität auf Eleminierung rel. Schwäche*	» *Erhöhte Priorität auf Bedrohungen* » *Priorität auf Eleminierung rel. Schwäche*
Neue Fähigkeiten	» *Hohe Priorität auf den Aufbau neuer Stärken legen*	» *Hohe Priorität auf neue Stärken*

Weder Stärken noch Schwächen unterstützen die Reaktion auf Bedrohungen und Opportunitäten

Anhang 20: Eurequip-Matrix[1222]

BESTEHENDE ARBEITEN — DIESE ARBEIT

LAFLEY, MARTIN	HAMBRICK, FREDRICKSON	PÜMPIN	MÜLLER-STEWENS, LECHNER	**Referenzmodell & Legende**
Objectives, Goals, Winning Aspiration	*Mission & Objectives*	*Leitidee*	*Vision, Mission, Werte*	*Kernidee*
PlayingField	*Arenas*	*Leistungs- & Marktprioritäten*	*Marktstrategie (Positionierung)*	*Spielfeld*
Core Capabilities & Activitiy System	*Vehicles*	*Funktionale Grundsätze, Multiplikation*	*Wertschöpfung*	*Aktivitäten & Fähigkeiten*
Competitive Advantage, How to win	*Differentiators*	*SEP, Nutzenpotenziale*	*Wettbewerbsstrategie (Positionierung)*	*Wettbewerbsvorteile*
Manage what matters	*Staging*	*Zeitbezogenes Vorgehen*	*Taktiken (Positionierung), Veränderung*	*Verfahren*
How to win	*Economic Logic*			

Anhang 21: Referenzmodellierung von Bausteinen einer Strategie[1223]

1222 i. A. a. Ansoff (1979), Strategic Management, S. 442f.; Ansoff (1980), Issue Management, S. 145ff.

1223 i. A. a. Lafley, Martin (2013), Playing to Win, S. 14ff.; Hambrick, Fredrickson (2005), Strategy?, S. 54; Pümpin (1992), Erfolgspositionen, S. 120ff.; Müller-Stewens, Lechner (2016), Management, S. IXff.

AUTOREN	KERN EINER STRATEGIE				
Referenzmodell & Legende	*Kernidee*	*Spielfeld*	*Aktivitäten & Fähigkeiten*	*Wettbewerbs-vorteile*	*Verfahren*
HAMEL, PRAHALAD		*Customer, Channels, Competitors*	*Unique Skills & Capabilities*	*Competitive Advantage*	
HUNGEN-BERG		*Breite der Markt-bearbeitung*	*Art der Leistungs-erbringung*	*Wettbewerbs-vorteil*	
WELGE, AL-LAHAM		*Scope, Domain*	*Distinctive Competence*	*Competitive Advantage*	
RÜEGG-STÜRM		*Leistungsangebot, Wertschöpfung, Anspruchsgruppen*	*Kernkompetenzen, Kooperationsfelder, Wertschöpfung*	*(Implizit)*	

Anhang 22: Ableitung des Strategieprototyps als Kernelemente der Strategiebausteine[1224]

1224 i. A. a. Hamel, Prahalad (2010), Competing, S. 16f.; Hungenberg (2014), Management, S. 247; Welge et al. (2017), Management, S. 24; Rüegg-Stürm (2009), Management-Modell, S. 84

Anhang 23: Dominante Abgrenzungsmerkmale und -ausprägungen für das strategische Spielfeld[1225]

	Merkmal	Ausprägungen				
Markt	Marktgüter	Konsumgüter	Investitionsgüter			
Markt	Marktsegmente	Single-Segment	Multi-Segment	Gesamtmarkt		
Markt	Geografische Regionen[1226]	Lokal	Multi-Lokal	Global		
Markt	…	…	…	…		
Kunde	Kundenart	Konsumenten (B2C)	Unternehmen (B2B)	Institutionen (B2G)		
Kunde	Kundensegmente	Demographisch	Psychographisch	Verhaltensorientiert		
Kunde	Kundenbedürfnisse & -nutzen	Keine generischen Ausprägungen differenzierbar[1227]				
Kunde	Preisniveau	Keine generischen Ausprägungen differenzierbar				
Kunde	Vertriebskanäle	Single Channel	Multi-Channel	Omni-Channel		
Kunde	…	…	…	…		
Leistung	Leistungsangebot	Produkt	Dienstleistung	…		
Leistung	Produktkategorie	Keine generischen Ausprägungen differenzierbar				
Leistung	…	…	…	…		
Wertschöpf.	Architektur	Layer Player	Market Maker	Orchestrator	Integrator	
Wertschöpf.	Funktionsfokus	F&E	Produktion	Vertrieb	Instandhaltung	…
Wertschöpf.	…	…	…	…		

[1225] vgl. Lafley, Martin (2013), Playing to Win, S. 57; Müller-Stewens, Lechner (2016), Management, S. 248ff.; Hitt et al. (2009), Strategic Management, S. 101f.; Hungenberg (2014), Management, S. 75, S. 123f., S. 207, S. 247; David, David (2015), Strategic Management, S. 299ff.; Meffert et al. (2015), Marketing, S. 113ff., S. 190ff.; Carpenter, Sanders (2014), Strategic Management, S. 129; Belz (1997), Dienstleister, S. 50; vgl. Thommen, Achleitner (2012), Betriebswirtschaftslehre, S. 102; Hambrick, Fredrickson (2005), Strategy?, S. 53

[1226] Weitere geografische Segmentierungskriterien können bspw. die Populationsdichte oder das Klima sein. Hierzu vgl. Hungenberg (2014), Management, S. 125

[1227] Im Zusammenhang von Kundenbedürfnissen und -nutzen unterscheiden MEFFERT, BURMANN ET AL. eine Präferenz- von einer Preis-Mengen-Strategie. Dies erscheint jedoch für den vorliegenden Zweck zu unspezifisch, da dies gleichzeitig wettbewerbsstrategische Grundhaltungen beschreibt, welche im Rahmen des Wettbewerbsvorteils ausgeführt werden. Hierzu vgl. Meffert et al. (2015), Marketing, S. 286

Anhang 24: Strukturierung exemplarischer Wettbewerbsvorteile in der Literatur des strategischen Managements[1228]

Art	Autoren	Wettbewerbsvorteile durch oder in
Marktorientiert	Porter (1998)	• Kostenführerschaft • Differenzierung • Fokussierung
	Welge, Al-Laham (2017)	• Globale Reichweite • Produkten & Leistungen • Marktliches & außermarktliches Verhalten • Produkt- & Firmenmarken

	Hungenberg (2014)	• Differenzierung
		  • Qualität (Funktion, Haltbarkeit, Ästhetik, …)
		  • Service und Kundenbeziehung
		  • Markenimage
		  • Produktausstattung
		  • Zeit (Innovation, Geschwindigkeit)
		• Kostenführerschaft
		  • Kostenstruktur der Entwicklung, Produktion sowie Vermarktung
		  • Skaleneffekte
		  • Verbundeffekte
		  • Erfahrungseffekte

1228 vgl. Porter (1998), Competitive Advantage, S. 12ff.; Welge et al. (2017), Management, S. 340ff.; Hungenberg (2014), Management, S. 79ff.; Müller-Stewens, Lechner (2016), Management, S. 255ff.; Pümpin (1992), Erfolgspositionen, S. 31ff.; Schuh et al. (2011), Strategie, S. 93ff.; Grant (1991), Contemporary, S. 107; Barney (2001), Competitive Advantage, S. 647; Hamel, Prahalad (1990), Core Competence, S. 82ff.; Kay (1995), Corporate Success, S. 63ff.; Hax, Wilde (2001), Delta Model, S. 381ff.

Art (fgs.)	Autoren (fortgesetzt)	Wettbewerbsvorteile durch oder in (fortgesetzt)
Marktorientiert	Hax, Wilde (2001)	• Bestes Produkt: Preis- und Leistungsvorteil möglich • Individuelle Problemlösung: Enge Interaktion mit dem Kunden sowie überlegenes Wissen • Systemangebote: Ermöglichung bestmöglicher Produktnutzung durch Angebot eigener, komplementärer Leistungen

	Müller-Stewens, Lechner (2016)	• Schwerpunkt
		  • Kostenführerschaft
		  • Differenzierung
		  • Hybrid
		• Ort
		  • Branchenweit
		  • Spezifisch
		• Taktik
		  • Offensive (Frontal, Flanke, Umgehung, Guerilla)
		  • Defensive (Festung, Absicherung, Konfrontation, Rückzug)
		• Regeln
		  • Macher
		  • Nehmer
		  • Brecher

Art (fgs.)	Autoren (fortgesetzt)	Wettbewerbsvorteile durch oder in (fortgesetzt)
Ressourcenorientiert	Barney (2001)	• Einzigartige Ressourcen
	Prahalad, Hamel (1990)	• Nicht imitierbare und substituierbare Kompetenzen
	Grant (1991)	• Ausgestaltung des Geschäftssystems • Technologie • Produktdesign • Fertigung • Marketing • Vertrieb • Service
	Porter (1998)	• Aktivitäten der Wertkette • Eingangs- & Ausgangslogistik • Operationen • Marketing & Vertrieb • Kundendienst • Infrastruktur • Personalwirtschaft • Technologieentwicklung • Beschaffung
	Kay (1995)	• Unverwechselbare Fähigkeiten • Reputation • Architektur • Innovation • Strategische Assets • Natürliche Monopole • Opportunitätskosten • Exklusivität

Art (fgs.)	Autoren (fortgesetzt)	Wettbewerbsvorteile durch oder in (fortgesetzt)

Potenzialorientiert	Pümpin (1992)	• Auf Marktpotenzial ausgerichtete SEP
		  • Erkennen von Kundenbedürfnissen
		  • Erbringung qualitativ überlegener Marktleistungen
		  • Erbringung einer überlegenen Sortimentsleistung
		  • Image-Profilierung auf dem Markt
		  • Verfügbarkeit eines Distributionsnetzwerks
		• Auf Technologiepotenzial ausgerichtete SEP
		  • Technologiebeherrschung
		  • Innovationsfähigkeit
		• Auf Humanpotenzial ausgerichtete SEP
		  • Image als attraktiver Arbeitgeber
		  • Motivation
		  • Arbeitsbedingungen
		• Auf Finanzierungspotenzial ausgerichtete SEP
		  • Günstige Kapitalbeschaffung
		  • Realisierung von Finanztransaktionen
		• Auf Übernahme- & Restrukturierungspotenzial ausgerichtete SEP
		  • Akquisition von Drittfirmen
		  • Restrukturierung von Drittfirmen
		• Auf Kooperationspotenzial ausgerichtete SEP
		  • Keine generischen SEP beschrieben
		• Auf Beschaffungspotenzial ausgerichtete SEP
		  • Keine generischen SEP beschrieben

Art (fgs.)	Autoren (fortgesetzt)	Wettbewerbsvorteile durch oder in (fortgesetzt)

Potenzialorientiert	Pümpin (1992)	• Auf Kostensenkungspotenzial ausgerichtete SEP
		  • Produktivität
		  • Effizienz
		  • Kostendegression
		• Auf Organisationspotenzial ausgerichtete SEP
		  • Innovative Organisationsformen

	Schuh, Boos et al. (2011)	• Produktdesign- und Produkttechnologie • Marke, Image und Marktzugang • Produktion und Prozesstechnologie • Prozesskettenbeherrschung

Hybrid- und zeitorientiert	D'Aveni (1994/98)	• Vision zur Disruption
		  • Kundenbedürfnisse und -nutzen erfüllen
		  • Strategische Vorhersagen
		• Fähigkeiten zur Disruption
		  • Schnelles Agieren
		  • Überraschendes Agieren
		• Taktiken zur Disruption
		  • Ändern der Spielregeln
		  • Signalisieren
		  • Simultane & sequenzielle strategische Vorstöße

Anhang 25: Strukturierung von Kriterien zur Bewertung strategischer Alternativen[1229]

Dimensionen	Kriterien	Quellen
Machbarkeit	Realisierbarkeit („*Feasibility*“)	• Ant 2018 • Gomeringer 2007 • Hungenberg 2014 • Johnson et al. 2017 • Lynch 2006 • Thompson, Scott, Martin 2017 • Welge, Al-Laham et al. 2017 • Andrews 1987
	Reaktion des Wettbewerbs	• Porter 1998 • Andrews 1987
	Erreichbarkeit	• Gausemeier et al. 2017 • Reymann 2012
	Finanzierbarkeit	• Ant 2018 • Porter 1998
	Verfügbarkeit notwendiger Ressourcen	• Ant 2018
	Wertvorstellungen & Erwartungshaltungen	• Pümpin 1992 • Andrews 1987

[1229] vgl. Ant (2018), Effizientes Management, S. 153ff.; Gomeringer (2007), Technologieplanung, S. 115; Hungenberg (2014), Management, S. 275ff.; Johnson et al. (2017), Exploring Strategy, S. 374ff.; Lynch (2006), Corporate Strategy, S. 493ff.; Thompson et al. (2017), Strategic Management, S. 301ff.; Welge et al. (2017), Management, S. 736ff.; Andrews (1987), Corporate Strategy, S. 27ff.; Gausemeier et al. (2017), Unternehmensführung, S. 106; Reymann (2013), Strategieentwicklung, S. 120ff.; Porter (1998), Competitive Advantage, S. 181ff.; Pümpin (1992), Erfolgspositionen, S. 131ff.; Rüegg-Stürm, Grand (2017), Management-Modell, S. 184f.; Bachmann (2015), Logik, S. 150ff.

Dimensionen (fortgesetzt)	Kriterien (fortgesetzt)	Quellen (fortgesetzt)
Machbarkeit	Viabilität	• Ant 2018
Angemessenheit	Eignung („*Appropriateness & Suitibility*“)	• Thompson, Scott, Martin 2017 • Ant 2018 • Johnson et al. 2017 • Lynch 2006 • Andrews 1987
	Initiale Ausgangsposition	• Porter 1998
	Strategische Schlüsselfragen	• Pümpin 1992
	Robustheit	• Gomeringer 2007
Attraktivität	Attraktivität für Stakeholder	• Lynch 2006 • Rüegg-Stürm 2017 • Andrews 1987
	Attraktivität für Shareholder (Aktionärswert)	• Hungenberg 2014 • Pümpin 1992
	(Betriebswirtschaftliche) Attraktivität	• Gausemeier et al. 2017 • Reymann 2012
	Mittelflüsse (Discounted Cashflow & Economic Value Add)	• Hungenberg 2014 • Pümpin 1992
Attraktivität	Akzeptanz („*Acceptability*“)	• Ant 2018 • Johnson et al. 2017 • Andrews 1987

Dimensionen (fortgesetzt)	Kriterien (fortgesetzt)	Quellen (fortgesetzt)
Attraktivität	First-Mover Vorteile	• Porter 1998
	Einzigartigkeit	• Andrews 1987
	Kosten/Nutzen Relation	• Ant 2018
	Risk	• Johnson et al. 2017 • Lynch 2006 • Porter 1998 • Andrews 1987
Logik	Konsistenz (Fit, „*Compatibility*")	• Bachmann 2015 • Gausemeier et al. 2017 • Gomeringer 2007 • Hungenberg 2014 • Johnson et al. 2017 • Lynch 2006 • Welge, Al-Laham et al. 2017 • Andrews 1987
	Kohärenz („*Coherence, Unity, Synergy*")	• Bachmann 2015 • Andrews 1987
	Plausibilität („*Validity*")	• Ant 2018 • Hungenberg 2014 • Lynch 2006
	Sinnhaftigkeit	• Ant 2018

Anhang 26: Exemplarische Operationalisierung der Bewertungsdimensionen

Dimension	1	2	3	4	5
Machbarkeit	Nicht machbar	schwerer	Herausfordernd	leichter	Problemlos machbar
Angemessenheit	Nicht zukunftsfähig	kürzer	Temporär zukunftsfähig	länger	Nachhaltig zukunftsfähig
Nutzen	Stark unterproportional	geringer	Proportional	höher	Stark überproportional
Aufwand	Stark überproportional	höher	Proportional	geringer	Stark unterproportional
Logik	Einzeln unlogisch	unlogischer	Teilweise logisch	logischer	Gesamtheitlich logisch

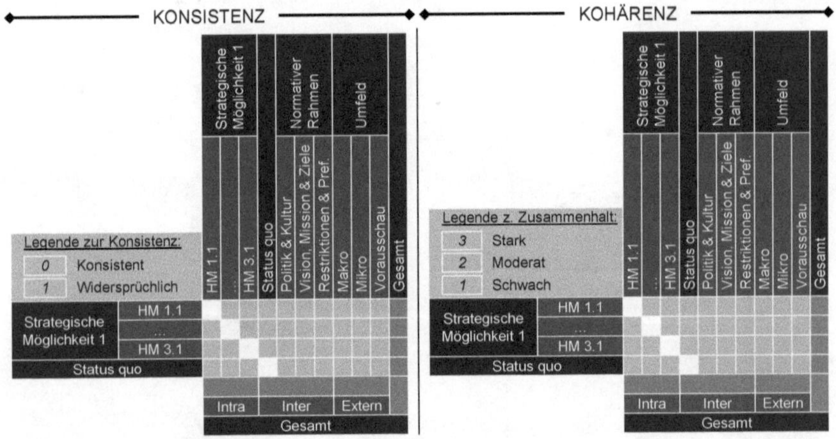

Anhang 27: **Rudimentäre Überprüfung der Konsistenz und Kohärenz von strategischen Möglichkeiten**[1230]

[1230] i. A. a. Bachmann (2015), Logik, S. 154; Gausemeier, Plass (2014), Unternehmensgestaltung, S. 183f.; Reymann (2013), Strategieentwicklung, S. 40f.

D.2 Innovationsstrategische Handlungsoptionen

Anhang 28: Übersicht etablierter Ansätze zur Bewertung von Innovationsfeldern[1231]

Autoren	Dimensionen	Kriterien
Specht, Michel & Ewald (1987-1999)	Innovationsfeld-attraktivität	Diffusionspotenzial *(Akzeptanz, Kosten-/Nutzenverbesserung)*
		Problemlösungspotenzial *(Weiterentwicklungspotenzial, Aufwand, Risiko)*
	Relative Innovations-feldstärke	Differenzierungspotenzial *(Rel. Führer-/Folgerpotenzial, rel. tech.-spez. Know-how)*
		Implementierungspotenzial *(Wettbewerbsstrategische Konsistenz, Verfügbarkeit komplementärer Technologien*
Saad, Roussel & Tiby (1991)	Innovations-feldattraktivität	Erreichbarer Marktanteil *(Erreichbarer Markt und Marktpotenzial, Wettbewerbsposition, andere limitierende Faktoren)*
		Ertragspotenziale *(Differenzierungspotenzial, Wettbewerbsstruktur, Umsatzwachstum)*
	Innovations-feldrisiko	Erfolgswahrscheinlichkeit *(technische und wirtschaftliche Erfolgswahrscheinlichkeit)*
		Schadenspotenzial *(F&E-Aufwand und Zeitbedarf bis Projektabschluss, Investitionen für Fertigungs- und Markteinführung)*

1231 vgl. Schlegelmilch (1999), Innovationsfelder, S. 331ff.; Michel (1987), Technologie; Specht, Michel (1988), Integrierte Portfolios, S. 502ff.; Ewald (1989), Organisation, S. 167ff.; Saad et al. (1991), F&E-Strategie, S. 95ff.; Tyll (1989), Forschung, S. 220ff.; Glaß (2020), Innovationsstrategien, S. 14f.; Servatius (1991), Evolutionäre Führung, S. 159ff.; Sontheimer (1989), Marktanalyse, S. 44ff.

Autoren (fortgesetzt)	Dimensionen (fortgesetzt)	Kriterien (fortgesetzt)
Tyll (1989)	Innovations-restriktionen	F&E-Risiken
		Marktchancen & -risiken *(Verhalten der Konkurrenten, Einstiegs- und Ausstiegschancen am Markt)*
	Innovations-potenzial	Technologiepriorität *(Technologieattraktivität, Rel. Technologieposition, Marktattraktivität)*
		Innovationsmanagement-Know-How *(Transferintensität, Managementfähigkeiten)*
Glaß (2020)	Markt-attraktivität	*Marktgröße, -wachstum, -profitabilität, -risiken*
	Wettbewerbs-stärke	*Know-How, Schutzrechte, Qualifikation der Mitarbeiter, Distributions- und Finanzstärke, Eintrittsbarrieren*
Servatius (1991)	Markt-attraktivität	*Marktvolumen, Marktwachstum*
	Wettbewerbliche Attraktivität	*Wettbewerbsstruktur, Rentabilität*
	Synergie-potenzial	*Know-How-Transfer, gemeinsame Ressourcennutzung*
Sontheimer (1989)	Markt-attraktivität	*Marktsituation, Umfeld, Wettbewerbssituation, Produktionspotenzial, Finanzsituation*
	Rel. Wettbe-werbsposition	*Marktsituation, Produktionspotenzial, Finanzsituation, Technologiesituation*
	Synergie-potenzial	*Absatz-, -Produktions-, Beschaffungs-, F&E-, Personal-bereich, Unternehmensführung, Logistik, Finanzierung*

Anhang 29: Operationalisierung der Dimensionen für die Bewertung von Innovationsfeldern[1232]

Dim.	Kriterien	1	2	3	4	5
Innovationsfeld-attraktivität	**Kosten-/Nutzenverbess.**	Evolutionär	Überwiegend evolutionär	Teilweise revolutionär	Überwiegend revolutionär	Revolutionär
	Innovations-spezifische Akzeptanz	Widerstand (fast) sicher	Widerstand wahrscheinlich	Widerstand denkbar	Widerstand unwahrscheinlich	Widerstand (fast) ausgeschlossen
	Weiterentw.-potenzial	Abschöpfungsphase	Reifephase	Wachstum bis Reife	Wachstumsphase	Entstehungsphase
	Aufwand bis zur Anw.-reife	Ideengenerierung	Technologiebasisstudien	Erw. Technologiestudien	Prototypenentwicklung	Anwendungstauglichkeit
Relative Innovations-feldstärke	**Vergleich z. Wettbewerb**	Deutlich unterlegen	Unterlegen	Direkter Wettbewerb	Überlegen	Deutlich überlegen
	Fähigkeits-stärke	Nicht kernkomp.-basiert	Schwächer kernkomp.-basiert	Teilweise kernkomp.-basiert	Stärker kernkomp.-basiert	Rein kernkomp.-basiert
	Komplement. Fähigkeiten und Ress.	Nicht vorhanden	Kaum vorhanden	Teilweise vorhanden	Überwiegend vorhanden	Vollständig vorhanden
	Wettbewerbsstrat. Konsistenz	Im Kern widersprüchlich	plus	In Optionen widersprüchlich	plus	Vollständig widerspruchsfrei

1232 i. A. a. Ewald (1994), Marktplanung, S. 71ff.; Saad et al. (1991), F&E-Strategie, S. 95ff.; Tyll (1989), Forschung, S. 220ff.

Dim. (fgs.)	Kriterien (fortgesetzt)	1	2	3	4	5
Fit zu prototyp. Population	**Exposure zur Population**	Kaum exponiert zu SM	Unterdurchschnittlich	Moderat exponiert	Überdurchschnittlich	Omnipräsent in SM
	Attraktivität der Exposure	Ø Unteres Quartil	Ø Untere Hälfte	Diffus	Ø Obere Hälfte	Ø Oberes Quartil
	Beitrag zu exponierten SM	Quasi irrelevant	Eher irrelevant	Komplementärinnovation	Eher Kerninnovation	Kerninnovation
Turbulenz	**Unsicherheit und Dyn. verknüpfter SM**	Ø Turbulenzgrad V	Ø Turbulenzgrad IV	Ø Turbulenzgrad III	Ø Turbulenzgrad II	Ø Turbulenzgrad I

Anhang 30: Zusammenfassung von Einflussvariablen des Innovationstimings[1233]

Indikator	Einflussvariablen	Quellen
Ressourcenstärke	Ressourcenstärke	• Wolfrum 1994 • Zahra 1995 • Fritz, Oelsnitz et al. 2019 • Mittal, Swami 2004 • Gerpott 2005 • Fischer 2005 • Walker, Mullins 2011 • Schuh, Bender 2012 • Meffert 2015
	Investitionsverhalten	• Bachmann 2015

1233 vgl. Wolfrum (1994), Technologiemanagement, S. 301ff.; Zahra et al. (1995), Technological Pioneering, S. 18ff.; Fritz et al. (2019), Marketing, S. 160ff.; Mittal, Swami (2004), Pioneering Advantage, S. 18f.; Gerpott (2005), Innovationsmanagement, S. 216ff.; vgl. Fischer (2005), Markteinführung, S. 400ff.; Walker, Mullins (2011), Marketing Strategy, S. 188ff.; Schuh, Bender (2012), Strategisches Innovationsmanagement, S. 20ff.; Meffert et al. (2015), Marketing, S. 268; Bachmann (2015), Logik, S. 96ff.; Schlegelmilch (1999), Innovationsfelder, S. 272ff.; Bullinger, Renz (2005), Entwicklungsstrategien, S. 93ff.; Schnaars (1986), Growth Markets, S. 29f.

Indikator (fortgesetzt)	Einflussvariablen (fortgesetzt)	Quellen (fortgesetzt)
Ressourcenstärke	Personelle und finanzielle Ressourcen	• Bachmann 2015
	Produktions- und Vermarktungs-ressourcen	• Gerpott 2005
Risikoverhalten	Risikoverhalten	• Bachmann 2015
	Risikobereitschaft und Innovations-orientierung	• Bachmann 2015 • Zahra 1995
	Strategische Grundhaltung	• Fritz, Oelsnitz et al. 2019 • Meffert 2015
	Risikoneigung	• Fritz, Oelsnitz et al. 2019 • Meffert 2015
Agilität der Unternehmung	Organisations-struktur	• Bachmann 2015
	Geschw., Agilität und Einfachheit d. Orga.-struktur	• Zahra 1995
F&E-, Marketing und Produktionskompetenzen (Innovationskompetenzen)	F&E-Kompetenzen	• Fischer 2005 • Walker, Mullins 2011
	Marketing-kompetenzen	• Mittal, Swami 2004 • Fischer 2005 • Walker, Mullins 2011

Indikator (fortgesetzt)	Einflussvariablen (fortgesetzt)	Quellen (fortgesetzt)
F&E-, Marketing und Produktionskompetenzen (Innovationskompetenzen)	Produktions-kompetenzen	• Bachmann 2015
	Marktnahe Kompetenzen	• Bachmann 2015
Ausmaß der Früherkennungsaktivitäten	Intensität d. Techn.-früherkennung und d. Techn.-planung	• Bachmann 2015
Innovationsintensität der Branche	Innovationsintensität in der Branche	• Schlegelmilch 1999 • Gerpott 2005
Markteintrittsbarrieren	Distributionspolitische Eintritts-barrieren	• Fritz, Oelsnitz et al. 2019 • Meffert 2015
	Staatliche Reglementierung	• Fritz, Oelsnitz et al. 2019 • Meffert 2015
	Eintrittsbarrieren	• Schlegelmilch 1999 • Schuh, Bender 2012 • Bullinger, Renz 2005 • Fischer 2005 • Gerpott 2005 • Bachmann 2015
	Diffusionsrate technologischen Wissens	• Schlegelmilch 1999 • Gerpott 2005
	Patent- und Innovationsschutz	• Fischer 2005 • Walker, Mullins 2011 • Schlegelmilch 1999

Indikator (fortgesetzt)	Einflussvariablen (fortgesetzt)	Quellen (fortgesetzt)
Markteintrittsbarrieren	Technologiebedingte Eintrittsbarrieren	• Walker, Mullins 2011 • Gerpott 2005
	Sicherung knapper Ressourcen	• Walker, Mullins 2011 • Fischer 2005
	Netzeffekte/ -externalitäten	• Gerpott 2005
Marktaustrittsbarrieren	Austrittsbarrieren	• Schlegelmilch 1999 • Wolfrum 1994 • Bullinger, Renz 2005
	Wechsel in Technologie- und Konsumentenbedürfnissen	• Fischer 2005
	Trägheit des Pioniers	• Fischer 2005
Relative Technologieposition	Relative Stärke d. strat. Techn.-einheit im Technologiefeld	• Schlegelmilch 1999
	Überlegenheit der Technologie	• Schuh, Bender 2012 • Gerpott 2005
	Technologische Situationsvariablen	• Fritz, Oelsnitz et al. 2019 • Meffert 2015

Indikator (fortgesetzt)	Einflussvariablen (fortgesetzt)	Quellen (fortgesetzt)
Innovationsstärke der Wettbewerber	Strategisches Verhalten der Wettbewerber	• Fischer 2005 • Meffert 2015
	Innovationsstärke der Wettbewerber	• Fischer 2005
Innovationsgrad	Innovationsgrad	• Fritz, Oelsnitz et al. 2019 • Meffert 2015
	Produktkomplexität	• Fritz, Oelsnitz et al. 2019 • Gerpott 2005 • Meffert 2015
	Produktneuheitsgrad	• Bachmann 2015 • Walker, Mullins 2011 • Mittal, Swami 2004
	Beziehung zu vorhandenen Produkten	• Gerpott 2005
Reife des Zielmarkts	Reife des Zielmarkts	• Bachmann 2015 • Schnaars 1996
	Marktpotenzial & -wachstum	• Fritz, Oelsnitz et al. 2019 • Gerpott 2005 • Meffert 2015
	Marktlebenszyklus	• Walker, Mullins 2011

Indikator (fortgesetzt)	Einflussvariablen (fortgesetzt)	Quellen (fortgesetzt)
Kundenbindungspotenzial	Produktwechsel-kosten	• Fritz, Oelsnitz et al. 2019 • Schlegelmilch 1999 • Walker, Mullins 2011 • Gerpott 2005 • Meffert 2015
	Normierungs- und Standardisierungs-tauglichkeit	• Fritz, Oelsnitz et al. 2019 • Meffert 2015
	Kundenspezifische Situationsvariablen	• Fritz, Oelsnitz et al. 2019 • Meffert 2015
	Kundengruppen	• Gerpott 2005
	Anbieterpräferenz	• Fritz, Oelsnitz et al. 2019 • Fischer 2005 • Meffert 2015
	Erfahrung der Kunden mit vergleichbaren Leistungsangeb.	• Fritz, Oelsnitz et al. 2019 • Meffert 2015
	Produktpositionierung und Nachfragerbindung	• Fischer 2005 • Walker, Mullins 2011

Anhang 31: Operationalisierung der Positionierungsindikatoren für das Innovationstiming[1234]

Dim.	Kriterien	1 (Folger)	2	3	4	5 (Pionier)
Übergreifende Indikatoren	**Ressourcen-stärke**	Schluss-licht	Geringer als Branchen-Ø	Branchen-durchschnitt	Höher als Branchen-Ø	Primus
	Innovations-kompetenzen	Wenig ausgeprägt	Geringer ausgeprägt	Ø aus-geprägt	Stärker ausgeprägt	Deutlich ausgeprägt
	Agilität der Unternehmung	Ger. Flexi-bilität und Stabilität	Eher geringe Flexibilität und Stabilität	Große Flexibilität oder Stabilität	Eher große Flexibilität und Stabilität	Gr. Flexi-bilität und Stabilität
	Risiko-verhalten	Sehr risiko-avers	Eher risiko-avers	Ausge-glichen	Eher risiko-freudig	Sehr risi-kofreudig
	Ausmaß der Früherken-nungsakt.	Gering	Unterdurch-schnittlich	Branchen-üblich	Überdurch-schnittlich	Umfas-send
	Innovationsin-tensität der Branche	Hoch	Eher hoch	Moderat	Eher gering	Gering

[1234] vgl. Wolfrum (1994), Technologiemanagement, S. 301ff.; Zahra et al. (1995), Technological Pioneering, S. 18ff.; Fritz et al. (2019), Marketing, S. 160ff.; Mittal, Swami (2004), Pioneering Advantage, S. 18f.; Gerpott (2005), Innovationsmanagement, S. 216ff.; vgl. Fischer (2005), Markteinführung, S. 400ff.; Walker, Mullins (2011), Marketing Strategy, S. 188ff.; Schuh, Bender (2012), Strategisches Innovationsmanagement, S. 20ff.; Meffert et al. (2015), Marketing, S. 268; Bachmann (2015), Logik, S. 96ff.; Schlegelmilch (1999), Innovationsfelder, S. 272ff.; Bullinger, Renz (2005), Entwicklungsstrategien, S. 93ff.; Schnaars (1986), Growth Markets, S. 29f.

Dim. (fgs.)	Kriterien (fortgesetzt)	1 (Folger)	2	3	4	5 (Pionier)
Innovationsfeldspezifische Indikatoren	**Markteintritts-barrieren**	Schwer zu errichten	Eher schwierig	Signifikant	Eher leicht	Leicht zu errichten
	Marktaustritts-barrieren	Geringe Aufwände	Eher gering	Signifikant	Eher hoch	Hohe Auf-wände
	Relative Tech-nologieposition	Unter-legen	Eher unterlegen	Ausge-glichen	Eher überlegen	Über-legen
	Innovations-stärke der Wettbewerber	Unter-legen	Eher unterlegen	Ausge-glichen	Eher überlegen	Über-legen
	Innovations-grad	Inkremen-tell	Eher inkrementell	Ausge-glichen	Überwiegend radikal	Radikal
	Reife des Zielmarkts	Etabliert & reif	Transitio-nierend	Wachsend, dynamisch	Transitio-nierend	Ent-wickelnd
	Kundenbin-dungspotenzial	Schwach	Eher schwach	Teilweise vorhanden	Eher stark	Stark
Turbu-lenz	**Unsicherheit und Dyn. ver-knüpfter SM**	Ø Turbu-lenzgrad V	Ø Turbu-lenzgrad IV	Ø Turbu-lenzgrad III	Ø Turbu-lenzgrad II	Ø Turbul-enzgrad I

Anhang 32: Zusammenfassung von Einflussvariablen des Innovationsimpulses[1235]

Indikator	Einflussvariablen	Quellen
Ressourcenstärke	F&E-Investment	• Herstatt, Lettl 2004 • Brem, Voigt 2008 • Schuh 2012 • Gerpott 2005
	Ressourcenstärke	• Heesen 2009
Risikoverhalten	Risikoverhalten	• Herstatt, Lettl 2004 • Gerpott 2005 • Schuh 2012 • Brem, Voigt 2008
Marktanalysefähigkeiten	Einsatz explorativer Marktanalyse-Methoden	• Herstatt, Lettl 2004 • Specht, Möhrle 2002 • Hamel, Prahalad 1991 • Gerpott 2005 • Schuh 2012 • Brem, Voigt 2008

1235 vgl. Herstatt, Lettl (2004), Development Projects, S. 157ff.; Brem, Voigt (2009), Integration, S. 356; Schuh (2012) Innovationsmanagement, S. 9ff.; Gerpott (2005), Innovationsmanagement, S. 40ff.; Heesen (2009), Innovationsportfoliomanagement, S. 34f.; Specht (2002) Gabler Lexikon, S. 168, S. 385; Hamel, Prahalad (1991), Imagination, S. 82f.; Kainzbauer, Kaelber (1998), Mannesmann, S. 470ff.; Hutterer (2013), Dynamic Capabilities, S. 73f.

Indikator (fortgesetzt)	**Einflussvariablen (fortgesetzt)**	**Quellen (fortgesetzt)**
Agilität der Unternehmung	Organisationsstruktur	• Herstatt, Lettl 2004 • Schuh 2012 • Kainzbauer, Kälber 1998
	Entwicklungsprozesse	• Herstatt, Lettl 2004 • Gerpott 2005 • Schuh 2012
Innovationsgrad	Innovationsgrad	• Herstatt, Lettl 2004 • Gerpott 2005 • Hutterer 2013 • Schuh 2012
Kundenanforderungen	Bekanntheit unbefriedigter Kundenbedürfnisse	• Herstatt, Lettl 2004 • Gerpott 2005 • Schuh 2012 • Hutterer 2013
	Staatl. Reglementierung („*regulatory-push*“)	• Heesen 2009

Anhang 33: Operationalisierung der Positionierungsindikatoren für den Innovationsimpuls[1236]

Dim.		Indikator	1 (Pull)	2	3	4	5 (Push)
Übergeordnete	Indikatoren	**Ressourcenstärke**	Schlusslicht	Geringer als Branchen-Ø	Branchendurchschnitt	Höher als Branchen-Ø	Primus
		Marktanalysefähigkeiten	Konventionell	Primär konventionell	Teilweise explorativ	Signifikant explorativ	Explorativ
		Agilität der Unternehmung	Ger. Flexibilität und Stabilität	Eher geringe Flexibilität und Stabilität	Große Flexibilität oder Stabilität	Eher große Flexibilität und Stabilität	Gr. Flexibilität und Stabilität
		Risikoverhalten	Sehr risikoavers	Eher risikoavers	Ausgeglichen	Eher risikofreudig	Sehr risikofreudig
IF-spezi-	fische I.	**Innovationsgrad**	Inkrementell	Eher inkrementell	Ausgeglichen	Überwiegend radikal	Radikal
		Kundenanforderungen	Bekannt	Überwiegend bekannt	Teilweise bekannt	Latent	Unbekannt
Turbu-	lenz	**Unsicherheit und Dyn. verknüpfter SM**	Ø Turbulenzgrad V	Ø Turbulenzgrad IV	Ø Turbulenzgrad III	Ø Turbulenzgrad II	Ø Turbulenzgrad I

[1236] vgl. Herstatt, Lettl (2004), Development Projects, S. 157ff.; Brem, Voigt (2009), Integration, S. 356; Schuh (2012) Innovationsmanagement, S. 9ff.; Gerpott (2005), Innovationsmanagement, S. 40ff.; Heesen (2009), Innovationsportfoliomanagement, S. 34f.; Specht (2002) Gabler Lexikon, S. 168, S. 385; Hamel, Prahalad (1991), Imagination, S. 82f.; Kainzbauer, Kaelber (1998), Mannesmann, S. 470ff.; Hutterer (2013), Dynamic Capabilities, S. 73f.

E. Ziel- und Positionierungsmodell

Anhang 34: Übersicht etablierter Ansätze zur Bewertung von Technologiefeldern[1237]

Autoren	Dimensionen	Kriterien
Specht, Michel & Ewald 1994 (Darmstädter Ansatz)	Technologie-attraktivität	Potenzialrelevanz *(Grundlagenforschung, angewandte Forschung)*
		Bedarfsrelevanz *(für Innovationsfeld & -einheit, für Geschäftsfeld & -einheit)*
	Relative Tech.-entwickl.-stärke	Humane Leistungspotenziale *(Stabilität und Stand des Know-hows)*
		Technische Leistungspotenziale *(Flexibilität, Modernität)*
Boutellier et al. 1995; Ehrat 1997; Gassmann, Wecht 2018 (St. Galler Technologie-portfolio)	Strategische Bedeutung	Markterschließungspotenzial, Wertschöpfungs-beitrag, Marktakzeptanz, Gesetzgebung, Kompatibilitätseffekte, Beitrag der Technologie zur Erfüllung definierter Herausforderungen
	Ressourcen- bzw. Technologiestärke	Technologische Reife, internes Know-how, finanzielles Potenzial, personelles Potenzial, Zeitbedarf, Schutzrechte, Ausmaß der zur Verfügung stehenden Fähigkeiten zur Umsetzung, Ressourcen, Know-how, Patente, Infrastruktur

1237 vgl. Ewald (1994), Marktplanung, S. 76ff.; Gassmann et al. (2018), Technologiemanagement, S. 23f.; vgl. Boutellier et al. (1995), Technologiestrategie, S. 14ff.; vgl. Ehrat (1997), Technologiestrategieerarbeitung, S. 119f.; Wolfrum (1991), Technologiemanagement, S. 199ff.; Sommerlatte, Deschamps (1986), Technologien, S. 58ff.; Pfeiffer, Dögl (1990), Technologie-Portfolio, S. 259f.; Pfeiffer et al. (1991), Technologie-Portfolio; Krubasik (1982), Technologie, S. 29ff.; Gomeringer (2007), Technologieplanung, S. 114ff.; Tschirky (1998) Technologie-Management, S. 311f.

Autoren (fortgesetzt)	Dimensionen (fortgesetzt)	Kriterien (fortgesetzt)
Sommerlatte, Deschamps 1986 (Arthur D. Little)	Technologie-lebenszyklus-phase	Unsicherheit über technische Leistungsfähigkeit, Investitionen in Technologieentwicklung, Breite potenzieller Anwendungsgebiete, Typ der Entwicklungsanforderungen, Auswirkungen auf Kosten-Leistungs-Verhältnis, Patente, Zugangsbarrieren, Verfügbarkeit
	Relative Technologie-position	Interne Ressourcen *(Mitarbeiter, Know-how, Patente, Ausrüstung, F&E, Fertigung)*, externe Ressourcen *(Lizenzen, Lieferanten, Kooperationen)*
	Wettbewerbs-position	Nutzwertanalyse der relevantesten strategischen Erfolgsfaktoren einer Branche
Pfeiffer, Metze et al. 1990/91	Technologie-attraktivität	Weiterentwicklungspotenzial, Kompatibilität, Anwendungsbreite *(potenzial- & bedarfsseitige Indikatoren)*
	Ressourcen-stärke	Technischer Beherrschungsgrad, Potenziale, (Re-) Aktionsgeschwindigkeit *(Know-how- & Finanzstärke)*
Krubasik 1982 (McKinsey)	Markt-priorität	Marktattraktivität, relative Marktposition
	Technologie-priorität	Technologieattraktivität, relative Technologieposition
Gomeringer 2007	Technologiefeld-attraktivität	Übereinstimmungsgrad mit Zielen, zukünftige Bedeutung der Funktionen, technische Attraktivität, Technologiefelddynamik, möglicher Technologieschutz
	Techn. Wettbewerbs-stärke	F&E-Kompetenzen, Geschwindigkeit der technischen Realisierung, Registrierte Patente, Qualität der technischen Lösung
Tschirky 1998	Technologie-attraktivität	Anwendungsbreite, Kompatibilität, Akzeptanz, Weiterentwicklungspotenzial
	Technologische Wettbewerbs-stärke	Ausmaß der zur Verfügung stehenden Fähigkeiten zur Umsetzung

Anhang 35: Operationalisierung der Dimensionen für die Bewertung von Technologiefeldern[1238]

Dim.	Kriterien	1	2	3	4	5
Technologiefeld-attraktivität	**Weiterentw.-potenzial**	Abschöpfungsphase	Reifephase	Wachstum bis Reife	Wachstumsphase	Entstehungsphase
	Kompatibilität	Stark negative Rückkopplung	Nachteilige Auswirkungen	Quasi keine Auswirkung	Vorteilhafte Auswirkungen	Stark positive Rückkopplung
	Anwendungsbreite	Stark limitierend	Eher limitierende Menge	Stabilisierend	Eher expand. Menge	Stark expandierend
Technologische Wettbewerbsstärke	**Rel. Leistungspotenziale**	Unterlegene Ressourcenposition	Unterlegene Ressourcenposition	Ressourcenäquivalenz	Überlegene Ressourcenposition	Dominante Ressourcenposition
	Rel. Beherrschungsgrad	Geschützte Kernkomp. d. Wettbew.	Ungeschützte Kompetenz d. Wettbew.	Äquiqualitative Beherrschung	Eigene, ungeschützte Kompetenz	Eigene geschützte Kernkomp.
	Rel. Aktionsgeschwindigkeit	Deutlich unterlegen	Tendenziell unterhalb	En par mit Wettbewerb	Tendenziell oberhalb	Deutlich überlegen
Innovationspriorität	**Normativer Übereinstimmungsgrad**	Deutlich inkonsistent	Teils inkonsistent	Konsistent	Teils kohärent	Kohärent
	Ø Befähigungsbeitrag	Ø Peripher	Ø Eher peripher	Ø Signifikant	Ø Eher Erfolgskritisch	Ø Erfolgskritisch
	Ø Befähigungsattrakt.	Irrelevante IF	Eher nachrangige IF	Basisinnovationsfelder	Eher prioritäre IF	Top prioritäre IF
Turbulenz	**Markt- & technologiebezogene Turb.**	Ø Turbulenzgrad V	Ø Turbulenzgrad IV	Ø Turbulenzgrad III	Ø Turbulenzgrad II	Ø Turbulenzgrad I

1238 vgl. Gomeringer (2007), Technologieplanung, S. 116ff.; Ehrat (1997), Technologiestrategieerarbeitung, S. 119f.; Pfeiffer, Dögl (1990), Technologie-Portfolio, S. 259f.; Tschirky (1998) Technologie-Management, S. 311f.

Anhang 36: Zusammenfassung von Einflussvariablen der technologischen Leistungsfähigkeit[1239]

Indikator	Einflussvariablen	Quellen
Ressourcen-stärke	Personelle Ressourcen	• Wolfrum 1991 • Spital, Bickford 1992 • Zahra 1995 • Zahra 1996 • Gerpott 2005 • Schulte-Gehrmann et al. 2011
	Finanzielle Ressourcen	• Wolfrum 1991 • Spital, Bickford 1992 • Zahra 1995 • Zahra 1996 • Gerpott 2005 • Schulte-Gehrmann et al. 2011
Kompetenzen	F&E-Kompetenz	• Wolfrum 1991 • Zahra 1995 • Zahra 1996 • Porter 1985/98 • Gerpott 2005 • Schulte-Gehrmann et al. 2011

[1239] vgl. Arend, Zimmermann (2009), Innovationshemmnisse, S. 73ff.; Feldmann (2007), Technologiemanagement, S. 137; Gerpott (2005), Innovationsmanagement, S. 211ff.; Mittal, Swami (2004), Pioneering Advantage, S. 30f.; Porter (1985), Technology, S. 67ff.; Porter (1998), Competitive Advantage, S. 184f.; Renz (2004), Technologiestrategien, S. 70; Schulte-Gehrmann et al. (2011), Technologiestrategie, S. 69f.; Spital, Bickford (1992), Technology Strategies, S. 31ff.; Strebel (2007) Technologiemanagement, S. 50; Wöhrl (2005), Technologiestrategien, S. 199; Wolfrum (1991), Technologiemanagement, S. 252ff.; Zahra et al. (1995), Technological Pioneering, S. 21ff.; Zahra (1996), New Venture, S. 292ff.

Indikator (fortgesetzt)	Einflussvariablen (fortgesetzt)	Quellen (fortgesetzt)
Risikoverhalten	Risikobereitschaft	• Zahra 1995 • Feldmann 2007 • Strebel 2007 • Schulte-Gehrmann et al. 2011
Ausmaß der Früherkennungs-aktivitäten	Intensität d. Techn.-früherkennung und d. Techn.-planung	• Zahra 1995 • Mittal, Swami 2004
Innovationshöhe	Innovationshöhe	• Renz 2004 • Gerpott 2005 • Wöhrl 2005 • Feldmann 2007

Anhang 37: Operationalisierung der Positionierungsindikatoren für die technologische Leistungsfähigkeit[1240]

Dim.	Indikator	1 (Präsenz)	2	3	4	5 (Führer)
Übergeordnete Indikatoren	**Ressourcenstärke**	Schlusslicht	Geringer als Branchen-Ø	Branchendurchschnitt	Höher als Branchen-Ø	Primus
	Relevante Kompetenzen	Kaum vorhanden	Fragmentiert vorhanden	Teilweise vorhanden	Umfassend vorhanden	Vollständig vorhanden
	Risikoverhalten	Sehr risikoavers	Eher risikoavers	Ausgeglichen	Eher risikofreudig	Sehr risikofreudig
	Ausmaß der Früherkennungsakt.	Gering	Unterdurchschnittlich	Branchenüblich	Überdurchschnittlich	Umfassend
TF-spez. Ind.	**Innovationshöhe**	Inkrementell	Eher inkrementell	Ausgeglichen	Überwiegend radikal	Radikal
	Innov. Leistungsbedarf	Bekannt	Überwiegend bekannt	Teilweise bekannt	Latent	Unbekannt
Turbulenz	**Unsicherheit und Dyn. verknüpfter IF**	Ø Turbulenzgrad V	Ø Turbulenzgrad IV	Ø Turbulenzgrad III	Ø Turbulenzgrad II	Ø Turbulenzgrad I

1240 i. A. a. Arend, Zimmermann (2009), Innovationshemmnisse, S. 73ff.; Feldmann (2007), Technologiemanagement, S. 137; Gerpott (2005), Innovationsmanagement, S. 211ff.; Mittal, Swami (2004), Pioneering Advantage, S. 30f.; Porter (1985), Technology, S. 67ff.; Porter (1998), Competitive Advantage, S. 184f.; Renz (2004), Technologiestrategien, S. 70; Schulte-Gehrmann et al. (2011), Technologiestrategie, S. 69f.; Spital, Bickford (1992), Technology Strategies, S. 31ff.; Strebel (2007) Technologiemanagement, S. 50; Wöhrl (2005), Technologiestrategien, S. 199; Wolfrum (1991), Technologiemanagement, S. 252ff.; Zahra et al. (1995), Technological Pioneering, S. 21ff.; Zahra (1996), New Venture, S. 292ff.

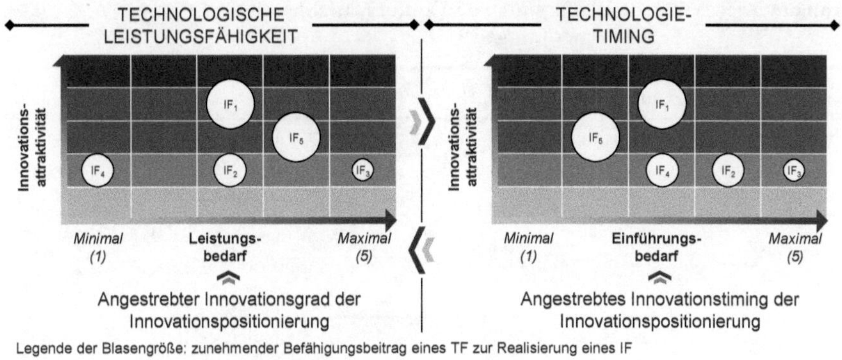

Anhang 38: Hilfsportfolio für den technologischen Leistungs- und Einführungsbedarf

Anhang 39: Zusammenfassung von Einflussvariablen des Technologietimings[1241]

Indikator	Einflussvariablen	Quellen
Ressourcenstärke	Personelle Ressourcen	• Wolfrum 1991 • Zahra 1995 • Buchholz 1998 • Mittal, Swami 2004 • Gerpott 2005
	Finanzielle Ressourcen	• Schmalensee 1982 • Wolfrum 1991 • Zahra 1995 • Mittal, Swami 2004 • Gerpott 2005
Kompetenzen	Marketingkompetenz	• Zahra 1995 • Mittal, Swami 2004 • Fischer 2005
	Produktionskompetenz	• Schmalensee 1982 • Lambkin 1992 • Fischer 2005

1241 vgl. Buchholz (1998), Timingstrategien, S. 22ff.; Covin et al. (2000), Pioneers, S. 181ff.; Feldmann (2007), Technologiemanagement, S. 172ff.; Fischer (2005), Markteinführung, S. 401ff.; Gerpott (2005), Innovationsmanagement, S. 214ff.; Lambkin (1992), Pioneering, S. 6f.; Kerin et al. (1992), First-Mover, S. 39ff.; Min et al. (2006), Pioneer, S. 15ff.; Mittal, Swami (2004), Pioneering Advantage, S. 18ff.; Robinson (1988), Sources, S. 87ff.; Schmalensee (1982), Pioneering Brands, S. 351f.; Schnaars (1986), Growth Markets, S. 27ff.; Schulte-Gehrmann et al. (2011), Technologiestrategie, S. 70ff.; Wolfrum (1991), Technologiemanagement, S. 263ff.; Zahra et al. (1995), Technological Pioneering, S. 18ff.

Indikator (fortgesetzt)	Einflussvariablen (fortgesetzt)	Quellen (fortgesetzt)
Risikoverhalten	Risikobereitschaft	• Schmalensee 1982 • Zahra 1995 • Wolfrum 1991 • Min et al. 2006 • Feldmann 2007
Ausmaß der Früherkennungs-aktivitäten	Intensität d. Techn.-früherkennung und d. Techn.-planung	• Wolfrum 1991 • Zahra 1995 • Fischer 2005 • Schulte-Gehrmann, Klappert et al. 2011
Marktreife	Marktreife	• Schnaars 1986 • Robinson 1988 • Kerin et al. 1992 • Buchholz 1998 • Mittal, Swami 2004
Neuheitsgrad	Produktneuheitsgrad	• Buchholz 1998 • Covin et al. 2000 • Mittal, Swami 2004

Anhang 40: Operationalisierung der Positionierungsindikatoren für das Technologietiming[1242]

Dim.		Indikator	1 (Folger)	2	3	4	5 (Pionier)
Übergeordnete	Indikatoren	**Ressourcenstärke**	Schlusslicht	Geringer als Branchen-Ø	Branchendurchschnitt	Höher als Branchen-Ø	Primus
		Relevante Kompetenzen	Kaum vorhanden	Fragmentiert vorhanden	Teilweise vorhanden	Umfassend vorhanden	Vollständig vorhanden
		Risikoverhalten	Sehr risikoavers	Eher risikoavers	Ausgeglichen	Eher risikofreudig	Sehr risikofreudig
		Ausmaß der Früherkennungsakt.	Gering	Unterdurchschnittlich	Branchenüblich	Überdurchschnittlich	Umfassend
TF-spezifische	Indikatoren	**Reife des Zielmarkts**	Etabliert & reif	Transitionierend	Wachsend, dynamisch	Transitionierend	Entwickelnd
		Neuheitsgrad der Leistung	Bekannt	Verbesserung best. Linien	Erweiterung best. Linien	Neue Linie	Neu für die Welt
		Innov. Einführungsbed.	Minimal	Gering	Signifikant	Umfassend	Maximal
Turbu-	lenz	**Unsicherheit und Dyn. verknüpfter IF**	Ø Turbulenzgrad V	Ø Turbulenzgrad IV	Ø Turbulenzgrad III	Ø Turbulenzgrad II	Ø Turbulenzgrad I

[1242] vgl. Buchholz (1998), Timingstrategien, S. 22ff.; Covin et al. (2000), Pioneers, S. 181ff.; Feldmann (2007), Technologiemanagement, S. 172ff.; Fischer (2005), Markteinführung, S. 401ff.; Gerpott (2005), Innovationsmanagement, S. 214ff.; Lambkin (1992), Pioneering, S. 6f.; Kerin et al. (1992), First-Mover, S. 39ff.; Min et al. (2006), Pioneer, S. 15ff.; Mittal, Swami (2004), Pioneering Advantage, S. 18ff.; Robinson (1988), Sources, S. 87ff.; Schmalensee (1982), Pioneering Brands, S. 351f.; Schnaars (1986), Growth Markets, S. 27ff.; Schulte-Gehrmann et al. (2011), Technologiestrategie, S. 70ff.; Wolfrum (1991), Technologiemanagement, S. 263ff.; Zahra et al. (1995), Technological Pioneering, S. 18ff.

Anhang 41: Zusammenfassung von Einflussvariablen der Technologiequelle[1243]

Indikator	Einflussvariablen	Quellen
Ressourcenstärke	Personelle Ressourcen	• Wolfrum 1991 • Koruna 1998 • Tsai et al. 2008 • Voigt 2008 • Wöhrl 2008
	Finanzielle Ressourcen	• Wolfrum 1991 • Koruna 1998 • Tsai et al. 2008 • Voigt 2008 • Wöhrl 2008
Kompetenzen	F&E-Kompetenz	• Koruna 1998 • Veugelers, Cassiman 1999
Risikoverhalten	Risikobereitschaft	• Perilieux 1987 • Wolfrum 1991 • Koruna 1998 • Veugelers, Cassiman 1999 • Wöhrl 2008
Ausmaß der Früherkennungs-aktivitäten	Intensität d. Techn.-früherkennung und d. Techn.-planung	• Abele, Laube 2017 • Tsai, Wang 2008

[1243] vgl. Ford (1988), Technology Strategy, S. 90ff.; Koruna (1998), Technologie-Akquisition, S. 439ff.; Abele, Laube (2017), Technologie-Roadmapping zur Planung, S. 117ff.; Perillieux (1987), Zeitfaktor, S. 129ff.; Tsai, Wang (2008), Technology Acquisition, S. 104ff.; Voigt (2008), Industrielles Management, S. 149ff.; Wöhrl (2005), Technologiestrategien, S. 69ff.; Wolfrum (1991), Technologiemanagement, S. 293ff.; Veugelers, Cassiman (1999), Make and Buy, S. 66ff.

Indikator (fortgesetzt)	Einflussvariablen (fortgesetzt)	Quellen (fortgesetzt)
Dringlichkeit	Zeitlicher Vorlauf	• Ford 1988 • Wolfrum 1991
Lebenszyklus	Position im Technologie-lebenszyklus	• Ford 1988
	Weiterentwicklungspotenzial	• Wolfrum 1991
Wettbewerbs-relevanz	Bedeutung im Wettbewerb	• Ford 1988 • Wolfrum 1991
	Synergiepotenziale	• Wolfrum 1991

Anhang 42: Operationalisierung der Positionierungsindikatoren für die Technologiequelle[1244]

Dim.		Indikator	1 (Extern)	2	3	4	5 (Intern)
Übergeordnete	Indikatoren	**Ressourcenstärke**	Schlusslicht	Geringer als Branchen-Ø	Branchendurchschnitt	Höher als Branchen-Ø	Primus
		Relevante Kompetenzen	Kaum vorhanden	Fragmentiert vorhanden	Teilweise vorhanden	Umfassend vorhanden	Vollständig vorhanden
		Risikoverhalten	Sehr risikoavers	Eher risikoavers	Ausgeglichen	Eher risikofreudig	Sehr risikofreudig
		Ausmaß der Früherkennungsakt.	Gering	Unterdurchschnittlich	Branchenüblich	Überdurchschnittlich	Umfassend
TF-spezifische I.		**Dringlichkeit**	Sehr hoch	Hoch	Moderat	Gering	Sehr gering
		Lebenszyklus	Universell	Später	Früh	Früh	Sehr früh
		Wettbewerbsrelevanz	Peripher	Wenig unterscheidend	Unterscheidend	Stark unterscheidend	Kritisch
Turbulenz		**Unsicherheit und Dyn. verknüpfter IF**	Ø Turbulenzgrad V	Ø Turbulenzgrad IV	Ø Turbulenzgrad III	Ø Turbulenzgrad II	Ø Turbulenzgrad I

1244 i. A. a. Ford (1988), Technology Strategy, S. 90ff.; Koruna (1998), Technologie-Akquisition, S. 439ff.; Abele, Laube (2017), Technologie-Roadmapping zur Planung, S. 117ff.; Perillieux (1987), Zeitfaktor, S. 129ff.; Tsai, Wang (2008), Technology Acquisition, S. 104ff.; Voigt (2008), Industrielles Management, S. 149ff.; Wöhrl (2005), Technologiestrategien, S. 69ff.; Wolfrum (1991), Technologiemanagement, S. 293ff.; Veugelers, Cassiman (1999), Make and Buy, S. 66ff.

Anhang 43: Zusammenfassung von Einflussvariablen der Technologieverwertung[1245]

Indikator	Einflussvariablen	Quellen
Ressourcenstärke	Personelle Ressourcen	• Birkenmeier 1998
	Finanzielle Ressourcen	• Birkenmeier 1998 • Schuh, Drescher 2014
Kompetenzen	Produktionskompetenz	• Birkenmeier 1998
	Marketingkompetenz	• Birkenmeier 1998
Risikoverhalten	Risikobereitschaft	• Wolfrum 1991 • Schulte-Gehrmann, Klappert et al. 2011
Synergien	Synergien zwischen mehreren SGF	• Wolfrum 1991 • Schuh, Drescher et al. 2011
	Unterstützungs- und Komplementär-technologien	• Ford 1988 • Schulte-Gehrmann, Klappert et al. 2011
Dringlichkeit	Zeitlicher Vorlauf der Umsetzung	• Ford 1988
Pfadabhängig-keiten	Einflüsse anderer Entscheidungs-dimensionen	• Schuh, Drescher et al. 2011

[1245] vgl. Birkenmeier (1998), Verwertungsstrategien, S. 480ff.; Ford (1988), Technology Strategy, S. 92f.; Schuh, Drescher (2014), Leverage, S. 77ff.; Schuh et al. (2011), Technologieverwertung, S. 243ff.; Schulte-Gehrmann et al. (2011), Technologiestrategie, S. 72ff.; Wolfrum (1991), Technologiemanagement, S. 321ff.

Indikator (fortgesetzt)	Einflussvariablen (fortgesetzt)	Quellen (fortgesetzt)
Lebenszyklus	Position im Technologie-lebenszyklus	• Ford 1988 • Wolfrum 1991 • Schuh, Drescher et al. 2011 • Schulte-Gehrmann, Klappert et al. 2011
Wettbewerbs-relevanz	Bedeutung im Wettbewerb	• Ford 1988 • Schuh, Drescher et al. 2011
	Monopolpotenzial	• Schulte-Gehrmann, Klappert et al. 2011
	Imagepotenzial	• Schulte-Gehrmann, Klappert et al. 2011
Anwendungspotenzial	Potenzielle Anwendungsbreite	• Ford 1988

Anhang 44: Operationalisierung der Positionierungsindikatoren für die Technologieverwertung[1246]

Dim.	Indikator	1 (Extern)	2	3	4	5 (Intern)
Übergeordnete Indikatoren	Ressourcen-stärke	Schluss-licht	Geringer als Branchen-Ø	Branchen-durchschnitt	Höher als Branchen-Ø	Primus
	Relevante Kompetenzen	Kaum vorhanden	Fragmentiert vorhanden	Teilweise vorhanden	Umfassend vorhanden	Vollständig vorhanden
	Risiko-verhalten	Sehr risiko-avers	Eher risiko-avers	Ausge-glichen	Eher risiko-freudig	Sehr risi-kofreudig
TF-spezifische Indikatoren	Dringlichkeit	Sehr hoch	Hoch	Moderat	Gering	Sehr gering
	Vorhandene Synergien	Primär extern	Eher extern	Gemein-schaftlich	Eher intern	Primär intern
	Lebenszyklus	Später	Früh	Früh	Früh	Frühest
	Anwendungs-potenzial	Weitest	Weiter	Weit	Enger	Eng
	Wettbewerbs-relevanz	Peripher	Wenig unter-scheidend	Unterschei-dend	Stark unter-scheidend	Kritisch
Turbu-lenz	Unsicherheit und Dyn. ver-knüpfter IF	Ø Turbu-lenzgrad V	Ø Turbu-lenzgrad IV	Ø Turbu-lenzgrad III	Ø Turbu-lenzgrad II	Ø Turbu-lenzgrad I

[1246] vgl. Birkenmeier (1998), Verwertungsstrategien, S. 480ff.; Ford (1988), Technology Strategy, S. 92f.; Schuh, Drescher (2014), Leverage, S. 77ff.; Schuh et al. (2011), Technologieverwertung, S. 243ff.; Schulte-Gehrmann et al. (2011), Technologiestrategie, S. 72ff.; Wolfrum (1991), Technologiemanagement, S. 321ff.

Lebenslauf

Persönliche Angaben

Name	Marc Patzwald
Geburtsdatum und -ort	12. Mai 1990 in Gehrden
Eltern	Christina Patzwald, geb. Noltemeyer Jürgen Patzwald

Ausbildung

2002 bis 2009	Matthias-Claudius-Gymnasium, Gehrden
2009 bis 2010	Grundwehrdienst, Heeresfliegerwaffenschule, Achum
2010 bis 2014	Bachelor of Science Wirtschaftsingenieurwesen Rheinisch-Westfälische Technische Hochschule Aachen
2014 bis 2016	Master of Science Wirtschaftsingenieurwesen Rheinisch-Westfälische Technische Hochschule Aachen

Beruflicher Werdegang

2012 bis 2015	Studentische Hilfskraft, Werkzeugmaschinenlabor WZL der RWTH Aachen University
2013 bis 2014	Praktikum, Dr. Ing. h.c. F. Porsche AG, Stuttgart
2015 bis 2016	Praktikum, P3 North America Inc., Portland, Oregon
2015 bis 2016	Studentische Hilfskraft, Fraunhofer-Institut für Produktionstechnologie IPT, Aachen
Seit 2017	Wissenschaftlicher Mitarbeiter, Fraunhofer-Institut für Produktionstechnologie IPT, Aachen
2019 bis 2021	Gruppenleiter Technologieplanung, Fraunhofer-Institut für Produktionstechnologie IPT, Aachen
ab 2021	Abteilungsleiter Technologiemanagement, Fraunhofer-Institut für Produktionstechnologie IPT, Aachen

Aachen, im Juni 2021

In der Reihe **Ergebnisse aus der Produktionstechnik** zuletzt erschienen:

Solf, Mareike:
Modellierung der Schleifkraft beim Kegelradschleifen
ISBN: 978-3-98555-106-4
Erscheinungsdatum: 12.08.2022

Schäkel, Martin:
Adaptiver laserunterstützter Tapewickelprozess für die Herstellung von Druckbehältern aus endlosfaserverstärkten Thermoplasten
ISBN: 978-3-98555-107-1
Erscheinungsdatum: 12.08.2022

Elser, Hannes:
Fähigkeit von Bluetooth Low Energy zur signalstärkebasierten Rückverfolgung von Bauteilen in der Einzel- und Kleinserienfertigung
ISBN: 978-3-98555-099-9
Erscheinungsdatum: 12.08.2022

Henkel, Jérôme
Strategien zur Steigerung der Flächeneffizienz von Fabriken im urbanen Umfeld ISBN
ISBN: 978-3-98555-098-2
Erscheinungsdatum: 27.07.2022

Busch, Max:
Intelligente Produktionsplanungsprozesse im Werkzeugbau
ISBN: 978-3-98555-095-1
Erscheinungsdatum: 14.07.2022

Eßer, Bastian:
Analyse des Betriebsverhaltens von Kugelgewindetrieben unter statischen axialen Betriebslasten
ISBN: 978-3-98555-065-4
Erscheinungsdatum: 11.07.2022

Fölling, Carsten:
Komplexitätsbeherrschung durch hybride Montageplanung
ISBN: 978-3-98555-090-6
Erscheinungsdatum: 30.06.2022

Schulz, Martin:
Optimierung des Temperaturfeldes beim Laserstrahlhärten
ISBN: 978-3-98555-078-4
Erscheinungsdatum: 23.06.2022

Ays, Johanna:
Kontextbasierte Integration agiler und plangetriebener Entwicklungsprozesse
ISBN: 978-3-98555-087-6
Erscheinungsdatum: 23.06.2022

Ebade Esfahani, Matthias:
Ontologie der Fabrikplanung mit Hilfe von Building Information Modeling (BIM)
ISBN: 978-3-98555-084-5
Erscheinungsdatum: 07.06.2022

Edition Wissenschaft
Apprimus

Maslo, Semir:
Simulation of the Dynamic Vibration Behaviour and Spindle Speed Optimization During the Milling Process of Turbomachinery Components
ISBN: 978-3-98555-082-1
Erscheinungsdatum: 25.05.2022

Goertz, David:
Gestaltungsmodell für eine vernetzte adaptive Montage im Werkzeugbau
ISBN 978-3-98555-072-2
Erscheinungsdatum: 05.05.2022

Wollbrink, Moritz:
Methodik zur Integration pulverbettbasierter additiver Fertigungstechnologien in Fertigungsprozessketten
ISBN 978-3-98555-070-8
Erscheinungsdatum: 22.04.2022

Menges, Alexander:
Bewertung von Produktvarianten mittels Process Data Mining
ISBN 978-3-98555-066-1
Erscheinungsdatum: 13.04.2022

Krauß, Jonathan:
Optimizing Hyperparameters for Machine Learning Algorithms in Production
ISBN 978-3-98555-020-3
Erscheinungsdatum: 13.04.2022

Schwenzer, Max:
Closing the Loop of Model Predictive Force Control in Milling with Ensemble Kalman Filtering
ISBN 978-3-98555-057-9
Erscheinungsdatum: 11.04.2022

Schmitz, Seth:
Datenbasierte Beschreibung der Prozessperformance in der Auftragsabwicklung
ISBN: 978-3-98555-079-1
Erscheinungsdatum: 19.05.2022

Scholz, Paul:
Applikation maschinell lernender Systeme in der vernetzten adaptiven Produktion
ISBN 978-3-98555-069-2
Erscheinungsdatum: 28.04.2022

Ochs, Jelena Katherina:
Model-Based Process Prediction for Predictive-Reactive Scheduling in Automated Stem Cell Production
ISBN 978-3-98555-059-3
Erscheinungsdatum: 22.04.2022

Fränken, Bastian:
Standortrollen in Produktionsnetzwerken
ISBN 978-3-98555-052-4
Erscheinungsdatum: 13.04.2022

Schäfer, Alexander:
Werkzeugseitiger Einsatz von NiTi-FGL zur Verbesserung der dynamischen Prozessstabilität bei der Fräsbearbeitung
ISBN 978-3-98555-060-9
Erscheinungsdatum: 11.04.2022

Grünebaum, Timm:
Methodik zur Gestaltung von Technologieketten und Prozessfolgen nach lebensphasenübergreifend ökologisch-ökonomischen Kriterien
ISBN 978-3-98555-043-2
Erscheinungsdatum: 24.03.2022

Edition Wissenschaft Apprimus

Papier | Fördert gute Waldnutzung
FSC® C083411

Zeitfracht Medien GmbH
Ferdinand-Jühlke-Straße 7
99095 Erfurt, Deutschland
produktsicherheit@kolibri360.de